性의 과학 제6판

하재청 선우양일 류태형
김병기 조현욱 고현숙 공저

월드 사이언스
WORLDSCIENCE.co.kr

性의 과학 제6판

2008년 2월 25일 인쇄
2008년 3월 05일 발행

공 저 __ 하재청, 선우양일, 류태형, 김병기, 조현욱, 고현숙
발행자 __ 박선진
발행처 __ 도서출판 월드사이언스
주 소 __ 서울특별시 동작구 사당5동 240-15
등록일자 __ 1987년 12월 14일
등록번호 __ 3-136
TEL __ (02) 581-5811~3
FAX __ (02) 521-6418
URL __ http://worldscience.co.kr
E-mail __ worldscience@hanmail.net

정 가 __ 14,000원
ISBN __ 978-89-5881-106-0

이도서의 국립중앙도서관 출판시도서목록(CIP)은 e-CIP 홈페이지 (http://www.nl.go.kr/cip.php)에서 이용하실 수 있습니다.
(CIP제어번호: CIP2008000648)

머리말

인간의 성은 두 사람이 만들어 나가는 문화라 할 수 있다. 인간은 태고로부터 지역에 따라 또 시대를 달리하여 각각 다른 문화를 형성해왔고 여기에는 항상 어떤 형태로든 인간의 성이 결부되어왔다. 원시시대에 인간의 조상이 지구상에 모습을 처음 나타냈을 때에는 성은 오로지 종족의 보존에만 매어있었다. 그러나 인간에게 생각하는 힘이 생겨나면서 인간집단은 종의 보존과는 별도로 그들의 의식 속에 쾌락을 위한 성이 폭넓게 자리 잡게 되었다. 섹스는 인간이 가진 것 중 얼마 안 되는 아무리 반복해도 싫증이 나지 않는 즐거움이다. 이에 따라 인간은 성문제를 공개적으로 이야기하는 것을 금기시하고 역사적으로 인류는 성에 대한 편견을 가지고 억압해왔다. 이를테면 우리들은 자위행위를 해서는 안 된다는 문화의 영향에 피해를 입고 있다. 깊이 뿌리박힌 이들 편견은 바른 성생활을 오도하고 있다. 그러나 사랑행위에 이르는 모든 과정은 황홀하고 매혹적이어서 우리들 생활에 생기와 활력을 불어넣어준다. 오늘날 성에 관한 정보는 온갖 매체를 통해 흘러나오고 있어서 사람들은 쉽게 정보를 접하고 교환하고 즐길 수 있을 만큼 넘쳐나고 있다. 이제 거짓된 성과 잘못된 굴레를 씌운 채 성을 여전히 금기의 대상으로 삼고 성을 밀실에서의 금지된 장난으로 무책임하게 방치할 수는 없게 되었다. 섹스는 자연스럽고 솔직한 인간적 행위이다. 인간은 성적인 존재이기 때문이다. 그러나 실제로 자라나는 아이들에게 자연스럽고 인간적인 성행위에 대헤 그 의미와 과정과 결과를 솔직하고 진지하게 가르칠 수 있는 교본이 없는 게 현실이다. 이 책은 인간의 성생활 전반에 관해 학문적으로 서술한 것이다. 물론 남녀의 상생은 섹스만으로 결정되는 것은 아니다. 상대의 사람됨에 홀딱 반해버리는 경우도 있을 것이다. 그러나 이혼사유의 필두로 들 수 있는 "성격의 불일치"가 실은 "성의 불일치"인 것이다. 남녀 간에 차지하는 성의 역할은 매우 중차대하다 할 것이다.

이번에 개정판을 내면서 새 性의 과학에서 실지 못했든 새로운 내용과 미흡한 점들을 보완하였다. 성교육은 전통적인 윤리의식만을 강요하여 성을 억압하고 금지하는 수단이 되어서는 안 된다. 건강하고 올바른 성문화에 대한 새로운 인식은 사회적 변화를 포용하고 새로운 가치관을 심어주며 우리 현실과 미래를 보다 밝고 풍요로운 사회로 이끌어 갈 것이다. 이 책은 여러 가지 어려운 성문제로 고민하고 있는 분들을 위해, 또한 효율적인 성생활을 설계하는 사람들을 위하여 직접 도움이 될 수 있는 지침을 마련하였으며, 가정에 있어서의 자녀교육과 학교생활에 있어서의 성교육의 지도를 위해 고심하고 있는 학부모와 선생님들을 위해서 좋은 안내서가 될 수 있도록 기획하였다. 끝으로 독자여러분들의 많은 조언과 편달을 기대하며, 이 책의 출판을 맡아주신 "월드사이언스"에 깊은 사의를 표한다.

2008년
2월 하 재청

저자 소개

하재청	부산대학교	명예교수
선우양일	동아대하교	자연대교수
류태형	부산대학교	자연대교수
김병기	부산대학교	자연대교수
조현욱	순천대학교	자연대교수
고현숙	신라대학교	자연대교수

차 례

제1장 성의 역사 _ 1

제2장 성기의 해부 _ 21

제3장 임신과 분만 _ 35

제4장 피임 _ 67

제5장 성의 생리 _ 85

제6장 성교 _ 97

제7장 에이즈 _ 141

제8장 성감염증 _ 158

제9장 성부전과 치료 _ 171

제10장 편집성애 _ 213

제11장 동성애 _ 229

제12장 포르노와 매매춘 _ 245

제13장 성폭력 _ 269

찾아보기

제 1 장 성의 역사

구석기시대
신석기시대
청동기시대
고대사회
고대아시아
아랍세계
중세유럽사회
18세기 및 19세기
에빙
20세기
프로이트
엘리스
재즈에이지
킨제이
성혁명
매스터스와 존슨
카플란
하이트

호모사피엔스가 존재한 첫 15만년의 인류의 성생활(sexuality)은 신비에 싸인 채 아무 것도 알려진 것이 없다. 초기인류가 성적으로 어떻게 행동했는지 우리는 다만 오늘날 영장류의 성행위와 성교체계의 바탕에서 추측할 뿐이다. 인간의 조상이 어떤 종류의 원숭이와 많이 닮았는지를 살펴보는 일은 교훈적일 수 있다. 원시인류가 부계사회를 이루고 있는 일부일처습관의 긴팔원숭이를 더 닮았는지 혹은 모계사회를 이룬 일처다부제의 침팬지를 더 닮았는지 또는 일부다처제의 고릴라를 더 닮았는지 알 수 있다면 그 해답을 찾을 수 있을 것이다. 일부다처제는 포유류에서 가장 일반적인 성교체계이다. 서구 성생활이 과학적 체제를 사용하여 연구를 시작한 것은 19세기이후부터였다. 이 시기이전의 성생활은 과학보다 종교적 요구에 의하여 행해졌다. 성은 과학적 정밀조사보다 도덕적인 주제였으며 초기그리스도교시대로부터 교회법과 로마가톨릭교회의 대칙서(大勅書)는 설교와 고백과 같이 육체의 죄악을 목록에 실었다.

서구문화에서 초기 그리스도교도들은 섹스를 사악한 것으로 보았다. 성 바울(Saint Paul)과 같은 초기 교회지도자들은 정신적인 발달을 위해 독신생활(금욕)이 필요하다고 주장하였다. 섹스에 관해 초기 그리스도교신앙에 큰 영향을 미친 성 아우구스티누스(Saint Augustine)는 정욕은 아담과 이브(하와)의 원죄였으며 따라서 섹스는 사악한 것이라고 믿었다. 그는 은총을 잃은 이브를 비난했으며 그것을 추종한 2세기 동안 여성은 유혹하는 자로 보았다. 성서의 창세기편에 의하면 이브는 그 실과를 따먹고 그녀는 또 그녀의 남편에게도 그것을 먹게 권하였다. 이에 그들의 눈이 밝아 자기들이 발가벗은 줄을 알게 되었다는 것이다. 이리하여 히브리문화와 그리스도교에 있어 여성은 남성을 유혹하는 것으로 보았다. 아우구스티누스는 만약 이브가 아담을 유혹하지 않았다면 정욕은 없었다고 믿었다. 즉 아담은 정욕의 모든 유혹적 자극에서 벗어나 평온한 마음과 원래대로의 신체의 순박한 상태를 가진 그의 처의 품에서 평화롭게 쉬게 되었을 것이라는 것이다.

중세기 중의 일반적 견해는 남성은 이성에 의해 지배되고 그들의 성적충동을 보다 제어하는데 반해 여성은 동물적인 욕구에 의해 지배되었다는 것이었다. 남성이 그들의 몸과 성적충동에 관해 갈망을 갖는다면 여성은 그들의 정욕을 일으킨 근원이라고 비난되었다. 여성에 관한 부정적 태도는 1500년대와 1600년대에 열광의 정점에 달하였으며 그로인해 여성이 몇 만이나 마녀로서 그들의 죄를 씻기 위해 화형에 처해졌다.

1900년대의 여성운동의 진전은 결국 성혁명(sexual revolution)으로 이어졌으며, 성적자유와 평등과 함께 여성을 위한 보다 큰 자주성이 확립되게 하였다. 성 아우구스티누스에서 현재까지의 시간경과에 따른 성역사의 흐름은 일반적인 견해로서 여성을 유혹하는 자로부터 무성적인 자로, 그리고 성적평등으로 발전해왔다. 에빙과 프로이트는 성생활을 본질적으로 위험하고 필요한 억압된 충동으로 보았으나, 엘리스, 킨제이, 매스터스와 존슨과 많은 다른 보다 최근의 성연구자들은 성생활을 보다 긍정적으로 보았다. 이들 현대주의자들은 성적표현은 개인의 행복을 위해 본질적이며, 동성애를 포함하여 적법한 성행위의 범위를 확대 추구하였으며, 여성성생활은 남성성생활과 동등한 것으로 보게 되었다.

구석기시대

구석기시대의 사회풍습이 일부일처제였는지 일부다처제였는지 단정할만한 근거는 없다. 여성에게 발정기가 없어진 결과 일부일처제가 가능하게 되었을 수도 있다. 그러나 가능성과 실제는 언제나 일치하는 것은 아니다. 가장 합리적으로 상상해 볼 때 인간이 처음에는 군혼성의 침팬지를 닮았을 것이나 문화적 훈련과 학습은 인간의 성교패턴에 큰 영향을 미쳤으며 인성이 발달함에 따라 생활양식도 변하기 시작하여 일부다처제로부터 일부일처제로 옮겨졌을 가능성이 크다. 인류가 지구상에 출현한 초기에는 특정한 성상대가 없는 군혼생활이 일반적인 생활 형태였다. 약 25만 년 전 동굴생활이 시작되었고 구석기시대의 동굴생활은 40-50명이 무리를 지어 살아가는 일종의 부족생활이었으나 남녀 간의 접촉은 같은 부족 내에서 일어나는 근친혼(incestuous marriage)이 주였다. 부부의 개념 없이 상대를 가리지 않는 형태의 성적접촉으로 군혼의 성격을 띠고 있었다. 그러나 차츰 부족 간의 협동체가 형성되기 시작하면서 각 부족 간의 접촉에 의하여 자연히 혈족혼보다 족외혼이 일반화되기 시작하여 점차 근친혼은 금기시하게 되었다. 이렇게 하여 수백만 년 동안 초기인류의 생활을 지배해 오든 근친상간의 관계가 종지부를 찍게 되었다. 혈족혼은 유전학적인 선택의 범위가 좁아 자연선택은 불가능하게 되어 급변하는 환경에 적응하기가 어렵다. 반면 족외혼은 유전자풀이 다양화해서 자연선택의 기능이 허락되어 진화에 필수적인 적응능력을 갖추게 된 것이다. 100만 년 전 지구상의 인구는 약 50만 명으로 추산한다. 신석기시대가 오기 직전인 B. C. 1만년경의 세계 인구는 300만 명으로 늘어났다. 이것은 상당기간 동안 인구가 거의 늘어나지 않았다는 것을 뜻한다. 인구가 6배로 증가하는데 거의 100만년이 걸린 셈이다. 영장류시대의 성교체위는 암컷이 수컷에게 엉덩이를 대주는 등뒤체위(후배위, 그림1-1)였다. 유인원시대의 등뒤체위에서 풍만하고 둥근 궁둥이를 보면서 최대의 성적만족을 느끼든 것이 성교체위에 변화가 와서 서로 마주보는 체위로 바뀌어 지자 여성의 궁둥이에 대한 남성의 열광은 사라지고 남성의 관심은 여성의 심벌인 탐스러운 유방으로 옮겨진 것이다.

그림 1-1
인류를 제외한 영장류는 통상 등뒤체위로 성교한다.

신석기기대

신석기시대는 지역에 따라 각각 다른 시기에 출현하였다. 중근동에서는 그것이 B. C. 8000년경에 일찌감치 시작되었지만 동남아시아에서는 B. C. 7000년경에, 그리고 유럽본토에서는 훨씬 늦은 B. C. 5000년에, 영국에서는 더 늦은 B .C. 4000년경에 각각 시작되어 인류의 생활양식에 혁신적인 변화가 일게 되었다. 가장 큰 변화는 식량을 주워 모으고 사냥을 하는 단계에서 곡식을 재배하고 야생동물을 가축화하는 단계에 이른 것이다. 이 경작기술과 동물을 사육하는 기술의 습득은 선사시대의 문화와 사회상을 급속히 변화시켰다. 많은 식량생산으로 식량 확보를 이루게 되자 더 이상 먹이를 구하여 떠돌아다닐 필요가 없어져 정착생활이 시작되고 가족이라는 개념이 생겨났다.

신석기시대는 지역에 따라 농경사회와 목축사회의 두 종류의 사회가 형성되었다. 농경사회에서는 농기구의 사용과 소의 가축화(B. C. 6000년경)에 따라 점차 남성의 역할이 중요하게 되었다. 목축사회의 유목민들도 계절에 따라 중앙아시아의 평원과 북유럽을 이동하면서 가축을 다루게 되므로 남성의 위치가 중요시되었다. 구석기시대가 끝날 무렵 세계 인구는 약 300만 명으로 추산되었으나 신석기시대에는 정착생활과 영양섭취의 개선으로 7000년 동안에 인구는 증가되어 약 1억에 달하였다.

그림 1-2
침팬지는 일처다부제의 모계사회를 이룬다.

청동기시대

그림 1-3
역사적 가공품은 흔히 음경을 과장된 형태로 표현한다. 음경은 때로 힘과 권위의 상징이다.

신석기시대가 끝날 기원전 1000년을 전후하여 청동기시대를 맞아 금속문화가 꽃을 피우면서 인간의 성문화에도 새로운 변화를 맞았다. 이 시기에 남성의 용맹성과 성적능력은 외부성기인 음경에 의해 표현되기 시작하였다. 이 남근상징(phallic symbol)은 이 시대의 여러 유물에서 발견된다. 남근은 태양에 비유하면서 태양신을 숭배하기 시작하였다. 고대 그리스나 인도에서 이 태양신은 남성의 상징과 남성우위를 표방하는 남성주위를 대표하는 상징이 되었다. 지금부터 약 3500년 전 경에 가부장적인 가장제도가 전 고대문화에 만연되었으며 남성의 사회적 성적지위가 확립되었다.

고대사회

역사는 거의 5000년 전에 기록되기 시작하였지만 B. C. 1000년 이전의 여러 사회의 성행위와 태도에 대한 서술은 많지 않고 정보는 제한적이다. 고대사회에서 근친상간(incest)에 대한 금기(taboo)는 이미 성립되어 있었고 남성은 여성보다 우월하다는 생각이 받아들여져 여성은 성과 생식가치를 가진 재산으로 생각되고 있었다. 남성은 자유로이 많은 여성을 거느릴 수 있었으며 매춘은 성행하였고 성은 거짓 없는 사실로 받아들여졌다. 그리스의 매춘은 부정적인 인식 없이 받아들여졌으며 그리스에서는 자위행위 자체를 부정적으로 보기보다는 도리어 광범위한 의미의 성적현상으로 보았다. 고대 근동 아시아에 살았던 수메르인의 사원매춘은 부족의 번식을 유지하기 위한 수단이었으며 여성에게는 선택권이 없었고 사원에서 남성과 동침을 하고 나야 여신에 대한 그녀의 의무는 끝나고 집으로 돌아갈 수 있었다. 고대 이집트의 성은 쾌락의 원천으로 성행위에 대한 금기는 거의 찾아볼 수 없었다. 근친상간이 관습적으로 이루어졌는데 이것은 그들 신화 속의 여신인 이시스(Isis)가 오빠인 남신 오실리스(Osilis)와 결혼한데서 연유하였다(그림1-5).

유대교의 출현과 함께 성적태도에 변화가 나타나기 시작하였다. 유대교에서는 혼외성교를 죄악시하였으며 간통은 10계명에서 금지되어있다. 동성애를 강하게 비난하였으며 자위행위를 오나니즘(onanism)으로 규정하여 죄악시하였다. 구약성서에 원천을 둔 유대법은 남편과 아내의 자연스러운 결합이외는 성관계를 인정하지 않으며 부부간의 성교도 오직 창조적인 출산목적을 위해서만 허용되었다. 고대 그리스에서는 어떤 형태의 남성동성애에 대한 관용과 열광마저 있었다. 성인남자와 사춘기를 지난 청소년간의 동성관계는 흔한 일이었고 이러한 동성애는 페더래스티(pederasty)라 하여 40세 미만의 남성이 소년의 도덕과 지적발달을 책

그림 1-4

빌렌도르프의 비너스.
인류학자는 비너스를 고대 번식력의 상징이라고 믿었다.

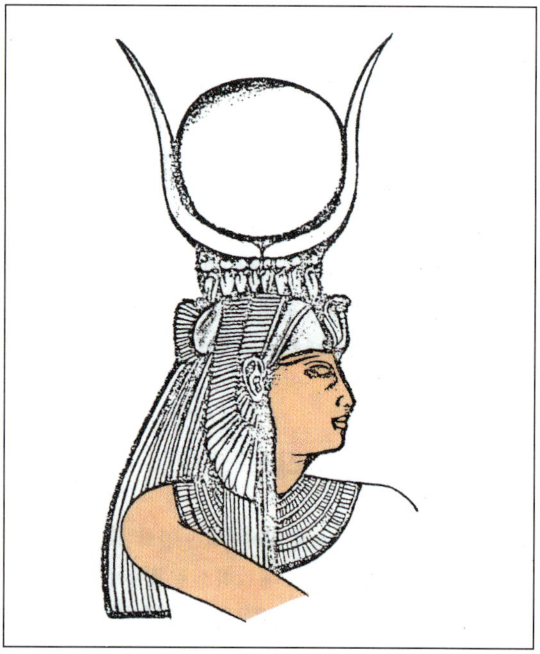

그림 1-5

이집트의 여신 Isis.

임지는 교육적 목적에서 생겨났다. 그러나 극단적인 동성애와 성인간의 동성애는 허용되지 않았으며 성인과 사춘기 이전의 소년과의 동성애는 불법이었다. 그리스인들은 육체미를 탐미하였고 성과 성행위를 삶의 쾌락의 원천으로 받아들였다. 그리고 동성애, 이성애, 양성애 모두가 사회로부터 받아들여졌다(그림1-6).

여성의 동성애는 레스보스(lesbos)섬에 거주했던 여류시인 사포(Sappho)가 소녀들을 위한 기숙사를 짓고 여류시인과 교류하며 시와 음률을 즐겼는데 이 소녀기숙사에서 여성동성애가 많이 성행하였다. 그래서 여성동성애가 성행했던 이 레스보스 섬의 이름을 따서 여성동성애자를 레스보(lesbo) 또는 레즈비언(lesbian)이라고 한다. 이것은 그리스신화가 동성애를 이성애보다 우위로 인식했기 때문이다. 고대 로마인 역시 그리스인과 마찬가지로 다양한 성적활동을 즐겼으며 동성애, 자위행위, 입성기성교, 매춘이 성행하였다. 줄리어스 시저도 남성노예와 동성애를 즐겼으며 매춘업은 로마의 최대의 산업으로 발전하였다.

성에 관한 그리스도교의 초기형태는 유대교와 그리스와의 혼합된 것이었다. 유대교는 신체적 정신적 사랑을 구별하지 않았으나 그리스로부터 빌려온 그리스도 교리는 육체적 사랑인 에로스(eros)를 정신적 사랑인 아가페(agape)와 분리했다. 기원 4세기경의 성에 대한 견해는 덜 완고하고 덜 부자

그림 1-6

고대 그리스에서의 사랑의 최고형태는 남성간에 표현되었다.

그림 1-7

많은 그리스 작품들은 성행위의 다양성을 노골적으로 묘사되었다.

그림 1-8

목욕하고 나오는 다이아나.
그리스와 로마시대에는 목욕문화가 매우 발달되었다.

연스러웠는데도 그리스도교는 성에 대하여 부정적인 태도를 취하였다. 성 아우구스티누스(Augustine, St.)는 음란의 부도덕과 정욕의 검은 강은 사회를 흐리게 한다고 믿었다. 그는 정욕은 에덴동산에서 아담과 이브의 전락으로부터 왔으며 이 죄악은 인간을 신으로부터 분리시키고 자손들에게 전달된다고 하였다. 그래서 아우구스티누스와 그의 동시대인은 결혼으로 맺어진 성은 다른 형태의 성보다 긍정적인 것으로 믿었다.

고대아시아

세계의 다른 곳도 서구와 마찬가지로 성에 대한 생각이 매우 다양하였다. 특히 이슬람세계, 인도와 고대 아시아의 성적태도는 훨씬 긍정적이었다. 힌두사회의 일부 계층에서는 성의 거의 어떤 분야든 받아들여졌으며 중국의 도교는 성은 경외할 무엇도 아니며 사악한 것으로 생각하지도 않았고 도리어 그것은 찬미해야할 행위였다. 아우구스티누스가 그의 고해성서를 저술한 거의 같은 시기에 편집된 카마수트라(Kama Sutra)는 인도의 상세한 성교본이다. 카마수트라는 중국의 도교와 마찬가지로 풍부한 성적쾌락과 변화를 예찬했고 신체적인 특성에 따른 여러 종류의 남녀의 성관계와 체위 등을 아주 세밀하게 기술하였다.

힌두교는 계급과 인종의식이 뚜렷한 종교로서 인도의 모든 생활영역에 지대한 영향을 미쳤다. 이에 따르면 백성의 신분은 네 계급으로 나누어졌다. 맨 위층은 브라만 다음으로는 크샤트리아, 바이샤, 수드라의 순이다. 이들 네 계급은 모두 피정복자보다는 신분상으로 우위에 있었으며 피정복자는 아예 신분상의 지위조차 없었다. 이 계급은 전생의 업보에 의하여 결정되며 전생에서 좋은 업보를 이루면 높은 등급으로 다시 환생할 수 있다고 믿었다. 비천한 사람도 바르게 살면 환생을 통해 신분이 높여져 결국에는 윤회의 사슬에서 해방될 수 있다고 하였다. 좋은 업보란 올바른 생활을 하는 일로 그것을 이루는 첫째 덕목이 다르마(dharma)이다. 다르마는 종교적 사회적 도덕적 의무를 완수하는 것을 의미한다. 그 다음은 물질적 풍요를 뜻하는 아르다(artha)와 쾌락과 사랑을 뜻하는 카마(kama)의 두 덕목이다. 아르다와 카마는 기본적인 인간본능을 인정하였으며 성은 중국의 도교와 마찬가지로 힌두교에서도 종교적 의무였다.

중국인들의 모든 사고의 중심을 이룬 것이 도이며 음양이 서로 조화를 이룬 상태를 도라고 일컬었다. 도의 개념을 중심으로 발달된 철학이 도교이다. 도교사상가는 인위적으로 짜여 진 인간사회에 속박

그림 1-9

다양한 성행위를 묘사한 인도 사원의 조각상.
인도인들은 성을 신에게 접근하는 수단으로 인식하였다.

그림 1-10

A.D.1천년경 인도의 힌두교 사원에서 발견된 에로틱한 조각.

그림 1-11

에로틱한 주제는 고대문화에 있어서 예술적 초점이었다.

되지 않고 자연과 완전한 조화를 이룸으로써 행복과 장수, 심지어 영생까지도 얻을 수 있다고 믿었다. 소녀경은 도학자들이 만든 종합적인 성 교본으로 음양과 남녀의 조화를 가르치기 위한 성행위의 지침서이다. 도교는 조용하고 직관적인 음의 신조였기 때문에 남성 못지않게 여성을 중요시하고 있다. 이 책에는 성교의 무한한 중요성과 유용한 성기법과 각종 성교체위에 관해서도 상세히 서술하고 있으며 성교로 인한 치료효과와 임신 중의 여성은 어떻게 처신해야 하는가를 자세히 설명하고 있다.

아랍세계

기원전 500년 동안 삭막했던 아라비아반도에 무함마드(Muhammad)가 아랍고유의 신앙과 유대교 및 그리스도교를 혼합시킨 이슬람교를 전파하였다. 이슬람은 복종을 뜻하며 그 추종자들은 모슬렘(Mos-lem)이라고 불렀다. 아랍인들은 새로운 이슬람신앙의 힘으로 지중해를 장악하고 위대한 페르시아문명을 정복하였다. 미개한 유목민이었던 그들은 어느새 유럽세계에 대한 위대한 문화의 전수자가 되어 예술과 기술을 곳곳에 전파시켰다. 여성이 남성에게 무조건 복종하는 것이 일반적인 관례로 되어있는 아랍사회의 일부다처제는 일부일처제를 유지하고 있는 그리스도교사회의 남성들에게 적지 않은 영향을 미쳤다. 무함마드이전에도 여성에게는 많은 사회적인 제약이 있었지만 그래도 어느 정도의 개인적인 자유를 즐길 수 있었다. 사회개념으로서 여성의 성 특질은 우리가 현대서구의 태도와 다른 문화의 태도와 비교하면 쉽게 알 수 있을 것이다. 예컨대 다분히 오늘날 여성과 여성의 섹슈얼리티(sex-uality)의 대부분의 부정적 견해는 이슬람문화에서 발견된다. 여성의 있어야할 공간은 가정이며 만약 그녀가 사람들 앞에 나서려면 그녀의 온몸은 그녀의 머리에서 발가락 끝까지 베일로 가려야한다.

그림 1-12

카마스트라의 한 삽화. A.D. 3-5세기에 저술된 인도의 성교본인 카마스트라는 성기법과 실제를 다양하게 묘사하였다.

그림 1-13

성 아우구스티누스(왼쪽)와 성 토마스 아퀴나스(검은 의상)는 성에 관해 초기 그리스도교 신앙에 지대한 영향을 미쳤다.

중세유럽사회

로마제국은 점진적으로 붕괴되어갔다. 400년에서 1000년까지 혼란과 불안이 계속되었다. 로마제국이 멸망한 후 14세기의 르네상스이전까지 약 1000년 동안을 그리스도교가 유럽사회를 지배하고 자유로운 성적표현과 성생활은 억압을 받게 되었다. 성은 원초적인 인간의 본능적 욕구로 본래는 자연스러운 것이었는데 인간의 역사, 특히 그리스도교회는 성행위를 생식을 위해서만 허용하고 그 외는 죄악시하여 성적표현을 억압하고 치욕스럽고 수치스러운 것이라고 하여 죄의식과 수치심을 불러일으키게 하였다. 이리하여 그리스도교회는 우선 성직자의 도덕성부터 확립하기 위하여 성직자의 결혼을 금지하고 11세기후반에는 성직자의 독신제도가 확립되었다. 이처럼 그리스도 교리는 성교를 사악한 것으로 규정짓고 생식목적 이외의 성은 억압하였다. 그러나 교회정책과 실제관습 간에는 괴리가 있

그림 1-14

마르틴루터는 카리스마적인 목사로 로마 가톨릭교회가 행한 것보단 성적 표현에 보다 관대하였다.

그림 1-15

청교도들은 간통을 강력히 비난했으나 혼전성교와 같은성적 표현에는 놀랄만큼 관대하였다.

그림 1-16

성직자들의 금욕생활의 서약은 특히 종교적 신앙에 일생을 바치려는 젊은 사람들에게는 결코 손 쉬운 약속이 아니었다.

그림 1-17

1600년대에 절정에 달한 궁중연애.

었으며 교회자체는 성문란의 온상이었다.

1600년대에 그 절정에 달한 궁중연애(courtly love, 중세기의 귀부인에 대한 절대적인 헌신을 이상으로 하는 기사도적인 연애풍습)의 출현과 함께 여성(적어도 상위층의 여성)은 숭배되고 낭만적으로 묘사되었으나 비 성적방법에서였다. 궁중연애는 낭만적인 것으로 처음에는 문학적인 공상에 지나지 않았으나 곧 현실세계로 옮겨지게 되었다. 궁중연애는 비현실적인 예술세계를 현실로 옮겨놓은 고전적인 사례로 교회의 권력이 절정에 달했을 때 나타난 근본적으로 비종교적인 사상이었다. 궁중연애시대 이후 머지않아 중세기를 대표하는 금욕주의의 상징인 정조대(chastity belt)가 얼굴을 내밀었다. 이들 장치는 아내의 정절이나 미혼여성의 처녀성을 보호하기 위한 도구로 사용되었다. 14, 15세기경에 대학의 출현, 중산계급의 형성, 산업의 발달 등 르네상스기간에 일어났던 사회적 변화는 전통적인 그리스도교의 윤리와 도덕성을 배제하게 되었다. 그리고 교회에 의해 억압되고 통제되었던 성에 대한 반발작용으로 그리스와 로마의 정신을 이어받고자 하는 사조가 일기 시작하였다. 16세기와 17세기에 있어서 유럽을 휩쓸게 했던 휴머니즘과 예술의 부활은 성적구속의 완화를 가져왔다. 마르틴 루터와 칼빈 등에 의하여 선도된 프로테스탄트의 개혁은 가톨릭교회가 행한 것보다 성에 대하여 일반적으로 덜 부정적인 태도로 옹호하였다. 루터는 스스로 수도승직을 버리고 수녀와 결혼했으며 남성과 여성의 성적욕구를 인정하였다. 그의 성적 태도는 거의 자유스러운 것은 아니었지만 그는 성을 본질적으로 죄악이라고 생각하지 않았으며 금욕과 정절을 미덕의 징표라고는 생각하지 않았다.

18세기와 19세기

18세기말 산업혁명에 의한 중산계층의 형성은 사회의 성적특성을 변모시켰다. 중산계층에 빅토리아니즘(Victorianism)을 특징짓는 순수운동이 퍼지기 시작하여 도덕성을 강조하는 사조가 사회전반에 뿌리내리기 시작하였다. 특히 영국의 빅토리아 여왕(Queen Victoria, 1819-1901)은 순수성과 도덕

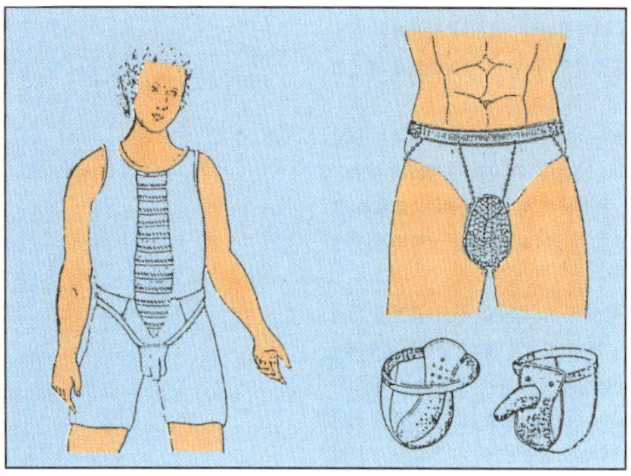

그림 1-18

빅토리아시대에 남성의 자위행위를 방지하기 위해 사용된 정조대.

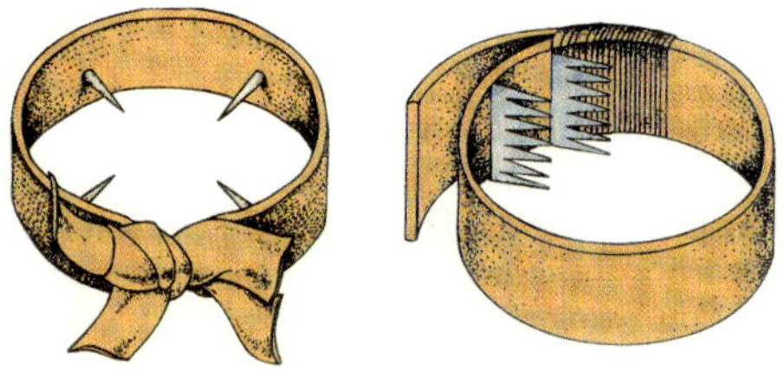

그림 1-19

음경고리.
수면중의 음경의 발기를 경고하기 위해 고안된 음경고리.

그림 1-20

빅토리아 여왕과 그녀의 남편 알바트공.
빅토리아 여왕은 순결, 정숙, 도덕성을 내세워 성을 엄격히 억압하였다.

성의 표상으로 인식되어 19세기까지 유럽에 영향을 미치게 되는 빅토리아시대(Victorian era)를 열었다. 검은 비단옷을 즐겨 입고 한 시대를 주름잡은 빅토리아여왕을 언급함이 없이 19세기를 논한다는 것은 불가능한 일이다. 빅토리아니즘의 정신은 순결과 순수에 의해 강요되는 성적억압과 강한 정숙감각에 있었다. 빅토리아시대 중 여성을 바라보던 방법은 완전히 방향전환을 보았다. 유혹하는 여자(temptresses)로서보다도 빅토리아도덕주의자의 대부분은 여성은 무성적이라고 생각했으며 이제 남성은 그들의 욕망을 통제할 수 없는 성적공격자로 보게 되었다. 여성의 성역할(gender roles)은 이 시기에 매우 고정관념적이었으며 그들은 남성에 종속하는 것으로 생각되었고 현모양처로서 그들의 역할은 충족되는 것으로 기대되었다.

결과적으로 빅토리아시대는 순결, 정숙, 분별력 등에 의하여 성적관념을 결정지었던 시대인 만큼 성은 엄격히 억제되고 한편 이에 대한 강한 반발이 있었던 논란의 시대였다. 이 당시는 성에 대한 어떤 이야기도 공공장소나 미혼여성이 있는 곳에서 하는 것은 안 되며 성에 관한 지식을 갖는 것조차 금지되었고 성적쾌락을 느끼고 즐기는 등의 성행위는 죄악시되었다. 따라서 많은 사람들은 성행위에 대한 죄의식을 느끼게 되었고 이런 강박관념에 사로잡힌 나머지 자위행위와 같은 성적행동은 정신이상과 여러 질병의 근원이 된다고 생각하였다. 반면 자제력이 강한 금욕주의자는 존경을 받는 사회풍조를 조성하여 성욕억제를 강요하였다. 따라서 자위행위, 피임, 동성애 등은 비자연적인 성생활로 간주되어 신랄한 비판을 받게 되었다. 이러한 성적관념은

그림 1-21

빅토리아시대의 남성들은 감정에 동요되지 않는 냉철함이 요구되었다. 아동들도 정장하고 작은 성인과 같은 취급되었다.

그림 1-22

청년기 소녀는 자위를 하는 동안 성적환상을 갖는다. 1760년대의 일본인 작가의 그림.

그림 1-23

보수적인 이란의 여성들.
이슬람교에서는 전통적으로 혼전성교나 혼외정사는 강하게 비난받는다.

극단적으로 비약하여 수면 중에 불수의적으로 발기되는 아침발기(朝陽, morning erection)조차 비도덕적인 것으로 인식하여 발기를 경고하는 음경고리(urethral ring)들 고안해 내기까지 하였다. 한편 여성에 대한 성은 더욱 엄격하였다. 여성은 성적충동이나 욕망을 느껴서는 안 되며 성에 관계된 이야기를 입 밖에 내서도 안 되었고 훌륭한 숙녀가 되기 위해서는 성에 대한 지식을 갖는 것조차 금지되었다. 19세기에 빅토리아니즘은 유럽에 큰 영향을 미쳤다. 성적억압과 규제로 성행위는 지하로 잠적하고 포르노문학과 춘화는 널리 읽혀졌으며 매춘은 음성적으로 성행하여 성병이 만연되었다.

에빙

19세기후엽에 독일의 정신과의사 에빙(Richard von Krafft-Ebing, 1840-1902)은 빈의 정신과의사로 가장 영향을 주는 초기 성연구자였다. 그는 1886년에 그의 가장 유명한 업적인 성적정신이상에 관한 출판물을 출간하였다. 그는 이 성적정신요법(Psychopathia Sexualis)이라고 하는 책을 통하여 배물성애자, 가학성애자, 피학성애자와 동성애자등의 광범위한 수집을 행하여 성행위의 변형에 관한 상세한 분류를 시도하였다. 그는 동성애(homosexuality), 가학피학성성애(sadomasochism), 배물성애(fetishism), 시간증(necrophilia), 동물성애(zoophilia)등과 같은 비전통적인 성적국면과 성의 정신치료요법에 공헌하였다. 그로 인해 그를 현대성학의 창시자라고 부른다.

20세기

19세기가 빅토리아니즘의 영향으로 금욕의 시대라고 한다면 20세기는 이러한 빅토리아시대의 원천적인 성의 개념에 일대변혁을 일으킨 성의 혁명시대라 할 수 있다. 20세기에 들면서 성생활은 보다 객관적인 방식으로 발전하기 시작했다. 빅토리아니즘이 아직 여러 범위에서 지배적이기는 하지만 앨버트 몰, 히르쉬펠트, 엘리스와 같은 진지한 과학자들의 업적은 프로이트의 동적인 학설과 연합하여 성적사고에 극적인 변화를 일으켰다.

그림 1-24
전남 남평지방의 입석.

그림 1-25
일본의 아스카니이마스신사(飛鳥坐神社)에서 모시는 미륵(남근)

그림 1-26

종족과 성적동향.
전통적인 라틴계 미국인들의 문화는 성역할에 강한 차이를 보인다. 남성은 가족을 지탱하고 보호하며 여성은 남성에게 순종하고 공손히 대한다.

프로이트

그림 1-27

프로이트와 그의 딸 안나.

빈의 의사였던 프로이트(Sigmund Freud, 1856-1939)는 성적특질은 인간행동의 모든 동기부여의 으뜸가는 힘이며 가벼운 모든 정신장애의 주요원인이라고 믿었다. 프로이트는 그의 환자의 불안, 긴장, 불행에 의해 특성을 나타내는 신경증 또는 정신장애를 이해하려는 시도에서 그는 무의식의 미지의 영역을 개척하였다. 만약 무의식적 동기를 의식하게 된다면 사람은 그 또는 그녀의 행위를 고칠 수 있을 것이라고 프로이트는 믿었다. 프로이트는 무의식을 개척하기 위하여 여러 기법을 사용하였다. 특히 그는 꿈의 의미를 분석하였다. 마음속으로의 그의 여행은 무의식적 욕구에 대한 행위에 있다고 하는 심리학계통인 정신분석학의 발달로 유도했다. 프로이트는 성생활은 출생 시에 시작된다고 믿었으며 이 믿음은 그를 다른 연구자로부터 분리시켰다. 프로이트는 정신성적발달, 즉 성심리를 5단계로 기술하였다. 제1단계는 구순기(oral stage)로 출생부터 한 살에 끝난다. 이 시기에 유아의 색정적 경향(eroticism)은 입에 집중된다. 엄지손가락 빨기는 에로틱한 쾌감을 일으킨다. 제2기는 1-3세간으로 항문기(anal stage)이다. 아동의 성적작용은 자기성애적으로 계속되나 쾌감부위는 항문으로 옮겨간다. 제3기는 3세에서 5세에 걸친 남근선망기(phallic stage)로 그들은 성기에 관심을 나타낸다. 6세에서 어린이는 제4기인 잠재기(latency stage)에 들며 이 시기에 그들의 성적충동은 비활동적이다. 사춘기에 그들은 제5기인 생식기기(genital stage)에 들며 이 시기에 그들은 성적작용, 특히 성교에 관심을 갖게 된다는 것이다.

프로이트는 유아 및 소아에 대한 성적특질의 실재를 명확하게 서술하였으며 구체적인 성심리발달설을 계통적으로 논술하였다. 프로이트는 성적특질에 관련된 많은 혁신적인 개념을 고안했다. 가장 잘 알려진 것은 외디푸스콤플렉스(oedipus complex)로 남자아이가 그의 어머니에게 무의식적으로 품는 사모가 그의 아버지에 대한 사랑, 미움, 공포와 라이벌의식 등의 복잡한 갈등을 수반하여 나타난다. 프로이트는 또한 소년은 두려운 형태의 벌칙으로 그들의 음경을 잃게 되지나 않을까 불안해하고(거세불안, castration anxiety), 소녀는 그녀 어머니를 두려워하는 한편 그녀 아버지를 사모하는 엘렉트라콤플렉스(electra complex)가 발달한다. 소녀는 음경을 갖지 않는다는 발견에 곤혹하고 음경선망(penis envy)을 느낀다고 믿었다. 6세경에 소년과 소녀는 그들의 성이 다른 부모에 대한 그들의 욕망을 단념하고 그들의 동일성의 부모와 동일시함으로써 해소된다. 이런 방법으로 그들은 그들의 남성과 여성의 주체성이 발달한다. 프로이트는 20세기사조의 화신으로 생각되었으나 지난 세대를 넘어 미국의 성연구자들 중 그의 영향은 쇠퇴했다. 가장 중요한 이유의 둘은 그의 경험론의 결여와 여성발달의 부적절한 기술이다. 그 제한 때문에 프로이트의 업적은 심리학의 일부영역에서 계속 영향을 미쳤으나 동시대의 정신분석학자 중에서마저 그의 업적은 근본적으로 수정되었다. 프로이트는 그의 풍부한 이론적 바탕으로부터 심리학적 문제로 유도하는 무의식적 모순을 평가하고 치료하기 위한 정신분석법을 엮어냈다. 많은 현대심리학자들이 프로이트의 계통적 논술에 동의하는 것은 아니지만 그의 정신분석법은 오늘날 널리 사용하고 있는 치료법으로 남았다.

엘리스

엘리스(Havelock Ellis, 1859-1939)는 프로이트와 동시대의 영국의사로 빅토리아시대의 사회적 영향아래 있으면서 성에 관하여 현대적 관점에서 연구하기 시작하여 20세기의 성적사상가와 개혁자에 가장 영향을 미친 사람의 하나였다. 그는 "성의 심리학적 연구"라고 하는 6권의 저서(1897-1910)를 출판하여 프로이트가 후에 저술한 소아의 성적특질에 관한 많은 것들을 앞서 예측하였다. 그의 가장 중요한 기여의 하나는 성적가치의 상관성을 지적한 것이었다. 19세기에 미국과 유럽은 그들의 사회의 우세한 성적확신은 오직 도덕적 자연적인 규범이라고 믿었다. 그러나 엘리스는 서구의 성적규범은 유일한 도덕적 규범이 아닐 뿐더러 그것은 반드시 자연에 근거한 것은 아니라고 입증하였다. 그는 모든 연령층의 남녀에 있어서 자위행위는 널리 받아들여지고 있으며 그것이 정신적으로나 신체적으로 어떤 심각한 문제와 관련이 있다는 증거는 없다고 주장하였다. 훌륭한 숙녀는 성적욕구를 갖지 않는다는 빅토리아시대의 관념에 이의를 제기하여 여성도 남성과 동등한 성적욕구를 가지고 있다는 것

A

B

그림 1-28

크리프트 에빙(A)과 해블락 엘리스(B).

을 분명히 했으며 또한 많은 성문제는 신체적 원인보다는 심리적인 영향에서 비롯된다는 것을 강조하였다. 엘리스는 빅토리아시대에 비정상이라고 생각했던 많은 행위를 포함하여 광범위한 행위는 정상이라고 주장하였다. 자위행위, 여성의 성행위는 정상행위이며 19세기에 죄악과 변태의 본질이라고 본 동성애도 재평가했다. 엘리스의 저술은 성행위의 다양한 특성에 초점을 두었으며 성행위의 변형에 관한 에빙의 견해에 영향을 받아 그 시대의 사람들이 언급하기조차 곤란했던 동성애, 가학성애, 피학성애, 근친상간 등의 여러 분야를 서술했다. 또한 엘리스는 성교육의 조기실시, 산아제한, 혼전실험동거 등을 주장하는 성연구의 선구자였으며 어떤 형태의 성행동이든 이해하고 수용하고자 했던 그의 태도는 성해방에 큰 영향을 미쳤다.

재즈에이지

세계1차 대전의 종말과 함께 빅토리아시대와는 극적으로 달라진 집단적 변화가 나타났다. 여성을 위한 경제적 자유의 증가와 자동차문화에 영향을 받아 성적자세는 점차 누그러져 20년대의 재즈에이지(Jazz Age)에 패션, 댄스 및 문학의 일치된 변화를 수반하게 되었다. 1919년경부터 급성장하기 시작한 피임법은 성생활을 더욱 자유롭게 하여 결혼과 성행위의 개념을 분리시켰다. 피임으로 인구증가율은 대폭 감소되어 핵가족제도가 출현하게 되었다. 1920년대에 라텍스고무의 제조로 콘돔의 사용, 자궁내장치, 피임용격막의 사용이 보급되고 경구피임약이 개발되자 임신의 공포로부터 해방되면서 1차 세계대전을 전후하여 주로 상류계층에서 시작된 성의 해방은 마침내 전 계층으로 파급되었다.

광란의 20년대(Roaring Twenties)는 주식시장의 붕괴와 더불어 1929년 말에 돌연히 찾아왔다. 생존과 관련된 경제적 대공황은 섹스를 앞선 것같이 보였다. 그러나 영국과 미국의 세계2차 대전의 참전으로 인한 삶과 죽음의 드라마는 대서양 양쪽에 있어 성행위의 패턴에 무차별적인 변화를 가져왔다.

남성군인이 참전과 해외임무 중에 성적기회를 이용하는 것처럼 여성은 남편이 해외로 나가있는 동안에 그들의 남자친구와 남몰래 행해지는 정사에 말려들었다. 전시의 불안정조건 속에서 많은 사회의 규범은 그 억제력을 상실하게 되었으며 젊은 남녀는 쾌락주의에 젖어들게 되었다.

한편 전쟁은 여성들에게 경제적인 자립을 가져다주었을 뿐 아니라 교육의 중요성을 인식시켜 여성을 가정에서 사회로 진출하는 기회를 마련했다. 급속히 진보된 서구사회는 경제적으로 풍요로워져 성의 관념 또한 다양해져서 이성애, 동성애, 자위행위, 혼전성교 등이 폭넓게 받아들여지는 사회가 되었다.

그림 1-29
연예인들은 흔히 젊은이들의 우상이다. 마돈나는 섹스심벌로 50대에서도 더욱 감성적이다.

킨제이

미국의 동물학자였던 킨제이(Alfred C. Kinsey, 1894-1956)는 미국의 성적정절과 미덕의 믿음을 영원히 파괴했다. 그는 여러 계층의 남녀 약 12,000명을 대상으로 광범위한 개별면담을 바탕으로 1948년에 그의 기념비적인 "남성의 성행동"을 발간하였으며 그로부터 5년 후 그는 "여성의 성행동"에 관한 킨제이보고서를 출판하였다. 킨제이보고서에 의한 혼전성교, 혼외정사, 동성애, 동물과의 성적접촉 등의 사실은 당시의 사람들에게 큰 충격을 주었다. 이 보고서에 나타난 중요한 발견은 보편적이라고 인정되었던 성행위와 그렇지 못하다고 생각되었던 성행위 모두가 일반인들 사이에 빈번히 행해지고 있다는 사실이다. 킨제이보고서는 사회의 주목을 끌었으며 단숨에 베스트셀러가 되어 수십만부가 팔려나갔다. 킨제이보고서는 방법론과 도덕적 기반에서 도덕률에 대한 반론이며 음란을 조장하는 것이라고 하여 신랄하게 비판되었으나 이러한 비난에도 불구하고 킨제이의 연구는 인간의 성적활동을 가장 완전하고 신뢰성 있게 분석한 것으로 높이 평가되었으며 다른 성연구자들에게도 지

그림 1-30
킨제이와 그의 부인.

대한 영향을 미쳤다.

킨제이가 그의 연구에서 발견한 것은 성행동에 있어 엄청난 다양성이었다. 남성 중 그는 매일 오르가슴을 갖는 사람과 수개월을 오르가슴 없이 지나는 사람을 발견하였다. 여성 중 결코 오르가슴을 갖은 일이 없었던 사람과 하루에 여러 차례 갖는 사람을 발견하였다. 그는 30세에서 단 한번 사정을 가진 남성과 한 주에 평균 30회 절정에 이른 사람을 발견하였다. 킨제이의 업적은 개인의 성적적응에 있어 자위행위의 역할을 재평가하여 "그것은 무해하며, 성교를 위한 대용은 아니나 성적쾌락을 마련하는 성행위의 다른 형태이며, 그것은 이성성교보다 오르가슴의 보다 확실한 근원이자 그 실행은 성교 중 오르가슴이 될 여성의 능력을 촉진하기 때문에 그것은 여성의 성생활에 중요한 역할을 행한다."라고 서술하였다. 킨제이는 많은 사람은 양성의 구성원과 성적체험을 갖는다는 것을 발견하였으며 동성애를 인정하였다. 그는 그의 연구에서 50%의 남성과 28%의 여성은 동일성의 체험을 가졌으며 남성의 38%와 여성의 13%는 이들 성교에서 오르가슴을 가졌다고 보고하였다. 더욱이 그는 성적선호는 개인의 생활시기 과정에서 변할 수 있다는 것을 발견하였다. 킨제이의 연구는 사람이 이성애 또는 동성애로 분류하는 것은 잘못된 것이라고 믿었다. 킨제이는 그의 연구결과로서 정상과 비정상간의 구별은 무의미하다고 주장한다. 엘리스와 같이 그는 성적차이는 정도의 문제이지 종류의 문제는 아니라고 주장했다.

성혁명

1960년대 초에 여러 요인이 성혁명(sexual revolution)에 영향을 주었다. 1956년의 경구피임약의 개발은 여성을 임신의 공포로부터 완전히 해방시켜 섹스를 즐길 수 있게 만들었다. 1960년대에 여성의 참정권이 인정되면서 실질적인 여성해방은 시작되었다. 여성해방운동의 궁극적인 목표는 여성이 인간으로서의 각자의 재능과 성적욕구를 인정받고 그것을 수행할 수 있는 권리를 확보하는 것이었다. 일부의 여성운동가들은 보다 더 자유로운 성생활과 여성의 성적만족을 극대화시키는 방향으로 여성해방운동을 주도해 나갔다.

지금부터 30년 전만 하드라도 결혼하지 않은 여성이 처녀성을 간직하지 못한다는 것을 큰 수치로 생각하였었다. 그러나 60, 70년대에는 미덕으로 생각하였던 이 처녀성의 여부를 현재는 더 이상 논란의 대상으로 삼지 않게 되었다. 50년대의 킨제이보고서와 비교하였을 때 현대여성들의 혼전성경험 비율은 엄청나게 증가하였다. 시민권운동과 더불어 60년대의 젊은 세대들은 그들의 정치적, 사회적 정의에 대한 의식의 상승과 함께 여성운동을 열렬히 받아들이게 되었으며 경구피임약은 그들의 성생활에 새로운 자유를 주었기 때문에 여성의 성생활이 점차 생활의 자연적 사실로서 받아들여지게 되었다.

매스터스와 존슨

센트 루이스(St. Luis)의 의사인 매스터스는 남성의 조루와 사정장애(지루), 여성에 있어 오르가슴결여와 같은 성부전의 치료에 흥미를 갖게 되었다. 매스터스는 그자신의 연구를 운영하기를 결정하였으며 수년 후 심리학자 존슨과 연합하게 되었다. 매스터스(William H. Masters)와 존슨(Virginia E. Johnson)은 1954년에 인간의 성반응의 생리에 관한 관찰과 기록을 위하여 실험실연구를 시작하였다.

그림 1-31
매스터스와 존슨.

그들은 남성 382명과 여성 312명에 대한 성적반응 주기를 자세하게 다루었다. 자위와 성교를 포함한 성행위의 1만이상의 행위 중에 전자장치를 사용하여 남성과 여성성기의 변화의 직접측정과 관찰을 혼합하여 수많은 연구결과를 관찰하였으며 그 결과를 종합하여 1966년에 "인간의 성적반응"이라는 저서로 출판하여 신속한 사회의 주목을 끌었다. 매스터스와 존슨은 남성과 여성의 성적반응은 생리학적으로 유사하며 여성은 음핵자극을 통하여 주로 성취한다는 것을 입증하였다. 질오르가슴의 신화의 파괴에 의해 매스터스와 존슨은 여성자위를 합법화했다. 매스터스와 존슨은 다양한 성적자극에 대한 인간의 신체 특히 음경, 질, 유방, 젖꼭지 등이 어떠한 반응을 보이는가에 대하여 최초로 과학적인 설명을 주었다. 이 연구를 위하여 개발된 행동요법은 성부전, 불임 등 제반 성문제를 갖는 많은 사람들에게 적용됨으로써 성혁명의 역사에 현저한 업적을 남겼다.

1970년에 매스터스와 존슨은 "인간의 성부적합성"이라는 책을 출판하였다. 이 저서는 그 이전에는 그다지 높은 성공률 없이 오랜 시일을 요했던 성문제의 치료에 대한 놀랄만한 접근이 기술되어 있다. 2주간의 단기치료프로그램으로 단지 20%의 실패율을 보인 행동요법은 획기적인 성치료방법으로 각광을 받게 되었다. 이 결과는 성치료라고 하는 새로운 직업을 탄생시켰으며 이후 10년 이내에 수천 개의 성진료소가 번창하게 되었다. 다른 치료법의 접근은 카플란과 잭 아논과 같은 의사에 의하여 발달되었다. 그들은 성적문제는 기본적인 노이로제나 성격장애의 결과가 아니라고 주장한다. 성적문제는 정보의 결여, 파트너간의 빈곤한 의사소통 또는 부부간의 대립에서 오는 결과에 불과하며 그들의 행동접근은, 음핵이나 음경자극과 같은 예습과 복습훈련을 포함한, 성문제의 성공적인 치료율에 놀라운 증가로 유도했다. 그들의 업적은 그들을 현대성치료의 개척자로 만들었다.

카플란

카플란(Helen Singer Kaplan)은 저명한 성치료 전문가로 성기능장애의 치료를 위해 행동요법과 심리요법의 복합을 주장하였다. 성치료의 심리요법은 카플란에 의하여 제안된 성치료의 한 형태로 매스터스와 존슨의 행동요법에 정신분석에 바탕을 둔 심리요법을 결합한 것이다. 카플란은 어떤 성기능부전은 그 징후가 보다 깊은 뿌리를 가지고 있어서 행동요법만으로는 치유가 안 되며 심리치료를 부가해야한다는 것이다. 성치료의 성과에 관한 그녀의 분석은 여성의 오르가슴부전과 같은 어떤 성기능장애는 매스터스와 존슨의 접근법을 사용하면 치료가 비교적 용이하지만 스펙트럼의 반대 끝에 위치한 성적욕구의 문제는 행동훈련요법으로는 성공률이 매우 낮다. 그 같은 경우의 환자를 위하여 심리치료요법이 필요하다는 것이다. 심리치료요법은 무의식적 대립의 발생 원인을 간파하는 것을 목적으로 하는 심리적 치료에 초점을 두고 행동훈련을 연합해서 실시한다.

이밖에 수십 종의 성에 관한 저서가 출판되었으며 그 중에서 컴포트(Alex Comfort)에 의한 "성의 즐거움"이란 책은 가장 성공한 것으로 900만부 이상이 판매되었다. 텔레비전방송은 또한 성혁명에 주목할 만한 힘이 되었고 다수의 프로그램은 이전에는 금기된 성적주제를 다루었다. 선정적인 영화는 훨씬 더 성적으로 숨김없이 표현되었고 홈비디오 시장의 초기에 포르노필름은 단일범주로는 가장 잘 팔리는 베스트 셀 품목이었다. 이 시기에 성적특질에 영향을 준 많은 다른 경향이 나타났다. 첫째로 결혼전단계로서 미혼동거가 증가하기 시작하였다. 둘째로 미국 고등법원에 의한 임신중절의 합법화는 안전한 낙태를 공인하였으나 이 시행의 도덕성에 관해 상당한 논란을 야기하였다. 셋째로 1974년에 미국 정신의학협회에 의한 동성애를 정신이상의 분류에서 삭제한다는 결정은 남성동성애자의 권리운동을 촉진시켰다.

하이트

그림 1-32

하이트.

1976년에 하이트(Shere Hite)에 의해 출판된 "하이트 보고서"는 여성의 성적특질의 새로운 견해를 마련하였다. 하이트는 1972년 초에 3,019명의 여성으로부터 성연구를 위한 설문조사에 대한 회답을 받았다. 그녀가 연구에 사용한 설문은 사지선다형의 문항과는 달리 여성의 성적특질에 관한 서술형의 질문으로 응답자는 그들이 원하는 바를 상세히 기술할 수가 있다. 보고서 중에서 흥미 있는 소견의 하나는 성교 중에 음핵의 별도자극 없이 오르가슴을 성취한다는 여성은 응답자의 26%에 불과했다. 그래서 하이트는 여성이 성적으로 성숙하는 데는 자위행위가 중요한 역할을 한다고 주장하였다.

하이트의 다음 보고서는 남성의 성적특질에 관한 것이었고 그녀의 마지막 3부작은 1987년에 출판한 "여성과 사랑"이었다. 응답한 4500명의 여성 중 77%가 남성으로부터 보다 인간적인 대우를 받기를 원하는 것으로 나타났으며 결혼 5년 또는 그 이상된 여성 중 70%는 혼외정사를 가졌다고 보고하였다. 하이트는 이것은 그들의 결혼생활에 사랑이 결여됨으로써 여성들이 결혼생활 밖에서 만족을 구하도록 유도하는 감각의 귀결이라고 결론지었다.

1970년대 후반에서 1980년대 초에 가공할만한 새로운 성감염증이 출현하였다. 일차적으로 이성성교에서 감염되는 성기헤르페스와 처음에는 동성성교와 양성성교의 남성에서 발견되었으나 곧 이성성교에서도 확산된 에이즈(AIDS)가 그것이다. 전 세계적으로 4,000만 명 이상이 에이즈바이러스에 감염되어 있으며, 에이즈유행성 성감염증은 근본적인 치료제가 없고 다만 증상을 가볍게 하는 항바이러스제가 있을 뿐으로 현재로서는 치명적이다. 성기헤르페스와 에이즈는 치유가 되지 않고 두 질병은 상대를 가리지 않고 행하는 난교에 연결되어 있다. 에이즈에 관한 홍보의 쇄도와 더불어 금욕이나 콘돔사용자수가 증가하였으며 감염되지 않는 성적 일부일처혼에 의한 예방의 실천과 함께 1980년대 후기에는 많은 사람들이 그들의 성행위를 다시 생각하게 되었다.

오늘날 우리가 중요한 것으로 보는 변화와 추세가 시간을 초월한 우리들의 성행위에 어떤 영구적 충동을 가져오게 될지는 우리들의 누구도 잘 알지 못한다. 앞으로의 1세기를 사학자들은 빅토리아시대와 같이 한 단어로 표시할 수는 없을 것이 분명하며 우리들이 확인할 수 있는 유일한 사항은 우리들의 태도와 행위는 계속 변할 것이라는 것이며 그러나 이들 변화가 어떤 방향을 취할지는 어떤 정확성을 가지고 예측하기란 불가능하다고 하는 것이다.

제2장 성기의 해부

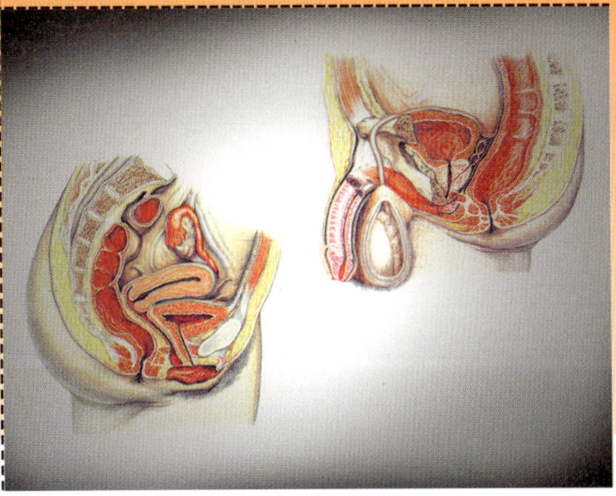

성기관(성기, sex organs) 또는 생식기관(genitalia)은 성생활과 생식에 관여하는 신체의 부분으로 성에 따라 그 구조와 기능에 차이가 있다. 남성과 여성의 성기는 발생초기에는 유사한 해부학적 구조로부터 그 발달을 시작하지만 유전자와 호르몬의 영향에 의하여 남성과 여성의 성기는 형태적인 차이가 확연해진다. 모든 사람은 결국은 음경은 무엇이고 질은 무엇인가를 알게 되지만 상당한 지식층에 있는 남성과 여성마저도 여성의 오줌은 그녀의 질을 통해서 나오는 것으로 알고 있다. 음경의 정상크기는 얼마이며 포경수술을 하면 성적쾌락이 줄어드는 것은 아닌가. 또는 큰 가슴은 여성의 색정적인 징후인가. 또한 부고환이 무엇이며 자궁경질부가 성적각성과 어떤 관계를 갖는 가 등 많은 의문에 대한 해답은 성기의 해부학습에 의하여 얻을 수 있을 것이다.

여성의 성기관

여성의 성기는 남성의 성기에 비해 매우 복잡해 보인다. 그것은 여성의 성기가 밖에서 볼 때 대부분 몸 안에 숨어있기 때문이다. 그래서 여성은 남성이 자신의 성기에 친숙한 것만큼 그들 자신의 성기에 대하여 친숙하지 못하다. 그러나 그 구조는 기본적으로 남성의 것과 동일하다. 여성 자신도 그 형태를 정확하게 모르는 경우가 적지 않는데 그것은 그들 스스로 그들의 성기에 관심이 적고 거의 손을 대지 않을 뿐 아니라 누 다리 사이를 보려고 하지 않는 경향 때문이다. 그렇지만 문제는 이 숨어있는 기관들이 때때로 자신의 존재를 드러내기 때문에 여성들이 아무리 애써서 그것을 무시하려고 해도 그것은 불가능한 일이다. 더욱이 행복한 성생활을 위해서는 여성성기관을 알아두는 것이 무엇보다 중요하다. 여성은 손거울을 이용하여 자신의 외음부를 자세히 관찰해 보기를 권한다.

여성의 성기관은 외부성기와 내부성기의 두 범주로 분류할 수 있다. 외부성기에는 불두덩(치구), 음핵(클리토리스), 대음순(바깥입술), 소음순(속입술), 질어귀(질전정)등이 있고 내부성기는 질, 자궁, 난관(자궁관), 난소 등으로 구성되어 있다. 여성에 있어서 외부성기구조와 질을 성기(genitals)라고 하며 불두덩과 항문 사이에 있는 외부성기구조를 흔히 외음부(vulva)라고 한다.

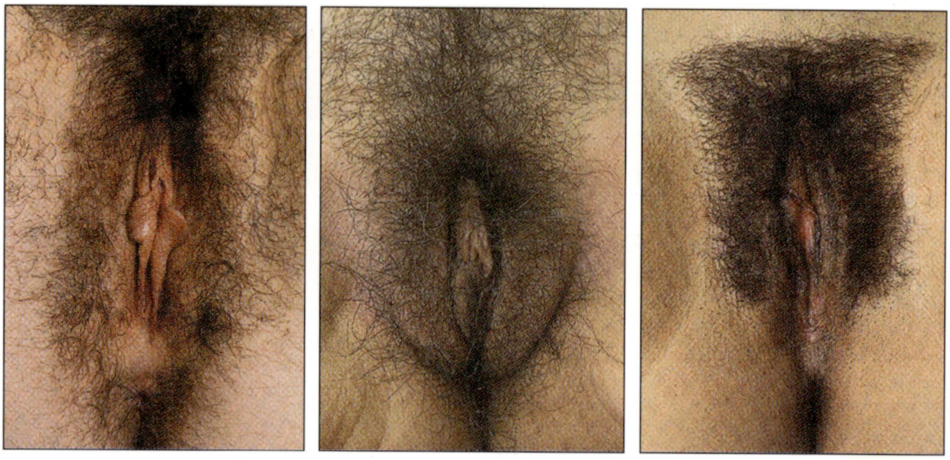

그림 2-1
여성의 외음부의 정상적인 변이.

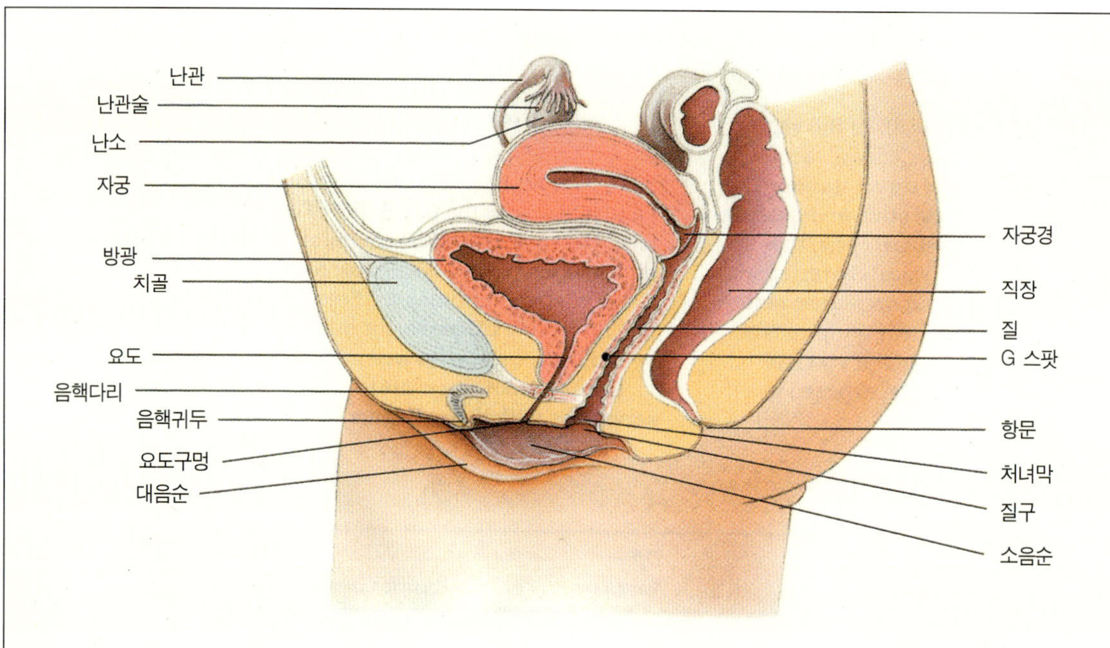

그림 2-2
여성성기의 내부구조.

불두덩

불두덩(치구, 恥丘, mons veneris, mons pubis)은 로마의 여신인 비너스(Venus)의 언덕이라는 뜻이며, 이것은 두덩뼈(치골, 恥骨)의 바로 위 부분에 있는 피부와 음모로 덮여있는 지방질의 둥글게 융기된 부분이다. 외관상으로 볼 때 외음부의 가장 두드러진 부위가 불두덩, 대음순, 및 소음순이다. 불두덩은 풍부한 신경종말이 분포되어 있기 때문에 이곳의 접촉 또는 압박자극은 성적각성으로 이어지며 많은 여성은 불두덩의 자극에 의하여 직접 음핵에 접촉한 것처럼 쾌감을 느낀다.

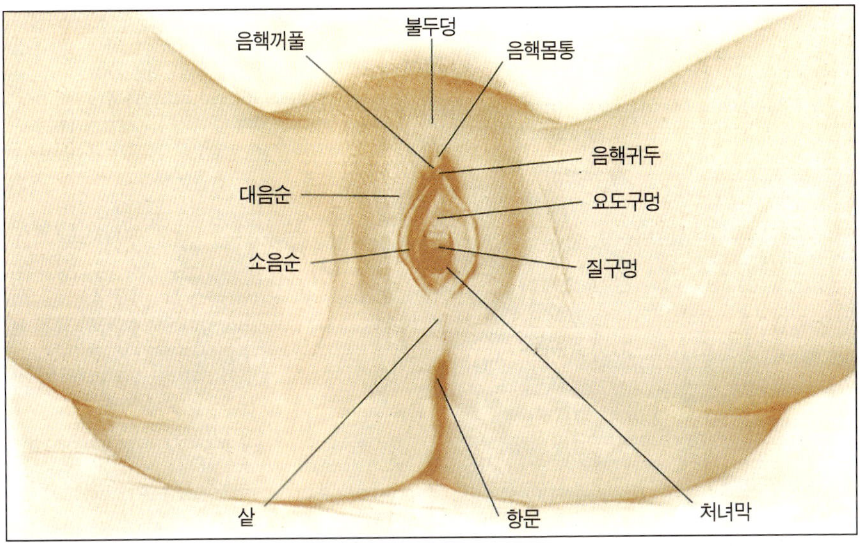

그림 2-3
여성의 외부성기

음핵

음핵(陰核, 클리토리스, clitoris)은 여성성기 중 가장 민감한 성감대의 중심으로 여성이 오르가슴을 얻는데 결정적인 역할을 하는 일급성감대이다. 음핵은 질어귀(질전정) 앞쪽좌우의 대음순이 합치는 곳과 소음순의 위 끝이 서로 만나는 곳에 위치한다. 음핵은 음핵머리(귀두), 음핵몸통 및 음핵다리로 구성되어있다. 음핵 중 유일하게 볼 수 있는 부위는 음핵귀두로 이 머리는 평균 0.5-0.8cm의 완두콩 정도의 크기이며 그것을 덮고 있는 음핵꺼풀(포피)을 가만히 밀어젖히면 다소곳이 얼굴을 내민다. 음핵전체는 음핵꺼풀로 둘러 싸여있고 이들은 음핵꺼풀주름띠(frenulum)를 이루어 소음순으로 연결된다. 음핵몸통은 남성의 음경해면체와 같이 두 줄기의 음핵해면체로 구성되어 있으며 음핵몸통은 나누어져 두 다리를 이루어 질 양쪽을 따라 대음순 아래로 뻗는다.

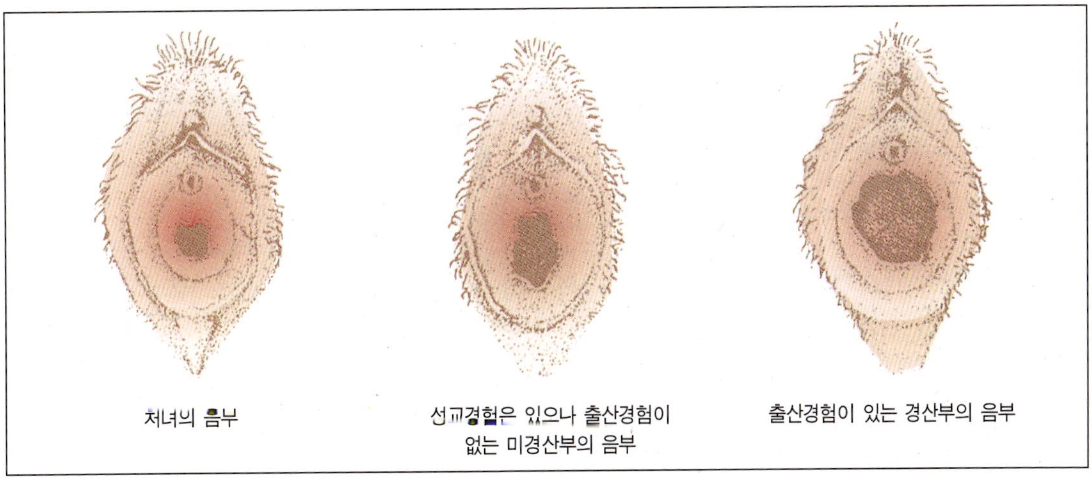

그림 2-4
여성의 외음부.

음핵은 클리토리스(clitoris)란 희랍어로 "숨어있는 것"이라는 뜻으로 성적흥분이 고조되고 오르가슴에 접근하게 되면 두덩뼈(치골)뒤로 숨어버린다. 그런 후 흥분이 저하되면 음핵은 다시 나타난다. 음핵이 성적으로 흥분하면 음핵귀두는 혈액으로 충혈 되어 발기되며 음핵꺼풀 밖으로 노출될 만큼 확대된다. 음핵은 원래 남성의 음경과 동일원기에서 형성된 것이지만 음핵이 음경과 다른 점은 자극되면 그것이 울혈되지만 통상 음경처럼 길어나지 않으며 오줌을 배설하는 배뇨기능은 갖지 않는다. 음경은 이처럼 여러 가지 기능을 갖는데 비해 음핵은 성적흥분 시에 발기되어 오로지 성적쾌락만을 받아들인다.

음핵의 크기는 비록 작지만 남성의 거대한 음경과 같은 수의 신경섬유가 분포되어 있어서 매우 민감하기 때문에 음핵귀두와 몸통에 직접 접촉하거나 강한 자극을 주면 불쾌감을 느끼거나 통증을 호소하는 여성도 적지 않다. 음핵의 크기와 모습은 다양하나 큰 음핵이 보다 강한 성적각성을 마련한다는 증거는 없다. 음핵의 포경수술(clitoral circumcision)은 음핵귀두를 노출시켜 보다 직접 접촉하도록 함으로써 여성의 성적반응을 증진시킨다고 생각하는 사람도 있으나 이 과정은 음핵꺼풀의 보호기능이 제거되기 때문에 과민한 음핵귀두에 흔히 통증을 가져오며, 성교 중 음경의 전진운동으로 소음순을 움직여 음핵꺼풀이 음핵귀두를 문지르게 함으로써 음핵에 간접적 자극을 가할 수 없게 된다. 많은 성학자는 음핵포경수술에 의한 음핵노출보다 덜 극적인 온화한 간접자극이 여성에게 성적반응을 보다 증진시킨다고 주장한다. 음핵에도 음경과 마찬가지로 꺼풀 밑에 때(치구, smegma)가 끼어 비위생적이므로 음핵꺼풀 아래를 깨끗이 씻어 내도록 주의해야한다.

대음순

대음순(大陰脣, labia majora)은 음핵을 사이에 끼고 있는 좌우의 주름으로 길이 7cm, 폭 3cm정도의 크기이며 위로 불두덩과 이어져있다. 그 내부구조는 다량의 지방조직과 얇은 평활근층으로 되어있고 땀샘, 기름샘, 신경종말이 풍부하게 분포되어 있다. 사춘기가 지나면 바깥쪽은 음모로 덮이게 된다. 대음순의 피부색은 살색에서 암갈색까지 다양하며 젖꽃판(유륜)의 색과 거의 같다. 성적으로 자극을 받지 않은 상태에서는 대음순은 통상 정중선에서 합쳐져 있어서 요도구멍과 질구멍(질구, 膣口)을 기계적으로 보호하고 있다. 그러나 여성이 성적으로 흥분하면 대음순은 충혈되어 팽창해지며 그녀의 샅굴부위(서혜부)로 향해 편평해진다. 이로써 여성의 성기는 열리게 되고 그들의 민감한 내부구조는 드러나게 된다.

소음순

소음순(小陰脣, labia minora)은 꽃잎처럼 보이며 대음순의 안쪽에 위치한다. 그 내부구조는 작은 혈관과 감각신경종말이 풍부한 해면조직으로 되어있고 지방세포는 없다. 소음순은 얇은 점막으로 덮이고 음모는 나지 않으며 이들이 감싸고 있는 부분을 질어귀(질전정)라고 한다. 소음순은 음핵 바로 위에서 만나 음핵볏이라고 하는 피부주름을 이루며 이 부위는 음핵꺼풀로 이어진다. 소음순은 평상시에는 닫혀있으며 성적흥분으로 소음순은 길어나고 두꺼워져서 그들이 때로 대음순을 지나 뻗어날 때까지 부풀어 오른다.

소음순의 모양은 개인차가 크다. 소음순의 길이는 약 6,5cm이며 폭은 1.8-3.9cm, 두께는 0.4cm정도이다. 소음순은 성경험이 많은 여성에서 잘 발달하고 폭은 넓어진다. 사춘기 이후는 얇고 닫혀있지만 이는 점차 부풀어 오르고 35세쯤에 최대가 되었다가 그 후 다시 편평해진다. 여성이 오르가슴에 접근하면 출산경험이 있느냐 없느냐에 따라 소음순의 안쪽은 핑크색에서 적자색으로, 바깥쪽은 핑크색에서 암갈색으로 색이 변한다.

질어귀

소음순으로 둘러싸여 있는 질어귀(질전정, vestibule of vagina)의 안쪽에는 바르톨린샘(Bartholin' s gland)이 있으며 그 분비물은 한때 성교하는 동안 여성의 질윤활액을 만드는데 중요한 역할을 한다고 생각되고 있었으나 지금은 성각성 중에 질의 윤활화에 중요한 기여를 하는 것은 아니고 다만 음순을 약간 적시는 역할을 한다는 것이 분명해졌다, 바르톨린샘은 남성의 망울요도샘(bulbourethral gland, Cowper' s gland)에 해당한다. 이 분비물은 남성의 발기처럼 여성의 흥분도를 나타내는 지표가 된다. 여성의 나이가 증가되면서 이 샘은 위축되고 분비액은 점점 줄어든다. 이러한 이유로 나이 많은 여성들은 성교 중에 음순과 질어귀가 젖도록 윤활제를 사용하여야 한다.

샅(회음)

대음순의 아래 끝에서 항문에 이르는 털이 없는 부위를 샅(회음, perineum)이라고 한다. 샅부위(회음부, 會陰部)는 그 내부에 성기에 연결되는 신경조직이 통하고 있어 접촉, 압박. 온도 등에 민감하여 성적각성의 원천으로 아주 중요한 성감대를 이룬다. 그 중심에는 힘줄이 있고 질과 항문을 둘러싸는 중요한 근육이 모여 힘줄을 이루어 그 기점을 형성한다. 또한 질, 항문 및 꼬리뼈를 연결하는 조임근(괄약근)이 8자형으로 교차하여 샅힘줄중심 8자근을 이루어 샅부위에 위치한다. 이 8자근은 질을 조우며 성교운동에 중요한 역할을 한다.

질

음핵의 아래쪽 소음순으로 둘러싸여 있는 질어귀(질전정)에는 요도의 작은 구멍이 있다. 여성의 요도는 방광으로부터 밖으로 유도하는 짧은 관(약 4cm)으로 이곳을 통해 오줌을 배출한다. 요도구멍의 아래쪽에는 요도구멍보다 훨씬 큰 질구멍(膣口)이 있다. 이곳에 바르톨린샘이 연결되어 있다. 질(膣, vagina)은 성적자극이 없는 상태에서 질벽은 서로 붙어있는 원통형의 근육질의 관으로 질은 풍선처럼 모양과 크기를 변화할 수 있는 잠재적인 공간을 가지고 있어서 출산 때는 유아가 통과할 수 있게 확대되기도 하고 음경의 둘레에 꼭 맞도록 크기를 조절할 수 있다. 질구멍은 평소에는 점막이 아래위에서 꼭 닫혀있어서 물 한 방울 들어가지 않지만 음핵 등을 자극해서 성적으로 흥분하면 질구

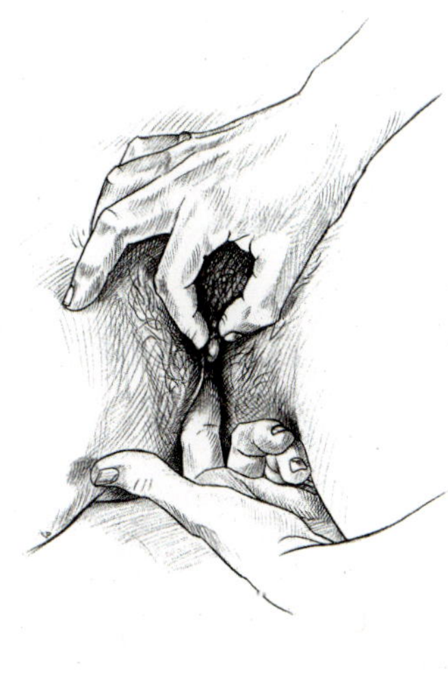

그림 2-5
노출된 음핵의 모습.

멍은 열린다.

질벽은 3층으로 구성되며 안층은 점막층으로 매우 두껍고 주름이 아주 많이 잡혀있다. 점막 밑에는 혈관이 풍부한 근육층으로 되어있다. 질의 안쪽에서 질이 자궁과 연결되는 부분에는 자궁목의 일부가 질 내로 돌출되어 자궁목질부(자궁경질부, 子宮頸膣部)를 이룬다. 출산경험이 없는 여성의 질의 길이는 뒷벽이 평균 8cm, 앞벽의 길이가 약 6cm정도로 남성의 발기시의 음경의 길이(12-18cm)보다 짧으나 질은 자유자재로 신축하고 그 바깥쪽에 부풀어 오른 음순이 있음으로 어떤 음경이라도 잘 맞도록 되어있다. 질의 폭은 처녀에서는 지름이 2-2.5cm, 성체험이 있는 여성에서는 4-4.5cm, 출산경험이 있는 경산부에서는 질구멍이 4,5-5.5cm정도까지 넓어진다.

질의 신축자재의 비밀은 그 벽의 구조에 있다. 질벽은 주름이 많이 잡혀있어서 음경이 삽입되면 그 주름이 펴져서 질은 넓어진다. 이 점막주름은 그 모양과 수에 개인차가 심하며 주름이 아주 많은 경우 음경둘레를 감고 꿈틀거리는 듯한 쾌감을 주기도 하고, 질조임근(질 괄약근)이 수축을 하면 말미잘처럼 꽉 조우는 질이 되기도 한다. 그러나 이 주름은 나이와 함께 그 높낮이와 탄력성이 줄어든다. 또한 질의 안쪽 벽은 그 대부분이 불수의근이므로 질의 몸통자체가 음경을 조인다고는 생각할 수 없고 성교 때 음경에 압력을 주는 것은 질 입구(질구멍)를 둘러싸고 있는 질조임근이다. 이 근육이 흥분에 의하여 수축하기 때문에 그 결과 음경이 조여져서 강한 성적자극을 받게 된다. 다만 질조임근의 수축성에는 개인차가 있으므로 느슨한 여성은 이 조임근의 수축훈련을 항문조임근과 동시에 행하면 누구나 음경을 꽉 조울 수 있는 명기가 될 수 있다.

질에는 분비샘은 없으나 점막층에는 풍부한 혈관이 분포되어있다. 여성이 성적자극을 받게 되면 질 바깥 3분의 1의 점막층에 있는 이 혈관얼기가 충혈이 되어 땀이 스며 나오듯이 점막의 혈관말단에서 윤활액(lubricants)이 스며 나와 질 내부를 젖어들게 한다. 윤활액(애액, love fluid)은 음경이 질 안으로 미끄러져 드나들기 쉽게 하는 일 외에 또 다른 기능을 가지고 있다. 이 액은 질 안의 화학성분을 변화시켜 산성을 낮추고 알카리성을 증가시키므로 정자에게 좀 더 쾌적한 환경을 만들어준다. 성적자극이 계속되면 빠른 사람은 거의 30초 이내

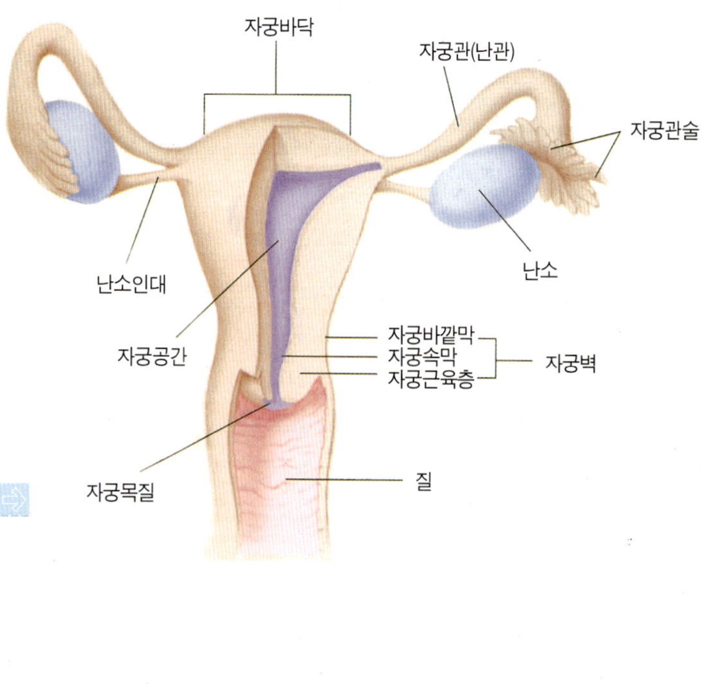

그림 2-6

여성의 내부성기.

에 질 안벽에서 10-100ml의 윤활액이 스며 나온다. 이 질액은 분비 초에는 무색투명하지만 음경이 삽입되어 성교운동이 행해지면 지방성분이 증가되어 점성이 생기고 흰색을 띤다.

질은 흥분되어있지 않을 때에도 항상 습하며 글리코겐을 함유하고 있는 이 분비물 속에는 각종 세균이 서식하고 있다. 이들 세균은 질에 침입하려는 해로운 병원균의 번식을 막아준다. 음경이 삽입될 경우에 질벽에서 삼출되는 윤활액에는 개인차가 있다. 사람에 따라서는 최초의 성교임에도 많은 양의 윤활액이 나와 침대바닥을 적시는 경우도 있으며 그 양이 적어서 삽입과 성교운동이 고통스럽게 되는 여성도 있다.

G스팟은 여성의 약 30%에서 발견되며 이는 통상 민감하지 않거나 성적각성이 높은 레벨에 이르러 오르가슴에 접근해 있지 않으면 검출할 수가 없다. 그것을 파악하기가 가장 좋은 시기는 오르가슴 직후이고 그 다음으로 좋은 시기는 오르가슴에 접근해 있을 때이다. 그러나 최근에 매스터스와 존슨 연구소의 연구에 의하면 질의 앞벽에 10%미만에서 고도로 민감한 지점이 관찰되었으며 현시점에서 G스팟이 뚜렷한 해부학적 구조로서 존재하는지를 확인하기 위해서는 더 많은 연구가 필요한 것 같다.

자궁경질부

여성의 성감에는 성경험에 의하여 단계가 있다. 섹스경험이 적을 때는 오로지 음핵에서만 쾌락을 얻으나 성적경험을 쌓아감에 따라 질에서도 충분한 쾌락을 얻을 수 있게 되어 오르가슴에 이르게 된다. 성경험이 많은 30대 여성이 되면 자궁경부 끝이 질 안으로 돌출된 자궁경질부(자궁목질부, vaginalis cervix uteri)에 음경귀두가 부딪히는 충격에 보다 깊은 쾌감을 얻게 된다.

질구멍의 위치

질구멍(질구, vaginal opening)의 위치는 여성에 따라 다양하다. 여성이 다리를 벌리면 성기의 양쪽에 마름모꼴의 오목한 부분이 생기는데 이 넓적다리 사이의 마른모꼴의 가장 돌출된 두 점을 이은 옆줄을 기준으로 그 선에 가깝게 질구멍이 위치하면 가운데질이라고 하고, 그것보다 위와 아래에 위치하면 각각 위질, 아래질이라고 한다. 여성의 약 67%는 질구멍이 중앙에 위치하며 약 24%는 위질, 아래질은 약 9%에 불과하다. 이 질구멍의 위치는 음경의 삽입과 관계한다. 가운데에 위치한 질과 위질은 남성상위의 성교체위에서 크게 문제될 것은 없으나 아래에 위치한 질은 항문 가까이 있기 때문에 남성상위체위로는 음경을 삽입하기가 어려워진다. 이 경우는 등뒤체위나 다른 체위에서 음경을 삽입한 후 남성상위로 체위를 전환하는 것이 좋다. 그러나 아래질의 여성이라도 심리적으로 질이 항문에 가까이 있다고 하는 것 외에 성기의 위치로 그 기능이 달라지는 것은 아니다.

위질(앞질)	가운데질	아래질(뒤질)
23.6%	67.5%	8.9%

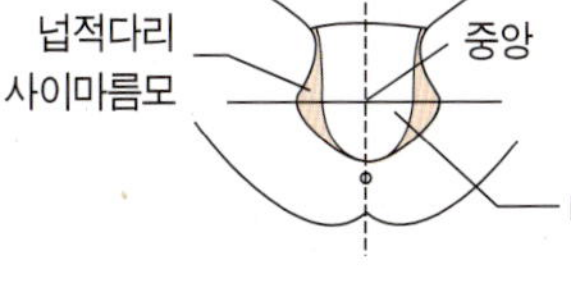

그림 2-7
질구멍의 위치.

처녀막

처녀막(處女膜, hymen)은 질구멍의 안쪽에 있는 얇은 점막주름으로 이 주름이 첫 성교에서 찢어진다고 해서 처녀막이라고 불렀다. 과거에 처녀막신앙이 강했던 시대에는 많은 남성이 처녀막에 지나친 가치를 부여해왔다. 그러나 처녀막이 있는 동물은 많지 않으며 인간의 처녀막이 무엇 때문에 필요한가에 대해서는 의문이다. 수세기 동안 처녀막은 순결성을 가늠하는 척도, 비너스의 정문을 지키는 파수꾼으로 여겨져 왔다. 그러나 하루에 몇 차례나 성교를 하고 애를 열둘이나 낳고도 질구멍에 순결의 깃발인 처녀막을 그대로 가지고 있는 여성도 있다. 그것은 어떤 종류의 처녀막을 가지고 태어났는가에 따라 결정되는 것뿐이다. 보통 첫 경험을 할 때 음경이 이것을 밀고 지나가면 상처가 생기고 반복해서 성교를 하게 되면 점점 찢겨져나가 거의 흔적도 남지 않게 된다. 어떤 경우에는 처녀막이 유연성이 있어서 상처가 나지 않고 그냥 밀려서 출산 후에도 그대로 남는 경우가 있다.

일반적으로 처녀막은 질구멍을 완전히 봉하고 있지는 않다. 처녀막의 형태는 사람에 따라 다양하며 매우 드물기는 하지만 처음부터 처녀막이 전혀 없는 여성도 있다. 또 반대로 구멍 없는 처녀막(무공처녀막, imperforate hymen)을 가진 여성도 있어서 그 때문에 사춘기에 월경혈이 고여 심한 통증을 일으켜 수술을 하는 경우도 있다. 이밖에 구멍이 하나만 있는 고리처녀막(annular hymen), 두 개의 구멍으로 나누어진 중격처녀막(septate hymen), 여러 구획으로 나누어진 체판처녀막(cribriform hymen)등이 있다.

처녀막은 다분히 성적으로 아직 미숙한 단계의 여성을 세균의 감염과 지나치게 빠른 성교에서 보호하기 위한 것일 것이다. 유아의 처녀막은 작고 두껍지만 질이 성숙함에 따라 늘어나고 얇아진다. 성숙한 처녀막은 신축성이 강해서 두 손가락을 넣어서 펴도 찢어지는 일은 없으나 때로는 많은 여성들이 첫 번째 성교를 하기도 전에 심한 운동이나 자위행위 또는 탐폰의 지속적인 사용으로 처녀막이 찢어지는 일이 많다. 그러므로 처녀막의 유무만으로 처녀인지 아닌지를 알 수는 없다.

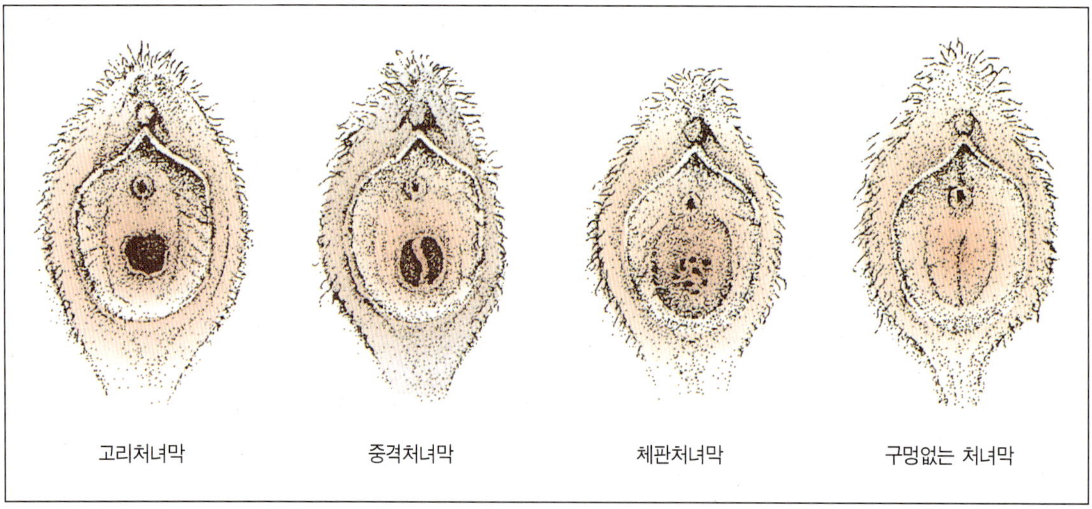

그림 2-8
처녀막의 여러형.

남성의 성기관

남성의 성기관은 외부에서 잘 볼 수 있는 것으로는 음경과 음낭이 있으며 내부 성기관으로는 고환, 부고환, 정관, 정낭, 사정관, 전립선, 요도 등이 있다. 남성에 있어서 관례적으로 음경, 음낭 및 고환을 성기(genitals)라고 하며 남성 성기는 여성성기보다 잘 볼 수 있고 접근하기가 쉽다. 음핵이나 질과 달리 음경은 오줌 누는 과정에 관여함으로써 소년들은 비교적 어린 나이부터 그들의 음경을 습관적으로 만지고 다루게 된다. 남자아이는 그의 음경을 보고 접촉하고 만지고 놀 때 그것이 발기해서 기분 좋은 경험을 함으로써 또는 음경의 성적 및 생식목적을 생생하게 묘사하는 이야기를 들음으로써 그들에 관해 학습하게 되지만 그럼에도 불구하고 많은 남성들은 성기의 해부와 기능에 관한 충분한 정보를 가지고 있지 못하는 것이 현실이다.

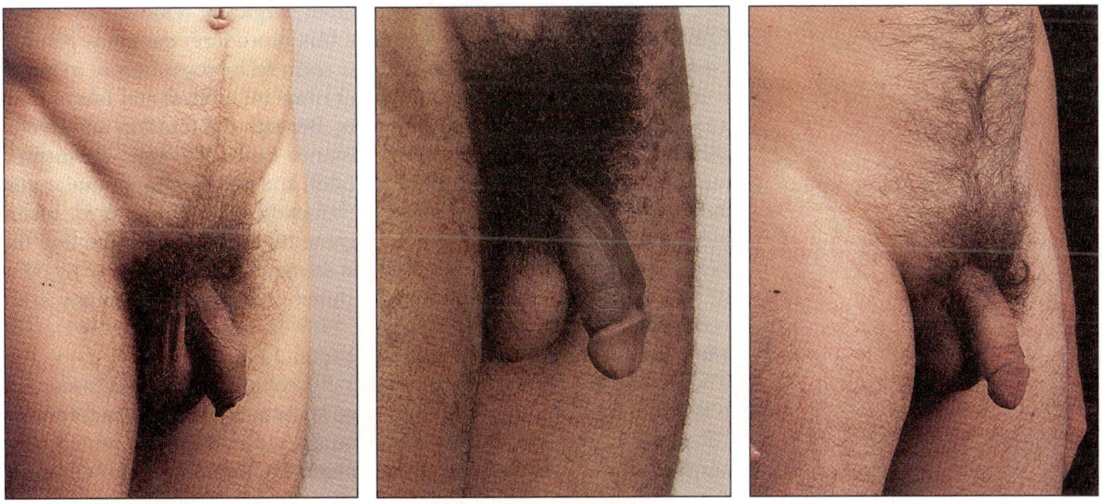

그림 2-9
남성의 외부성기의 변이.

음경

음경(陰莖, penis)은 남성의 외부성기로 여성의 외음부에 비해 그 체제는 단순하다. 음경은 3개의 발기성의 해면체로 구성되며 등쪽에 있는 2개의 음경해면체(corpora cavernosa)는 중심동맥이 분포되어 있으며 이들 해면체는 성적흥분에 의하여 압력이 상승되어 혈액으로 충만되고 그 결과 발기되어 질속 삽입을 할 수 있게 된다. 음경의 아래쪽에 있는 요도해면체(corpus spongiosum)와 귀두(glans)부의 충혈은 적어서 발기해도 다소 연한 감촉을 갖는다. 요도해면체와 귀두는 정자와 오줌의 통로인 요도를 감싸고 있다.

대부분의 남성은 자신의 성기의 크기에 큰 관심을 갖는다. 여성이 자신의 가슴의 크기에 관심을 갖는 것과 같은 이유이다. 여성의 풍만한 가슴과 음경은 섹스의 심벌이기 때문이다. 남성의 음경은 모양, 굵기와 길이가 다양하나 발기되지 않은 평상시의 음경의 길이는 6.4cm-10cm정도이다. 작은 음경이 큰 것보다 발기될 때 더 커지는 경향이 있어서 발기된 음경은 길이가 대개 비슷해진다. 비공식 세계기록을 보면 발기된 음경의 길이가 35.5cm, 지름이 7.5cm인 경우도 있지만 평균해서 발기된 음경의 길이는 약 15cm이다. 많은 남성이 자신의 큰

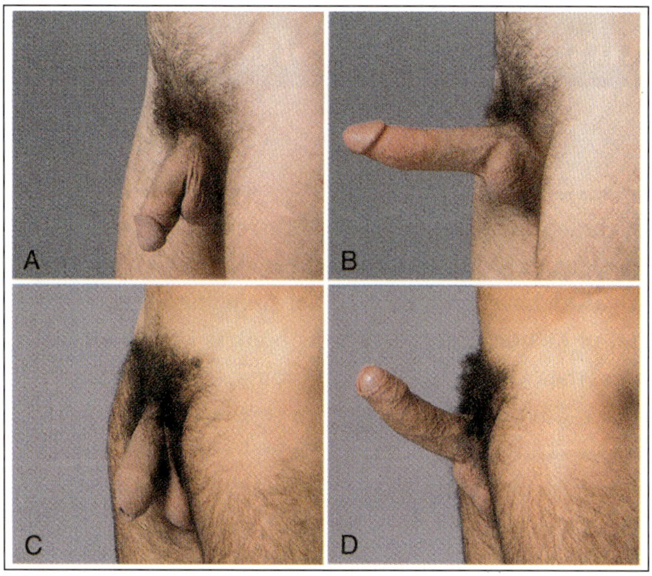

그림 2-10

음경의 두 모습.
왼쪽(A, C) 늘어난 상태, 오른쪽(B, D) 발기된 상태.

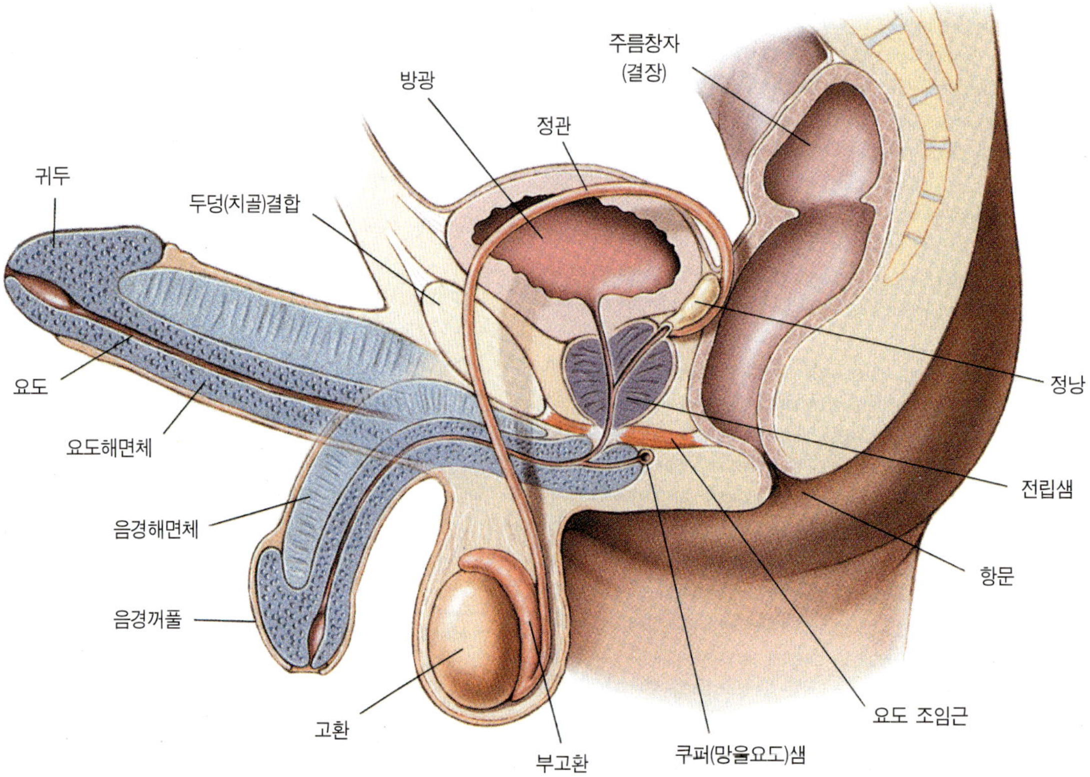

그림 2-11

남성 생식기계의 가로단면도.

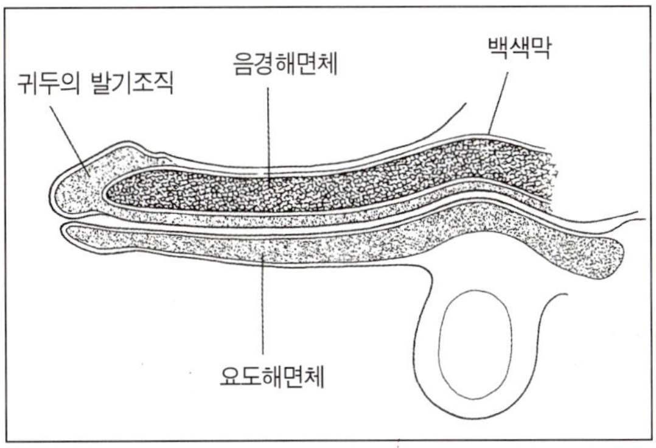

그림 2-12

음경몸통의 세로단면.

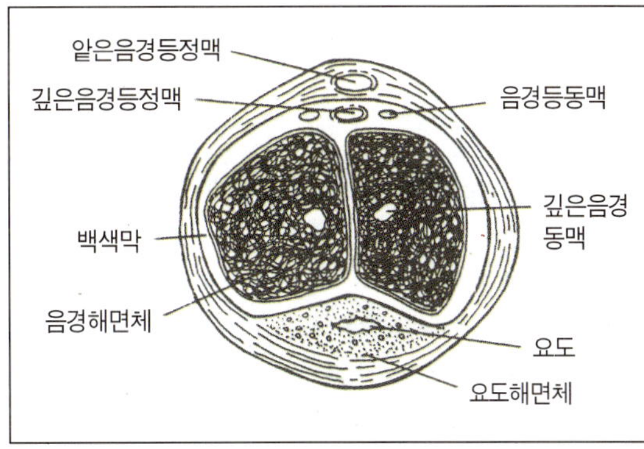

그림 2-13

음경몸통의 가로단면.

음경에 지나친 가치를 두고 있지만 대다수의 여성은 크기문제에 대하여 거의 중요성을 부여하지 않는다. 그것은 질이 출산 때에 산도로 쓰이도록 만들어져 신축성이 커서 음경의 크기가 여성의 질 내부에서는 아무런 차이도 만들어내지 못하기 때문이다.

음경의 기부는 두덩꼬리근(치골미골근, pubococcygeus muscle, PC근)속에 뿌리내리고 있으며 이들 근육과 음경뿌리는 걸이인대에 의하여 두덩뼈(치골, pubic bone)에 부착되어 있다. 이 걸이인대는 발기한 음경의 각도를 조정한다. 남성은 나이가 들수록 음경뿌리부분의 인대가 늘어나면서 각도도 떨어진다. 위로 향해서 꼿꼿이 서는 젊은 남성과는 달리 70세의 남성은 발기를 해도 아래로 처지는 것은 이 때문이다. 음경뿌리를 둘러싸고 있는 PC근의 특수훈련에 의하여 강하게 할 수 있으며 PC근의 훈련으로 보다 단단한 발기와 보다 큰 쾌락을 창조하는데 도움을 줄 수 있다.

음경머리 또는 음경귀두(glans penis)는 확장된 요도해면체로 구성되어 있으며, 이 부위는 음경몸통(penal shaft)보다 신경종말이 고도로 집중되어 있어서 물리적 자극에 특히 민감하다. 이밖에 접촉에 특히 민감한 두 다른 부위는 음경귀두와 음경몸통과의 경계를 이룬 음경귀두관(corona)의 앞쪽에 불룩하게 융기된 귀두관능선(coronal ridge)과 음경의 아래쪽에서 귀두에 부착되어있는 피부의 작은 삼각형의 주름인 음경꺼풀주름띠(frenulum)이다. 특히 음경꺼풀주름따는 여성의 음핵에 필적할 만큼 민감한 성감대로, 이는 음핵과 같이 발기했을 때 최고로 민감해진다. 이 꺼풀주름띠는 음경의 가장 민감한 부위이기 때문에 귀두관능선과 함께 그곳을 자극할 때에는 가장 느리고 가장 부드러운 접촉과 움직임을 적용할 필요가 있다. 신속하고 최대의 각성을 얻기 위해서는 음경꺼풀주름띠와 귀두관능선을 교묘하게 자극할 필요가 있으며 그 부위의 부드러운 혀와 입술자극은 특히 효과적이다.

음경꺼풀

음경머리는 출생 시 음경꺼풀(포피, 包皮, prepuce, foreskin)로 덮여있다. 이 꺼풀은 보통 귀두에 밀착되어 있으나 유아가 성장함에 따라 꺼풀은 느슨해지고 음경이 발기할 때 귀두가 충분히 노출될 수 있도록 뒤로 젖혀진다. 유태교와 이슬람 문화권에서는 남자아이가 태어나면 곧 할례라는 의식을 동하여 외과적으로 꺼풀을 제거한다. 그 외의 동서양 사회에서도 청결과 질병예방을 위하여 청년기에 이르면 외과적으로 음경꺼풀을 제거한다. 이 포경수술(circumcision)을 하고 나면 음경머리는 영구히 노출된다. 꺼풀을 제거하지 않는 남성의 경우 꺼풀 아래의 작은 샘(Tyson's gland)에서 분비되는 치즈 모양의 물질(치구, smegma)로 인하여 악취가 나고 세균감염률이 높아지므로 포경수술을 하지 않은 남성은 목욕을 할 때 꺼풀을 뒤로 완전히 젖히고 귀두 주위를 깨끗이 씻어야한다.

고환

음경뿌리의 아래 부분에 음낭(scrotum)이 있다. 음낭은 고환을 담고 있는 피부주머니이고 고환(睾丸, 정소, testis)은 두 개로 호두크기 만한 정자를 생산하는 샘이다. 고환은 처음에 배 안에서 발생하지만 출산 수주 전에 배 안을 떠나서 음낭 속으로 내려오게 된다(고환하강). 고환은 때로 배 안에 머무는 일이 있는데(잠복고환) 이 경우는 고온 때문에 고환이 적절히 기능을 발휘하지 못해 불임이 된다. 고환이 정상적인 정자형성기능을 하기 위해서는 체내온도보다 2-3도 낮아야한다. 만약 고환이 장기간 배 안에 머물면 정자는 죽게 된다. 그래서 고환과 음낭을 지탱하는 두 끈(고환길잡이, gubernaculum)이 온도를 조정하기 위해서 고환을 몸 안에서 음낭 속으로 끌어내린다. 단단한 팬티를 입는 남자는 고환이 몸에 달라붙어 음낭의 온도가 상승함으로써 때로 불임의 원인이 된다.

성적각성과 함께 고환은 팽창한다. 충혈되고 두꺼워진 음낭을 따라 고환은 오르가슴이 가까워지면 몸쪽으로 끌어당겨진다. 일반적으로 고환이 몸쪽으로 충분히 끌어당겨질 때까지는 사정되지 않는다. 고환은 정자생산과 호르몬을 만드는 두 기능을 가지고 있다. 정자를 형성하는 약 500m에 이르는 정세관(seminiferous tubules)은 서로 연결되어 단단히 꼬여서 공모양으로 되어있고 그 주위는 튼튼한 막으로 둘러 싸여있다. 정자형성의 전 과정은 약 70일이 걸리는데 이 과정을 정세관상피주기(cycle of seminiferous epithelium)라고 하며 정세관의 부위에 따라 파상적으로 발생이 진행된다. 호르몬은 정세관 사이에 자리 잡고 있는 내분비세포(간질세포 또는 라이디히세포, Leydig cells)에 의하여 남성호르몬(testosterone)이 만들어진다.

정자는 고환이 기능하고 있는 한 항상 형성되고 있다. 정세관상피에서 일련의 발생과정을 거치면서 형성된 정자는 고환을 떠나 부고환을 경유하여 정관으로 간다. 1회 사정에 평균 3-5ml정도의 정액이 방출되는데, 이는 1회에 2-6억의 정자가 사정된다는 것을 뜻한다. 남성 한사람이 일생동안 배출하는 정액의 평균 총량은 약 20리터이다. 남성이

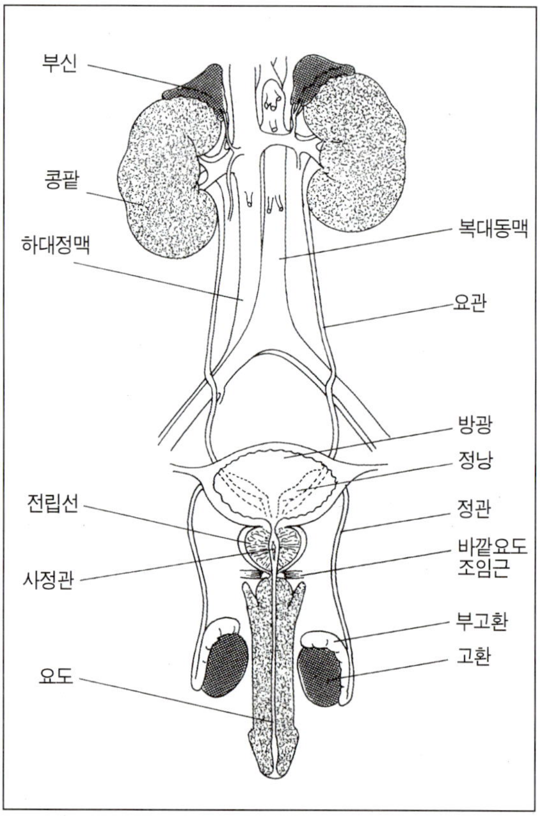

그림 2-14
남성의 비뇨생식기계통.

주 2회 사정한다고 가정한다면 60년 동안에 약 1조 8000억의 정자를 내보내는 셈이다. 여성이 평생 동안 400-500개의 난자를 배란하는 것과 비교하면 엄청난 수치이다. 인간의 정자생산량은 개인차가 있지만 하루에 5000만-1억개 정도이다. 그러므로 하루에 몇 번이고 사정하면 당연히 정자생산량이 따르지 못하게 된다. 따라서 3-4일에 1회 정도의 사정이 생산량에 적합한 사정빈도가 될 것이다.

신혼커플이 결혼 초에 아무리 성교를 해도 임신이 되지 않는다고 의사와 상담하는 일이 있는데 지나친 성교는 임신의 측면에서 보면 성교를 하지 않는 것과 같은 결과를 가져온다. 한편 항간에 50세가 지나면 성교는 해도 사정하지 않는 것이 좋다는 말이 있으나, 고환에서 매일 5000만-1억 정도의 정자가 생산되고 있으므로 금욕보다는 규칙적인 사정을 하는 것이 바람직하다. 금욕을 해도 정자는 몽정이나 자연누출 등으로 체외로 배출되거나 배출되지 않는 것은 체내에서 파괴 흡수됨으로 정자가 축적되어 폭발할 염려는 없지만 장기간 사정하지 않으면 정자는 운동성을 잃게 되고 수정 능력도 저하됨으로 적당한 사정이 수정을 위해서도 필요하다.

부고환

변태가 완료된 정자는 정세관의 수축과 섬모운동에 의하여 각 고환의 등쪽에 있는 부고환(부정소, epididymis)으로 옮겨진다. 부고환은 약 6m에 이르는 심하게 꼬인 가는 관으로 정자가 이곳을 통과하는데 약 한 달이 걸린다. 부고환에 머물고 이곳을 여행하는 도중에 정자는 점차 수영을 배우고 수정하는 힘을 얻게 된다. 즉 정자는 운동성이 없는 꼬리를 달고 부고환에 들어오지만 그곳을 떠날 때는 유능한 수영선수가 되는 것이다. 부고환은 정자의 저장소로서의 역할을 갖지만 장기간 사정이 일어나지 않으면 정자는 퇴행변화를 겪거나 죽게 되어 큰포식세포(대식세포)에 의하여 포식 흡수된다.

정관

정자의 저장은 부고환과 정관(精管, vas deferens)의 역할이다, 사정전의 정자의 약 70%는 부고환의 꼬리부분에 수 주 동안 저장되어 있다가 정자가 완전히 성숙되었을 때 천천히 정관으로 이동하여 그곳에 머물면서 사정을 기다린다. 사정되기 전의 정자는 정관팽대에 모이지만 이곳이 꽉 차면 정낭이 임시창고가 된다. 이 정낭이 꽉 차면 넘쳐흐르는 정자는 자연히 요도로 밀려나와 오줌과 함께 배출된다. 좌우의 두 정관은 길이가 각각 약 40cm되는 긴 관으로 음낭을 떠나 방광 뒤를 굽어서 정관의 끝 부분에서 정낭과 합쳐져서 사정관(ejaculatory duct)을 형성한다. 사정관은 이어서 요도와 연결되어 음경 끝으로 유도된다.

정낭

정관의 꼬리부분에 있는 정낭(精囊, seminal vesiclc)의 주 기능은 정자에게 유동성을 부여하고 영양을 제공하는 액체(정낭액)를 분비하는 일이다. 정자는 성교 중에 사정관으로 이동하고 동시에 정낭액과 전립선에서 만든 전립선액이 합쳐져서 정장액을 이루며 이정장액에 정자가 섞여서 정액을 이루어 요도로 방출된다. 정낭액에는 과당이 포함되어 있어서 정자의 활동을 위하여 필수적인 영양원이 된다. 정자는 그것을 흡수함으로써 에너지에 넘친 운동을 전개할 수 있게 된다. 정낭액은 정액의 약 70%를 이루며 염기성이어서 남성요도와 여성의 질의 산성을 중화시키는 역할을 하고 프로스타글란딘(prostaglandins)이란 호르몬을 함유하고 있어서 자궁과 난관(자궁관, 나팔관)을 수축시켜 정자의 이동을 돕는다. 또한 정낭은 사정하지 않아 자연히 남아있는 정자를 분해해서 흡수하는 능력을 갖추고 있다.

전립선

전립선(전립샘, prostate)은 방광 바로 아래에 있으며 그 가운데를 통과하는 요도(전립선요도)를 둘러싸고 있다. 전립선은 근육과 샘부분으로 구성되어 있으며, 정상적인 크기는 호두정도로 무게는 약 20g전후이다. 정자가 살아서 활동하기 위해서는 정장액(seminal plasma)이 필요하다. 정장액의 약 30%는 전립선에서 분비되는 전립선액으로 이것에는 피브린이라고 하는 섬유소가 들어 있으며 이 피브린은 공기와 접촉하면 한천과 같이 응고하는 성질이 있다. 사정한 정액을 그냥 방치해두면 얼마 안 가서 응고하는 것은 이 때문이다. 그러나 정자는 이 점성이 있는 액체 속에서만 자유로이 운동할 수 있다. 또 전립선액에는 세균에 대한 살균능력이 있어 요로 감염을 어느 정도 방어할 수 있다. 정장액의 분비는 일종의 반사작용으로 마치 음식물이 입안에 들어오면 반사적으로 침이 분비하는 것과 마찬가지로 성적자극을 받게 되면 정낭과 전립선에서 반사적으로 정장액(정낭액 + 전립선액)이 분비된다.

전립선의 바로 뒤에 직장이 있기 때문에 고무장갑을 끼고 집게손가락에 젤리를 묻혀 항문에서 가만히 손가락을 넣어 직장 앞 벽에 있는 전립선을 촉진할 수 있다. 전립선은 사춘기가 되면 남성호르몬의 영향으로 조금씩 커져 30세에서 절정에 이르러 20g내외의 크기가 된다. 그 크기는 45세 정도까지는 변화가 없으나 그 나이가 지나면 노화로 인해 서서히 작아지는 사람과 역으로 서서히 커지는 사람이 있다. 본래 인간의 장기는 나이의 증가와 함께 점차 위축되는 것이 일반적이나 전립선의 경우 대부분 커져서 전립선비대증(prostate enlargement)이 된다. 40대 후반에서 조금씩 커져서 50대에서 60대가 되면 약 25%에서 전립선비대증이 발생하며 80세가 되면 그 비율은 더욱 높아져 남성의 약 50-60%에 이른다.

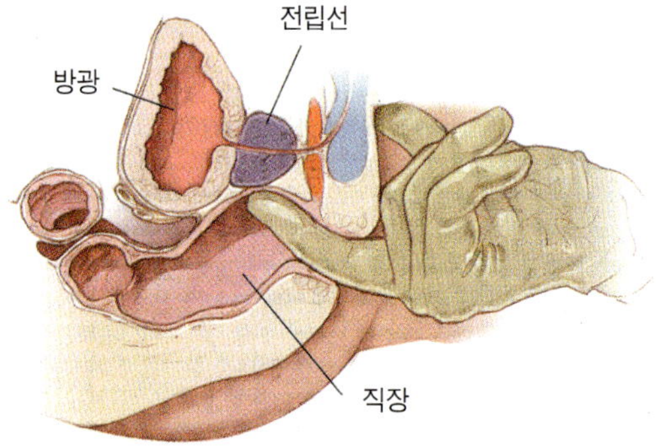

그림 2-15
방광과 전립선의 단면도.

제 3 장 임신과 분만

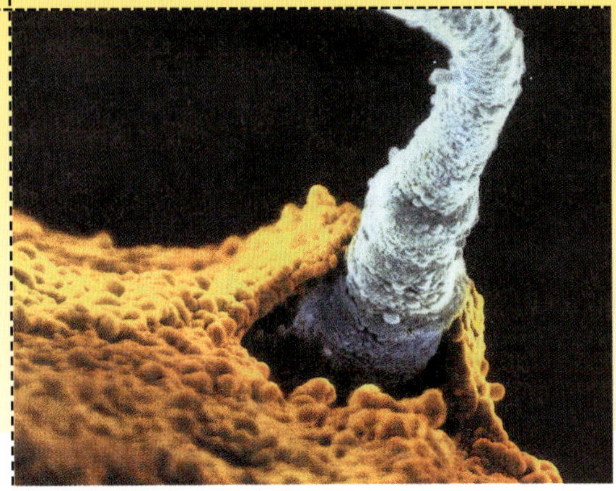

섹슈얼리티

인간은 탈모로 노출된 피부를 손으로 서로 애무하고 언어를 구사하여 의사의 전달이 깊어지는 가운데 거대화된 성기에 의한 서로 마주본 성교체위는 쾌감을 한층 확대시켜준다. 이러한 변화는 인간을 생식목적뿐만 아니라 성행위에 수반하는 쾌락을 추구하게 만들었고 남성이 여성을, 여성이 남성을 희구하게 하였다. 이로써 섹스에서 사랑의 도전에로의 승화가 시작된 것이다. 동물 중에서 인간의 여성의 가슴만이 크게 발달했다. 인간의 가슴만이 왜 커졌는가는 영원한 수수께끼이지만 직립두발보행과 대뇌의 진화에 밀접하게 결부되어 있는 것으로 추정하고 있다. 인간의 가슴이 커진 것은 젖을 빨리기 위해서는 아니다. 젖꼭지밖에 없는 암원숭이도 훌륭하게 새끼원숭이를 길러낸다. 원숭이는 발정기가 되면 엉덩이를 붉게 종창케 하여 수컷을 유인하지만 인간의 여성은 그 대신 영원히 부풀어 오른 성피를 섹스의 심벌로서 가슴에 갖게 된 것이다. 동물에 비하여 인간의 이성에 대한 애정표현은 항상 섹시한 것이다. 인간의 문화는 또 섹시함의 다양한 인자를 만들어냈다. 말을 교환하지 않아도 상대에게 전달할 수 있는 풍부한 표정, 몸짓이나 손짓, 여성에게 많은 교태와 높은 톤, 풍만한 가슴, 매끄러운 피부, 거대화된 성기 등이 그것이다. 그것은 몸과 몸짓뿐만 아니라 화장이나 의상으로 몸을 치장하고 말로서 사랑을 전달한다. 인간은 스스로의 힘으로 동물적인 구속에서 벗어난 것이다. 섹시의 기준은 나라에 따라 시대에 따라 변화한다. 한 세대 전에 남성이 구하는 성적매력은 큰 가슴, 붉은 입술, 아름다운 눈, 갸름한 손가락, 꽉 죄인 허리와 탐스러운 엉덩이였던 것이 최근에는 미에 대한 인식이 이들 외에 지성, 세련성, 정열적, 생기가 넘친, 발랄한 것으로 변해왔고 현대의 남녀에 있어서 내용의 충실성이 더욱 요구되고 있다.

성은 섹스(sex)라고 말하고 성행위 그 자체를 의미하지만 성에는 본능적 욕구가 담겨져 있어 본능에 의해 성행위를 하고 새 생명을 만드는 것을 의미한다. 성은 현재 남성과 여성을 표현할 때도 사용되지만 성은 이제 성행위 자체만을 지칭하는 것이 아니고 출산을 포함한 다소 넓은 뜻으로 사용한다. 그래서 그 사람의 성의 본연의 자세를 뜻하는 말로 등장한 것이 섹슈얼리티(sexuality)이다. 섹시(sexy)라는 것은 이 섹슈얼리티를 이성에게 나타내는 말이다. 그러므로 외모만이 그 사람의 성의 존재방식을 표현하는 것은 아니다. 우리들의 머릿속에 그리는 섹시는 엄청난 정보에 의하여 만들어지는 3차원적인 것이다. 인간의 3대 본능은 성욕, 식욕, 집단욕이다. 인간은 사랑을 잃게 되면 죽게 되지만 성욕은 오랜 기간돈안 잘못된 취급을 받아왔다. 어떤 집단 속에서 누군가 배가 고프다고 하면 그 누구도 이상하게 생각하지 않는다. 또 혼자 있어 외로워 운다고 해도 동정은 할망정 이상하게 생각하지 않는다. 하지만 어떤 형태로든 성에 관해 이야기하면 모두 이상한 눈으로 바라본다.

애초부터 성을 동물적인 생식이라고 하는 좁은 범위로부터 해방시킨 것은 인간이었지만 언제부터인가 인간은 이 성을 역으로 은폐하기 시작하였다. 말하자면 성에 관해서는 앞과 뒤가 있는 것으로 만든 것이다. 이것이 현실적인 인간의 성의 존재방식이다. 여성이 있어서 남성이 있고 남성이 있어서 여성이 있다. 비록 어떤 생활을 하고 무엇을 하고 있든 간에 남성과 여성은 서로 사랑하도록 되어있다. 성의 금기가 아무리 엄한 시대에도 남의 눈에 뜨이지 않게 법을 잽싸게 빠져나가 남녀는 정을 주고 받아왔다. 성의 금기는 어느 시대에도 엄격해서 현실적으로 사람들은 표면적으로는 항상 자신을 숨기고 고결함을 가장해왔다. 가면을 쓴 만큼 그 이면에서는 다양한 인간의 성이 펼쳐져 왔던 것이다. 인간의 성과는 달리 동물의 성에는 앞도 뒤도 없다. 그것은 그들의 성이 그대로 생사와 연결되어 있기 때문이다. 특정한 시기에 성교를 하고 성교한 후에는 반드시 새끼가 태어난다. 헛됨이 없는 성인 것이다. 한편 인간은 직립하고 거대한 뇌를 갖게 된 덕분으로 쉴새없이 발정하게 되었다. 그 여분의 성에 위협받고 있는 인간이 오로지 할 수 있는 일은 성에 관한 일을 계속 숨기는 일이었다. 성에 정신을 빼앗기게 되면 음란하다든가 외설적이고 추잡한 인간이라고 손가락질을 받게 되므로 인간이란 성가신 숙명을 지니고 있는 것이다.

그런데 그처럼 진화의 산물로서 여분의 성을 갖게 된 인간이 왜 항상 섹시하지 않으면 안 되었는가, 그것은 무엇보다도 발정기를 소실한데에 그 원인이 있다. 발정기를 잃고 항시 발정하게 된 이후 여성이 미숙한 신생아를 건강하고 총명한 아이로 기르기 위해서는 아기를 분만한 뒤에도 오래 머물면서 도와줄 우수한 남성을 계속해서 붙들어두기 위해서는 여성이 섹시하지 않으면 안 되었다. 또한 여성은 섹시함과 동시에 지속적으로 남성을 성적으로 받아들이지 않으면 안 되었다. 그리고 진화된 인간은 원숭이처럼 발정기에 성피를 붉게 한다든지 하는 징후를 잃고 배란일을 알 수 없게 된 것이다. 이처럼 여성이 배란징후를 은폐하게 되면 여성은 복수의 남성과 성교를 하게 되니 남성으로서는 출산한 아기가 자신의 아기라고 하는 보장이 없어진다. 남성은 이 보장을 얻기 위해서는 한 달에 한 번 있는 배란일에 맞추어서 자기의 아이를 임신하도록 하여야한다. 이처럼 발정기를 상실한 인간은 배란이라고 하는 행운의 순간에 남성이 여성과 성교를 할 수 있도록 여성과 한 달 내내, 더욱이 매달 성교를 할 필요가 생긴 것이다. 그 일만이 남성에 있어서는 그 아기의 아버지가 자기라고 하는 확신을 얻게 하는 유일한 방법인 것이다. 이러한 이유로 발정기를 잃은 인간은 항상 섹시하지 않으면 안 되었다. 아무튼 일 년 내내 끊임없이 발정하게 된 인간은 항시 이성에 대하여 자신을 성적으로 어필하지 않으면 안 되게 된 것이다. 이같이 이성간을 서로 끌어 당기게 하는 원천이 섹시의 본체인 것이다.

동물에 있어서와 마찬가지로 인간에 있어서도 성욕은 본능이다. 이것은 죽음에 임박한 사람의 마음까지도 사로잡아 놓지 않을 정도로 강한 것이다. 사람은 사랑을 잃게 되면 죽게 된다. 인간은 살아 있는 한은 이성에 끌리지 않을 수 없는 존재인 것이다. 성의 금기를 범한 사람을 흔히 짐승과 같다고 야유한다. 그러나 동물의 성은 본능에 기인한 것이고 신성한 성 그 지체인 것이다. 그럼에도 성적동물화한 인간이 자신의 음란함을 이런 식으로 동물에게 둘러씌우고 있다. 사람의 면전에서 거리낌 없이 성교를 하는 것은 동물로서는 종족보존을 위한 필연적이고 자연스러운 깨끗한 행위이다. 아무튼 인간이 음란한 영장류로 발달한 것은 인간이 쉴새없이 발정하고 성적쾌락을 추구하도록 진화된 탓이다.

성적욕구

인간의 남성에는 사정이 있고 그것에 수반하는 쾌감(오르가슴)이 있다. 정자는 고환에서 매일 7000만 개에서 1억 정도가 생산되고 있다. 정자가 저장되면 배출하려고 하는 욕망이 솟는다. 정자의 생산량은 젊을수록 활발하고 성적충동도 강하다. 젊을 때의 몽정과 잦은 자위행위는 그 때문이다. 여성의 경우는 전혀 다르다. 여성은 사춘기부터 폐경기까지 한 달에 1개씩의 난자가 성숙해서 배란되지만 이때도 남성처럼 배출에 수반하는 쾌감은 없다. 따라서 여성의 성욕은 난자의 배출과는 무관하다. 배란에 따른 호르몬의 변동으로 성욕중추가 다소 흔들리는 일은 있어도 그것은 남성의 강렬한 쾌감과는 달리 아주 미약하다. 여성에게 필요한 것은 어디까지나 파트너와의 정신적인 일체감이다. 그 일체감을 가진 파트너의 애무에 자극되어 비로소 마치 묻어둔 숯불처럼 본능적으로 잠재해 있던 성적욕구가 훨훨 타오르는 불꽃으로 변하는 것이다. 그래서 여성의 경우에는 속마음을 열지 않으면 성감이 높아지지 않는다. 일반적으로 남성은 성에 능동적이나 여성은 수동적이다. 여성에서는 성기접촉이 없어도 인간적인 교류를 원천으로 하는 플라토닉한 성이 있다.

남성의 성적욕구를 일으키는 데에는 남성호르몬이 중요한 역할을 한다. 이때 시각, 촉각, 후각, 미각, 청각 등의 5감영역에서의 자극도 한몫을 한다. 여성의 성욕발현메커니즘은 남성의 것과 대동소이하지만 다른 측면도 있다. 여성에서는 부신피질에서 분비되는 남성호르몬이 성욕의 형성에 주로 관여하지만 여성호르몬이 대뇌피질에 작용하여 성적욕구를 일으킨다는 생각도 있다. 이밖에 사회적문화적요인이 강하게 작용하고 있는 점도 남성과는 다른 점이다. 다만 확실한 것은 대뇌에서 성적욕구를 일으키고 한편 억제한다고 하는 이중지배를 받고 있다. 언제나 발정할 수 있는 인간이라고 해서 시도 때도 없이 욕정을 일으킨다면 모양새가 아닐 것이다. 이성이 승하면 성욕은 물러나고 스트레스가 과하면 그럴 생각이 나지 않는다. 적당한 밸런스가 인간을 행복하게 만든다. 어떠한 힘으로도 억제할 수 없는 것이 성에의 호기심이고 성욕이다. 아무리 수행을 쌓은 고승이라도 이 성욕의 번뇌에서 벗어날 수가 없다. 성욕은 죽음을 앞둔 사람의 마음까지도 사로잡을 만큼 강력한 것이다. 인간은 성욕이라고 하는 본능을 충족하기 위해서는 물불 가리지 않고 돌진한다. 인간은 고통은 피하고 쾌락을 추구하는 속성을 가지고 있다. 그것이 특히 젊을 때에는 본능행동을 관철하려는 쾌락원칙인 것이다. 쾌락원칙을 달성하면 즐겁게 되는데 이와 같은 즐겁다고 하는 고등감각은 진화의 정점에 서서 거대화된 뇌를 갖게 된 인간만이 갖는 특성이다.

에로스(eros)라고 하는 말은 정열적으로 다른 이성을 구하고 사랑한다는 뜻이다. 에로스의 근원이 성적욕구라고 해도 그것에서 성기적 욕구를 물리치고 사랑이라고 칭하는 숭고하고 다형적인 것으

그림 3-1

암원숭이는 발정기가 되면 엉덩이를 붉게 종창케하여 수컷을 유인하지만, 인간여성은 그 대신 영원히 불풀어오른 성피를 섹스심벌로서 거대화된 가슴을 갖게 되었다.

로 높인 것은 프로이트의 공적이다. 따라서 진정한 의미로서의 에로스라는 것을 상실한 성적욕구는 성을 단순히 성기결합이라고 하는 국소만으로 전락시킬 위험성을 가지고 있다. 원래 에로스란 직관과 본능에 의하여 행하는 원칙적인 커뮤니케이션이었다. 인간은 그것에 의해 이성과의 관계를 만들고 사회집단을 형성해왔다. 말하자면 에로스적인 인간이 정말 자연적인 인간의 모습이다. 현재 고도로 문명화된 현대인의 탈에로스화가 문제되고 있다. 에로스를 상실한 탈에로스화 사회에서는 사랑이 없는 성교만이 성립될 수 있다. 남과 여가 성기의 접촉을 즐길 수는 있으나 그것은 단순히 쾌락에만 그친다면 거기에 남는 것은 일종의 허무함에 불과할 것이다. 성감의 깊숙한 내면에 헤아릴 수 없는 인간의 친밀과 사랑이 공존할 때에만 참된 쾌락을 누릴 수가 있을 것이다. 참된 에로스란 상호작용인 것이어야 하기 때문이다.

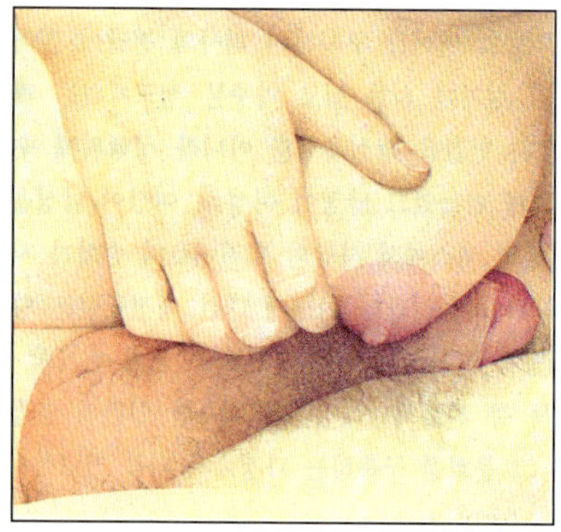

그림 3-2

성적심벌.
초기인류시대에는 남성이 여성의 풍만하고 둥근 궁둥이를 보면서 최대의 성적만족을 느끼든 것이 서로 마주보는 성교체위로 바뀌자 여성의 궁둥이에 대한 남성의 열광은 사라지고 남성의 관심은 탐스럽고 탄력성 있는 풍만한 가슴으로 옮겨졌다. 한편 인간의 대뇌가 발달하게 되고 성적쾌락을 추구하게 되면서 남성의 성기는 거대화되었다.

성욕중추

원숭이의 성욕중추는 성욕의 지령센터와 성적행동의 지령센터의 2단구조로 되어있다. 남성호르몬은 다분히 이러한 성욕중추에 교묘하게 작용하는 것으로 생각되고 있다. 이 성욕중추에는 식욕중추가 인접해있다. 동물에 있어서 성욕과 식욕은 공통된 2대본능이지만 인간의 성욕이 식욕과 거의 같은 정

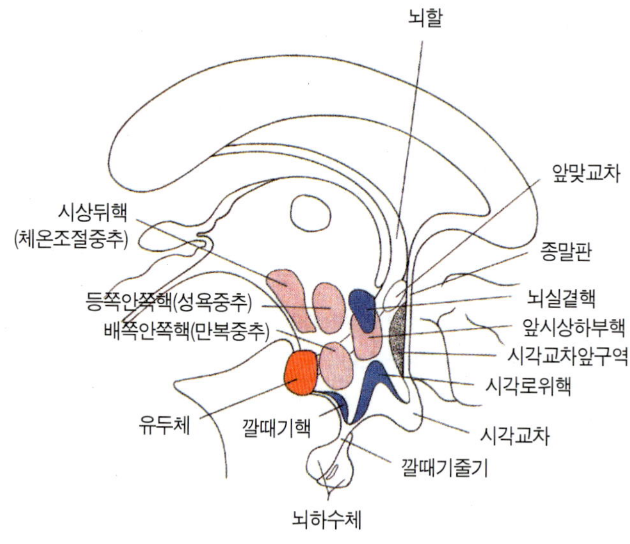

그림 3-3

성욕중추.
시상하부의 등안쪽에 성욕중추가 있으며 배안쪽에는 만복중추가 위치한다. 성욕중추 바로 곁에 식욕중추가 있어서 성욕과 식용 중 어느 한 중추가 자극되면 다른 중추에 영향을 미친다.

도로 강하다는 예는 많이 있다. 배가 부르다고 하는 지령은 배에서가 아니라 머리에서 온다. 만복감을 일으키는 부위를 만복중추라고 하고 따라서 이곳을 파괴하면 만복감이 생기지 않음으로 과식을 하게 되어 비만화된다. 이러한 식욕중추에는 여러 가지 자극이 작용한다. 여성에서는 임신초기의 입덧으로 인한 식욕감퇴, 월경전의 공복감증강 등의 현상은 식욕중추를 성호르몬이 리드미컬하게 자극하기 때문이다. 식욕중추의 바로 곁에 성욕중추가 있어서 식욕과 성욕 중의 어느 한 중추가 자극되면 다른 중추에 영향을 미친다. 욕구불만과 과식, 실연과 식욕부진이라고 하는 연계현상은 이러한 관계에서 발생한다. 살아가기 위한 식욕, 아이를 낳기 위한 성욕은 원칙적으로 동물이나 인간에 있어서 공통의 것이다. 그러나 인간은 먹는 즐거움으로 먹는다. 성욕도 마찬가지로 쾌락을 위해서 즐긴다. 원숭이에서 인간으로 진화해오는 과정에서 성은 생식에서 분리되어 점차 남아도는 여분의 성이 축적되어 종족보존의 본래의 목적을 벗어나 성 그 자체를 즐기게 된 것이다. 지난날에는 성 그 자체가 금기로 성에 관한 것 모두가 외설인 때도 있었다. 외설을 죄악으로 하는 법과 인습이 활보하였으며 그것은 실로 인간이 인간이라고 하는 즐거움을 짓밟는 것이었다. 심지어 여성은 성적욕구 같은 것을 가지고 있지 않는 것으로 생각하였다. 인간의 성을 은폐하고 감추려는 벽이 높고 낮고 간에 외설한 것에 관한 인간의 강한 관심에는 변화가 없었다. 그것은 시대나 어느 누구를 불문하고 필연적으로 어떠한 형태로건 넘쳐 흘러나올 것이 분명하였다. 그것은 남성이라고 하는 인간과 여성이라고 하는 인간이 서로 접하고 견딜 수 없이 애절하고 그리면서도 더없이 감미로운 애정에의 욕망에 관한 일이기 때문이다.

발정기

생물은 각각 고유의 시계를 가지고 있어서 하루의 생리적 리듬도 계절의 변화에 대한 대응도 모두 이 시계에 의존하고 있다. 이 시계는 진화의 과정에서 환경에 적응하면서 만들어져 온 것이다. 발정의 계절성(발정주기, estrous cycle)도 생물시계가 만든다. 연어나 원숭이도 발정기는 가을에서 겨울에의 계절로 정해져있다. 연어가 생식을 위하여 비늘을 붉게 물들여 고향의 하천을 거슬러 올라갈 무렵 원숭이의 엉덩이도 붉어진다. 생물시계는 포유동물에서는 시각신경이 교차하는 시상하부의 바로 위에 있음으로 사각로위핵(supraoptic nucleus)이라고 한다. 이곳은 환경의 명암을 느끼는 망막과 그것에 연결되어있는 시각신경과 특히 밀접한 연락을 가지고 있는 부위이다. 동물은 생물시계의 명령하는 바에 따라 성욕을 일으키고 있는 것이 분명하다.

원숭이 중에서도 일본원숭이와 대만원숭이는 분명한 발정의 계절성을 가지고 있다. 열대에 사는 골리라와 침팬지는 계절적인 주기성은 없지만 암컷에서는 월경주기의 중간에 있는 배란기를 중심으로 수일 동안 발정한다. 이것은 달의 리듬 그 자체이지만 이 리듬도 생물시계가 만든다. 그러나 인간은 발정의 주기성을 상실하였다. 원숭이에게서 달의 리듬(월경)은 물려 받았지만 배란기에만 발정하는 경향은 사라졌다. 인간은 발정기를 상실한 원숭이인 것이다. 원숭이와 침팬지와 같은 무미원은 일조리듬에 의해 욕정에 불을 댕기고 배란기가 되면 최고로 연소되어 빈번히 성교하게 되는데 이러한 행동의 이면에는 호르몬이 활발하게 작용하고 있다. 이처럼 원숭이이 성욕은 호르몬에 의해 조절되고 있는 것이다. 인간도 호르몬의 영향을 받지만 인간의 호르몬은 그 위에 거대화된 대뇌가 조절하고 있다. 대뇌의 고도의 발달로 인간은 언제나 발정하게 되어있지만 곧바로 성행동에 연결되지 않도록 안배되어있다.

인간의 조상은 두 발로 걸어 다니게 되자 그들이 살고 있던 삼림에서 벗어나 초원에 살게 되었다. 맹수가 우글대는 초원은 허약한 인간의 조상이 살기에는 아주 나쁜 환경이었다. 그래서 여성들은 그들 자신과 아이들의 생존을 약속하는 수단으로 남성을 언제나 성적으로 받아들이게 된 것이다. 이와 같이 인간이 두 발로 직립하게 되고 뇌가 거대화되자 이제까지 생물시계에 의하여 발동되던 성욕의 주기성을 잃게 되고 발정기를 상실하게 된 것이다. 이처럼 사람은 대뇌신피질의 발달로 인해 언제나 발정할 수 있게 되었고 그 위에 성적쾌감은 몇 배로 증가되어 인간은 섹스에 빠지게 되었다. 이렇게 해서 인간은 언제나 성교를 할 수 있는 문화를 획득한 것이다. 사람이 끝없이 성행위를 반복하는 것은 오르가슴이라고 하는 황홀한 쾌감이 있기 때문인데 그 바닥에는 생물학적인 본능적 성욕과 쾌락을 추구하려는 문화적 충동이 있어서 그것이 대뇌신피질에 수식되어 환상적인 오르가슴을 얻게 된 것이다.

난소주기

사람이 발정기를 상실하기는 하였지만 여성에 있어서 월경주기의 성적리듬만은 계속해서 이어받고 있다. 월경전증후군과 배란일을 전후해서 보이는 성욕증진 등 여성은 호르몬에 끌려 다니는 현상이 적지 않다. 여성의 성 리듬에 관계하는 호르몬의 증감을 보면 뇌하수체 전엽에서 분비하는 난포자극호르몬(FSH)에 의하여 난소 속의 원시난포가 발달하여 성숙난포가 되고 이것이 난포호르몬(에스트로겐, estrogen)을 분비한다(난포기). 난포호르몬의 증가에 의하여 뇌하수체 전엽에서 다량으로 분비되는 황체형성호르몬(LH)의 작용을 받아서 성숙난포 속에 들어있던 난자는 배란된다(배란기).

배란 후 난소에는 난포막이 증식하여 황체가 만들어지고 그것에서 황체호르몬(프로게스테론, progesterone)이 분비된다(황체기). 임신이 되지 않으면 FSH와 LH의 분비량이 줄어들어 황체는 퇴화된다. 그것과 동시에 난소 안에 새로운 원시난포가 발달을 시작한다. 이것이 난소의 성적리듬으로 난소주기(ovarian cycle)라고 한다.

월경주기

난소주기에 수반되는 자궁의 성적리듬을 월경주기(menstrual cycle)라고 하며 이는 전통적으로 월경출혈 첫날에서 시작하여 다음 월경시작 전날에 끝난다. 월경주기의 기간은 정상적으로 21일에서 40일까지로 다양하나 평균해서 약 28일이다. 평균 28일주기로 표시되는 월경주기는 4기로 구성된다. 주기의 첫 단계는 난포기(follicular phase) 또는 증식기(proliferative phase)라고 하며 난포의 발달에 수반하여 분비되는 난포호르몬(에스트로겐)의 작용으로 자궁샘의 성장, 결합조직과 혈관의 증식으로 자궁내막이 두꺼워지는 시기이다. 난포기초에는 난포호르몬의 수준이 아주 낮았으나 배란직전에는 난포호르몬의 수준이 폭넓은 피크를 이루어 시상하부에 작용하여 하루나 이틀 뒤에 뇌하수체 전엽에서 LH와 FSH의 방출을 촉발시킨다.

월경주기의 제2기는 배란기(ovulatory phase)로 28일주기의 대략 14주기일에 난포가 파열되어 난자가 복강 내로 방출된다. 그러나 배란(ovulation)은 일반적으로 이 주기의 9일째에서 19일째까지의 범위에서 일어나지만 배란은 통상 황체형성호르몬(LH)이 피크를 이룬지 12-24시간에서 일어난다. 좀 더 정확하게 말하면 배란은 다음 월경시작 전 14+-

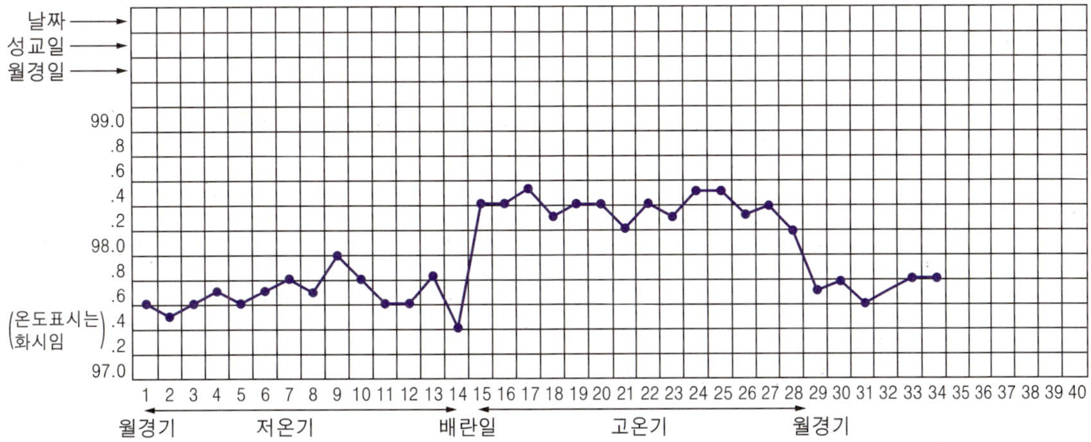

그림 3-4

기초체온그라프에 의한 배란일의 추정.
저온기와 고온기의 경계(체온함락일)를 전후해서 2~3일 사이에 배란한다.

1일에 일어난다. 즉 배란과 다음월경 사이의 기간(배란후기, postovulatory phase, 황체기)은 14±1일로 일정하지만 배란전의 기간(난포기)은 상당히 변이가 심하다. 이것은 원시난포가 성숙난포로 성장하는데 필요한 여러 가지 조건과 관계한다. 배란기는 월경주기 중 가장 짧은 시기이다.

월경주기의 제3기는 황체기(luteal phase) 또는 분비기(secretory phase)라고 한다. 배란 후 LH의 자극으로 난포는 황체(corpus luteum)로 변한다. 황체는 황체호르몬(프로게스테론)을 생산하므로 황체기 중에 프로게스테론의 수준은 상승한다. 황체호르몬은 난포호르몬에 의하여 증식된 자궁내막을 분비상태로 만들고, 더 두꺼워지고 한층 부드럽게 만들어 수정란이 착상하기 쉽도록 만든다. 또한 황체호르몬의 높은 수준은 시상하부에 작용하여 성샘자극호르몬방출호르몬(gonadotropin releasing hormone, GnRH)의 방출을 억제함으로써 뇌하수체로부터 LH 및 FSH의 신속한 감소를 가져온다. 수정이 일어나지 않으면 배란 후 10-12일에 황체는 퇴화되고 황체호르몬은 극적으로 저하된다. 이 변성과 함께 황체기의 말에 에스트로겐과 프로게스테론의 급격한 저하를 가져온다.

월경주기의 제4기는 월경기(menstrual phase)라고 한다. 2주 동안에 걸친 황체기 중에 터를 다져서 수정란이 도착하기를 기다리지만 수정란이 착상되지 않으면 황체는 급속히 퇴화되고 호르몬분비가 감소되어 호르몬양은 최하 값으로 떨어지고 그것이 방아쇠역할을 하여 증식된 자궁내막의 기능층은 탈락되고 혈액과 함께 자궁경관을 거쳐 질 밖으로 배출된다. 이것이 매달 겪게 되는 월경(menstruation)이다.

월경

출생 후 처음으로 겪게 되는 월경을 초경 또는 초조라고 한다. 초경이 일어나는 평균연령은 12세이지만 최근에는 영양상태가 좋아지고 TV나 잡지 등을 통한 성지식의 보급으로 정신적 발육이 빨라져

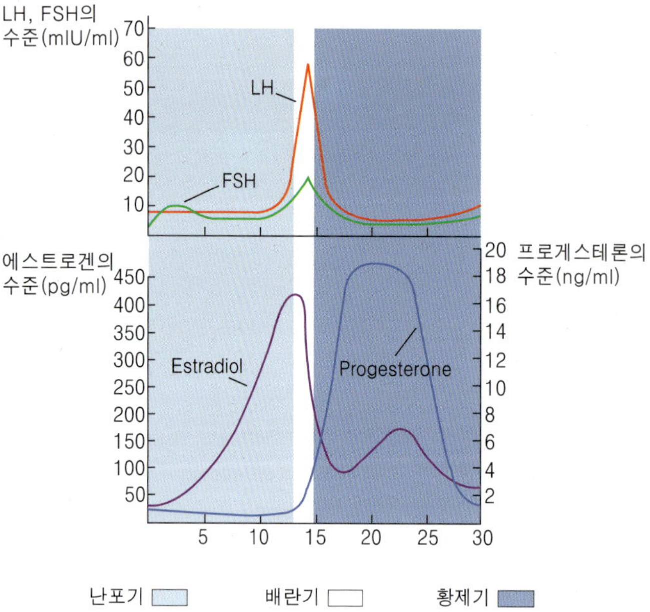

그림 3-5

전형적인 월경주기 중 호르몬의 변화.

에스트로겐의 피크는 황체형성호르몬(LH)의 방출을 유도하며 프로게스테론에 대한 에스트로겐의 비는 난포기중에 높고 황체기중에는 낮다. 성샘자극호르몬(FSH, LH)의 혈액준위가 최고치가 되었을때 배란이 일어나고 여성호르몬(에스트로겐, 프로게스테론)의 혈액농도가 최하가 되었을 때 월경이 일어난다.

서 초경이 10세 정도로까지 앞당겨지는 경향이 있다. 생리는 개인차가 심해서 모든 소녀는 자신의 고유의 생체리듬에 따라 자라기 때문에 몇 살이 정상이라고 이야기할 수는 없다. 그 범위는 10-18세 사이에 시작되고 대부분은 10-14세 사이에 초경이 시작된다. 초경 후 월경이 규칙적으로 오는 사람은 드물다. 초경 후 두 번째의 월경이 3개월 또는 1년 후에 오는 경우도 있다. 이것은 초경은 겪었어도 체내의 호르몬상태는 충분히 성숙하지 못했기 때문으로 점차 성장해 가면서 월경도 주기적으로 순조로워진다.

월경일수는 짧은 사람은 3일, 긴 사람은 7일 이내로 출혈이 멈추는 것이 보통이다. 8일 이상 때로는 10-15일 동안 계속되거나 2일 이내로 끝나는 경우는 무엇인가 이상이 있는 경우가 많다. 월경 혈량도 평균 60ml정도이나 개인차가 있으며 대개 30-130ml정도이다. 월경주기는 월경이 시작되는 날을 첫날로 계산하여 다음 월경이 시작되는 전날까지를 말한다. 보통 25-35일 범위의 주기이다. 주기가 25일 미만이거나 37일 이상이면 이상이 있는 경우가 많다. 초경에서 사춘기까지의 기간, 갱년기에서 폐경이 될 때까지의 기간에는 난소의 기능이 불완전해서 월경주기가 불규칙해지기가 쉽다. 그러나 사춘기의 이러한 월경불순은 몸이 성장하면서 점차 주기적으로 됨으로 지나치게 걱정할 필요는 없다. 18세정도가 되면 난소의 발육도 완성되고 난소에서 분비되는 호르몬에 의해 육체적으로나 정신적으로 소녀에서 성숙한 여성으로 변해가게 된다.

기초체온

여성이 사춘기에 들게 되면 체온을 규칙적으로 측정한다든지 신체를 과학적으로 관찰할 필요가 있다. 본래 기초체온의 판정은 배란일을 추정하여 임신의 위험을 피하고자 고안한 것이지만 최근에는 월경불순인 여성의 난소의 움직임을 본다거나 임신의 가능성을 추정하는 데에도 이용된다. 결혼이

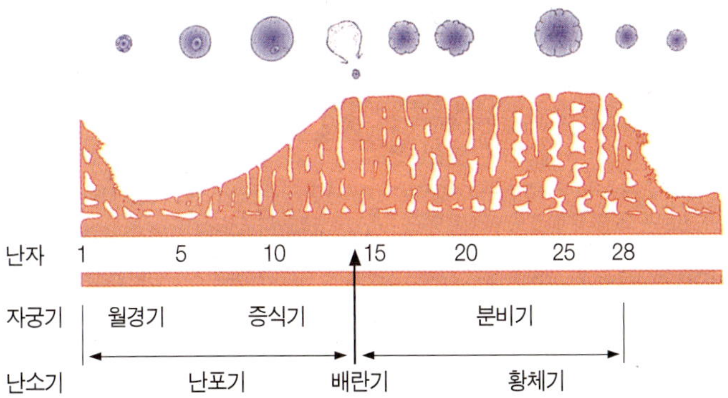

그림 3-6

난포와 자궁내막의 변화.

나 여행할 때에 월경이 겹치지 않도록 기초체온표를 참고로 월경을 피할 수도 있다. 월경주기가 긴 사람 또는 짧은 사람 또는 짧았다 길었다하는 불규칙한 사람은 배란일을 추정하기가 쉽지 않고 또한 배란이 있는지 없는지도 알 수 없으므로 기초체온을 기록해두면 확실히 알 수 있다. 배란일을 알게 되면 정확한 임신날짜와 분만예정일을 추정할 수 있으며 부정출혈이 다음 달의 월경인지 초기유산인지 알 수 없는 경우에도 기초체온표가 진단의 참고재료가 될 수 있으므로 유산치료에 도움이 된다.

일정시간 동안 안정을 유지한 뒤 안정된 상태에서 잰 체온을 기초체온(basal body temperature, BBT)이라고 한다. 하루 중에서도 충분한 수면을 취하고 눈을 뜬 직후의 아침의 체온이 가장 낮고 안정하다. 일어나서 걷거나 일을 하거나 몸을 움직이거나 이런저런 일을 머릿속에서 생각한다거나 하면 신진대사가 활발해져 체온은 상승한다. 따라서 아침에 눈을 뜨면 미리 준비해두었던 체온계를 입안의 혀 밑에 꽂아 5분간 조용히 호흡하면서 체온을 측정하면 좋다. 기초체온은 미세한 체온의 변화를 측정하는 것이므로 일반체온계보다 부인용체온계를 약국에서 구입하여 사용하는 것이 좋으며 체온표도 온도 1도의 눈금을 20등분한 것을 사용하면 온도차를 판별하기가 쉽다. 그리고 체온표의 난 아래에 신체의 변화, 월경일자, 성교유무, 부정출혈의 유무, 약물복용 등 간단히 기록해두면 도움이 된다.

난포기에 난소 안의 난포는 배란기를 향해 성장한다. 이때 난포호르몬이 분비되는데 난포호르몬이 분비하는 중에는 BBT는 낮다. 이 기간을 저온기라고 한다. 난포가 완전히 성숙했을 때 배란이 일어나고 배란 후 난소에 생긴 황체에서 황체호르몬이 분비된다. 황체호르몬은 시상하부의 체온조절중추에 작용하여 BBT를 상승시킨다. 이 기간을 고온기라고 하며 황체가 존속하는 한 고온상태가 계속된다. 이 기간은 보통 2주간 계속되는데 2주간 이상 고온기가 지속되면 임신이라고 추정하는 것은 이 때문이다. 규칙적이고 정확하게 잰 기초체온표에서 어떤 일정한 현상을 발견할 수 있다. 저온기와 고온기의 경계에서 체온이 저온상태보다 약간 떨어지는 날이 있다. 이날을 체온함락일이라고 한다. 대부분의 경우 체온함락일과 체온이 상승하기 시작하는 2-3일 사이에 배란한다고 생각되고 있다.

피임을 원하는 사람은 기초체온법을 활용하여 피임을 할 수도 있다. 즉 배란일을 정확히 알아내고 난자의 수정능(배란 후 24시간)과 자궁 안에 진입한 정자의 생존능(4-7일간)기간을 제외한 안정일을 산출해내면 임신을 피할 수 있는 기간을 알 수 있다. 따라서 고온기를 맞은 4일 후부터 다음 월경이 시작되는 10일간이 안정일이 된다. 월경기간을 안정일이라고 믿고 있는 사람도 많으나 이 기간에 성교를 가졌을 경우 정자생존능이 여성의 자궁 내에서 대개 3일 정도이지만 생명력이 강한 정자는 4일에서 7일 정도까지 살 수 있으므로 월경기간 중에도 임신의 위험성이 있을 수 있다.

경부점액

성적으로 흥분하면 질 벽에서 윤활액이 삼출되는데 이것과는 관계없이 배란주기에 따라 자궁경부에서 점액이 분비된다. 이것을 경부점액(cervical mucus)이라고 하는데 이 점액의 혼탁도와 점도에 의하여 배란일을 추정할 수 있다. 모든 여성은 월경이 끝난 후 수일동안은 자궁경부에서 점액이 전혀 분비되지 않아 질 안이 비교적 건조된 상태를 유지하나 배란일이 가까워짐에 따라 자궁경부에서 점액이 분비되기 시작한다. 이 경부점액은 정자를 자궁 안으로 받아들일 준비과정인 것이다. 초기의 점액은 흰색을 띤 끈끈한 점착성이 강한 물질이지만 점차 색이 없어지면서 배란 24시간 전이 되면 달걀흰자와 같이 거의 투명하고 미끈거리는 점액으로 변한다. 그리고 배란 후에 점액은 다시 흰색으로 되돌아가거나 점액은 더 이상 분비되지 않는다. 그래서 경부점액이 분비되기 시작하는 날부터 투명한 점액이 분비되는 날 다음 3일간정도를 피하면 피임을 할 수 있다.

자궁경부점액을 체크하기 위해서는 월경기가 끝난 후 집게손가락이나 가운데손가락 끝을 질 안 깊숙이 넣어 자궁경질부에서 점액을 묻혀서 눈으로 혼탁도를 관찰하고 손가락 끝으로 점액을 만져서 점도를 조사한다. 점액이 나오기 시작했을 때에는 점액이 묻은 집게손가락을 엄지손가락에 대었다가 가만히 펴보면 경부점액의 점성이 강해 겨우 1cm 정도밖에 늘어나지 않던 것이 배란일이 가까워지면 점성이 줄어들어 두 손가락사이에 10cm이상 점액이 늘어나게 된다. 이처럼 경부점액이 투명해지면서 분비량도 증가하고 점성이 줄어 손가락사이에서 최대로 늘어나는 날이 추정되는 배란일이다.

월경전증후군

월경은 정상적인 생리현상이지만 대부분의 여성이 월경주기에 따라 어떤 형태로든 신체적. 정서적인 변화를 느낀다. 고통스러울 만큼 심하게 느낄 때도 있다. 그 증상도 사람에 따라 다양하다. 월경 전에 여성이 신체적, 정신적 징후가 특히 심한 경우 이를 월경전증후군(premenstrual syndrome, PMS)이라고 한다. 그 징후로는 긴장, 불안, 초조, 우울, 두통, 변비, 피로, 부종, 현기증, 신경과민, 심한 여드름, 유방이 부풀어 오르거나 아래허리가 무거운 경우, 귀가 울고 코가 막히는 경우 등 천차만별이다.

PMS는 월경이 시작되기 3-4일 전 내지 10일쯤 전에 징후가 나타나 월경이 시작되면 어느 사이인가 없어지는 것이 특징이다. 이러한 증상은 여성의 40-70%가 겪게 되는데 실제로 치료가 필요한 사람은 불과 몇%밖에 되지 않는다. 원인으로서는 성주기를 만들고 있는 난포호르몬과 황체호르몬 및 항이뇨호르몬의 비조화가 체내조직에 수분을 증가시키기 때문에 오는 경우가 많으며 그밖에 사회 환경이나 가정환경에 의한 욕구불만에서 오는 스트레스가 원인이 되기도 한다. 흔히 여성의 범죄는 이러한 월경전증후군의 징후에 의한 경우도 있다고는 하나 대부분의 경우 조금은 초조해지고 불안정해진다고 해도 자제심에 지장이 생길 정도는 아니다.

치료로는 체내의 수분증가를 막아야함으로 우선 식사에 신경을 쓰고 습관이 되어있는 커피나 차, 청량음료를 많이 마시지 않도록 한다. 부종을 막기 위하여 이뇨제를 이용할 수 있으나 시판되는 이뇨제는 체내의 나트륨이나 칼륨 등의 전해질의 조화를 깨뜨려 심장에 부담을 줄 위험이 있으므로 피하는 것이 좋다. 소량의 알코올은 전신의 혈액순환을 좋게 하고 소변을 많이 만들어낸다. 그리고 적당한 스포츠는 체내의 수분을 땀으로 배출시켜 혈액순환을 좋게 해서 부종이나 충혈, 조름 등의 증상을 가볍게 해줄 수 있다. 정신적인 스트레스로 생리적인 변화가 일어나도 월경을 두려워하지 말고 그때쯤에 쇼핑, 영화감상 등 즐거운 일이 있도록 계획을 세워 기분전환을 하는 것도 도움이 된다.

월경곤란증

가장 일반적인 월경문제는 월경곤란증(dysmenorrhea) 또는 생리통(painful menstruation)이다. 거의 모든 여성이 그녀 생애의 여러 시기에 적어도 어떤 월경통을 경험하나 그 빈도와 통증의 심한 정도는 사람에 따라 다양하다. 이 징후는 일반적으로 월경 전 24시간 또는 월경과 동시에 시작되어 월경 시작 후 48-72시간에 자연적으로 소실된다. 가장 일반적인 증상은 심한 요통 또는 하복부통이며 그밖에 두통, 구토, 등결림, 설사, 메스꺼움, 전신권태감 등을 수반하며 심할 때는 누워서 쉬어야하는 경우도 있다. 월경곤란증에는 원발성월경곤란증과 속발성월경곤란증의 구별이 있다.

원발성 또는 1차성월경곤란증은 질병이 아니며 자궁자체에 문제가 있다. 원인은 자궁발육부전이다. 소아 때는 자궁발육이 불충분하고 자궁이 예각을 이루므로 월경출혈 시에 통증을 갖지만 성인이 되면서 자궁은 둔각이 되어 자연히 낫게 된다. 이러한 월경통은 충분한 수면, 적당한 운동, 밝은 기분, 청결, 균형 있는 영양, 생리체조 등을 2, 3개월 실시하면 증상이 없어진다. 원발성월경곤란증은 한때 심신조건 때문이라고 생각하였지만 지금은 그 원인이 생화학적인 바탕을 갖는다는 것이 분명해졌다. 그 유발기전은 자궁에서 프로스타글란딘의 과다방출이다. 아스피린, 나프록센(naproxen), 이부프로펜(ibuprofen)등 여러 약제는 프로스타글란딘 생산을 고도로 억제함으로 이들 약제를 통증이 시작되기 직전이나 통증과 동시에 복용하면 월경곤란증을 효과적으로 예방 또는 완화시킬 수 있다.

속발성 또는 2차성월경곤란증은 자궁에 어떤 기초질환이 있는 경우로 그 원인으로서는 골반내염증, 자궁내막염, 자궁근종, 자궁경관협착증, 점막밑폴립, 심한 자궁후굴, 불안정과 신경과민 등에서 오는 정신적 스트레스 등이 있다. 전신증상으로는 두통, 구토, 변비, 설사. 현기증 등이 일반적이며 국부증상으로는 배뇨곤란, 배뇨통, 요통, 하복부통, 성교통, 월경불순 등을 나타낸다. 신경질적이거나 히스테리적인 여성, 감수성이 극히 예민한 여성은 신경성월경통을 초래하기 쉬우며 초경월경출혈에 대한 공포심이나 경악 등의 잠재의식도 월경통의 원인이 된다. 속발성월경곤란증은 전문의의 정밀한 진찰을 받아 기초질환의 치료를 받아야 한다. 원인을 알아보지도 않고 진통제나 진정제에만 의존하는 것은 질병의 발견을 늦출 위험이 있다.

결혼

인간은 사춘기가 되면 신체에 성적특성이 나타나고 이성을 의식하게 되며 연애감정을 갖게 된다. 이 감정은 나이와 함께 점차 성숙하게 되어 막연한 동경은 보다 구제적이고 지속적인 감정으로 변한다. 사랑하는 사람과 항상 함께 있고 싶고 함께 생활하고 싶어진다. 결혼(marriage)은 한 남자와 한 여자가 서로 화합을 이루는 인간문화의 질서로 불완전한 개체로 태어난 인간이 남녀 쌍을 이룸으로써 완전한 인격을 갖추게 되는 성장과정이다. 결혼을 하게 되면 이제까지와는 완전히 다른 인생이 시작된다. 출생과 자라온 환경이 전혀 다른 두 개체가 하나가 된다는 것은 실로 엄청난 사건인 것이다.

결혼은 사랑을 바탕으로 이루어져야한다. 사랑 중에 가장 숭고한 사랑은 자신의 모든 것을 주는 사랑이다. 사랑을 주는 것 자체에 기쁨을 느끼게 될 때 다른 사람을 주는 자로 만들고 두 사람 모두 새 생명을 탄생시키는 기쁨을 얻게 된다. 과거의 전통사회에서는 오랫동안 여성의 인격을 무시한 남성중심의 결혼제도가 계속되어왔다. 그러나 근대사회에서는 전통사회의 관습이 점점 줄어들고 진실한 행복을 위한 결혼상대를 추구하는 새로운 혼인문화가 자리잡아가고 있다. 결혼의 목적이 사랑하는 사람과 함께 보다 행복하고 보다 풍요로운 삶에 있다고 한다면 서로가 보다 좋은 동반자가 되도록 노력해야한다. 연애시절의 타오르는 감정과는 다른 꺼지지 않고 조용히 계속해서 타오르는 애정으로 끌어가야 한다.

모든 결혼에는 이런저런 종류의 시련이 따른다. 한 사람이 병에 걸릴 수도 있고 부부간에 사이가 나빠질 수도 있다. 아이들의 문제로 스트레스가 되어 갈등을 일으킬 수도 있다. 시련이 어떤 것이든 혼자보다는 두 사람이 함께 풀어나가는 것이 더 쉽다. 결혼에 있어서 상대방과 대화를 나누는 것보다 더 중요한 것은 없다. 상대방에게 서로의 문제를 이야기하는 것은 문제가 더 이상 해결할 수 없는 상태까지 이르지 않기 위한 방법이다. 그러기 위해서는 상대방의 이야기에 귀를 기울여야하고 상대방의 의견을 존중해야한다.

행복한 결혼생활을 위해서는 성생활이 중요한 요소가 된다. 성교는 사랑을 표현하는 한 방식이고 다른 방식의 대화와 마찬가지로 결혼을 유지시키기 위해서는 서로가 충분할 만큼 노력을 기울여야 한다. 부부 중 어느 한 사람이 성적 욕구불만을 가지고 있다면 결혼에 좋지 않는 영향을 미친다. 오르가슴이란 말이 결혼의 서약에 들어있는 것은 아니지만 배우자의 성적만족을 이끌어낼 의무가 있다는 것은 암암리에 포함되어 있다. 사랑하는 사람과 하나가 되는 것보다 더 좋은 느낌은 세상에 없다. 성교를 하는 동안 느끼는 하나 됨의 밀도는 정말 굉장한 것일 수 있다. 그런 느낌은 결혼생활을 보다 튼튼하고 편안하게 해주는 원동력이 될 수도 있기 때문이다.

임신

출산이란 여성이 일생동안 겪는 여러 가지 경험 중에 매우 뜻있는 창조적인 업적이라 할 수 있다. 여성이 임신(pregnancy)을 하게 되면 느끼는 감정도 다양해서 아주 황홀한 기쁨에서부터 더러는 심각한 우울증까지도 나타나는 수가 있다. 임신에 대한 이러한 긍정적인 반응과 부정적인 생각이 합쳐져서 서로 상반되는 감정이 공존하는 상태로 임신기간을 지나는 경우도 있다. 최근에는 초음파진단장치로 배속의 자기아이를 모니터화면으로 직접 볼 수 있게 되었다. 신비의 베일에 싸여있던 태아의 살아있는 생생한 모습을 바라보는 엄마의 가슴에 떠오르는 것은 무엇일가. 새로운 생명을 가진 것에 대한 경이로움, 임신하고 있다는 지각, 그것이 더없는 즐거움이 되어 산모의 전신을 뜨겁게 할 것이 분명하다.

수정

사춘기가 시작되면서 여성의 뇌하수체는 성샘자극 호르몬을 분비하기 시작한다. 그러면 난소에서 여성호르몬이 분비되어 여성다운 몸매를 갖추게 하고 월경주기에 따라 성숙한 난자를 복강 안으로 방출한다. 이 현상을 배란(ovulation)이라고 하며 복강에 방출된 난자는 곧바로 난관(자궁관, 나팔관)속으로 받아들여진다. 한편 질 안에 사정되는 정자 수는 수억 개에 이르며 그 중 난관까지 헤엄쳐 올

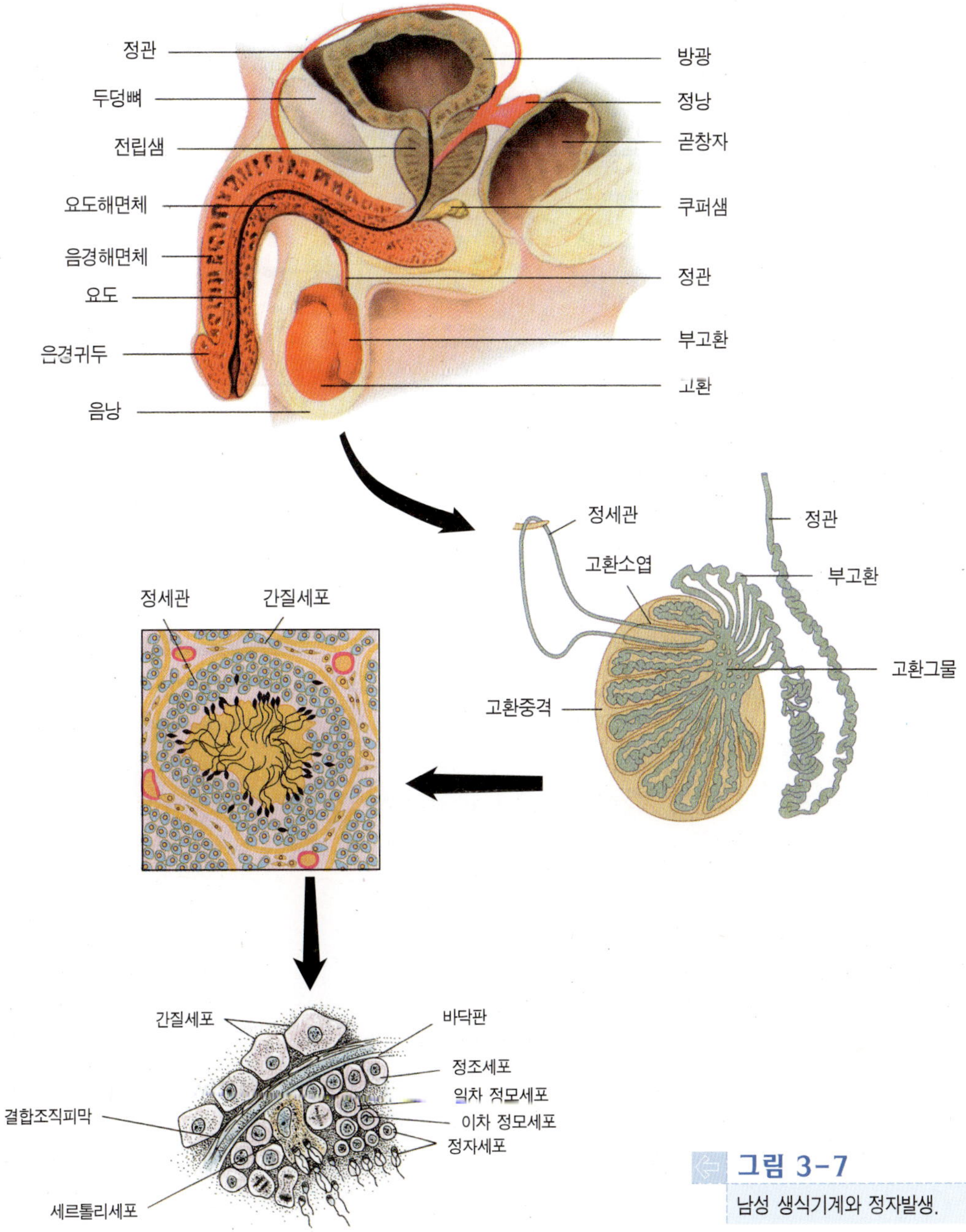

그림 3-7

남성 생식기계와 정자발생.

그림 3-8

주사전자현미경(SEM)으로 본 사람의 정자.

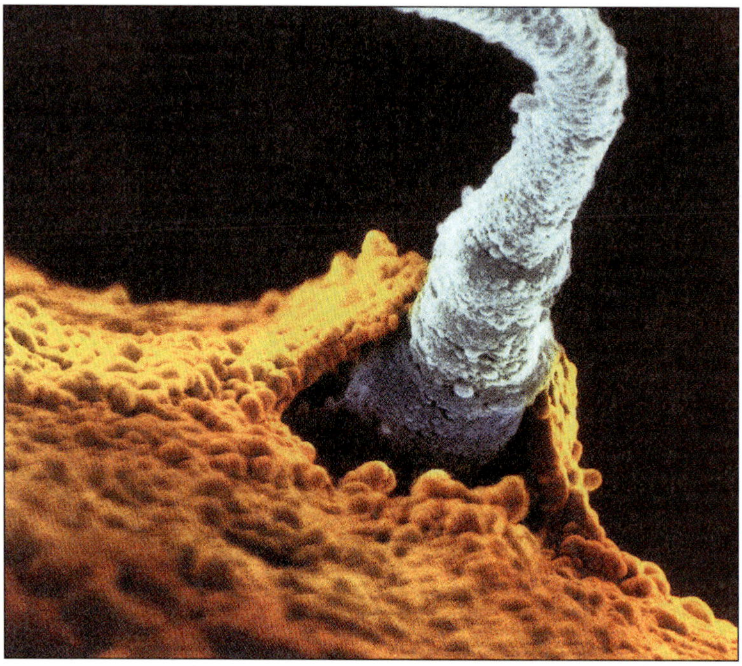

그림 3-9

난자에 진입하는 정자의 전자현미경사진.

라가는 것은 300-400개 이내이다. 그 중 단 한 개의 정자가 수정하게 되므로 참으로 그 확률은 수억 분의 1이다.

정자는 머리, 중간마디, 꼬리로 되어있고 그 꼬리로 사정 후 며칠 동안 난자를 찾아서 헤엄치게 된다. 정자는 대열을 이루면서 함께 목숨을 걸고 헤엄친다. 꼬리는 모두 같은 방향으로 향해 운동하고 머리는 모두 앞으로 향하고 있다. 이 정자의 집단은 자궁경부에 있는 보호점액마개를 뚫고 자궁 안으로 들어간다. 자궁관의 길이는 약 10-12cm가 되며 그 속에 들게 된 난자는 보통 10-12시간 사이에 수정이라고 하는 생명창조의 과정이 시작된다. 만약 24시간 이내에 수정이 일어나지 않으면 난자는 붕괴되어 배출된다. 난자가 그때 난관팽대 안에 대기하고 있는 정자를 만나게 되면 수정(fertilization)이 이루어진다.

태생 1개월

수정된 난자(접합자, zygote)는 자궁으로 내려가는 도중에 세포분열을 계속하면서 3-4일 동안 자궁관 안을 천천히 여행을 한다. 이 배자(배아, embryo)가 자궁 안에 들어왔을 때에는 배반포(blastocyst, 주머니배)가 되어있다. 이 배반포가 자궁내막 속에 착상하여 거처를 마련하게 되었을 때 다음 월경까지는 겨우 1주일밖에 남지 않는다. 태생2주에 배반포는 자궁내막을 계속 파고들어 결국 완전히 파묻히게 된다. 바깥세포층(영양막)은 빠른 속도로 증식하고 모체의 혈액은 영양막을 통해 자유로이 흘러들

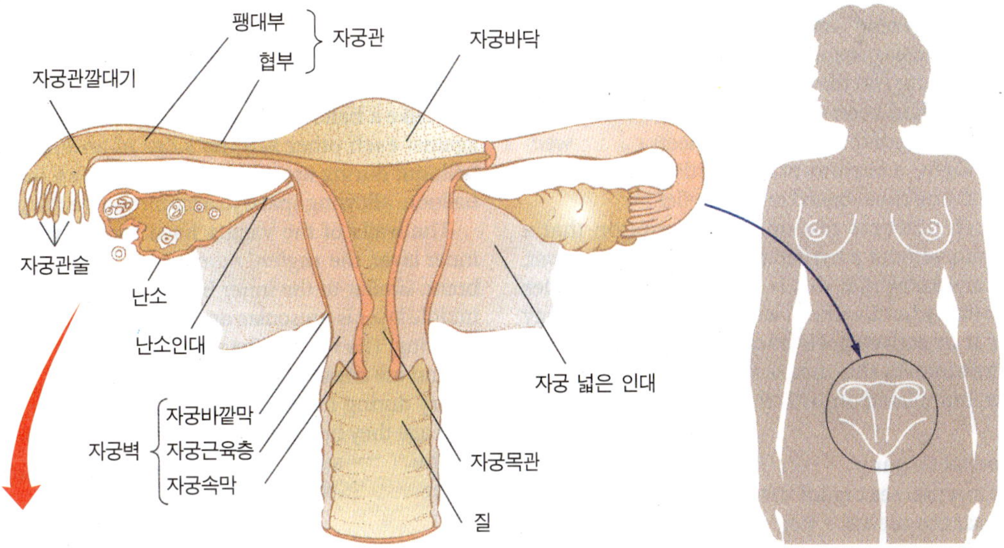

(a)

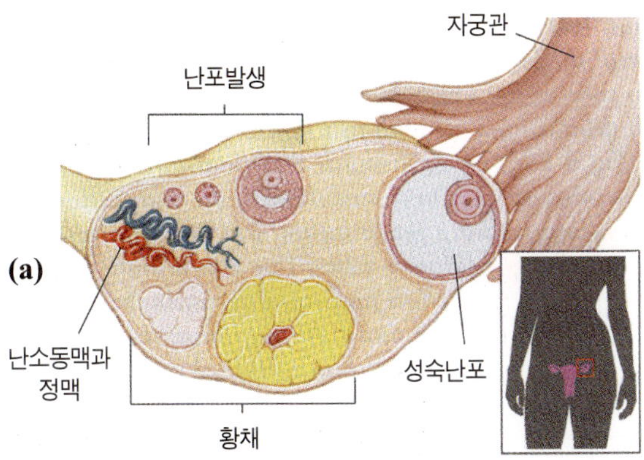

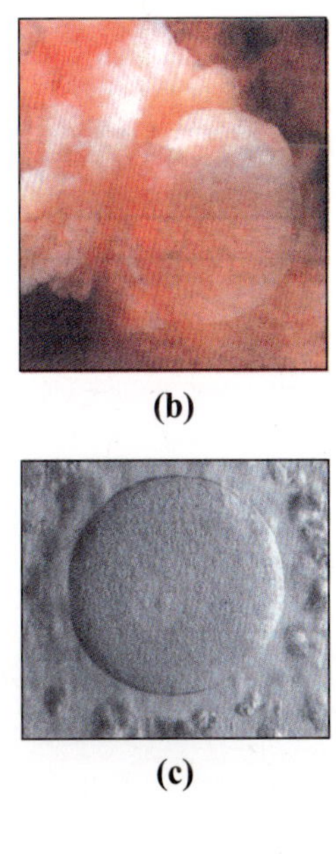

(b)

(c)

그림 3-10

여성생식기계와 난자발생 및 배란.
(a) 난소주기에 따른 난자발생. (b) 난소에서 배란된 성숙난포. (c) 배란된 난자.

게 된다. 영양막은 배자를 위하여 영양을 흡수하게 됨으로써 원시적인 태반이 모양을 갖춘 것이다.

일단 안식처와 영양이 확보되면 배자는 본격적으로 자라기 시작한다. 두 층으로 된 배자원반의 위쪽에 하나의 공간이 생겨 양막주머니가 된다. 그런 다음 원반은 구부러지고 팽창되어 머리와 꼬리가 있는 둥그스름한 몸통이 되고 장차 탯줄이 될 연결줄기를 통해 태반에 부착한다. 원반의 아래층은 난황주머니와 원장으로 바뀌기 시작한다. 또 중간층(중배엽)도 형성되며 거기서 원시적인 형태의 혈액순환계가 발달한다.

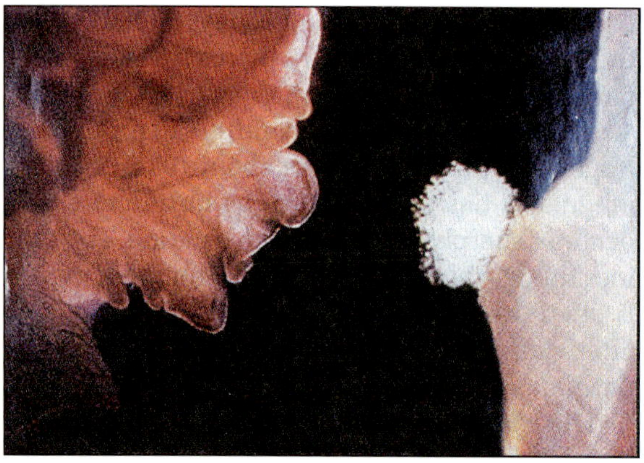

그림 3-11

배란, 난소로부터 난자가 방출되고 있다.

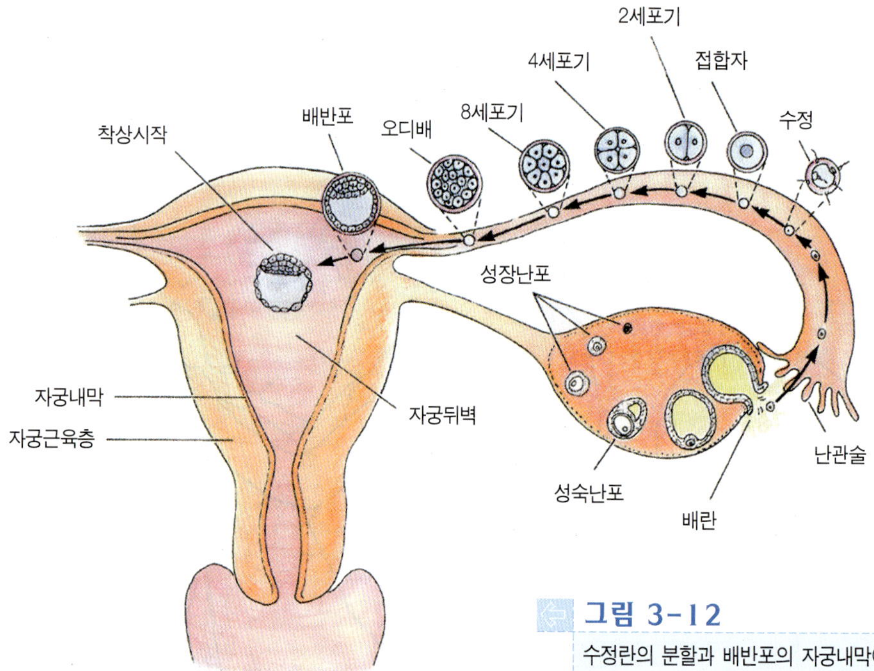

그림 3-12

수정란의 분할과 배반포의 자궁내막에의 착상.

임신반응검사

이제 월경을 그른지 1주일이상이 지났다. 예비엄마는 이상하게 생각하기 시작한다. 임신이라면 배자는 벌서 4주째가 된다. 원시심장은 막 고동치기 시작하고 배자는 아직 사람특유의 모습을 하고 있지는 않지만 이 새로운 개체는 머리, 몸통, 팔다리를 가진 대략의 윤곽을 갖추게 된다. 임신반응검사는 태반에서 분비되는 첫 호르몬의 신호를 찾아내려고 고안되었다. 배반포(주머니배)가 착상되면 태반을 이룬 융모조직에서 모체의 혈액 속으로 호르몬을 내보낸다.

배자는 사람융모성성샘자극호르몬(human chorionic gonadotropin, hCG)이라고 하는 태반호르몬을 방출한다. 이 호르몬의 작용으로 황체는 그 작용을 계속 유지하며 자궁내막도 그대로 남게 되어 월경은 일어나지 않는다. 이 태반호르몬은 대부분의 다른 호르몬처럼 콩팥을 통해 배출된다, 따라서 오줌검사를 통해 이 호르몬(hCG)을 확인할 수 있다. 임신반응검사가 가능한 최초의 시기는 월경예정일을 10일쯤 지나서이다. hCG검사로 그녀는 자신이 임신했다는 것을 알게 되고 여성은 자기생애에서 커다란 변화를 맞이하게 된다. 그것은 이전의 어떤 것과도 비교할 수 없는 것이다.

임신초기의 증상

임신초기의 변화는 비교적 천천히 시작된다. 어떤 여성은 구역질을 하고 아프기도 하는데 이런 증상은 보통 시간이 지나면서 사라진다. 그러나 시간이 지남에 따라 임산부는 자신의 내부에서 모양을 갖추어 가는 새로운 생명체에 대하여 점점 더 강한 애착을 느끼게 된다. 이것은 신체적으로 뿐만 아니라 정신적으로도 복잡한 느낌을 불러일으킨다. 아기를 갖는다는 것은 아주 흔하고 자연스러운 일이지만 그럼에도 당사자에게는 특별한 경험이 아닐 수 없다. 특히 초산인 경우에는 그러하다. 전에 앓았던 어떤 병은 임신 중에 특별히 주의를 요한다. 만약 심장질환, 간, 신경계통의 병들이 심각한 것이었다면 임신은 산모와 태아 모두에게 위험할 수 있다. 결핵과 임질은 특별한 경계를 요하며 당뇨병은

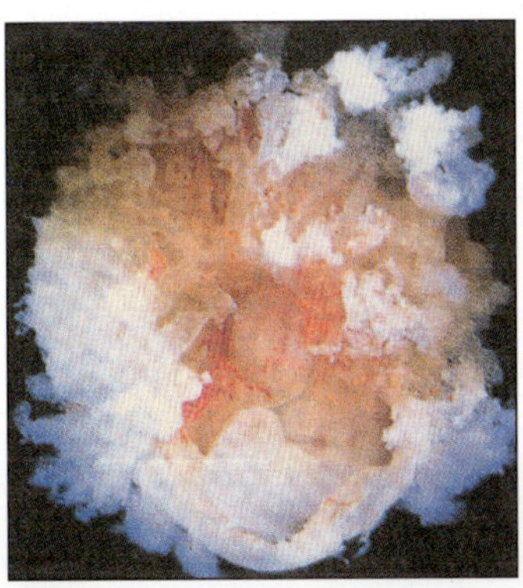
(a)

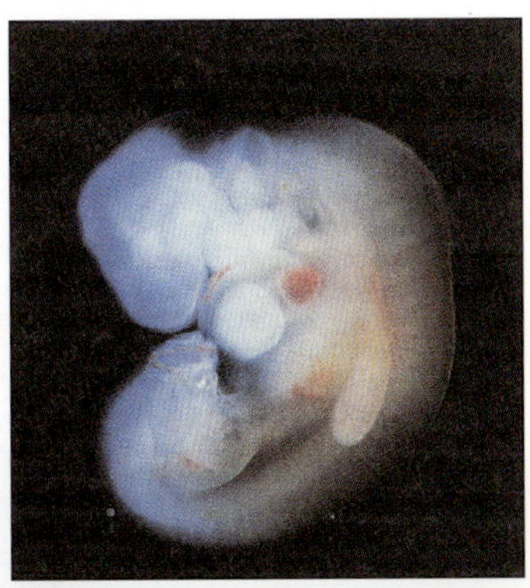
(b)

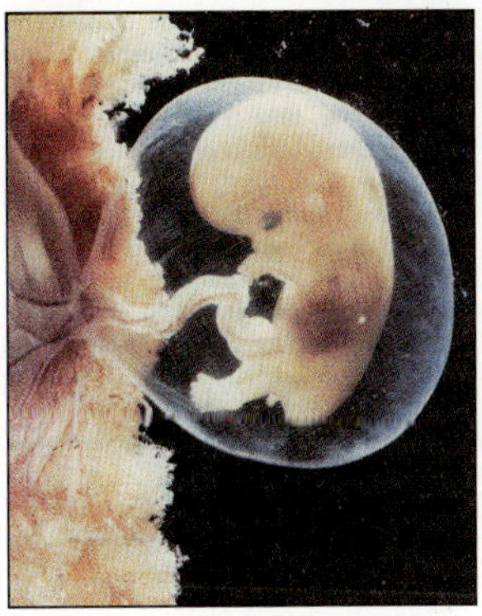
(c)

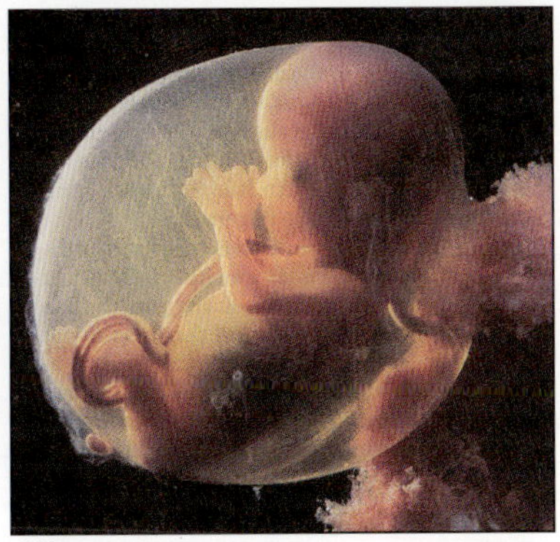
(d)

그림 3-13

(a) 난관속에 머물고 있는 4세포기 배자. (b) 대생4주 베지. (c) 태생9주이 태아. (d) 3개월 태아, 신장은 약 8cm, 체중은 약 28g이다.

더욱 세심한 주의와 특별한 관리가 필요하다.

임신초기에 여성은 언제든지 월경을 다시 시작할 것만 같은 착각을 한다. 혈액순환이 증가하기 때문에 아랫배가 무겁다는 느낌도 생긴다. 자궁이 커지고 이것이 둔한 통증을 유발하기도 한다. 유방이 커지고 만지면 아픈 경우도 있다. 임신 중에는 소화기계통의 장애 특히 오한과 구토가 아침에 잘 나타난다. 이러한 증상은 대개 임신6주경에 시작하여 6-12주 후에는 일반적으로 없어지지만 어떤 임산부에서는 임신기간 내내 지속되기도 한다. 입덧이 너무

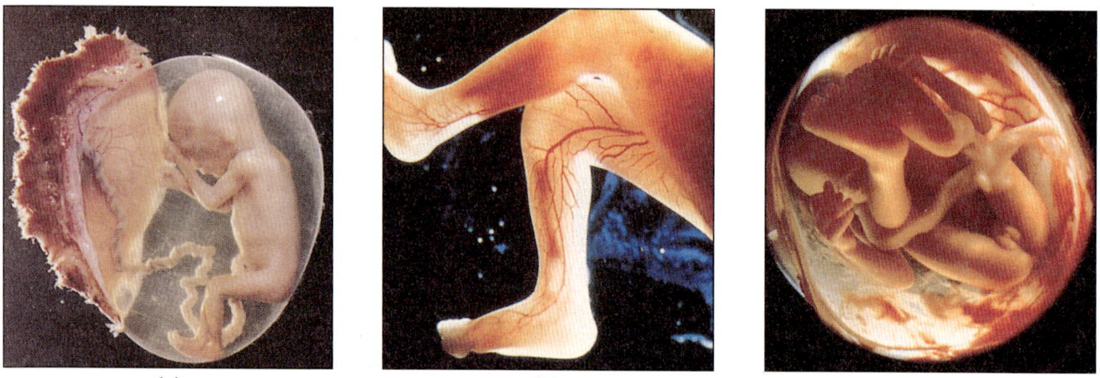

(a) (b) (c)

그림 3-14

(a) 양막주머니속의 14주 태아는 탯줄로 태반에 부착되어 있다. (b) 16주태아의 다리와 발모습. (c) 태생 5개월의 여 태아.

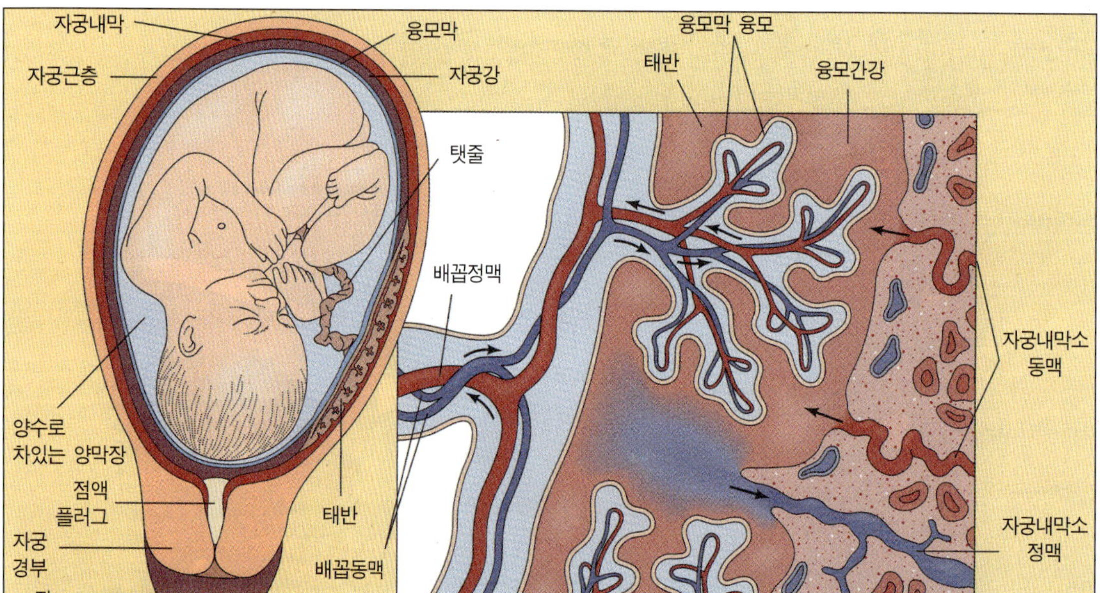

그림 3-15

자궁내의 태아와 태반의 가로단면도.

괴로울 때는 의사에게 상의하는 것이 좋다. 임신은 여성의 모든 기관에 영향을 끼치기 때문에 임신초기에는 쉽게 피로를 느끼고 수면양도 증가한다. 임신 첫 3개월 동안에는 자궁이 점차 커져서 방광에 압력을 주어 빈뇨현상을 일으키기도 한다. 임신이 진행됨에 따라 자궁이 복부로 상승하면서 빈뇨는 점차 감소되다가 임신말기에 가서 태아머리가 모체 골반 쪽으로 하강하면 다시 빈뇨증상이 나타난다.

임신기간

보통 2회 연속해서 월경을 거르면 임신했다는 것을 알게 되고 분만예정일을 마지막 월경주기(LMP)의 첫날부터 280일 또는 40주로 잡는데 이것을 월경령(menstrual age)이라고 한다. 그러나 실제로 임신하게 되는 것은 LMP의 첫날부터 약 14일이 지난 후에 배란이 일어나고 수정이 되기 때문에 분만예정일은 수정 후 266일 또는 38주로 계산하는 것이 합리적일 것이다. 이것을 수정령(fertilization age)이라

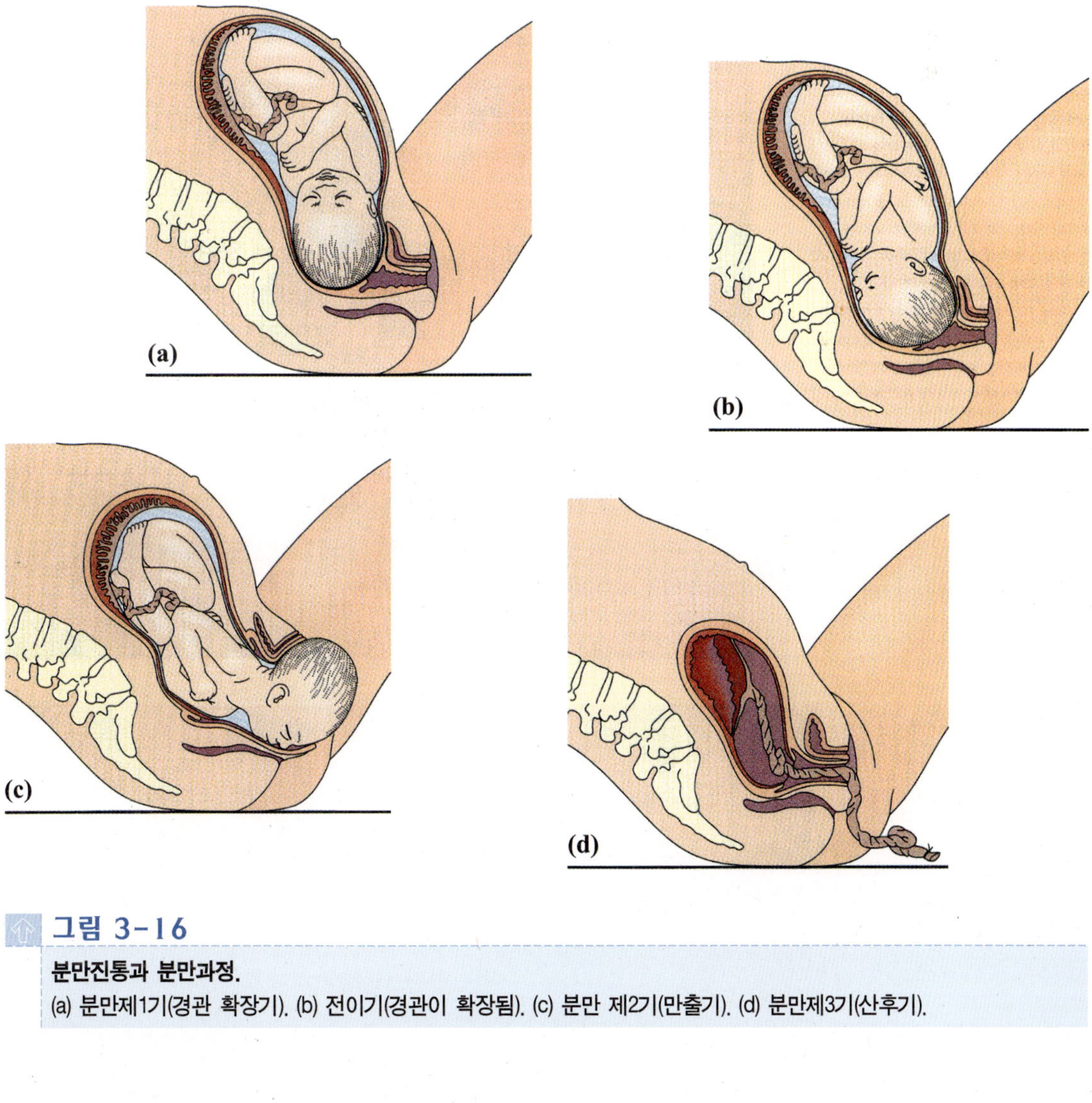

그림 3-16

분만진통과 분만과정.
(a) 분만제1기(경관 확장기). (b) 전이기(경관이 확장됨). (c) 분만 제2기(만출기). (d) 분만제3기(산후기).

고 한다. 85-95%의 아기는 수정령으로 252-280일(36-40주), 월경령으로 266-294일(38-42주)사이에 태어난다.

임신기간은 임산부의 몸에 나타나는 변화에 따라 3분기(trimesters)로 나눈다. 첫3분기는 수정령으로 10주(월경령으로 12주)까지로 임산부에 따라 오한, 구토, 빈뇨 등의 임신초기징후가 나타난다. 둘째3분기는 수정 후 11-24주까지이며 이 기간에는 구토와 피로감은 사라지고 임신징후가 확실해 지면서 임산부의 몸에 여러 가지 변화가 나타난다. 우선 아랫배가 불러오면서 성호르몬의 자극에 의하여 유방이 커지고 때로 초유가 분비되기도 한다. 수정 14주부터 태동을 느끼기 시작한다. 임신의 셋째 3분기는 수정 후 25-38주까지로 신체적으로 다시 불편함을 느끼게 된다. 임산부는 불면증이나 소화불량을 겪기도 하고 구토와 가려움증이 생기기도 한다. 배가 불러 숨쉬기가 힘들어지고 신체부위 특히 손발이 붓기도 한다.

미지의 존재

배자(배아)는 인간의 모습이라고는 아무것도 찾아볼 수 없다. 장차 무엇이 될 것인가를 추측할 수 있기까지에는 시간이 걸린다. 수정3주일이 지나면 신경계통이 발달하기 시작한다. 외배엽은 정중선을 따라 두꺼워지면서 융기되어 신경주름이 되고 바닥은 앞뒤로 움푹 파여서 신경고랑을 이룬다. 이어서 신경주름은 양끝이 서로 만나 고랑은 닫히게 되고 결국 앞뒤로 뻗어난 신경관을 형성한다. 계속해서 이 신경관의 앞부분은 부풀면서 뇌를 이루고 뒷부분은 척수가 되어 마침내 중추신경계를 이룬다.

임신4주에 접어든 배자는 앞쪽으로 커다란 원시입이 심장 바로 위에 열린다. 몸통 끝은 뾰족한 꼬리를 이르고 팔다리, 척추골, 얼굴 등이 발달하기 시작한다. 간단한 심장, 허파, 원시창자와 요도가 발생한다. 신경관 양쪽에 체절이 42-44쌍 생기고 체절에서 척추골과 몸통근육 등이 발달하는데 그 중 32-33개가 척추골이 되고 일부는 두개골에 합쳐지고 나머지 꼬리부분은 퇴화된다. 30일째의 배자는 약 6-7mm의 길이가 되고 척추동물을 닮기 시작한다. 이때부터 발달은 한층 빠르게 진행되어 이 미래의 아기는 매일 1mm씩 자라게 된다.

임신5주가 되면 얼굴, 몸통, 팔다리가 자란다. 머리는 여전히 가장 큰 부분을 이루며 팔은 다리보다 더 발달되어 있는 것을 본다. 임신6주의 배자는 비교적 균형이 잡혀 보인다. 코의 기원이 생기고 윗입술과 위턱이 형성된다. 체절은 척수의 앞쪽에서 합쳐져서 척추골몸통(추체)과 그 사이의 추간원반을 만든다. 이 척추골몸통의 등쪽으로 돌출부가 생겨 이것은 척수를 둘러싸서 척추뼈고리(추궁)를 만들어 척수를 보호한다.

태아기

임신8주가 지나 몸길이가 4cm가 되면 이제 더 이상 배자(embryo)가 아니다. 인간의 모습을 갖춘 태아(fetus)가 된 것이다. 성장한 어른에서 볼 수 있는 모든 것이 이제 갖추어진 것이다. 심장은 한 달 전부터 고동치고 근육은 이제 막 첫 운동을 시작한다. 임신8주까지는 미분화성샘과 성기를 가지고 있어서 남자아이와 여자아이가 거의 같은 모습을 하고 있었으나 9주가 지나면서 성은 남성과 여성으로 분화되기 시작한다.

임신한지 11주가 지나고 마지막 월경이 시작된

날로부터 13주가 지났다. 이제 산모는 4개월째로 접어든 것이다. 임신4개월 동안에 태아는 5cm에서 10cm이상으로 자란다. 자궁의 꼭대기는 두덩뼈(치골)와 배꼽의 중간에 와있다. 허리를 느슨하게 해야 옷을 입을 수가 있다. 태아는 이미 신생아의 기관구성과 거의 같아져있다. 태생5개월 중반이 되면 임신기간의 반이 지나간 셈이다. 태아는 키가 15cm로 자란다. 5개월 말이 되면 25cm가 되어 신생아 키의 절반 정도가 된다. 첫 아기를 가진 여성은 보통 20주가 되면 태아의 움직임(태동)을 느끼고 임신경험이 있는 경산부는 그것을 좀 더 일찍 느낀다. 그러나 태아는 엄마가 알아차리기 훨씬 전부터 움직이고 있다. 태아는 팔다리가 발달하자마자 곧 움직이기 시작한다.

태아의 귀는 4개월째부터 열리게 되고 또한 상당히 잘 들린다는 증거가 있다. 이것은 양수 속의 태아는 고막주위에 소리를 약화시키는 공기층이 없기 때문이다. 태아는 엄마의 목소리, 언니나 형의 이야기소리, TV나 오디오의 음악, 왔다갔다 쿵쾅거리는 소리들을 듣고 차츰 이런 소음에 익숙해진다. 그럼으로 갓 태어난 아기는 매우 큰 소리에 어느 정도 단련되어있다. 신생아실에서 다른 아기의 우는 소리를 걱정할 필요가 없다. 아기가 잠이 들려고 할 때도 굳이 주위를 조용하게 하려고 너무 애쓸 필요는 없다.

빨기, 쥐기, 매달리기 등은 세상에 막 태어난 순간부터 필요한 기술이다. 이런 반사작용은 신경이 발달하는 근육과 서로 연결되어 이루어지는 것으로 태아의 이른 시기에 이미 시작된다. 빨기와 쥐기 반사는 차츰 세기가 강해지고 신경의 자극전달도 점차 완벽해진다. 임신후반기는 보다 천천히 진행된다. 산모는 모든 것이 빨리 끝나 아기를 낳았으면 하고 바라며 마침내 아기를 보고 싶어지기 시작한다. 장차 엄마가 될 임산부는 분만 때가 가까워지면 일주일에 한 번 정도 의사를 찾아간다.

임신기간 중의 성교

임신 중이라고 하드라도 여성의 성욕이 없어지는 것은 아니며 오히려 임신 중일 때 더 흥분하고 성욕이 좋아진다는 여성도 있다. 건강한 산모라면 자신이 좋을 대로 성생활을 즐겨도 된다. 임신 9개월 동안에 산모는 자신의 성욕의 변동이 심하다는 것을 느낄 것이다. 피임을 걱정하지 안 해도 됨으로 부부는 전에 경험하지 못했던 즐거움과 자유로움을 느끼게 된다. 임신 중의 여성은 아이를 낳는 순간까지 자신이 원하는 오르가슴을 즐겨도 상관없으나 위생에 관해서는 특별히 신경을 써야하는데 감염의 위험 부담률이 높은 출산에 임박해서는 더욱 그러하다.

성교 중에 통증이 있다든지 파수한다든지 조산과 유산의 전력이 있다든지 하는 경우에는 성교를 자제하고 전문의의 상담을 받을 필요가 있지만 그렇지 않다면 임신 중이라고 해서 성교가 큰 문제가 되지 않는다. 그러나 문제가 없다고 해도 여성의 배 안에는 태아가 있으므로 성교 때에는 나름대로의 주의가 필요하다. 임신 중의 성교에서 꼭 명심해야 할 일은 커널링거스를 할 때에 질 안에 입김을 불어넣어서는 안 된다. 공기를 질 안으로 강하게 불어넣게 되면 그것이 임신기간 중에 팽창된 태반의 혈관 속으로 들어가 기포를 만들어 심장으로 가는 혈액순환을 저해하게 됨으로 위험하다.

임신기간 동안 오르가슴을 즐길 수 있다 하더라도 배가 점점 불러올수록 어떤 체위든 좀 불편하게 되며 심지어 위험할 수도 있다. 그러므로 임신4개월이 지나면 체위는 될 수 있는 내로 배와 자궁을 압박하지 않는 부담이 적은 체위를 선택하는 것이 좋다. 옆으로 돌아누운 여성의 등 뒤에서 남성이 안듯이 삽입하는 등뒤엽체위(背面側位)는 여성에게 부담이 가장 적은 체위의 하나이다. 결합도 너무 깊지 않기 때문에 격렬한 운동은 피할 수 있으며 대신 손으로 유방을 만진다든지 음핵을 애무하게 되면 여성도 보통의 성교와 다르지 않은 쾌감을 얻을 수가 있다. 다만 임신한 여성의 젖꼭지는 자극을 받으면 자궁수축을 일으키는 호르몬이 방출될 수도 있음으로 유방자극은 최소화하는 것이 좋다.

출산일

모든 예비엄마들은 아기가 예정일보다 좀 더 일찍 나왔으면 하는 소망을 가지고 있다. 마지막 4주는 길고도 힘든 기간이다. 의사가 말해준 날짜는 통계적인 평균일수에 불과하다. 2주 빨리 또는 2주 늦게 출산하는 것도 매우 정상적인 것이다. 만약 예정일보다 2주 이상 지났다면 산모는 의사와 상의해야한다. 가장 흔한 원인은 날짜가 잘못 계산된 때문이지만 어떤 경우에는 분만진통이 지나치게 지연되기 때문인 때도 있다. 그런 경우는 인공적인 방법으로 분만을 유도할 필요가 있다. 태아의 건강상태를 체크하는 새로운 방법이 많이 있는데 이러한 검사에서 얻은 정보가 유도분만이 필요한지 아닌지를 결정하는데 도움을 준다.

임신32-33주가 지나면 태아는 일반적으로 이리저리 돌 공간이 없을 정도로 커진다. 만약 머리가 먼저 나오면 엄마나 아기의 어느 편에서 보아도 가장 쉽게 분만될 수 있다. 만약 궁둥이가 먼저 나오게 되면 골반이 너무 좁지만 않다면 아기는 여전히 정상적으로 분만될 수 있다. 만약 의사가 합병증이 일어날 원인이 있다고 생각하면 제왕절개술을 계획하게 된다. 의사가 태아의 위치를 확실히 알지 못한다면 초음파를 사용할 수 있고 그것으로도 충분한 정보를 얻지 못한다면 X선 검사를 할 수도 있다.

분만진통

아기가 태어나도록 자궁이 규칙적으로 수축할 때 흔히 이를 분만진통(labor)이라고 한다. 임산부는 대부분 분만 훨씬 전에 소위 말하는 가진통(false labor)을 겪게 된다. 사실상 자궁은 전 임신기간 동안 수축하게 되고 분만이 가까워질수록 더 자주 일어난다. 이런 수축은 피로하거나 빈혈이 있는 임산부에게는 때로 불편할 수 있다. 그러나 이런 가진통의 수축은 고유의 분만진통과는 차이가 있다. 가진통은 불규칙적으로 일어나고 거의 아프지 않다. 수축이 오면 자궁경관이 열리기 시작한다. 자궁경관을 막고 있는 점액마개가 방출된다. 이 점막마개는 자궁이 감염되는 것을 막기 위해서 있던 것인데 수축과 함께 점막마개가 방출되면 분만이 시작된다는 분만징후(show)가 된다. 여성의 약 10%는 진통이 시작되기 전에 양막주머니가 터지는 것을 경험한다. 양막주머니가 터지면 아기는 외부세계와 이미 격리되어 있지 않기 때문에 감염될 위험성이 있음으로 이럴 경우에는 병원에 가는 것이 현명하다.

자궁수축이 매 10분 간격으로 오게 되면 산모는 의사나 조산원에게 이를 알려야 한다. 이제 병원에 갈 때가 온 것이다. 만약 임산부가 초산이라면 의사는 수축이 매5분 간격으로 올 때까지 기다리라고 할지도 모른다. 급하게 서두르다가 잊어버리는 물건이 없도록 미리 필요한 물건을 가방에 챙겨 준비해두는 것이 좋다. 지금은 본격적으로 진통이 시작되거나 분만 시에 곁에 아가아빠나 가까운 친척 또는 친구가 있는 일이 흔하다. 이런 일들은 개인의 희망이나 병원규칙에 따라 다르고 의사나 조산원 또는 병원 측과 미리 상의를 해야 한다.

분만진통 중에 산모는 가능하면 서있도록 애써야하고 적어도 의자에 앉아 있어야한다. 자궁 아래쪽으로 아기가 내려 누르는 압력이 자궁수축을 촉진하고 자궁목의 확장을 도와준다. 누울 때에 산모는 가능하면 옆으로 누워야한다. 아기에게로 가는 혈액순환이 등을 대고 바로 누워있는 것보다 좋기 때문이다. 자궁은 골반벽에 달라붙어 있어 모든 수축은 아기를 아래쪽과 바깥쪽으로 누르게 된다. 거리고 나서는 신선한 혈액이 태반에 이르는데 필요한 휴식기가 있다. 산모는 마지막 시기까지 힘을 아껴야한다. 마지막시기에는 전력을 다하여 아래로 힘을 줌으로써 쉽게 분만할 수 있도록 해야 하기 때문이다. 아빠나 다른 사람이 크게 안심시켜주고 위로해주면 도움이 된다.

분만 시 진통은 1분마다 큰 파도가 다가오듯 밀려든다. 평균 3.1kg의 태아를 산도에서 만출한다는 것은 쉬운 작업이 아니다. 모체도 태아도 거대한 스트레스에 노출된다. 스트레스에 노출되면 뇌하수체에서 호르몬이 분비되어 스트레스를 완화하려고 한다. 부신피질자극호르몬(ACTH)에 의하여 부신피질호르몬이 분비되어 신체적 스트레스가 해소된다. 동시에 뇌 속 마약인 베타 엔도르핀이 분비되어 정신적 스트레스를 완화한다. 베타 엔도르핀은 진통, 진경작용, 뇌하수체호르몬 분비를 촉진하는 작용도 있고 정신, 신경활동을 조정하고 체온, 호흡, 혈압의 조절도 행한다. 임신하면 베타 엔도르핀의 농도가 2배로 뛰어오르고 분만이 진행되면 5-10배로 증가한다. 분만 시에는 태아자신도 베타 엔도르핀이 분비되므로 태아도 분만 시의 큰 스트레스를 견디어 낼 수 있게 된다.

분만기

태아와 태반이 모체의 산도에서 만출되는 분만(delivery)은 주로 호르몬의 영향으로 유발된다. 분만과정은 계속적인 것이지만 강력한 주기적인 자궁수축으로 인한 진통으로 시작되며 이 과정을 편의상 3기로 나눈다. 분만1기는 경관확장기(stage of cervical dilation)라고도 하며 규칙적인 강력한 자궁수축으로 시작하여 자궁경관이 완전히 열림으로써 끝난다. 임신말기에 자궁의 근육수축으로 양수의 압력이 증가함에 따라 자궁경관을 팽창시켜 양막이 파열되었을 때 파수(breaking of water)가 일어나 양수는 배출된다. 분만1기는 출산경험이 있는 경산부의 경우는 평균 8시간이 걸리지만 초산인 경

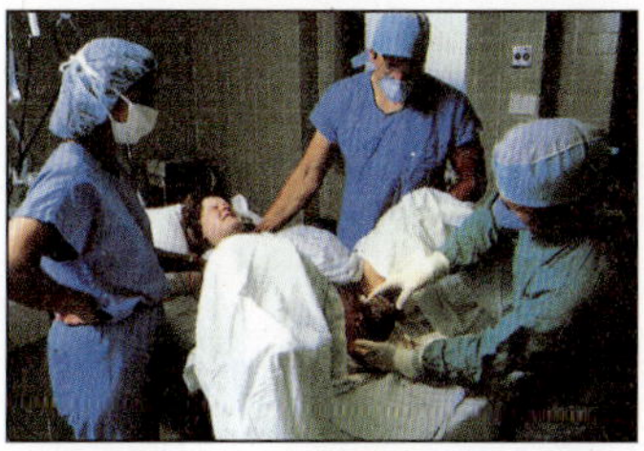

(a)

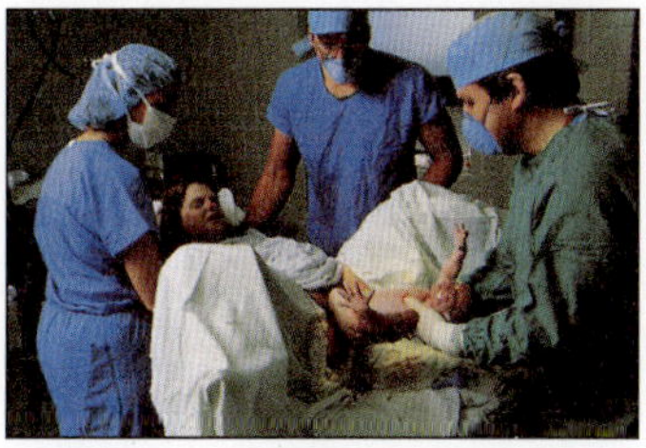

(b)

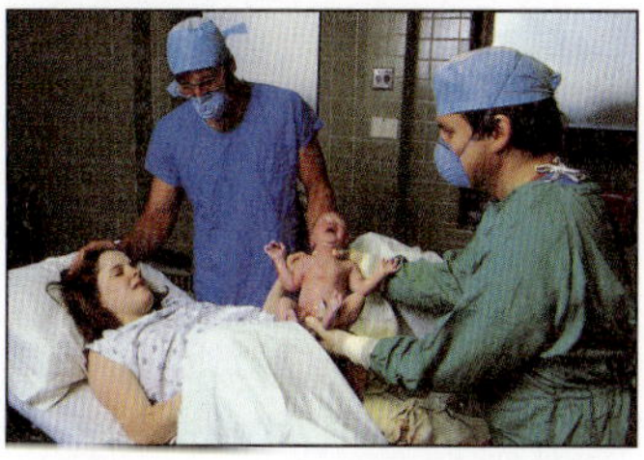

(c)

그림 3-17

병원에서의 분만과정(a, b, c)

그림 3-18
가정에서의 분만 과정(a, b).

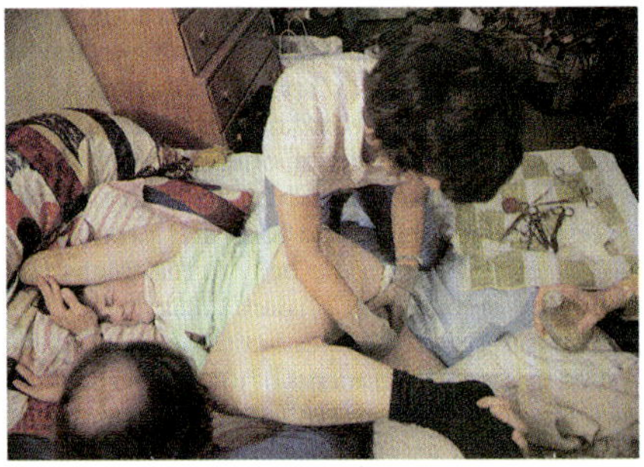

(a)

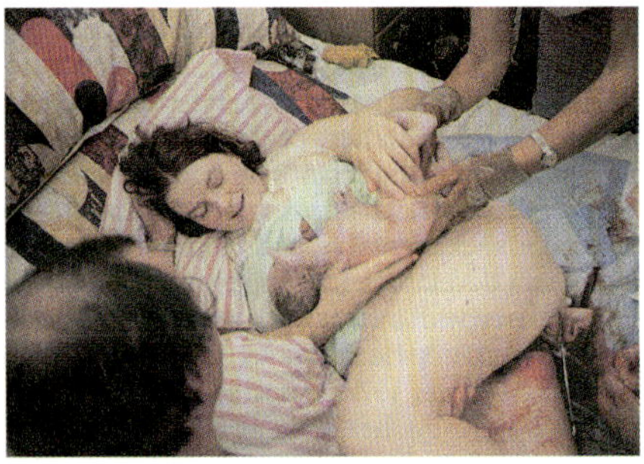

(b)

우는 좀 더 길어 평균 13시간이 소요된다.

분만2기는 만출기(stage of expulsion of fetus)라고도 하며 자궁경관이 완전히 열린 후부터 태아가 만출 될 때까지를 말한다. 자궁수축은 점차 강해지고 모체의 수의적인 근수축도 부가되어 태아는 완전히 열린 자궁경관에서 질 안으로 밀려나온다. 이 때 갓 태어난 아기는 탯줄에 부착되어 있다. 분만3기는 산후기(stage of after birth)라고도 하며 태아의 만출 직후부터 태반과 태아막이 만출 될 때까지의 기간이다. 태반과 태아막은 일반적으로 태아가 만출 한지 약 30분 후에 자궁출혈과 함께 밀려나오게 된다. 탯줄은 보통 두 곳을 묶어 그 사이를 자른다. 태반은 태아의 출생 후에 밀려나오므로 이를 후산(태, after birth)이라고 한다.

샅절개

아기머리가 질구멍에 이르렀을 때 많은 의사는 아기머리가 잘 통과하도록 질구멍을 확대하기 위하여 샅절개(회음절개, episiotomy)를 의례적으로 시행한다. 샅절개는 질과 항문 사이의 샅(회음)부위의 피부와 근육을 절개하는 시술이다. 샅절개는 분만의 외상을 최소화하고 아기머리에 대한 압력을 줄이며, 보다 광범위하고 불규칙한 조직의 손상으로 복원이 어려워질 샅부위의 파열을 막기 위하여 행해진다. 대부분의 여성은 아기머리의 압력으로 샅부위가 마비되어있기 때문에 절개를 해도 느끼지 못한다.

그러나 많은 사람들이 샅절개시술은 대부분의 경우 불필요하며 다만 의사의 편의를 위하여 시행할 뿐이고 여성은 후에 그것이 치유될 때 고통을 겪는다고 주장한다. 서유럽의 여러 나라에서는 샅절개가 통상 행하여지지 않는데도 분만은 탈 없이 아주 잘 이루어진다고 보고하고 있다. 더욱이 그들

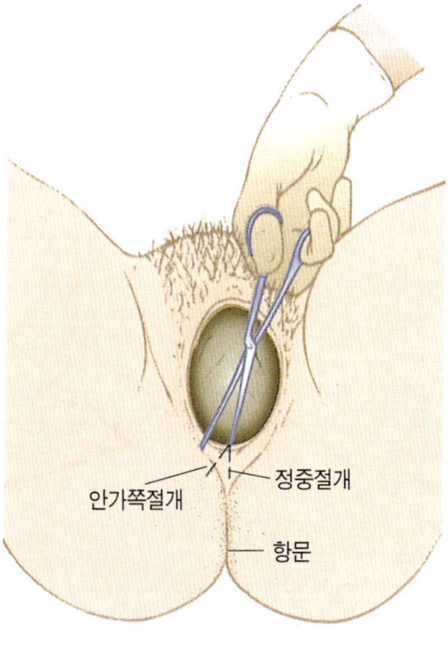

그림 3-19
샅절개
안가쪽절개 또는 정중절개를 출산전 진통중에 행한다.

은 질구멍(膣口)은 유연성이 강해서 대부분의 경우에 넓게 확장해도 찢어지지 않는 잠재력이 있다고 지적한다. 일부의사는 샅절개 후 다시 봉합할 때 출산에 의하여 넓어진 질을 축소시키기 위하여 질구멍을 좁히는 질샅 성형수술을 행하기도 한다.

제왕절개

제왕절개(cesarean section)는 배와 자궁벽을 절개하여 태아를 출산시키는 수술이다. 제왕절개는 산모나 아기를 위험에 빠뜨리지 않고는 정상 질분만(vaginal delivery)이 불가능하거나 어려울 때 행해진다. 통상 제왕절개를 요하는 조건에는 아기머리와 산모의 골반간의 크기차이로 아기가 산도를 통과할 수가 없거나 어려울 때, 가로태위(transverse presentation, 1%미만)와 궁둥태위(breech presentation, 4%)와 같이 어려운 태위, 아기에 앞서 자궁경관을 통한 탯줄의 탈출과 같은 어떤 원인으로 신생아가 위험에 처할 경우, 적절히 진행되지 않는 매우 길고 어려운 진통과 자궁경관이 확장되지 않거나 산모가 극도로 소진했을 때 등이 포함된다. 배반포(blastocyst)는 정상적으로는 자궁의 상부에 착상한다. 그러나 임산부 200명중 약 한 사람은 착상이 자궁의 하부에 일어난다. 태반이 성장함에 따라 이는 흔히 자궁경관의 내구를 막게 되는데 이 조건을 전치태반(placenta previa)이라고 한다. 이는 태아에게 영향을 주지 않으나 질분만을 방해한다. 이 경우도 제왕절개를 필요로 한다.

1970년대 미국의 제왕출생율이 5%에서 지난 15년 동안에 23,5%로 4배나 증가하였으며 이는 대부분의 서유럽, 예컨대 네덜란드나 영국의 10%에 비하면 상당히 높은 율이다. 이 같은 제왕출산의 남용은 의사나 병원의 높은 수입이나 의료분쟁을 피하기 위하여 동기 지어진 불필요한 제왕절개로 규정짓고 많은 의료전문가와 건강관리소비자 단체에서는 경계하고 있다. 제왕절개술에 의한 출산이 합병증과 산모사망율(10,000명에 1명)이 낮다고는 하지만 질분만에 비해 배나 높다. 게다가 제왕절개는 출산 중 출혈 또는 감염의 위험이 증가하고 있으며 또한 제왕출산한 아기가 질분만아기보다 건강하다

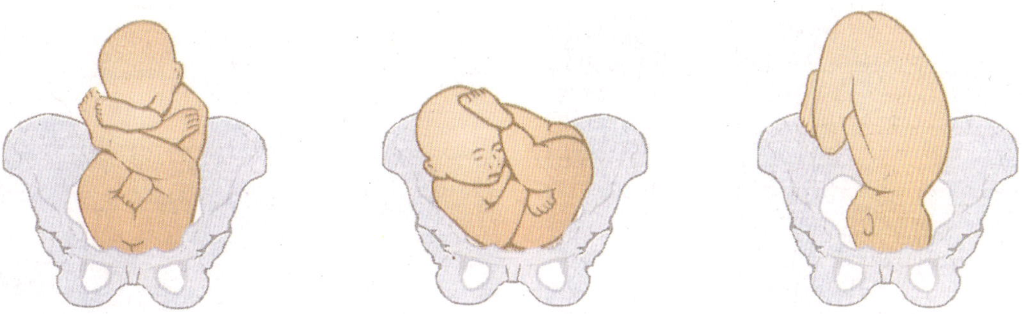

(a) (b) (c)

그림 3-20

출산중에 태아의 가능한 태위.

(a) 궁둥태위(4%) (b) 가로태위(1%미만) (c) 정상태위(96%)

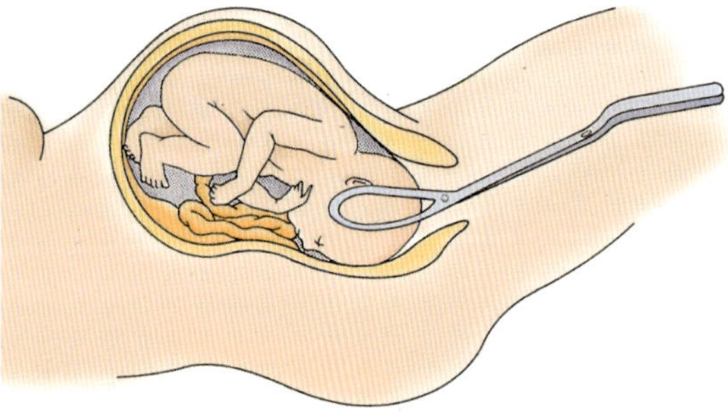

그림 3-21

겸자를 이용한 태아분만.
겸자의 사용으로 신생아의 머리에 약간의 자극이 나타나나 이들은 출생후 곧 소실된다. 겸자분만은 특수한 태위에만 행한다.

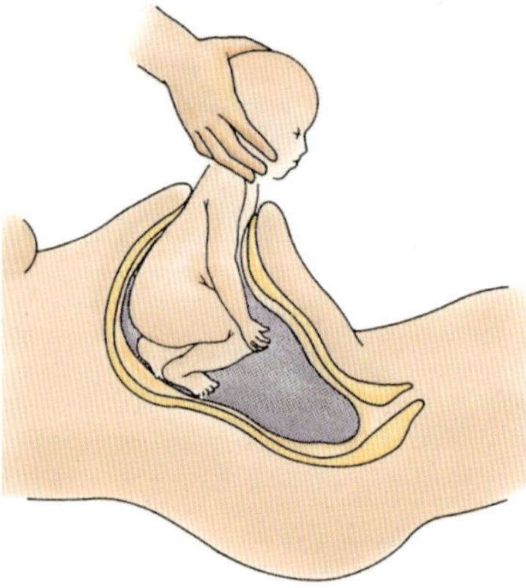

그림 3-22

제왕절개분만 중 배와 자궁의 절개를 통해 신생아를 분만시킨다.

는 증거가 없다.

과거에는 제왕분만을 했던 여성의 99%가 자동적으로 그 이후의 출산을 위하여 제왕절개를 계속하였지만 최근에 제왕분만을 경험한 많은 여성이 그 이후의 정상 질분만도 안전하다는 것을 알게 되었다. 한 연구조사는 이전에 제왕절개를 경험한 여성의 3분의2가 성공적인 질분만을 가질 수 있다는 것을 확인하였다. 이래서 근래에 미국 내의 제왕절개율이 극적으로 감소하고 있으며 1988년에 제왕출산율이 31%였던 것이 1994년의 통계에 의하면 15%로 줄고 있다.

분만이후

출산입니다 하는 소리에 엄마는 두 다리 밑으로 나타나는 아기를 기쁨으로 바라본다. 많은 병원에서 즉시 아기를 엄마의 배 위에 올려놓고 잠시 눕혀놓기도 한다. 그러나 몸이 식을 정도로 오래 두지는 않는다. 진통과 불안은 이제 다 지나갔다. 그러나 한 가지 일이 아직 남아있다. 후산 즉 태반이 나와야 하는 것이다. 자궁은 수축을 계속하고 태반과 태아막이 밀려나온다. 태반이 떨어져 나가지 않고 모든 것이 함께 완전히 나오는 것이 중요하다. 그래서 태반은 조심스럽게 검사해 보아야한다.

아기를 포대로 싼 다음 키와 몸무게를 잰다. 이름표 팔찌를 엄마와 아기의 손목에 끼운다. 아기를 돌보고 있는 동안 엄마 역시 편안하게 된다. 몸도 씻고 깨끗한 침대가 주어지고 회복실로 옮겨지게 된다. 분만 시에 많은 신체적 정신적 긴장을 한 뒤라서 산모는 다소 추위를 느낄지도 모른다. 산모는 담요를 덮고 따뜻한 물을 마실 수도 있다. 분만실에 누어있는 동안 아기를 담요로 싸서 엄마 곁에 놓아둔다. 때로는 아기가 엄마젖을 빨도록 놔두기도 하는데 그렇게 하여 일찍 친근감을 느끼게 돕는다. 이 시간에 엄마들은 행복하기는 하나 지쳐있고 모든 일이 무사히 지나가고 진통도 사라졌다는 안도감에 젖어있다. 많은 사람들이 푹 자고 싶어 한다.

마침내 산모는 분만실에서 나와 자기침실로 돌

그림 3-23
아기에게 젖을 물리고 있는 산모의 행복한 모습.

아온다. 병원방침이나 산모의 희망에 따라 아기는 엄마와 함께 한방에 있게 되거나 신생아실에 있게 된다. 병원의 입장에서 보면 신생아실에서 아기를 돌보는 것이 더 쉽다. 아기는 분만이라는 과정을 거쳐 완전히 다른 환경에 내던져져있는 셈이다. 아기는 첫 몇 시간 동안은 숨쉬기가 힘들는지 모르고 심장병이나 다른 장애의 징후가 나타날지도 모른다. 모든 것을 위하여 관찰이 필요하다. 출생 후 4시간쯤 지나서 때로는 출생 후 즉시 아기를 엄마 젖꼭지 옆에 놓아둔다. 아직 젖은 나오지 않는다. 아기에게 귀중한 것으로 초유라는 것이 있다. 아기가 젖꼭지를 빨 때 엄마의 시상하부는 자극되어 반사작용이 일어난다. 이것으로 뇌하수체는 젖을 생산하는 프로락틴(젖샘자극호르몬, prolactin)을 분비한다. 동시에 옥시토신도 분비되는데 이것은 유방에 있는 젖샘관을 수축시켜 젖을 짜내게 한다.

젖이 흐르게 될 때 유방은 부어오르고 만지면 아프다. 이것은 정상이다. 계속 젖을 빨려서 유방이 적응되는 2-3일 후면 부위는 가라앉게 된다. 아기가 젖을 빨기 시작한 처음 며칠 동안은 젖꼭지가 다소 아플 수도 있다. 그러나 곧 젖꼭지는 단단해지고 젖 빨리기가 쉬워지게 된다. 모유를 먹이면 많은 이점이 있다. 엄마와 아기 사이에 깊은 친밀감과 신체적 접촉을 가져온다. 아기가 젖을 빨면서 누워있는 그 조용하고 평화스러운 순간은 그 무엇으로도 바꿀 수 없다. 더욱이 모유는 감염을 예방하고 아기가 필요한 모든 것을 함유하고 있다.

젖을 줄 때마다 양쪽 젖 모두를 한쪽에 10분씩 빨려야하며 이렇게 하는 것이 젖을 잘 나오게 한다. 엄마는 젖을 먹인 후 20분을 쉬야하고 한번에 20분 이상 먹여서는 안 되며 처음에는 보다 적게 먹여야 한다. 그렇게 하지 않으면 엄마가 피로하게 되고 피로한 엄마는 젖이 덜 나오게 된다. 아기에게 젖이 모자라는 듯이 보여도 지나치게 많이 주지 않도록 한다. 아기가 젖을 힘껏 빨지 않으면 유방은 젖을 생산하기에 충분한 자극을 받지 못할 것이다. 일반적으로 분만 후 4-6일이면 산모는 집으로 돌아올 수 있다. 이제 산모는 의사나 간호사의 도움 없이 일을 처리해야한다. 새로운 삶이 시작된다고 말할 수 있다.

병원에서 엄마는 아기를 돌보는 법과 손으로 다루는 법, 목욕시키는 법, 기저귀 가는 법, 그리고 젖 먹이는 법 등을 배웠다. 그러나 엄마는 전적으로 자신에게만 의존하는 아기를 집에서 처음 다루기란 여전히 서툴 수밖에 없다. 아기가 울면 배가 고파 우는지 피곤해서 우는지 어디가 아파 우는지를 아는 데에는 얼마간의 시간이 걸린다. 아기가 우는 것은 울음을 통하여 무언가를 요구한다고 보는 것이 옳을 것이다. 아기는 자궁 밖의 새 삶에 적응해야한다. 엄마가 처음에 젖먹이는 시간에 대하여 좀 느긋하고 융통성 있게 대처한다면 엄마와 아기는 일상생활을 조화롭게 보낼 수 있을 것이다.

산욕기

산모는 출산 후 6-8주를 지나야 완전히 정상적인 자신으로 되돌아갈 수 있다. 임신 전 여성의 자궁의 크기는 7cm(50-70g)정도였던 것이 임신 중에 35cm(1000g)까지 확장된다. 이처럼 출산 후부터 산모의 생식기관이 모두 임신전의 위치와 상태로 되돌아가는데 최소 6주 동안의 기간이 필요한데 이 기간을 산욕기(postpartum period)라고 한다. 산모는 이 기간 동안에 신체적 변화뿐만 아니라 정신적인 측면에서도 새로운 환경에 적응해야한다. 특히 초산인 경우에는 그러하다. 새로 태어난 아기는 모든 것을 부모에게 의존함으로 아기를 다루는 경험이 없는 부모는 여러 가지 문제에서 당혹감이나 낭패감을 느끼기 때문이다.

성생활을 다시 시작하기 전에 의사의 진찰을 받아야한다. 성욕을 곧 느끼지 못할 수도 있다. 출산 후 후유증이 전혀 없는 여성이라 하더라도 몇 주 동안은 성교를 할 수가 없다. 설사 의사가 이제는 해도 좋다고 해도 여자 쪽에서 아직 준비가 되어있지 않을 수도 있다. 갓난아기가 밤새 몇 번이고 깨어서 엄마를 지치게 만든다든지 출산 후 호르몬의 갑작스런 저하로 우울증이 일어난다든지 할 수 있다. 만약 분만 중 샅절개(episiotomy)가 행해졌다면 이것이 회복되는데 보통 3주 이상이 걸린다. 어떤 여성의 경우에서 앉을 때도 통증이 올 수 있다. 질의 점막은 때로 얇고 약한데 점막을 튼튼하게 할 수 있는 호르몬이 젖을 먹이고 있는 동안에는 소량만이 분비되기 때문이다. 골반근육의 훈련은 근육을 이전처럼 튼튼하게 만드는데 도움을 준다.

분만 후 6주가 되면 엄마는 산후진찰을 받기 위하여 병원을 찾아간다. 대개 이때에 적절한 피임방법에 대하여 의견을 나누게 되는데 피임은 사려 깊게 생각하고 늦추어져서는 안 된다. 그러면 아빠는 욕구불만에 빠질 수도 있지만 이럴 때에 인내심을 길러야한다. 새로 엄마가 된 여성이 어떤 기분인지 그리고 언제쯤이면 성교를 다시 할 수 있는 준비가 될 것인지를 알 수 있도록 대화의 문을 열어놓고 기다려야한다. 두 사람이 성관계 없이 지내는 시간이 너무 길어져서는 안 되며 성생활의 재개를 위하여 특별한 배려가 필요할 수도 있다.

불임

어떤 커플은 그들이 아기를 갖기로 계획했으나 그들이 임신할 수 없다는 것을 발견했을 때 상실의 고통을 체험한다. 피임하지 않고 1년 또는 그 이상 성교를 한 후에도 임신하지 못하였을 때 넓은 의미에서 불임(infertility)으로 정의한다. 생식 가능한 연령의 전 여성의 약 10%는 임신이 불가능하다. 최대의 불임은 35-44세의 여성 중에 발견한다. 임신을 한 번도 경험하지 못한 불임커플을 원발성불임(primary infertility)이라고 한다. 그러나 한 아기를 가진 후에 임신이 불가능하게 된 속발성불임(secondary infertility)이 보다 보편적이다. 많은 사람들은 불임이 증가한다고 믿고 있다. 사실 1980년대의 불임커플이 약 8%였던 것이 1900년대 중반에는 10%로 증가하였지만 이 증가의 대부분은 많은 사람들이 출산을 늦추었기 때문이다. 불임의 원인은 양 성의 많은 기관이 임신을 위해 적절히 기능해야하기 때문에 많고 다양하다. 불임에 관여하는 문제의 약 40%는 남성 때문이며, 약 40%는 여성에 기인한다. 이 사례의 약 20%는 양 파트너의 문제에서 발생한다.

남성불임

여성의 연령증가와 함께 수태능력이 저하된다는 것은 오래전부터 알려져 있었다. 최근에 이는 남성에서도 마찬가지라는 것을 발견하였다. 임신에 1년 이상 걸리는 개연성은 25세미만의 남성에서는 8%이든 것이 35세 이상의 남성에서는 15%로 거의 배로 증가한다. 낮은 정자 수는 가장 보편적인 문제이다. 정액의 1ml당 4000만에서 1억5000만의 정자수가 정상범위이다. 빈번한 사정은 정자수를 저하시키며 전형적인 음낭의 온도보다 1-2도 높아지면 고환에서의 정자생산을 해친다. 자주 더운 물에 목욕을 하거나 단단한 팬티를 착용하면 적어도 일시적으로 정자생산이 감소된다. 남성의 생식기계가 충분한 정자를 생산할 수 없거나 생산된 정자의 운동성이 낮고 약하면 수정이 일어날 확률이 실질적으로 감소된다. 정자수의 감소는 유전적인 요인, 나이의 증가, 내분비문제, 당뇨병, 고환의 손상, 음낭의 정맥류, 알코올, 다수의 항생제, 마리화나, 방사선, 감염, 정서적 스트레스 등의 여러 요인에 의해 발생한다. 고환상부의 정맥류(varicocele)는 음낭의 온도를 상승시켜 정자발생을 방해한다. 환경요인은 여성뿐만 아니라 남성의 불임을 증가시킨다. 흡연은 정자수를 감소하거나 비정상적인 정자를 생산하며, 어떤 용매나 제초제에 발견되는 납이나 화학물질과 같은 독성물질은 정자수를 감소시킨다. 불임은 신체적인 문제뿐만 아니라 정서적으로도 영향을 받는다.

여성불임

여성에 있어서 불임의 대부분의 사례는 신체적 요인 때문에 발생한다. 호르몬, 스트레스, 면역학적 요인과 환경요인도 관여한다. 여성 불임의 10%에서 15%까지는 배란의 실패에 기인한다. 여성 불임의 주요원인은 폐쇄된 난관, 골반염증성질환(pelvic inflammatory disease, PID), 통상적으로 성감염증(STD)으로 인한 난관이나 자궁이 폐쇄된 결과이다. 이는 임균, 클라미디아(Chlamydia), 또는 몇몇 다른 병원균에 의해 일으킬 수 있다. PID의 약 100만 사례는 매년 치료된다. 이 사례의 약 반은 PID가 흔히 무증상이기 때문에 치료를 받지 않는 것으로 의사들은 추산하고 있다, 특히 초기단계에서 그러하다. 다른 원인은 자궁내막염, 당뇨병, 고혈압증을 포함한다. 흡연도 여성의 임신능력에 영향을 준다. 지나친 운동이나 다이어트로 인해 체지방이 정상 이하이면 배란을 억제하고 임신을 지연시킨다.

뇌하수체가 배란을 자극하는 난포자극호르몬(FSH)과 황체형성호르몬(LH)을 충분히 생산하지 못하거나 잘못된 시간에 방출하면 불임의 원인이 된다. 임신을 하려고 애쓰는 근심의 증가에 의한 스트레스도 임신을 저하시킨다. 때로 잘 모르는 이유로 여성이 그녀의 파트너의 정자에 대한 과민성(알레르기)이 있거나 그녀의 면역계가 정자를 파괴하는 항체를 생산할 수도 있다.

페인트, 용매와 살충제에 함유된 유독화학물질이나 방사선치료에 노출되면 여성의 생식능력에 위협이 될 수 있다. 다량의 카페인의 섭취(하루에 3잔)는 여성의 임신을 26%나 감소시킨다. 한때 수정능력을 증가시키고 유산의 위험성을 감소시킨다고 생각했던 디에틸스틸베스트롤(diethylstilbestrol, DES, 합성여성호르몬의 일종)을 섭취한 어머니의 딸은 상당히 높은 불임률을 보인다. 일반적으로 30세쯤에서 자연적으로 여성의 수태능력은 저하되기 시작하여 35세에는 여성의 약 1/4이 불임이 된다.

불임치료

불임을 해결하기 위해 발달한 기법과 과학기술은 수태약, 자궁내정자주입, 정자와 난자은행, 대리모, 보조생식공법(assisted reproductive technology, ART)으로 알려진 다수의 방법이 포함된다. ART에는 시험관내 수정(in vitro fertilization)과 생식자난관내이식법(GIFT), 접합자난관내이식법(ZIFT), 세포질내정자주입술(ICSI)등의 기법이 있다.

그림 3-24

시험관내 수정에 의해 태어난 아기는 다태아출산의 기회가 증가한다.

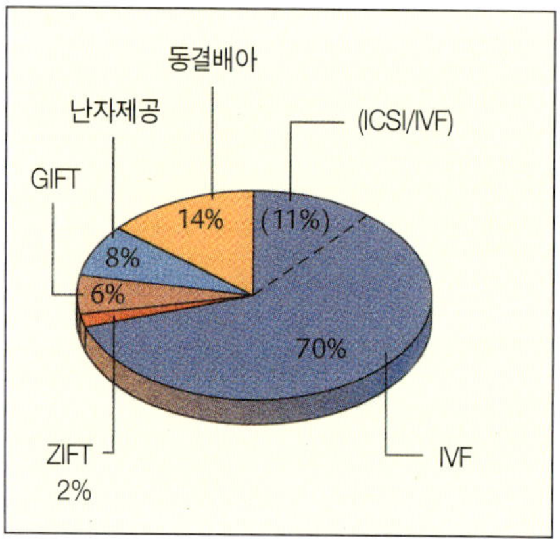

그림 3-25

보조생식 기술법(미국, 1997).
이들 사이클의 대부분(78%)은 배아를 커플자신의 난자와 정자로 발생시켰다. 14%는 동결배아를 사용하였으며 8%는 기증자의 난자를 사용하였다. 가장 일반적인 방법은 시험관내 수정(IVF, 70%), 세포질내 정자주입술(ICSI, 11%), 생식자 자궁내이식법(GIFT, 6%), 접합자난관내이식법(ZIFT, 2%)이었다.

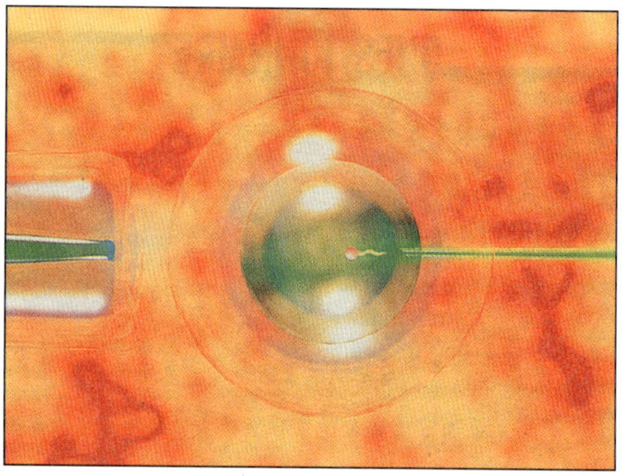

그림 3-26

세포질내 정자주입술.
가장 최신의 불임치료기술로 페트리접시내의 난자에 단일 정자를 직접주입하여 수정시킨후 시험관내 수정(IVF)에서와 같이 배반포를 모체에 이식한다.

자궁내 수정

자식 없는 것이 남성불임결과이거나 유전적으로 전달 장애가 남성에 의할 때 커플은 자궁내 수정(intrauterine insemination, IUI)을 시도한다. 아기를 원하지만 적당한 파트너가 없는 독신여성은 여성 동성애커플이 하는 것처럼 이 기법을 이용한다. 미국의사회는 1년에 자궁 내 수정공여자로부터 약 5

만 명이 출산한다고 추산하고 있다. 호르몬치료와 연합한 자궁 내 수정은 자궁 내 수정만의 방법보다 불임커플의 임신율은 약 3배나 높다. 배란 중 정액은 주사기로 자궁경 내구근처에 주입한다. 자궁 내 수정은 여자보다 남자를 출산하는 경향이 있다. 일반 집단에서 출산아의 약 51%는 남자이나 자궁 내 수정에서는 약 60%의 남자를 임신한다. 자궁 내 수정은 불임커플을 위해 약 60%의 성공률을 갖는다. 일부 여성동성애자, 특히 제휴관계에 있는 여성동성애자(lesbians)는 자궁 내 수정을 통해 가족을 형성하기를 원하기도 한다.

시험관내 수정

실험용 페트리접시내에서 정자와 난자를 수정시킨 후 배반포를 산모나 대리모의 자궁에 착상시키는 것을 시험관내 수정(in vitro fertilization, IVF, 체외수정)이라고 한다. 임신의 기회를 증가시키기 위하여 일반적으로 여러 난자를 모아 수정시키고 착상시킨다. 모체는 그녀의 월경주기를 조정하는 호르몬을 투여함으로써 자궁은 수정란의 착상을 위해 준비한다. 때로 난자 또는 배자(배아, embryo)는 후일에 사용하기 위하여 냉동보관하기도 한다. 난자는 산모나 공여자로부터 얻는다. 일반적으로 호르몬으로 자극한 모체나 공여자의 난소에서는 통상적인 한 개 대신 12-18개의 난자가 얻어진다. 이 과정은 16인치주사바늘을 질을 거처 난소로 삽입하여 난세포를 수집한 후 정자와 혼합한다. 2일째에 2 내지 7사이의 배반포를 모체의 자궁에 착상시킨다. 통상적으로 배자가 성공적으로 발생할 뿐만 아니라 때로 이들의 전부 또는 대부분이 발생한다. 1978년에 세계최초로 시험관아기가 태어난 이래로 1999년 현재에 IVF기법으로 30만이상의 아기가 출산하였다. 우리나라에서도 1980년대 초반에 IVF에 성공하여 현재까지 수많은 시험관아기가 건강하게 자라고 있다.

생식자 및 접합자의 난관내이식

1980년대 중반에 다른 수정기법인 생식자난관내이식법(gamete intrafallopian transfer, GIFT)이 개발되었다. 이 과정에서 정자와 난자는 수집되어 난관내에 주입함으로써 시험관내수정과정을 생략할 수 있게 되었으며 자연적인 수정과정과 같이 난관 내에서 수정이 일어나도록 유도함으로써 착상율을 높일 수 있게 되었다. 1995년 현재에 있어 미국에서는 ART과정의 약 6%는 GIFT를 사용하였다.

접합자난관내이식법(zygote intrafallopian transfer, ZIFT)에서는 난자와 정자를 페트리접시내에서 수정시킨 다음 즉시 세포분열이 시작되도록 난관에 이식한다. 1995년 현재에 ART과정의 약 2%는 ZIFT를 사용하였다. GIFT와 ZIFT기법은 IVF보다는 보다 성공률이 높지만 보다 침해적이어서 많은 여성들이 이들 방법을 기피한다. IVF와 마찬가지로 GIFT와 ZIFT는 다태아임신의 위험성은 증가한다.

세포질내 정자주입술

세포질내정자주입술(intracytoplasmic sperm injection, ICSI)은 가장 새로운 불임치료기술로 벨기에의사에 의해 개발되었다. 이는 페트리접시내의 난자에 단일 정자를 직접 주입하여 수정시킨 후 IVF에서와 같이 배반포를 모체에 이식한다. ICSI는 24%의 성공률을 가지고 있으나 이 방법으로 임신한 태아는 자연적으로 임신한 태아보다 비정상아가 배나 높다. ICSI는 정자수가 적거나 비정상 정자수가 많은 남성들을 위해 정상적인 정자만을 선택하여 난자에 주입함으로써 임신의 가능성을 높인다. 1995년 현재에 ART과정의 약 11%는 ICSI법을 사용하였다.

대리모

대리모(surrogate motherhood)는 어떤 여성이 자녀를 원해도 임신이 불가능한 다른 여성을 위해 아기를 대신 임신하는 것을 말한다. 임신을 원하는 커플의 정자와 난자를 체외에서 수정시킨 후 대리모의 자궁에 착상시켜 출산한다. 대리모는 태어난 자녀에 대한 양육권을 포함한 어떤 권리도 없으며 대신 불임커플은 대리모에게 임신 출산에 대한 사례비를 지불한다. 일부 사람들은 대리모의 동기에 의문을 갖기도 한다. 이들 여성들은 그들의 친구나 친척을 위해 아기를 낳기도 한다. 대리모가 되기 위한 여성들의 동기는 다양하다. 주요동기는 돈(통상 1만 달러에서 2만5천 달러 또는 그 이상을 지불), 임신의 즐거움, 양자입양을 위해 아기를 단념하는 것 같은 조화되어 있지 않는 출산충격 등이다.

입양

입양(adoption)은 불임부부가 아기를 얻기 위한 또 다른 방법이다. 양자입양을 한 부모는 입양을 위해 그들의 아이를 단념했던 애초의 마음이 바뀐 생물학적 부모에 대항하는 우발적인 충돌이 있을 수 있으나 대부분의 입양은 행복한 새 가족을 형성한다. 미국에서는 많은 사람들이 다른 나라로부터 신생아들을 쉽게 입양하는 것을 볼 수 있다. 우리나라는 미국 등에 비해 입양자체는 쉬운 편이지만 자기혈족에 대한 관심이 매우 높기 때문에 남의 자녀를 자신의 양자와 양녀로 입양하는 사례는 그다지 많지 않다. 그러나 양부모에게는 자녀를 갖게 되는 기쁨이 있고 입양아에게는 가정과 부모의 사랑을 받을 수 있는 입양제도를 위해 입양에 대한 관습적인 장애를 극복하는 일은 매우 중요한 일이다.

제4장 피임

자연피임법
기구를 이용한 피임법
호르몬피임법
영구피임수술
낙태

10대들 사이에 원치 않는 임신이 늘어나고 있다. 그들은 과거보다 일찍 초경을 시작하기 때문에 12세만 되어도 육체적으로 아기를 가질 수 있게 되었을 뿐 아니라 실제로 아기를 가지기도 한다. 그래서 많은 젊은 여성들이 미혼모가 되어 엄마와 아기가 너무나 힘든 생활을 하고 있다. 소녀들은 전보다 더 어린 나이에 아기를 가질 수 있는데 반해 사람들은 더 늦게 결혼하게 되었다. 모든 젊은이들이 성관계를 가질 수 있으면서도 결혼까지 기다려야하는 시간이 배로 늘어난 것이다. 피임약 덕분에 임신하지 않고 성경험을 하는 것이 가능해졌다고는 하지만 젊은이들에게는 불안하고 혼란스러운 일이다. 젊은이들은 결혼을 하던 안 하든 연령이 되면 그들의 대부분은 짝을 이룬다. 이러한 상황에서 젊은이들에게 성경험을 갖지 않기를 기대한다는 것은 실제로 불가능한 일이다.

성관계를 갖는다는 것에는 심각한 결과가 따르므로 아무 생각 없이 성관계를 가져서는 안 된다. 섹스를 하는 것은 그 사람의 자유임으로 특별히 나쁘다고 할 수 없으나 아이를 낳을 수 있는 상태가 아닌데도 피임(contraception)을 하지 않고 성교를 한다는 것은 위험하고 무책임한 일이 아닐 수 없다. 임신하고 싶지 않으면 피임을 확실히 하는 것이 현대여성의 지혜이다. 피임은 인공임신중절(낙태)이라는 불행한 사태를 초래하지 않기 위해서도 필요하다. 낙태는 세상에 태어나려는 귀중한 생명을 해치는 행위일 뿐 아니라 모체의 건강을 위해서도 많은 상처를 남긴다. 낙태를 한 번 했기 때문에 평생 다시는 아기를 낳을 수 없는 사람도 있고 낙태수술로 생명을 잃는 여성조차 있다. 이처럼 여성의 일생을 좌우할지도 모르는 낙태는 피해야한다.

십대임신율은 여성 1000명당 101.7명인 러시아와 83.6명인 미국이 가장 높다. 그 뒤를 영국(46.9), 캐나다(45.4), 오스트레일리아(43.7) 등이 잇고, 프랑스와 독일은 각각 20.2와 16.1명이며 선진국 중에서 가장 낮은 나라는 네덜란드(12.0), 이탈리아(12.0), 일본(10.1) 등이다. 미국의 10대임신과 출산율은 1991년을 고비로 저하되기 시작했으나 한국의 미혼모 중 10대가 차지하는 비율은 이와는 반대로 1991년에 24.3%였던 것이 1997년에는 47.9%로 상당히 높아졌다. 10대미혼모의 문제는 미혼모만의 문제가 아니라 사회전체의 문제이기도 하다. 더욱이 10대미혼모의 자녀는 경제적 어려움과 부모나 사회로부터의 무관심 등에 의해 많은 상처를 입게 된다. 10대미혼모가 증가하는 여러 가지 이유가 있겠지만 성에 대한 무지로 인해 피임을 소홀히 한 탓이 가장 크나. 우리나라보다 피임율이 높은 미국의 경우에도 10대 여성의 1/4이 첫 성교에서 피임법을 사용하지 않았다(Darroch et al., 2001). 15세에서 19세까지의 성적으로 활발한 10대의 1/3만이 지속적으로 피임법을 사용하는 것으로 되어있다. 10대임신의 사회적 문제를 사전에 막기 위해서는 적절한 피임교육과 피임에 대한 사회적 인식의 변화가 필요한 시점이다.

현재 전 세계적으로 수백만 명의 여성이 원치 않는 임신을 하고 있다는 것이 사실이다. 피임의 주목적은 원하지 않는 임신을 막는데 있다. 피임법을 똑바로 인식하고 자신들에게 적합한 방법을 찾는다는 것은 성생활에 있어서 테크닉이상으로 중요하다. 우리들은 아직 완벽한 피임법을 가지고 있지는 못한다 해도 피임법을 바르게 사용만 하면 이제 거의 원하지 않는 아기를 갖게 될 위험 없이 성생활을 즐길 수 있게 되었다. 아기는 모두에게 환영받으며 이 세상에 태어나야한다. 현대는 아이를 적게 낳아 정성껏 기르는 시대이므로 아기가 성장하기 좋은 환경을 마련하여 아기 기르는 일에 책임을 가져야한다.

사람들은 성교와 임신을 분리시키려고 오랫동안 노력해왔다. 피임이란 정자와 난자가 합쳐지는 것을 막거나 수정된 난자의 자궁내막에 착상하는 것을 방해하거나 해서 임신을 피하는 방법이다. 여기에는 자연피임법, 기구를 이용한 피임법, 호르몬에 의한 화학적 피임법, 불임시술에 의한 영구피임법 등 네 가지 기본적인 피임방식이 있다. 이들 피임법은 종류에 따라 실패율이 매우 다양하다. 올바르게 사용하면 거의 100%에 가까운 안전한 피임법으로부터 실패율이 50%를 넘는 것까지 있으므로 자신에게 알맞은 피임법을 선택하여 정확하게 사용하여야 할 것이다.

자연피임법

질외사정

남성이 흔히 사용하는 방법으로 남자가 오르가슴을 느끼기 직전에 성기를 질에서 빼내는 소위 질외사정 또는 성교중단법(withdrawal, coitus interruptus)이다. 실패율이 상당히 높아 익숙한 부부사이에서도 20%이상에 이른다. 우선 자신이 조절능력이 있다고 생각하는 많은 남성이 실제로는 그렇지 못하고 성기를 밖으로 빼내기 전에 사정해버리는 일이 많다. 남성이 사정 직전에 성기를 빼낸다고 해도 성행위시 사정전의 흥분에 의하여 소량의 정자가 배출될 수도 있으며 사정전이라도 정자가 음경 쪽으로 올라올 수 있게 도와주는 망울요도샘에서 윤활액이 분비되는데 이 윤활액 속에는 많은 정자가 들어 있어서 임신이 가능하다. 그러므로 질외사정은 아무것도 하지 않는 것보다 다소 낫다고 하드라도 좋은 방법은 못된다. 그리고 질외사정은 장기간 실행하면 남성에서는 조루와 같은 성기능장애가 생길 수도 있고 여성에서는 질외사정을 반복하면 불감증이나 어떤 성적기능장애가 올 수도 있다.

리듬법

리듬법(rhythm methods)은 여성들의 규칙적인 배란주기에 기초를 두고 있다. 이들 방법은 로마 가톨릭교회에서 허용하는 유일한 형태의 자연피임법으로 이 방법을 사용하려면 배란이 일어나는 때를 예측할 수 있어야한다, 리듬법은 여성의 수태시기를 결정하는 방법에 따라 달력법, 기초체온법, 경부점액법 등으로 나눈다.

달력법

달력법(calendar method)은 가장 간단한 리듬법이다. 이것은 배란이 다음 번 월경이 시작될 약 14일 전에 일어난다는 가정에 바탕을 둔다. 이 방법은 월경주기가 아주 규칙적인 28일 주기를 가진 여성을 위해 최상의 효과를 거둘 수 있는 방법이다. 이 경우 배란은 다음 번 월경이 시작될 14±1일전에 일어날 것이므로 거의 확실히 13-15일 사이에 배란이 일어날 것이다. 배란일을 중심으로 배란하기 전 5일(정자는 여성의 자궁관 안에서 2-5일간 생존가능)과 배란 후 2일(난자는 배란 후 24시간 생존)동안은 위험기간으로 보아야한다. 여성이 완전히 규칙적인 경우라도 28일월경주기의 8일에서 17일까지의 10일간은 성교를 자제해야한다. 그러나 많은 여성들의 배란주기는 일정하지 않으며 정상적인 월경주기가 26-33일까지로 다양할 뿐 아니라 월경주기가 일정한 여성의 경우에도 불규칙적인 달이 있기 때문에 정확한 배란일을 예측하기가 쉽지 않아서 완전히 안심할만한 방법은 되지 못한다. 달력법은 매우 신뢰도가 낮아서 일부연구는 피임실패율이 40-45%나 된다고 보고하였으나 대부분의 연구는 전형적인 사용실패율은 약 25%라고 보고하였다.

기초체온법

배란을 결정하기 위한 좀 더 정확한 방법은 기초체온(basal body temperature, BBT)법이다. 여성의 체온은 배란하면 그때까지의 저온기에서 고온기로 이행하고 생리가 시작되면 다시 저온기로 이행하는 리듬을 매달 반복한다. 여성은 매일아침 잠에서 깨어난 직후 체온을 재어서 저온기와 고온기의 리듬을 찾아서 배란일을 알아내고 그것으로부터 불임기간을 찾아낸다. 그래서 기초체온을 바탕으로 월경이 끝난 날부터 체온이 상승한 후 2-4일까지 성교를 자제해야한다. 하지만 감염이나 스트레스 등에 의해 체온이 상승하기도 하기 때문에 정확한 체온을 측정하기가 어려운 경우도 있으며 어떤 여성은 아예 기초체온이 불규칙하기도 한다. 피임의 한 형태로서 BBT법은 배란 후에만 안전기간을 결정할 수 있다는 결점을 가지고 있다. 이 방법으로는 배란 전에 안전기간을 예측할 수가 없다. 그래서 BBT법은 배란 후의 안전기간을 결정하고 배란 전의 안전기간은 달력법에 의하여 결정하는 두 방법을 연합하면 아마도 보다 효과적일 것이다. 또한 임신을 하고자 하는 여성에게 언제 성교를 하면 아기를 가질 수 있는지를 알려주는 지표로서 기초체온법은 매우 유용하다.

경부점액법

경부점액법(cervical mucus method) 또는 배란법(ovulation method)은 자궁경부에서 분비하는 점액주기의 변화에 의존하는데 이 방법은 호주의 의사 빌링스(1974)에 의해 처음으로 이용되기 시작되었기 때문에 빌링스법(Billings method)이라고도 한다. 일반적으로 월경이 끝난 후 며칠 동안은 경부점액이 분비되지 않아 질 안이 비교적 건조한 상태를 유지하나 배란 수일 전부터 점액이 분비되기 시작한다. 초기의 점액은 흰색을 띤 끈끈한 점착성의 물질이나 점차 색이 묽어지고 점성도 묽어져 배란 24시간 전에는 달걀흰자와 같이 거의 투명하고 미끈거리는 묽은 점액으로 변한다. 배란 후에는 점액은 다시 흰색으로 되돌아간다. 그래서 점액이 분비되기 시작하는 날부터 투명한 묽은 점액이 분비되는 날 다음 4일까지를 피하면 만족할만한 피임이 가능하다.

일부 커플은 보다 정확한 정보를 얻기 위하여 기초체온과 빌링스법을 연합해서 사용하기도 한다.

흔히 이 두 리듬법을 연합한 방법을 징후체온법(sympto-thermal method)이라고 하며 보다 정확한 배란일을 결정할 수 있어 다른 어떤 방법을 단독으로 사용하는 것보다 임신율을 낮출 수가 있다. 그러나 경부점액의 변화에 바탕을 둔 이들 방법에 대한 문제의 하나는 여성의 약 1/3은 전형적인 점액패턴을 보이지 않는다는 것이며 비록 전형적인 경우라도 손가락검사법(finger test)은 그다지 과학적인 방법이 되지 못하다는 것이다.

리듬법의 효과

리듬법의 포괄적인 효과는 비교적 낮으며 그 중에서도 달력법은 가장 신뢰도가 떨어져 실패율이 15-45%에 이른다. 기초체온법은 해석하기가 어렵기 때문에 정확성이 떨어지며 난소주기의 약 20%에서 기초체온표는 배란을 나타내지 않는다. 경부점액법은 임신을 막기 위해서는 비교적 효과가 낮아 실패율이 22.3%(WHO, 1981)에 이른다. 이것은 아마도 많은 여성이 그들의 경부점액의 주기적인 변화를 해석하기가 어렵기 때문이고 질감염을 가진 여성은 통상 이 방법을 사용할 수가 없다. 리듬법을 이용하는 여성의 표준적인 실제 실패율은 31.4%로 살정제를 위한 실패율과 거의 비슷하다. 그러나 최근의 보고에 따르면 리듬법을 적절히 사용하지 않을 경우 실제적인 실패율은 86.4%에 이른다고 지적하였다. 한편 세심한 사용자는 훨씬 실패율이 줄어들지만(약 3.1%) 완전한 사용이란 외부적 요인이 작용할 수도 있고 해서 매우 힘 든다.

기구를 이용한 피임법

콘돔

현재 세계에서 가장 많이 이용되고 있는 피임기구가 콘돔(condom)이다. 콘돔은 또 남녀 간의 장벽으로 작용하여 성감염증의 확산을 막는데 매우 효과적이다. 원래 이 목적으로 1500년대에 콘돔이 고안된 것이다. 미국에서 1년에 약 4억5천만 개가 소비된다. 특히 최근에는 에이즈감염의 예방효과가 있다는 점에서 그 역할이 재인식되고 있다. 콘돔은 음경을 꼭 맞게 감싸는 얇고 질긴 라텍스고무, 폴리우레탄 또는 새끼양의 창자조직으로 만들어진다. 콘돔은 둥근 끝을 가진 것과 정액을 모을 수 있도록 작은 돌출된 끝을 가진 것이 있다. 둥근 끝을 가진 것은 끝부분에 정액을 모울 수 있도록 약 1cm 정도의 빈 공간을 남겨 놓아야한다. 보다 최근에 쇄신한 콘돔은 윤활제와 함께 살정제를 콘돔에 발라 사용한다.

콘돔은 매번 새것을 사용하여야하며 라텍스콘돔은 바셀린, 어린이오일, 식물성오일, 핸드크림,

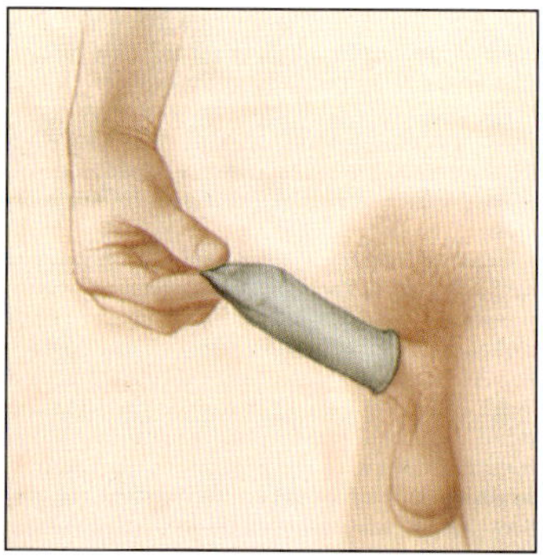

그림 4-1

콘돔사용법.
정액이 모이는 콘돔 끝부분에 공기가 들어가지 않도록 기포를 완전히 배제한다.

어떤 마사지오일과 같은 윤활유와 접촉하면 손상되기 쉬움으로 조심해야한다. 콘돔은 성교를 하기 직전 음경이 완전히 발기한 상태에서 끼우는데 정액이 모이는 끝부분에 공기가 들어 있으면 찢어질 염려가 있음으로 기포가 완전히 빠져나가도록 주의한다. 또 콘돔은 성교 중에 빠져나오는 일도 있음으로 반드시 음경뿌리까지 단단히 끼워야한다. 사정한 후 즉시 정액이 새나가는 것을 막기 위하여 성기의 발기상태가 수그러들기 전에 콘돔을 신속히 빼내는 것이 가장 좋으며 빼내는 동안에도 콘돔이 음경뿌리에 제대로 붙어있도록 콘돔의 가장자리를 꼭 붙들고 빼내야한다.

콘돔의 크기는 대부분의 남성에게는 누구에게나 맞는 프리사이즈이지만 음경이 평균보다 훨씬 크거나 작은 경우에는 다양한 크기가 있음으로 자신의 성기에 맞는 사이즈를 구하는 것이 좋다. 작은 성기를 가진 남성은 성교도중에 콘돔이 빠져나가는 일이 생길 수 있고 아주 큰 성기를 가진 남성의 경우는 보통크기의 콘돔은 찢어질 위험이 있으니 맞는 콘돔을 사용해야한다. 콘돔은 언제 어디서나 쉽게 구할 수 있고 의사의 특별한 지시 없이 사용할 수 있다는 것이 큰 장점이다.

콘돔은 대부분의 사람이 생각하는 것보다 실제적으로 훨씬 더 효과적인 피임법이지만 그렇다고 100% 완벽한 피임방법은 아니다. 사용 중에 찢어질 수도 있고 빠져나올 수도 있다. 콘돔을 조심해서 사용할수록 피임효과는 더 커진다. 콘돔에는 여러 브랜드가 있으며 많은 브랜드는 충분히 강하게 만들어져 있지만 여러 연구에서 성교 중의 파손율이 약 1-3%라는 것을 발견하였으며 일부 브랜드는 5%이상의 파손율이 보고되었다. 성교 중 2콘돔을 사용하면 파손율은 거의 제로에 가깝다. 콘돔의 사용 중에 미끄러져 나올 확률은 약 1%이다. 이래서 이론적인 실패율은 약 2-3%이지만 콘돔을 피임용 거품 또는 크림 등의 살정제나 격막과 함께 사용한다면 경구피임약과 거의 같은 100%에 가까운 효과를 얻을 수 있다. 전형적인 실패율은 약 14%이지만 많은 실패는 부적합한 사용 또는 일관성 없는 사용의 결과에서 온다.

콘돔은 에이즈와 다른 성감염증에 대한 예방을 위하여 꼭 필요한 장비이다. 만약 당신이 고정된 짝을 가지고 있지 않거나 혹은 당신의 짝이 당신외에도 더 많은 성 상대를 가지고 있다면 반드시 콘돔을 사용해야한다. 순간적인 성적욕구를 위하여 하나밖에 없는 귀중한 생명과 맞바꿀 수는 없지 않는가.

여성용콘돔

여성용콘돔(female condom, femidom)은 비교적 최근(1993년)에 미국에서 사용이 승인되어 시판되고 있다. 이것은 폴리우레탄으로 만들어져 남성용 콘돔에 비해 다소 비싸다는 것이 흠이지만 이물감도 적고 여성자신을 에이즈로부터 보호할 수 있다는 해방감 때문에 그 수효가 날로 늘어나고 있다. 여성용콘돔은 양끝에 유연성 있는 고리가 달린 약 17cm정도의 느슨한 주머니로, 끝이 막힌 고리를 격막처럼 질 안으로 삽입하고 다른 고리는 질구멍에 펴서 고정한다. 안쪽은 윤활제로 코팅되어 있으며 필요하면 윤활제를 더 바를 수도 있다. 콘돔은 성교 후 즉시 여성이 일어나기 전에 빼내야한다.

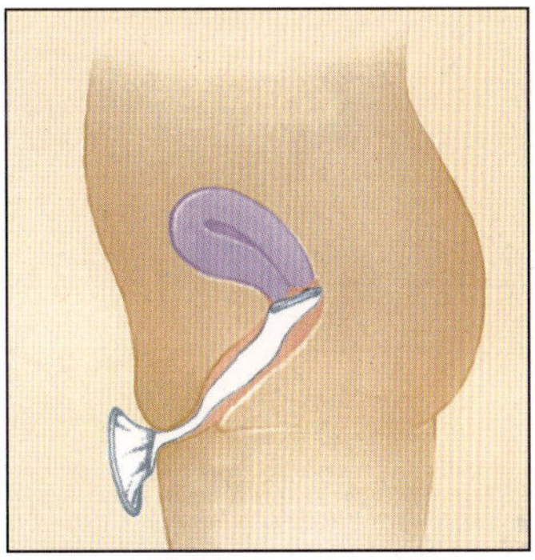

그림 4-2

여성용 콘돔
여성자신을 AIDS로부터 보호해 준다.

바깥 고리를 서로 압착하고 틀어서 정액이 내부에 담겨있게 한다. 여성용콘돔은 남성용콘돔보다 다소 효율이 떨어져 전형적인 사용자의 실패율은 21%이나 완벽한 사용자의 실패율은 약 5% 또는 그 이하이다.

자궁내장치

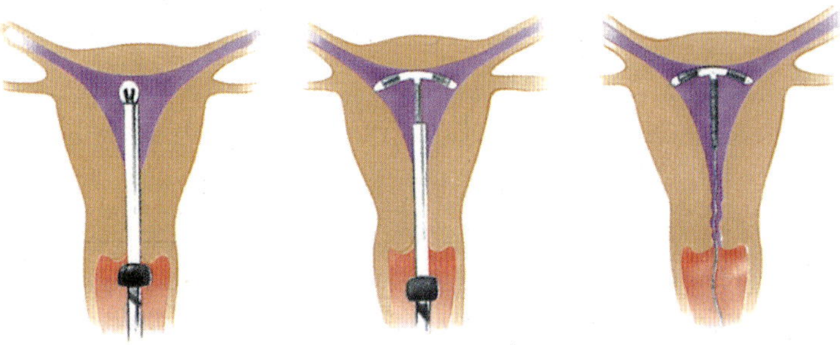

그림 4-3

자궁내 삽입장치(IUD)
(a) 튜브를 포함한 IUD의 자궁내 삽입. (b) IUD를 자궁바닥에 고정. (c) 튜브제거

자궁내장치(intrauterine device, IUD)는 자궁 안에 삽입하는 작은 장치로 자궁에 이른 정자가 난관(자궁관)으로 이동하지 못하게 하여 수정을 막고, 자궁내막을 변화시켜 수정란이 자궁에 착상하는 것을 방해함으로써 임신을 억제한다. 자궁내장치는 여러 가지 모양이 있으나 미국에서는 T모양의 플라스틱조각에 프로게스테론을 코팅한 것(progestasert)과 구리가 들어있는 것(Cu-T 또는 CuT-380A)의 두 가지 IUD가 사용되고 있으며, 이는 의사에 의해자궁 내에 한 번 장치하면 Cu-T는 10년 동안 계속 사용할 수 있다. 자궁내장치는 피임효과가 매우 높은 피임법의 하나로 그것이 자궁에서 이탈하지 않는다면 Cu-T를 위한 임신율은 사용 첫해는 0.8%이며 그 후의 실패율은 더욱 낮아진다. 현재 세계에서 가장 일반적으로 사용되고 있는 피임법은 경구피임약이 아니라 IUD로 전 세계적으로 1억6백만 명의 여성이 IUD를 사용하고 있으며 이들 중 40만 명은 중국여성이다.

장치하는 시기는 생리가 끝난 후 2, 3일에서 1주일이내가 가장 좋으며 이 기구가 제자리를 이탈할 수 있음으로 삽입한 한 달 후에 한번만 검진을 받으면 된다. IUD에서 문제가 되는 요소는 장치의 자궁 내 위치를 확인하기 위하여 장치 끝부분에 매달려 있으면서 자궁경부를 통해 질 안으로 빠져나온 끈이다. 이 끈이 세균이나 바이러스의 감염경로가 됨으로써 골반감염증, 불임, 자궁외임신 등의 부작용을 유발하기도 한다. IUD는 이미 존재하는 골반감염증을 악화시키므로 그 같은 염증이 있거나 염증 과거력이 있는 여성은 사용할 수 없다. 또한 부작용의 가능성 때문에 임신, 자궁내막증, 임질 또는 클라미디아에 의한 비임균성요도염, 질염, 자궁감염증 등을 가진 여성도 IUD를 사용할 수 없다.

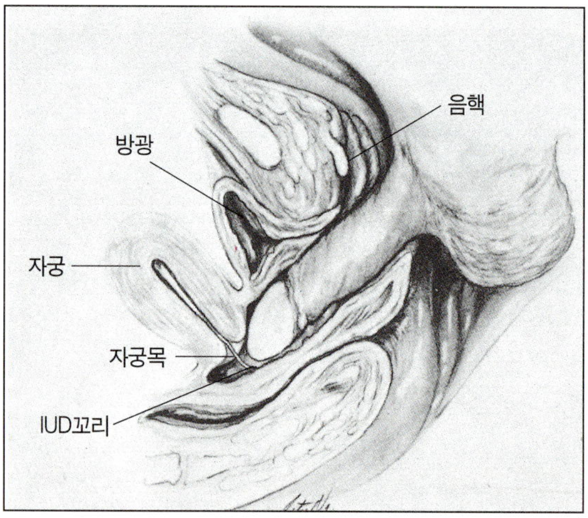

그림 4-4

성교중의 남성성기와 여성성기의 관계
자궁내 삽입장치(IUD)는 자궁내에 장치되고 IUD꼬리는 질속에 깊게 위치하므로 성교중에 음경에 의해 감지되지 않는다.

피임용 격막

피임용 격막(다이어프램, diaphragm)은 유연한 금속 테를 고무로 두른 둥글고 얇은 돔 모양의 고무막으로 자궁경부 입구를 막아 정자가 자궁으로 들어가는 것을 방해하는 여성용 피임기구이다. 격막의 크기는 65mm에서 85mm까지 2.5mm간격으로 10종류가 있다. 그러므로 격막을 사용할 경우에 산부인과 의사에게 크기를 선정해 주도록 하는 것이 좋다. 격막의 장점은 질 깊숙이 밀착시키기 때문에 남성 쪽에는 이물감이 없고 여성 쪽에도 장착감이 거의 없으며 값이 싸고 부작용이 없어 여러 번 반복해서 사용할 수 있다는 점이다. 격막은 1882년에 독일에서 개발된 후 1930년대 미국에서는 피임여성의 약 1/3이 사용하기도 하였으나 1960년에 경구피임약의 도입으로 격막의 사용자는 급격히 감소되어 현재 미국여성의 약 1.8%만이 격막에 의존한다. 격막은 어떤 공격적인 정자라도 침입할 수 없도록 자궁경부를 덮어씌우게 되어있지만 그래도 정자는 쉽사리 포기하지 않으므로 격막의 안과 테두리에 살정제 크림이나 젤리를 발라서 사용해야한다. 살정제가 정자를 죽이는데 충분한 시간을 주기 위하여 성교 후 적어도 6-8시간 동안 격막을 그대로 두어야 한다.

사용방법은 삽입 전에 격막의 안쪽과 테두리에 살정제를 바르고 소음순을 벌리면서 격막이 어느 정도 들어가면 집게손가락으로 질 안에 밀어 넣는데 자궁구멍과 두덩뼈(치골) 뒤쪽의 우묵한 곳에 고정시킨다. 다만 격막을 끼우느라 뜨거운 데이트가 방해받지 않도록 성교 전에 삽입하는 것이 좋은데 삽입 후 8시간을 지나면 살정제의 효과가 줄어들므로 성교시작 2시간 이내에 삽입하도록 한다. 격막을 일관성 있게 정확하게 사용하는 고도로 세련된 커플의 실패율은 2%정도이지만, 경험이 있는 사용자의 실패율은 8-12%가 보다 전형적이며 미숙한 젊은 여성의 사용 첫해의 실패율은 22%에 이른다. 실패의 대부분은 일관성이 없거나 부적절한 사용 때문이다.

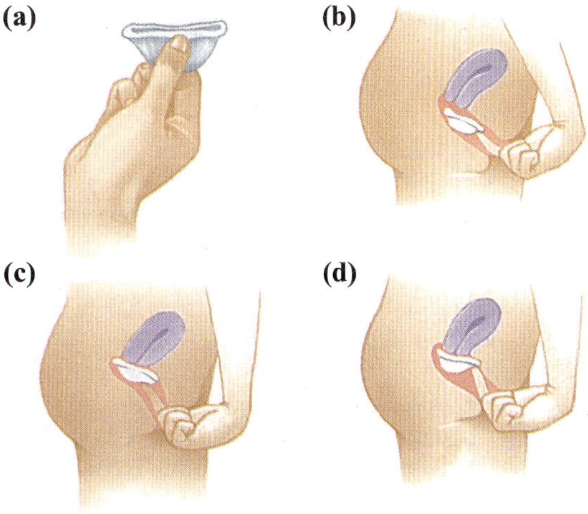

그림 4-5
다이어프램의 적합한 사용법.
(a) 살정제를 테두리와 중앙에 바른다. (b) 다이어프램을 집게손가락으로 질안에 삽입한다. (c) 다이어프램을 질안 깊숙이 삽입한다. (d) 다이어프램이 자궁막을 적절히 덮도록 확인한다.

경부모자

경부모자(목부모자, cervical cap)는 라텍스고무나 플라스틱으로 만들며 이는 격막과 유사하나 모양이 다소 다르고 크기가 작으며 자궁경부에 더 단단하게 맞는다. 격막과 같이 살정제 크림과 함께 사용해야하지만 격막보다 더 오래(48시간)동안 둘 수가 있다. 이처럼 자궁경부의 모자나 격막과 같은 삽입물을 페서리(pessary)라고 한다. 경부모자는 격막과 같이 자궁경의 입구를 막아 정자가 자궁에 들어가는 것을 방해하는 기계적인 장벽역할을 하며 그 효과는 격막과 비슷하여 전형적인 사용자의 피임실패율은 약 18%이나 경부모자를 정확하게 사용하면 8-10%로 줄일 수 있다.

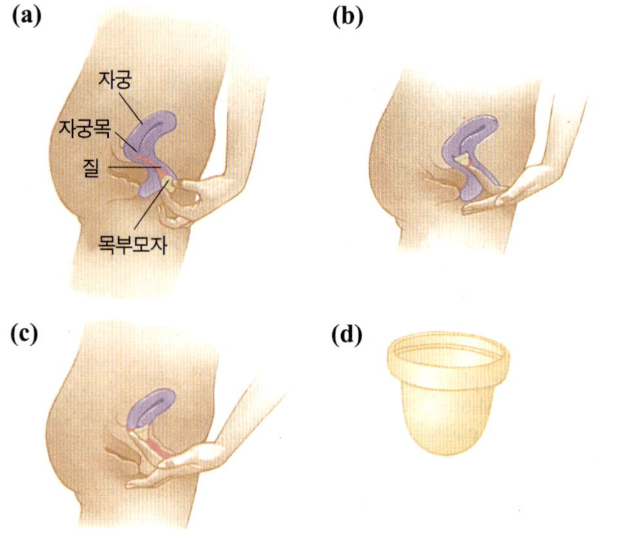

그림 4-6

목부모자의 사용법
(a) 목부모자를 엄지와 집게손가락으로 질 안에 삽입한다. (b) 목부모자를 반지손가락으로 질내에 깊숙이 삽입한다. (c) 목부모자가 자궁목을 적절히 덮도록 확인한다. (d) 목부모자

호르몬피임법

경구피임약

인체의 비밀은 내분비계통에 의한 다양한 호르몬과 밀접한 관계가 있다. 호르몬을 이용하면 우리 몸의 생리적 기능을 조절할 수가 있다. 경구피임약(oral contraceptives, birth control pills)은 바로 이런 원리를 이용한 것으로 호르몬을 조절함으로써 임신을 억제한다. 현재 전 세계적으로 여성이 사용하고 있는 가장 확실하면서도 손쉬운 피임법은 경구피임법이다. 처방을 그대로 따르기만 한다면 불임수술만큼이나 획기적인 방법이다. 1960년에 경구피임약의 도입은 세계적으로 대변혁을 일으켰다. 이것은 성의 혁명이라 할 수 있는 사건이었다. 경구피임약은 임신의 두려움으로부터 여성을 거의 완전히 해방시켰으며 현대의 성문화에 큰 영향을 미쳤다. 경구피임약은 여전히 성적으로 활발한 20대여성의 1/3이상이 사용하는 가장 인기 있는 피임법이지만 최근에 많은 10대 소녀들 중에는 경구피임약과는 달리 성감염증을 막아주는 남성용 콘돔의 사용에 의존하는 수가 증가하면서 그 인기도는 상당히 떨어졌다.

현재 합성에스트로겐과 프로제스틴(progestin, 합성프로게스테론)을 포함한 복합피임약(combination pill)과 적은 양의 프로제스틴만을 포함한 미니피임약(minipill)의 두 종류가 사용되고 있다. 이들 중 가장 일반적으로 사용되고 있는 것은 복합피임약이다. 오늘날 가장 널리 사용되고 있는 경구피임약(약 85%)은 함량을 낮춘 복합피임약이다. 이것은 초기 피임약보다 에스트로겐이 4분의 1, 프로제스틴이 10분의 1로 낮은 양이 포함되어 있다. 낮은 호르몬 농도는 부작용을 덜 일으키며 실제로 이 저농도피임약은 초기 고농도피임약보다 심각한 합병증이 훨씬 줄어들었다. 경구피임약의 제조업자는 고농도피임약의 판매를 1988년에 중단하였다.

경구피임약은 뇌하수체로부터 난포자극호르몬(FSH)과 황체형성호르몬(LH)의 정상적인 주기적 방출을 억제하여 배란을 방해함으로써 임신을 막는다. 또한 프로제스틴은 자궁상피의 증식을 억제하여 착상을 어렵게 하며 자궁경부점액을 두껍게 하여 정자의 통과를 방해함으로써 임신을 억제한다. 복합피임약은 전형적인 28일 월경주기 중 21일

동안 매일 한 알씩 복용한다. 그런 다음 7일간은 전혀 피임약을 복용하지 않거나 매일 한 알을 섭취하는 습관을 유지하기 위해 호르몬을 포함하지 않는 불활성한 정제를 복용한다. 대부분의 회사는 21개의 호르몬을 포함한 정제와 7개의 호르몬을 포함하지 않는 정제(placebo, 위약)를 합쳐서 모두 28개의 정제를 포장해서 시판하고 있다. 경구피임약은 사용즉시 효과적이지 않기 때문에 사용 첫 달 동안은 다른 피임법과 함께 사용해야한다. 호르몬이 최대한으로 작용하도록 가능하면 매일 아침의 일정한 시간에 복용하는 것이 좋으며, 만약 하루를 빠뜨렸다면 그 다음날 두 알을 섭취해야한다. 만약 2일 동안 복용하는 것을 잊었다면 생각나는 즉시 두 알을 복용하고 그 다음날도 두 알을 복용해야하지만 임신기회는 다소 증가한다. 만약 3일 또는 그 이상동안 복용하는 것을 잊었다면 다음의 월경까지 임신할 가능성이 있음으로 그 월경주기의 나머지기간 동안 다른 피임법과 함께 이용해야한다.

현재 경구피임약은 약 1억8천만 명이 사용하고 있으며 완벽한 사용자의 실패율은 0.1%, 즉 거의 100%의 효과가 있으며 한 번씩 빠뜨리기도 하는 불완전한 사용자의 실패율은 약 5%이다. 미니피임약은 한 달 내내 월경 중에도 매일 복용해야한다. 미니피임약의 효과는 복합피임약보다 다소 떨어지며 완벽한 사용자의 실패율은 1-2%이나 때로 복용을 거르는 불완전한 사용자의 실패율은 5-10%이다. 당뇨병이나 심장혈관계에 질환이 있는 여성이나 담배를 피우는 여성은 경구피임약의 사용을 피하는 것이 좋으며 다른 신체적 조건이 있는 여성은 의사의 처방을 받고 복용하는 것이 좋다.

경구피임약은 피임효과 외에도 몇 가지 장점을 가지고 있다. 예컨대 월경주기가 규칙적으로 되며 월경의 출혈량과 월경전긴장, 월경통, 불임의 원인이 되는 골반염증을 감소시키며 요추의 골밀도를 증가시켜 폐경기 이후에 많은 여성에서 발생하는 골다공증을 막는데 도움을 주며 자궁외임신의 가능성이 줄어든다. 또 경구피임약은 난소암과 자궁내막암을 막아 주기도 한다. 그러나 고농도의 피임약을 복용하면 소수이기는 하나 당뇨병을 촉진하며 순환계장애 특히 혈전색전증이 2-4배로 증가하고 경구피임약을 장기간 복용하면 유방암이 매우 근소하게 증가한다는 보고가 있다. 경구피임약은 소수의 높은 위험성을 가진 여성을 위해서는 일부 심각한 부작용을 일으키나 대부분의 여성에게는 위험이 거의 없는 극도로 효과적인 방법이다. 또한 경구피임약은 HIV감염에 전혀 방어효과가 없음으로 성 상대를 복수를 갖는 여성은 HIV와 다른 성감염증을 최대로 방어하기 위하여 콘돔을 사용해야한다.

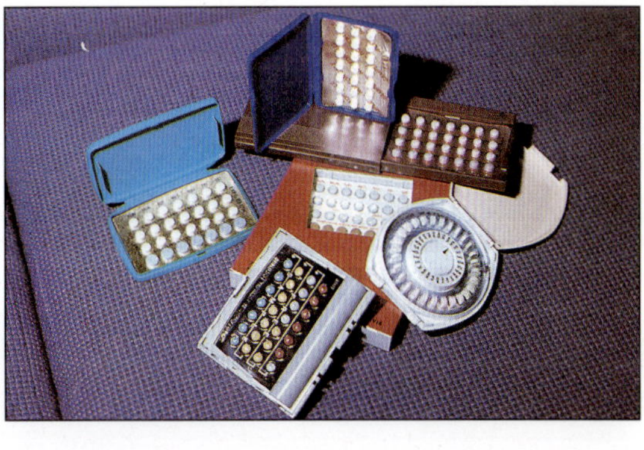

그림 4-7
경구피임약의 여러 타입.

노플랜트

노플랜트(norplant)는 레보노제스트렐(levonorgestrel, 합성 프로제스틴)이라는 호르몬을 이용한 것으로 이 호르몬은 경구피임약과 같이 배란을 억제하고 경부점액을 두껍게 하여 정자의 통과를 방해하며 자궁내막을 약하게 하여 수정란이 착상하지 못하게 한다. 노플랜트는 1990년에 미국의 식품의약품국(FDA)의 승인을 얻었으나 유럽, 아시아, 라틴아메리카에서는 미국에서 승인되기 수년전에 이미 널리 사용되고 있었다. 약은 6개의 실리콘캡슐에 들어있는 성냥개비만한 크기로 국소마취아래 위

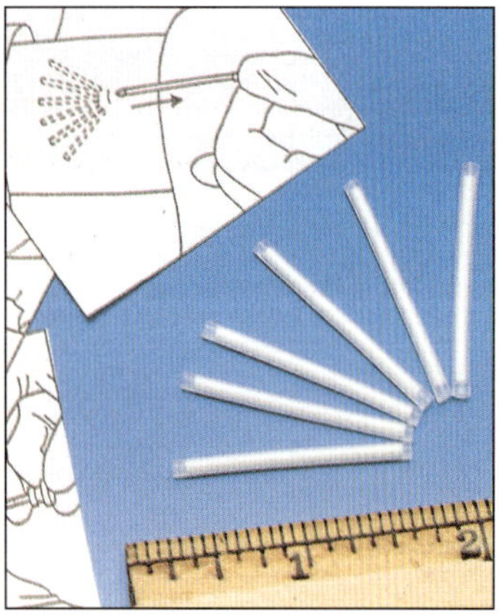
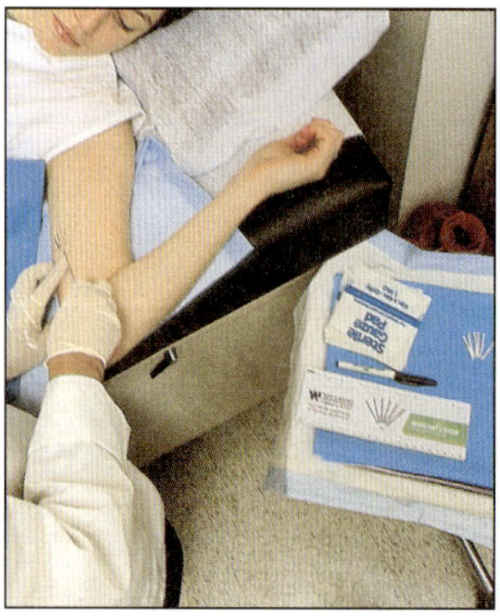

그림 4-8
노플란트 체계.

팔안쪽피하에 부채꼴로 삽입한다. 이 시술은 15-30분 만에 끝난다. 노플랜트는 숙련된 의사가 주입해야하며 일단 주입하면 서서히 체내로 확산되어 그 효과는 5년 동안 지속되도록 설계되었으며 최근의 연구에 의하면 7년 동안 매우 효과적이라는 것이 입증되었다. 노프랜트의 사용은 중도복귀가 가능하며 사용을 중지하고 싶으면 언제든지 갭슐을 제거할 수가 있다.

노플랜트는 현재 사용하는 피임 중 가장 효과적인 방법으로 실패율은 단지 0.05%로 본질적으로 100%의 효과가 있다. 가장 일반적인 부작용은 매우 불규칙한 월경주기(약 40%), 주기간의 출혈(32%), 빈발월경(25%), 무월경(12%) 등의 형태를 취한다. 대개 이 불규칙적인 월경주기는 9개월 이후에는 사라지지만 극소수의 여성의 경우 5년 동안 계속되는 일도 있다. 노플랜트의 다른 부작용은 두통, 여드름, 체중증가, 얼굴과 다리 등의 체모의 증가 등이다. 부작용 때문에 급성간질환 또는 간암, 유방암, 수유중의 유모, 임산부, 활성적인 혈전장애 등을 가진 여성은 노플랜트의 사용을 금해야한다. 만약 노플랜트의 사용 중에 임신되었다면 태아를 호르몬에 노출하게 됨으로 갭슐을 제거해야한다.

데포프로베라

데포프로베라(Depo-Provera)는 프로제스틴 주사제로 이미 90개국 이상의 나라에서 널리 사용되고 있었으나 미국에서는 1992년에 사용승인이 났다. 데포프로베라는 3개월마다 한번 주사하면 되는 오래 작용하는 피임약으로 그 효과는 전형적인 사용자의 연간실패율은 1%미만으로 노플랜트보다는 약간 효과가 떨어지나 매우 효과적이다. 데포프로베라는 합성 프로제스테론(medroxyprogesterone acetate, DMPA)을 함유하고 있어서 뇌하수체호르몬인 FSH, LH를 차단함으로써 배란을 억제하고 두꺼운 경부점액과 자궁내막의 증식을 억제하여 착상을 방해한다. 이 주사제는 노플랜트보다 평판이 좋으며 수년 내에 경구피임약보다 더 인기가 좋을 것으로 전망하고 있다. 데포프로베라의 부작용으로는 사용자의 약 1/3에서 불규칙한 월경출혈, 무월경, 체중증가. 우울증 등의 부작용이 있으나 35세 이상의 흡연자나 혈압문제를 가진 여성 등 복합피임약을 복용할 수 없는 여성에게 사용할 수 있다. 이 제품의 사용을 중지한 후 많은 여성은 6-12개월 동안 불임이나 그 이후는 정상적으로 임신이 가능하다.

최신의 호르몬피임약

오르토에브라(OrthoEvra)는 배, 볼기, 등, 위팔 등의 피부에 반창고처럼 붙이는 2cm2 조각이다. 매일 경구피임약을 복용하는 것이 번거로우면서 고도로 효과적인 호르몬 피임약을 원하는 여성들을 위해 적합하다. 이는 운동이나 목욕 중에도 그대로 1주일간 붙여두면 경구복합피임약과 동일한 호르몬인 에스트로겐(estrogen)과 프로제스틴(progestin)이 서서히 혈류로 방출된다. 3주에 3반창고를 붙이고 월경주간에는 반창고를 거른다. 그 효과와 부작용은 낮은 투약량의 경구피임약과 동일하다.

누바링(NuvaRing)은 투명하고 유연한 고리로 질 내에 삽입하여 3주간 둔다. 이것도 에스트로겐과 푸로제스틴을 서서히 방출한다. 3주후 월경주간에는 제거한다. 그러고 나서 새 것으로 바꾸어 삽입한다. 그 효과와 부작용은 경구피임약과 같다. 일부 여성은 질자극과 배출을 경험한다. 만약 오르토에브라와 누바링에 대한 하락세가 있다면 그것은 그 비용이 경구피임약의 약 배가 되기 때문일 것이다.

살정제

질 안에 사정된 정자를 죽이기 위한 약제(nonoxynol-9, octoxinol-9)를 살정제(spermicides)라고 하며 피임용 거품, 크림, 젤리, 필름, 정제 또는 좌약 등을 포함한다. 살정제는 정자를 죽이는 작용과 자궁경부의 입구를 차단하는 기계적 장벽을 마련하는 두 방법으로 작용한다. 이들 제품은 사용방법이 다르며 일반적으로 거품과 좌약은 격막과 콘돔과 같은 다른 피임법과 함께 사용하는 크림이나 젤리보다 더 효과적이다. 젤리는 주입기를 사용해야하며 유동성이기 때문에 효과를 생각해서 젤리가 흘러나오지 않는 체위를 취해야한다는 결점이 있다. 고형의 살정제인 좌약은 손가락으로 삽입하는데 젤리와는 달리 주입기를 사용하지 않기 때문에 질 깊숙이 자궁입구 근처까지 삽입하도록 해야 한다. 좌약은 고형이므로 질 안에 충분한 수분이 없으면 녹지 않음으로 전희를 충분히 행하여 윤활액이 적절히 분비되고 나서 삽입하는 것이 좋다. 피임필름(vaginal contraceptive film, VCF)은 네모난 필름으로 자궁경부근처의 질 내에 두어 경부로 향한 정자를 죽이는 작용과 동시에 정자를 차단하는 관문으로 작용한다.

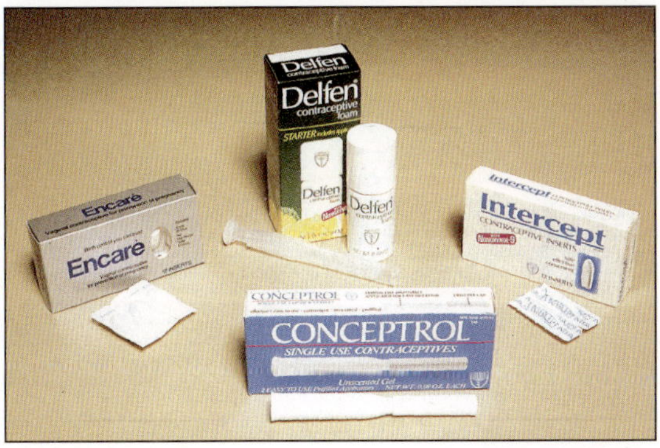

그림 4-9

시판되는 살정제 제품.

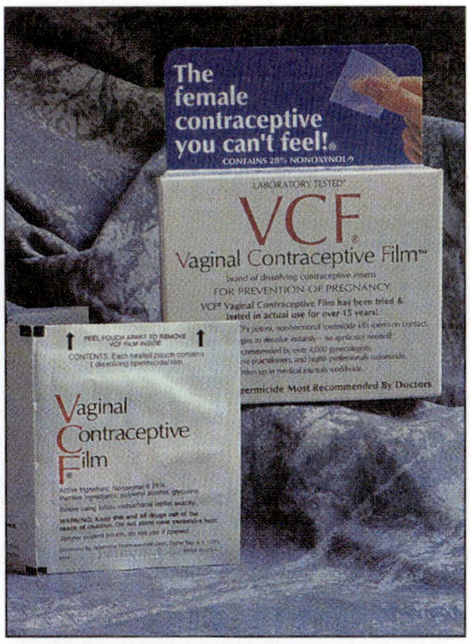

그림 4-10

피임용 필름(VCF).
네모난 필름으로 자궁경부근처의 질내에 둔다. VCF는 정자를 죽이는 작용과 함께 정자를 차단하는 관문으로 작용한다.

각 제품마다 사용법이 약간씩 다르지만 일반적으로 성교를 하기 전 최소 10분전에 삽입해야한다. 살정제는 성행위 자체에는 아무런 위화감을 주지 않으며 적절하고 규칙적으로 사용한다면 5%미만의 실패율을 갖는다. 그러나 일관성 없는 사용법과 제품지시를 적절하게 따르지 않은 결과 때문에 실제로 실패율은 약 3-6배로 증가되는 경향이 있다. 살정제는 피임용 격막과 콘돔 등 다른 피임법과 함께 사용할 때만 훨씬 더 효과적이다. 최근까지 살정제는 정자를 죽일 뿐만 아니라 HIV를 포함한 성감염증을 일으키는 대부분의 박테리아와 바이러스에 대해 효과가 있다고 믿고 있었으나 다메(Damme, 2002) 등의 최근의 연구에 의하면 임질, 클라미디아를 막지 못할뿐더러 실제로 살정제(nonoxynol-9)는 질 점막에 염증을 일으킴으로써 HIV성감염을 증가시키기까지 한다는 것을 발견하였다.

질세척법

질세척법(douching)은 성교 후 질을 씻어내는 방법으로 고대 이집트시대부터 사용되어온 것이지만 정자가 신속하게 경부점액으로 헤엄쳐 들어가기 때문에 실제적으로 큰 효과를 기대할 수는 없다. 근래에 10대 사이에는 성교 후 코카콜라로 세척하면 임신을 막을 수 있다는 뜬소문이 나돌고 있지만 실제로 성교를 끝내고 세척을 하는 순간에는 이미 많은 수의 정자가 난자를 향한 여행을 시작한 상태임으로 그것을 되돌아 나오게 만드는 것은 불가능하다. 그리고 생리적인 차원에서 이들 세척제를 쓰면 몸에 이로운 질 안의 세균을 죽이기 때문에 삼가야 한다.

영구피임수술

피임에 자주 실패하고 낙태수술을 여러 차례 받은 여성은 낙태수술노이로제에 걸리기 쉽다. 불임수술에 의한 피임법은 영구피임인 경우가 많다. 남성이 하던 여성이 하던 매우 효과적이고 부작용이 없으며 한번 시술로 끝난다. 성생활에 장애가 되지 않을뿐더러 임신의 걱정을 하지 안 해도 되므로 심리적으로 안정되어 오르가슴에 이를 확률이 훨씬 높아진다. 그러나 불임수술의 단점은 영구피임을 목적으로 하기 때문에 마음이 변해서 아기를 갖고 싶어도 그렇게 하기가 어렵다는 것이다.

정관절제술

남성의 영구피임수술을 정관절제술(vasectomy)이라고 하며 정자의 통로인 정관을 잘라 묶어서 정자가 몸 밖으로 나가지 못하게 하는 방법이다. 정관수술은 가장 우수한 피임방법으로 수술이 간단하고 효과가 거의 100%이면서 성욕이나 성감을 전혀 해치지 않는 것이 특징이다. 전통적인 방법은 국소마취 후에 음경과 음낭의 접합부 중앙에 1cm정도의 피부를 절개하여 시술하며 통상 10-15분 이상 걸리지 않는다. 최근에 개발된 새로운 방법은 비해부정관절제술(noscalpel vasectomy)이라고 하며 음낭에 1mm이하의 작은 천자를 하여 시술하며 출혈이나 감염 등의 합병증의 발생률이 전통적인 방법(약 3%)보다 새로운 방법(1%이하)에서 낮다.

수술 후에도 별다른 고통이나 불쾌감을 주지 않으며 수술직후부터 일상 업무가 가능하다. 또한 필요에 따라 현대 현미수술의 발달로 많은 사례에서 성공적으로 복원되며 실제 임신율은 50%이상이다. 수술 후에 알아두어야 할 사항은 정관수술을 받은 날부터 피임효과가 있을 것이라고 생각하여 성행위를 가져 임신하는 경우가 있다. 정관수술을 받을 당시 이미 고환을 거쳐 정관팽대에 많은 정자가 저장되어 있음으로 이들 정자가 완전히 소실되려면 일반적으로 6주 내지 8주는 걸리고 20회 이상 사정을 해야 깨끗이 됨으로 그동안은 다른 피임법을 사용하여야 한다.

정관수술을 받더라도 고환에서는 계속해서 정자를 생산하며 이 때 형성된 정자는 나갈 곳이 없기 때문에 부고환에 일정기간 동안 저장되어 있다가 포식세포에 포식되어 흡수된다. 정자형성과 정자흡수가 균형이 잡히기까지에는 3-6개월이 걸린다. 정관수술을 했는데도 아주 드물게는 수개월 또는 수년 후에 갑자기 임신이 되어 부인의 부정을 의심하고 소동이 벌어지는 경우가 있다. 이것은 정관 절제한 부위가 저절로 재 소통되어 정자가 사정액 속에 나오기 때문이다. 이때는 정액의 현미경검사를 해보면 쉽게 확인할 수 있다.

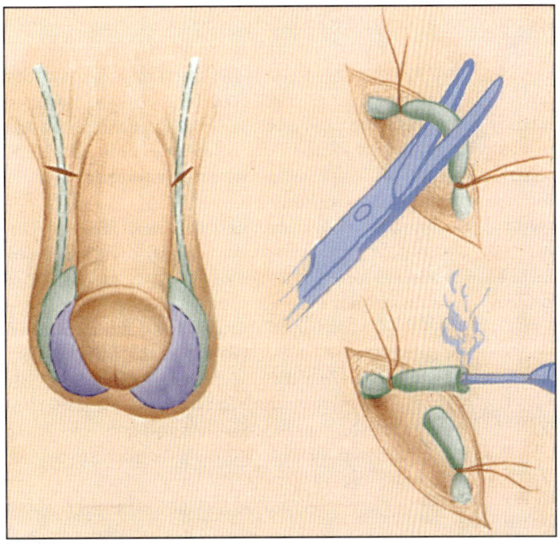

그림 4-11

정관절제술.
(a) 절개 (b) 정관을 묶고 절단한다. (c) 정관의 절단한 끝을 전류로 태워 정자통로를 차단한다.

난관결찰술

난관결찰술(자궁관결찰술, tubal ligation)이란 여성의 영구피임수술을 말하며 남성의 정관절제술과 같이 난관(자궁관)을 둘로 잘라서 묶어 정자와 난자가 만나지 못하게 하는 영구적 피임수술이다. 난관은 여성의 자궁 양쪽에 뻗어있는 길이 약 12cm, 지름 0.5cm가량 되는 관으로 이 관을 통해 수정된 난자가 자궁에 들어가 착상하여 임신을 하게 된다. 복부를 절개하여 양쪽 난관을 각각 잘라 묶어서 난자가 자궁으로 가지 못하게 하는 것이 바로 결찰술이다. 이렇게 해도 난소에서는 여성호르몬이 분비되고 월경도 계속 있어서 부부생활에는 전혀 지장이 없다.

대부분의 여성들의 생리는 45세에서 55세까지 계속되는 것임으로 아기를 한둘 가진 30대 여성들은 약 20년 동안을 임시적인 피임법을 사용해야한다. 그러나 아무리 확실하게 피임을 한다 해도 그 기간에 최소 4-5회의 낙태수술이 불가피한 경우가 대부분이다. 그러므로 이미 출산이 끝나 가족계획

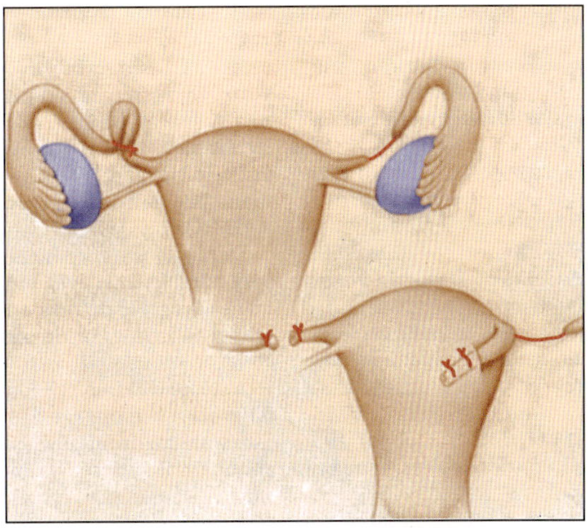

그림 4-12

자궁관결찰수술.
복강경을 이용한 포메로이(pomeroy)법과 어빙(Irving)법을 이용한 자궁관결찰술

이 마무리된 중년여성에게는 영구피임이 필요하게 된다. 난관결찰술은 일단 해놓으면 복원이 거의 불가능하다. 남성의 영구피임인 정관절제술은 복원이 가능함으로 앞으로의 아기를 그만 낳겠다고 할 경우라도 아내의 불임수술보다 남편의 불임수술을 이용하는 것이 좋을 것이다.

난관결찰의 가장 보편적인 방법에는 개복수술과 복강경수술의 두 가지 형태가 있다. 종전까지의 여성의 피임수술이란 개복수술(laparotomy)로서 이것을 위해서는 복부에 약 10-12cm의 절개를 넣어 난관을 잘라 묶어야 함으로 최소 1주일 정도의 입원을 필요로 하는 큰 수술이었기 때문에 선뜻 수술에 응하기가 어려웠다. 이것을 개선한 방법이 약식개복술(minilaparotomy) 또는 미니랩(minilap)으로 특수한 기구로 자궁을 밀어 올려서 복벽에 밀착시키고 난 다음 하복부에 2-3cm정도의 작은 절개를 넣어 양쪽 난관을 찾아 묶어주는 시술이다. 이 수술은 종전처럼 입원할 필요가 없으며 능숙한 의사라면 5-10분이면 수술을 끝낼 수가 있다. 수술을 끝내고 회복실에서 2-3시간동안만 누워 있으면 곧바로 집으로 돌아갈 수가 있다. 수술 당일을 쉬고 다음날부터 웬만한 집안일을 해낼 수 있고 또한 미니랩은 후유증도 적다.

복강경을 이용한 복강경수술(laparoscopy)은 국소마취아래 배꼽을 통하여 2cm정도의 절개를 한 다음 기관들을 잘 볼 수 있도록 무독성의 가스를 넣어 복부를 팽창시킨다. 그런 다음 복강경(laparo-scope)을 삽입하여 난관을 찾아서 잘라서 묶는 수술로 약 10-20분 걸린다. 이런 영구피임술은 제왕절개수술 때 받는 경우도 많다. 일반적으로 불임수술은 정상분만 후 24시간 이후에서 72시간 이내에 하는 것이 좋은데 이때는 아직 복부가 팽창되어 있는 상태여서 시술이 용이하기 때문이다. 시술 후 8시간 후부터 정상적인 식사와 아기에게 젖을 빨릴 수 있다.

낙태

만약 남자와 여자가 아기를 가지려고 원했다면 여자가 임신했다는 것을 발견하는 일은 일생에서 가장 행복한 순간일 수 있다. 그러나 원하지 않는 임신을 했다는 것을 알게 된 미혼여성에게는 일생에서 가장 외롭고 곤혹스러운 일이 아닐 수 없다. 하지만 불가피한 경우를 제외하고는 임신중절 또는

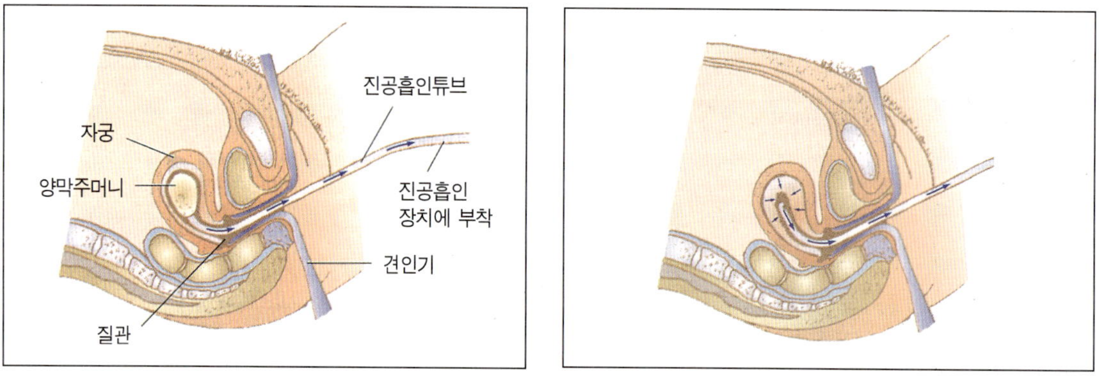

그림 4-13

진공흡인법을 이용한 낙태.
견인기로 질을 열고 진공흡인튜브를 자궁목을 통해 자궁내로 삽입한다. 그런 다음 흡인펌프를 사용하여 배자와 자궁내막기능층을 흡인한다.

낙태(abortion)는 결코 산아제한의 방법으로 이용되어서는 안 된다. 그것은 태어나려는 귀중한 생명을 죽이는 행위이기 때문이다. 어떤 경우에는 낙태는 자연히 일어나기도 하는데 이것을 자연유산(spontaneous abortion)이라고 하며 여성의 몸에서 어떤 이유로 해서 아기를 거부하는 것이다. 낙태는 또한 인공적으로 행해지기도 하는데 보통 낙태라고 하면 이 인공유산의 경우를 말한다. WHO는 연간 세계적으로 약 5000만 건의 낙태시술이 시행되는 것으로 추산한다. 이중 약 3000만 건만이 훈련된 의사에 의한 안전한 조건하에 수행되며 전 세계적으로 약 8만 명이 불안한 낙태시술의 결과로 사망한다(Shears, 2002).

낙태란 태아가 생존능력을 얻기 전에 파기시킴으로써 임신을 끝내는 것을 말한다. 중절의 90%이상이 임신 12주 이내에 이루어지는데 이때 태아는 겨우 식별할 수 있는 20g정도로 아주 작을 때이다. 적법한 낙태로 인한 사망률은 10만분의 1이하로 실제로 자연출산에 의한 사망률보다 낮다. 낙태에 사용되는 방법에는 여러 가지가 있다. 어떤 임산부를 위한 최상의 방법은 통상 임신기간에 따라 정해진다. 현재 초기유산에 가장 일반적으로 쓰이는 방법은 낙태약과 진공흡인법이다

낙태약

RU-486

1988년에 프랑스의 Roussel-Uclaf회사에 의해서 초기임신의 낙태를 신속하고 간단히 유도할 수 있는 RU-486(또는 mifepristone)이라고 하는 신약을 개발하였다. 이 약은 여성의 마지막 월경주기 후 8주까지 유산을 화학적으로 유도하도록 사용할 수 있다. 이 낙태약(abortion pill)은 프랑스와 중국에서는 1988년에, 스웨덴과 영국에서는 1991년에 판매가 승인되었으나 미국에서는 1994년까지 인공유산 반대세력의 압력으로 이 약의 사용이 금지되고 있다가 클린턴대통령에 의해 이 약의 연구를 승인한 이래로 미국에서도 현재 널리 사용되고 있다.

RU-486은 아주 초기유산을 유발할 수 있으며 이것은 강력한 항프로게스테론 효과를 가지고 있어서 자궁내막을 탈락하게 함으로써 유산이 일어나게 한다. RU486을 투여한지 2일 후에 프로스타글란딘(misoprostol)으로 된 한 정제를 투여하면 자궁수축이 증가되어 임신산물을 배출하는데 도움이 된다. 이 약은 월경주기가 멎은 10일 내에 사용한

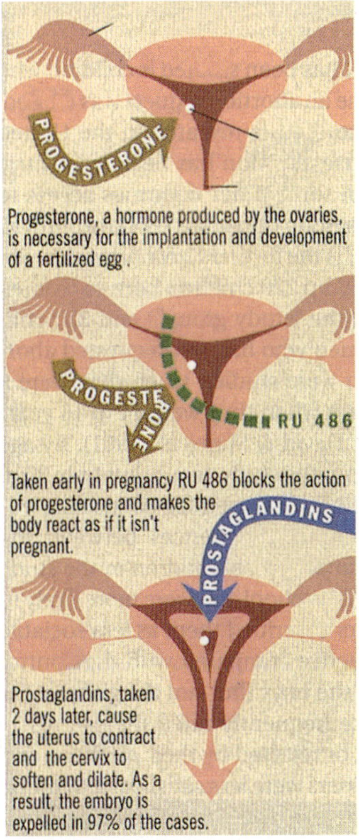

그림 4-14

낙태약 RU-486의 작용.

1. RU-486은 수정란의 착상을 위해 필요한 난소에서 생산되는 프로게스테론의 작용을 차단한다.
2. 2일후에 프로스타글란딘을 투여하면 자궁수축으로 배자가 배출된다.

다. RU-486을 프로스타글란딘과 복합사용할 때 임신7주 이내면 약 96%의 유산효과를 나타낸다. 두통, 구토 및 요통과 같은 부작용의 발생빈도는 매우 낮다. 이 약을 사용한 1%미만의 여성에서 심한 출혈을 경험하며 더 적은 수에서 자궁점막의 염증이 발생한다.

오늘날 프랑스에서는 초기임신의 초기유산을 결심한 여성의 3분의 1이상이 재래의 낙태방법보다 RU-486을 선택한다. 미국의 낙태시술자의 약 6%만이 이 방법을 선택하는데 비하면 매우 높은 수치이다. RU-486은 낙태 이외의 많은 다른 용도로도 사용된다. 유방암, 부신을 지나치게 활성화하는 쿠싱증후군(Cushing's syndrome), 어떤 뇌종양 등의 치료에 쓰인다. RU-486은 또 재래의 감각에서 매우 효과적인 피임약임이 입증되었다. 월경주기의 초반에 이 약을 섭취하면 RU-486의 항프로게스테론작용은 배란을 효과적으로 억제한다. 게다가 경구피임약(morning after pill)의 형태로서의 이 약의 사용은 세계적인 기준에서 낙태를 유발하는 수의 제한을 위해 가장 효과적인 방법의 하나일 것이다.

메소트렉세이트

RU-486과 유사한 초기유산을 유도하는 다른 낙태약인 메소트렉세이트(methotrexate)가 최근에 혁신되었다. 메소트렉세이트는 배자(배아)에게 영양과 산소를 공급하는 영양막세포를 괴사시켜 배자를 죽게 하며, 프로스타글란딘(misoprostol)은 자궁수축을 일으켜 죽은 배자를 자궁 밖으로 배출시키는 작용을 갖는다. 배자에게 유독한 메소트렉세이트와 자궁수축을 일으켜 죽은 배자를 배출시키는 미소프로스톨을 복합적으로 사용하여 낙태를 유발한다. 이들 두 약제는 이미 다른 목적을 위하여 널리 사용되어 왔었다. 메소트렉세이트는 암세포를 파괴하는 치료제로 개발되었으며, 미소프로스톨은 궤양의 치료제로 사용되어왔다. 낙태를 유발하기 위하여 메소트렉세이트를 먼저 근육주사하고 난 3-4일 후에 미소프로스톨을 질 내에 주입한다. 여성은 하혈과 함께 수 주 동안에 유산하게 된다.

진공흡인법

진공흡인법(vacuum aspiration)은 임신 첫3분기의 가장 일반적인 형태로 이 방법은 입원할 필요 없이 국소마취나 전혀 마취하지 않고(약 75%) 간단히 처리할 수 있어 널리 이용되고 있다. 이 방법은 처음에 금속프로브나 라미나리아(laminaria)로 자궁경관을 확장한 후 캐뉼러(cannula)라고 하는 작은 플라스틱튜브를 확장된 자궁경관을 통해 자궁공간으로 삽입한다. 이 튜브를 진공흡인기에 연결하고 펌프에 의하여 자궁의 임신산물을 온화하게 흡인하여 신속하고 용이하게 제거한다.

전 과정은 약 10분이나 15분 걸리며 자궁 천공, 감염, 출혈의 위험성과 전 태아산물의 제거실패 등의 후유증은 거의 없다. 시술이 끝나면 약 1사간 동안 회복실에 머물면서 출혈이 없었는지를 확인한 후 곧바로 귀가한다. 낙태는 가능하면 하지 않는 것이 좋고 피할 수 없는 경우라면 월경이 끊긴 그 날 안으로 가능하면 8주 이내에, 늦어도 12주 이전에 시술하는 것이 바람직하다. 진공흡인법의 시술은 빠르면 빠를수록 좋으며 고생스럽지 않고 모체를 보호하는데 최상의 방법이다.

개대배출법 및 개대소파술

개대배출법(dilation and evacuation, D&E)은 진공흡인법과 유사하나 이는 전신마취아래 행해진다. 이 방법은 특히 임신 13주에서 16주까지의 다소 늦은 낙태에 사용되며 최고 20주까지 가능하다. 개대배출법은 진공흡인법과 유사한 방법으로 자궁경부를 확장한 후 진공흡인법을 적용한다. 이 방법은 임신 둘째3분기에 있는 태아가 비교적 크기 때문에 시술이 약간 복잡하나 개대소파술보다 안전한 방법이다.

개대소파술(dilation and curettage, D&C)은 한때 수정 15주이내의 원치 않은 임신을 위해 표준방법이었으나 현재는 유산목적을 위해서 보다 드물게 사용된다. D & C는 자궁경부를 확장하고 자궁내부의 임신산물을 긁어내는 방법으로 소파술을 시행하기 전에 멸균한 바닷말인 라미나리아를 자궁경관에 8-24시간 동안 삽입해둔다. 라미나리아는 경부분비물로부터 수분을 흡수하여 자궁경관이 연화되어 점차적으로 확장되므로 기구로 확장하는 것보다 쾌적하다. 자궁경관이 확장되면 라미나리아를 제거하고 소독한 후 또는 개대기로 자궁경관을 벌려서 큐렛(curette)이라고 하는 예리한 금속기구를 이용하여 자궁내의 임신산물을 긁어내어 제거한다. 개대소파술은 라미나리아의 준비기간을 제외하면 10-20분이면 끝난다. 이 방법은 확장된 자궁경관을 통하여 태아를 긁어내야 하기 때문에 자궁벽에 상처를 내어 출혈이 계속된다든지 세균감염을 일으키는 등 후유증이 뒤따른다.

유도분만법

임신15주 이후의 태아는 통상 유도분만법(induction abortion)을 이용하여 낙태시킨다. 유도분만법은 약품이나 기구를 사용하여 진통을 유발시키고 정상분만 때와 마찬가지로 자궁경관 내구를 열고 자궁 안에 있는 태아와 태반을 몸 밖으로 만출시킨다. 쉽게 말하면 인공적으로 분만시키는 방법이다. 임신 둘째3분기후기가 되면 태아가 너무 커져서 진공흡인법이나 개대소파술로는 하지 못하며 만약 임신4개월부터의 낙태에 임신3개월까지의 소파술을 적용한다면 큰 위험을 동반하게 된다. 임신12주까지의 소파수술은 10-20분이면 끝나지만 유도분만법은 48-72시간정도가 필요하고 유도분만 때에는 정상분만 때와 같이 진통을 겪어야한다.

유도분만법은 원래 복부를 통해 자궁내의 양막

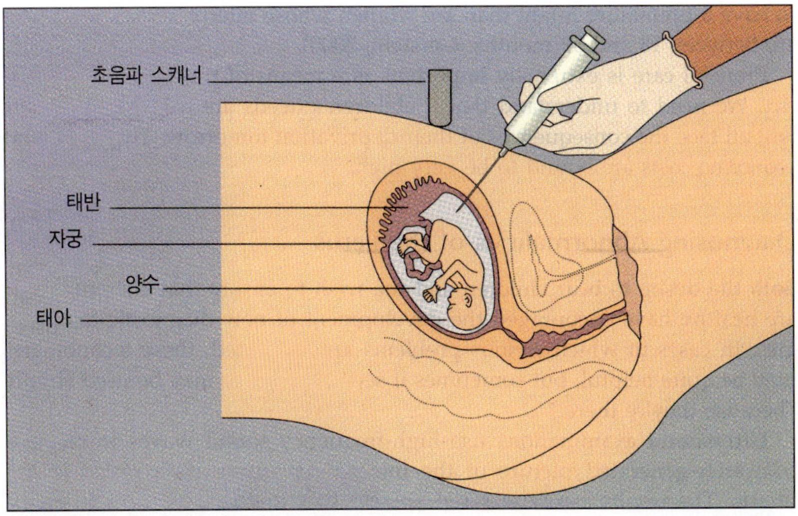

그림 4-15

유도분만법.
임신 3개월이 지난 태아의 낙태를 유도하기 위하여 식염수, 요소, 글루코스 또는 프로스타글란딘 등의 고장액을 양수내에 주입한다.

속의 양수를 소량 빼내고 같은 양의 20-25%의 식염수나 30-40%의 요소 등의 고장액을 양막 속에 주입하여 양수와 치환시킨다. 수 시간 내에 고장액은 진통을 일으키고 자궁경관은 확장되어 태아는 진통수축으로 인하여 조기에 유도 분만되는데 이 방법을 식염유도분만(saline induced abortion)이라고 한다. 현재 보다 일반적으로 사용되는 유도분만법은 자궁의 수축을 유도하는 프로스타글란딘이라고 하는 호르몬을 사용하는 프로스타글란딘유도분만(prostaglandin induced abortion)법이다. 프로스타글란딘(평활근의 수축을 일으키는 호르몬)은 복부를 통해 직접 자궁에 주입하거나 자궁경부를 통해 양막 속으로 주입하여 진통을 일으켜 유도 분만시킨다.

낙태의 후유증에는 대체로 다음의 세 가지 경우가 있다. 첫째는 자궁천공이나 자궁경부의 열상에서 오는 출혈로 이것은 수술기구에 의해 자궁에 상처를 입혔거나 자궁경구멍의 수축이 잘 안 될 때 일어난다. 둘째는 태아조직의 불완전제거로 이것은 의사의 실수로 자궁 안에 태아나 태반의 일부를 남겨 놓았을 경우이며 이로 인해 심한 복통, 출혈, 발열 등의 전신증상이 나타나기도 한다. 이 경우 즉시 개대소파술을 행하여 임신산물을 제거해야한다. 셋째는 감염증으로 이것은 수술기구의 소독이 불충분하거나 수술 후 저항력이 약해진 나머지 체내에 있던 세균이 퍼질 때 또는 수술 후 너무 빨리 성행위를 갖거나 목욕을 함으로써 일어난다. 세균감염의 증상은 고열과 심한 압통, 하복부의 팽만과 황갈색의 질 분비물이 다량으로 배출된다. 낙태수술 후 4주 동안 성행위를 하지 않는 것이 좋다. 만 2일 동안은 안정을 취해야 하고 1주일까지는 무리한 일을 하지 않는 것이 바람직하다.

낙태의 후유증에는 여러 가지가 있을 수 있다. 자궁내막의 기능부진이나 유착으로 인해 불임증이 되기 쉬운 외에도 자궁외임신, 전치태반, 자궁 안 염증으로 착상이 어려우며 무리하게 자궁경관을 넓혀 경관무력증이 되고 자연유산을 반복하기 쉽다. 이밖에도 난소의 기능부전, 자궁내막유착, 무월경, 월경불순, 요통, 대하의 증가로 임신공포에서 오는 불감증, 죄책감, 남성불신, 피해의식 등의 정신적인 피해를 입을 수 있다.

자궁절개술

자궁절개술(hysterotomy)은 임신 16주에서 24주까지의 낙태를 위하여 아주 드물게 사용하는 자궁을 절개하는 방법이다. 본질적으로 제왕절개와 동일한 방법으로 태아를 제거한다. 자궁절개술은 다른 방법보다 더 위험하고 비용도 많이 들며 합병증의 위험도 크다. 이 방법은 임신이 둘째3분기후기까지 진행되고 여성의 건강이 유도분만법을 사용할 수 없는 경우라면 유용할 수 있다. 자궁절개낙태의 경우 임산부의 사망률은 10만 명에 51.6으로 진공흡인법의 0.5와 유도분만법의 7.0에 비하면 아주 높은 편이다.

제5장 성의 생리

성반응주기
오르가슴의 특성
G스팟
남녀의 성차

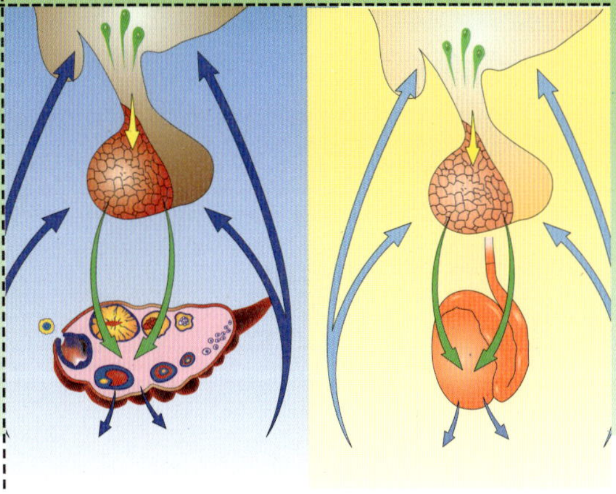

성반응주기

인간의 성이 과학적으로 밝혀지기 시작한 것은 비교적 최근의 일이다. 여성이 성적으로 흥분하면 질 안이 젖게 되고 오르가슴에 이르게 되면 질 벽에 형성된 오르가슴융기가 0.8초 간격으로 경련 하듯이 수축이 반복되면서 여성은 전신으로 확산되는 쾌감의 소용돌이 속으로 빨려들게 된다. 오르가슴(orgasm)이란 인류가 체험하는 최고의 성적각성으로 강렬하고 황홀한 쾌락감각이다. 맥박이 고동치고 호흡이 세차게 몰아치며 음부의 안쪽에 있는 두덩꼬리근(치골미골근, PC근)이 수축하고 심지어 발가락이 오므라든다. 이때 체험하는 황홀한 느낌은 말로서 표현하기가 어렵다. 남성의 경우 오르가슴

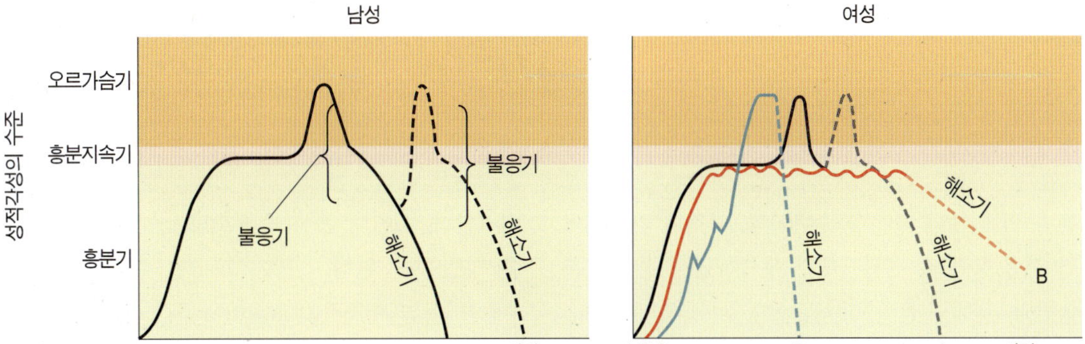

그림 5-1

성반응주기.

매스터스와 존슨은 성반응주기를 4기로 나누었다. 흥분기, 흥분지속기, 오르가슴기 및 해소기. 해소기중 성적각성의 수준은 각성전 상태로되돌아 간다. 남성은 오르가슴에 이어 불응기가 온다. 여성에서는 A패턴은 전형적인 반응주기를 나타내며 파선은 다중성오르가슴을 표시한다. B패턴은 오르가슴에 도달하지 않고 흥분지속기에 머무는 형으로 해소기가 매우 서서히 진행된다. C패턴은 흥분기에서 몇차례 짧은 흥분저하가 온후 빠른 흥분지속기를 지나 오르가슴에 도달한 후 급속한 해소기가 온다.

그림 5-2

성적반응에 대한 3 모델.
A. 매스터스와 존슨의 성반응주기. B. 헬렌 카플란의 성반응주기. C. 데이비드 리드의 성반응주기.

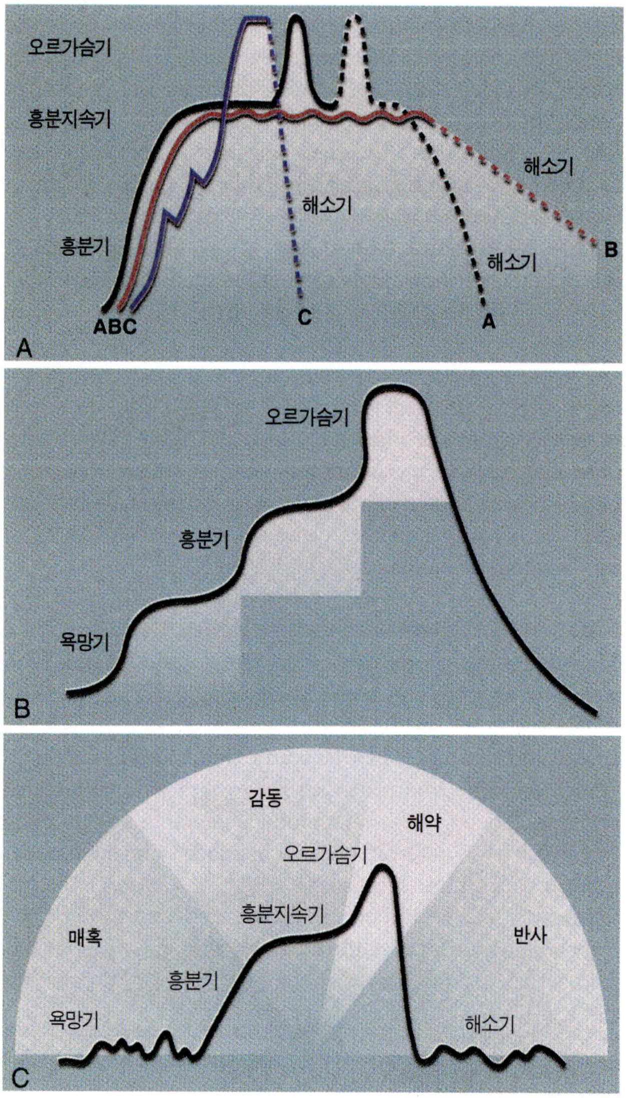

은 거의 언제나 사정을 수반한다. 사정에 가까워지면 전립선, 정낭, 정관팽대가 수축하면서 정액을 분출한다. 1960년대에 미국의 산부인과 의사인 매스터스와 존슨부부는 18세에서 89세까지의 남녀 약 600명을 대상으로 성행위 중에 일어나는 생리해부학적 관찰을 바탕으로 남녀의 성반응주기(sexual response cycle)는 흥분기에 시작하여 흥분지속기(고원기), 오르가슴기를 거쳐 해소기에 끝나는 4단계로 구성되어 있다는 이론을 확립하였다. 다른 사람들은 매스터스와 존슨에 의해 사용된 모델보다 적거나 보다 많은 기로 나누는 성적반응모델을 제의하였다. 예컨대 헬렌 카플란(Helen Kaplan, 1979)은 성반응을 위해 욕망기(desire), 흥분기(excitement), 오르가슴기(orgasm)의 3기모델(triphasic model)을 제의하였다. 견해의 주관적인 관점에서 대부분의 사람들은 이들 기의 변화를 쉽게 식별할 수 있기 때문에 카플란의 모델에 마음이 끌렸다. 리드(David Reed)는 성반응주기의 두 모델을 연합해서 욕망기, 흥분기, 흥분지속기, 오르가슴기 및 해소기의 5기로 구분했다. 최근에 여성학자들은 여성의 성반응을 기술하는데 있어서 매스터스와 존슨모델과 헬렌 카플란모델의 타당성에 의문을 던졌다(예컨대, Basson, 2001, 2002; Tiefer, 2001). 묵은 모델이 성기반응에 초점을 두었는데 반해 이 새로운 모델은 여성반응의 복잡성에 그 초점을 둔 것이다.

욕망기

욕망기(desire phase)는 성적체험을 추구하거나 수용하기 위해 개체를 움직이는 특수한 감각이다. 이들 감각은 뇌에 있는 특수신경계의 신체적 활성에 의해 생성된다. 이 체계가 활성화되면 사람은 성적 욕망이 일어난다, 즉 성기감각을 느끼게 되고 막연한 성적인 느낌과 섹스에 관심을 갖게 되며 섹스에 개방되거나 매우 안절부절 해진다. 한편 성적욕망을 단순히 섹스를 추구하기 위한 본질적인 유인으로 정의하기도 한다(Peplau, 2003).

성반응주기에 욕망기를 추가하는 것은 많은 성치료가들, 특히 성적반응의 주관적 측면을 생리적 반응처럼 중요시 하는 사람들에게 매우 평판이 좋다. 어떤 남성은 각성을 느끼지 않고 생리적 반응(예컨대 발기)을 가질 수 있거나 생리적 반응 없이 고도로 각성할 수 있다. 이 구분은 여성의 성적욕망을 생각할 때 보다 더 중요하다. 개인이 어떻게 특수하게 동기 지워지는가와 무관하게 일단 남자가 성적욕망을 가지면 흥분기와 나머지 반응기 중에 일어나는 생리적 반응은 다른 자극과 다르지 않다. 이 반응은 각성(arousal)의 원천이 반대성의, 또는 동일성의 다른 사람, 혹은 자기 자신(성적환상과 자위)에 관계없이 동일하다. 욕망기의 반응은 울혈(vasocongestion)과 근육긴장(myotonia)의 두 기본 생리적 과정으로 일어난다. 울혈은 조직이 혈액으로 충혈되는 것에 관계하며 근육긴장은 불수의적 수축을 일으키는 신경과 근육의 에너지의 증강에 관계한다.

남성과 여성의 성적욕망 간에는 어떤 중요한 차이가 있다. 첫째 여러 연구자는 남성은 높은 성적욕망의 레벨을 갖는다고 결론짓는다, 남성은 좋아하는 섹스빈도, 자위행위의 빈도 등등에 의해 입증된 것처럼 그들은 섹스를 빈번히 갖는다. 매스터스와 존슨 및 카플란의 성반응모델에서 그들은 성적욕망을 선천적인 고유의 동기라고 생각한다, 즉 그들은 성적욕망 그 자체를 성적각성을 촉발하는 자연발생적인 힘으로 묘사한다. 남성을 위한 성적욕망은 테스토스테론의 레벨과 같은 생물학적 요인에 의해 주로 결정된다. 둘째로 대부분의 여성의 성적욕망은 생물학적충동에 의해서라기보다 상호관계와 친교의 필요에 의해 동기지어진다. 바손모델(Rosemary Basson's model)에 의하면 성적욕망을 위한 결정적 요인은 성적자극에 대한 흔쾌히 하는 마음과 행동과 반응능력이다. 즉 성적중성상태로부터 성적각성과 경험을 계속하려는 잠재적 성적욕망으로 옮아가는 동기는 흔히 파트너에 대한 정서적 접근을 강화하려는 마음의 욕구로부터 생긴다. 이처럼 바손 등은 성적욕망의 동기는 자연발생적인 사건이라기보다 오히려 정서적 친교와 자극의 인지적 해석에 중점을 둔다.

흥분기

흥분기(excitement phase)는 성적각성과 함께 남성에서는 음경이 발기되고 여성에서는 질의 윤활화가 일어나는 시기이다. 성적자극에 따라 전신적으로 혈관의 충혈과 근육의 긴장이 일어나며 호흡이 거치러지고 심장의 박동 수는 증가되고 혈압은 상승한다. 남성의 경우 성적자극으로 작고 연한 비뇨기로서의 음경이 크고 단단한 성기로서의 음경으로 변한다. 이 변형으로 음경은 질 내 삽입이 가능해지고 정액을 질 안으로 방출할 수 있는 두 가지 기능을 이행할 수 있게 된다. 음경은 질긴 근막표피로 둘러 싸여있는 3개의 발기조직으로 구성되어 있다. 등 쪽에 있는 두 줄기의 음경해면체는 발기를 일으

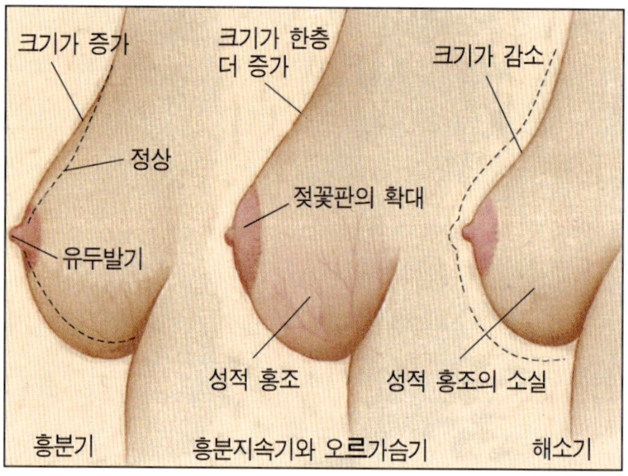

그림 5-3

여성 성반응주기 중의 유방의 변화 오르가슴후 젖꽃판의 확대가 급속히 감소한다.

키는 부분이며 배 쪽에 있는 한줄기의 요도해면체는 요도를 둘러싸서 오줌과 정액의 통로를 이룬다. 발기는 국부적인 혈관충혈반응으로 성적자극에 의해 많은 수의 해면체동굴(동굴모세혈관)은 급속히 흘러드는 혈액으로 확장되고 동시에 반사적으로 음경정맥 내의 특유한 판막이 닫혀 음경으로부터 혈액이 흘러나가지 못하게 됨으로써 해면체에 울혈현상이 일어나 그 결과 음경이 발기된다.

발기를 일으키는 해면체의 울혈기전은 신경계통의 불수의적인 반사작용에 의하여 조절된다. 사람의 발기중추는 척수의 제2-4 엉치분절(천수)에 있다. 이 발기중추를 자극하는 기구는 두 경로가 있다. 하나는 음경에 대한 물리적인 자극이 지각신경을 통해 직접 발기중추로 가는 경로이고, 다른 하나는 감각기관을 통한 성적 5감(시각, 청각, 후각, 미각, 촉각) 자극이나 성적환상 등이 뇌의 성욕중추를 흥분시켜 그 신호가 천수에 있는 발기중추로 전달되는 경로이다. 이 발기중추로부터의 지령이 부교감신경을 통해 해면체의 세동맥과 모세혈관에 전달되어 해면체는 충혈되고 발기가 일어난다. 음경이 발기되면 그 쾌감신호가 뇌의 쾌감중추와 성욕중추에 전달되어 이들 중추를 흥분시키고 발기를 한층 강하게 한다. 뇌는 이처럼 발기를 강화하는 작용이 있는 한편 위축시키는 억제신호를 발기중추에 보내고 있다. 정신적으로 불안해 있거나 스트레스가 있을 때 발기하기 어려운 것은 이 때문이다. 발기부전의 약 80%는 심인성으로 정신적 스트레스에 의한 경우가 많다.

여성의 경우 평상시에 질구멍(질구)은 굳게 닫혀 있으나 성적자극을 받으면 국부적인 혈관의 충혈반응으로 윤활액이 삼출되기 시작하는데 이 초기의 혈관충혈반응을 일으키는 흥분기를 윤활팽창기라고도 하며 질은 점차 음경을 받아들일 준비를 한다. 여성이 성적으로 흥분하게 되면 자궁도 충혈되고 확장되어 골반저부의 본래의 위치에서 치켜 올라간다. 이때 자궁이 골반공간(골반강) 밖으로 상승하는 것은 자궁경관의 위치를 바꾸어 임신의 가능성을 높여주기 위해서이다. 질과 자궁은 생식기능을 위한 해부 생리적인 변화 외에도 충혈과 성기의 팽창으로 여성의 쾌감을 증가시키고 오르가슴의 기초를 마련한다.

남성의 국부적인 혈관충혈은 음경해면체와 요도해면체에 국한되지만 여성에 있어서는 충혈반응이 보다 광범위하게 확산되어 질과 자궁이외에 질어귀, 소음순, 대음순, 샅부위 등 안팎의 성기전반에 걸쳐 충혈이 일어나 팽창된다. 남성의 발기와 여성의 윤활팽창은 동일현상으로 자율신경계의 부교감신경에 의하여 조절된다. 이 기능은 부정적 감정을 가지게 되면 쉽게 영향을 받는다. 성적으로 매우 억압되고 있는 여성은 성적으로 자극해도 윤활액이 분비되지 않으며 성기도 팽창되지 않는다. 유방은 부풀어 오르고 젖꼭지는 작은 근섬유의 수축으로 단단히 발기된다. 또한 사람에 따라 차이는 있지만 음핵은 충혈의 결과로 크기가 증가하여 발기되므로 성반응주기 중에서 이 시기에 음핵을 가장 잘 관찰할 수 있다. 질의 안쪽 3분의2도 팽창하며 대음순은 납작해지면서 벌어진다.

흥분지속기

흥분지속기(고원기, plateau phase)는 성적각성의 높은 수준을 유지하고 강화하는 시기로 잠재적으로 오르가슴의 발판을 마련하고 약간만 자극하면 오르가슴에 도달할 수 있는 단계이다. 또한 성기의 국부적인 혈관의 충혈반응이 남녀 모두에 있어서 최고도에 이른다. 남성에 있어서는 음경은 수용할 수 있는 최대의 혈액으로 충만되어 음경은 단단하게 발기되고 최대의 길이에 달한다. 고환도 혈액으로 충혈되어 평소의 50%가 늘어나고 고환근을 끌어올리는 반사작용과 정관의 수축에 의하여 고환은 치켜올라가 샅부위(회음부)에 달라붙는다. 고환의 충분한 상승은 오르가슴이 임박했다는 것을 알리는 신호이기도 하다. 또한 망울요도샘(구요도선, 쿠퍼선)에서 분비되는 점액성의 투명한 액체가 요도구멍에서 스며 나온다. 많은 남성은 흥분지속기 중에 전립선과 정낭의 충혈반응으로 내적압력 또는 더운 감각을 느끼기도 한다.

고원기 중 여성은 질의 바깥 3분의 1에 현저한 충혈로 조직이 팽창한다. 이 반응에 의해 팽창된 조직을 오르가슴융기(orgasmic platform)라고 하며 질구멍은 30%이상 좁혀진다. 음경의 크기가 성교 중에 여성의 신체적 자극을 위해 그다지 중요하지 않는 것은 오르가슴융기가 음경을 꽉 붙들어 주기 때문이다. 이 기간 중에 텐트효과라고 하는 과정을 통해서 자궁이 보다 상승하면서 질의 안쪽 3분의2는 좀 더 확대된다. 음핵은 음순의 충혈로 인해 두덩결합(치골결합)의 뒤로 물러나 숨는데 이 변화로 음핵귀두의 직접 접촉은 어려워진다. 그러나 이들 변화로 음핵감각이 소실되는 것은 아니며 불두덩(치구, mons pubis)과 음순의 자극으로 음핵감각은 간접적으로 받게 된다.

소음순은 충혈에 의하여 2-3배로 두꺼워진다. 그 결과 소음순은 대음순을 더욱 벌어지게 하여 질구멍에 바로 접할 수 있게 한다. 이 국부적인 충혈로

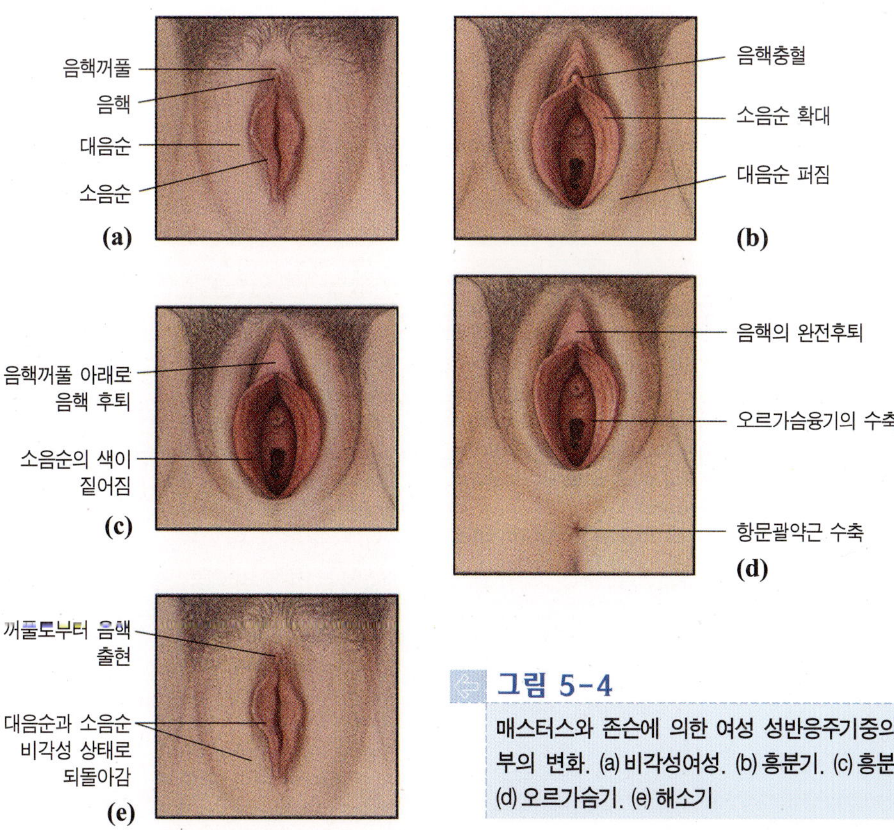

그림 5-4

매스터스와 존슨에 의한 여성 성반응주기중의 외음부의 변화. (a) 비각성여성. (b) 흥분기. (c) 흥분지속기 (d) 오르가슴기. (e) 해소기

소음순은 팽창되고 선명하게 채색된다. 임신경험이 없는 비경산부의 소음순은 분홍색에서 붉은색을 띠나 임신경험이 있는 경산부의 소음순은 혈액공급이 풍부해져서 붉은색에서 짙은 포도주색을 띠게 된다. 효과적인 성적자극이 계속되면 이 성피색(性皮色)에 변화가 생기고 이어서 오르가슴이 따른다. 매스터스와 존슨의 연구에 의하여 소음순에 색채변화가 없으면 결코 오르가슴이 일어나지 않는다는 것을 확인하였다. 여성의 젖꽃판(유륜)은 흥분기말에 팽창하기 시작하여 흥분지속기 중에 팽창을 계속함으로써 발기된 젖꼭지는 도리어 작게 보인다. 유방의 크기는 이 시기에 평균 20-25% 증가한다. 성적흥분에서 오는 여성의 피부반응은 남성의 경우보다 현저하며 홍역과 같은 붉은 반점이 복부상부에 형성되기 시작하여 신속히 온 가슴으로 퍼지고 이어서 얼굴, 등, 팔다리 등으로 환산된다.

여성에게는 고원기가 성교 중에 두 번 온다. 한 번은 오르가슴 전에 오는 전흥분지속기(전고원기)이고 또 한 번은 오르가슴 직후에 오는 후흥분지속기(후고원기)이다. 남성에게는 후고원기가 존재하지 않는데 그것은 남성의 성적흥분은 오르가슴 직후에 급속히 떨어져 성적불응기에 들기 때문이다. 그러나 여성은 오르가슴에 도달한 직후 흥분지속기의 고조된 상태에 있는 동안은 연속해서 자극에 반응하여 오르가슴을 계속해서 경험할 수 있다. 즉 여성은 성적흥분이 흥분지속기에 있는 한 신체적으로 피로해서 더 이상 성교를 원하지 않게 될 때까지 약간의 자극으로 몇 번이고 쉽게 오르가슴을 체험할 수 있는 체제로 되어있다. 이와 같이 계속해서 몇 번이고 오르가슴을 체험할 수 있는 현상을 다중성오르가슴(multiple orgasms)이라고 한다. 남성으로서는 상상을 초월한 경이로운 특성이라 할 것이다.

오르가슴기

흥분지속기의 후반에 효과적인 성적자극을 계속 가하면 성적각성의 절정에서 생체가 그의 축적된 성적긴장을 돌연히 방출 해소하게 되는 시점을 오르가슴(orgasm)이라고 한다. 이 시점이 성반응주기 중 최고의 쾌감을 느끼는 시기로 오르가슴기(orgasmic phase, 성적절정기)이다. 사람의 뇌에는 대뇌변연계의 쾌감중추에서 발생한 쾌감이 대뇌신피질에서 증폭되는 기구가 존재한다. 그 쾌감 중에서도 성교 때의 쾌감은 극치감이라고 할 만큼 비길 곳 없는 최대의 것이다. 생물학적으로 오르가슴기는 율동적인 근육수축으로 강렬한 쾌감을 일으킨 후 신속히 소실되는 성반응주기 중 가장 짧은 시기로 통상 수초 동안에 끝난다. 오르가슴에는 성차, 연령차가 있다. 특히 여성에 있어서는 개인차가 클 뿐 아니라 각 개인에 있어서도 다양하다. 어떤 때는 오르가슴이 격정적이고 황홀한 느낌이 쇄도하는데 반해 다른 때는 그것은 온화하고 덜 강하고 덜 극적이다.

남성의 오르가슴은 두 단계로 이루어진다. 첫 단계는 정관, 정낭, 전립선 등의 내부기관에서의 리드미컬한 근육수축을 시작하여 성숙한 정자와 전립선과 정낭의 분비액(정액)을 전립선요도와 요도망울로 방출하는 과정으로 사정을 더 이상 참을 수 없다는 느낌을 준다. 이 단계를 정루기오르가슴(emission phase orgasm) 또는 사정불가피성(ejaculatory inevitability)이라고 하며 이때를 되돌릴 수 없는 시점이라고도 한다. 오르가슴의 둘째 단계는 전립선과 함께 음경, 요도 및 샅부위의 근육이 0.8초 간격으로 3-7회 정도 수축함으로써 사정과 함께 오르가슴을 느끼게 된다. 이 시점을 사정기(ejaculation phase)라고 한다. 남성오르가슴과 사정은 대부분의 경우에 두 과정이 동시에 일어나지만 이들은 하나가 아니며 동일과정이 아니다. 정액을 방출하는 사정은 때로 오르가슴 없이 일어날 수 있으며 사정없는 오르가슴은 사춘기 이전의 소년에게는 일반적이다.

남성이 갖는 성반응의 두 요소는 서로 독립된 것으로 발기하지 않고도 사정하는 경우도 있고 그 반

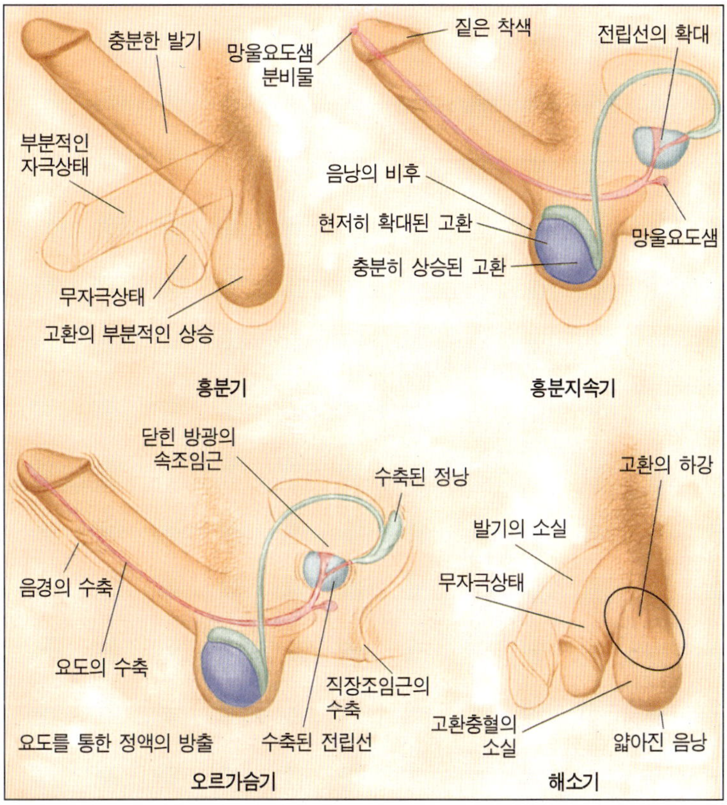

그림 5-5
남성 성반응주기에 있어서의 외적 및 내적 변화

대의 경우도 알려져 있다. 자율신경계의 부교감신경의 지배하에 있는 발기와는 달리 사정반사는 교감신경에 의하여 지배되고 있다. 음경의 발기를 주관하는 하위 반사중추(발기반사중추, erection reflex center)는 부교감신경이 분포되어 있는 척수의 엉치분절(천수)에 위치하고 있는 것에 대하여 정액의 사정을 주관하는 하위반사중추(사정반사중추, ejaculation reflex center)는 교감신경이 분포하는 척수의 허리분절(요수)에 위치한다. 남성의 오르가슴은 사정의 순간에 결정된다. 이때에 먼저 정낭액과 전립선액이 요도에 배출되고 이어서 고환에서 생산된 정자와 고환분비액이 요도로 보내진다. 이때 방광조임근은 닫혀서 배뇨를 저지한다. 따라서 사정과 배뇨가 동시에 일어나는 일은 없다. 요도는 오르가슴반응으로 2-3배로 확대되어 정액의 유입을 기다리고 있다. 사정의 하위반사중추는 뇌에 있는 상위중추로부터 촉진작용과 억제작용도 받고 있다. 이 개념은 동물의 실험에서 특정 뇌중추의 전기자극으로 외부로부터의 직접자극 없이 사정을 관찰할 수 있으며 어떤 경우에는 환상만으로 성기의 자극 없이 사정하는 일도 있으며 반대로 불안과 공포가 오르가슴을 억제한다는 것도 알려져 있다.

여성의 오르가슴은 자극방법에는 관계없이 항상 질의 조임근(괄약근), 샅근육(회음근) 및 오르가슴 융기가 0.8초 간격의 율동적인 수축에 의하여 일어난다. 많은 여성에 있어서는 음핵자극이 없으면 오르가슴에 이르지 못한다. 여성의 성감곡선은 완만하게 상승하여 그것이 어느 높이까지 이르면 더욱 높은 오르가슴의 물결이 밀려오게 되며 그 후는 이전의 높이까지 되돌아가면서 계속 완만하게 하강한다. 어느 일정한 높이에 있는 동안 다시 자극이 가해지면 오르가슴의 물결은 다시 밀려온다. 사정이라고 하는 획일적인 단일 형을 갖는 남성에게 있어서 여성의 오르가슴을 이해한다는 것은 어렵다. 여

그림 5-6

여성 성반응주기에 있어서의 외적 및 내적 변화

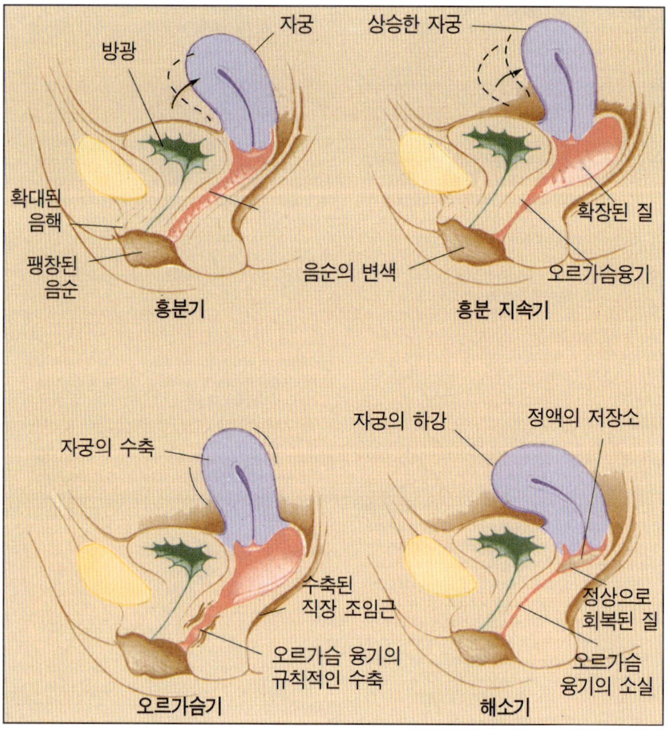

성오르가슴의 다채로움은 오르가슴 때의 즐거운 여성의 표현이 여성에 따라 각각 다르다는 것에서도 나타나 있다. 남성에게 놀라운 것은 여성은 몇 번이고 연속해서 오르가슴에 도취할 수 있다는 사실이다. 오르가슴에 의한 여성의 실신은 강렬한 쾌감과 흥분의 산물인 것이다.

성교에 의해서 왜 여성이 보다 강렬한 쾌락을 얻게 되는가는 수수께끼이지만 일반적으로 여성은 남성에 비해 오르가슴에 도달하는 시간이 늦다. 대부분의 남성은 질내삽입 후 2분 이내에 오르가슴에 이르는데 비해 여성이 오르가슴에 이르는 데는 평균 15-30분이 소요된다. 또한 여성의 오르가슴은 흥분지속기가 짧은 것, 긴 것, 오르가슴이 단발적인 것, 다발적인 것, 흥분해소기의 내리막이 완만한 것, 급속한 것 등 매우 다양하고 다채로운 패턴을 갖는다. 여성의 오르가슴패턴은 3형태를 보인다. 첫째유형은 10여 초로 오르가슴이 끝나는 경우로 질수축은 규칙적이다. 둘째유형은 처음에 규칙적인 수축이 20초 정도 계속된 후 이어서 60초 정도의 불규칙한 수축이 계속되어 약 80초 동안의 오르가슴을 나타낸다. 셋째유형은 처음부터 불규칙한 수축이 50초 정도 계속되는 패턴이다. 여성의 오르가슴은 둘째형이 반 이상을 이루며 오르가슴의 지속시간도 7.4초에서 108초로 다양하고 수축빈도도 8-34회로 변화가 크다.

오르가슴을 경험하지 못하는 여성도 10-30%에 이르고 여성의 약 5-10%는 어떤 환경아래에서도 결코 오르가슴을 갖지 못하지만(Spector & Carey, 1990) 그것은 계통발생학적으로 오르가슴의 역사가 짧기 때문이라고 생각되고 있다. 여성이 전형적으로 오르가슴을 나타내는 연령은 성경험을 쌓은 26-36세경이다. 킨제이보고에 의하면 고등교육을 받은 여성일수록 오르가슴에 도달하는 비율이 높다. 이것은 오르가슴에 지성이 필요하다는 것을 뜻하며 시간이 걸리는 것도 그 때문이다. 한편 성적으로 억압된 사회에서는 오르가슴을 체험하는 여성이 적다고 한다. 오르가슴에는 다양한 요소가 엉켜있고 심리적인 억압 하에서는 여성이 오르가슴을 체험할 수 없다는 것은 잘 알려져 있는 사실이다. 인간이 끊임없이 성행위를 반복하는 것은 그 뒤에 오르가슴이라고 하는 최고의 쾌락이 있기 때문이다. 그 밑바닥에는 생물학적인 본능과 쾌락을 추구하는 문화적 충동이 있어 그것이 대뇌신피질에 수식되어 오르가슴으로 표현된다.

오르가슴은 생리적인 변화를 수반하는데 먼저 맥박에 있어서 남성은 사정 때에만 급속히 증가되어 100회 전후가 된다. 이에 비해 여성은 음경삽입 후부터 심장박동이 서서히 증가하여 오르가슴에서는 최고가 되어 150이 되며 그 후는 남녀 모두 급속히 저하된다. 혈압도 150-160 때로는 200 근처까지 오르며 체온도 상승하고 동공확대 등도 보인다. 오르가슴에서는 호흡도 거치러져 1분에 40회 정도의 과호흡이 되며 그 때문에 여성은 헐떡이고 입을 열어 고민스러운 표정을 짓는다. 오르가슴에서는 혈액 중의 산소가 감소되고 그 극단적인 형태가 실신, 약한 전신경련, 시각이 선명하지 않는 등으로 나타난다.

해소기

성반응주기의 마지막단계는 해소기(resolution phase)로 국부적인 성 특유의 생리적 반응이 약화되고 몸 전체가 평상상태로 되돌아간다. 심장박동수, 혈압, 호흡 등은 오르가슴이 끝난 수분 후에 원상상태로 복귀된다. 음경은 서서히 위축하기 시작하여 증가된 부피는 모두 소실된다. 중년이후의 남성에서는 성교후의 음경의 위축속도는 보다 빨라 수분이내에 일어나는 경우가 많다. 남성에서는 사정 후 곧 불응기(refractory period)에 들기 때문에 성적자극에 반응할 수가 없게 된다. 남성에서는 이 때문에 오르가슴이 있은 후 일정시간이 경과하지 않으면 음경은 발기하지 않게 되고 사정할 수 없게 된다. 불응기 중에 음경이 부분적인 발기를 유지하는 사례가 있으나 일반적으로 발기는 신속히 가라앉는다. 불응기의 기간은 남성 간에 변이가 크며 수분에서 수 시간에 끝난다. 대부분의 남성에서 이 간격은 통상 2-3시간이며 연령이 증가되면서 불응기는 보다 길어난다.

여성에서는 오르가슴을 경험한 후 5-10초에서 음핵은 원상으로 되돌아가고 오르가슴융기도 신속히 해제된다. 그러나 질이 이완되어 평상상태로 되돌아가는 데에는 10-15분이 걸린다. 자궁경관은 오르가슴 후 20-30분간 열려있고 동시에 자궁은 골반의 본래의 위치로 내려간다. 자궁경관은 정액이 고여 있는 곳까지 내려와 그곳에 잠긴다. 소음순의 채색된 피부는 혈액이 성기부분으로부터 배제됨에 따라 흥분해소기로부터 10-15초에는 그 색은 원래로 되돌아간다. 이처럼 해소기는 남성보다 여성이 더 오래 걸린다. 그래서 여성에게는 오르가슴이 끝난 후에도 최소 10-20분 동안의 후희(後戱)가 필요하다. 이 후희를 통해 여성은 포근한 행복감에 젖게 되는 것이다.

오르가슴의 특성

성에 관해서는 편견과 오해가 있을 수 있다. 어떤 사람은 성욕을 외설적인 것으로 생각하지만 성적 욕구는 순수한 생리적인 것으로 규칙적인 성교는 본질적으로 자연스러운 건강기능이며 건강과 정서생활을 위하여 유익할 뿐만 아니라 우리들이 알고 있는 가장 안전하고 즐거운 예방의학이다. 성적즐거움은 장기간의 결혼생활에서 자연발생적으로 유지되는 것은 아니고 그것은 지속적으로 개척해 나가야한다. 성생활과 오르가슴을 보다 즐겁게 체험하도록 학습할 수 있으며 오르가슴을 보다 자주 갖도록 성적능력을 개발할 수 있다. 어떤 기법을 배운다는 것은 자의식이 요구된다. 의식의 기능 중 하나는 새 경험에 주의를 집중함으로써 학습이 이루어지고 일단 학습된 경험은 습관화되고 자연발생적인 것이 된다.

오르가슴은 가장 강력하고 긍정적인 신체적 체험을 할 수 있게 하며 오르가슴은 인간이 체험할 수 있는 가장 황홀한 심리적 체험이다. 성 에너지는 기본생활에너지의 한 부분이나 성 에너지는 신체적 정서적 기쁨 이상의 것이다. 성 에너지의 발산은 신체적 건강을 증진시키고 생동감 있게 느끼고 활동하게 하는 활력의 근원이 된다.

성행위에 즈음하여 여성은 애정을 표현하고자 하는 경향이 강한데 반해 남성은 육체적인 만족만을 구하는 경향이 있다. 한 조사결과에 의하면 "성행위를 할 때 애정으로 싸여있는 것이 필수적인가" 라는 물음에 여성의 95%가 그렇다고 대답한데 대해 남성은 40%에 불과하였다. 같은 조사에서 섹스의 동기에 관한 설문에서 여성 쪽의 제1위는 "사랑을 서로 나누고 싶어서"였고 남성의 제1위는 "육체적 쾌락을 구하여"이었다. 요컨대 여성은 마음에, 남성은 육체에 중심을 두고 성행위를 하고 싶어 한다는 것을 알 수 있다. 남성은 성욕을 충족하기 위한 신체적 체제가 완전하기 때문에 육체에 의존하게 되고 여성은 성적욕구를 충족하기 위한 신체적 체제가 불완전하기 때문에 싫어도 마음에 의존하지 않을 수 없는 숙명을 지니고 있다.

성적자극이 가해지면 음경은 곧바로 반응하여 발기하지만 음핵은 그렇지 못하다. 여성이 정신적으로나 육체적으로 자극을 받았을 때에 반응을 나타내는 것은 여성의 성적각성이 상당히 높아진 후에 한한다. 성기를 결합한 성교에서 여성이 오르가슴에 도달하여 강렬한 쾌감을 충족할 수 있는지의 여부는 얼마나 재치 있게 음핵에 변화 있는 자극을 지속적으로 가할 수 있느냐에 달려있다. 오르가슴은 성행위 중에서만 경험하는 자아의 붕괴현상으로 여성은 긴장에서 완전히 벗어나 어떤 수단으로서도 얻을 수 없는 폭발적인 해방감을 만끽하게 된다. 자아의 붕괴에 수반되는 황홀한 쾌락은 인류의 탄생 이래로 오르가슴에 의해서만 얻어지는 최대의 마력이다.

오르가슴에 다가갈수록 몸의 기능이 가속화된다. 심장박동은 빨라지고 숨은 가빠지며 혈압은 두 배로 올라갈 수도 있다. 엉덩이는 한껏 신이 나고 배꼽아래의 혈관은 터질 정도로 혈류가 증가하고 질은 박자에 맞추어 화끈거려 거센 음경을 잡아 매려한다. 신경은 예민해져 조그마한 자극도 놓치지 않는다. 모든 에너지가 성기로 모여서 의식은 몽롱해진다. 무어라고 표현할 수 없는 감동이 음부, 질, 음핵과 온몸으로 퍼진다. 뇌는 원초적인 부분이 기선을 제압한다. 등은 휘어지고 엉덩이는 앞으로 들려지고 성 근육은 수축과 이완을 거듭하면서 온몸은 황홀한 느낌으로 충만된다. 남성의 신경은 음경에 집중되고 여성의 신경은 질, 음핵과 그 근처에 집중된다. 이들에서 나오는 감각은 뇌에 전달되고 쌓이면서 강화되어 마침내 오르가슴이라는 신경과 순환기의 대폭발로 이어진다.

남성은 흥분이 최고에 이르면 하반신을 전후로 격렬하게 움직이지만 사정하려는 상태가 되면 성교운동을 중단하고 음경의 수축에 수반하는 오르가슴의 쾌감에 도취하려고 한다. 그러나 여성의 경우에는 남성과의 생리적인 차이 때문에 만족직전까지 와 있으면서도 성교운동을 중지하면 오르가슴에 이르지 못하고 끝나버리는 경우가 많다. 여성은 오르가슴의 직전이나 도중에도 음핵의 자극을 쉬지 않고 계속 받으면서 오르가슴에 도취하려고 한다.

여성이 오르가슴에 이르면 0.8초 간격으로 7-8회 수축을 반복하고 이 수축의 반복에 의하여 성적쾌감을 느낀다. 수축회수가 5-8회면 그런대로 만족을 하게 되고 수축이 8-12회 이상 반복되면 강렬한 쾌감을 얻게 되며 수축회수가 3-5회 밖에 안 되면 가벼운 쾌감만을 체험할 뿐이다. 여성의 경우 스테이터스오르가슴(status orgasm)이라고 하는 꽤 긴 오르가슴이 있다. 이것은 남성에게는 볼 수 없는 강도가 큰 것으로 1분 이상이나 질의 수축이 계속된다. 10초 정도에 끝나는 남성의 오르가슴에 비해 놀랄만한 것이다. 질구멍 근처의 근육이 1분 이상이나 수축을 반복하는 사이에 심장은 180회를 넘는 속도로 박동하는 상황에서 강렬한 쾌감을 느끼는 것으로 남성으로서는 상상을 초월한 극쾌락의 세계인 것이다. 스테이터스오르가슴은 다중성오르가슴의 변형으로 오르가슴과 오르가슴사이의 간격이 극도로 짧아져서 하나의 연결된 긴 오르가슴으로 느껴지는 것이다.

G스팟

여성의 오르가슴은 남성의 오르가슴보다 훨씬 복잡하고 다양하다. 매스터스와 존슨을 위시한 많은 성전문가들은 여성의 오르가슴은 직접적이든 간접적이든 음핵자극의 결과로서 생겨난다는 결론을 내렸다. 대부분의 경우는 이에 따른다. 그런데 그레펜베르그(Grafenberg, 1950)라는 독일의 산부인과 의사는 음핵자극 없이도 여성에게 오르가슴을 줄 수 있는 질 안의 어떤 지점을 발견하였다. 그 지점을 G스팟(Grafenberg spot)이라고 부르게 되었는데 그로부터 많은 여성들이 자신의 G스팟을 찾기를 간절히 소망하게 되었다. 여성들이 그토록 관심을 갖게 된 이유는 G스팟에 의한 오르가슴이 단지 음핵만을 자극해서 얻는 오르가슴보다 훨씬 강렬하다고 믿기 때문이다.

여성들에게 커다란 즐거움을 선사할 수 있는 이 황금의 스팟을 질 안에서 찾아내기만 한다면 그것은 굉장한 일이다. 왜냐하면 음핵과 함께 최상급의 성감대인 이 G스팟은 통계보고에 의하면 여성의 약 10%에서만 이 환상의 스팟이 발견되기 때문이다(Alzate & Londono, 1984). 그러나 만약 찾지 못하면 그냥 잊어버려야한다. 섹스의 세계에서 무지에 의하여 교묘하게 잃게 되는 희망의 대상은 G스팟만이 아니기 때문이다. 성교 중에 오르가슴을 느끼지 못하는 여성은 이외로 많다. 남성상위도 이러한 현상을 발생시키는 한 원인이 되기도 한다. 성교 중에 여성이 오르가슴에 이르기를 원한다면 다른 성교체위를 시도해 보는 것도 좋을 것이다. 다만 남성상위에서 오르가슴을 얻고자 한다면 여성이 자신의 음핵근처를 남성의 두덩뼈(치골)에 자유자재로 힘껏 부딪치게 하는 성교운동을 하는 것도 한 방법일 수 있다.

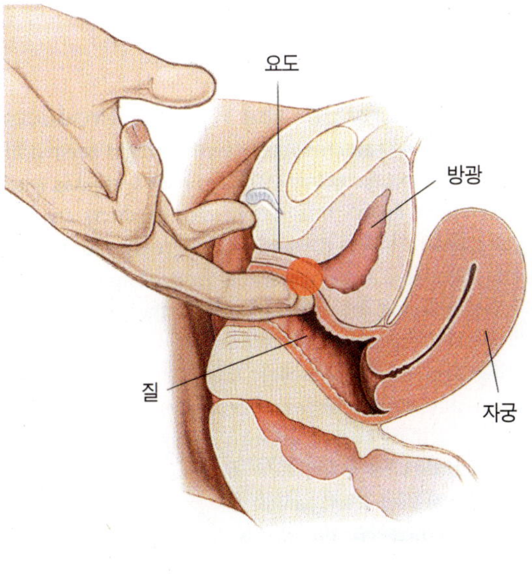

그림 5-7

외음부, 방광 및 자궁의 가로단면. 붉은점은 G스팟. G스팟은 강렬한 질오르가슴을 일으키는 환상의 스팟.

남녀의 성차

남성의 성은 비교적 단순하고 분명하게 만들어져 있는 것에 반해 여성의 성은 매우 복잡하고 다채롭게 만들어져 있다. 불행히도 남성과 여성이 남녀간의 성 차이를 충분히 이해하지 못하고 있는데 성적비극이 있다. 남성은 사춘기에 들자마자 성적각성, 발기, 사정, 만족이라고 하는 간단한 절차로 100% 오르가슴을 얻도록 되어있으며 아주 간단하게 성적욕구를 충족할 수 있는 생리해부학적체제로 되어있다. 남성은 신체적 체제만 이용하면 성욕을 충족할 수 있다는 것을 신체적 체제에 혜택을 입지 못하고 있는 여성으로서는 이해하기 어려운 것이다. 여성은 성호르몬의 혜택을 충분히 입고 있는 남성처럼 순간적으로 성적각성이 고조되어 섹스에 몰두할 수가 없다. 여성이 성에 몰두할 수 없다면 오르가슴에 이른다는 것은 결코 기대할 수가 없다. 그래서 여성은 전희과정에서 충분히 성감이 고조되는 것을 기대하게 된다.

여성의 성은 복잡하고 다채로워서 얼핏 보기에는 은혜를 입고 있는 것처럼 보이지만 이것이 신체적 체제와 직결되어 있지 않기 때문에 성적충족에는 도움이 되지 못한다. 이로 인해 여성은 오르가슴을 얻기가 힘든 것이다. 성적기능에 가장 중요한 호르몬은 남성호르몬(testosterone)이다. 이 호르몬은 실제로 남녀 양성에 존재한다. 정상남성에 있어서는 하루에 6-8mg의 남성호르몬이 생산되며 그 95%는 고환에서 만들어지고 나머지는 부신피질에서 생산된다. 이에 비해 여성에서는 하루에 약 0.5mg의 남성호르몬이 난소와 부신피질에서 생산될 뿐이다. 이처럼 성적욕구를 일으키는 남성호르몬을 여성은 남성에 비하여 매우 낮은 비율을 가지고 있기 때문에 여성은 성적 충족측면에서 손해를 보고 있는 것이다. 따라서 여성은 신체적 체제에 의지하는 것이 아니라 마음에 의존하여 성행위를 영위해 나가지 않으면 안 된다. 여성의 성은 환경과 정신 상태에 따라 어떻게든 변하는 다양성과 어려움을 함께 갖는다. 그리고 또 하나 여성의 성을 어렵게 만들고 있는 것은 질의 내부가 여성의 신체 중에서도 매우 둔감한 부위라는 점이다. 그래서 여성은 음핵을 자극함으로써 성적각성을 높이고 그 결과로서 오르가슴에 도달할 수 있도록 되어있다. 여성이 오르가슴에 이르는데 더 많은 시간이 필요한 것은 오르가슴의 주된 원천이 음핵에 있다는 신체적 이유 때문이다.

대부분의 여성은 질만을 이용해서 오르가슴에 이르기가 어려우며 여성은 음핵의 자극을 지속적으로 받아들이지 않으면 만족에 이를 수가 없다. 그러나 성기의 결합으로 남성은 성적으로 가장 민감한 음경귀두는 성교운동으로 강한 자극을 지속적으로 받음으로써 만족을 얻지만 여성은 성적결합으로 성적으로 가장 민감한 음핵에 대한 지속적인 자극이 없어지므로 성욕이 저하되어 오르가슴에 이르기가 어려워진다. 음경이 질 내에 삽입되어 있는 동안에는 성교운동으로 음핵꺼풀이 당겨져 민감한 음핵은 간접적으로만 자극을 받게 되므로 자극효과가 현저히 감소된다. 따라서 남성은 성기를 결합해도 "나는 음핵과 성교를 하고 있는 것이다"라고 자신을 타이르지 않으면 안 된다. 남성의 90%이상이 성행위란 음경을 질 내에 삽입하는 것이라고 생각하지만 이는 남성의 성에 대한 무지에서 오는 충동적인 행위이다. 성행위에 있어서 성기의 결합보다도 흥분기에 있어서의 풍부하고 변화있는 전희가 오르가슴의 높이와 질을 결정한다. 여성에게 있어서 성행위를 하는 것은 질이 아니고 음핵이며, 성행위는 전희를 서로 풍부하게 즐기는 일로서 삽입결합이 성교의 전부가 아니라는 인식이 무엇보다 중요하다. 이것이 오늘날에 있어서의 성교에 대한 인식이고 보는 관점이다.

제6장 성교

모든 생물은 종족보존을 위하여 수만 년, 수억 년 동안 종 특이적으로 진화되어온 방법을 이용하여 생식해왔다. 인간도 생존을 위하여 예외 없이 남성과 여성은 성교(coitus)를 하지 않으면 안 된다. 성교는 다분히 인간의 행위 중에서 최고의 쾌락을 주는 잠재력을 가지고 있다. 성적욕구는 생물학적 요인에 의하여 영향을 받으며 그래서 사람은 성에서 최고의 쾌락을 갈구하게 되고 성 상대에게도 최상의 쾌락을 주려고 한다. 이러한 한없는 즐거움을 실현하기 위해서는 성적유발과 성 기교에 관한 학습과 이해가 필요하게 된다. 성은 인간의 총체와 복잡하게 얽혀있기 때문에 우리들의 문화적 도덕적 기준과 인격 등은 성에 영향을 미친다. 과거에 이 규범들은 어떤 형의 성행위는 부도덕하고 죄악이라고 믿도록 유도하였다. 이 같은 태도는 많은 형태의 성행동을 법으로 금지시켰다. 현재에도 많은 남녀쌍이 성 기교의 범위에 제한을 받고 있는데 이는 그것이 부도덕하다는 생각 때문이다. 그러나 대다수의 성전문가는 성행위에 관해 자유로이 느끼고 행한다는 것은 나쁜 것이 아니라고 말한다. 두 남녀가 동의하고 타인의 권리를 침해하지 않는 한 두 사람이 성을 자유롭게 즐긴다는 것은 원초적인 것으로서 도덕 또는 부도덕과는 무관하다는 것이다.

성행위의 정상적인 기준

인간집단은 태고로부터 지역에 따라 또 시대를 달리하여 각각 다른 문화를 만들어 왔다. 이 문화에는 항상 어떤 형태로든 인간의 성이 결부되어왔다. 원시시대에 인간의 조상이 지구상에 모습을 처음 나타냈을 때에는 성은 오로지 종족의 보존에만 매여 있었다. 그러나 인간에게 생각하는 힘이 생겨나면서 인간집단은 종의 보존과는 별도로 그들의 의식 속에 쾌락을 위한 성이 폭넓게 자리 잡게 되었다. 이에 따라 인간은 성문제를 공개적으로 이야기하는 것을 금기시하고 역사적으로 인류는 성에 대한 편견을 가지고 성행위를 억압해왔다. 그로 인해 인간은 많은 불행을 체험해왔고 지금도 그 상황은 그다지 변하지 않고 있다. 우리들은 자위행위를 해서는 안 된다는 문화의 영향에 피해를 입고 있다. 깊이 뿌리박힌 이 편견은 바른 성생활을 오도한다. 자위행위는 마르지 않는 쾌감의 원천으로 특히 여성에 있어서는 쉽게 오르가슴을 얻게 하는 지극히 정상적인 성행위인 것이다.

성은 자연스럽고 인간적인 행위이다. 이제 섹스는 밀실의 극비상황이 아니라 성에 관한 정보는 온갖 매체를 통해 흘러나오고 있어서 사람들의 머릿속은 섹스에 관한 정보가 넘쳐흐를 만큼 꽉 차있다. 따라서 이제 거짓된 성과 잘못된 굴레를 씌운 채 성을 여전히 금기의 대상으로 삼고 성을 밀실에서의 금지된 장난으로 무책임하게 방치할 수는 없게 된 것이다.

자위행위

자위행위(masturbation)는 수 세기에 걸쳐 세계의 여러 나라에서 부정적으로 인식되어왔다. 희랍의 의사 히포크라테스는 섹스에 너무 탐닉하면 건강에 유해하다고 믿었다. 자위행위는 유해하다는 믿음이 널리 받아들여졌기 때문에 19세기에 청소년들의 자위행위를 억제할 목적으로 정조대를 비롯하여 자위행위띠와 같은 장치가 개발되었다. 이 장치의 일부는 매우 잔인한 것이었다. 그러나 최근에는 자위행위가 특별한 신체적 손상을 유발하지 않는다는 사실이 정설로 받아들여지고 있으며, 타인에게 해를 끼치지 않으면서 자신의 성적욕구를 해소할 수 있는 매우 유용한 성행위라는 인식이 일반화되게 되었다. 최근까지도 자위행위에 대한 사회적 인식이 상당히 부정적이기 때문에 많은 사람들은 극히 소수만이 자위행위를 할 것이라고 생각하였으나 킨제이보고서(1948, 1953)에 의하면 20세 이전 남성의 92%가 자위행위를 경험하였으며 여성에 있어서도 1/3은 20세 이전에, 다른 1/3은 40세 이전(총 62%)에 자위행위를 경험한 것으로 조사되었다. 라우만 등(1994)은 60세 이하의 미국인에 대한 조사에서 남성의 63%, 여성의 42%가 조사전년도에 자위행위를 했다는 것을 발견했다. 킨제이그룹과 라우만 등은 교육수준이 높을수록 자위행위의 빈도가 높다는 것을 확인하였다.

자위행위의 방법

자위행위를 하는 방법은 사람에 따라 다르나 여성의 경우는 남성보다 훨씬 다양하다. 거의 대부분의 남성은 한손으로 음경을 움켜 쥔 채 음경귀두와 몸통을 위아래로 리드미컬하게 내려친다. 그들이 음경을 자극하는 빈도, 리듬과 적용되는 압력에는 차이가 있지만 일반적으로 자극하는 방법은 유사하다. 많은 남성은 그들의 고환과 몸의 다른 부위를 동시에 자극하기도 한다. 성적흥분(각성)을 강화하기 위하여 많은 남성은 자위행위를 하면서 성적환상이나 성적으로 노골적인 그림과 영상을 보기도 한다.

자위행위를 하는 대부분의 여성은 음핵, 소음순과 외음부전체를 자극한다. 약 20%의 여성은 자위행위를 하는 동안 손가락이나 다른 물체를 그들의 질 내에 삽입한다. 여성의 자위방법은 다양하다. 많은 여성은 등을 바닥에 대고 반듯이 누어서 자위를 하는 것을 선호하지만 일부는 엎드린 자세를 좋아한다. 일부여성은 한 손가락을 사용하지만 어떤 여성은 그들의 손 전체를 사용하여 보다 넓은 부위를 자극하기도 한다. 킨제이그룹(1953)은 여성의 약 11%가 자위하는 동안 그들의 유방을 자극하며 소수(약 2%)는 진동기(vibrator)나 대용남근(dildo)을 사용한다는 것을 알았다. 남성과 마찬가지로 대부분의 여성도 자위행위를 하는 동안 성적환상을 활용하여 그들의 각성을 강화한다.

자위행위의 기능

자위행위를 하는 이유는 아주 단순이 그 행위를 통해 좋은 느낌을 얻기 때문이다. 성기에는 많은 신경종말이 집중되어있어서 접촉에 매우 민감하다. 유아들은 신체적인 쾌감 때문에 자주 그들의 성기를 만진다. 그러나 10대 초기에는 쾌감을 얻기 위해서 성기를 접촉할 뿐만 아니라 흔히 에로틱한 상상을 통한 정신적인 자극도 수반한다. 자위행위는 파트너가 여의치 않을 때 성적욕구를 해소하는데 유용하지만 파트너가 있는 경우에도 반드시 억제할 필요는 없다. 야누스 등(Janus and Janus, 1993)은 남성의 66%, 여성의 67%가 자위행위는 생활의 자연스러운 부분이며 결혼 후에도 계속할 수 있다는데 동의하였다고 보고하였다. 사실 라우만 등(Laumann et al., 1994)은 성적파트너를 가진 젊은 사람들이 홀로 사는 사람들보다 자위행위의 빈도가 높으며, 성관계를 많이 하는 사람일수록 남녀모두 자위행위도 더 많이 한다고 보고하였다. 말하자면 자위행위는 성적으로 활성적인 생활형태의 반영이며 결여된 성생활의 배출구는 아니라는 것이다. 파트너가 있는 사람들이 자위행위를 하는 이유는 자위행위가 직접적인 성관계보다 성적만족을 더 주는 것은 아니지만 성교와는 또 다른 성적경험이 되기 때문이다. 킨제이그룹(1953)은 죄의식 없이 자위행위로 오르가슴에 이르는 여성은 파트너와의 섹스를 즐기는데 어려움이 적다는 것을 발견하였다. 보다 최근의 연구에서 청소년기 중의 자위행위는 성인이 된 후의 성적조정에 유해하지 않을 뿐더러 결혼 중의 자위행위는 도리어 성적만족도를 증가시킨다고 보고하였다. 오늘날 많은 성치료사들은 여성의 오르가슴부전이나 남성의 심각한 사정조절을 치료하기 위해 자위행위를 이용한다. 이와 같이 한때 금기였던 자위행위는 이제 성치료의 부분으로서 사용되고 있다. 요는 자위행위에 대한 욕망을 가진 사람은 죄의식을 느끼거나 건강에 대한 염려 없이 자위행위를 행하는 것이 욕망을 억제하는 것보다 건강에 유익하다는 것이다.

성적환상

거의 모든 사람들은 때때로 성적환상(sexual fantasies)을 경험한다. 때로 환상은 특별한 사람과의 로맨틱한 사랑의 뜨거운 명상일 수 있고, 흔히 매우 성적으로 노골적인 환상일 수도 있다. 대부분의 남성은 여성보다 자주 섹스에 관해 생각하지만 여성의 대다수는 성적환상을 갖는다. 사실 90%이상의 여성이 성적환상을 경험했던 걸로 보고되었다(Leitenberg & Henning, 1995). 여성의 성적환상은 보다 로맨틱하고 감성적인데 비해 남성의 환상은 보다 노골적이고 시각적인 형상을 띠며, 개인의 성적환상의 빈도, 길이와 노골성은 개개인의 성적경험의 수준에 따라 달라진다.

성적환상은 때와 장소를 가리지 않고 일어날 수 있다. 길가면서, 버스나 지하철에서, 학교나 직장에서, 심지어 교회나 사찰에서도 성적환상을 하기도 한다. 성교 중의 가장 일반적인 환상의 하나는 자신의 성적파트너가 아닌 다른 누구와의 성관계를 상상하는 대체환상이다. 어떤 사람은 성관계를 하면서 파트너 모르게 다른 사람과의 성에 대한 환상을 갖는 것에 대하여 죄의식을 강하게 느끼지만, 이러한 환상은 매우 일반적이어서 파트너 역시 유사한 성적환상을 한다는 사실을 안다면 그러한 죄의식에서 벗어날 수 있을 것이다. 환상의 대상은 친구, 이웃, 과거의 연인일 수도 있고 영화배우나 음악가와 같은 유명한 연예인일 수도 있다. 자신의 파트너와 환상을 함께 나누는 것은 어떤 경우에는 친밀과 성적흥미를 강화할 수도 있으나 한편 질투와 자기회의로 유도될 수도 있다. 성적환상에 대한 프라이버시를 위해서 커플 간에도 서로의 성적환상에 대하여 추궁하지 않고 그들의 환상을 사적으로 간직하는 것이 좋다.

성적환상의 특수내용은 거의 무한하지만 환상을 4범주로 분류할 수 있다. (1) 탐험적 환상(그룹섹스와 같은 이전에 결코 시도한 일이 없었던 행동의 실험), (2) 친교적 환상(아는 파트너와의 성적관계), (3) 비개인적 환상(낯선 사람과의 섹스나 다른 사람의 성행위를 지켜보는 관음증, 또는 배물성애), (4) 지배-복종적 환상 등이다. 남성과 여성은 모두 현 파트너나 과거의 파트너 또는 상상의 파트너와의 친밀한 성적환상이 가장 일반적이다. 대체로 남성은 지배적인 환상을, 여성은 복종적인 환상을 하는 것이 일반적이라고 생각하지만, 힘에 압도되거나 강제로 섹스를 갖는 복종적인 환상은 남성은 물론 여성에서도 드문 일이다.

대다수의 남성과 여성은 또 돌연한, 본의 아닌, 원치 않는 성적환상을 경험한다. 그리나 우리들이 경험하는 부정적인 환상은 성적불행이나 개성과 심리적인 문제를 나타내는 것은 아니다. 사실 성적환상은 성적문제가 거의 없는 사람들에서 가장 일반적이다. 대부분의 성치료사들은 성적환상에 의해서 성적문제를 유발하는 경우는 거의 없으며, 성적건강을 위해 즐겁고 긍정적인 것으로 본다. 성적환상을 한다는 것은 사람들이 실생활에서 그것을 체험하려고 원한다는 것을 뜻하는 것은 아니며 그저 일반적으로 사람들에게 불가능하거나 경험하지 못했던 것들에 대한 호기심을 충족시켜줄 기회를 제공할 뿐이다. 환상은 또 생각을 위해 안전하고 사적인 배출구를 마련한다. 우리들은 우리들의 환상의 연속적인 사건들을 전부 제어하기 때문에 이러한 환상은 실생활에서 좀처럼 일어나지 않으므로 실제로 성적환상은 무해하다. 이처럼 성적환상은 대체로 긍정적인 것인데 환상하는 사람의 1/4은 그것에 대해 죄의식을 느끼지만 성적환상은 대다수의 사람들이 경험하는 것이며 따라서 그들의 행위는 정상행위의 법주에 있는 것이다.

전희의 시작

남성의 경우 성교는 다분히 즉흥적이어서 여성의 나체를 보거나 향수냄새를 맡는 것만으로도 강한 성적욕망으로 충만 되지만 여성은 성에 대한 심리적인 저항감이 강함으로 분위기가 높아지고 키스와 전신에 애무를 받게 되는 과정을 밟지 않으면 성적으로 응하기가 어렵다. 갑자기 밀어 쓰러뜨려서는 분위기가 깨져서 여성의 성적욕망자체가 사라져버린다. 여성의 기분을 높여 수치심을 제거하는 일이 무엇보다 중요하다. 이를 위하여 전희(前戱, foreplay)가 필요한 것이다. 키스를 하고 포옹을 하면 여성의 수치심은 점차 해소된다. 그런 분위기에 젖게 되면 여성은 스스로 포옹을 구하고 몸을 밀착해 온다. 이런 분위기에서 농후한 키스를 교환하고 온몸을 애무하게 되면 여성의 부끄러움은 점차 살아지고 긴장도 풀리게 된다.

성감이라는 것은 촉각에의 자극이 대뇌피질에 전달되고 그것이 쾌감으로 전환되는 것이므로 여성 쪽에서 받아드릴 자세가 되어 있지 않으면 촉각이 쾌감으로 전환되지 않는다. 또한 너무 강하게 자극하면 대뇌피질이 쾌감으로서가 아니라 통증으로 받아들인다. 여성이 자위행위를 할 때 음핵에 직접 접촉하는 일은 드물며 소음순으로 싸듯이 리드미컬하게 자극하는 것이 대부분이다. 자위행위마저 그러하거늘 남성이 여성의 음핵을 애무할 때는 부드럽게 접촉하는 것이 원칙이다. 쾌감을 느끼는 자극의 정도는 여성에 따라 상당히 개인차가 있다. 가령 자위 등으로 항상 음핵을 강하게 문지르는 습관이 있는 여성이면 자극에 대한 반응역치가

그림 6-1

전희.
전희는 성교를 시작하기 위한 준비활동이다. 여성은 생리적인 이유 때문에 전희에 의하여 수치심과 심리적인 억제가 해제되고 자아가 붕괴되어야 섹스에 몰두할 수 있다. 여성은 성적분위기에 젖게되면 스스로 포옹을 구하고 몸을 밀착해온다. 성급한 성기삽입을 자제하고 참을성 있게 다양한 기법으로 여성의 성적각성을 높여주는 것이 중요하다.

높을 것이므로 약간 강하게 접촉해도 쾌감을 느낄 것이나 음핵을 그다지 자극한 일이 없는 10대여성의 경우는 약간 접촉한 것만으로도 쾌감을 지나 고통으로 받아드릴 것이다. 요는 여성 성기에의 접촉은 상대여성의 역치의 높이를 알고 그것에 맞추어 자극한다는 것이 무엇보다 중요하다.

섹스에서 민감하게 반응하고 엑스터시(ecstasy)를 얻기 쉬운 여성은 피부감각이 발달되어 있다. 이 피부감각 중에서도 촉각과 압각이 성감에 가장 밀접한 관계를 갖는다. 여성은 전신이 성감대임으로 부드럽고 다정하게 온몸을 애무하고 국부가 충분히 젖게 될 때까지 자극을 지속할 필요가 있다. 이러한 애무를 반복하고 있으면 남녀의 성감은 함께 높아져간다. 성감대의 연락의 주역은 미주신경이다. 이 미주신경은 여성의 음순동맥을 따라 대음순과 소음순의 경계에 있는 음순사이고랑에 집중되어 있음으로 여성 성기를 자극할 때 이 부위를 정성들여 접촉하면 여성의 흥분은 극도로 높아진다. 남성은 음경을 여성 성기에 너무 쉽게 삽입하는 경향이 있는데 삽입하고 싶은 욕망을 억제하고 음경으로 샅부위(會陰部)에서 질어귀(膣前庭)와 황금의 삼각지대(음핵, 소음순, 질)에 걸쳐 누르듯이 정성들여 애무하면 바위가 무너져 내리듯이 여성에게 엄청난 반응을 불러일으키게 된다.

남성은 음경을 성급하게 여성 성기에 삽입하지 말고 참을성 있게 다양한 기법을 구사하여 여성을 애태우고 기대감에 각성을 높여주는 것이 중요하다. 삽입에 의한 격렬한 자극을 주기 전에 전희에 의해 여성을 절정으로 유도해 두는 것이 여성에게 말할 수 없는 쾌감을 선물하게 될 것은 의심할 여지가 없다. 성교를 하는 이상 여성에게 깊은 즐거움을 주는 것이 남성의 의무이다. 무엇보다 먼저 여성의 흥분정도를 면밀히 관찰하여 오르가슴으로 유도할 수 있도록 충분히 대처하는 것이 바람직하다.

삽입시기

음경의 질 내 삽입 시기는 언제가 좋은가 하는 문제는 쉬운 일이 아니다. 여성이 키스와 애무 등을 받아들이고 있어도 마음속은 냉랭할 때도 있다. 요는 여성이 삽입을 원하고 있는지 아닌지를 정확하게 판단할 필요가 있다. 매스터스와 존슨은 성반응주기 중의 성기의 반응과 성기이외의 반응으로 나누어서 관찰하였다. 성기이외의 반응으로서는 얼굴의 홍조, 유방과 젖꼭지의 변화, 호흡, 맥박, 혈압 등의 변화에 관해 상세히 관찰하고 있다. 귀는 빨개지고 뜨거워지며 유방은 손바닥에 꽉 찰 정도로 부풀어 오른다. 목을 움직이고 양다리는 떨며 욕정으로 흐트러져 남성의 몸으로 다가온다. 몸을 남성의 몸에 밀착시켜 두 다리를 뻗는 것은 온몸의 성감대를 강하게 자극하여 특히 음핵에 자극을 받아서 한층 깊은 쾌감에 도취하고 싶어서이다. 남성은 여성에게 충분한 전희를 행하여 음경의 삽입을 애원할 수 있도록 유도해야한다. 여성이 옷을 벗은 순간에 성급하게 음경을 삽입하는 것 같은 무모한 짓은 결코 해서는 안 된다. 삽입에 앞서 음경을 재치 있게 이용하여 여성을 애태우고 참기 어려운 상태까지 흥분을 끌어올려야한다.

이처럼 여성이 오르가슴에 이르게 될 단계에 이르렀을 때 음경을 삽입하면 여성도 깊은 만족감에 젖어들게 된다. 먼저 여성이 성적각성을 느껴 볼이 홍조를 띠게 되면 음경을 여성 성기에 밀착시켜 배꼽 쪽으로 수직으로 세워서 여성성기의 갈림부분(음열)을 따라 갖다 댄다. 이렇게 하면 음경귀두가 음핵에 닿는 형태가 되어 여성은 미묘한 자극을 받게 된다. 또한 언제 삽입하는가 하는 기대감이 증가되고 애태우기 효과가 생겨 흥분은 한층 고조된다. 다음에 유방이 팽창하고 코 등에 땀이 맺히면 음경을 드디어 삽입하게 되는데 이 단계가 되면 여성도 받아들일 준비가 되어 있음으로 삽입으로 여성이 통증을 느끼는 일은 없다. 여성의 흥분이 더욱 고조되어 목이 마르고 침을 삼킬 단계가 되어 비로소 성교운동을 시작한다. 이 단계에서는 여성이 남성에게 달라붙게 되는데 이것은 여성이 보다 강렬한 자극을 원하는 신호이다. 이러한 사인을 여성이 나타낼 때까지 음경을 움직이지 않고 애태우게 하여 참을 수 없는 상태까지 가서 성교운동에 들어간다.

여성의 쾌감이 높아오면 남성보다 능동적으로 움직임을 보여 음경에 의한 질에의 보다 강한 자극을 구하게 된다. 남성이 움직임을 최소한으로 줄이면 여성 스스로 움직여 자극을 구하게 된다. 이때 남성이 다소의 피스톤운동을 시작하면 여성은 쾌감에 취해 황홀한 표정을 짓고 고민에 가까운 얼굴로 몸을 비틀기도 하고 희열감에서 내는 즐거운 신음소리 등은 남성을 심리적으로 자극한다. 여성의 각성이 한층 높아지고 윤활액의 분비가 왕성해져 음부가 촉촉이 젖은 상태가 되면 음경을 더욱 깊이 삽입한다. 윤활액이 질 안을 충분히 적신 상태라는 것은 여성이 오르가슴 직전까지 와있다는 것임으로 이 단계에서 자궁을 질러 올리듯이 음경을 힘차게 밀어붙이면 여성은 절정에 이르게 될 것이다.

성교운동

남성은 음경을 삽입한 즉시 깊고 격렬한 성교운동(coital movement)을 해서 여성을 정복하고 싶어 한다. 그러나 여성은 아직 받아들일 준비가 되어 있지 않은 경우가 많다. 그러한 단계에서 억지로 삽입해서 격렬하게 움직이면 질벽에 손상을 줄 수도 있고 여성에게 고통을 안겨주기 쉽다. 여성을 제압하려면 먼저 여성의 몸과 마음을 편안하게 하고 충분히 흥분하고 난 연후에 뜸을 들여 음경을 서서히 삽입해야한다. 성적자극으로 여성의 흥분이 고조되어 흥분지속기에 들게 되면 자궁은 치켜 올라가고 질 내부는 확장되는데 이 단계에서 음경을 천천히 1, 2, 3,.......9로 조금씩 찌르듯이 9회에 걸쳐 점차적으로 삽입해간다. 자궁경질부(子宮頸膣部)에 부딪히면 다시 빼내어 왕복운동을 천천히 시작한다. 한꺼번에 깊이 삽입하는 것이 아니라 조금씩 시간을 들여서 천천히 삽입한다. 삽입 후에도 곧바로 깊은 곳에 피스톤운동을 하는 것이 아니라 성교운동은 어디까지나 천천히 부드럽게 시간을 들여서 차분히

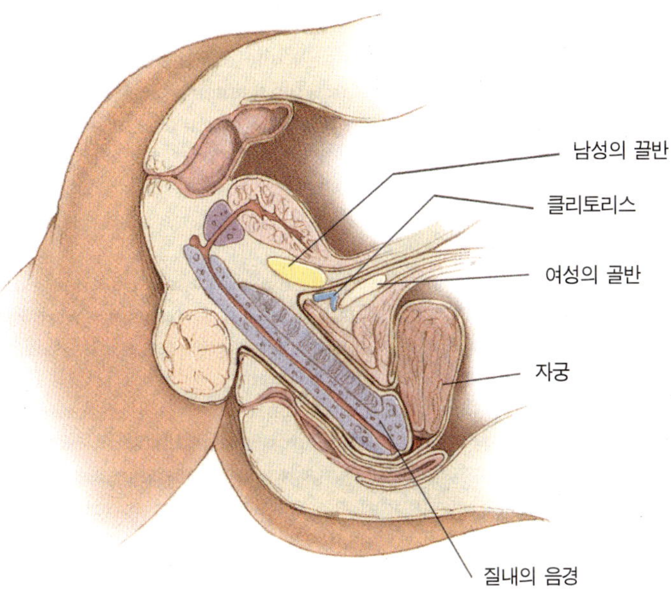

그림 6-2

성교조정기술.
남성은 정상위로 그의 온몸을 앞쪽으로 움직이므로써 골반을 밀어붙이는 동안 그의 음경끝은 파트너의 클리토리스를 보다 직접적으로 자극하게 된다.

행하는 것이 원칙이다.

여성의 음부가 충분히 젖어왔다고 해서 일방적으로 격렬한 성교운동을 해도 되느냐하면 그렇지 않다. 그 같은 난폭한 성교운동은 여성에게 육체적인 고통을 주며 이제까지 성에 몰두해 있던 마음을 흩트리고 성감의 높이에 찬물을 끼얹게 된다. 성교운동의 기본은 가능한 한 부드럽고 천천히 움직이는 것이다. 여성에게 불필요한 고통을 주지 않고 여성 스스로 성감의 높이를 음미하도록 해주는 것이 중요하다. 여성은 일반적으로 오르가슴에 이르는 데는 남성보다 시간이 더 오래 걸리기 때문에 남성은 발기는 유지하되 사정에 이르지 않을 정도의 높이로 흥분을 조절 유지할 수 있어야한다. 그러기 위해서는 음경은 얕게 삽입하여 되도록 천천히 움직여 드나드는 횟수를 적게 해야 한다. 성교운동을 빨리 하게 되면 분명히 단위시간당의 자극양은 많아져서 음경은 보다 강한 자극을 받게 되지만 그래서는 남성이 먼저 정점에 도달하여 여성이 오르가슴에 이르기 전에 사정해버릴 위험성이 높다. 그래서 천천히 자극을 적게 받도록 움직이라는 것이다. 만약 사정직전에 와있거든 운동을 멈춘다. 그러면 고비를 넘길 수 있다. 그러고 나서 다시 천천히 시작한다. 이렇게 함으로써 남성은 흥분을 조절할 수 있고 폭주의 위험성도 줄어든다.

여성의 성기에 대한 전희와 애무는 충분히 시간을 들여 참을성 있게 행해야하지만 전희를 충분히 행하여도 삽입 후의 성교운동이 단조로워서는 별 효과가 없다. 음경은 얕게 삽입하여 먼저 여성성기의 입구근처를 중점적으로 자극해 주고 그런 다음 점차적으로 깊이 삽입해야한다. 깊은 삽입과 격렬한 성교운동은 일견 여성을 만족시킬 것 같지만, 성기의 자극이라고 하는 관점에서 보면 그다지 의미가 없다. 그것은 G스팟과 자궁경부, 질 바깥 3분의1을 제외하고 질 안쪽은 감각기능이 낮기 때문이다. 남성은 아무리 깊게 삽입해도 음경에 강한 자극을 얻을 수 없다. 그것은 성교중의 여성이 흥분하면 텐트효과(tenting effect)로 자궁이 들려 올려져 질 안이 확장되어 음경을 물리적으로 자극하기가 거의 불가능하게 되기 때문이다. 음경이 자극을 느끼는 것은 질입구(질구, 膣口) 근처이다. 삽입 시에는 소음순이 팽창하여 음경에 달라붙어 접촉 면적이 커지므로 성적으로 민감한 음경귀두가 질구근처에 머무는 것이 쾌감을 얻기가 쉬워진다.

깊은 삽입이 반드시 강한 자극으로 연결되지 않

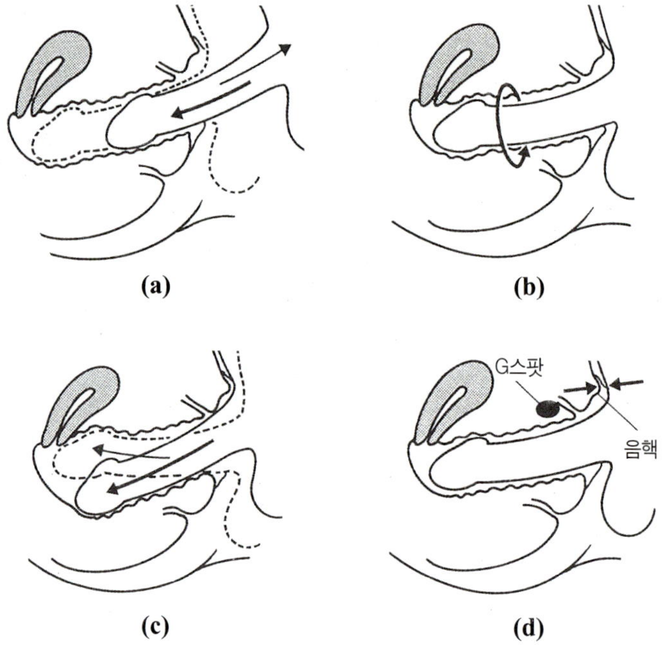

그림 6-3

성교운동의 변화.
(a) **전후운동(피스톤운동).** 전후운동은 단조로워지기 쉬우므로 강약의 리듬을 붙이는 것이 좋다. 격렬한 피스톤운동은 오가슴에 이르는 직전까지는 금물이다.
(b) **회전운동.** 질구멍을 기점으로 하여 허리를 움직여 음경이 원을 그리며 질벽을 문지른다.
(c) **빗운동.** 경사진 성교운동은 질입구에의 자극이 강하고 질 속의 자극 부분도 변하기 때문에 남녀 모두 성감을 높이기 쉽다.
(d) **압박운동.** 마주본 체위에서 깊게 결합한체 두덩뼈를 밀어 붙인다. 남성과 여성의 두덩뼈에 끼여 클리토리스에 강한 자극이 전달된다.

는 것은 여성 쪽도 마찬가지이다. 여성의 경우 성적 자극을 특히 강하게 느끼는 부위는 음핵과 소음순에 집중되어 있다. 그러므로 여성은 질 깊숙한 곳이 압박되는 것보다 질구근처가 압박되는 쪽이 강한 쾌감과 연결된다. 따라서 음경을 깊이 삽입해서 자극할 것이 아니라 10회 중 9회까지는 천천히 음경귀두로 질구근처를 자극하면 여성의 성감은 높아진다. 그렇다고 해서 질구근처에서의 자극만으로 여성이 충족하느냐하면 그렇지 않다. 여성은 심리적으로 보다 깊은 삽입에의 기대감이 크므로 8회 얕고 2회 깊게(8천2심) 또는 9회 얕고 1회 깊은(9천1심) 기법으로 깊은 삽입을 지연시켜 애태우게 하는 것이 효과적이다. 8천2심이나 9천1심의 기법이란 얕게 삽입하는 횟수를 많게 하고 깊게 삽입하는 횟수를 적게 하는 자극방법이다. 이렇게 함으로써 여성은 삽입에의 충족감이 강조되어 한층 강한 자극을 얻게 된다. 이 방법을 이용하면 같은 한 번 찌르는 것이라도 그 효과는 몇 배로 커진다.

남성은 다양한 성교운동으로 변화를 주면서 여성을 절정으로 유도하는 한편 여성의 표정, 괴성 등 몸의 움직임에서도 쾌감의 정도를 읽을 수 있어야 한다. 성교는 남녀의 대화임으로 남성은 성교운동에 있어서 삽입초기단계에서는 9천1심의 리드미컬한 자극으로 충분히 흥분을 높인 후 여성이 절정에 가까워지고 있다고 판단되면 즉시 다이내믹하게 에너지를 폭발시킨다. 남성이 이 시점까지 지속하기 위해서는 남성 쪽이 여성의 성감의 높이에 맞추어서 리드미컬하게 재치 있는 변화를 구사할 필요가 있다. 오르가슴에 이른 여성은 흔히 몸을 옆으로 움직여서 질의 좌우의 벽에 강한 자극을 구하게 되는데, 이때 남성은 이에 대해 최대한의 힘찬 성교운동으로 응해주면 여성은 깊은 황홀감에 도취하게 될 것이다.

음경을 깊이 삽입하여 여성이 정점에 도달한 후에도 음경을 뽑지 않고 천천히 성교운동을 하게 되면 여성은 신음소리를 내고 오르가슴상태를 지속한다. 그 후도 9천1심의 방법으로 변화를 주어 음경의 움직임을 지속하면 여성은 몇 번이고 오르가슴에 이른다. 이처럼 여성을 몇 번이고 오르가슴으로 유도할 테크닉과 체력을 갖추고 있으면 남성은 여성을 육체적으로나 정신적으로 사로잡을 수가 있다.

사정제어

남성에 있어서는 음경의 지구력이 큰 과제이다. 아무리 전희의 기법이 뛰어나더라도 여성이 오르가슴에 이르기 전에 사정하여 위축해 버린다면 여성에게 만족은커녕 실망만 안겨주게 된다. 점차 성감이 정점에 이르러 사정에 가까워진다고 느껴지면 관심을 여성에게서 다른 곳으로 옮기고 복식호흡으로 호흡을 조정하도록 노력한다. 원래 성행위를 지배하고 있는 것은 대뇌변연계이며 이 부위는 척수와 직결되어 있어서 음경의 발기와 사정을 주관한다. 이에 대하여 발기된 음경을 위축시키고 사정을 중단하게 하는 부위는 대뇌신피질이다. 머리를 들고 정신을 차리고 복식호흡으로 숨을 조정하고 음경의 움직임을 줄이게 하는 행동은 대뇌의 신피질을 의도적으로 작동시켜 사정을 일시적으로 제어하게 한다.

성교 중에 사정불가피성(정루기오르가슴)에 접근하면 성교운동을 멈추거나 급히 왼손의 집게손가락과 가운데손가락으로 음낭과 항문 사이에 있는 바깥전립선스팟(external prostate spot)부위를 압박하고 숨을 길게 내쉬고 동시에 이를 악물고 아랫배에 힘을 준다. 사정과 깊은 관계를 갖는 전립선을 압박하는 것은 사정을 제어하는데 있어 상당히 유효한 방법이다. 이 경우 어디까지나 부드럽게 압박하여 전립선에서 분비되는 정액의 선도체(전립선액)의 방출을 막고 그 결과 사정을 중단시키게 된다. 그와 동시에 이 자극은 남성의 주의력을 깊은 내적감각으로 옮기게 함으로 성적각성이 증가하는 동안 사정불가피성감각(sensation of ejaculatory inevitability)을 분산시킨다. 다만 이 방법은 어디까지나 사정을 일시적으로 연장하는 것이므로 결코 사정을 완전히 막지는 못한다. 또한 음낭을 엄지손가락과 집게손가락으로 고리를 만들어 쥐고 신속하고 단단히 짧게 아래로 잡아당기면 사정의 긴급성을 저하시킬 수 있다.

사정빈도

원래 정액은 한정된 것이 아니라 계속 생산됨으로 거의 무한에 가까운 것이다. 돈에 비유하면 정액은 저축해서는 안 되는 것이다. 한편 고환에서 형성되는 정자는 하루에 약 5000만에서 1억 개가 생산되므로 적당히 사정하지 않으면 정낭 속에서 젤리모양이 되어 때로 몽정이란 형태로 방출되거나 시일이 오래 경과하면 변성되어 큰 포식세포(macrophage, 대식세포) 등에 의하여 흡수 처리된다. 그러므로 정액은 아낌없이 방출하는 것으로써 보다 효율적으로 성교 횟수를 조정하여 적절히 방출하는 것이 바람직하다. 즉 정자형성기능을 유지하기 위해서는 적당한 정액의 방출은 불가피한 것이다. 따라서 사정을 지나치게 억제하는 것은 성적능력을 저하시키는 결과를 가져올 수도 있다.

분명히 남성에게 있어서 지나친 성교는 체력이 소모되는 행위이고 과도한 성행위는 건강을 해칠 수도 있다. 남성은 사정을 하면 심장과 맥관계통에 부담이 되어 혈압이 상승한다. 극도로 사정빈도를 높이면 점차 본태성의 고혈압이 될 가능성도 있다. 이렇게 되면 사정에 의하여 뇌일혈과 심근경색으로 인한 복상사의 위험성마저 생길 수 있다. 어느 연령층에 있어서도 욕망대로의 과도한 사정을 행하는 것은 건강관리의 측면에서 역시 유의할 필요가 있다. 일반적으로 매일 몇 차례나 사정을 계속 행하고 있으면 사정양도 점차 줄어든다. 신혼 1개월쯤이나 지나면 벌써 성행동이 지겹다는 사람도 있으나 그것은 매일 사정하고 있기 때문에 정자생산이 따라갈 수 없어 생리적으로 성적만족을 얻기 어려워지는 데에도 그 원인이 있다. 따라서 사정은 어디까지나 중용이 중요하다고 할 수 있다.

후희

후희(後戱, afterplay)는 성교과정에서 가장 경시되는 부분이다. 문제는 특히 남성 쪽이 후희에 관한 이해가 없다는 것이 가장 큰 장애물이다. 어떻게 후희를 해야 할지 모르는 것도 문제이지만 더 큰 문제는 대부분의 남성이 시도조차 해보지 않는다는데 있다. 성행위 중에서 여성들이 가장 좋아하는 것 중의 하나는 오르가슴에 도달한 후 20분간 정도의 후흥분지속기와 해소기 중에 사랑하는 남성에게 안겨서 조용히 행복을 느끼는 때라고 한다. 남성이 정말 멋진 연인이 되고 싶다면 그리고 그녀를 정말 사랑한다는 것을 보여주고 싶다면 후희를 알아두는 것은 무엇보다 중요하다.

매스터스와 존슨은 성교 중에 일어나는 다양한 신체적 반응을 관찰하였는데 여러 기지 알아낸 사실중의 하나는 여성이 남성보다 오르가슴에 도달하였다가 내려오는데 시간이 더 걸린다는 것이다. 남자는 오르가슴에 이른 뒤 성기가 빨리 위축될 뿐 아니라 심장박동이나 흥분 등 다른 신체적 현상도 급속히 감퇴하는데 비하여 여성은 남성보다 성적으로 흥분하는데 시간이 더 걸리는 것과 마찬가지로 오르가슴에서 내려오는 데에도 더 많은 시간이 필요하다는 것을 알았다. 그런데 남성이 성교를 마치자마자 샤워를 하러 가거나 옆으로 누어 바로 잠들게 된다면 여성은 혼자서 그 흥분에서 내려와야 하기 때문에 여성은 뭔가 덜 충족된 듯한 느낌을 갖게 된다. 이것은 깨어있는 남성의 팔에 안겨서 서서히 내려오는 것보다는 훨씬 쓸쓸하고 허전한 일이 될 것이다.

후희는 마치 스포츠를 마친 후 잠깐 몸을 풀듯이 성행위 후에 가볍게 몸을 푸는 것이다. 후희에 관한 어떤 엄격한 규정이 있는 것은 아니지만 여성이 오르가슴을 느낀 후 잠시 시간을 내서 가능하면 10분 내지 20분 동안 여의치 못하다면 다만 몇 분 동안이라도 음경을 삽입한 채로 그녀를 포옹하고 부드럽게 애무해주는 것으로 충분하다. 여성은 이러한 아늑한 느낌을 갖기를 소망한다. 남성은 이러한 욕구를 충분히 이해하고 그 소망에 응하도록 최선의 노력을 기울인다면 그녀에게 더 큰 만족과 행복을 선물할 뿐만 아니라 남성자신도 더 멋진 성생활의 보람을 얻게 될 것이다.

그림 6-4

후희.
여성은 남성보다 오가슴에 도달하였다가 내려오는데 시간이 걸린다. 오가슴이 끝난 후 흥분지속기와 해소기 중에 여성을 포옹하고 부드럽게 애무해주면 그녀는 흐뭇한 행복에 젖는다.

성교체위

오르가슴에 이르는 것이 성교의 목표이기는 하지만 그 목표에 도달하는 방법 역시 흥미로운 일이 아닐 수 없다. 성교체위(coital position)는 수 백 가지로 다양하지만 성행위에 의하여 선택되는 체위는 여러 가지 조건에 따라 정해진다. 어떤 체위는 남자의 움직임을 조절하기 쉽게 하며, 다른 체위는 여성이 그녀의 움직임과 자극을 보다 잘 조절할 수 있게 한다. 또 다른 체위는 커플을 위하여 보다 제어할 수 있게 만들어 서로의 움직임을 조정하게 하고 보다 동등하게 움직임을 제어할 수 있게 한다.

일반적으로 성교체위는 남성상위, 여성상위, 등뒤체위, 옆체위, 앉은체위, 선체위의 6체위를 기본으로 하여 다양한 변화형으로 이루어진다.

성교를 갖는 사람들 중 약 95%는 그들의 성적관계는 항상 또는 통상 질성교(coital sex)를 포함한다. 대부분의 사람들은 첫 번째 성교를 할 때 여성이 등을 바닥에 대고 들어 눕고 남성은 여성의 다리 사이에 엎드려 얼굴을 서로 마주보는 남성상위체위를 선호한다. 성 바울(Saint Paul)은 여성은 성교시에 바닥에 누어 남성에게 복종해야한다고 믿었으며, 성 아우구스티누스(Saint Augustine)는 성교시에 여성이 남성위에 위치하는 것을 금지하고 남성상위 이외의 체위는 비자연적이며 자연에 대한 죄악이라고 설교하였다. 1200년대에 이 태도는 토마스 아퀴나스(Thomas Aquinas)에 의해 형식화되어 남성상위는 그리스도교내에 도덕적 규범이 되었다.

남성상위

남자가 위에 있고 여자가 아래에 위치하는 남성상위(man on top position)는 원시시대 이래로 인류가 오랫동안 사용해온 체위이므로 정상위(normal position)라고 한다. 정상위는 또한 선교사체위(missionary position)라고도 하는데 이는 여성상위체위가 관례로 되어있는 남태평양의 원주민들이 선교사를 통해 알게 된 체위로 그들은 정상위를 이렇게 부른 것이다. 정상위는 원숭이의 일부를 제외하고 인간이외에서는 행해지지 않는 말하자면 가장 진화된 섹스스타일이다. 왜냐하면 인간은 섹스를 본능으로 하는 것이 아니라 대부분을 두뇌로 하기 때문이다. 남과 여는 사랑하는 감정이 고조되면 서로 마주보고 껴안는다. 이것이 정상위의 원형이다. 섹스는 결국 뇌와 뇌의 접촉이라고 할 수 있다. 피부와 점막이 자극을 받으면 그것을 대뇌가 파악하여 호르몬을 분비시켜 성 에너지로 전환한다. 정상위는 인간의 뇌의 기능과 몸의 구조상 가능하게 된 체위로 서로의 밀착면적이 넓고 일체감이 강한데다 상대의 반응도 확인된다. 말하자면 섹스의 기본을 몸에 익히기 위해서는 가장 좋은 체위인 것이다.

남성상위는 많은 커플을 위해 그들이 언제나 사용하는 유일한 성교체위이다. 예컨대, 킨제이 등(1948)의 조사에 따르면 2/3이상의 사람늘이 다른 어떤 체위도 결코 시도하지 않았다는 것을 발견했다. 많은 사람들은 남성상위체위를 선호하지만 이는 생물학적인 면보다 다분히 사회문화적인 영향인 것 같다. 어떤 문화권에서는 여성상위가 가장 인기가 있는 체위이며 특히 높은 지위를 즐기는 여성에서 그러하다. 최근 미국의 커플들은 킨제이시대보다 매우 다양한 성교체위를 시도하고 있는 것으로 알려졌다. 예컨대, 훈트(1974)는 결혼한 사람들을 대상으로 조사한 결과 75%는 여성상위, 50%는 옆체위, 40%는 등뒤체위, 25%는 앉은체위를 시도했다는 것을 알았다.

남성상위는 출산을 위한 목적에 적합하며 서로 얼굴을 마주보기 때문에 성교 시 강한 친밀감을 느낄 수 있다는 장점이 있으나 여성은 자신보다도 훨씬 무거운 남성의 무게를 감당하여야하며 남성이 피곤하여 팔로 자신의 몸을 지탱하기 어려운 경우에는 남성의 몸이 여성을 억눌러 호흡하기조차 어려운 단점이 있다. 또한 남성은 자신의 무게를 감당하느라 여성을 자유롭게 애무하기가 어렵고, 여성의 엉덩이가 바닥에 고정되어있으므로 여성은 남성의 움직임에 모든 것을 의지할 수밖에 없어 여성의 욕구가 무시될 간능성이 있다. 그리고 남성이 피스톤운동을 할 때 아무래도 무리한 자세를 취하게 되고 또 에너지도 현저하게 소모한다. 특히 최근에는 이전에 비해 침대와 이불이 푹신해서 무릎이 침몰하고 허리와 척추에 지나치게 부담을 준다. 이와 같이 남성상위는 남성과 여성 모두의 운동능력이 떨어지고 신체 각 부위를 애무하기 어려워 완전한 섹스를 즐기기가 어렵기 때문에 최근 들어 상황에 따

그림 6-5

남성상위체위와 그 변형.

라 다양한 체위를 시도하는 커플이 늘어나고 있다. 따라서 이 체위의 단점을 보완하기 위해서 여성은 오르가슴 중 그녀의 발꿈치로 엉덩이 아래부위를 떠밀어 올려 남성의 두덩뼈(치골)부위에 부딪치게 함으로써 음핵에 압력을 줄 수 있다. 여성은 또 그녀의 무릎을 보다 높게 끌어당기고 그녀의 다리를 남성의 엉덩이에 고정함으로써 보다 깊게 삽입할 수 있다. 가장 깊은 삽입을 위하여 여성은 그녀의 무릎을 그녀의 가슴 쪽으로 보다 접근시킬 수도 있고, 그녀의 발목을 남성의 어깨 위에 둘 수 있다.

이처럼 남성상위는 남성제어체위로 남성은 여성 위에 위치할 때 자유롭게 밀어붙일 수 있으나 여성의 움직임은 제한되기 쉽다. 이 체위로는 음경의 각도와 질의 각도가 일치되기가 어려워 많은 여성이 오르가슴에 이를 만큼 충분한 자극을 음핵에 가할 수가 없고 또한 여성의 움직임의 강도가 아주 한정되어 다른 체위처럼 남성과 리듬을 맞추어서 밀고 당길 수가 없다. 그럼에도 불구하고 두 사람이 서로의 애정을 확인하고 커뮤니케이션을 깊게 하고 오르가슴을 맞추기에는 남성상위는 최적의 체위임에 틀림없다. 서로 바라볼 수 있는 남성상위에서는 양자의 커뮤니케이션을 주고받기가 쉬워 오르가슴의 타이밍을 맞추기가 용이해진다. 정상위에서는 상대의 표정을 아주 가까이에서 읽어볼 수 있으며 숨결도 고동소리도 전해온다. 이러한 성적시그널을 서로 주고받는 것이 두 사람의 정을 보다 강고한 것으로 해준다. 또 전신의 피부가 접촉하는 면적이 넓고 스킨십이 실감된다는 것도 이 체위의 뛰어난 장점이다.

젊을 때는 누구나 그렇지만 음경을 질에 삽입하자마자 닥치는 대로 전후로 허리를 움직여 사정할 때까지 피스톤운동을 계속한다고 여성들에게서 일방적이라는 불평을 듣지만, 유감스럽게도 피스톤운동만으로는 여성의 성감은 높아지지 않는다. 질에는 눈에 보이지 않는 쾌감스팟이 점재해 있으므로 피스톤운동으로 그 질벽의 스팟을 마찰해줄 뿐 아니라 귀두로 찌르거나 폭넓게 자극해줄 필요가 있다. 피스톤운동 뿐만 아니라 회전운동, 비트는 운동, 압박운동 등 다양한 음경의 운동이 여성을 즐겁게 하는 테크닉으로서 중요한 것도 그 때문이다. 남성 중에 회전운동을 오해하는 사람도 적지 않는데 회전운동이라고 하는 것은 실은 음경의 역삼각형운동이라고 생각하는 편이 보다 합당하며 단순히 음경을 좌우로 흔드는 것같이 해도 무방하다. 질구는 음경의 움직임을 지탱하는 점이 되므로 음경을 좌우로 흔들어도 여성은 질 내에서 마치 회전하는 것처럼 느낀다. 이론적으로 말하자면 자극할 질 내의 스팟은 질 앞벽(X스팟), 질 후벽(Y스팟), 질의 가장 깊숙한 자궁경질부(Z스팟)의 크게 셋으로 나눌 수 있다. 여기서 설명한 회전운동은 이들 스팟, 특히 질 앞벽과 질 후벽에의 자극에는 없어서는 안 될 운동이다. 더욱이 음경을 단순히 좌우의 운동뿐만 아니라 역삼각형을 그리듯이 움직이면 질 내에서는 역으로 통상의 삼각형을 그려 X, Y, Z의 3스팟에 적당한 자극을 주게 된다. 이것에 완급으로 조절된 피스톤운동을 조합하면 정상위에서의 질내자극은 대충 숙달된 것으로 생각해도 좋을 것이다.

전희에서 시작하여 끝날 때까지의 섹스의 흐름을 가령 초반, 중반, 후반으로 나누면 이 중반이야말로 피스톤운동을 정성껏 행하여 여성을 절정으로 이끌어가기 위한 충실하고 남성의 솜씨를 보일 중요한 경과포인트이다. 침대에 들자마자 곧 음경을 삽입하여 힘차게 피스톤운동을 해도 여성이 뜨겁게 타오른다고는 할 수 없다. 도리어 썰렁해질 경우도 있다. 그것보다 처음에는 차분히 전희부터 시작하여 여성이 느끼기 시작하게 되면 피스톤운동으로 옮겨 어느 정도의 강도를 수반한 자극을 행한다. 이처럼 일정한 수순을 밟아야만 여성의 성감은 높아진다. 그러기 위해서 중반에는 종반 때와 같이 격렬한 운동은 필요하지 않으며 도리어 허리를 차분히 질의 내부전체를 구석구석까지 음경으로 자극하는 것이 바람직하다. 질 전체를 자극하는 데는 신속하고 소폭으로 움직이는 것보다 허리를 천천히 크게 움직이는 쪽이 효과적이며 그렇게 함으로써 음경의 진폭이 크게 되어 질을 광범위하게 마찰할 수가 있다,

G스팟이 새로운 성감대로서 화제가 되고나서 상당한 세월이 흘렀지만 질 내부의 G스팟을 음경으로 자극하려면 남성은 어떻게 움직여야 되는지 아는 사람은 많지 않다. 여성은 G스팟이 자극되면 절정에 달하기 쉽다는 기사를 주간지에서 읽고 그곳을 자극해주기를 기대한다. G스팟은 질 앞벽에 있으며 이곳을 자극하는 것으로 여성의 성감이 높아지는 것은 확실하다. 다만 자극하는 방법에 문제가 있는 것이다. G스팟을 찌르려고 얕게 결합한 상태에서는 아무리 음경을 앞쪽의 클리토리스 쪽으로 끌어당겨도 질구를 지점으로 한 귀두는 질 안에서 역방향으로 움직인다. 음경귀두는 G스팟이 있는 질 앞벽보다도 질 후벽을 밀어붙인다. G스팟을 자극하려면 음경의 기부를 항문 쪽으로, 즉 질구후부로 밀어붙이면 질 앞벽을 자극할 수가 있다. G스팟이 있는 질 앞벽을 자극한다는 것도 중요하지만, 또한 빠트릴 수 없는 것은 질 후벽이다. G스팟만을 공략하고 이 지점을 소홀이해서는 여성을 충분히 만족시킬 수는 없다. 여성의 질내 구석구석을 정성들여 자극하는 것이 여성을 활성화하는 지름길이므로 음경에 의한 질의 후벽자극을 익혀두는 것이 바람직하다. 질 후벽에의 자극하는 방법의 요령은 먼저 질 후벽에 음경귀두를 충분히 밀어붙이는 방향의 결정인데, G스팟 자극방법의 역이라고 생각하면 틀림없다. 즉 삽입해 두고 나서 음경의 기부를 질구 앞쪽에서 클리토리스의 방향으로 밀어붙이면 지렛대원리로서 질구가 지점이 되어 작용점에 상당하는 귀두부로 압박할 수가 있다. 다음에 남성의 몸의 움직이는 방법인데 전후의 움직임이 아니라 여성성기의 음열을 따라 음경의 상하운동을 한다. 그러기 위해서는 허리를 들어 올려 뜨게 하고 그리고 낮게 낮추는 상하의 변화의 반복을 행할 필요가 있다. 전후운동에서는 질의 깊숙한 곳을 찌르는 움직임이 된다. 이 반복운동에서는 허리를 높게 하면 질구 앞부분이 지점이 되어 음경을 누르고 지렛대원리로 귀두가 밀려 내려간다. 음경은 질 후벽을 압박하고 마찰하면서 질의 바깥쪽으로 이동한다. 반대로 남성이 허리를 아래로 낮추고 움직이면 귀두부가 질 후벽을 마찰하면서 질의 바깥에서 안으로 향해 밀쳐들게 된다. 이러한 운동에 의한 귀두의 선단 및 뒤쪽에서의 마찰에 의해 질 후벽은 자극된다.

성교 중에 자신의 음경이 질을 드나드는 모습을 바라보면 흥분이 상승된다. 이때 여성의 양다리를 크게 벌리게 하면 남성의 시각적인 욕구를 충족할 뿐만 아니라 여성도 다리를 벌리므로 해서 잘 느끼게 된다. 이는 두 가지 이유로 설명이 가능하다. 하나는 다리를 크게 벌리는 것에 의해 일어나는 물리적인 변화다. 넓적다리를 벌리면 넓적다리안쪽의

피부가 바깥쪽으로 당겨져 그것에 의해 대음순과 소음순주변의 피부도 당겨져 얇아지게 된다. 더욱이 평소에는 잔주름과 깊은 홈으로 숨겨져 있는 부분도 노출되어 대음순과 소음순은 매우 민감하게 되어있다. 그곳을 음경이 마찰하고 자극하는 것이니까 여성은 더없는 기쁨을 얻는 것이다. 또 하나의 이유는 심리적인 요인이다. 성교를 하면서 넓적다리를 크게 벌려 가장 부끄러운 부분을 남성의 눈앞에 노출하는 것이니까 대부분의 여성은 수치심을 부추기게 된다. 이 수치심이 여성을 심리적으로 자극하여 성적흥분을 높이게 된다. 이러한 효과가 있으니까 정상위의 섹스에서 이 효율을 높이기 위해 남성은 여성위에 올라타서 밀착하지 말고 상반신을 일으킨 채 양손을 이용하여 여성의 다리를 벌리고 발목을 잡아 넓적다리를 활 작 펼치는 것이 바람직하다.

자궁자체는 생리학적으로 보아도 극히 둔감한 부위이지만 이 자궁에도 단 한곳만은 민감하게 느끼는 부분이 있다. 그것은 여성의 질 안으로 돌출된 부분으로 전문용어로 자궁경질부라고 한다. 이 자궁경질부(Z스팟)를 음경의 선단으로 자극해주면 여성은 자궁을 흔드는 충격을 느껴 격렬하게 성감을 높일 수가 있다. 자궁경질부까지 음경이 도달하려면 음경을 상당히 깊이 삽입할 필요가 있다. 그래서 자궁경질부를 음경으로 자극하려면 여성의 몸을 굽히고 복압으로 자궁을 질 쪽으로 밀어 내려 음경에 접촉하도록 하는 것이 좋다. 정상위에서 자궁을 자극해주려면 여성의 양다리를 어깨에 걸고 그대로 여성의 몸을 구부리듯이 삽입한다. 이렇게 하면 음경은 깊이 삽입할 수 있고 동시에 그녀의 자궁이 질의 깊숙한 곳에서 앞쪽으로 밀고 나오므로 자궁경질부를 음경으로 자극할 수가 있다.

섹스경험이 적은 남성으로서 가장 실패하기 쉬운 것은 끝 무렵의 피스톤운동의 타이밍이다. 또 그녀가 각성이 높아지기도 전에 성급히 움직여서 사정해버린다거나 혹은 그 역으로 그녀가 절정에 도달해가고 있는데 피스톤운동을 시작하지도 않고 해서 그녀의 흥이 깨지게 된다. 이는 남성이 여성의 성감의 높이를 여성의 외견의 변화에서 꿰뚫어 보지 못하기 때문이다. 이것이 섹스경험이 풍부한 남성이면 여성의 반응을 한눈으로 보는 것만으로도 피스톤운동으로 옮아가도 좋은지 어떤지를 판단할 수 있지만 아직 성경험이 적은 남성은 그 경험부족으로 실패로 연결된다. 남성이 격렬한 피스톤운동을 시작하면 지속할 수 있는 것은 기껏해야 10초 전후가 일반적이다. 이 어긋남이 그녀가 섹스에서 얻는 쾌감을 크게 좌우한다. 그러니만큼 이 시점의 판단력이 중요하다. 그러나 여성의 성감의 높이를 외견으로 판단한다는 것은 꽤 어렵다. 여성은 절정에 도달할 직전에는 강한 근육의 긴장으로 전신을 긴장시켜 몸을 뒤로 젖힌다. 그러므로 그녀가 몸을 뒤로 젖히게 되면 그녀는 드디어 절정직전까지 와있다고 판단해도 될 것이다. 이 단계에 이르면 음경의 재빠른 피스톤운동으로 이행하여 그녀를 절정으로 유도하고 동시에 자신도 방출하는 것이 좋다.

아무리 얌전한 여성이라도 절정감이 가까워지면 스스로 격렬하게 허리를 흔들게 된다. 그러므로 남성도 이때를 놓치지 말고 격렬하게 피스톤운동을 하는 일이다. 중반에서 격렬하게 피스톤운동을 해도 여성은 고통을 느낄 뿐이지만 절정감을 앞에 둔 격렬한 피스톤운동은 여성에게 깊은 즐거움을 준다. 그것도 지칠 정도의 피스톤운동은 필요하지 않다. 불가 10-15초의 피스톤운동으로 여성은 절정감에 도달할 것이다. 실제로는 10-15초의 피스톤운동으로 남성도 사정해버릴 것이다. 이때의 피스톤운동은 진폭을 크게 하는 것보다 끊임없이 밀어붙이는 것이 중요하다. 여성은 끊임없는 자극을 좋아한다. 이럴 때 아무리 격렬하게 찌르는 음경이 드나들어도 진폭이 크고 사이가 뜨면 여성은 흥미를 잃게 된다. 그러므로 절정감을 앞둔 시점에서는 끊임없는 피스톤운동이 필요한 것이다. 여성에게 끊임없는 자극을 주려면 하반신, 특히 성기의 주변부분을 밀착시킬 필요가 있다. 남성이 허리를 밀어붙여서는 움직이기 어려움으로 손을 여성의 허리나 엉덩이에 돌려서 끌어당기거나 넓적다리를 껴안고 성기 주변에 밀착시키는 일이다. 그리고 나서 격렬한 피스톤운동을 행하여 사정하면 된다. 이 밀착에 의하여 여성의 외음부전체에의 압박자극이 될 수 있다는 부수효과도 동시에 생긴다.

부드러운 중후한 율동에 의해 정상위에서 여성의 흥분이 높아지는 것을 확인하면 이번에는 그녀가 스스로 자유로이 율동할 수 있도록 여성상위로 전환해간다. 여성상위로 이행할 때는 여성 쪽에서 남성의 허리에 한쪽 발을 돌려 휘감는 것처럼 해서 함께 회전한다. 체위를 변환할 때는 보다 깊게 단단히 삽입하여 음경이 빠지지 않도록 세심한 주의를 기울이는 것이 중요하다. 그러기 위해서는 그녀의 허리를 강하게 끌어당겨서 결합부분을 단단히 밀착시키고 나서 전환하도록 한다. 이것은 모든 체위변환의 경우에 공통되는 요점이다. 그런데 여성상위가 되어도 곧바로 기승위로 이행하지 말고 먼저 밀착상위에서 단단히 그녀를 껴안아주어 그녀에게 안심감을 준다. 그리고 그대로 남성 쪽에서는 천천히 율동하고 여성의 허리의 움직임을 유도하도록 한다. 그녀의 성감이 높아짐에 따라 밀착상위에서 기승위로 이행하여 그녀가 좋아하는 방법으로 움직이게 한다. 기승위(騎乘位)에서는 그녀의 질 후벽, 즉 Y스팟을 음경이 마찰하도록 미묘하게 컨트롤해준다. 기승위가 되어 그녀가 자유로이 움직이고 있을 때 남성 쪽이 그녀의 리듬을 흩뜨리게 하는 율동을 하는 것은 그녀의 흥을 깰 위험이 있으므로 움직인다 해도 타이밍을 잘 맞추어서 움직여야한다. 또 기승위에서 남성은 비어있는 손을 충분히 움직여 그녀의 성감대에 자극을 계속해서 주는 것도 매우 중요하다. 그녀가 허리를 율동하고 있는 사이 유방을 중점적으로 정성들여 애무를 계속해준다. 기승위에서 흥분이 높아져 있는 그녀를 더욱 높여서 타오르게 하도록 다정하게 애무할 필요가 있다. 끝마무리는 여성상위에서 정상위로 이행해서 맞이한다. 최후에 이니시어티브를 쥐는 것은 역시 남성으로 보다 깊은 삽입이 가능한 굴곡위(屈曲位), 혹은 개각위(開脚位)로 마음껏 피스톤운동을 한다. 힘차게 그녀의 자궁경질부의 Z스팟을 노크해주어 두 사람 동시에 절정에 도달하도록 한다.

여성상위

여성상위(woman on top position)는 여성제어체위로 여러 가지 장점을 지니고 있다. 남성은 드러눕고 다리를 바로 뻗으며 여성은 그 위에 엎드려 그녀의 다리를 남성의 다리 바깥쪽으로 뻗고 그녀의 팔꿈치나 손으로 받치거나 파트너의 가슴에 손을 둔다. 이 체위에서 여성은 보다 쉽게 움직일 수 있고 삽입의 깊이를 상당히 자유롭게 조절할 수가 있다. 여성은 또 그녀의 엉덩이를 앞쪽으로 밀어붙이고 질을 짧은 활을 만들어 음경에 각을 지어 앞뒤로 밀어붙일 때 고도의 쾌감변화를 창조할 수 있다.

이 체위는 남녀 모두 최고조의 각성에 도달하기에 가장 적합한 자세로서 많은 성치료사들이 권장하는 체위이기도 하다. 남성이 여성을 지지하기 용이하고 남성이나 여성자신이 성교 시 클리토리스를 손으로 자극함으로써 성적흥분을 증폭시킬 수 있으며 여성이 허리운동의 강도와 속도를 조정함으로써 성적으로 만족을 얻을 수 있는 장점이 있다. 클리토리스와 G스팟을 위한 보다 효과적인 자세는 여성이 무릎을 꿇고 다리를 벌려 남성 위에 걸터앉는 승마체위(騎乘位)이다. 이 체위에서 여성은 쉽게 남성의 음경이 그녀의 G스팟부위를 자극하도록 할 수 있다. 그녀는 또한 그녀의 골반을 앞뒤 쪽으로 각을 지어 클리토리스를 직접적으로 파트너의 음경뿌리에 문지르도록 할 수 있다.

여성상위는 모든 여성이 제각기 자신에게 가장 알맞은 독특한 유형을 발전시킬 수 있음으로 이 체위에서 적절한 조절을 하면 여성이 완전한 오르가슴에 이르는 빈도가 훨씬 높아진다. 남성은 여성의 클리토리스를 손가락으로 애무할 수 있을 뿐 아니라 가슴을 보면서 애무할 수 있어서 여성의 흥분을 높이고 오르가슴으로 유도하는데 도움이 된다. 다만 여성상위는 여성에게 있어서 훨씬 힘 드는 체위일 수 있다. 특히 오르가슴을 느끼는 동안에는 더욱 그러하다. 비록 이 체위가 여성에게 그토록 힘이 빠지는 것이라 하드라도 적어도 가끔 한번 씩은 시도해 볼만한 가치는 충분히 있다.

여성상위에서 삽입할 때는 여성에게 이니시어티브를 주고 스스로 순조롭게 삽입하도록 하는 것이 최상이다. 음경의 경도가 충분하지 않을 때는 남성은 음경을 똑바로 지지해주면 좋다. 이때도 음경의 선단을 클리토리스에 대면 삽입이 무난하다. 기승위로 삽입각도를 일치시키려고 하면 다소 변형된 체위를 취해야하고 남성의 리드도 필요하게 된다. 이 경우 남성은 무릎을 세워 넓적다리에 경사를 만들고 여성은 그 경사를 궁둥이에서 허리, 등으로 미끄러지도록 한다. 남성의 넓적다리를 바침으로 하여 천천히 몸을 낮추어간다. 다소 불안정하지만 결합은 깊고 질에의 자극은 크다. 더욱 자극을 원하면 여성이 남성의 무릎위에 손을 두고 넓적다리의 경사를 따라 시간을 들여 몸을 오르내리게 하면 충분한 엑스터시를 얻을 수 있다. 여성이 허리를 낮추고 삽입에 들어가는 여성상위의 기승위에서는 남녀의 몸의 위치관계도 직각이 되기 때문에 그대로서는 밀착면적을 증가시키기 어렵다. 그래서 여성이 자신의 몸을 엎드리게 하면 된다.

남성은 양손이 자유로우므로 여성의 유방의 애무에 전념할 수 있다. 적극적으로 유방을 애무해주는 것이 좋다. 특히 기승위에서는 좌위(座位)와 같이 얼굴을 가까이하기가 어려움으로 양손의 움직임이 중요하다. 다만 좌위의 경우와는 달라 되는대로 유방을 주무러거나 하면 그녀의 아래에서 손을 뻗은 형태이므로 자칫하면 그녀의 유방을 잡아당기기 쉬움으로 주의한다. 기승위의 경우에도 남성상위, 후배위의 경우와 같이 충분히 주의해서 유방전체를 그녀의 가슴으로 밀면서 들어 올리는 것 같은 느낌이 중요하다. 다정하게 손바닥으로 싸듯이 하여 누른다. 기승위에서는 남성 쪽에서 적극적으로 키스하려고 하는 것은 무리가 있다. 여성이 자유로이 움직이도록 맡기는 것이 성감을 높이게 된다. 기승위에서는 움직임의 주역은 여성이기 때문에 여성은 발바닥을 침대에 딛고 체중이 발에 걸리도록 한다. 이렇게 하면 무릎과 허리로 장단을 맞추는 것만으로 엉덩이를 뜨게 하는 일도 전후로 흔드는 것도 용이하게 된다. 음경이 질구근처를 자극하기 위해서는 여성은 허리를 올린다. 거기서 음경의 삽입은 얕은 상태가 되지만 여성은 그대로 허리를 좌우로 흔들거나 돌리거나 하면 평소에는 얻기 어려운 새로운 자극을 경험할 수가 있다. 이 경우도 남성은 여성의 다리와 허리에 손을 돌려 상하운동을 재촉하든가 하여 항상 질 내에서 음경이 마찰하는 범위를 넓히도록 리듬을 붙여 리드하면 성감은 한층 높아진다.

서로 마주보는 대면기승위(對面騎乘位)의 자세에서 여성이 상반신을 뒤로 젖히는 것이 음경이 질 앞벽을 밀어붙이기가 쉽다. 뒤로 젖히는 각도가 크

그림 6-6

여성상위와 대면 및 배면기승위(승마체위).

면 클수록 음경귀두는 질 앞벽을 강하게 압박하게 되므로 G스팟의 자극효과도 그것에 따라 커진다. 여성의 몸이 완전히 뒤로 넘어지면 자극은 최대로 강해진다. 그러나 이러한 체위에서는 진폭이 큰 피스톤운동을 계속해서는 음경이 질에서 빠져나오기 쉬움으로 피스톤운동보다도 회전운동이 좋다. 후배기승위(後背騎乘位)의 경우 여성의 몸의 방향은 반대가 되지만 이치는 같으며 여성은 몸을 후방으로 눕힌다. 이때 등은 남성의 몸에 겹치게 된다. 대면기승위에서 결합하고 나서 여성은 허리를 뒤쪽으로 다소 물러선다. 이렇게 하면 음경의 뿌리가 질구의 앞부분에 밀쳐져 귀두부는 질 후벽에 닿게 된다. 역으로 후배기승위에서는 여성은 허리를 약간 앞쪽으로 이동해 위치하면 음경뿌리부분이 질 상부를 압박하여 질 후벽을 자극하기 쉽게 된다. 어느 자세에서도 여성은 상체를 다소 앞쪽으로 기우리면 귀두가 질 후벽을 한층 억누르기 쉽게 되어 효과가 좋아진다. 또 남성은 손을 여성의 허리에 대고 움직임을 도우거나 유방과 클리토리스 등을 애무해주면 그녀의 성감은 더욱 높아진다.

여성 쪽에서 자유로 자극을 얻을 수 있기 때문에 많은 여성이 기승위를 선호한다. 성적흥분이 고조되면 여성은 몸을 전후로 흔들어 남성과 밀착시키거나 강하게 몸을 뒤로 재낀다. 이 경우 음경은 질 앞벽(X스팟)과 질 후벽(Y스팟)을 격렬하게 문지르므로 두 지점이 충분히 자극된다. 그러나 그대로는 질의 깊숙한 곳의 자극은 소홀하게 되기 쉽다. 거기서 이 경우는 두 사람의 몸을 V자형의 자세가 되도록 하면 좋다. 그러기 위해서 여성의 유방에 손을 대고 여성의 상체를 앞으로 기울도록 하면 음경은 자연히 질 깊숙한 곳(Z스팟)을 자극하게 된다. 기승위에서는 여성 쪽에서 음경의 감촉상태를 탐색할 수 있는 체위이므로 어느 정도는 여성의 의사에 맡겨두는 것이 좋다. 그러나 그래도 느슨하다는 느낌을 여성 측에서 갖게 된다면 남성 쪽에서 여성이 음경을 구해서 허리를 움직이는 리듬에 맞추어서 여성의 다리를 좌우로 벌리거나 움직여주어 질을 비뚤어지게 하면 강한 자극을 얻게 할 수 있다.

여성이 상반신을 일으킨 채 남성의 허리위에 걸터앉은 상태에서는 남성은 손을 여성의 무릎에 대고 바깥쪽으로 밀어 벌린다. 그 위에 여성에게도 자신의 손으로 넓적다리안쪽을 벌리게 하면 대음순과 소음순이 외측으로 당겨져서 외음부의 피부가 긴장하게 되므로 성감이 배로 증가한다. 이때 여성의 손은 성기에 가까운 곳에 위치하는 것이 효과적이다. 이 자세에서 여성이 뒤로 손을 짚고 상체를 지탱하면서 몸을 후방으로 눕히는 방법도 있다. 다리는 똑바로 앞쪽으로 뻗고 그 발목을 남성이 양손으로 잡아 좌우로 벌린다. 여성성기가 모두 노출되어 그것도 남성의 얼굴과 마주보게 됨으로 여성이 가장 수치심을 느끼게 되는 자세가 되어 흥분을 북돋우고 남성의 시각적인 욕구를 충족시켜 주게 된다. 여성이 남성위에 걸터앉으면 양다리는 크게 벌린 상태가 된다. 이것에 수반하여 대음순도 또 좌우로 열린다. 그 때문에 이 형태로 결합하면 양 성기의 결합이 가장 잘 보이는 체위가 된다. 여성이 몸을 앞으로 굽혀서 손을 남성의 가슴에 집고 결합부를 드려다 보면 음경이 드나드는 모습이 잘 보인다. 또 기승위에서는 여성이 능동적으로 움직일 수 있으므로 삽입한 음경을 축으로 몸을 회전하면 음경을 뒤쪽에서도 볼 수 있으므로 흥분은 더욱 고조된다. 남성이 다리를 굽힌 자세에서 결합부와 함께 여성의 허리를 위로 들어올린다. 그리고 여성의 양다리를 양손으로 눌러 여성을 결합부분의 한 점으로만 지지하게 해서 공중으로 뜨게 한다. 이렇게 하면 여성은 매우 불안정한 상태가 되어 강한 불안을 느낀다. 더욱이 자신을 유일하게 지탱하고 있는 허리에는 음경이 깊숙이 꽂혀있으므로 이 강한 자극은 여성의 성감을 폭발시켜 남성의 몸 위에서 격렬한 황홀감에 젖게 된다. 유감스럽게도 이 체위는 오랜 시간은 계속할 수 없지만 상당히 효과적인 체위이다.

어떤 자세에서도 여성의 다리를 오므리게 하면 여성의 질구에 긴박감을 주게 된다. 기승위에서 이것을 응용하는 경우에는 여성의 넓적다리를 받들고 삽입감을 깊이하면서 여성의 다리를 가슴위에 껴안아 오므리게 한다. 이 자세에서는 아무래도 불안정하기 쉬우니까 여성의 몸을 세워 무릎으로 받치거나 한손으로 허리를 받친다. 여성에게는 도리어 이 불안정감이 심리적인 흥분을 부르고 익숙해지면 변형의 스타일에 대한 시각적인 흥분도 추가된다. 남성이 여성의 다리를 좌우로 오므렸다 벌렸다하면 이것에 의한 리드미컬한 질의 율동이 음경에 즐거운 자극을 선사한다. 기승위에서 여성의 자궁경질부에 도달하려고 하면 좌위와 같이 여성은 몸을 앞으로 깊이 굽히고 남성과 접해있는 부분에 많은 체중을 싫도록 한다. 손발은 가볍게 시트위에 두고 몸을 엎드려 밸런스를 취한다. 이 자세에서 남성이 허리를 들어 올리면 음경은 여성을 깊숙이 찌르게 된다. 여성은 몸을 굽히고 있으므로 복압으로 자궁이 아래쪽으로 밀리는 자세로 되어있어 깊이 침입해온 남성의 음경과 자궁경질부가 단단히 부디 치게 되어 성감을 높인다. 기승위로 끝을 맞이할 경우 여성이 뒤로 몸을 젖히고 턱을 뒤로 젖히는 징후를 보이면 그것은 여성이 오르가슴(절정)을 구하고 있는 사인이라고 생각해도 좋다. 여성이 스스로 침대에 손을 뒤로 집고 자신의 손의 둘 곳을 구해오면 이미 확실히 절정에 가까이 와있으므로 이때에는 단숨에 음경의 피스톤운동을 폭발시켜 그녀를 절정으로 유도하고 동시에 자신도 방출하는 것이 좋다.

여성이 상하로 움직여 피스톤운동을 행하고 있는 경우에는 남성은 손을 여성의 허리에 걸어 그녀의 엉덩이가 아래로 향해 내려올 때에 끌어당긴다. 이렇게 하면 음경에 의한 질벽에의 자극이 강해진다. 여성의 움직임에 남성의 피스톤운동을 맞추는 것으로 음경의 질 내에의 자극빈도를 배로 증가시킬 수 있다. 그뿐 아니라 귀두의 선단이 자궁경질부를 격렬하게 찔러 올리는 효과도 있다. 남성의 허리 위에서 자유로이 성감을 컨트롤할 수 있는 기승위는 공격형의 여성이 선호하는 자세이다. 이 자세에서는 남성의 손은 여성의 유방위에 두든가 허리에 두고 있으므로 여성의 엑스터시와 동시에 아래에서 허리를 밀어 올린다. 사정이 끝나면 남성의 성욕은 급속히 감퇴하지만 여성은 절정에 도달한 후에도 흥분이 당분간 지속되므로 음경을 질에서 빼내지 말고 그대로의 자세에서 좌위 때와 마찬가지로 근육이 이완된 여성의 몸을 끌어당겨 껴안듯이 하면 이화감이 없는 편안함으로 여성에게 다시없는 만족감을 줄 수 있다. 여성 중에는 엑스터시에 도달하면 이 자세에서 몸을 뒤로 젖히는 타입도 있다. 그때에는 손으로 받히면서 여성의 움직임에 맞추어서 몸을 일으켜 좌위로 옮겨 음경이 빠지지 않도록 단단히 허리를 껴안으면서 서서히 밀착감을 만끽할 수 있는 정상위까지 가져가는 방법도 있다.

여성상위는 여성이 주도권을 잡을 수 있는 유일한 체위이다. 일반적으로 섹스는 대부분의 경우 남성이 주도권을 쥐고 남성 쪽의 페이스에 의해 일이 진행되기 쉽다. 이것은 종래 섹스라고 하는 것이 남성이 지배하고 여성이 지배된다고 하는 생각으로 행하여졌기 때문이다. 그러나 최근의 여성들 중에는 남성주도형의 섹스에는 성이 차지 않아 스스로 이니시어티브를 잡아 자유로 움직일 수 있는 여성상위의 자세를 선호해서 행하는 경향이 강하다. 여성상위는 마치 남성상위에서의 남녀의 위치관계를 역전시킨 스타일이 되기 때문에 당연히 이 체위에서는 남자보다 여자 쪽이 몸의 움직임의 자유가 보장된다. 그곳에 여성상위의 메리트가 있는 것이다. 여성상위의 섹스에서는 여성은 클리토리스 등 외음부를 자신의 욕구대로 남성의 치골에 밀어붙일 수가 있다. 그래서 클리토리스자극을 좋아하는 여성은 다른 체위에 비해 엑스터시는 급커브를 그려 높아지고 오르가슴을 여성자신이 컨트롤할 수가 있다. 이처럼 여성상위는 여성이 자신의 쾌락을 조절할 수 있는 유일한 체위라고 할 수 있지만 남성에 있어서도 이 체위는 자신의 몸 위에서 헐떡이며 흐트러진 여성의 치태를 시각적으로 즐길 수 있다는 것은 남성에게도 꽤 자극적인 것이 된다.

다만 여성상위에서는 여성이 이니시어티브를 잡아 적극적으로 리드해가기 때문에 부끄러워 싫다고 거절반응을 보이는 여성도 상당히 있다. 그러므로 상대가 소극적인 여성의 경우에는 최초부터 이를 강요해서 출발하는 것을 피하고 좌위나 정상위로 무드를 북돋아두고 상대의 성감이 충분히 높아졌을 때 여성의 상반신을 일으켜 자신의 가슴에 껴안도록 하면 서로의 심리적인 거리가 줄어들어 여성도 피부로 남성을 느끼는 기쁨을 음미하면서 뜨거운 남성의 애정을 받아들일 것이다. 남성은 아래에서 여성의 허리를 들어 올리거나 전후로 흔들면서 여성의 움직임을 유도해주면 좋다. 그리고 여성의 자궁경질부, 즉 Z스팟을 향해 어디까지나 부드럽게 밀어 올린다. 그렇게 하면 여성도 자연히 허리를 움직이기 시작한다. 또 남성의 자유롭게 된 양손으로 여성의 유방, 옆구리, 엉덩이, 머리털 등 손이 닿는 범위에서 정성들여 애무해주는 것도 매우 중요하다. 끝마무리 하는 데는 여성이 자유로 움직일 수 있는 대면기승위가 가장 좋은 체위이다. 누어있는 남성의 위에 여성이 서로 마주보는 자세로 마치 말을 타듯이 걸터앉은 스타일이 된다. 이 체위도 Z스팟에의 자극이 매우 강하다. 더욱이 여성이 몸을 앞으로 엎드릴 때는 음경은 질의 앞벽, 즉 X스팟을, 뒤로 재끼면 질의 후벽, 즉 Y스팟을 자극하기 때문에 여성이 자유자재로 컨트롤하면서 질의 다채로운 쾌감을 창출할 수가 있다. 이 자세에서 여성을 아래에서 밀어 올릴 경우는 엉덩이를 양손으로 껴안듯이 하면 순조롭게 움직이기가 쉽다. 이때 손가락으로 항문주변에 가벼운 압박을 가하거나 외음부를 지압을 하듯이 접촉해주면 여성의 환희는 더욱 높아진다.

이 대면기승위에서 여성의 몸을 180도 회전시키는 형태가 배면기승위(背面騎乘位)이다. 즉 여성은 남성에 등을 향하는 모습으로 걸터앉는 자세인데 이 체위에서도 음경과 질의 방향이 참으로 잘 맞는 자세다. 음경은 Y스팟을 공략하는 자세가 되는데 다만 이 체위에서 여성이 너무 앞으로 엎드리게 되면 결합이 극단으로 얕게 되어 음경이 빠지기 쉽게 되므로 남성은 여성의 넓적다리를 양쪽에서 단단히 붙들어둘 필요가 있다. 이 체위의 특색은 여성이 자신의 눈으로 확실히 결합부분을 볼 수 있다는 점이다. 그리고 자신 속에 파고든 음경에 손가락으로 접촉하거나 남성의 음낭을 애무할 수가 있다. 이러한 행위에 의해 여성은 한층 더한 쾌감을 유발시킬 수가 있다. 여성상위에서는 어떤 스타일이 되더라도 대부분의 여성은 자신의 치골을 남성의 불두덩에 문지르는 것 같은 반응을 나타낸다. 또 허리를 돌리거나 좌우로 흔들거나 하는 여성도 많다. 그러나 허리를 상하로 피스톤운동을 하는 것 같은 움직임을 보이는 여성은 비교적 적다. 이것은 여성이 남성이 생각하고 있는 것만큼 피스톤운동을 좋아하지 않는다는 것을 말해주는 것일 것이다. 따라서 어디까지나 피스톤운동은 부드러운 것이 바람직하다.

일반적으로 돌연히 여성상위로 시작하여 마음대로 허리를 사용한다는 것은 여지간이 베테랑여성이 아니면 심리적인 저항감을 강하게 느낀다. 그러므로 처음부터 여성상위로 들려면 사전에 여성 쪽의 흥분을 높여두지 않으면 안 된다. 그 때문에 충분한 전희가 필요하다. 식스나인, 혹은 커널링거스(cunnilingus) 등 대담한 오럴플레이를 구사하여 그녀를 충분히 적시고 나서 몸 위에 오르게 하는 것이 무난하다. 그러나 위가 되었다고 해도 갑자기 허리를 사용하여 격렬하게 움직일 수 없는 여성도 있다. 그럴 때에는 밀착상위 채로 단단히 그녀를 껴안아주어 심리적인 안심감을 준다. 그리고 남성 쪽에서 허리를 움직여주어 그녀가 스스로 움직이기 시작할 때까지 확고하게 리드해준다. 그녀가 수치심을 잊고 다이내믹하게 움직이기 시작하면 허둥대지 말고 그녀의 높이를 유도해준다. 허리의 율동은 그녀의 허리의 중심으로 향해 힘차게 밀어 올려 X스팟, Y스팟을 강하게 문질러준다. 또 비어있는 양손을 놀리지 말고 끊임없이 그녀의 유방, 혹은 겨드랑아래 등의 성감대를 계속해서 애무해준다. 여성이 움직이기 시작하면 밀착상위에서 기승위로 이행한다. 기승위이면 그녀는 보다 깊게 음경을 받아들일 수 있어 만족도도 한층 깊어진다. 그리고 그녀의 율동에 대해서는 이쪽은 어디까지나 수동체가 되어 그녀의 리듬에 맞추어 허리를 움직이도록 한다. 여성상위에서 그녀의 흥분이 충분히 높아지면 중간휴식을 위해 측위로 이행한다. 여성상위에서 측위로의 전환은 기승위에서가 아니라 밀착상위로 단단히 음경의 결합을 확보하면서 회전하는 것이 움직이기 쉽다. 측위는 어디까지나 끝마무리를 위한 잠복기이니까 여기서 격렬히 움직일 필요는 없다. 음경의 삽입감을 차분히 맛보게 하고 X스팟을 천천히 밀어 올리듯 한 율동으로 시종하고 다음의 정상위에서의 다이내믹한 율동을 그녀 쪽에서 원하도록 유도해준다. 측위에서 정상위로의 전환은 여성 쪽에서 다리를 휘감은 쪽으로 돌도록 하면 수월하다. 정상위로 옮기고 나면 측위단계에서 모와 둔 에너지를 단숨에 쏟아낸다. 그녀에게 맡겨두었던 격렬한 피스톤운동을 구사하여 그녀의 깊숙한 곳까지 에너지를 쏟아 붓는다. 굴곡위로 충분히 깊게 음경을 삽입하여 힘껏 그녀의 Z스팟을 자극해 주어 두 사람 함께 최고의 끝마무리를 맞이한다.

등뒤체위

등뒤체위(후배위 後背位, rear entry position)는 여성 뒤에서 음경을 삽입하는 체위로 이 방식을 성공시키기 위해서는 음경을 삽입할 때 좀 까다로운 솜씨가 필요하다. 양 파트너는 무릎을 꿇고 여성 뒤에 남성이 앉는다. 여성은 삽입의 각 변화에 대하여 그녀의 골반각도를 다양하게 바꿀 수 있다. 그녀의 머리는 들거나 낮출 수 있고 침대 위에 둘 수도 있다. 그녀는 뻗은 팔위에 엎드린다. 그녀가 허리를 굽히고 팔꿈치를 받치면 훨씬 깊은 삽입이 가능하다. 남성은 그의 허리를 굽히고 한 팔로 자신을 받치고 다른 팔은 그녀의 엉덩이를 잡거나 그녀의 가슴을 애무하기 위하여 자유로이 이용한다.

이 체위는 동물의 성교와 동일한 자세로서 여성에게 강한 수치심을 유발하기도 하지만 남성에게는 정복감을, 여성에게는 피정복감을 야기 시킴으로써 색다른 흥분을 원하는 커플에게 적합한 체위이기도 하다. 질구(질구멍)의 위치에 따라 질을 위질, 가운데질, 아래질의 3형으로 구분하는데 위질과 가운데질은 남성상위의 성교체위에서 크게 문제될 것은 없으나 아래질은 질이 항문가까이 위치하기 때문에 남성상위체위로는 음경을 삽입하기가 매우 어렵다. 이 경우는 등뒤체위(후배위)로 음경을 삽입한 후 남성상위나 다른 체위로 전환하는 것이 가장 무난하다.

후배위의 기본적인 자세는 여성은 바닥에 엎드리게 하여 음경을 삽입한다. 이 자세에서의 피스톤운동에서는 질 후벽(Y스팟)을 강하게 자극한다. 엎드리는 변화 중에는 책상이나 의자, 침대와 바닥의 높고 낮은 고저차를 이용하여 남성은 바닥에 선채 여성의 다리를 벌리게 하고 뒤로 내민 궁둥이를 껴안고 행하는 방법이 있다. 더욱이 동물이 네 다리로 서있는 자세를 여성에게 취하게 하여 남성이 선채로 삽입하는 방법도 있다. 어느 경우도 Y스팟에의 자극이 강해진다. 더욱 이때 대음순을 손가락으로 꼬집듯이 애무해주면 여성의 성감을 얻는 속도는 한층 빨라진다. 후배위에서 질 앞벽(X스팟)에 자극을 가하는 경우는 여성은 엎드리고 엉덩이만을 밀어 올리도록 하면 된다. 이 체취에서는 음경의 각도가 바닥에 대해 직각에 가깝게 되므로 피스톤운동으로 X, Z스팟에 보다 강한 자극을 주게 된다. 동시에 외음부에 손바닥을 대어 그 전체를 부드럽게 쓰다듬어 애무하면 더욱 효과적이다.

많은 체험을 가진 커플은 후배위가 최상의 것임을 발견한다. 커플은 서로 동등하게 자극을 조절할 수 있다. 삽입은 매우 깊고 G스팟에 대한 압력을 포함하여 강한 자극을 가할 수 있다. 남자는 강력하게 밀어붙일 수 있고 여자는 그녀의 팔과 무릎으로 앞뒤로 흔들 수 있으며 두 사람은 함께 움직일 수 있다. 남성은 그의 성 근육을 이완할 수 있고 여성은 돌진하는 음경을 조절할 수가 있다. 또한 여성은 그녀의 골반을 앞 또는 뒤로 경사 지울 수 있고 남성이 밀어붙일 때 흔들리는 고환은 그녀의 샅부위(회음부)와 클리토리스를 강하게 자극한다. 그녀의 노출된 성기와 자극적인 궁둥이는 남성의 각성을 한층 높이게 되나 여성은 남성을 향하여 궁둥이를 내밀고 있는 자신의 너무나 무방비상태에 대

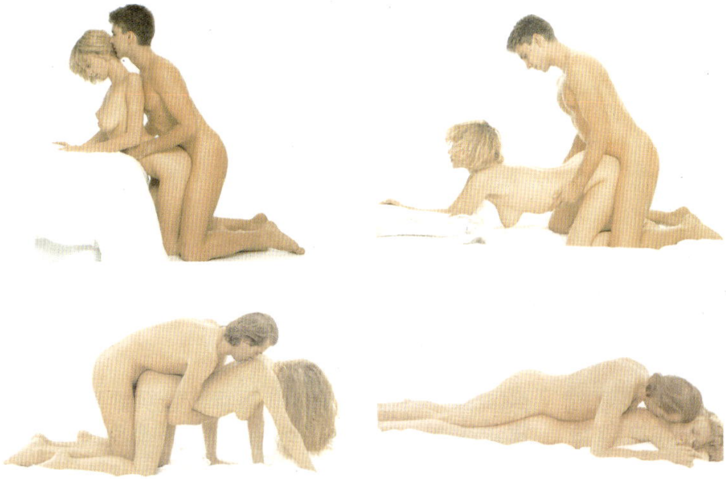

그림 6-7
등뒤체위와 그 변형.

하여 저항감과 수치심을 불러일으킬 수 있음으로 후배위를 취하는 경우에 갑자기 그 자세를 여성에게 강요하는 일은 삼가야한다.

위에서 아래로 음경을 미끄러지게 하는 정상위의 삽입의 기본에서 보면 어려운 것이 후배위이다. 이 자세는 도리어 항문성교의 기본자세가 되는 것이므로 마치 역의 형태가 되어 어렵게 생각하는 것도 무리가 아니다. 이 상태에서 질에의 삽입을 순조롭게 행하려면 먼저 팔을 여성의 몸통으로 돌려 허리를 껴안는 것처럼 하여 클리토리스근처에 손바닥을 대고 나서 삽입하도록 한다. 이렇게 하면 손이 삽입할 때의 가이드역할을 하여 밀어 넣을 수도 있게 된다. 여성에게는 클리토리스에의 가벼운 자극이 성감을 높이는데도 도움이 되고 무엇보다 클리토리스의 위치를 알 수 있으므로 순조로운 삽입이 가능하게 된다.

후배위를 싫어하는 여성 중에는 음경이 빠지기 쉬운 자세이니까 싫어한다는 여성도 있다. 음경이 빠지기 쉬운 것은 자극이 강한 체위이어서 반응하는 여성의 허리가 다양하게 움직이기 때문인데 그뿐 아니라 원래 삽입각도에 무리가 있는 것도 원인이다. 이 자세에 익숙하지 못한 여성은 궁둥이를 높이 들어 올리는 것을 부끄러워해 엎드린 자세를 허물지 않거나 혹은 역으로 허리를 내려기 때문에 남성이 질 내에 음경을 삽입하기가 어려운 것이다. 이때는 여성의 궁둥이를 붙들어 다소 난폭할 정도로 끌어올려 행하면 피스톤운동도 순조로워진다. 이것이 여성의 피학소망도 충족시키므로 일조이석이다. 이러한 애태우기 기법은 정상위의 경우뿐만 아니라 후배위의 상태에서도 매우 유효하다. 이 자세는 원래 여성에게 하반신의 밀착감을 기대하게 한다. 등뒤체위는 피학감을 수반하는 스타일이지만 자세 그 자체에서 느끼는 수치와 애태우게 하는데서 오는 성감이 겹쳐서 상당히 강한 엑스터시가 얻어진다. 남성도 움직이기 쉽기 때문에 음경의 움직임을 확인하면서 질구를 자극할 수 있고 여성이 애가 타서 허리를 밀고와도 즉시 허리를 빼고 대응할 수 있는 메리트도 갖는다. 또 이 자세라면 깊은 삽입을 할 때도 적확하게 파악되므로 애태우기를 응용하는 체위로서는 효과적이다.

후배위에서는 양손이 자유로움으로 여성의 클리토리스를 자극하는 데에는 적합한 체위이다. 배후에서 삽입한 채 여성의 성기에 손바닥을 돌려 결합부분과 함께 손바닥전체로 싸듯이 광범한 범위에 걸쳐 애무한다. 결합부분에서 스며 나오는 애액을 손가락에 묻히고 그 손가락으로 그녀의 클리토리스위에, 전후, 좌우, 혹은 원을 그리듯이 자극을 가한다. 후배위의 약점은 여성은 남성의 치골에 의한 클리토리스 및 성기주변이 압박되지 않으므로 정상위이라면 얻을 수 있는 쾌감을 얻기 어렵다는데 있지만 이 방법이라면 여성은 약동하는 음경의 감촉과 클리토리스와 성기주변에의 면밀한 자극을 동시에 음미할 수가 있다. 후배위에서 유방을 애무할 때는 손바닥전체로 유방을 아래에서 들어 올려 그녀의 가슴에 부드럽게 누르는 것같이 해주면 좋다. 물론 젖꼭지를 손가락사이에 끼워 굴리거나 젖꼭지를 부드럽게 꼬집어 주거나하는 애무는 효과적이다. 아무리 흥분하고 있어도 난폭하게 주무러거나 아래로 잡아당기는 것은 금물이다.

등뒤체위에서 키스하려면 여성의 몸에 단단히 몸을 밀착시켜 여성의 목부위와 등을 중점적으로 키스해주면 된다. 등 일면을 혀로 핥는 것도 효과적이다. 이때 허리가 풀려 결합이 느슨해지지 않도록 손으로 단단히 허리를 여성의 몸에 밀착시키는 것을 잊지 않도록 한다. 입술에 의한 애무를 심리적으로도 높이는 방법으로서는 여성을 엎드리게 한 후배위에서 뒤로 껴안아 일으키고 무릎을 굽고 서는 베리에이션이 좋다. 등뒤체위는 원래 질 앞벽을 자극하기 쉬울 뿐만 아니라 움직임이 비교적 자유롭고 음경을 밀어 올리기가 쉽다. 질 깊숙한 곳의 자극에도 적합하다. 이것에 남성상위 때와 같은 원리로 여성의 골반의 좌우로 향해 음경을 흔들면 질의 구석구석까지 자극할 수 있게 된다. 질구를 지점으로 삼각운동을 시작하면 여성은 가만히 있어도 음경으로 향해 허리를 치켜 올리는 움직임을 시작할 것이다. 이때 격렬한 움직임으로 결합이 풀리지 않도록 허리에 손을 단단히 돌려둘 필요가 있다.

남성이 능동적으로 움직일 필요가 있을 때는 보통의 후배위 때와 같이 무릎으로 서지 말고 발바닥을 침대에 붙여 체중을 지탱한다. 이 자세라면 무릎을 굽혔다 폈다하는 것만으로도 허리의 포지션을 간단히 높였다 낮추었다할 수 있어 음경의 각도도 자유로이 변화할 수 있어서 질의 상하부분을 마음대로 자극할 수가 있다. 좀 더 수울하게 하고 싶으면 선 체위의 변형을 이용한다. 여성에게 침대의 모서리 등에 손을 집게하고 다리는 뻗은 채 엉덩이를 밀어내는 태세를 취하면 된다. 남성은 바로 선채 삽입할 수가 있다. 이것이면 차분히 음경의 삽입 상태를 확인할 수 있고 정상위와 같이 고환이 부딪치도록 피스톤운동을 할 수가 있다. 후배위에서 음경을 질구후부에 강하게 밀어붙이면 귀두는 G스팟을 자극하기 쉽게 된다. 여성의 허리의 위치가 만약 높아 음경을 질구후부에 밀어붙이기가 불편하게 될 때는 손으로 엉덩이를 눌러서 낮게 한다. 이처럼 여성의 허리의 높이를 조절하면 상대적으로 음경은 높은 포지션을 확보함으로 결과적으로 G스팟자극이 용이하게 된다. 음경의 삽입각도는 될 수 있는 한 큰 것이 좋다. 높은 위치에서 아래쪽으로 꽂듯이 피스톤운동을 행하면 귀두부가 질 앞벽을 강하게 밀어붙여 여성은 환희의 소리를 내게 된다.

여성은 엉덩이를 높이 밀어내고 남성 쪽은 삽입하고 나서 허리를 약간 낮추면 음경귀두는 질 후벽에 적당히 밀어붙여져 질 후벽을 공략하기가 쉽게 된다. 키가 큰 남성과 작은 여성의 경우에는 다리의 길이에 따라 남성은 양다리를 좌우로 벌리면 허리가 내려가 음경의 위치도 낮아져 귀두는 질 후벽에 닿게 된다. 또 여성 쪽이 얼굴을 침대에 닿을 정도까지 머리를 낮추고 허리를 올리면 질 후벽자극이 수울해진다. 이러한 상태에서는 음경은 질 속에서 위로 향해있고 남성은 음경을 위로 밀어 올리도록 허리를 움직여서 귀두로 질 후벽을 마찰한다. 후배위로 질 깊숙이 자극하는 경우도 V자의 원칙은 변하지 않는다. 아래쪽에서 V자를 만들면 된다. 이 경우는 여성의 머리를 숙이게 하여 그녀가 될 수 있는 한 궁둥이를 높이 밀어 올리는 형태를 취하면 된다. 이렇게 하면 음경의 각도가 잘 맞아 깊은 삽입이 가능하게 되어 극히 자연스러운 형태로 자궁경질부를 자극할 수가 있다. 질 깊숙한 자궁경질부까지 순조롭게 음경을 닿게 하려면 등을 둥글게 밀착시켜는 것보다도 몸을 떼어 여성의 몸과 T자형이 되도록 성기부분만을 밀어붙이도록 하면 음경은 쉽게 여성의 질 깊숙이 들어가 피스톤운동을 반복하면 절정으로 유도하게 된다. 후배위에서 고환을 부딪치게 하려면 남성은 양다리를 오므려서 고환이 튀어나오게 하고 이 경우 아무래도 음경의 위치가 높기 때문에 여성의 엉덩이를 높이 밀어 올리게 하여 여성의 위치를 조절한다. 남성은 피스톤운동을 행하면 고환이 항문과 회음부를 강하게 때리므로 여성은 깊은 즐거움으로 유도된다. 후배위는 고환을 가장 효과적으로 사용할 수 있는 체위라고 할 수 있다. 고환을 부딪치게 하지 않고 밀어붙여 마찰하는 것도 좋은 방법이다. 이 경우 남성은 정좌를 하는 것같이 가지런히 한 다리를 다소 굽혀서 여성의 넓적다리사이에 밀어 넣는다. 여성은 발목을 외측에서 남성의 무릎에 엇갈리게 하면 잘 된다. 후배위로 결합해있는 여성에 대하여 다리를 남성의 양다리의 외측에서 내측으로 향해 엇갈리게 하도록 리드한다. 이것만으로도 여성의 성감은 보통보다 높아지기 쉽게 된다. 그러나 남성이 여성의 성감을 더욱 높은 단계로 유도해 주려고 생각한다면 체위를 더 한층 올리게 한다. 예컨대, 남성이 양손을 여성의 넓적다리의 아래에 밀어 넣어 들어 올리는 방법이다.

후배위에서 음경의 자극을 강화해서 종결에 들어가려고 할 때는 눈앞에 노출된 항문을 자극하여 십자인대를 조우는 것이 최상인 것은 말할 필요가 없다. 그러나 싫어하는 것을 무리하게 하면 역으로 서로 뜨거워져 있는 성감을 소실할 수도 있다. 이때도 여성의 다리를 오므리게 하여 남성이 좌우에서 여성의 다리를 끼워 넣듯이 하면 질에의 압박자극은 더욱 깊어진다. 또 후배위의 변화로서 여성을 무릎으로 선 채 뒤에서 끌어 올려도 좋을 것이다. 이렇게 함으로서 음경은 자연히 여성의 질 앞벽, G스팟을 자극하게 되어 쾌감이 급속히 높아진다. 후배위에서 여성의 자궁경질부를 자극하려고 하면 두 사람 모두 무릎으로 선 자세로 그녀의 뒤에서 껴안고 배후에서 삽입한다. 이 자세라면 자연히 자궁이 내려와 동시에 그 내려온 자궁을 음경이 밀어 올리는 형태가 되므로 순조롭게 자궁경질부를 노크할 수가 있다. 이때 여성 쪽은 상반신을 뒤로 재껴 남성의 어깨에 목을 맡기는 형태가 된다. 이렇게 하면 허리를 뒤로 밀어내는 자세가 되므로 남성은 음경을 리드미컬하게 움직이기 쉽게 되고 동시에 자궁을 아래로 밀어내게 된다. 이 체위의 경우 남성은 양손은 비므로 빈 양손을 놀리지 말고 여성의 몸을 지탱하면서 애무를 계속하면 효과는 배로 증가한다.

후배위로 삽입하고 있을 때 여성의 등이 새우처럼 휘여 허리를 높이밀어 올리는 것 같은 느낌이 되면 여성은 절정의 입구에 도달하기 시작하고 있다고 생각해도 무방하다. 그렇게 되면 마음껏 피스톤운동을 시작하는 일이다. 그녀와 함께 근사한 절정을 맞이할 수가 있다. 다만 아무리 격렬한 피스톤운동이라고 해도 너무 움직임이 커서 그녀에게서 음경이 벗어나서는 안 된다. 음경이 도중에서 벗어나서는 애써 절정에 도달하기 시작한 그녀의 성감을 단숨에 식게 만들게 된다. 흥에 넘쳐 모처럼의 타이밍을 망치지 않도록 대담하고 신중한 피스톤운동을 행하도록 한다. 성감이 높아지면 전신에 땀이 젖게 되므로 이는 절정에 가까워졌다는 신호이다. 성감의 분압이 높아져 땀에 젖게 되면 여성의 상기된 피부는 빛나 보인다. 그러나 등이 꺼진 방에서의 섹스에서는 시각적으로 그것을 확인할 수가 없으므로 피부에 접촉해서 그것을 확인할 수밖에 없다. 후배위에서 그것을 알려고 하면 여성의 등이 포인트가 된다. 성교의 리듬을 깨지 않도록 주의하면서 애무를 가하듯이 접촉해보면 된다. 발한의 징조가 없으면 종결은 아직 이르다. 체위를 바꾸어 보는 것도 방법일 수 있다.

오르가슴에 도달한 후에도 음경을 즉각 질에서 빼내지 말고 여성에게 여운을 즐길 수 있도록 배려하는 것은 남성의 의무이다. 여성은 성감이 고조됨에 따라 무의식적으로 일체감을 구하여 음경에 대해 허리를 밀어 올리려는 움직임을 보인다. 피크에 도달하면 단숨에 이완되어 녹초가 된 모습으로 앞으로 몸을 내던진다. 남성은 피크의 순간을 놓치지 않도록 한손을 여성의 유방으로 돌리고 일단 여성의 허리를 끌어당기는 것이 좋다. 이것으로 밀착감이 높아지므로 이후는 여성의 움직임에 맞추어서 앞으로 엎드려 몸을 맞기고 무릎을 사용하여 지탱한다. 이때 손바닥으로 다정하게 유방을 싸주면서 포옹하면 여성은 최상의 만족감을 느낄 것이다.

후배위는 남성에게 있어서 매력 있는 체위이지만 파트너가 되는 여성의 모두가 남성처럼 후배위에 적극적이라고는 할 수 없다. 따라서 후배위를 취할 때는 그러한 여성의 기분을 헤아리는 배려가 필요하다. 이 체위가 남성에 있어서 매력적인 것은 여성의 치부가 송두리 채 남성의 안전에 노출되기 때문이다. 남성에게는 음경과 질의 결합부분을 확실히 보면서 행위 하는 매우 자극적인 체위임과 동시에 남성으로서의 정복욕도 충분히 만족되어지는 체위이다. 그러나 여성의 입장에 선다면 남성에 있어서의 이러한 후배위의 장점이 역으로 멀리하는 원인이기도 하다. 남성으로 향해 궁둥이를 내밀고 스스로의 성기를 노출하는 자세는 좋든 싫든 여성의 수치심을 환기시킨다. 거기다 너무나 무방비한 자세를 취하는 것에 대한 불안감과 동물과 같은 체위로 성교하는 것에 대한 저항감과 혐오감도 있다. 특히 성체험이 적은 여성에 있어서는 이러한 경향이 강하다. 따라서 후배위를 취할 경우 갑자기 그 자세를 여성에게 요구하는 것은 크게 생각해볼 문제다. 중요한 것은 이 체위에 대하여 여성이 마음속에 품고 있는 수치심, 불안감, 저항감, 혐오감 등을 먼저 제거해야한다. 남성의 교묘한 리드에 의해 일단 마음이 열리면 대부분의 여성은 후배위에 대한 거절반응을 나타내는 일없이 풍요로운 궁둥이를 내밀게 된다.

후배위의 가장 큰 이점은 남성이 양손을 자유롭게 사용할 수 있다는 것에 있다. 가령 피스톤운동을 하면서 한손으로 유방을 애무함과 동시에 다른 손으로 클리토리스를 부드럽게 애무하고 여성의 성감을 높여간다. 즉 자유로운 양손을 풀로 활용하여 여성의 몸에 접촉하고 오르가슴을 얻기 쉽게 함으로써 여성에 있어서 후배위가 즐거움의 체위가 되는 것이다. 더욱이 후배위는 남녀 모두 앞쪽으로 향해 결합하는 체위이기 때문에 쌍방의 전후운동의 리듬이 잘 일치하지 않으면 음경이 이탈하는 일이 많다. 그러나 이 점에 대해서는 두 사람이 후배위의 경험을 싸서 호흡이 맞게 되면 해소된다. 후배위에 대한 저항감을 여성으로부터 제거하려면 극히 자연스러운 형태로 그 체위로 나아가도록 남성이 리드해갈 필요가 있다. 전희의 매듭으로서 서로의 성기를 서로 입으로 애무해주는 식스나인을 이용하는 커플이 많다. 이 식스나인을 여성상위의 형태로 행하면 여성은 엎드린 형태로 남성을 덮게 된다. 여성의 입과 혀에 의한 자극으로 음경이 충분히 발기되면 남성은 여성의 몸 아래로 빠져나와 상체를 일으킨다. 그러면 여성은 자연히 허리를 들어 올리는 자세가 되므로 이 자세를 흩뜨리지 않도록 하여 여성의 허리를 끌어당겨 음경을 삽입하면 자연히 후배위가 된다. 동물들은 교미를 할 때 서로의 몸을 핥는다. 식스나인에 의한 전희도 이것과 같은 이치로 서로 핥는 것으로 여성의 삽입소망을 높여가면 섹스의 자연스러운 흐름 속에서 후배위를 취하기 쉽게 된다. 후배위를 받아들이는 여성의 심리는 감히 무방비상태의 자세를 취하는 것으로 모든 것을 남성의 리드에 일임한다고 하는 데까지 개방되어 있다. 따라서 남성도 강렬한 피스톤운동으로 응해주면 여성의 성감은 더욱더 높아진다. 하지만 삽입 직후부터 격렬하게 밀어붙이는 것보다 처음에는 혀와 입술로 등을 핥거나 양손으로 가슴, 배. 클리토리스를 쓰다듬는 등 부드럽고 다정한 애무를 해주는 것이 좋다. 그리고 삽입한 음경을 질 내에서 크게 회전시키고 또 격렬하게 피스톤운동을 하면 여성의 쾌감은 한층 더 높아진다.

후배위의 다른 변형은 여성은 엎드리고 양다리를 좌우로 벌리게 하고 남성이 위에서 덮쳐누르듯이 삽입하는 체위이다. 이 체위로 자극을 받는 것은 X스팟과 Z스팟이다. 이것은 여성의 몸 전체를 바닥에 밀착하게 되므로 성기를 손으로 애무할 수는 없다. 따라서 혀와 입술을 사용하여 목에서 등 전체를 애무하도록 한다. 후배위는 피스톤운동에 클리토리스에의 자극이 수반하지 않기 때문에 그만큼 절정감을 얻는다고 하는 여성은 거의 없다. 따라서 후배위에 의한 섹스에서는 X, Y, Z의 3스팟을 공략하기 위하여 자세를 바꿀 때마다 손을 사용하여 클리토리스에 애무를 가해줄 필요가 있다. 몸의 움직임의 변화로 X, Y, Z스팟을 모두 자극할 수 있으면 강렬한 감각을 맛보게 할 수 있다. 후배위 그 자체는 동물적으로 자극이 강한 체위이므로 이러한 애무를 병행해서 행하면 여성은 상당히 큰 쾌감을 얻을 수 있을 것이다. 이런 의미에서 후배위는 가장 자연스러운 성교체위라고 할 수 있다. 후배위로 매우 난폭한 끝마무리를 한 후는 곧바로 음경을 빼내지 말고 그녀의 뒤에서 다정하게 껴안고 유방, 겨드랑 등을 누긋하게 애무하고 전신을 껴안으면서 정다운 말을 거는 등의 애정표현도 잊어서는 안 된다.

옆체위

남녀가 옆으로 나란히 누어 다리를 서로 엇갈리게 하는 체위를 옆체위(측위 側位, side to side position) 또는 가위체위(scissors position)라고 한다. 남성상위체위에서 성교를 시작하고 5분 후 남자는 그의 체중을 그의 오른 어깨 쪽으로 옮기고 여자는 그녀의 오른다리를 남성의 다리사이에 넣어 두 사람은 가위체위로 이행한다. 가위체위는 흔히 성교를 연장할 때 양 파트너를 위하여 가장 편안한 자세이다. 두 사람은 서로 체중을 지지할 필요가 없기 때문에 이 체위에서 오랜 시간동안 지속할 수 있다. 옆체위(측위)에서 여성은 그녀의 다리를 이용하여 그녀가 밀어붙일 때 받칠 수 있고 양자는 그들의 골반부위를 보다 자유롭게 움직일 수 있다. 서로 마주보면서 키스와 애무를 할 수 있고 여성은 파트너의 음낭과 바깥전립선스팟에 손을 뻗어 자극할 수 있다. 일정시간 후에 후배위로 이행한 다음 서로 오르가슴의 정상으로 끌어올려 성교를 끝맺는다. 보다 강한 자극이 필요하면 남성상위로 옮길 수 있고 또는 여성상위를 이용할 수도 있다. 이 체위는 임산부, 수술 또는 질병 후 회복기에 있는 환자 및 고령자를 위하여 좋은 체위이다. 다만 이 체위는 삽입이 얕아 음경이 질에서 빠져나올 가능성이 있음으로 주의해야한다.

남성은 몸의 아래쪽으로 되어있는 손을 여성의 머리아래에 밀어 넣어 베개대신으로 사용하면 남성의 다정함이 여성을 안심시켜 마음을 열게 한다. 팬티를 벗길 때 그녀가 협력적으로 되는지 아니면 남성을 애먹게 하는지의 갈림길이 된다. 가로 누어 서로 마주보는 대면측위(對面側位)에서는 어느 쪽도 위에 있는 다리가 자유롭게 된다. 넓적다리를 여성의 양다리 사이에 밀어 넣어 한손으로 여성의 다리를 자기 쪽으로 끌어당기도록 하면 넓적다리 안쪽이 노출되어 자신의 움직임도 컨트롤하기 쉽게 된다. 상체보다도 하반신을 서로 강하게 밀착하는 것이 중요하다. 자극은 힘차게 여성의 성기로 향해 강하고 크게 행하는 것이 좋다. 근육을 밀고

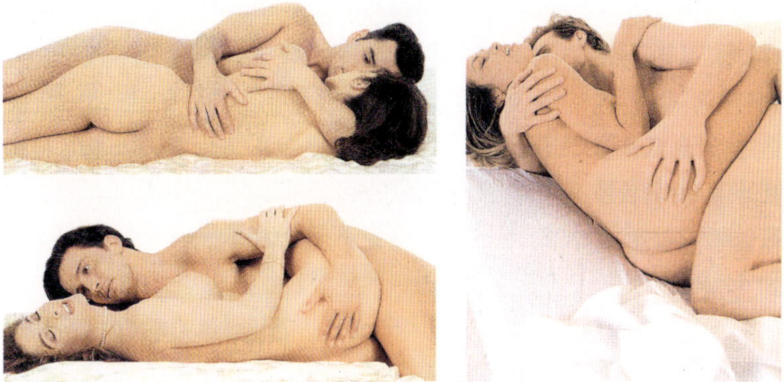

그림 6-8

옆체위와 가위체위.

피부를 쓰다듬는다. 때로는 양다리를 엇갈리게 하여 강하게 압박을 가하는 동작을 넣으면 한층 효과적이다. 남녀가 측위의 포스가 되어 서로 껴안으면 가슴으로부터 하복부까지 넓은 면적에 걸쳐 접촉이 가능하다. 여성의 성감을 높이는데 밀착은 극히 중요하며 그 점에서 말하면 엑스터시를 받아들이는데 가장 적합한 체위의 하나라고 할 수 있다. 접촉면적은 더욱 확대해서 일체감을 깊게 하려면 다리를 엇갈리게 하면 된다. 여성은 위쪽의 다리를 남성의 허리에 올려 한쪽 다리를 엇갈리게 한다. 남성은 위가 된 쪽의 다리를 상대의 넓적다리사이를 통해 그녀의 침대 쪽에 있는 허리를 휘감듯이 발목을 엇갈리게 한다. 침대 쪽에 위치한 다리는 서로 똑바로 뻗지만 무릎과 넓적다리를 접촉한다든가 발목부분으로 서로 엇갈리게 하여 밀착감을 높인다.

가위체위는 느긋한 자극을 즐기는 체위이다. 이는 격렬하게 몸을 움직이지 않는 체위라기보다 피스톤운동을 하기가 어렵고 물리적으로 격렬하게 움직일 수 없는 체위이다. 그 때문에 임산부의 경우는 몸의 부담이 적고 또 음경이 자궁에 부딪치지 않기 때문에 태아에 대해서 만일의 악영향을 걱정하지 않아도 된다. 가위체위가 안식의 자세라고 하는 이유는 여기에 있다. 그런데 역으로 말하면 격렬하게 움직일 수 없기 때문에 통상의 성교의 경우 가위체위만으로는 오르가슴을 얻는 일은 거의 없다. 따라서 아무래도 욕구불만이 되기 쉽다. 이러한 이유로 임산부 등의 특수한 경우를 제외하고 가위체위는 체위변환의 가운데 적당히 끼워가는 것이 최상이다. 즉 격렬한 체위에서 다른 격렬한 체위로 이행할 때의 인터벌용으로서 활용하는 것이다. 가령 정상위에서 격렬한 피스톤운동을 행한 경우 상당히 피로를 느끼는 경우도 있을 것이다. 그러나 여기서 음경을 빼고 휴식을 취한다면 애써 높여놓은 성감에 물을 끼얹게 되므로 그래서 가위체위를 끼워 넣게 된다.

가위체위에는 두 변화가 있다. 하나는 뒤에서 삽입하는 방법이다. 이 체위를 취하면 음경에 의해 질의 후벽(Y스팟)을 문질러 올릴 수 있다. 더욱이 배면측위(背面側位)의 경우 정성들여 애무를 반복하는 것으로 가위체위만으로도 여성을 엑스터시로 유도하는 것은 결코 불가능한 것은 아니다. 다만 피스톤운동의 격렬함에 제약이 있기 때문에 남성이 사정의 기쁨을 충분히 얻을 수 있을지 어떤지는 문제로 남는다. 다른 하나의 가위체위의 변화는 남녀가 서로 마주보고 결합하는 대면측위이다. 결합은 먼저 여성이 우 반신, 남성은 좌 반신을 바닥에 대고 서로 마주본다. 물론 이는 역이라도 무방하다. 전자의 경우 여성은 자신의 왼발을 올려 남성은 여성의 다리사이로 오른발을 밀어 넣고 다리사이를 밀착시킨다. 그리고 음경을 질에 대고 삽입한다. 이때 주의해야할 것은 남성이 자신의 넓적다리를 어느 정도까지 깊이 끼어 넣는 일이다. 그러지 않으면 삽입이 음경의 선단만의 얕은 것이 되기 쉬워 조금 움직여도 곧 빠져버리게 된다. 이러한 것을 막기 위하여 여성 쪽도 삽입이 끝나면 자신의 다리를 남성의 다리에 엇갈리게 하여 가위체위를 만든다. 이리하여 다리사이와 다리사이, 음경과 질을 밀착시킨 후에 남성은 완만하게 율동한다. 여성은 이 남성의 움직임에 맞추어서 성기를 문질 듯이 하면 좋다. 이것에 의해 질 앞벽(X스팟) 및 클리토리스가 자극되어 가위체위로 이행하기 전의 체위에서 높여온 성감을 저하시키는 일없이 남성은 휴식시간을 취할 수가 있다. 이때 남성은 자유로운 쪽의 손과 입으로 여성의 몸에 애무를 가해주는 것을 잊지 않도록 한다. 또 배면이든 대면이든 가위체위에는 인터벌이외에 또 하나의 효용이 있다. 그것은 성교의 끝마무리를 한 후에 이 체위를 활용하는 방법이다. 남성중에는 일단 사정하면 곧바로 음경을 빼버리는 사람도 적지 않다. 그러나 그래서는 여성은 오르가슴후의 여운을 즐길 수가 없다. 그 때문에 남성으로서는 사정후도 5분이나 10분 동안 음경을 삽입한 채로 두는 것이 최상이다. 그리고 가위체위는 그것을 위한 체위로서 가장 적합하다. 종결 후 이 안식의 자세로 부드럽게 애무해주면 여성의 만족감은 더욱 커질 것이다.

때로는 서로 작란하면서 측위로부터 들어가는

것도 꽤 멋진 일이다. 그러나 배면에서나 대면에서 측위로는 격렬한 율동은 할 수 없다. 도리어 최초의 측위에서는 여성의 질 내에 손가락대신 음경으로 전희를 할 셈으로 부드러운 피스톤운동으로 시종하는 것이 좋다. 측위에서의 삽입은 여성이 한쪽 발을 들어 올려 남성의 허리에 감듯이 하고 양자의 허리를 단단히 밀착하는 것이 요령이다. 여성은 감은 다리로 항상 남성의 허리를 끌어당기도록 한다. 측위에서는 격렬한 음경의 율동은 기대할 수 없으므로 남성은 비어있는 손을 사용하여 그녀의 외음부, 항문 등을 자극해주면 좋다. 특히 측위에서는 그녀의 항문은 무방비에 가까운 상태에 있으므로 그녀는 손가락의 공격을 막을 수가 없다. 그녀의 애액을 윤활제로 해서 항문과 그 주변을 충분히 자극해준다. 음경은 그녀의 X스팟을 문질러 주는 것이지만 무리를 하면 음경이 빠진다. 이 단계에서는 음경의 율동자체는 극히 온화한 것으로 한정시키고 그녀에게 음경의 질감, 충족감을 음미하게 하도록 하고 클리토리스, 또는 항문에의 자극으로 그녀의 흥분을 높여가도록 한다.

측위에서 그녀가 충분히 흥분한 것을 확인하면 여성상위로 이행한다. 깊이 밀어붙이면서 그녀의 허리를 단단히 끌어당겨두고 결합부분을 밀착시키면서 남성이 아래가 되도록 한 바퀴 회전한다. 이때 두 사람은 바싹 몸을 붙여서 밀착상위가 되도록 하면 좋다. 이때 갑자기 기승위로 이행하면 기승위에 익숙하지 않는 여성은 수치심에서 몸을 움직일 수가 없어서 급격히 흥분이 식어버리는 일이 있다. 그래서 두 사람이 몸을 밀착시킨 밀착상위에서 무리없이 기승위로 가져가도록 한다. 기승위로 이행하고 나서는 음경이 깊이 삽입되므로 마음껏 자궁경질부의 Z스팟를 노크하면서 동시에 귀두로 질의 후벽(Y스팟)을 문질러 올려준다. 기승위로 옮긴 단계에서는 그녀의 흥분도 극히 높아져 있으므로 그대로 절정을 맞아도 좋으나 기승위에서는 남성 쪽에 비해 여성 쪽의 흥분이 높아지기 쉬움으로 여성만이 끝나버리기 쉽다. 거기서 당황해서 절정으로 가지 말고 어느 정도 기승위로 그녀가 움직이면 정상위로 이행하고 나서 남성 쪽에서 만족할 수 있도록 마음껏 율동하면 좋다. 기승위에서 정상위로 옮기려면 다시 한 번 밀착상위로 이행해서 단단히 허리를 끌어당기면서 한 바퀴 돌아서 남성이 위로 오도록 하면 된다. 정상위로 이행하면 굴곡위, 개각위 등 보다 깊은 삽입이 가능한 체위를 취하여 그녀의 자궁경질부의 Z스팟을 마음껏 자극해주면서 함께 오르가슴을 맞이할 수 있다.

측위에서 차분한 회전운동으로 여성을 공략하기 위해서는 한쪽 다리로 단단히 허리에 감아 두 사람의 허리가 강하게 서로 끌어당겨지도록 한다. 두 사람의 접합부를 단단히 밀착시키도록 해서 서로 치골이 부딪칠 정도로 허리를 서로 밀치고 몸을 밀착시켜 물결치듯이 움직이면 질 앞벽(X스팟)과 동시에 그녀의 클리토리스를 미묘하게 자극하게 된다. 측위에서 흥분이 높아지면 좌위로 이행한다. 측위에서 좌위로의 전환은 여성이 남성의 허리에 발을 걸고 남성은 그 발을 단단히 껴안아 깊이 결합하고 다른 한쪽 손으로는 여성의 몸을 껴안으면서 일어나도록 한다. 좌위에서는 그녀의 X스팟, Y스팟을 남김없이 자극해주면 좋다. 그녀를 강하게 껴안아 X스팟을 문질러 올리듯이 밀어 올리고, 이번에는 그녀의 몸을 뒤로 젖히면서 Y스팟을 문질 듯이 마찰해준다. 좌위에서의 율동은 충분히 시간을 들여 행하고, 그 사이 키스를 퍼붓고 손으로 유두, 클리토리스를 공략하는 등 음경이외에도 애무를 지속하는 것이 중요하다. 그렇게 하면 그녀는 더욱 깊은 자극을 원해서 헐떡이면서 허리를 흔들며 닥아 온다. 이때가 정상위로 옮기는 기회이다. 좌위에서 정상위로의 전환은 간단하다. 그녀의 허리를 강하게 끌어당겨 음경을 보다 깊이 삽입하고 밀착도를 높여 다리를 당기면서 그녀의 상반신을 밀어 넘겨간다. 정상위에서는 음경을 깊이 삽입하여 그녀의 자궁경질부의 Z스팟을 강하게 자극해준다. 그렇게 하면 깊은 자극을 원하고 있던 그녀는 환희의 소리를 지를 것이 틀림없다. 거기서 그녀의 다리를 들어 올려 몸을 굽히고 굴곡위로 보다 깊이 삽입해서 격렬한 율동을 충분히 반복하여 두 사람 동시에 오르가슴에 도달하도록 한다.

측위에서는 여성이 한발을 들어 올리고 남성의 허리에 휘감도록 돌리는 것이 요령이다. 얕은 삽입도 허리의 밀착도를 높임으로써 보다 깊은 것이 되어 충족감이 증가한다. 허리를 밀착시켜 천천히 율동하는 것에 의해 음경이 질의 깊숙한 곳에 닿을 듯 말듯 하는 안타까움에서 여성은 보다 강한 흥분을 느끼게 된다. 피스톤운동의 격렬함이 아니라 음경의 삽입자체를 충분히 맛보도록 X스팟을 중심으로 천천히 무겁게 움직이는 것이 좋다. 본격적으로 음경을 율동하는 것은 다음의 정상위로 옮기고 나서이며 측위에서 정상위로의 전환은 간단하다. 그녀의 허리를 강하게 끌어당겨 삽입을 보다 깊게 하면서 천천히 몸을 90도 회전한다. 정사위로 옮기고 나면 깊고 격렬한 피스톤운동을 행하여 X스팟을 문질러 올린다. Z스팟을 강하게 노크하고 또 X스팟을 문질러 올리는 등 마음껏 음경을 율동하게 하는 것이 좋다. 끝마무리는 선호에 따라 정상위도 여성상위도 좋다. 정상위에서 좌위로 변환하는 것도 극히 간단하다. 굴곡위로 깊이 삽입한 채 음경이 빠지지 않도록 단단히 그녀의 허리를 끌어당기면서 천천히 그녀의 상반신을 일으켜서 무릎위에 껴안아 올린다. 좌위로 이행하면 차분히 부드럽게 그녀를 애태우듯이 율동한다. 질의 입구를 중심으로 후벽의 Y스팟을 음경으로 핥듯이 참을성 있게 자극한다. 좌위에서 흥분을 높이면 다시 정상위로 되돌아가 절정으로 유도한다. 여성이 더욱 쾌감을 구한다면 남성이 뒤로 몸을 젖히듯이 재껴서 여성상위로 이행하고 밀착상위에서 기승위라고 하는 흐름으로 마음껏 여성이 움직일 수 있도록 해준다. 좌위에서 기승위로 변환하는 요령은 남성이 여성의 치골을 향해 힘껏 허리를 밀어 올려 음경을 보다 깊이 삽입하고 또 남성이 뒤로 몸을 젖힐 때 여성은 남성의 목에 손을 돌려 단단히 매달려 같이 허리를 앞으로 밀어내어 음경을 단단히 질 내에 두어 빠지지 않도록 한다.

배면기승위(背面騎乘位)나 후배위는 여성에 있어서는 저항감이 강한 체위이지만 여성에 있어서 저항감이 강하면 강할수록 절정에 도달할 때의 쾌감은 보다 강렬해지는 것이 사실이다. 여성이 싫어하는 것을 고쳐주는 것이 체위술이다. 등 뒤에서의 삽입에 저항을 느끼는 여성이라도 최초는 배면측위에서 잠입하듯이 아무렇지도 않게 삽입하면 강한 저항감을 느끼지 않게 된다. 먼저 충분한 전희 후 그녀의 한쪽 무릎을 세우고 남성은 음경에 손을 대어 얕게 삽입한다. 음경이 빠질 위험성이 높으므로 과격한 율동은 피하고 비교적 온화한 움직임으로 그녀의 Y스팟을 전희의 마무리 셈으로 자극해준다. 도리어 배면측위에서는 격렬한 율동보다 등이나 견갑골의 아래 부분에의 애무를 중점적으로 행하는 것이 좋다. 물론 그녀의 클리토리스, 혹은 음경을 싸고 있는 소음순 등을 애액을 손가락 끝에 무쳐 충분히 자극해주는 것도 잊어서는 안 된다.

배면측위에서 후배위로 이행하려면 먼저 그녀를 강하게 끌어당겨 보다 깊게 삽입하고 그녀의 엉덩이와 음경의 밀착도를 높이고 나서 천천히 그녀의 허리를 들어 올려 허리를 공중에 뜨도록 한다. 이 단계까지 오면 그녀의 흥분은 상당히 높아져 있으므로 다소 부끄러운 포즈라도 저항 없이 취하게 된다. 거기서 그녀를 엎드린 스타일에서 머리를 숙이도록 하고 허리를 한층 밀어 올리도록 한다. 그리고 밀어 올린 허리로 향해 보다 깊고 강한 피스톤운동을 가하도록 한다. 특히 그녀의 자궁경질부의 Z스팟을 깊고 강력한 노크를 해주고 동시에 그녀의 앞벽의 X스팟을 음경으로 문질 듯이 격렬한 자극을 계속해서 보낸다. 이 자극을 계속하고 있는 동안에 아무리 수치심이 강한 여성도 그 쾌감의 높이에 견딜 수 없어 괴성을 지르고 애액을 세차게 분비한다. 그리고 종결한 후에도 곧바로 음경을 빼서는 안 된다. 특히 후배위의 경우는 갑자기 음경을 빼면 여성은 강한 불안감에 사로잡히게 되어 모처럼의 절정감의 여운을 망치게 된다. 후배위에서는 사정 후 잠시 동안 음경을 빼지 말고 다정하게 등 뒤에서 껴안아 그녀를 안심시켜주는 배려가 필요하다.

앉은체위

성교는 눕거나 엎드려서 하는 경우뿐만 아니라 앉아서도 가능하다. 남성이 앉고 그 위에 여성이 다리를 벌린 채 앉아 삽입하는 체위로서 삽입이 깊고 양손을 자유자재로 움직일 수 있기 때문에 서로 애무하기가 용이하다. 남녀가 사랑을 교환하는데 가장 흡사한 체위는 정상위라고 하는 것이 정설로 되어 있으나, 이 정상위지상주의는 반드시 의학적인 근거에 바탕을 둔 것은 아니다. 체위라고 하는 것은 개인의 선호의 문제도 있으므로 어느 것이 가장 좋은가는 일률적으로 이야기할 수는 없지만 인간의 체형과 성기의 위치, 각도, 크기 등의 생리적 메커니즘으로 생각하면 정상위보다 오히려 앉은체위(座位, sitting position)쪽이 자연스러운 체위라고 할 수 있다. 앉은체위(좌위)가 성교체위로서 뛰어나다고 하는 첫째는 좌위만으로도 X, Y, Z의 3스팟 모두를 구석구석까지 자극을 가할 수가 있다는 점이다, 다른 체위에서는 질 앞벽(X스팟)만을 문진 다든지 질 후벽(Y스팟)을 밀어붙일 뿐으로 한 패턴의 자극이 되기 쉬운데 반해, 좌위는 다리를 벌렸다, 몸의 각도를 바꾸는 것만으로 마음대로 여성의 질을 공략할 수 있다. 이는 다른 체위에서는 볼 수 없는 특징이다. 좌위의 둘째특징은 심장과 허리, 척수에의 부담이 가볍고 체력의 소모도 적다. 즉 앉는다고 하는 편안한 자세로 화합하는 것으로 몸에 부담없이 성교를 행할 수 있다. 심근경색 등 질병후의 섹스연구에서 성교체위는 대부분이 좌위중심이다. 이 사실을 보아도 얼마나 좌위가 몸에 무리가 없는 체위인가를 알 수 있다. 또 좌위는 손을 자유로이 움직여 여성에의 애무가 용이하다고 하는 것이 제3의 메리트이다. 정상위 등에서는 손이 닿는 범위와 움직임이 제한되므로 애무는 어색하게 되기 쉬운데 좌위의 경우는 문자 그대로 머리끝에서 발가락끝에 이르기까지 여성의 모든 부분을 애무하는 것이 가능하여 유방과 등, 목, 음부라고 하는 성감대를 손과 입으로 구석구석까지 공략할 수 있다. 좌위의 네 번째의 특징은 후배위를 포함한 어떤 체위로도 전환이 가능하며 다양한 변화를 즐길 수 있다는 점이다. 다만 이 체위에 있어서 남성이 여성의 몸을

그림 6-9
앉은체위의 변형.

지탱하고 있기 때문에 남성의 몸의 움직임이 쉽지 않고 따라서 절정을 맞아 마무리하는 체위로서는 부적합하다.

좌위에서 삽입을 시도할 경우 기본적으로는 여성의 적극적인 협력이 필요하지만 그것을 부끄러워하는 여성이 적지 않기 때문에 그때에는 먼저 남성은 무릎을 세워 여성을 지탱하면서 넓적다리 위를 미끄러지게 하듯이 행한다. 즉, 넓적다리를 미끄럼틀로 하여 여성을 앞으로 끌어당기는 것같이 하면 된다. 발기된 음경은 무릎을 세우면 거의 넓적다리에 평형한 위치를 유지함으로 이 방법이면 클리토리스에 닿으므로 위에서 아래로 라고 하는 원리대로 어려움 없이 삽입할 수 있을 것이다. 삽입한 후는 무릎을 뻗거나 책상다리를 하고 앉아도 불편은 없다. 순조로운 삽입감으로 이미 여성은 도취되어있기 때문이다. 무릎사이에 여성을 앉혀 미끄럼틀처럼 여성의 허리를 지탱하면서 여성의 몸을 약간 뒤로 젖히면 음경과 질의 각도는 잘 맞아 방향이 일치한다. 이때의 성기의 결합감은 모든 체위 중에서도 월등하여 남성의 허리의 움직임이 없어도 여성의 성감은 깊어진다. 만약 음경의 움직임을 가한다고 한다면 서서히 중후하게 행하는 것이 효과적이다. 띄운 넓적다리의 좌우의 무릎만을 나비의 날개와 같이 접었다 폈다하는 갓만으로 질 내의 스팟에 적확하게 자극을 보낼 수 있다.

상술한 바와 같이 좌위에서의 삽입은 무릎을 세워 그 경사를 이용하여 여성의 허리를 미끄러지게 하여 행하는 것이 가장 무난하다. 남성은 질구에 귀두부가 들어가면 여성의 허리를 넓적다리로 받쳐 그 이상 삽입이 되지 않도록 한다. 움직임을 가하고 싶을 때에는 좌우로 무릎을 벌렸다 좁혔다 하여 넓적다리의 지탱을 느슨하게 했다 되돌렸다 한다. 삽입을 깊이하고 싶으면 무릎을 낮추면 자연히 깊은 삽입으로 이행한다. 삽입한 채 서로 힘껏 포옹한다. 이 원리에서 말하면 좌위는 본래 그 때문에 있는 체위라고 해도 좋을 것이다. 삽입이 끝나면 그대로 양팔을 단단히 여성의 등으로 돌려 끌어당긴다. 밀착감을 깊게 하려고 생각하면 여성의 허리에 손을 대어 삽입감을 깊게 해두고 여성의 몸을 다소 뒤로 젖히듯이 하여 꼭 껴안으면 된다. 이 자세의 결합감은 다른 체위보다도 상체의 체중이 실리게 되므로 여성에게 하나가 되었다는 실감을 느끼게 한다.

좌위로 결합하면서 클리토리스를 자극하려면 남성은 정좌하고 여성은 손을 뒤로 집고 몸을 후방으로 젖히면서 몸을 지탱한다. 이 체위라면 남성은 그녀의 몸을 결합부에서 지탱하면서 그녀의 성기주변, 결합부를 구석구석까지 자극할 수 있다. 남성쪽에서는 그녀와의 결합부가 잘 보이므로 그녀의 느끼는 부분에 효과적인 자극을 가할 수가 있다. 접합부에서 스며 나오는 애액을 클리토리스에 바르고 가운데손가락으로 클리토리스, 그 외의 손바닥 전체로 클리토리스주변을 남김없이 천천히 애무해준다. 집요한 애무에 여성은 견디지 못하고 숨차게 헐떡이며 환성이 절로 흘러나오게 된다.

음경과 질의 결합이 깊고 서로 포옹하기에 적합한 것이 앉은체위이다. 그러나 지나치게 접근하기 때문에 삽입한 채로 애무의 손을 가하려고 하면 다소 어색한 움직임이 된다. 부자연스럽지 않는 애무를 하려고 생각하면 겨드랑이나 옆구리를 중점적으로 공략하면 좋을 것이다. 이 지점은 여성의 팔을 남성의 목둘레에 두르게 하면 성감대가 무방비상태가 되며 그것으로 남성도 움직이기 쉽게 되므로 애무에 변화를 줄 수 있다. 한손으로 여성의 허리를 끌어당기면서 옆구리를 손으로 애무하면 성감이 높아진 단계에서는 깊은 쾌감으로 변한다. 좌위에서 여성의 유방을 애무하는 것은 극히 용이하다. 남성은 양손이 자유로움으로 유방에의 애무에 신경을 집중하기 쉽기 때문이다. 또 두 사람의 자세에서 보드라도 극히 자연스럽게 유방의 애무가 이루어진다. 특히 양손 모두 자유로움으로 양쪽의 유방을 두 손을 사용하여 천천히 밀어 올리듯이 자극하면서 젖꼭지에 중점적으로 자극을 가하면 여성에게 쾌감을 선물할 수 있다. 또한 젖꼭지에의 자극은 혀끝과 입술을 미묘하게 움직이면서 애무할 수 있으므로 손의 자극과 병용하면 더욱 효과적이다. 서로 마주보는 대면좌위라면 여성과의 키스도 쉽게 될 수 있지만 이때도 결합부에서 상반신에 걸친 밀착도를 높이도록 단단히 껴안은 상태에서 키스하면 더욱 좋다. 이 경우 무리하게 음경을 움직이려고 하지 말고 몸을 꼭 밀착시킨 채 키스하는 것이 요점이다. 얼굴, 목, 귀 등에 키스하는 것은 정상위의 경우와 다르지 않지만 입술에도 할 수 있다. 차분히 서두루지 말고 밀착시킨 몸 전체로서 성감을 높이는 것이 좋다. 또 하반신을 단단히 밀착하고 있다면 유방에 키스해 주는 것도 좋을 것이다.

서로 마주본 대면좌위(對面座位)는 서로 애정을 표현하는데 적합하며 전희단계에서도 서로 키스를 나누거나 애무하는 경우가 많다. 여성은 무릎을 굴고 발바닥을 침대에 댄다. 좌위에서는 움직임의 이니시어티브를 갖는 것은 여성 쪽이므로 이처럼 발바닥을 침대에 붙이는 것이 움직임이 용이하다. 더욱이 적극적으로 움직임을 가능하게 하려면 남성이 침대모서리에 앉아 발목을 방바닥에 내려놓으면 남성도 다리를 움직이기 쉽고 리듬에 따라 여성의 움직임에 협력할 수가 있다. 섹스의 중반에는 질 내 전체를 자극하는 것이 중요하지만 그것에는 단순한 상하반복의 피스톤운동만이 아니라 남성 쪽이 손으로 여성의 허리를 리드해서 전후좌우로 허리를 흔들 필요가 있다. 음경이 일정방향으로 위치하고 있어도 이것에 의해 전체의 자극이 가능하게 된다. 대면좌위의 경우에는 남성은 손으로 여성의 히프를 움켜지고 가능한 한 앞쪽으로 끌어당긴다. 음경의 뿌리는 여성의 항문에 가까워지고 음경귀두는 질 앞벽을 분지르게 된다. 이 자세라면 남성은 허리를 움직이기 어려우나 여성의 엉덩이를 상하로 움직여 피스톤운동을 행한다. 이때 여성은 상반신을 뒤로 재끼면 음경귀두로 G스팟을 압박하기가 쉬워진다. 여성의 몸의 안정이 안 좋으면 뒤로 손을 집든가 손을 남성의 목과 어깨에 걸면 몸을 지탱하기가 그다지 어렵지 않게 된다. 좌위로 질 후벽을 공략하려면 대면으로 행하는 것보다 여성을 뒤로 향하게 한 후배좌위 쪽이 간단하다.

후배좌위(後背座位)에서는 귀두부분이 질 후벽에 바로 닿기 때문이다. 남성은 여성의 허리를 붙들고 상하로 피스톤운동을 시키는 것만으로 충분하다. 이것에 익숙해지면 여성이 자신의 허리를 상하로 운동하도록 하면 된다. 여성자신은 질 후벽자극의 쾌감을 잊을 수 없게 된다. 또 여성은 손을 침대에 집고 몸을 앞으로 기우리면 음경의 뿌리가 질구의 앞부분에 밀쳐지게 되므로 귀두는 질 후벽을 압박하기 쉽게 된다. 움직임의 점에서 보아도 앞으로 기우리는 편이 여성은 허리를 상하로 흔들기가 쉬워진다. 좌위는 기본적으로는 삽입이 어중 중하게 되기 쉬운 체위이다. 좌위로 질 깊숙이 자극하려면 여성을 뒤로 젖히도록 하면 깊은 삽입이 가능하게 된다. 그리고 깊이 삽입되면 여성의 허리를 끌어당겨 질 깊숙이 자극해 간다. 과격한 피스톤운동이나 전후운동보다도 여성의 엉덩이를 천천히 원을 그리듯이 움직이는 것이 좋다.

두 사람이 서로 마주보는 대면좌위에서는 여성의 양다리는 남성의 몸의 좌우로 뻗으므로 자연히 다리를 벌리는 모습이 된다. 거기서 더 한층 벌리려면 남성이 양손으로 넓적다리를 편다든가 무릎이나 발목을 잡고 펼치면 된다. 다만 이대로는 여성의 몸이 불안정하므로 여성은 양손을 뒤로 집고 몸을 지탱하면 안정을 얻는다. 이 상태에서 남성은 여성의 다리를 좌우로 흔들거나 위로 들어 올리거나 하면 그것에 따라 여성의 하반신은 쉽게 요동하며 시각의 변화를 즐기면서 질 내의 음경이 부딪치는 위치에 변화를 주면 여성의 쾌감은 더욱 깊어진다. 여성은 양다리로 남성의 허리를 감고 가능하면 발목을 엇걸어 남성을 끌어당긴다. 자신의 하반신 속에 상대를 끌어들여 일체화하려는 감각이 싹터 이 일체감이 여성의 흥분을 한층 더 높인다. 여성이 만약 밀착감을 더욱 구하고 남성도 그것에 응하려고 할 때는 이 자세로 껴안고 접촉면적을 확대해도 좋다. 좌위의 경우 껴안고 있어서는 서로의 가슴과 배가 밀착해 있어서 결합부분은 보이지 않는다. 보기 쉽게 하려면 두 사람의 상반신을 조금 떨어지게 할 필요가 있다. 그 때문에 여성은 손을 남성의 어깨에 대고 고양이등처럼 앞으로 숙인다. 혹은 여성의 목에 손을 돌려 머리를 당겨주면 여성은 두 사람의 몸 사이에서 결합한 성기를 볼 수 있게 된다. 이 체위의 이점은 여성이 자유로 허리를 움직일 수 있어 주도권을 잡을 수 있게 된다. 거기서 남성은 그다지 움직이지 않고 여성에게 좋을 대로 움직이게 하는 것이 좋다. 여성은 자신의 움직임에 따라 몸속에서 변화하는 쾌감을 확인하면서 결합상태의 변화와 음경의 반응을 실제로 눈으로 볼 수 있어서 흥분은 더욱 높아진다.

대면좌위이면 남성은 상대의 엉덩이에 손을 돌려 끌어안으면서 힘껏 잡아당겨 하반신의 밀착을 강화할 수 있다. 움직임은 여성 쪽이 리드하고 있어도 남성도 허리를 밀어 올려 리듬을 맞추면 더욱 강열한 피스톤운동이 된다. 또 음경의 선단이 자궁경질부를 격렬하게 자극하고 남성의 치골부분이 클리토리스주변을 압박자극한다고 하는 부수효과도 생긴다. 후배좌위의 경우 남성은 손을 뒤로 짚고 상체를 지탱하면 허리의 움직임이 비교적 자유롭게 된다. 여성의 움직임에 맞추어서 허리를 밀어 올려 두 사람이 함께 움직이면 피스톤운동의 속도가 통상의 배로 가속되어 질에의 자극을 배가할 수가 있다. 어떤 자세에 있어도 여성을 심리적으로 만족시키려면 밀착감과 일체감이 무엇보다 중요하다. 사정 후도 여성의 몸을 빈틈없이 자신의 몸으로 감싸주고 움직이지 않고 조용히 껴안아주는 것이 중요하다. 가령 남성이 좌위에서 사정한 후에 여성을 꼭 껴안은 상태에서 뒤로 누워도 허리를 껴안은 채이므로 음경이 빠질 염려도 없고 여성도 절정의 뒤는 긴장된 근육이 이완한다. 힘이 빠진 몸을 쿠션같이 아래에서 떠받치고 있으므로, 이러한 남성의 행위에 안심감과 다정함을 느껴 만족감은 배가된다.

좌위에는 다양한 베리에이션의 체위가 있다. 먼저 남성이 책상다리 앉음으로 다리를 포개고 앉고 여성이 남성의 팔에 안겨 무릎위에 앉아 상체를 약간 뒤로 젖히면 음경과 질의 방향선이 완전히 일치함으로 성기의 결합도는 최고로 높아진다. 이 자세에서는 남성이 적극적으로 피스톤운동을 하지 않아도 여성은 허리를 격렬하게 흔들 수 있어 특히 음핵과 질 후벽(Y스팟)이 받는 자극은 어느 자세보다도 최고로 강하다. 이 체위이면 여성은 성기의 결합의 깊이를 실감으로서 느낄 수 있어 충분한 엑스터시를 얻을 수가 있다. 좌위의 두 번째의 변화는 여성이 다리를 벌리고 그대로 엉덩이를 내려 앉아 있는 남성위에 걸터앉는 스타일로 이 자세에서는 음경이 다소 젖혀져 음경귀두가 질 앞벽을 문지르는 형태가 되어 X스팟의 공격에 적합한 체위가 된다. 세 번째는 여성의 다리를 모우고 남성의 가슴팍으로 끌어들이는 것 같은 형태로 성기를 결합시키는 스타일이다. 자세가 불안정하므로 양자의 움직임은 다소 제한되지만 결합도는 강하다. 음경은 Y스팟을 공략한다. 네 번째의 변화는 여성이 양변기에 웅크리고 앉은 자세를 취하고 남성은 아래에서 여성을 받들고 밀어 올린다. 이 자세로 자궁경질부(Z스팟)가 자극된다. 셋째와 넷째의 자세는 여성에게 대담한 자세를 취하게 하는 것이어서 심리적으로 흥분을 높이는 효과가 있다. 다섯째는 배면좌위에서 무릎위에 올린 여성에게 남성이 배후에서 껴안은 자세가 되므로 이 체위이면 음경과 질의 방향이 어긋나기 때문에 여성의 몸을 전방으로 넘어뜨리지 않으면 음경이 빠지기 쉽고 순조롭게 결합할 수 없다. 또 귀두는 Y스팟으로 향해 밀어붙이는 형태가 되므로 클리토리스에의 자극이 거의 없으므로 음지손가락으로 그 부분을 압박하는 등의 보조적인 애무가 필요하다. 이상 예를 들은 좌위의 변형은 성기의 결합도를 강하게 하면 어느 것이나 자궁경질부(Z스팟)에의 자극이 가능하게 된다. 여성을 강하게 껴안을 수가 있고 하반신을 세게 압박할 수 있는 좌위는 서로의 애정의 유대의 깊이를 서로 확인하기 위한 절효의 자세라고 할 수 있다.

좌위는 끝마무리하는 체위로는 부적합하다. 이 체위에서는 남성이 여성의 몸을 지탱하는 형태가 되므로 아무래도 남성의 몸의 움직임이 어렵다는 점이다. 그 때문에 남성이 섹스에 열중하지 못하고 흥이 깨지는 일도 적지 않다. 이러한 점에서 좌위는 행위의 도입으로서 여성의 심리적, 육체적으로 다채로운 변화와 공격을 적극적으로 취해서 쾌감을 높이게 하는데 다시없는 체위이기는 하지만 절정을 맞아 끝마무리를 하는 체위로는 반드시 적합한 것은 아니다. 좌위는 이 체위에서 여성상위와 정상위로 쉽게 체위를 전환할 수 있고 남녀가 교호로 주도권을 잡을 수가 있다는 점에서 초심자로부터 매너리즘에 빠진 부부에 이르기까지 만인에게 적합한 체위변환이라고 할 수 있다. 먼저 여성을 무릎위에 올려 천천히 깊숙한 곳까지 삽입하고 나서 그녀의 Y스팟을 차분하고도 중점적으로 자극하도록 율동한다. 여기서 여성의 흥분을 높여 놓으면 다음의 여성상위로 이행한 단계에서 그녀의 성감을 한층 더 높이는 일이 가능하게 된다. 좌위의 단계에서 잊어서는 안 되는 것은 음경의 율동뿐만 아니라 입과 양손을 이용해서 그녀의 성감대를 구석구석까지 자극해주는 일이다. 유방, 등줄기, 양 겨드랑에의 애무는 물론 특히 그녀와의 결합부를 중점적으로 자극해주면 좋다. 음경의 율동에 맞추어서 맥박하고 있는 소음순, 또한 흥분으로 충혈되어 있는 클리토리스를 집요하게 손가락으로 자극해준다. 음경이 삽입되어 있는 상태에서 동시에 클리토리스 등의 느끼기 쉬운 부분이 자극되면 많은 여성은 급격한 성감의 고조에 자신을 잊게 된다. 또 성감이 개발되어 있지 않는 여성이라도 이 테크닉에 의해 일으킨 격렬한 성감의 높임에 견디다 못해 달라붙게 된다. 여성이 어느 정도 각성이 높아져오면 그녀의 허리를 양손으로 누르면서 그대로 천천히 뒤로 재껴서 여성상위로 이행하고 그녀의 X스팟을 중점적으로 자극하도록 율동한다. 또한 여성이 다리를 굽힌 채로 두면 기승위가 된다. 평소에 부끄러워 기승위를 할 수 없는 여성도 이 일련의 흐름으로 자연히 가승위로 가져갈 수가 있어 자신을 잊고 분방하게 몸을 움직이게 된다. 이 단계에서도 비어있는 양손으로 그녀에의 자극을 잊지 않도록 유의한다. 끝마무리는 그녀의 각성의 높이를 보면서 정상위로 이행해서 행하는데 정상위로 전환할 때는 움직임을 중지하고 몸을 회전하는 것이 아니라 일단 그녀에게 깊숙이 일격을 가하고 나서 몸을 돌리도록 하면 좋다. 이러한 조치는 몸을 돌릴 때는 음경이 빠지기 쉬움으로 깊이 삽입함으로써 그것을 미연에 방지하고 또한 그녀에게 보다 강한 자극을 주어 그녀에게 율동의 중단을 의식시키지 않기 위해서이다. 정상위로 이행하면 굴곡위로 자궁경질부(Z스팟)를 연속적으로 밀어붙여서 단숨에 클라이맥스로 가져가는 것이 보다 절정감을 높인다.

좌위에서 시작하는 체위술의 요령의 하나는 최초부터 격렬하게 몸을 움직이지 않는 일이다. 손과 입으로 그녀의 상반신과 음부를 충분히 애무하고 음경은 그녀의 질 속을 애무할 의도로 천천히 율동한다. 이리하여 나중의 격렬한 체위의 복선을 연출해서 완급의 흐름을 만들어 가는 것이다. 좌위에서는 그녀에게 듬뿍 양손을 활용하여 애무하고 키스를 해주며 허리를 이용하여 차분히 X스팟, Y스팟을 충분히 자극하고 더욱이 유방, 클리토리스에의 자극에 시간을 들여 그녀의 반응을 보면서 측위로 이행한다. 좌위에서 측위로 이행할 때는 여성의 한쪽 다리를 뒤로 굽히고 다른 쪽의 다리는 남성의 허리 위에 뻗은 체위를 취한다. 남성은 그녀의 뻗은 다리를 끌어안으면서 그녀를 굽힌 쪽의 다리방향으로 옆으로 넘어져 가면 일련의 흐름이 순조롭게 행해진다. 이때 한손은 여성의 뻗은 다리의 무릎 뒤를 끌어안을 듯이 하여 다른 한쪽의 손은 여성의 허리를 끌어당기도록 하는 것이 요령이다. 이렇게 하면 그녀가 넘어져 측위가 되었을 때 자동적으로 그녀의 한쪽 다리가 남성의 몸에 휘감은 형태가 되어 강한 밀착감을 얻는다. 측위에서는 음경이 빠지기 쉬운 강한 피스톤운동은 피한다. 도리어 차분히 약을 올리듯이 섬세한 회전운동을 지속해 주는 것이 측위의 묘미이다. 앉은체위에서 여성의 성감은 상당히 높여져 있으므로 옆체위에서는 차근차근 자극해 주면 보다 강렬한 자극에의 기대감에서 새로운 감각이 촉발된다. 이 상태에서 그녀의 X스팟을 온화하게 남김없이 자극해주면 그녀는 좋든 싫든 성감이 높여져 밀려오는 절정의 예감에 자신을 잃고 남성의 음경의 율동을 구해 격렬하게 허리를 밀어붙여 올 것이다. 그러나 아무리 그녀가 흥분했다고 해서 측위인체로 당황해서 피스톤운동으로 옮겨서는 안 된다. 측위로는 음경이 빠져버릴 위험성이 높다. 행위 중의 음경의 이탈은 여성 쪽의 급격한 성감의 저하를 일으킨다. 그렇게 되어서는 모든 것이 물거품이 될 수 있다. 그녀의 욕망을 충족해주려면 불안정한 측위에서 마음껏 피스톤운동이 가능한 정상위로 이행하는 것이 좋다. 이때의 요령은 그녀의 다리가 휘감겨있는 방향으로 몸을 돌리면 저항감 없이 자연히 정상위로 이행한다. 정상위에서는 이제까지 시치미를 떼고 있던 그녀의 질에의 깊고 격렬한 율동을 선사해주면 된다. 굴곡위, 개각위 등으로 음경을 그녀의 깊숙한 곳까지 삽입하여 Z스팟을 지속적으로 자극하여 두 사람 함께 단숨에 절정의 꼭대기까지 오르게 한다. 이는 실로 환상적인 성의 극치라고 할 수 있다.

선체위

선체위(立位, standing position)는 선채로 성기를 결합하는 체위로 성교체위로서는 꽤 불안정하고 결합도도 약하다. 또한 음경이 이탈할 가능성이 높기 때문에 피스톤운동도 진폭을 제한할 필요가 있다. 그러나 이는 부자연스럽고 불안정한 체위임과 동시에 여성의 수치심을 자극함으로써 피학적인 쾌감에 도취하기도 하는 한편 정신적으로 자극이 되어 흥분의 퍼텐셜을 높여주기도 한다. 서로 마주 보고 여성은 양다리를 약간 벌린 채 선다. 남성은 무릎을 낮춘 자세로 음경을 손으로 붙들고 밀어 올리듯 삽입한다. 삽입한 뒤도 결합이 얕기 때문에 남성이 여성의 엉덩이를 꼭 껴안고 적은 폭의 허리운동을 하거나 남성이 여성의 허리에 팔을 돌려 단단히 지탱하고 여성은 다리를 들어 올려 남성의 허리를 감고 허리운동으로 음핵을 낭성의 불두덩에 문지르듯 밀어붙이면 고도의 쾌감을 얻을 수 있다.

선체위(입위)는 단 시간에 서로의 무드를 높여 정신적인 자극을 얻는데 좋은 체위이기는 하나 이 체위로 장시간 지속하는 것은 힘들므로 각성이 어느 정도 높아지면 좌위로 이행하고 이어서 남성상위나 여성상위체위로 전환하는 것이 좋다. 원래 애태우기에 의한 흥분을 즐기는 효과를 갖는 체위가 선체위이다. 여성을 벽 등에 밀어붙여 안정시키고 한 발을 들어 올리게 하여 음경귀두의 선단으로 문지르도록 한다. 이 자세 그 자체가 불안정해서 처음부터 깊은 결합은 바랄 수 없다. 그러나 여성에는 본래부터 피학소망이 있으므로 불안정하기 때문에 심리적으로 흥분은 높아진다. 선체위는 본래 그 후의 전개를 기대하게 하는 체위이다. 선체위에서의 삽입은 남성의 체격에 따라 상당히 방법이 달라지며 가령 신장차가 컬 경우는 남성은 여성의 엉덩이를 끌어올려 단단히 지탱하고 음경을 삽입한 채 허

그림 6-10
선체위와 그 변형(대면입위).

리운동으로 밀어붙이면 음핵이 남성의 불두덩에 부디 치면서 쾌감을 얻게 된다. 선체위에서 여성에게 공중에 붕 뜬 느낌을 주려면 문자 그대로 여성을 들어 올린 채 결합하면 좋을 것이다. 여성은 남성의 목을 양손으로 껴안고 남성은 여성의 양 무릎에 손을 돌려 들어올린다. 물론 이 자세에서 음경으로 여성을 밀어붙인다. 이 불안정한 체위에서는 여성은 언제 떨어질지도 모른다는 강한 불안감에 사로잡히면서 동시에 질 깊숙한 곳에 음경이 삽입되어있다고 하는 두 상승효과에 의하여 여성의 성감은 크게 높아지게 된다. 물론 이 체위에서 피스톤운동은 어렵지만 그럴 필요는 더욱 없다. 이 자세를 유지하여 결합부분에 힘을 주는 것만으로 여성은 강한 자극을 느낀다.

최근에 인기 있는 한 여배우는 어떤 섹스가 가장 좋으냐는 물음에, 사람의 왕래가 뜸한 노상이나 다리위에서 백주에 당당하게 한쪽 다리가 들어 올려져 음경으로 관통되는 선체위가 최고라고 답하였다고 하는데, 그 이유는 사람에게 보일지도 모른다는 아슬아슬한 불안이 섬뜩한 쾌감으로 다가오기 때문이라고 말했다고 한다. 그녀에 한하지 않고 여성에게는 이러한 자극적인 자세를 좋아하는 일면이 있는 것 같다. 선체위는 문자 그대로 선채로 성기를 결합시키는 것이니까 성교체위로서는 상당히 불안정하고 결합도도 약할 수밖에 없다. 또 음경이 이탈할 위험이 높으므로 피스톤운동도 될 수 있는 대로 진폭을 적게 할 필요가 있다. 그러나 이러한 부자연스럽고 불안정한 체위임으로 해서 도리어 정신적으로 고조되어 흥분퍼텐셜을 높이기 쉽다고도 할 수 있다. 이러한 관점에서 이 선체위는 침대에서의 체위라기보다 침실을 떠나 욕실이나 오피스, 야외에서의 플레이에 적합한 체위라고 할 수 있다. 젊은이들의 분방한 성의 실태를 서술한 이야기 중에 파티에 모인 젊은이들이 옷을 입은 채 선체위로 성교하는 장면이 묘사되기도 하는데, 이같이 단시간에 서로의 무드를 높여 정신적인 자극을 얻는 데에는 선체위는 절효의 체위라고 할 수 있다. 다만 이 선체위에서는 여성을 지탱하기 위해 남성에게는 상당한 힘이 들고 장시간의 행위를 지속하기 어렵다고 하는 난점이 있다. 체력에 자신이 있으면 평소의 섹스에 이러한 형태의 선체위를 포함시키는 것도 색다른 흥분을 유도하는데 도움이 될 것이다.

선체위는 크게 나누어 서로 마주보고 행하는 대면입위(對面立位)와 등에서 공략하는 배면입위(背面立位)의 두 형태가 있는데, 어느 것이나 여성의 몸을 지탱하는 것이므로 남성은 상당한 힘을 필요로 한다. 대면의 경우에는 여성은 양다리를 약간 벌리고 선다. 남성은 무릎을 수그린 자세로 찔러 올리듯이 삽입하는데 이때 질 방향으로 음경의 진행방향을 일치시키기 위해 음경을 손으로 받치고 꽤 위로 향하게 할 필요가 있다. 또 삽입하고 나서도 결합도가 얕기 때문에 여성의 엉덩이를 단단히 껴안고 움직임을 소폭으로 하지 않으면 음경이 빠질 염려가 있다. 순조롭게 결합되면 음경의 끝이 자궁경질부에까지 도달하여 Z스팟을 자극하므로 여성은 피학적인 정신적 쾌감을 수반하여 상당히 타오른다. 이 체위에서 여성의 질의 방향과 음경의 진행방향을 더 빈틈없이 꼭 맞추려면 남성이 여성의 한쪽 다리를 높이 들어 올리면 여성 성기는 자연히 열려 삽입은 수월해지고 몸의 움직임도 쉽게 된다. 이 대면입위에서는 여성이 뒤로 기댈 수 있는 벽 같은 것이 있으면 가장 바람직하다.

배면입위는 여성이 앞으로 굽히면서 엉덩이를 밀어 내듯이 서고 그 배후에서 남성이 삽입한다. 이때 남성의 몸을 앞으로 굽히면 결합은 얕아서 Y스팟을 문지르며, 허리를 앞으로 밀어붙이면 결합은 깊어서 자극은 Z스팟까지 미친다. 더욱이 여성이 몸을 젖히고 남성이 그 위에 덮쳐누르듯 자세를 낮추면 상당히 강한 피스톤운동도 가능하다. 이 선체위에서는 남성은 여성의 허리를 끌어당기는 것이 고작이며 여성의 몸을 애무하는 것은 다소 힘 든다. 기껏해야 몸을 전후로 흔든다든지 허리를 비틀어 음경에 의한 자극의 진폭을 크게 하는 일이다. 이 체위에서는 여성은 수치심이 자극되므로 해서 피학적인 쾌감에 취하는 일이 흔히 있다. 야외에서의 이러한 행위는 누구에게 보일지도 모른다고 하는 불안이 한층 그녀의 성감을 높여준다. 그런 의미에서 이따금 이러한 장소에서 선체위를 체험하는 것도 흥미로울 것이다.

선체위는 야외플레이에 가장 어울리는 체위술이다. 옷을 입은 채의 삽입은 흥분을 높인다. 숲속에서 나무에 그녀를 밀어붙여 선체위를 취하고, 더욱이 벤치에 앉아서의 좌위, 다시 정상위로 변환하면서 자극이 강한 플레이를 극히 자연스럽게 해낼 수도 있다. 물론 야외뿐만 아니라 러브호텔 등에서 보다 강한 자극을 구할 때도 응용할 수 있는 체위술이다. 먼저 정면입위로 삽입하는 경우는 여성 쪽이 한발을 들고 남성의 허리에 휘감도록 하면 삽입이 용이하다. 선체위에서 플레이할 때는 가령 옥내에서 사람 눈이 없어도 여성은 옷을 입은 채로 삽입하는 것이 좋다. 팬티를 내리고 스커트를 걷어올린 채 삽입하면 평소에는 없는 보다 강렬한 자극이 얻어진다. 선체위에서는 너무 활발하게 율동은 안 되지만 그녀의 체중을 이용하여 깊이 삽입할 수가 있으므로 그녀의 Z스팟을 중점적으로 노크할 수가 있다. 다만 이 체위에서는 너무 시간을 끄을 필요는 없다. 최초에 선체위를 취하는 것은 평소에 하지 않는 대담한 체위를 취함으로써 서로의 흥분을 높이기 위해서이다. 삽입, 율동하면서 그녀가 흥분하기 시작하게 되면 곧 좌위로 이행하는 것이 좋다. 선체위는 포스자체는 대담해도 음경이 빠지기 쉽고 허리의 움직임이 자동적으로 제한되므로 보다 강한 자극은 얻기 어렵기 때문이다. 좌위에서는 X, Y스팟에의 자극을 중점적으로 행한다.

입위에서 좌위로 옮기려면 그녀의 양다리를 단단히 들어 올려 허리를 꼭 밀착시켜서 보다 깊게 삽입하고 나서 천천히 허리를 내려간다. 이때 여성 측에서 먼저 허리를 가라앉도록 하는 것이 요령이다. 입위에서 좌위로 이행하는 경우에 남성부터 움직이면 음경이 빠질 위험이 있다. 좌위로 이행하고 나서는 최저 둘 이상의 베리에이션의 변화를 붙여서 충분히 율동해준다. 주로 그녀의 질 앞벽과 후벽, 즉 X스팟과 Y스팟을 음경으로 문질러 올리고 문질러 내리도록 하여 마음껏 공략한다. 이때 무방비상태로 있는 항문을 손가락 끝으로 충분히 자극해주는 것도 좋다. 평소에 항문의 애무에 저항하는 여성도 삽입한 음경의 감촉에 열중해 있으므로 항문에의 애무는 흥분을 보다 높여줄지언정 그녀의 흥을 깰 염려는 없다. 이러한 기회에 그녀의 항문감각을 확실히 길러주는 것도 좋을 것이다. 끝마무리는 남성이 그대로 뒤로 넘어지는 형태로 여성상위로 이행하든가 혹은 두 사람이 껴안은 채로 한 바퀴 회전하는 형태로 정상위로 이행하여 그대로 굴곡위로 피스톤운동을 하든가 어느 것이나 좋아하는 전개를 선택한다. 여성상위에서는 주로 Y스팟과 Z스팟을, 정상위에서는 X스팟과 Z스팟을 자극하게 되지만 어느 자극을 선택하는가는 여성 나름이다.

먼저 여성을 벽 또는 테이블 등으로 향해 서게 하고 그대로 배면입위로 그녀의 스커트를 걷어 올리고 배후에서 삽입한다. 이때 여성 측은 몸을 될 수 있는 한 앞으로 굽히고 허리를 뒤로 밀어 올리듯이 하면 남성은 음경을 손으로 받치면 삽입하기가 수울해진다. 율동하면서 그녀의 옷 아래로 손을 잠입시켜 유방은 물론 음경과 소음순의 접합부, 혹은 클리토리스 등에 손가락 끝으로 끊임없는 자극을 지속적으로 보낸다는 것은 두말할 것도 없다. 음경의 율동과 동시에 클리토리스, 소음순에 가해지는 바쁜 손가락 끝의 움직임은 그녀의 흥분을 더욱더 높이고 격심하게 흐트러지게 한다. 음경에 의한 자극은 그녀의 체중을 이용하여 보다 깊게 삽입하고 Z스팟을 중점적으로 노크하도록 해준다. 다만 선체위의 격렬한 피스톤운동은 음경이 빠지기 쉬우므로 음경의 선단을 단단히 그녀의 속에 묻은 채 Z스팟 부근을 끈기 있게 느릴 정도의 느낌으로 율동하는 것이 좋다. 또 때로는 여성이 벽에 손을 짚은 채 남성이 그녀의 양다리를 들어 올리듯이 하여 그녀를 공중에 뜨게 하는 자세를 취하는 것도 좋다. 다만 이 자세대로는 길게 율동을 계속하려해도 무리이다. 변화된 체위를 취함으로써 사람들이 평소에 경험하지 못한 자극을 얻을 수 있다는 것은 그것만으로서 충분함으로 이 체위에서의 율동은 극히 짧은 시간으로 족하다.

"모든 인간이 세상에 태어나는 것은 쾌락의 덕

분이다"라고 말한 것은 프랑스의 계몽학자 볼테르(Voltaire)이지만 인간의 생의 영위는 쾌락을 원점으로 하고 있다. 그 궁극의 쾌락이야말로 섹스라고 하는 행위이다. 섹스에서 최고의 엑스터시(ecstasy)가 얻어지는 것은 인간이 쾌적한 환경 하에 있을 때 최고의 정신의 안정과 최고의 정신활동이 얻어지기 때문인데 이러한 상태에 있을 때는 마음이 자유로이 열려 정신이 최고의 안정 상태가 되는 것이다. 섹스는 남녀가 사랑을 최대한으로 교환하는 장이며 또한 인생에 있어서 극히 중요한 의미를 갖는다. 여성에게 절정을 주지 못하는 남성은 결국 참된 섹스를 이해하였다고 할 수 없고 여성에 있어서 절정을 모르는 인생은 사막과 같은 것이라고 할 수 있을 것이다. 커플들은 성생활의 단조로움을 벗어나 새로운 흥분과 맛을 증가시키기 위해 앞서 말한 여러 체위를 시도할 수 있지만 성교 시마다 반드시 다양한 체위를 사용할 필요는 없다. 다만 서로가 원할 때에 자연스럽게 한 체위에서 다른 체위로 변화를 구사하는 것이 이상적일 것이다. 또한 한 번의 성교에서 많은 체위를 사용하드라도 짜여 진 식순대로 의식을 치르듯이 진행하는 것보다 항상 자발적이고 창조적이면서 가능한 한 즐겁게 진행시키는 것이 중요하다. 어떤 사람들은 항상 바로 자기직전에 자신들의 침실이 아니면 결코 성관계가 성립될 수 없는 것으로 생각하는 경우도 있으나 간혹 아침이나 오후에 거실이나 소파위에서 또는 서재나 부엌에서도 성적분위기가 형성될 수가 있으면 새로운 신선한 경험을 할 수 있을 것이다. 반드시 취침 시까지 성행위를 미룰 필요는 없다. 이처럼 부부간에 예기치 않은 다양한 장소, 예컨대 소파 위에서, 양탄자위에서, 다른 방이나 어떤 다른 장소에서 섹스를 갖는다는 것은 정상적인 것이며 침대위에서만 섹스를 가져야 된다는 규칙은 없다. 다양한 장소에서 다양한 시간에 다양한 방법으로 성관계를 갖는다는 것은 커플을 위해 환상적인 것이며 집안에서 부부가 소파나 욕실에서 성교를 한다고 해서 조금도 부도덕하거나 죄의식을 느낄 필요는 없을 것이다. 언제 어디서 성행위를 하던 자발적이고 즐거운 기분을 느낄 수 있도록 항상 준비하는 것은 바람직한 일이다. 건강하고 만족스러운 성생활은 누구에게나 신체적 정신적 위안과 충족감을 줄뿐 아니라 자신감을 제공하기도 한다.

체위전환

음핵감각과 질 감각이 각각 존재하는 것은 사실로서 받아들여지고 있으며 이 이외에도 자궁경질부감각이 있어서 자궁에도 쾌감을 주는 부위가 있다. 자궁경질부가 음경귀두로 자극될 때 여성이 느끼는 감각은 질과 음핵의 그것과 동등하여 충분히 오르가슴에 이를 수 있는 강렬한 것이다. 이들 음핵감각, 질감각, 및 자궁경질부감각의 3감각은 굳이 어느 것이 더 우월한가를 가리는 것은 곤란하다. 오르가슴의 발생원을 한곳에만 제한하는 생각은 적절치 않으며 만약 3감각을 동시에 자극할 수 있다면 그야말로 3위 일체로 보다 깊고 강렬한 오르가슴이 얻어질 것이다. 그러나 3감각을 동시에 자극한다는 것은 거의 불가능함으로 여러 체위의 전환이 필요하다.

음핵자극체위

음경을 음렬이나 소음순 사이에 두고 충분히 발기하지 않은 음경으로 음핵(클리토리스)을 9천1심의 방식으로 문지를 수가 있다. 음핵감각은 자극되고 있는 동안에 여성이 오르가슴을 맞이할 수도 있는데 그 상황을 보면서 음경도 소음순에 마찰되어 발기되어온다. 이 남성상위에서의 성교는 발기부전의 치료목적으로 이용되기도 한다. 이 체위는 음핵자극체위로 음핵감각을 자극하여 여성을 오르가슴으로 유도하는데 적합하다. 여성상위와 기승위 역시 음핵자극체위의 하나이다. 여성이 남성위에 엎드려 다리를 굽히고 무릎을 가슴 쪽으로 당긴 상태에서 다리를 벌리면 외부성기는 상당히 위로 향한 상태가 되어 클리토리스를 자극하기에 적합한 자세가 된다. 이들 기본적인 체위패턴의 변화형으로 여성의 다리의 각도와 높이, 두 다리의 벌리는 각도 등을 적절히 조절하면 남성이 클리토리스를 자극하기가 쉬워진다.

질자극체위

여성이 바로 누워서 스스로 두 다리를 들어올린다. 남성은 그녀의 넓적다리사이에 무릎을 꿇고 양손으로 여성의 몸을 지탱한 상태로 음경을 깊이 삽입하여 자궁경질부를 찌른다. 또 여성은 엎드려 머리를

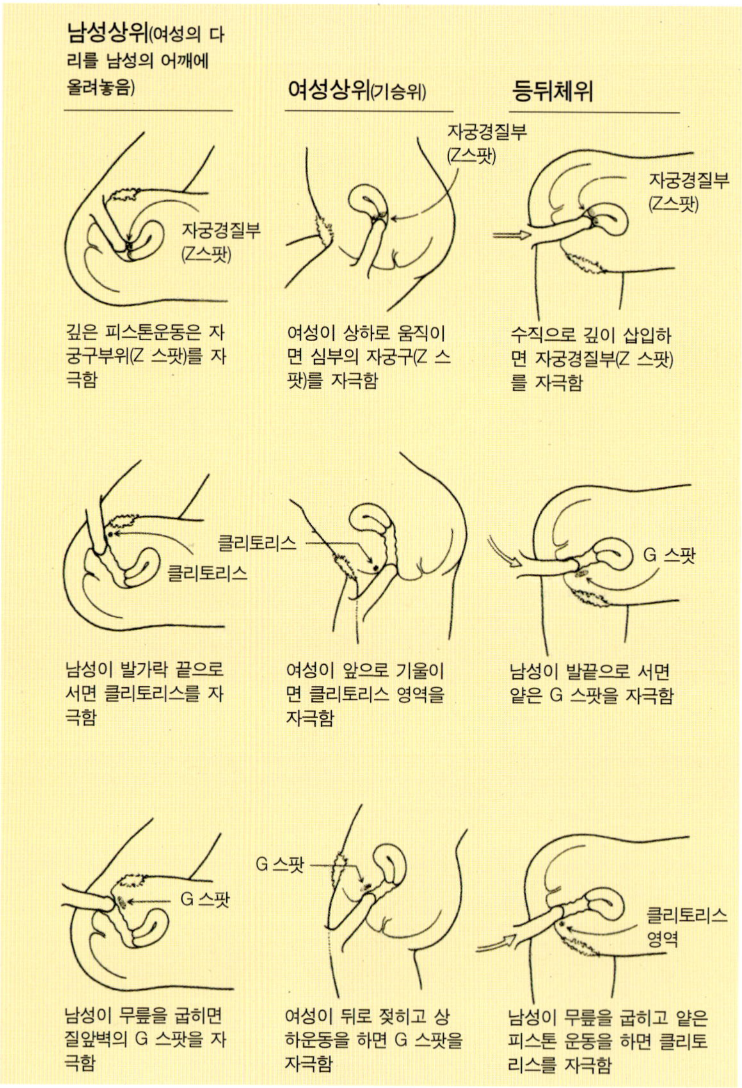

그림 6-11
성교체위와 성교운동 및 자세에 의한 자극부위

낮게 하고 엉덩이를 높게 유지한다. 그 뒤쪽에서 무릎을 꿇고 남성이 여성의 배를 끌어안고 음경을 질 중앙에 삽입한 후 깊게 밀착시킨다. 처음에는 빠르게 그리고 나서 보통 속도로 여덟 번 얕고 두 번 깊은(8천2심) 방법으로 성교운동을 하면 질구멍은 열리고 애액(윤활액)은 넘쳐흐른다. 또 남성은 바로 눕고 그 위에 여성이 걸터앉아 두 다리를 앞으로 향하게 하고 여성이 음경을 질에 삽입하여 조금 들어간 상태에서 멈춘다. 얕게 삽입한 상태를 유지하는 것이 이 체위의 특징이다. 이들 체위는 질감각을 높임으로써 여성을 오르가슴으로 유도한다.

자궁경질부자극체위

질 안을 자극하는 스팟은 크게 셋으로 나눌 수 있다. 질 앞벽(X스팟), 질 후벽(Y스팟), 자궁경질부(子宮頸膣部, Z스팟)의 3부위이다. 이 3스팟에 충분한 자극을 주면 자궁경관점액이 분비된다. 이 점액은 질 안을 적시는 윤활액과는 전혀 다른 것으로 질 깊숙한 곳에서 분비되어 정자를 자궁으로 옮겨주는 역할을 한다. 이 자궁경관점액은 음경으로 질 안을 충분히 자극하지 않으면 분비되지 않는다. 남성상위에 의한 단순한 성교운동으로는 질 앞벽을 자극할 뿐으로 깊게 찌르면 자궁경질부를 자극하지만 질 후벽의 자극은 어렵다. 요컨대 한 체위로는 황홀한 감각을 얻기가 어렵다는 것을 알 수 있다. 여성이 오르가슴에 이르기 위해서는 자궁경관점액이 분비될 수 있도록 X, Y, Z의 3스팟을 충분히 자극할 필요가 있다.

이처럼 X, Y. Z의 3스팟을 수없이 자극하려면 한 번의 성교 중에 적어도 3가지의 체위전환을 받아들이는 것이 바람직하다. 남성상위에서는 X스팟, 등뒤체위에서는 Y스팟, 앉은체위에서는 Z스팟의 자극을 효과적으로 적용할 수 있다. 이 같은 기본체위의 특성을 살리면서 음경과 질의 각도를 각각의 기준에 맞추어 체위를 전환하는 것이 중요하다. 남성상위, 여성상위, 등뒤체위, 가위체위, 앉은체위의 5체위를 기본으로 체위전환에 변화를 주면 수없이 많은 패턴으로 X, Y, Z의 각 스팟을 효과적으로 자극할 수가 있다.

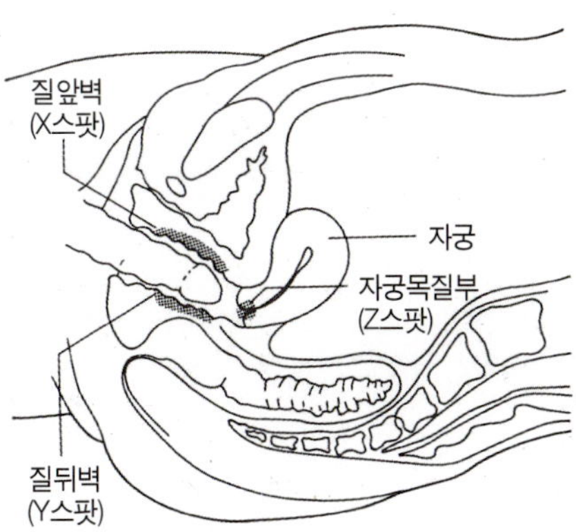

그림 6-12

질 속의 감각스팟.
성교체위전환에 의해 X, Y, Z의 3스팟을 충분히 자극하면 자궁목관점액이 분비된다.

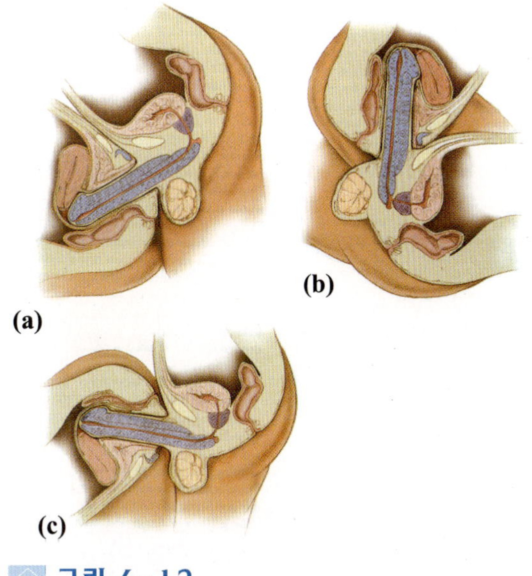

그림 6-13

세 성교체위의 가로단면도.
(a) 남성상위. (b) 여성상위. (c) 등위체위.

입성기성교

입술과 혀는 단지 키스를 위해서만이 아니라 전희를 위해서도 아주 완벽한 무기이다. 혀와 입술은 손가락보다 부드럽고 섬세할 뿐만 아니라 침을 윤활제로 사용하기 때문에 매끄럽고 감촉이 뛰어나 이들을 자유자제로 활용한다면 멋진 연인이 될 수 있다. 입성교(oral sex, 구음)는 입으로 상대의 성기에 자극을 주는 애무법으로 남성이 여성의 성기를 혀와 입술로 애무하는 커널링거스(cunnilingus, 라틴어로 핥는다는 뜻)와 여성이 남성의 성기를 입으로 애무하는 펠라티오(fellatio, 라틴어로 빤다는 뜻) 그리고 서로 커널링거스와 펠라티오를 동시에 행하는 식스나인(69) 등을 총칭해서 입성기성교(oral-genital sex)라고 한다. 많은 여성은 클리토리스주변의 입 자극은 성교보다 더 즐겁다고 말하며, 많은 남성은 펠라티오, 특히 오르가슴 중의 펠라티오는 성교보다 더 강력하다고 말한다. 그러나 즐거움은 항상 수용자를 위해 한결같이 예약되는 것은 아니다. 많은 사람들은 오럴섹스를 주기 위해 그것을 받는 반면 다른 다수인은 그들의 파트너를 입으로 자극하고 그들의 파트너의 반응을 보는 것을 즐기기 위해 입성교를 행한다. 킨제이보고서(1948, 1953)는 그들이 연구한 기혼자의 약 50-60%가 입성기성교를 행하였으나 독신자의 15%, 청년의 10%만이 그것에 관여하였다고 보고하였다. 보다 최근의 연구조사는 성적으로 활동적인 10대와 젊은 성인남녀의 약 70-90%가 입성기성교에 관여하였다고 지적하였다(Gates & Sonenstein, 2000; Laumann et al., 1994).

성교를 터부시하는 생각이 크게 줄어든 현대에 있어서도 종교적인 금기와 성기에 입을 댄다는 것은 불결하다는 생각에서 거부하는 사람도 적지 않지만 입성기성교가 성의 폭을 넓히고 남녀에게 보다 친밀감을 주고 성생활을 풍부하게 해주고 있다는 것은 틀림없는 사실이다. 입성기성교를 거부하는 사람에게 이를 강요해서는 안 되며 또 커널링거스는 받아들여도 펠라티오는 싫어하는 여성도 있으므로 남성은 그녀의 희망사항을 존중해주어야 한다. 더욱이 펠라티오 중에 상대의 양해도 없이 입안에 사정하는 것 같은 일은 절대금물이다.

입성기성교는 반듯이 서로의 합의아래 즐긴다는 것이 원칙으로 그렇게 함으로써 성을 풍부하게 하고 두 사람의 즐거움을 더욱 높이게 된다. 다만 입성기성교는 성기에 입을 대는 것이므로 사전에 성기와 입을 깨끗이 씻어야한다. 키스에서도 마찬가지이지만 성기에서 잡균이 입으로 옮겨서 염증을 일으키는 일도 있고 역으로 입 속의 세균이 성기에 들어가 염증을 일으킬 수도 있다. 그런 뜻에서 성교 직전에 반드시 양치와 샤워나 목욕을 하고 몸 특히 입과 성기를 깨끗이 씻어두는 것은 매우 중요하다.

커널링거스

커널링거스(cunnilingus)를 일종의 변태행위와 같이 생각했던 시대가 있었다. 정신분석학자 프로이트는 커널링거스와 펠라티오를 성적도착행위로 규정하였으나 고대 인도에서는 입에 의한 입성기성교가 행해지고 있었고 절세의 미인 클레오파트라는 펠라티오의 명수로서 하루 밤에 로마의 귀족 100명을 오르가슴에 이르게 했다는 에피소드가 있다. 현대에서는 커널링거스는 성교의 변화기법으로서 보편적인 행위로 되어 있으나 여성 중에는 오랜 성의식에 묶여서 성기에 입을 대는 것에 저항을 나타내는 사람도 있다. 그러나 그 같은 여성도 커널링거스를 싫어해서가 아니라 다만 부끄러워서 성기를 보이는 것이 수치스러워서 등의 소극적인 이유에서 기피하는 경우가 많다. 커널링거스는 입술과 혀의 젖은 점막으로 자극하는 것이므로 손가락에 의한 자극보다 훨씬 섬세하고 강렬한 쾌감을 여성에게 가져다준다. 점막과의 미묘한 접촉이 여성에게 녹일 듯한 황홀감을 주는 것이다. 커널링거스는

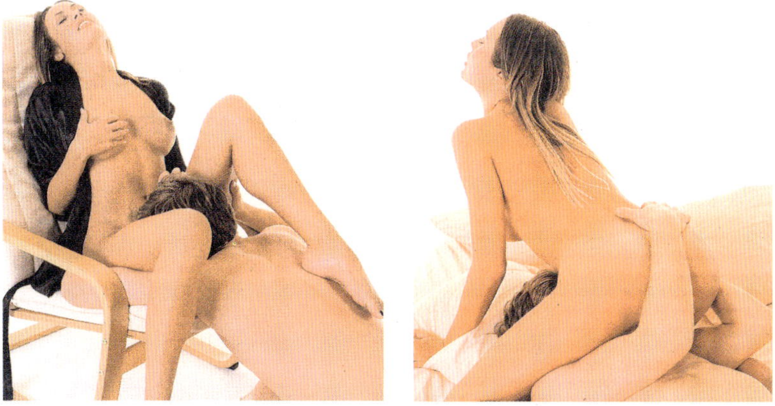

그림 6-14

커널링거스. 혀와 입술에 의한 외음부의 부드러운 애무는 여성의 감수성과 즐거움을 충만시켜준다.

생리적으로나 심리적으로 효과가 가장 탁월한 애무방법이다. 테크닉이전에 여성에 있어서는 자신의 성기에 남성의 입술이 접촉된다는 그 자체가 성감을 매우 높여 준다. 이 같은 심리적인 효과는 성교에 있어서 무엇보다도 중요한 것이다.

부끄러워서 싫지만 커널링거스를 받으면 매우 쾌감을 느낀다는 여성은 이외로 많다. 대음순과 소음순, 질어귀, 음핵 등을 시간을 들여서 부드럽게 애무하면 여성에게 강렬한 쾌감을 선사할 수 있다. 커널링거스의 동작에는 혀로 핥고 쓰다듬고, 혀끝으로 찌르고 가볍게 두드리고, 입술로 가볍게 접촉하고, 빨고, 윗입술과 아랫입술로 물고 부드럽게 압박을 주는 등 무수한 기법이 있을 수 있다. 이들 기법을 복합적으로 사용하여 변화를 주고 재치 있게 자극을 구사하면 쾌감은 증폭된다. 다만 처음부터 성급하게 질과 음핵에 혀를 접촉한다면 여성의 커널링거스에 대한 호기심과 기대는 사라지기 쉬움으로 처음은 부드럽게 하복부의 주변에서 천천히 접근해 가는 것이 중요하다. 허리근처나 배꼽 바로 아래, 나아가서 음모와 그 언저리, 넓적다리안쪽부위 등을 입술과 혀로 다정하게 애무하면서 점차적으로 여성의 성기에 접근해간다.

여성의 성기를 애무하는 요령은 혀 전체로 누르고 문질러 올리는 것같이 한다. 처음부터 혀끝으로 질과 음핵에 예리한 자극을 주는 것보다 혀의 넓은 면적으로 가볍게 자극을 주어 먼저 그 애무에 익숙해지도록 한다. 혀의 양옆이나 뒤와 양끝은 미끈거리지만 혀의 등쪽은 까칠까칠하게 되어 있어서 이들 감촉의 차이는 여성에게 주는 자극의 차이로 나타난다. 혀의 등 중앙은 거치므로 이것에 의한 예리한 자극을 여성은 선호한다. 남성중에는 커널링거스란 음핵만을 집중해서 자극하는 것이라고 잘못 생각하는 사람도 있다. 물론 음핵도 중요하지만 여성의 입장에서는 한 곳만이 아니고 성기 전체를 애무해 주기를 바란다. 특히 음핵은 음경귀두(음경머리)의 몇 배나 민감하고 자극에 대해 과민반응을 보이므로 처음에는 직접적인 자극보다 간접적인 자극을 더 좋아한다. 음핵은 구조적으로 대음순과 연결되어 있어서 대음순을 혀로 핥고 입으로 물거나 입술로 밀고 문질러 올리고 하여 대음순을 부드럽게 애무하면 여성은 흥분하게 되고 음핵을 직접 자극해 주기를 바라게 되며 스스로 음핵을 남성의 입에 갖다 대게 된다. 그래도 아직 음핵에 직접 접촉하지 말고 주변부에서 자극할 듯 말듯하면서 직접공격은 피한다. 이 같은 파상적이고 애태우기 기법은 여성의 성감을 한층 높이는데 가장 좋은 방법이다.

클리토리스의 민감한 감각은 비길 것이 없을 정도로 강렬한 쾌감이다. 대음순과 소음순사이의 음순사이고랑은 미주신경이 집중되어있다. 미주신경은 여성성감의 주역이어서 미주신경이 모여 있는 곳은 클리토리스와 마찬가지로 부드러운 접촉만이 성감을 높이는데 유효하다. 대음순 안쪽에서 소음순으로 향한 극히 부드러운 애무는 여성의 감수성과 즐거움을 충만 시켜주기 때문에 그녀를 깊은 쾌감이 수반되는 환상의 세계로 유도할 수 있다. 소음순을 열면 위쪽은 클리토리스이고 아래쪽에 질구멍(질구)이 있으며 그 중간에 요도구멍이 있다. 이 요도구멍을 다정하게 애무하면 강렬한 성감이 생긴다. 또한 클리토리스의 아래 끝에서 질구멍까지를 질어귀(질전정)라고 하며 이곳도 여성이 가장 느끼기 쉬운 일급성감대이다. 이 부위는 클리토리스, 소음순, 질이라고 하는 3성감 포인트로 둘러싸여 있으므로 이곳을 황금의 삼각지대라고 한다. 이곳은 피부와 점막이 접하고 신경종말과 성감수용기가 밀집되어 있어서 이곳을 애무하는 것만으로 오르가슴에 이르는 기가 막히는 곳이다.

먼저 요도구멍에 혀끝을 가만히 접촉하는 것이 좋으며 혀끝으로 가볍게 찌르거나 두드리는 것도 좋다. 이곳에 부드러운 자극을 가하면 여성의 몸은 움칫하는 반응을 보이며 넓적다리에 힘을 주는 것을 느낀다. 잠시 동안 가만히 혀로 접촉하면서 애무를 계속하고 여성이 그것에 익숙해지면 다소 강한 자극을 주어도 된다. 혀끝을 뾰족하게 세워서 애무하는 것도 좋으며 다만 어디까지나 자극은 부드럽게 하고 그것도 시간을 충분히 들여서 참을성 있게 천천히 자극을 계속한다. 요도구멍과 질어귀의 부드러운 자극이 곧 황금의 삼각지대로 전달되어 강렬한 성적흥분(각성)을 불러일으켜 참기 어려운 성적욕구가 훨훨 타오르게 된다. 소음순의 자극은 혀를 세워서 소음순 전체에 접촉시켜 핥아 올리거나 혀를 소음순에 얽히게 하여 싸듯이 혀를 움직인다. 그리고 혀와 함께 입술을 사용해서 소음순을 입 속에 물고 흔들고, 입술로 물고 혀끝으로 애무해서 절묘하게 압박하고 잡아당기고 혀를 춤추게 하고 밀거나 문지르거나 하면 아주 효과적이다. 애무의 기본원칙은 부드럽게 한다는 것과 시간을 들여 참을성 있게 한다는 점이다. 특히 처음에는 부드럽게 하고 또한 리듬에 변화를 주는 것도 아주 중요하다.

소음순을 자극해서 여성의 성감이 높아지면 다음은 클리토리스를 공략할 때다. 음핵은 감도가 상상 이상으로 민감하기 때문에 음경을 애무할 때와 같은 방식으로 자극하면 쾌감보다는 통증을 느낀다. 그래서 클리토리스의 자극은 약하면 약할수록 바람직하다, 민감한 부분일수록 부드럽고 가볍게 접촉한다는 것이 애무의 원칙이다. 입술과 혀와 같은 연한 부분으로 극히 가볍고 부드럽게 접촉한다. 음핵은 음경과 마찬가지로 꺼풀(포피)로 덮여있는 포경형과 꺼풀이 벗겨진 노출형이 있다. 음핵귀두의 포경형이든 노출형이든 있는 그대로 혀와 입술로 자극한다. 포경형의 꺼풀을 억지로 제치고 자극하면 자극이 강해서 고통을 느낀다. 여성은 통증에 특히 약하므로 통증이 오면 성감의 높이가 단번에 사라지고 성적욕구를 잃게 된다. 음핵귀두의 노출형은 평소에 대음순과 소음순에 의해 마찰됨으로 포경형의 음핵만큼 민감하지 않음으로 노출된 그대로 애무하면 된다.

어떤 커널링거스가 가장 효과적인가 하는 것은 상대여성의 기호문제이므로 그녀와 성교를 거듭하면서 그녀가 가장 강렬하게 느끼는 포인트를 찾아낼 수 있을 것이다. 점차 익숙해지면 커널링거스만으로 오르가슴에 이르는 여성도 있다. 이 경우에는 조금 간격을 두고 여성이 요구할 때 음경을 질 내에 삽입하여 격렬한 성교운동을 행하면 여성에게 또 한 번 황홀한 오르가슴을 체험하게 한다. 성감이 높아지면 여성은 남성과의 밀착을 구하는데 이것은 심리적, 육체적인 일체감을 바라기 때문이다. 일반적으로 여성은 커널링거스로 성감이 충분히 고조되고 질 안이 촉촉이 젖게 되면 음경삽입을 원한다. 이때에는 질내삽입을 해서 힘찬 성교운동으로 여성을 오르가슴에 이르게 한다.

펠라티오

펠라티오(fellatio)는 여성의 입술과 혀로 남성의 성기를 자극하는 애무방법이다. 성교는 남성과 여성의 공동 작업으로 때로는 상식을 깨는 경우에 즐거운 체험이 있다. 펠라티오는 여성이 주도하는 성 기법으로 여성이 생리 중이거나 임신 중이어서 성교를 할 수 없을 경우에 남성을 만족시키기 위하여 좋은 방법이다. 남성의 성감대는 음경에 집중되어 있고 음경 중에서도 음경귀두, 귀두관능성, 음경꺼풀주름띠 등이 가장 민감한 곳이며 이밖에 음낭이 민감한 곳이므로 그곳을 중심으로 애무하면 남성에게 강한 쾌감을 줄 수 있다.

펠라티오에는 여러 가지 기법의 변화가 있으나 가장 기본적인 형은 발기된 음경에 여성이 손을 대고 그것을 가볍게 지탱하면서 민감한 음경귀두를 다정하게 입안에 품고 혀를 사용하여 애무하는 방법이다. 귀두를 혀로 자극하면서 입을 앞뒤로 움직이거나 귀두 뒤에 있는 음경꺼풀주름띠(frenulum)를 혀로 핥기도 하며 귀두관능선(coronal ridge)을 혀와 입술로 애무한다. 여성은 성기 전체를 입안에 넣지 않고 아이스크림처럼 핥는 것만으로도 남성은 상당히 쾌감을 느낀다. 음경귀두, 귀두관능선, 음경꺼풀주름띠, 음낭 등을 여성의 부드러운 혀끝과 혀몸통을 이용하여 재치 있게 애무하는 것이 효과적이다. 특히 귀두의 뒤쪽은 남성성기 중에서 가장 민감한 부위임으로 그곳을 혀끝의 거친 부분으로 핥아 올리면 남성에게 강렬한 쾌감을 줄 수 있다. 펠라티오는 남녀의 합의에 의하여 성립되는 전희기법으로 결코 남성이 여성에게 강요해서는 안 된다. 처음에는 음경에의 입맞춤에서 시작하여 점차 익숙해지면 입에 넣게 하는 방법을 취하는 것이 좋다. 이때 남성은 여성의 머리를 다정하게 쓰다듬거나 유방에 손을 뻗어 애무한다든지 하는 마음씀씀이를 잊어서는 안 된다. 음낭을 혀로 핥거나 샅부위(회음부)를 혀나 입술로 애무해주면 남자들은 황홀해한다. 음경을 입에 머금고 힘껏 좁혀서 마찰을 반복하면 그대로 사정하는 남성도 있다. 남성은 오르가슴에 다가가 절정의 전조를 느끼면 여성에게 알려야하고 펠라티오는 그대로 사정할 때까지 계속하는 것보다 다음과정인 질내삽입까지의 전희로서 즐기는 것이 좋다.

그림 6-15

펠라티오
남성의 성감은 음경에 집중되어 있어서 여성의 입술과 혀로 그곳을 중심으로 애무하면 남성에게 강한 쾌감을 준다.

식스나인

커닐링거스와 펠라티오를 동시에 행하는 애무를 식스나인(69)이라고 한다. 이는 남성과 여성이 서로 상대의 성기를 애무해주는 사랑의 공동작업이다. 남성은 여성의 하복부에 머리를 붙이고 여성은 남성의 하복부에 머리를 대는 자세가 69(식스나인)의 모습을 이루므로 그 같은 이름이 주어졌다. 식스나인의 기본형은 남성상위, 여성상위, 가위체위의 3체위가 있으며 그밖에도 여러 가지 변화가 있으나 불안전한 자세 때문에 장시간의 계속은 힘 든다. 식스나인을 시작할 때 커닐링거스 또는 펠라티오로부터 시작하는 것이 일반적이다. 보통은 펠라티오에서 식스나인으로 이행하는 것이 순조롭고 여

그림 6-16

식스나인(69)
69체위로 동시 입성기자극은 남성과 여성이 서로 상대의 성기를 애무하는 사랑의 공동작업이다.

성이 식스나인에 익숙해 있지 않을 때는 커널링거스에서 이행하는 것이 좋다. 여성성기의 애무에서 여성의 성감이 충분히 높여져 있음으로 수치심이 없어지고 음경을 입안에 넣는 것도 저항감이 줄어든다. 두 사람이 성교에 익숙해지고 호흡이 잘 맞게 되면 식스나인은 두 사람의 성감을 높이는 최고의 테크닉이 될 수 있다.

식스나인의 남성상위는 가장 일반적인 형태로 남자는 무릎을 세우고 여성을 덮는 것처럼 엎드린다. 이때 남성은 허리의 높이를 조정해서 여성이 음경을 입에 넣을 수 있도록 하고 여성의 허리를 조금 들어 올려주면 애무하기가 쉽다. 여성은 아래가 되기 때문에 얼굴과 머리를 움직이기가 힘들어 충분한 애무가 안 되는 경우도 있으므로 남자는 음경을 지나치게 밀어붙이지 않도록 주의해야 한다. 여성은 한 손으로 음경의 뿌리를 잡고 음경이 입속 깊이까지 들어가지 않도록 조정한다. 때로 여성은 쾌감에 압도되어 음경을 물어버리는 경우도 있으므로 주의한다.

식스나인의 여성상위는 들어 누운 남성 위에 여성이 무릎을 세우고 걸터앉고 남성은 여성의 엉덩이를 안은 자세로 머리를 위아래 좌우로 움직여서 여성의 성기를 애무한다. 손은 아래로 뻗어 여성의 유방을 애무하는 것이 좋다. 여성은 다리를 벌린 자세로 남성 위에 걸터앉기 때문에 처음은 부끄러울 것이나 그만큼 정신적인 자극도 강하다. 남성상위보다 몸을 자유롭게 움직일 수 있어서 음경의 애무도 하기 쉬워진다. 또한 허리를 스스로 움직여서 가장 느끼기 쉬운 곳에 남성의 혀와 입술을 갖다 댈 수 있도록 한다.

식스나인의 가위체위는 서로 옆으로 누운 자세로 행하기 때문에 남녀 모두 느긋하게 편안한 마음으로 오랜 시간을 지속할 수 있다. 남성은 한 손으로 여성의 볼기와 엉덩이를 감싸고 여성의 한쪽 넓적다리 위에 머리를 얹고 음핵에서 질어귀, 샅부위, 항문까지 혀와 입술로 자극한다. 여성도 남성의 궁둥이까지 손을 돌려 몸을 고정하면 음경을 애무하기가 쉬워진다. 이때 남녀 모두 다리를 너무 좁히지 않도록 하는 것이 중요하다. 이 체위는 여성에게 수치심을 느끼지 않게 하므로 초심자의 경우에 이 체위에서 시작하여 익숙해지면 좌우로 회전시켜 남성상위나 여성상위로 옮기는 것이 순조로울 것이다.

제7장 에이즈

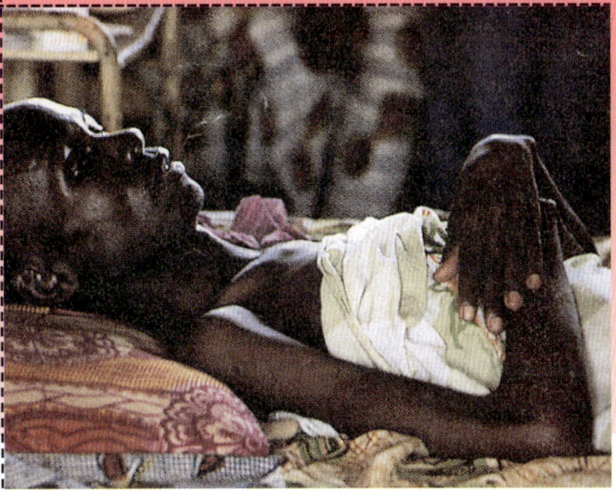

에이즈

후천성면역부전증후군(후천성면역결핍증후군, acquired immunodeficiency syndrome, AIDS)으로 알려진 에이즈(AIDS)는 파괴적인 질병으로 사람면역부전바이러스(사람면역결핍바이러스, human immunodeficiency virus, HIV)에 의해 감염된 결과이다. 에이즈는 치명적인 성병으로 몸 안에 침입한 세균들에 대한 저항력을 잃게 되어 결국 죽음으로 이어지는 무서운 병이다. 각국의 의료기관과 연구소가 대책을 서두르고 있지만 확실한 치료방법이 없다는 것이 현실이다. 혈액으로 침입한 HIV는 세균에 대한 저항체인 백혈구와 림프구를 파괴하여 감염자의 저항력을 급속히 빼앗아간다. 그 때문에 무방비상태가 된 환자는 사소한 세균의 감염에도 발병하게 된다. 에이즈는 잠복기간이 길고 전형적으로 감염된 후 7년에서 10년까지에 발증됨으로, 이 기간 동안 무증상의 에이즈보균자는 감염원이 된다.

사람면역부전바이러스 또는 에이즈바이러스(HIV)에 감염된 사람이 모두 바로 증상을 나타내는 것은 아니다. 감염 후 1-2주일이 지나서 감기와 비슷한 증상이 나타나는데, 이것이 마치 독감에 걸린 상태임으로 이 초기감염을 일차HIV감염증(primary HIV infection) 또는 인플루엔자양증후군이라고 한다. 이 상태는 수주정도로 나아버리고 무증상이 된다. 이때는 외견상 건강한 사람과 구별이 되지 않지만, 체내에 HIV를 가지고 있어서 다른 사람에게 감염시킴으로 위험한 상태이다. 이 감염자를 무증후성보균자(asymptomatic carrier)라고 한다. 성인에 있어서 평균 무증후HIV감염증(asymptomatic HIV infection)기간은 7-9년이다. 그러고 나서 미열, 전신의 권태감, 식은땀, 식욕부진, 설사 등을 동반한 전신증상이 나타난다. 특히 설사는 심해서 보통의 지사제로는 그치지 않고 체중은 날로 줄어들고, 온몸의 림프절은 부어오른다. 그밖에 간, 지라(비장)도 부어오르는데 이와 같은 상태를 에이즈관련증후군이라고 하며 면역기능검사에 의하여 몸의 저항력이 저하되어 있는 것을 알 수 있다. 그러나 이때는 아직 에이즈라고 부르지 않고 HIV감염증(HIV infection) 또는 증후성HIV감염증(symptomatic HIV infection)이라고 한다.

이어서 저항력이 저하되어 있기 때문에 여러 가지 미생물이 감염되기 쉽게 되어 평상시에는 해가 없는 미생물과 몸 안에 잠복해 있던 헤르페스바이러스, 칸디다진균 등에 의하여 감염증의 증상이 나타난다. 그 증상은 감염된 미생물의 종류에 따라 여러 가지 다른 증상이 나타난다. 이와 같은 증상이 나타나는 시기가 되었을 때를 에이즈(full-blown AIDS)라고 한다. 이처럼 에이즈는 특유한 증상이 있는 것이 아니고 감염된 미생물에 의하여 각각 다른 증상이 나타나므로 증후군이라고 부른다. 에이즈감염증상으로 흔한 것은 카리니폐렴(Pneumocystis carinii pneumonia, PCP)이다. 이 폐렴은 고열과 호흡곤란을 수반하는 것으로 에이즈환자의 약 70%에서 이 감염에 의한 폐렴증상이 나타난다. 이 카리니원충은 대부분의 사람이 유아기에 흡인하여 허파 속에 잠복해 있지만 건강한 사람에게는 아무런 증상도 나타나지 않으나 일단 면역력이 저하되면 폐렴의 증상으로 나타난다. 또 몸 안에 상주하고 있던 칸디다진균이 이상증식하여 식도, 위장, 기관, 기관지, 허파 등의 점막과 피부에 칸디다증(Candidiasis)을 일으키는데 에이즈환자에서는 이 발생율이 높다, 그리고 얼굴, 다리 등의 피부에 악성 혈관종(피부암)을 나타내는 카포시육종(Kaposi's sarcoma, KS)이 감염자의 1/4에서 발생한다. 이 카포시육종은 마약중독자의 면역기능저하로 생기거나 암환자나 장기이식환자에서만 보는 것으로 걸린 지 평균 7개월이면 사망하는 치명적인 병이다. 이밖에 에이즈감염에 의하여 이차적으로 발생하는 뇌염, 중추신경장애를 일으키는 에이즈치매, 단순헤르페스감염증, 사이토메갈로감염증, 톡소플라스마뇌증, 화농성세균감염증, 살모넬라균혈증, 결핵, 히스토플라스마증 등 다양한 증후군을 일으킨다.

사람면역부전바이러스(HIV)

1983년에 프랑스의 파스퇴르연구소와 미국의 국립보건연구소에서 림프절이 부은 에이즈 전단계의 환자(증후성HIV감염자)에게서 레트로바이러스(retrovirus)를 검출하였다. 그 후 이 바이러스가 에이즈의 원인바이러스라는 것이 확인되어 국제적으로 에이즈바이러스를 사람면역부전바이러스(HIV)로 명명하였다. 1985년 4월에 에이즈에 대한 최초의 국제회의가 미국 조지아주 애틀랜타에서 열렸다.

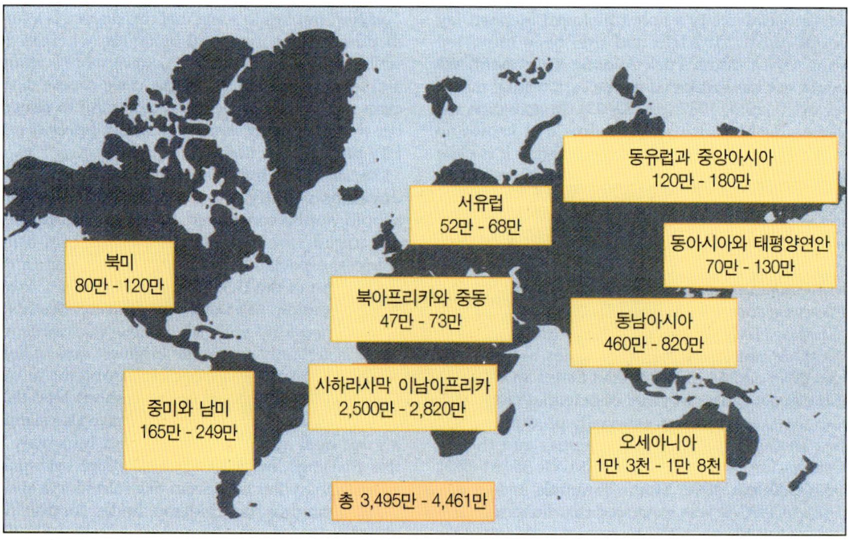

그림 7-1 2003년도 말에 있어서의 세계 HIV/AIDS 감염자 분포.

HIV 감염증이 전 세계적인 범위에서 발표되었으며 대대적인 신문, 방송보도가 에이즈에 주어졌다. 1985년 10월에 영화배우 록 허드슨이 에이즈로 사망하였으며, 1991년 11월에 미국의 농구영웅 매직 존슨이 그가 에이즈양성자임을 공표하여 에이즈에 대한 공적의식을 조성하는데 큰 역할을 하였다. HIV는 0.1마이크로미터(1/10,000mm)정도의 둥근 입자로 유전자 RNA와 역전사효소를 가지고 있다. 역전사효소란 레트로바이러스만이 가지고 있는 효소로서 RNA를 DNA로 바꾸는 작용을 갖는다. 일반적으로 바이러스의 증식은 그 유전자가 감염된 세포의 유전자 DNA에 조합되는 것에 의하여 일어나지만, RNA를 DNA로 바꿈으로써 비로소 조합이 가능하게 되는 것이다. 이와 같은 레트로바이러스 증식에 주요한 역할을 하는 효소를 역전이효소라고 한다.

HIV의 감염과 면역

오늘날 HIV감염과 에이즈는 아프리카, 미국, 및 동남아의 15-44세사이의 남성과 여성을 위한 사망의 3대 원인으로 되어 있으며, 특히 아프리카 성인인구의 10-20% 또는 그 이상이 HIV에 감염되어 있다고 추산되고 있다. 타이에서 HIV감염율은 매춘부와 정맥내약물사용자 중에 극적으로 확대되어 1987년 후반기의 1%로부터 1991년에는 30%이상으로 증가되었으며, 미국에서는 매 12분에 에이즈로 한 사람이 사망하는 것으로 추산되고 있다. 미국보건국에 의하면 1998년 현재에 미국의 에이즈사례의 누적된 총수는 1백만명이 되는 것으로 추산하고 있으며, 1500만 미국인은 HIV에 감염되었으며 그들은 어떤 증상을 나타내지 않고 있으나 다른 사람에게 그것을 전염시킬 수 있다. 국제보건기구(WHO)에 의하면 2000년 현재 세계적으로 약 6000만명이 감염되었으며 그중 30%는 이미 사망하였다. 작년에 약 500만명의 새 에이즈환자가 발생하였고 그 중 80만명이 어린이였다. 현재 약 4000만명의 에이즈감염자 중 3분의 2는 아프리카사람이며, 2010년에는 1억1000만명이 감염될 것으로 예측하고 있고 앞으로 20년 후에 6500만명이 사망할 것으로 추산하고 있다. 우리나라의 경우 에이즈감염자수는 2007년에 이미 5323명을 넘어섰으며 연령별로는 20-30대가 전체감염자의 74%를 차지한 것으로 나타났다.

HIV가 세포에 감염할 때 먼저 세포표면에 흡착한다. 그 메커니즘은 HIV표면에 있는 GP-120과 세포표면에 있는 CD4(T4)분자가 결합함으로써 일어난다. CD4분자를 가지고 있지 않는 세포에는 HIV가 흡착하지 않음으로 감염은 일어나지 않는다. 흡착이 완료되면 HIV표면과 세포의 표면이 융합하여 입자의 중심에 있는 핵질이 세포 속으로 침입한다. 세포 속에 들어간 핵질 안의 유전자 RNA는 역전사효소에 의하여 RNA의 성질을 가진 DNA로 바뀌어 세포의 DNA속으로 조합된다. 이 세포 DNA에 조합된 바이러스유전자를 프로바이러스

그림 7-2

HIV에 감연된 T림프구의 현미사진.

(provirus)라고 한다. 이 형태에서는 세포는 정상작용을 하고 있어서 형태와 미세한 구조에서도 전혀 변화가 없다. 그러나 HIV가 세포에 감염된 것은 틀림없으므로 이 상태는 HIV의 지속감염이라고 하는 무증후성보균자의 상태로 프로바이러스는 장기간에 걸쳐 세포의 유전자와 공존한다. 이 기간이 감염에서 증상이 나타날 때까지의 잠복기간이다. 그러고 나서 현재까지 아직 밝히지 못하고 있는 어떤 요인에 의하여 갑자기 프로바이러스가 활동을 시작하여 감염세포는 새로운 HIV를 계속 생산하게 된다.

HIV의 표면단백질인 GP-120은 CD4분자를 갖는 세포에 결합하여 감염의 첫 걸음이 시작된다. 이 CD4분자는 림프구 중에서도 면역촉진T림프구(Th세포, helper T cells), 대식세포(큰포식세포, macrophage), 일부 신경세포 등의 표면에 있다. 혈액 속에 들어간 HIV는 Th세포를 즐겨 공격하여 파괴하든가 이 림프구의 유전자 속에 조합되어 새로운 HIV의 생산을 촉진한다. Th세포는 면역의 중추로 작용함으로 이것이 파괴되면 면역기능이 저하되거나 아주 없어진다.

생체에 이물질이 침입했을 때 그것을 인식하여 이물질을 파괴하여 배제하는 능력을 면역이라고 한다. 우리들의 면역계는 이물질을 공격하고 배제하는 약 1조개의 백혈구로 구성된다. 그 작용에는 이물질을 선별 없이 모두 동일한 것으로서 배제하려는 비특이적인 작용을 하는 것과 특정한 것에만 작용하는 특이적인 작용이 있다. 비특이적인 작용은 다핵백혈구와 대식세포의 두 종류의 세포에 의하여 행해진다. 이에 대하여 특이적인 작용은 혈청 속에 있는 항체에 의하여 행해지는 체액성면역과 T림프구에 의한 세포성면역이라고 하는 두 작용에 의하여 행하여진다. 림프구에는 B림프구와 T림프구의 두 종류가 있으며 B림프구는 체액성면역, T림프구는 세포성면역에 관여한다. 체액성항체는 B림프구에 의해서 생산되는데 이 B림프구의 항체생산은 Th세포의 지령에 의하여 촉진된다. 이처럼 Th세포는 면역의 사령탑과 같은 역할을 한다.

이물질(foreign substances)이 생체의 첫 방어선인 피부나 점막을 침입하면 대식세포에 의하여 신속히 검출된다. 대식세포의 한 중요임무는 침입자의 표면에 부착되어 있는 독특한 단백질사슬인 항

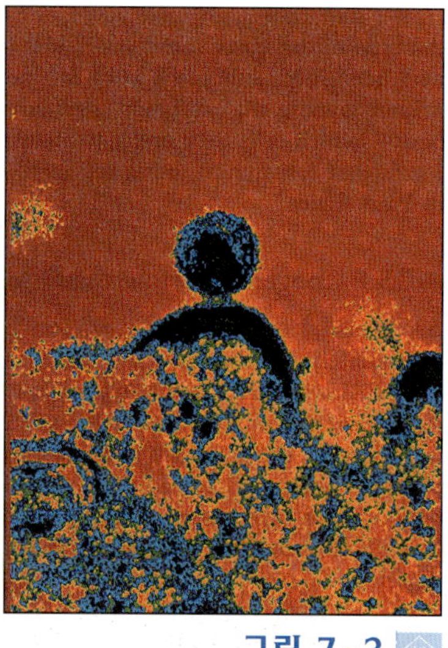

그림 7-3

HIV에 감염된 T세포는 바이러스를 복제하기 시작하고 그 바이러스는 T세포벽에서 싹터나와 결국은 T세포(숙주세포)를 파괴한다.

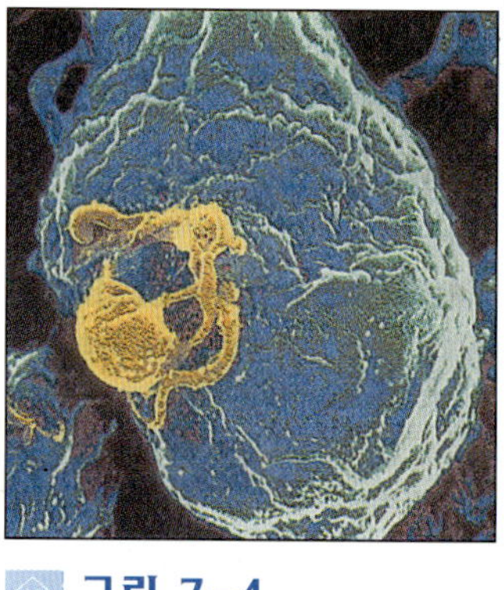

그림 7-4

HIV의 백혈구 공격.
HIV는 점차적으로 면역계를 약화시켜 건강할때는 걸리지 않는 질병에 감염되기 쉽게된다.

원을 찾는 일이다. 대식세포는 수상한 침입자를 검출하고 그들을 표지하는 외에 림포카인(lymphokine)을 분비하여 면역계의 주요부분을 활성화한다. 그밖에 대식세포는 그들이 삼킨 단편은 항원으로서 Th세포에 운반된다. T세포는 골수에서 생산된다. 그들은 흉선으로 이동하여 그곳에서 그들의 작용을 위하여 프로그래밍 되는데 여기서 Th세포는 외래항원에 반응하도록 준비되며, 다른 T세포군인 세포독성T림프구(Tc세포, cytotoxic T cells)는 감염된 세포를 공격해서 직접 파괴하도록 교화되고, 면역억제T림프구(Ts세포, suppressor T cells)는 항체의 과잉생산을 억제하는 물질을 분비하여 적당한 항체의 생산이 이루어지도록 분화된다. 면역계의 다른 집단인 B림프구는 골수에서 형성되어 통상 지라(비장)와 림프절(림프선)에서 비축된다. B림프구는 항체생산의 일차작업을 갖는다. 이들은 침입한 특이항원(미생물)을 찾아 단단히 결합하고 그들의 공격을 막는다. HIV감염은 생체면역과정에 무언가 잘

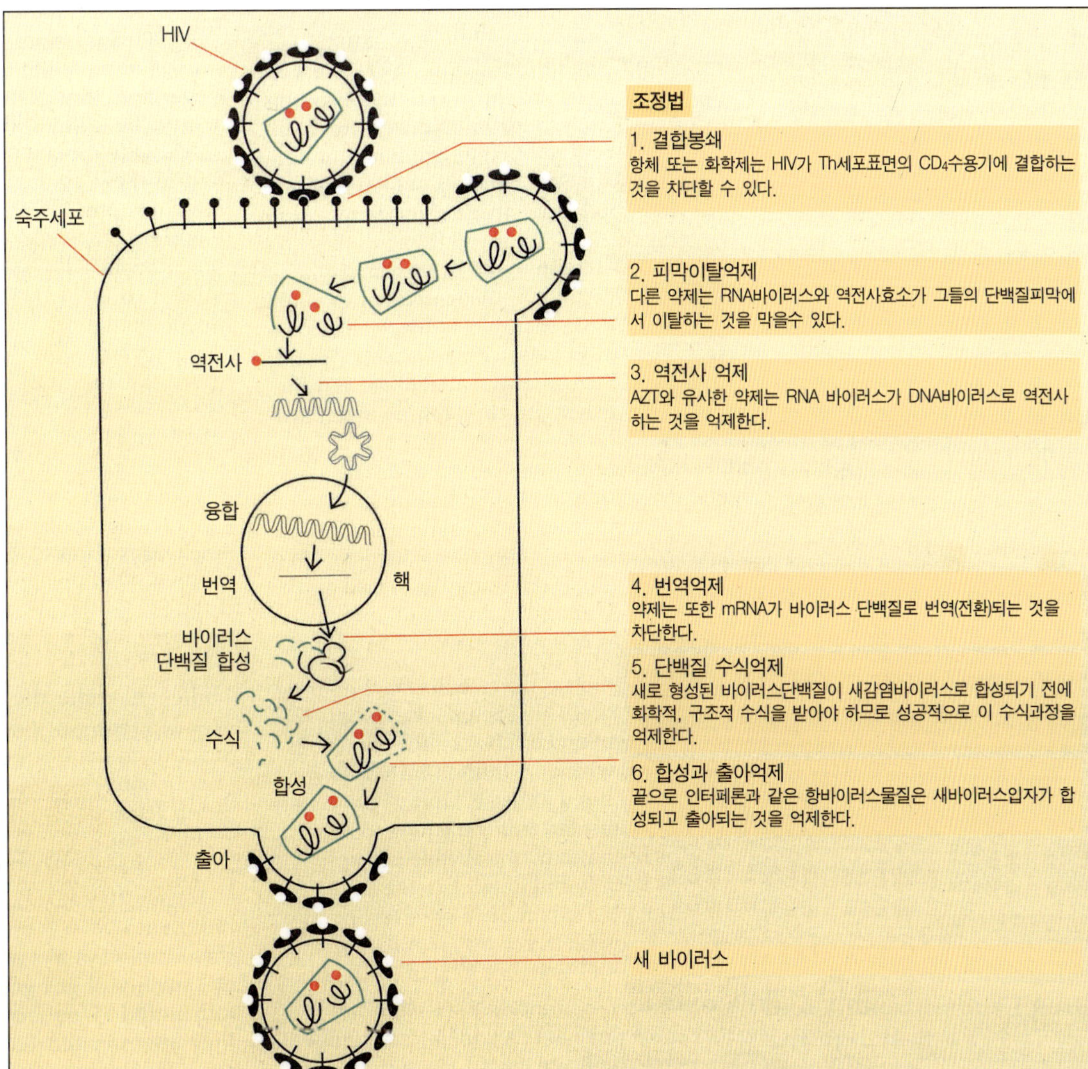

그림 7-5

HIV와 싸울 가능한 방법.

그림 7-6

HIV의 세포감염.
면역방어에 결정적인 면역촉진 T세포(Th세포)의 파괴는 HIV 감염의 특성인 점진적 면역부전의 주원인이 된다. (a) HIV바이러스는 Th세포의 세포막을 손상시키고 그들로부터 출아하고 복제되므로 살해세포로 알려진다. (b) HIV는 또한 감염된 세포표면에 제시되는 gp120이란 바이러스 단백질에의해 T4세포도 죽인다. (c) HIV는 또 감염된 세포에 대한 정상세포면역방어도 알아낼 수 있다. 세포독성 방어세포는 그 표며에 바이러스 단백질을 제시하는감염된 세포를 파괴한다. (d) 끝으로 자유 gp120은 HIV감염자의 혈액속에 순환한다. 이 자유 gp120단백질은 미감염 세포의 CD4수용기에 결합하여 그들을 감염시키고 건강한 면역촉진T세포를 파괴하는 면역방어 반응을 유발하여 더욱 생체 면역체계를 약하게 만든다.

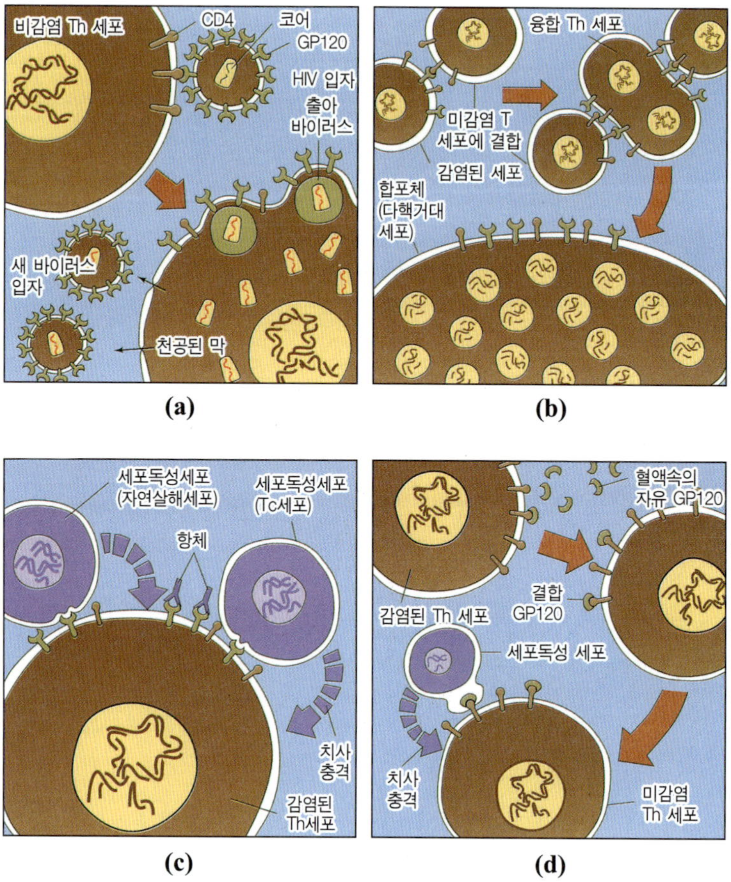

못되게 만든다. 대부분의 경우 항체생산이 신속히 자극되지만 생산된 HIV항체는 효과적으로 작용할 수 없게 하는 듯하다. 이 침입자는 Th세포를 파괴함으로써 생체의 방어전선에 심각하게 손상을 입혀 T세포 수는 극적으로 저하되고 적절히 반응할 수 없게 되어 결국 숙명적인 죽음으로 이어진다.

앞서 말한바와 같이 HIV는 Th세포에 감염해서 이들을 파괴함으로써 몸의 면역체계가 흐트러져서 저항력은 약해지고 감염을 받기 쉽게 되어 평소에는 해가 없는 미생물의 감염에 의해서도 병의 증상이 나타난다. 이처럼 에이즈라고 하는 것은 HIV에 의하여 면역기구가 파괴되어 이차적으로 미생물에 의한 여러 가지 감염증이 생기는 것임으로 후천성 면역부전증후군(AIDS)이라고 한다.

에이즈의 감염경로

HIV의 감염원은 성교, 수혈 및 그밖에 가능성이 있는 것으로 모유 등의 세 경로가 있다. HIV의 감염경로는 인플루엔자바이러스와 같이 공기에 의한 감염이나 건강한 사람의 피부, 점막, 코 안과 후두에서 침입하는 일은 없고 HIV가 어떤 기회에 혈액 속으로 들어갔을 때에만 감염이 일어난다. 그러므로 HIV의 감염경로는 일반적으로 성교 때에 생긴 상처나 성기의 상처를 통해서, 그리고 수혈에 의하여, 또한 출산 때 산도의 출혈이 있어서 그 혈액 속으로 들어간 경우와 에이즈감염자의 모유에 의하여 발생한다.

성교에 의한 감염

전 세계적으로 지금 가장 많은 에이즈의 감염경로는 성교에 의한 것이다. 그것은 매춘부에게서 감염된 사람으로부터 일반사람으로의 감염이다. 최근에 젊은 남녀의 해외여행에 있어서의 성교도 위험시되고 있다. 에이즈사례의 78%이상에서 HIV는 성적으로 감염되었다. 그러나 HIV는 매독, 임질, B간염과 같은 어떤 다른 성감염증과 같이 고도로 접촉감염되지 않는다. 한 감염자와의 질성교의 단일행위에 의하여 HIV에 감염되는 위험률은 여성에서 1/500, 남성에서 1/700로 추산한다. 항문성교의 단일삽입으로부터의 위험률은 상당히 높아 1/50에서 1/100이 된다. 에이즈발견의 초기에는 남성동성애자에 많았다. 그것은 항문성교 때문으로 항문성교의 이 높은 위험률은 직장의 점막이 매우 얇아서 항문성교 중 그 자극으로 손상되어 출혈하는 일이 많고 그곳을 통하여 감염된 백혈구와 사정액 속의 HIV가 쉽게 조직과 혈류에 들도록 허용되기 때문이다. 최근에는 남성동성애자의 감염률보다 이성간의 성교에 의한 것이 증가되어 전체 감염자의 반수이상을 차지하게 되었다. 감염된 파트너에 의한 단일성교로부터 임질에 감염될 위험률은 여성에서 50%, 남성에서 25%이며, B형간염의 성적전파의 위험률은 HIV감염의 위험률보다 8배 이상으로 높다. 이것으로 보아 HIV에 의한 접촉감염이 다른 성감염증에 비해 훨씬 낮은 것은 분명하나, 다만 단일이성성교의 평균 위험률이 1/500일 지라도 HIV는 단 한 번의 성접촉으로 감염될 수 있는 기회는 여전히 있는 것이다. 질성교의 경우 성분비액에 포함되어있는 HIV가 점막과 상처를 통해 감염된다. 질성교는 성기와 성기를 문지르는 것임으로 그 결과 사람의 육안으로는 보이지 않더라도 현미경적인 작은 상처가 생기게 되므로 이것을 통해 HIV는 감염하게 된다. 또한 여성이 생리 중에 아직 질 속에 혈액이 남아있는 단계에서는 혈액으로부터 HIV가 쉽

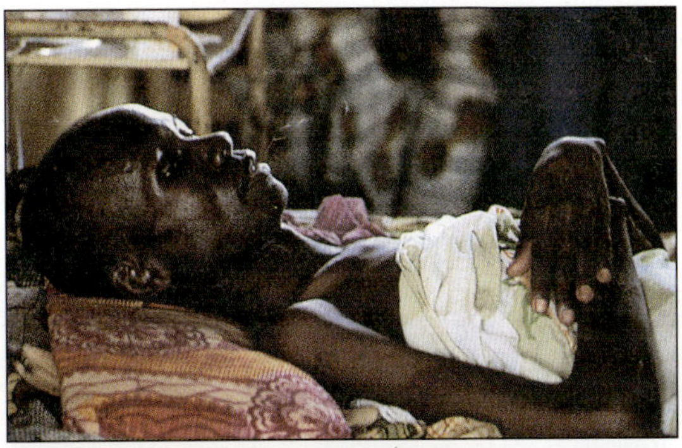

그림 7-7
에이즈감염자.

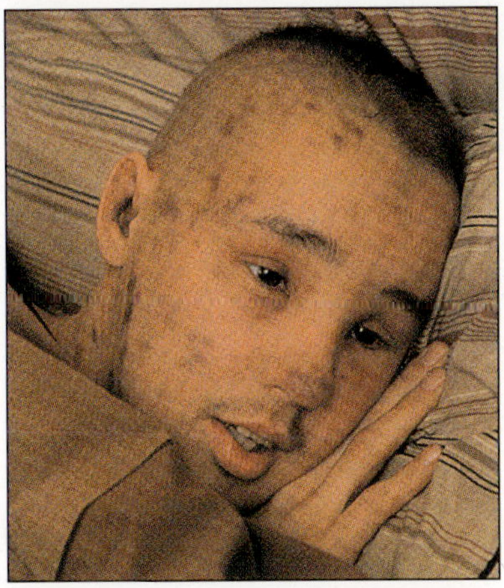

그림 7-8
키포시육종은 일반적으로 AIDS와 관련된 혈관의 암이다. 이는 피부표면하에 적색 또는 자색의 종기를 일으킨다.

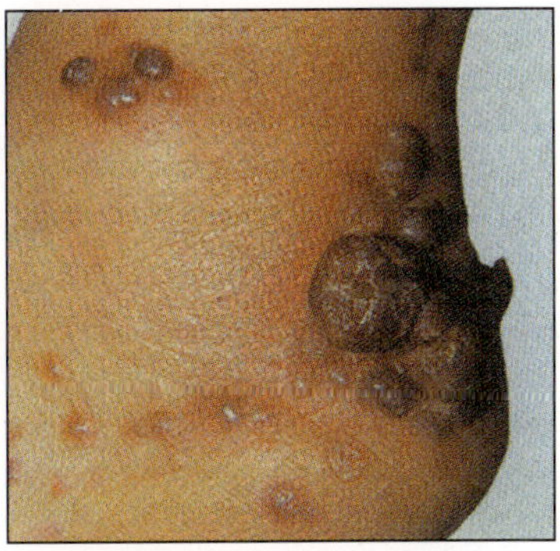

그림 7-9
카포시육종으로 인한 피부손상.

그림 7-10

HIV의 유행은 많은 인간의 건강과 행복을 극심하게 위협하고 있다. 콘돔의 사용은 각자의 생명을 보장해 준다.

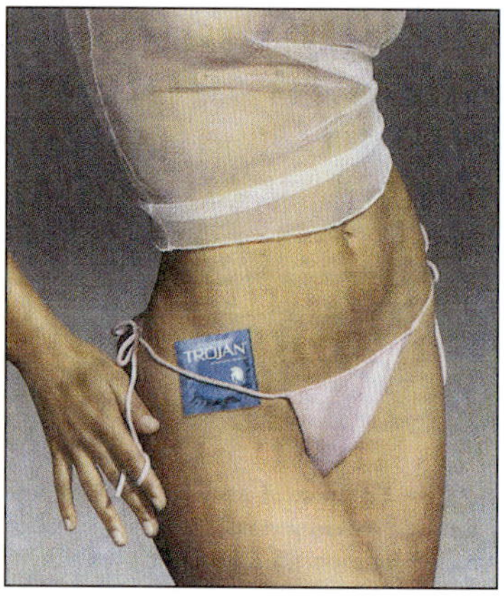

그림 7-11

성감염증과 임신을 회피하게 하는 콘돔의 선전광고.

게 들어가기 때문에 생리 중에는 매우 감염되기 쉽다. 질성교와 항문성교는 HIV감염의 주요방법임이 확실하지만 다른 성행위에 의하여 감염될 수 있다. 모든 다른 형태의 성감염증을 전파한다고 알려진 입성기성교(oral sex)에 대한 HIV감염의 명백한 입증은 아직 없지만, 이 타입의 감염이 일어날 가능성은 배제할 수 없으며, 특히 커닐링거스에서도 여성의 질분비액 속에는 감염된 림프구가 들어 있기 때문에 혈액이나 정액의 경우보다는 적다고는 하지만 HIV는 존재한다. 그 때문에 입안의 점막이나 상처를 통해 감염될 가능성은 있다. 미국 등에서는 콘돔을 가위로 잘라서 정방형의 절단물을 만들어 그것으로 커닐링거스를 하도록 하는 에이즈예방교육을 행하고 있다. 실제로 입성교용의 고무제품이 에이즈예방기구로서 판매되고 있다.

비성적감염

성적감염이외에 HIV를 감염시키는 주요 경로는 감염된 혈액의 수혈과 오염된 주사바늘이나 주사기를 돌려가면서 공동으로 사용하는 사람들에 의한다. 이 방법으로 일단 감염되면 더 나아가 성적접촉에 의해서도 전파될 수 있다. 현재 대부분의 나라에서는 헌혈된 혈액은 HIV의 검사를 하고 있기 때문에 혈액으로 감염되는 경우는 드물다. 다만 HIV의 항체형성은 감염 된지 6주에서 8주정도 걸리기 때문에 그 사람이 에이즈감염자일 지라도 가령 1주일 전에 감염되었다면 그 헌혈된 혈액은 검사에 의해서 정상인의 혈액과 구별할 수 없게 된다. 미국에서는 검사체제가 정비된 후에도 20건 이상의 수혈에 의한 감염이 보고되어 있다. 이에 대비하여 자기혈액수혈체제를 추진할 필요가 있다. 출산 등을 앞두고 자기의 혈액을 일정기간 미리 보전해 둔다면 긴급한 사태에 큰 도움이 된다. 미국에서는 이미 수만 건의 자기혈액수혈의 실적이 있다.

마약중독자간에는 소독을 하지 않은 주사바늘과 주사기를 돌려서 사용하기 때문에 주사기에 남아 있던 감염자의 혈액에 의하여 감염이 일어난다. 일반적으로 마약중독자는 매독, 임질 등의 성병감염자일 경우가 많고 HIV에도 감염되어 있다고 생각해야한다. 혈우병환자는 이전에는 HIV가 혼입된 혈액제제에 의하여 감염되었지만 지금은 혈액제제의 과정에서 소독이 완전히 행하여짐으로 대부분의 나라에서는 혈액제제에 의한 감염은 없어졌다. 장기이식자, 인공수정자는 그것을 제공하는 사람들의 검사가 확실히 행하여짐으로 감염은 없어졌다. 치과의사, 의료종사자는 감염될 위험성이 높지만 환자의 치료에 즈음하여 소독을 충분히 행하고 있음으로 이들로부터의 감염되는 일은 없다고 생각해도 좋을 것이다.

임신 중 또는 출산에 의한 출혈 때에 에이즈에 감염되어 있는 산모로부터 아이들에게 감염되는 일이 있다. 이것은 매우 중대한 문제로 태어나는 아이들에게는 아무런 책임도 없는데 비극이 아닐 수 없다. 에이즈에 감염된 여성으로부터 태어나는 아이들의 모자감염 될 가능성은 약 1/3로 감염된 아이들의 대부분은 발증하여 사망한다. 또 수는 적지만 모유에 의해서도 감염되는 일이 있다. 그러므로 산모가 에이즈감염자일 경우는 우유로 바꾸어야 한다. 태내감염에 관하여는 카포시육종 대문에 유산된 태아의 뇌, 허파, 지라에서 HIV항체가 검출된 것에 의하여 태아에의 자궁내감염은 분명해졌다. 산도감염은 HIV보균자의 자궁경관점액이나 질 내에서 HIV가 분리되어 있고 해서 질을 통한 분만 때에 분비물에 노출될 위험성이 높다. 출산 때에 태아가 분비물을 마시는 것도 생각할 수 있다. 질을 통한 분만보다 제왕절개 쪽이 태아에 대한 감염률이 낮다는 보고도 있다. HIV감염산모에 있어서 태내감염에 대한 임상적인 대책은 없으며 태내감염을 막는다는 것은 매우 어렵다. 산도감염은 제왕절개를 하는 이외에 별 방법이 없다. 분만 후의 감염자는 모유를 중단하고 우유나 인공영양을 하도록 하고 HIV가 검출되는 혈액, 침, 눈물 등에 산모가 주의하도록 보육방법, 소독법 등을 지도해야 한다.

에이즈 감염력

HIV의 감염력은 인플루엔자의 경우보다 훨씬 약하고 또 인플루엔자와 같이 공기감염되는 일은 없다. HIV는 열, 보통의 비누, 물에 약하며 가정용 표백제, 알코올, 과산화수소수, 풀장에 사용하고 있는 염소 등에 간단히 죽기 때문에 풀장이나 목욕탕에 에이즈감염자와 함께 들어가 있다고 해서 감염되는 일은 없다. 의복의 공용, 다방과 식당에서의 식기의 공용, 변기를 함께 사용해도 HIV에 감염되는 일은 없다. 그러나 침구에 쓰는 침, 주사바늘, 칫솔, 몸을 손보는 용구 등과 같이 혈액이 부착할 수 있는 것으로 감염될 가능성이 있다. 침구용 침이나 면도칼 등은 멸균을 하면 감염되는 일은 없다. 소독액으로 소독하거나 열탕을 사용하면 HIV는 사멸된다. HIV의 전염성의 정도가 낮다는 것을 발견했음에도 불구하고 많은 사람들은 에이즈감염을 매우 겁내고 있음으로 HIV감염자와의 악수 또는 문손잡이, 변기, 수도꼭지 등 감염자가 만진 것에 대한 우연한 접촉에 의하여 감염되지 않는가 걱정하는 사람도 있으나 그와 같은 우연한 접촉으로 감염된다는 것은 전혀 증거가 없다. 에이즈환자들, 에이즈를 가진 어린이를 돌보는 부모와 간호원, 의사 등 매일 이들과 긴밀히 접촉하는 사람들은 이들 접촉으로부터 에이즈감염이 발생하지 않는다는 것을 입증하였다. 또한 많은 경우에 있어서 가족들이 에이즈환자와 마시는 글라스 또는 먹는 그릇을 공유해도 아직 그 같은 행위에 의하여 HIV감염이 증명되지는 않았다.

HIV는 눈물에도 침에도 존재한다. 그러나 HIV는 어느 정도의 양이 수반하지 않으면 감염력을 갖지 않는다. 침(타액)에는 비교적 적은 양의 HIV가 포함되어 있어서 현실적으로 침으로 감염되는 일은 없다고 하나 입안 점막에 염증이나 치조농루 등의 상처가 있는 에이즈감염자의 경우는 입안에서 혈액이 나옴으로 혈액감염이라는 형태로 감염될 가능성이 있다. 개와 고양이 등에도 에이즈는 있다. 특히 고양이의 에이즈는 매우 많지만 이것은 바이러스의 유전자가 다르기 때문에 사람에게는 옮기지 않으며, 사람의 바이러스도 개나 고양이에게는 결코 옮기지 않는다. HIV는 몸의 여러 부위에서 발견되고 있고 에이즈감염자의 소지품에도 HIV가 부착되어 있는 것으로 생각되지만 환자기 사용하고 있는 빗, 젓가락, 책, 의복, 속옷 등으로 감염되지는 않는다. 일반적으로 감염이 일어나기 위해서는 어느 정도이상의 병원체의 양과 그 독성의 강도가 필요하다. HIV의 경우도 전적으로 같으며 가령 에이즈감염자의 혈액이 묻은 것일지라도 HIV의 양이 적으면 감염되지 않는다. 말라리아나 일본뇌염과 같은 모기에 의하여 전파되는 병원체도 있지만, 에이즈환자나 감염자의 피를 빤 모기의 체내에는 HIV가 있으며 모기의 몸 안에서 HIV는 48시간 동안 살아 있을 수 있으나, HIV는 모기 또는 다른 곤충 안에서는 증식되지 않고 죽게 된다. 모기가 흡혈할 수 있는 혈액은 미량이기 때문에 그 속에 포함되어 있는 HIV의 양도 매우 적어 그 정도의 양으로는 감염은 일어나지 않는다. 따라서 모기나 진드기 등의 곤충에 의한 HIV감염은 걱정하지 않아도 된다.

HIV감염 후 에이즈발병까지의 기간은 사람에 따라 큰 차이가 있다. 모르간(Morgan, 2002) 등에 의하면 HIV감염자의 약 40-45%는 2년 이내에 증후성HIV감염단계에 이른다. 약 5%는 HIV감염 후 3년 내에, 약 20%는 5년 내에, 약 50%는 10년 이내에 에이즈로 발달한다. 감염된 사람의 12%만이 20년 후에도 여전히 에이즈로 진단되지 않았다. HIV감염자의 약 2-4%는 장기무진행성환자(long term nonprogressors)라고 하며 그들은 HIV감염에도 불구하고 CD4세포의 감소가 없는 등 아무런 증상을 나타내지 않는다. 하지만 이들은 무진행성이라기보다 서서히 진행하고 있는 것으로 믿고 있다. 일단 에이즈가 발병하면 평균 생존일은 약 1년 이내이며 남성이 여성보다, 젊은 사람이 늙은 사람보다 약간 더 오래 생존하는 것으로 조사되었다.

에이즈검사

HIV에 감염되면 면역력이 저하된다. 이를 조사함으로써 에이즈감염을 판단할 수가 있다. 면역의 힘은 혈액성분 속에서 백혈구가 중요한 역할을 담당하는데, 백혈구 중에서도 특히 림프구가 중요한 작용을 한다. 림프구에는 B림프구와 T림프구의 구별이 있으며 T림프구는 CD4(T4)분자를 표면항체로 갖는 Th세포와 CD8(T8)분자를 갖는 Ts세포, Tc세포로 구분된다. 이 중에서 Th세포가 면역계 전체의 사령부에 해당되는데 HIV는 주로 이 Th세포를 공격한다. 그 결과 면역계의 사령부는 파괴되기 때문에 면역계 전체가 마비되어 신체의 저항력을 잃고 에이즈를 발증하게 된다. 건강한 사람의 혈액 속에는 Th세포(CD4세포)가 700-1500개/ml정도가 포함되어 있다. 감염 초에는 CD4세포 수는 약 1000개로 아무런 증상을 나타내지 않는다. 중기에는 CD4세포 수는 약 500개까지 반수로 감소되지만 여전히 증상은 밖으로 드러나지 않는다. 그러나 면역계는 소리 없이 약해지기 시작한다. 이 시기에 AZT, ddI 및 다른 약제로 치료하기 시작하는데, 이들 약물치료를 빨리 시작하는 것이 보다 효과적이라는 약간의 증거가 있다. 후기에는 CD4세포 수는 200개 또는 그 이하까지 떨어지고 세균, 바이러스 및 곰팡이의 감염을 점차 입기 쉽게 된다. 이 시기 초에는 체중감소, 심한 설사, 발열과 전신의 권태감을 나타내며, 후기에는 상당히 중증의 면역부전이 되어 카리니폐렴, 카포시육종, 톡소플라스마뇌증 등을 일으키기 쉽게 된다. 새로운 정의에 의하면 CD4세포 수가 200이하일 경우 에이즈라고 지칭하게 된다. 이와 같이 Th세포의 수적변화는 특히 에이즈의 경우에 중요한 지표의 하나가 된다.

HIV의 확실한 증거는 HIV를 발견하는 것인데 이를 위해서는 HIV항체를 검사하게 된다. 그런데 HIV가 생체에 들어간 즉시 항체가 생기는 것이 아니고 일정한 시간이 지나서야 항체가 형성되기 때문에 항체검사법으로 감염의 유무를 판정할 수 있는 시기는 감염되고 6-8주 이상 지나서이다. 그 이전에는 매우 예민한 항체검사법으로도 음성이 된다. 12주 이상이 지나면 증상에 관계없이 감염자의 거의 대부분이 양성이 된다. HIV의 항체를 검출하는 방법에는 효소항체법(enzyme linked immunosorbent assay, ELISA), 응집법, 면역형광분석법(immunofluorescent assay, IFA) 등이 있다. 이밖에 HIV를 구성하는 단백질의 유무를 조사하는 웨스턴블랏(Western blot)법이 있다. 어느 방법이든 혈액 중의 혈청으로 행하는 검사법이다.

에이즈의 예방대책

에이즈예방의 가장 좋은 방법은 HIV의 감염을 막는 예방주사를 만드는 일인데 HIV는 세포의 유전자 속으로 들어가 조합되어 있기 때문에 백신을 만들기가 힘들고 예방주사약이 만들어져도 HIV의 성상이 쉽게 바뀌기 때문에 효과가 없다. 이와 같은 이유로 예방주사, 백신에 의한 예방은 현 상태에서는 비관적이다. 그러나 백신이 없어도 에이즈 감염은 대부분 성행위에 의하여 감염됨으로 이것에 관한 대책을 생각하면 될 것이다. 성교에 의한 감염은 HIV나 HIV에 감염된 T림프구가 정액이나 질분비액에 포함되어 성교 때에 상처가 있으면 그곳을 통하여 감염됨으로 상처를 입을 만큼 과격한 행위는 피해야하고 감염자의 분비물 또는 혈액과 손상된 점막이 접촉하지 않도록 콘돔을 사용해야 한다. 콘돔이 완벽하게 HIV의 감염을 저지한다는 증거는 없지만 다른 성행위 감염증에서 보는 것처럼 그 사용법이 정확하면 안전하다고 할 수 있다.

그리고 불특정다수의 상대와 복수성교를 하지 않도록 하고 만약 상대가 감염자인지 알 수 없을 때는 반드시 콘돔을 착용해야한다. 순간적인 쾌락을 위하여 단 하나뿐인 귀중한 생명과 바꿀 수는 없지 않는가. 성교는 특정상대하고만 행하는 것이 매우 중요하다. 보통의 키스에 의한 감염은 바이러스의 양이 적기 때문에 일어나지 않지만 감염자와의 격렬한 키스에서는 입안 점막에 손상을 입을 수 있기 때문에 그곳으로 감염될 위험이 있음으로 피해야 한다. 그리고 감염자와이 입과 성기에 의한 성교는 매우 위험하다. 매춘행위에 의한 위험성은 매우 크다. 일반적으로 매춘부의 10-20%는 HIV항체가 양성이고 특히 아프리카에 있어서 매춘부의 80%는 에이즈감염자라고 한다. 매춘행위의 경우는 반드시 콘돔을 사용해야한다는 것을 잊어서는 안 된다. 수혈 때에는 반드시 항체검사가 실시되어 있고 또 감염이 의심스러운 사람에게는 여러 종류의 검사가 행해지고 있음으로 항체의 측정이 되지 않는 감염기 6-8주 이전에 있어서도 감염의 유무를 확정할 수가 있다. 집단의 헌혈에 대해서도 항체검사가 행해지고 있음으로 지금은 수혈에 의한 감염은 거의 없다. 또 혈우병환자의 치료를 위한 혈액제제는 열에 의한 충분한 소독이 행해지고 있어서 지금은 혈액제제에 의한 감염은 거의 없다. 화상의 치료에 쓰이는 알부민도 가열에 의하여, 또 면역글로불린은 제조과정에서 알코올이 사용되고 있음으로 HIV는 감염성을 소실하고 있다.

장기이식을 할 때에는 이식을 받는 사람이 면역억제제에 의한 처치를 하고 있어서 감염되기 쉬운 상태임으로 장기제공자가 항체검사를 받아 감염자가 아니라는 것이 확인되고 난 뒤가 아니면 이식을 받지 않는 것이 좋다. 각막이식의 경우도 마찬가지이다. 또 인공수정에 있어서도 정액제공자가 감염되지 않았는지 확인이 필요하다.

HIV는 혈액, 정액, 침, 눈물 등의 체액과 분비액에서 검출되고 있으나 그 바이러스의 양은 배출액에 따라 다르다. 그러나 어느 것이나 그 속에 들어있는 바이러스를 죽여 두는 것이 필요하다. HIV는 열에 약해 56'C에서 30분간 가열하면 감염력이 완전히 소실됨으로 수분 동안 끓이면 충분하다. 그러므로 에이즈감염자와 끓인 음식을 함께 먹어도 안전하다. 그리고 노래방의 마이크에 감염자의 침이 묻어도 침 속의 바이러스의 양이 적기 때문에 거의 감염되지 않으며 걱정이 되면 마이크를 소독액으로 닦으면 안전하다. HIV는 소독약에 대해서도 저항력이 약하므로 25-50%알코올로 10분, 5%크레졸액으로 죽게 됨으로 손에 에이즈감염자의 혈액이 묻었을 때는 이것을 소독액으로 씻으면 안전하다. 바닥과 소지품, 가구류의 경우는 0.2%차아염소산소다로 처리하면 감염력은 없어진다. 감염자의 혈액에 접촉하거나 분비물을 처리할 때는 장갑을 끼고 끝나면 비눗물로 손을 씻는 것으로 충분하다.

감염자와의 생활도 평소와 같이해도 좋으나 면도날, 칫솔, 수건 등의 공용은 피하는 것이 좋다. 식사, 화장실, 욕탕 등의 일상생활에서의 감염은 없다. 환자의 병증상의 관계로 치료, 간호를 쉽게 하기 위하여 때로는 독실을 필요로 하지만 보통은 환자를 특별히 격리할 필요는 없다. 예방은 개인적인 것도 중요하므로 에이즈의 기초지식을 잘 이해해야하며 집단으로서는 에이즈지식에 대한 계몽운동을 하는 것이 중요하다.

에이즈의 치료법

현재 많은 약이 항HIV제제로 입증되고 있지만 HIV를 완전히 배제하고 에이즈를 확실히 치료할 수 있는 특효약은 아직 개발되어 있지 않다. 항 레트로바이러스약제의 한 그룹은 원칙적으로 뉴클레오시드 역전사억제제(nucleoside reverse transcriptase inhibitors)라고 하며 AZT(azidothymidine, 또는 zidovudine), ddI(dideoxyinosine, 또는 didanosine), ddC(dideoxycytidine, 또는 zalcitabine), d4T(stavudine), 3TC(lamivudine) 등 많은 약이 인정되고 있으나 이들은 모두 역전사효소(reverse transcriptase)의 작용을 저지하는 것에 의하여 HIV의 증식을 억제하는 약이며 근본적인 치료약은 아니다. 둘째그룹은 비 뉴클레오시드 역전사억제제(non-nucleoside reverse transcriptase inhibitors)라고 하며 네비라핀(nevirapine), 사퀴나비르(saquinavir), 리토나비르(ritonavir), 인디나비르(indinavir)등이 개발되었다. 이들 약제는 뉴클레오시드약제와 같이 동일효소를 차단하나 다른 방법으로 차단한다. 단백질분해효소억제제(protease inhibitors)는 HIV복제의 마지막단계에 결정적인 프로테아제(protease)라고 하는 효소를 차단한다. 2002년에 융합억제제(fusion inhibitors)라고 하는 새 그룹의 약제를 추가 개발했다. 이들은 HIV의 세포침입을 직접적으로 차단한다. 40종이상의 약제가 이들 에이즈관련감염치료제로 인가되었다. HIV의 증식을 억제하는 항HIV제제로서 가장 주목할 만한 것은 AZT(zidovudine)로 이는 에이즈증후를 감소시키는 작용을 하며, 에이즈환자의 생명을 수년 연장하고 HIV감염자를 위하여 에이즈로 진행하는 것을 지연시킨다. 다만 이 약에 대하여 다수환자가 심한 부작용을 나타낸다. 가장 일반적인 부작용으로는 혈액을 생산하는 골수기능을 저하시킴으로써 빈혈을 일으킨다. 최고 40%의 환자가 수혈을 요하며 환자의 20%에서 백혈구형성이 감소되어 감염과 싸울 생체능력을 저하시켰다. 그러나 근래에 와서 처음에 사용하였던 것보다 적은 양에서 보다 효과적일 수 있다는 것을 확인하였다. 이 약의 소량의 사용으로 환자들이 체험한 부작용을 최소한으로 줄일 수 있게 되었다. 그런데 HIV는 이 약물에 장기간 노출되었을 때 AZT에 대한 내성이 생긴다는 증거가 있다. 만약 이 내성이 확산된다면 AZT의 종합효과는 상당히 감소될 것이다. 더욱이 유럽에서의 최근연구는 AZT의 효용기간은 제한적이어서 실제적으로 유의의 정도까지 생명을 연장할 수 없다는 것이다. 다행이 AZT와 ddI를 포함한 다른 약과 복합으로 또는 다른 약을 대용으로 사용하면 HIV감염자의 에이즈발증을 지연시킬 수 있다는 것을 발견하고 연구자들을 흥분시켰다. HIV치료에 가장 역동적인 진전은 여러 약제를 연합해서 사용하는 약제의 칵테일방법(cocktail)이다. 이는 일반적으로 고도활성항레트로바이러스요법(highly active antiretroviral therapy, HAART)이라고 칭한다. 뉴클레오시드억제제(nucleoside inhibitors) 및/ 또는 비 뉴클레오시드억제제(nonnucleoside inhibitors)를 프로테아제억제제(protease inhibitors)와 연합해서 행한 투여는 두 다른 곳에서의 HIV복제를 동시에 공격한다. 많은 환자에서 이 접근은 처음에 혈액 HIV레벨을 검출할 수 없는 레벨까지 낮추었으며 CD4+세포수를 증가시키며 부분적으로 면역반응을 회복시켰다. HAART(칵테일법)는 이를 질병의 초기에 시작했을 때 가장 효과적이다. 월커 및 굴더(Walker & Goulder, 2000)에 의한 최근의 8명의 환자에 대한 소규모연구에서 항레트로바이러스약제 칵테일법을 감염직후에 시작하였더니 HIV를 완전히 소거할 수 있다는 것을 발견하였다. 복합약제요법(combination drug therapy)으로 에이즈를 완전히 치료할 수 있다는 보장은 없지만 HIV감염자를 훨씬 더 오래 그리고 생산적인 삶으로 유도할 수 있다는 것은 분명하다. 이 새로운 복합약제요법의 결과로서 미국에 있어서 에이즈사망률은 1996년이래로 극적으로 저하되었다(60%이상).

AZT의 투여는 장기간 행할 필요가 있다. 장기간의 사용에 의한 AZT에 저항성이 있는 AZT내성 바이러스가 출현한다. HIV의 유전자는 변이를 일으키기 쉬움으로 다른 바이러스에 비해 이 같은 내성 바이러스가 생기기 쉽다. AZT를 사용하여 1년 이내는 증식이 억제되고 T림프구의 감소를 저지할 수가 있으나 시간이 경과함에 따라 HIV에 AZT에 대한 내성이 생기므로 다른 약제의 병용이 필요하게 된다. 이것을 극복하기 위해서는 AZT에 감수성을 가진 바이러스에도, 내성을 가진 바이러스에도 유효한 다른 항바이러스제를 사용하는 것이 바람직한데 그 기대에 부응해서 개발된 것이 ddI와 ddC이다. AZT와 ddI 및 ddC를 번갈아 사용하든가 양을 줄여서 동시에 복합사용하는 것으로 내성의 문제는 상당히 해결되었다. 이밖에 최근에는 알파인터페론이 발증예방에 효과가 있다고 해서 사용되기 시작하였다. 그런데 이 항바이러스제와 면역증강제도 병 증상의 어느 단계에서 사용되는가에 의하여 효과도 부작용도 달라지므로 오늘날에는 HIV에 감염된 건강한 무증후보균자의 시기에는 약제를 사용하지 않고 증상이 나타나기 시작하고 면역기능의 저하가 확실해진 에이즈관련증후군(증후성HIV감염증)의 시기에 약제를 사용하면 에이즈 진행을 어느 정도 억제할 수 있고 에이즈환자의 수명연장효과가 있다고 한다.

HIV감염자의 치료법으로는 HIV의 증식 그 자체를 억제하는 면역증강법과 합병증의 발증진전을 억제하는 치료법의 두 가지가 있다. 환자의 체내에서 HIV를 일소하는 치료법이 있으면 가장 바람직하지만 그와 같은 약제는 아직 개발되지 않고 있다. 위에서 서술한바와 같이 HIV의 증식을 억제하는 항바이러스제에는 AZT, ddI, ddC, d4T, 3TC외에 사퀴나비르(saquinavir), 리토나비르(ritonavir), 인디나비르(indinavir), 네비라핀(nevirapine) 등이 있다. 또한 어떤 약은 에이즈환자의 죽음의 실제원인인 합병증의 일부를 치료하도록 개발되었다. 예컨데, 펜타미딘(pentamidine)이라고 하는 약은 카리니폐렴 또는 톡소플라즈마증의 예방에 도움을 주며, 다른 약은 생명을 위협하는 뇌염과 에이즈의 다른 합병증의 예방 또는 치유에 유용하다. 그러나 특효약이 개발되기까지는 아직도 많은 HIV의 기본적인 연구가 필요하고 기대되는 여러 약제에 대한 많은 확증이 필요하다. HIV를 제압하는 가능한 방법을 위하여 HIV의 생활사는 여러 단계에서 약제의 공격을 받을 수 있는 조건을 갖추고 있다. (1) 항체 또는 융합억제제(fusion inhibitors)등의 화학약품은 Th세포표면의 CD4수용체에 HIV의 결합을 차단할 수 있다. (2) 다른 약제는 바이러스RNA와 역전사효소가 그들의 단백질피막으로부터 탈출하는 것을 막을 수 있다. (3) AZT와 유사한 약제는 바이러스RNA가 바이러스DNA로의 역전사를 억제하도록 작용한다. (4) 약제는 또한 mRNA의 바이러스단백질로 번역되는 것을 차단하도록 작용할 수 있다. (5) 새로 만들어진 바이러스단백질이 그들의 새 감염성바이러스로 조합되기 전에 화학적, 구조적 변화를 겪기 때문에, 네비라핀(nevirapine)등의 단백질분해효소억제제(protease inhibitors)는 이 변화과정을 성공적으로 방해할 수 있다. (6)끝으로 인터페론(interferon)과 같은 항바이러스물질은 새 바이러스입자가 그들 자신을 조합하고 세포 밖으로 출아하는 것을 막을 수 있다. 지금 HIV감염을 저해하는 약제들의 개발이 활발하게 시도되고 있고 현재 이 관점에서 가장 약속되는 듯한 많은 접근 중에는 다음의 것들이 있다.

(1) 합성CD4(T4). CD4는 HIV의 표면단백질인 GP-120으로 자물쇠를 여는 Th세포의 표면에 있는 수용체이다. 혈류로 주입되는 이들 CD4합성형에 의하여 HIV는 유인되고 그로 인하여 건강한 많은 Th세포에 HIV가 결합하는 것을 막게 된다. 이 접근이 실험실에서 발견되었지만 아직 인간의 적용검사가 마련되지 않았다. 문제는 합성CD4는 생체내에서 아주 오래 살지 못한다는 것이다.

(2) 효소저해제. 많은 과학자들은 HIV가 자신의 복제에 필요한 중심효소를 저해하는 방법을 찾고 있다. 이들의 하나는 단백질분해효소(protease)이다. 만약 이것을 효과적으로 차단할 수 있다면 HIV는 Th세포나 대식세포 속에서 증식할 수 없을 것이며 그리하여 면역계를 심하게 해치지 못할 것이다. 이 접근은 아직 진행의 초기단계에 있지만 많은 전문가들이 이것은 효과적인 치료를 위하여 최상의 가능성을 제공할 것으로 생각하고 있다.

(3) 백신. 백신은 그것이 개발되면 감염의 발생을 막거나 치료에 쓰일 수 있다. 소아마비백신을 개발한 솔크(Jonas Salk)박사는 비록 그의 시초의 연구열정이 상당히 퇴색되기는 하였지만, 어떤 성공의 예비징조와 더불어 최근 접근을 시도하고 있다. 일부학자는 HIV의 자진 변이 때문에 백신의 생산은 불가능한 것이라고 시사하지만, 많은 전문가가 예방용 백신의 개발을 위하여 활발하게 연구하고 있다. 현재 약 30종의 백신이 임상실험에 들어갔으나 2003년에 임상실험의 최종단계까지 이른 최초의 백신은 HIV감염을 막는데 실패하였다. 백신개발이 어려운 것은 HIV의 유전적으로 상이한 모든 특수형에 대해 효과적인 백신을 개발하기가 어렵기 때문이다. 유전적으로 특수한 아미노산은 30%나 상이하고 바이러스가 돌연변이를 계속하고 있기 때문에 오늘날 백신개발이 기대이상으로 비효과적인 것이다. 따라서 HIV의 여러 특수형에 감염된 환자(superinfections)는 한 종류의 백신으로 감염을 예방하기가 어렵지만 현재 최상의 희망은 실험하고 있는 백신의 하나가 85%의 효과를 얻을 수 있게 증명하는 일이며 만약 성공적으로 발전이 된다면 HIV의 세계적인 만연을 어느 정도 저지할 수 있을 것이다.

여러 가지 개발된 약을 감염자에게 빨리 쓰면 악화를 억제할 수 있고 감염되어도 장기간 발증되지 않는 약이 개발되어 40%이상 사망률을 감소시킬 수 있게 되었으며, 발증자의 생명도 최고 20년까지 연장할 수 있게 되었다. 그러나 유감스럽게도 아직까지는 이 바이러스에 대한 특효약을 개발할 단계까지는 이르지 못하고 있다. 위에서 말한 여러 가지 약제의 사용으로 환자의 생명이 수년간 연장되기는 해도 발병되면 수년 후에는 반드시 사망하게 되므로 새로운 치료약의 개발이 시급한 실정이다.

에이즈의 예방교육과 미래

에이즈환자는 1981년 미국에서 처음으로 보고된 이후 전 세계적으로 급격히 증가하고 있다. 현재 세계적으로 하루에 약 1만4,000명, 1년에 약 500만명의 새 감염자가 발생하고 있으며 현재 약 4,300만명의 사람이 HIV와 더불어 살고 있다. 매년 약 300만명의 사람이 AIDS로 죽어가고 있고 미국의 인구조사국에 의하면 2020년까지 1억2,100만 명의 사람이 감염될 것으로 추산하고 있다. 2002년에 UN은 다음 20년에 6800만이상의 사람이 에이즈로 사망할 것으로 내다보았으며 이는 이미 사망한 수보다 3배나 많은 수치이다. WHO의 보고에 의하면 2003년 말에 북미 약 120만명, 중미 약 59만명, 남미 약 190만명, 서유럽 약 6만8000명, 동유럽과 중앙아시아 약 180만명, 북아프리카와 중동 약 73만명, 남아프리카 약 2800만명, 동아시아 약 130만명, 동남아시아 약 820만명, 오세아니아 약 1만8000명 등 174개국에서 약 4280만명의 환자가 발생되어있다. 특히 최근 몇 년 동안에 동남아시아뿐만 아니라 중국에서도 급격한 증가추세를 보이고 있어 UN(2002)은 2010년까지 중국에서는 1,000만명의 HIV감염자가 발생할 것으로 추산하였고, 인도도 또한 아프리카와 동일한 운명을 가질 것으로 내다보았다. 남아프리카성인 중 세 사람에 한사람은 에이즈감염자이다. 우리나라에서도 남녀 간에 성행위에 의한 감염자가 증가하고 있고 연령적으로는 20-30대에서 많으며 40대에서 60세 이상의 경우도 감염자가 꾸준히 늘고 있는 실정이다. 질병관리본부에 의하면 2007년 9월 현재까지 확인된 국내 에이즈누적감염자는 5323명이며 하루 2.1명이 새로 감염되고 있다. 현재 4343명이 생존해 있는 것으로 되어있으나 보고되지 않은 감염자를 감안한다면 실제는 이보다 몇 배 더 많은 것으로 추산하고 있다. 더욱이 염려되는 것은 이제까지 개발한 모든 약에 내성을 가진 신종 HIV의 출현이다. 이 일은 가공할 일로 앞으로 이 신종바이러스에 대한 감염자도 증가할 것이다. 이 문제의 해결을 위해서는 더 많은 연구와 노력이 필요하게 되었다. HIV감염자와 에이즈환자의 치료에 약간의 진전은 있으나 완전한 치유방법은 없으며 에이즈감염에 대한 유일한 방어는 예방이다. 교육과 예방만이 에이즈와 싸우는데 최상의 무기인 것이다.

에이즈가 두려운 것은 감염자의 대부분이 무증후성 HIV보유자이고 이 사람들은 외견상 건강하게 보이며 정상인과는 구별이 전혀 되지 않으면서 HIV를 항상 가지고 있어서 다른 사람에게 감염시키는 위험성을 가지고 있고, 더욱이 에이즈감염자가 에이즈환자가 되기까지에는 긴 잠복기를 가지기 때문에 많은 사람에게 감염시킬 기회를 갖게 된다. 또한 일단 발증되어 에이즈가 되면 완전한 치료법이 없어 거의 대부분의 감염자가 사망하기 때문이다. 그러나 HIV의 감염경로는 확실하기 때문에 HIV에 대한 정확한 사실을 알고 옳은 지식을 가지고 있다면, 비록 에이즈환자가 현 상태에서는 특효적인 치료법이 없어 예후가 나쁘다고 하드라도 감염에 대한 예방대책은 충분히 가능함으로 더 이상의 감염자의 증가를 막을 수 있을 것이다. 최근의 조사에 의하면 고교생의 상당수가 성행위를 하고 있음으로 에이즈교육이 시급한 상황에 있다. 콘돔 없는 에이즈교육은 있을 수 없으며 더욱이 앞으로 에이즈의 감염이 확대될 것을 생각하면 성행위를 시작하는 중학입학 이전, 즉 초등학교 고학년부터 에이즈교육을 실시하는 것이 당연한 일이며 동시에 가정에서의 성교육도 매우 중요하게 된다.

그리고 알아두어야 할 것은 에이즈감염자와 보통의 접촉으로는 감염이 일어나지 않으므로 감염자가 직장에서 건강한 사람과 함께 일하는 것에는 문제가 없다. 감염자에 대한 편견을 가져서는 안 되고 차별을 행하여서도 안 된다. 따뜻한 눈으로 보고 감염자의 생활설계를 세우는데 도움을 주는 것이 중요하다. 또 환자에 대해서는 남은 인생에 희망을 갖게 하고 정신적 원조를 주는 것이 필요하다. 이 일은 앞으로의 에이즈감염자의 증가를 억제하는

데에도 도움이 될 것이다. 그러기 위해서는 에이즈 감염자뿐만 아니라 특히 건강한 사람을 위한 에이즈교육에 대한 계몽활동이 현재 가장 필요한 때이고 이일은 폭발적으로 감염자가 증가하고 있는 현 시점에서 넓은 범위에 걸친 실시가 이루어져야 에이즈정복에의 길이 활짝 열리게 될 것이다.

제8장 성감염증

- 성감염증
- 임질
- 클라미디아
- 매독
- 성기헤르페스
- 연성하감
- 간염바이러스
- 성기사마귀
- 트리코모나스질염
- 모닐리아질염
- 세균성질염
- 음부이증
- 옴
- 방광염
- 전립선염
- 전립선비대증
- 전립선암

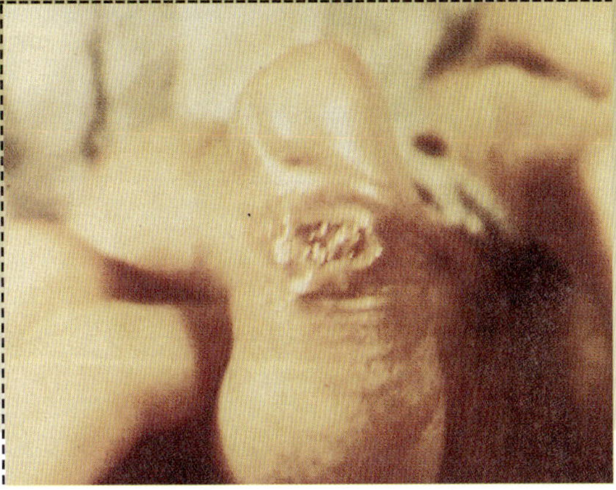

성감염증

섹스에 있어서 가장 큰 적은 성병이다. 남성과 여성에 있어서 최고의 커뮤니케이션의 수단인 성교가 원인이 되어서 성병에 감염되고 때로는 생명마저 빼앗아 갈 수도 있다. 최근에는 임질, 매독, 연성하감 등의 성병예방에 정해진 성병(venereal diseases, VD)뿐만 아니고 넓은 의미에서 성에 관계되는 질병을 총칭해서 성감염증(sexually transmitted diseases, STD)이라고 부르는 경우가 많다. 성산업은 성업을 이루고 있고 에이즈, 헤르페스, 클라미디아 등의 새로운 성감염증이 매스컴을 떠들썩하게 하고 있다. 더욱이 일찍부터 성병으로서 두려워하고 있던 임질이나 매독이 현재에도 여전히 물밑에서 유행의 징조를 보이고 있다. 성병은 성의 문화와 더불어 확산되어왔다. 매독의 부활과 성감염증의 광범위한 유행도 현대인의 방종한 성행위와 성문화와 무관한 것은 아니다. 이 비틀어지고 잘못된 성의 배경에는 초고도 문명사회, 정보화사회, 핵가족화, 수험전쟁, 모자간 스킨십의 희박화, 부친부재의 빈둥지증후군(empty nest syndrome), 자아붕괴, 고령화 사회 등의 영향이 있으며 정치와 교육의 빈곤은 이러한 성의 뒤틀림을 증폭시키고 있다. 성교는 인간을 즐겁게 해주지만 성감염증에 의하여 이 기쁨과 행복을 송두리째 잃지 않도록 감염경로와 예방법, 치료법이라고 하는 성감염증에 대한 충분한 지식과 실천이 절실히 필요한 때이다.

현재 30종 이상의 성감염증이 존재한다. 1960년대의 성혁명 이래로 사람들은 수많은 파트너와 자유롭게 성적접촉을 갖게 되었다. 지금 우리는 성감염증의 한복판에 살고 있는 셈이다. 만약 수많은 상대와 수없이 성행위를 한다면 아무런 증상을 느끼지 못한다 해도 자신이 성병으로부터 안전하다고 할 수 없다. 이처럼 많은 종류의 성감염증이 있기 때문에 이들의 감염에 맞서 싸우기란 쉬운 일이 아니다. 그리고 에이즈가 출현한 뒤부터는 성병의 감염으로부터 자신을 보호하는데 실패할 경우 하나밖에 없는 소중한 생명을 잃게 되는 결과를 초래하기 때문에 한층 더 심각하다. 성감염증은 때로는 성교이외의 경로를 통하여 전염되기도 하지만 대부분은 성행위에 의해 감염된다. 이로써 각자가 예방에 힘써야 하지만 그러기 위해서는 흔히 관련될지도 모를 이들 성감염증에 대한 최소한의 지식을 갖추는 일은 그것을 대비하기 위서도 매우 중요하다.

임질

임균에 의한 요도염인 임질(gonorrhea)은 성감염증 중에서 가장 감염빈도가 높다. 클라미디아 등에 의한 비임균성요도염과 함께 증가추세에 있다. 임질은 임균(gonococcei, Neisseria gonorrheae)을 가진 상대와 콘돔 등을 사용하지 않고 성교할 때 감염된다. 남성은 성교 후 2, 3일 지나서 배뇨 시에 심한 통증으로 알게 되는 일이 많다. 그러나 빨리 오는 경우는 12시간 후부터 늦게는 수개월 지나서야 초기증상이 나타날 경우도 있다. 남성의 경우 초기증상은 요도구멍에서 음경뿌리에 걸쳐서 화끈거리고 가려운 듯한 위화감을 느끼며 오줌에 약간 누런 점액이 섞여서 나온다. 더 진행되면 고름이 나오고 오줌 눌 때 심한 통증을 느낀다.

여성의 경우는 임균에 감염되어도 50-80%는 아무런 자각증상이 없거나 증상이 있어도 가볍기 때문에 감염 발증 후에도 발견이 늦어지게 되므로 주의해야한다. 증상이 나타나기 시작하면 여성은 누런 냉(대하)이 나오고 오줌이 잦아지면서 종종 타는 듯한 통증을 느끼게 되고 골반에 통증이 생기고 음부가 부어오르거나 진무르게 되고 어깨에 관절염과 같은 통증이 생길 수도 있다. 임질은 성경험이 저 연령화하면서 성행위가 활발한 젊은 층에 급증하는 경향이 있다. 임질환자와 성관계를 가졌을 때 감염될 가능성은 남성은 20%정도인데 비하여 여성은 90%로 감염률이 월등히 높다. 특히 임신부는 감염률이 거의 100%이다. 뿐만 아니라 감염되었다 하드라도 상당수가 증상이 나타나지 않고 보균자가 되어 전염원이 되므로 주의해야한다.

치료제는 페니실린(penicillin G)이 쓰여 지고 대부분의 경우 극적으로 잘 들어 적절히 치료하면 그 뒤의 경과도 양호하지만, 1940년대에는 임질에 15만 단위를 투약했던 것이 1980년대에는 거의 500만 단위를 투여해야할 만큼 페니실린에 대한 내성을 가지게 되었고, 최근에는 페니실린을 파괴하는 변이종(penicillinase Neisseria gonorrhoeae)마저 출현하여 페니실린의 효과가 낮으므로 이들 변이종에는 독시사이클린(doxycycline)알약과 함께 세프트리액손(ceftriaxone)이라고 하는 항생제의 주사를 복합 사용한다. 그러나 임질환자의 70%는 임균뿐 아니라 클라미디아 등의 비임균성요도염도 동반하기 때문에 두 병을 함께 치료해야한다. 예방차원에서 콘돔 등의 예방기구를 반드시 착용하여 성교를 하도록 하고 결코 복수의 성 상대와 성교를 삼가는 것 이외에 예방대책은 없다.

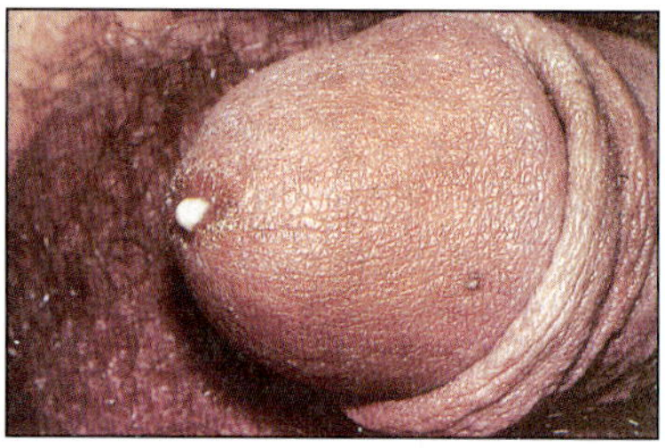

그림 8-1
음경에서 고름이 배출되고 있는 임질.

클라미디아

클라미디아(Chlamydia trachomatis)는 성적접촉에 의하여 만연되어 남녀의 성기에 감염되는 세균이다. 여성의 성기가 클라미디아에 의해 감염될 때 클라미디아감염증(chlamydial infections)이라고 하며, 남성요도가 클라미디아에 의해 감염되면 비임균성요도염(nongonococcal urethritis, NGU)이라고 한다. 비임균성요도염은 주로 클라미디아에 의하여 감염증을 일으키지만, NGU는 트리코모나스 원충

(Trichomonas vaginalis), 단순포진 바이러스 등 다른 병원균에 의해서도 발생된다. 통계에 의하면 클라미디아는 현재 가장 흔한 성감염증 중의 하나로 미국에서 매년 약 400만 명이상의 새로운 클라미디아환자가 생기고 있다. 그 수는 임질환자의 100만 명에 비해 3-4배나 높은 수치이다.

클라미디아는 감염 후 1-2주 사이에 초기증상이 나타난다. 증상은 임질과 비슷하나 여성의 경우에는 흔히 증상이 나타나지 않고 남성의 경우는 임질에 비하면 증상이 가볍고 배뇨 시에 가벼운 불쾌감을 느낄 정도이다. 그래서 그냥 지나쳐버리기 쉽다. 클라미디아는 그대로 방치해 두면 여성 쪽이 훨씬 심각하다. 감염여성의 자각증상은 적지만 자궁경관염, 난관염 등의 골반내감염증을 일으켜서 불임증을 초래할 위험성이 있다. 남성은 전립선염, 고환염 등을 일으킨다. 더욱이 클라미디아는 모자감염률이 높고 자궁경관이 클라미디아로 감염되어 있는 임산부에서 태어나는 신생아의 결막염 발생빈도는 18%로 높고 신생아의 결막에 감염된 클라미디아는 눈물길을 지나 비 인두에 침입하여 다시 허파에 이르러 폐렴을 일으키므로 겁나는 병이다.

때로 비임균성요도염환자 중에는 치료가 잘 되지 않고 재발이 잦아 배양검사 등 오줌의 정밀검사를 필요로 하지만 배양기술이 까다로워 확인하기가 쉽지 않다. 그러나 보통 세균검사에서 임균이 발견되지 않으면 그 원인균에 관계없이 비임균성요도염으로 진단할 수 있다. 임균에는 페니실린이 듣지만 클라미디아에는 효과가 없다. 치료약으로는 현재 임산부외에는 아지트로마이신(azithromycin)이나 독시사이클린(doxycycline) 등의 항생제가 투여되지만 임산부를 위해서는 에리트로마이신(erythromycin)이 선택된다. 성가신 것은 클라미디아와 임질이 혼합감염되는 일이 많아 두 병을 함께 치료해야 하는데 양쪽에 동시에 듣는 항생물질이 없어 어느 한쪽을 치료하게 되면 그 사이에 다른 한쪽이 진행되는 경우가 흔히 있다.

매독

매독(syphilis)은 15세기말에 유럽을 휩쓸었을 때 처음으로 사회의 주목을 끌었으며 19세기와 20세기에 들어 높은 치사율과 엄청난 만연으로 세계적으로 1억 이상을 죽음으로 몰아넣었던 무서운 병이었으나 지금은 항생물질의 보급으로 이전만큼 두려워하지 않게 되었다. 미국에서 1990년에 50,578사례가 보고되었으나 2001년에는 6,103사례만이 보고되었다. 매독은 트레포네마(Treponema pallidum)라고 하는 스피로헤타(spirochete, 나선균)에 의한 성감염증으로 성교 시에 피부나 점막의 상처를 통해 감염된다. 매독은 외부로부터 감염되는 후천성매독과 모체의 태반을 통해 태아에게 감염되는 선천성매독으로 나눌 수 있다. 후천성매독은 90%이상이 성교를 통해서 감염되지만 드물게는 키스나 수혈 등으로 감염되기도 한다. 선천성매독은 매독을 가진 임신부를 임신 16주 이전에 적절하게 치료하면 막을 수 있다.

매독은 증상에 따라 1기에서 3기로 나눌 수 있다. 1기매독(primary syphilis)은 3주 동안의 잠복기를 거친 후 통증이 없는 궤양이 음경꺼풀, 귀두관, 음순, 질, 자궁목 등의 외부성기에 생기고 넓적다리의 기부에 있는 샅굴(서경)림프절이 부어오른다. 이 증상은 자연소멸되기 때문에 자각하지 못하는 경우도 있다. 성교습관에 따라 입술, 혀, 편도, 턱, 유방, 항문 등에 증상이 나타나기도 한다.

2기증상은 감염된 지 9주가 지나 피부발진, 불규칙적인 탈모증, 온몸의 림프절(림프샘)이 부어오르고 후두의 염증 등이 나타난다. 이때 매독혈청검사를 하면 항상 양성반응을 보인다, 2기매독(secondary syphilis)의 발진은 출현 후 남성의 경우

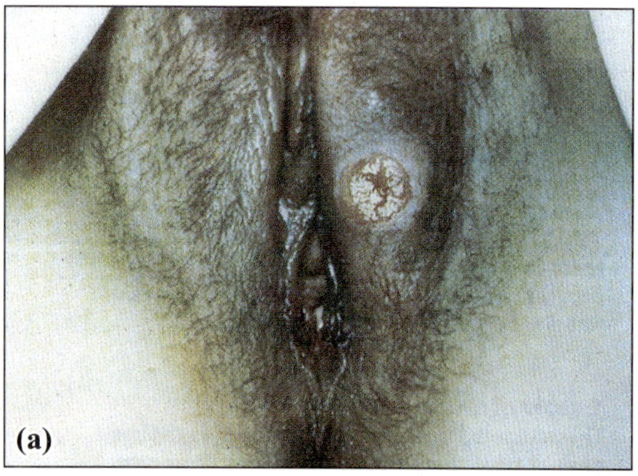

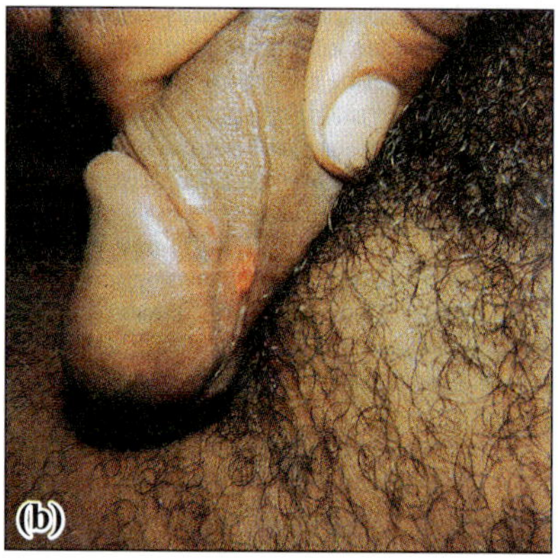

그림 8-2

1기 매독의 징후.
(a) 대음순에 감염된 징후. (b) 음경상의 징후.

는 1-2개월, 여성에서는 3-5개월 후에 자연히 없어진다. 이렇게 증상이 없어진 후 다시 증상이 나타날 때까지의 무증상기를 잠복매독(latent syphilis)이라고 한다. 감염 후 2년까지를 조기잠복매독, 2년 이상인 경우를 만기잠복매독이라고 해서 구별한다. 매독2기는 가렵지 않고 상처를 남기지 않고 치유되는 다양한 형태의 발진이 나타나는 특징을 가지고 있다. 발진은 이 미생물이 혈류와 림프샘을 통하여 인체의 모든 기관과 조직을 돌아다니고 있다는 표시이다. 지속될 수도 있고 혹은 수년 후에 이 병이 다시 나타날 수도 있다.

3기매독(tertiary or late syphilis)은 감염된 지 3-12년 후에 나타나며 때로는 10-40년 후에 발생하기도 한다. 몸 전체에 꽤 큰 종창이 생기고 심장혈관계와 뇌, 척수 등에 치명적인 손상을 일으켜 폐인과 같이 된다. 매독을 치료하지 않고 방치해두면 1/3은 3기매독으로 발전한다. 매독3기에 이 미생물은 신경계통을 침입하고 뇌에 대한 혈액공급을 방해할 뿐만 아니라 정상적인 피부, 뼈, 관절 등을 파괴한다. 이 마지막 단계의 매독은 치명적일 수 있다.

매독은 질성교, 항문성교, 키스, 입성기성교, 외음부의 접촉과정에서 전염되며 1기말은 특히 전염성이 강하다. 1기와 2기 그리고 잠복기매독은 약효가 오래 지속되는 페니실린을 투여하면 매우 효과적이다. 그러나 매독3기에 입은 손상은 페니실린요법으로도 돌이킬 수 없다. 하지만 페니실린의 출현 이후 코가 떨어져나가는 것 같은 3기환자는 거의 소멸되었다. 매독의 모자감염은 비극적이다. 매독은 병원균이 태반을 통과하여 태아에게 감염되는데 6주가 걸리지만 산모의 매독감염이 새로울수록 태아에게 감염되기 쉽다. 또한 태아가 조기에 감염되면 유산되는 일이 많고 7, 8개월에 감염되면 사산하는 경우가 많다.

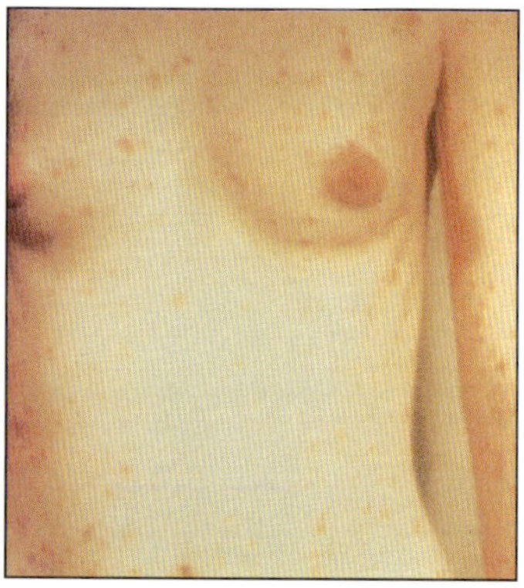

그림 8-3

2기 매독의 징후.

성기헤르페스

성기헤르페스(genital herpes)는 두 다른 헤르페스 바이러스(단순포진 바이러스, herpes simplex virus, HSV)에 의해 발생한다. 헤르페스바이러스는 항원성의 차이에 의하여 단순포진 바이러스1형(HSV-1)과 단순포진 바이러스2형(HSV-2)으로 나누어진다. HSV-1은 구강헤르페스(oral herpes)라고 하여 주로 입술, 입 주위. 눈 등의 비성기부위에 포진과 열성수포 등의 징후를 나타낸다. HSV-2는 성기헤르페스(genital herpes)라고도 하며 성기부위에 많이 나타난다. 남성에서는 음경귀두, 꺼풀(포피), 음경몸통, 항문 등에 증상이 잘 나타나고 여성에서는 음핵, 음순, 질, 자궁목 등에 단순포진 등의 징후가 흔히 나타난다. 한국과 일본 등에서는 바이러스 1형의 감염이 많지만(약 35%), 미국 등에 있어서는 성기헤르페스의 약 90%는 바이러스2형에 의하여 발생하며, 나머지 약 10-20%는 입성기성교(oral genital sex)중에 바이러스1형에 의하여 감염된다.
성기헤르페스감염증은 2000년의 역사를 가지고 있으며 성기헤르페스는 에이즈처럼 치명적이지는 않지만 자주 재발하는 치료 불가능한 성병이다. 성기헤르페스는 현재 약 5000만 명이상의 미국인이 감염되어 있으며 매년 100만 명의 새 감염자가 추가되고 있다.

성기헤르페스는 감염 후 3-7일에서 성기에 통증을 수반하는 작은 물집(포진)이 나타나며 수일 후에 이들 물집은 터지고 그 곳에 궤양이 남는다. 남성에서 포진은 가장 일반적으로 음경에 발생하나 이들은 요도와 직장에도 나타날 수 있다. 여성에서 포진은 가장 흔히 질, 음순에 나타나나 자궁목이나 항문부위에 감염되기도 한다. 성기헤르페스의 초기감염 시에는 전신권태나 두통, 발열이 나타난다. 거의 모든 사례에서 포진이 형성되는 곳에 타는 듯한 통증이 나타나지만 다른 비교적 일반적인 징후로는 배뇨 중에 요도 또는 질에 통증을 나타내며 서경(서혜, 샅굴)부위의 림프절이 부어오르고 아프다. 그러나 이들 모두는 수 주 내에 소실된다. 처음 감염된 후에 거의 정기적으로 재발하지만 증상은 가벼워진다. 재발간격은 수 주간에서 수개월로 다양하며 1년에 평균 4-7회 발생한다. 헤르페스바이러스는 척수신경절에 잠복해 있다가 피로, 감기몸살, 월경, 정서불안, 과다한 햇빛, 열병, 외상 등과 같은 면역저하상태가 오면 재발하게 된다.

헤르페스는 비록 콘돔을 사용한다 해도 전적으로 보호되는 것은 아니다. 다만 남성이 성기헤르페스에 감염되어 있고 포진이 음경에만 제한되어 있다면 콘돔을 사용해서 여성을 감염으로부터 보호할 수 있다. 그러나 질분비물이 콘돔에 의하여 보호되지 못하는 골반부위로 넘쳐흐를 수 있기 때문에 콘돔은 남성을 여성처럼 보호해주지 못한다. 헤르페스는 외음부의 접촉 이외에도 이미 감염된 신체의 다른 부위의 접촉에 의하여 전염된다. 만약 헤르페스의 물집을 만졌다면 먼저 손을 철저히 씻기 전에는 다른 사람이나 자신의 몸의 다른 부위를 만져서는 안 된다. 입 주변의 헤르페스는 키스를 한다든지, 수건을 같이 사용한다든지, 같은 잔이나 컵으로 마신다든지 할 때에도 감염될 수 있으므로 주의해야한다.

일반적으로 성기헤르페스감염증은 여성과 아이들에게 더 심한 증상을 나타내는 경향을 가지고 있으며 산도감염으로 신생아를 죽게 하는 무서운 질환으로 출산시의 사망률은 70%이상으로 높으며 생존해도 신경계통의 후유증을 남기는 경우가 많다. 다만 파수 후 4시간 이내에 제왕절개분만을 하면 신생아헤르페스의 발생은 6%정도로 억제할 수 있다.

불행하게도 단순포진바이러스를 죽이는 어떤 약도 아직 개발되지 못하고 있어 치료는 불가능하다. 아시클로비르(acyclovir, Zovirax)라고 하는 신약은 헤르페스감염증을 실제로 치유할 수는 없으나 증상을 완화하고 재발되는 증상을 줄이거나 막을 수 있다. 성기헤르페스의 초기감염에서 징후가 시작된 후 4-5일 내에 복용했을 때 아시클로비르는

그림 8-4

성기헤르페스.
(a) 남성의 성기헤르페스 (b) 여성의 외부성기헤르페스

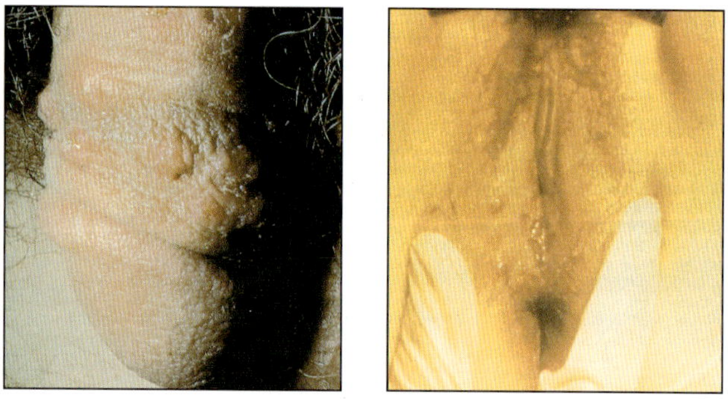

(a) (b)

정액이나 질분비물에 존재하는 바이러스의 방출기간이 심리효과를 위해 투여한 위약(placebo)의 경우보다 2/3가 줄었다. 이들 동일샘플에서 아시클로비르는 성기헤르페스의 치유기간을 4-9일까지 단축시켰으며 아시클로비르의 장기복용은 재발기간과 재발회수를 축소시켰다. 사실 여러 연구에서 재발률은 적어도 75%로 억제한 것으로 나타났다. 카플로위쓰(Kaplowitz, 1991)등은 치료하기 전에 1년에 최소 6회의 성기헤르페스를 재발했던 525명의 환자에게 3년 동안 계속적으로 아시클로비르를 투여한 결과 환자의 61%는 약물투여 3년째에 완전히 재발이 없어졌으며 별다른 부작용도 없었다고 보고하였다. 이밖에도 발라시클로비르(valacyclovir, Valtrex)와 팜시클로비르(famciclovir, Famvir)의 두 신약이 개발되어 아시클로비르는 하루에 5회 복용해야 되던 것을 이들 두 신약은 하루에 두 정제만 복용하면 되게 되었다.

꽉 끼는 내의를 피하는 것은 자극을 줄일 수 있으며 성기를 깨끗이 유지하고 하루에 여러 차례 따뜻한 물과 비누로 씻어 건조하는 것도 유익할 수 있다. 피부는 깨끗한 수근으로 건조해야하며 강하게 문지르는 것보다 가볍게 두드리는 것이 좋다. 성기를 만진 후 손을 눈에 접촉하는 것을 피해야 한다. 손을 잘 씻고 수건이나 칫솔 등을 타인과 분리해서 사용하고 성기부위로부터 눈으로 바이러스가 무의식중에 퍼지는 것을 막기 위하여 얼굴을 위한 수근을 분리해서 사용하는 것이 가장 현명하다. 성기헤르페스의 징후가 처음 시작한 때로부터 치유가 완료된 후 10일까지 성접촉은 완전히 피해야 하며 또한 재발한 감염이 완전히 치료된 2일 후까지 성교를 피하여야한다.

연성하감

연성하감(chancroid)은 헤모필루스 간균(Hemophilus ducreyi)에 의한 성감염증으로 열대, 아열대에 많이 발생하지만 여행자 등에 의하여 세계적인 질병이 되었다. 최근까지는 서구사회에서 비교적 드문 병이었으나 지금은 매독보다 더 일반적인 것이 되었다. 세계적으로 1년에 약 600만명의 사례가 발생하나 2002년도 미국에서는 1년 동안에 약 250명만이 감염된 것으로 보고되었다.

연성하감에 감염 후 3일에서 14일간의 잠복기를 거쳐 음경, 음순, 자궁목, 항문주위 등에 습진이 생기고 이어서 농포와 궤양이 생긴다. 이 고름이 감염원이 되며 이때 궤양은 통증을 동반하여 흔히 화농성분비물이 있고 일반적으로 연하므로 연성하감(soft chancre)이라고 하여 매독의 경성하감(hard chancre)과 구별한다. 남성에서 궤양은 음경꺼풀(포피), 음경꺼풀주름띠, 귀두관능선에 가장 빈번히 생긴다. 음경머리와 음경몸통에도 감염되지만 이는 전형적으로 훨씬 적다. 여성에서 궤양은 통상 질구나 질구근처에 생긴다. 이들은 음순, 음핵, 또는 질구 바로 안쪽부위에 생길 수도 있다. 자궁목도 감염될 수 있고 발생빈도가 아주 낮지만 가슴, 손가락, 넓적다리와 입 등에도 생긴다. 연성하감의 다른 현저한 증상은 서경부위의 림프절의 아픈 종창이다. 이는 연성하감환자의 약 반에서만 발생하지만 그것은 때로 극적으로 발달해서 서경선종(buboes)이라고 하는 큰 종창된 림프절을 이루며 터져서 짙은 고름을 방출한다.

연성하감의 증상은 흔히 여성보다 남성에게 더 고통스러우며 연성하감의 추천되는 치료법으로는 아지트로마이신의 1회 경구복용이나, 1주일 동안 알약으로 에리트로마이신을 섭취하거나, 또는 세프트리액손의 1회 주사를 행하면 쉽게 치유된다. 그러나 방치해두면 음경을 절단해야 할 정도까지 궤양이 자랄 수도 있다. 청결이 중요하므로 감염부위를 연한 비눗물로 주기적으로 씻어준다. 전염성이 강하므로 성접촉이 있었으면 부부가 함께 치료를 받아야한다.

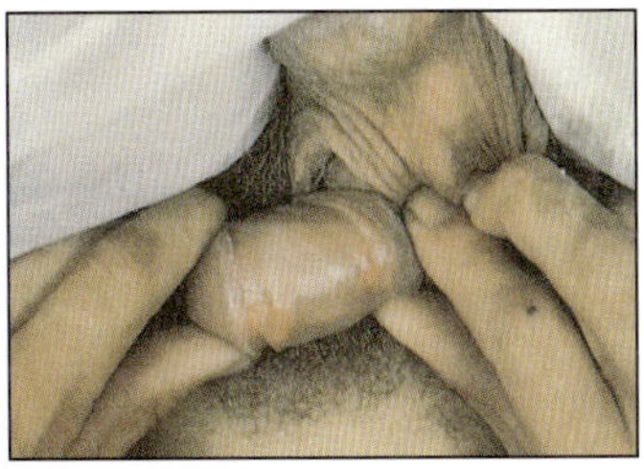

그림 8-5
남성의 연성하감.

간염바이러스

간염바이러스(viral hepatitis)는 간의 질환으로 완전히 무증후상태로부터 식욕부진, 소화불량, 설사, 발열, 황달, 구토, 복통을 동반한 급성무력증과 유행성감기에서 체험하는 심각한 합병증까지 다양한 징후를 나타낸다. 바이러스성 간염에는 A형, B형, C형, D형 및 E형 간염(hepatitis A, B, C, D, and E)의 5형이 있다. 성감염증을 논의하는데 있어 특히 중요한 간염은 B형간염이다. A, C, 및 D형 간염도 모두 성적으로 감염될 수 있으나 이들은 B형간염과 비교해서 매우 드물다.

B형간염(hepatitis B)은 통상 혈액 또는 혈액제제에 의하여 전파되나 침, 정액, 질 분비물과 다른 체액에 의해서도 감염된다. B형간염은 에이즈 바이러스보다 훨씬 전염성이 강하며 성적접촉뿐만 아니라 키스나 칫솔을 같이 사용해도 감염된다. B형간염은 예방백신이 개발된 유일한 성감염증으로 의료직종사자는 특히 감염되기 쉬움으로 백신접종을 하는 것이 좋다. B형간염은 심각한 질환이지만 자가증상이 없이 감염되고 환자의 2/3가 무증후이기 때문에 자기가 감염자인 것을 자각하지 못한 채 상대에게 전염시킬 위험성을 지니고 있다. B형간염바이러스보유자의 배우자로부터 높은 율로 감염자가 발견되고 있으므로 성교에 각별한 주의가 필요하다.

B형간염바이러스(hepatitis B virus)는 눈으로 보이지 않는 미세한 상처로 쉽게 침입하며, 입성교나 항문성교에 의하여 입술이나 직장에 상처가 있으면 그곳을 통해 미감염자의 혈액으로 침입한다. 성기에 상처를 줄만한 격렬한 성교는 B형간염의 보균자에게는 금물이다. 또 가벼운 키스만으로 감염되는 일은 없지만 입술을 물거나 심하게 빨거나 하는 강한 키스는 피해야한다. 세계적으로 약 2억 명

이상의 감염환자가 보고되어 있으며 B형간염은 특히 아시아지역에 발생빈도가 높고 특히 중국이나 홍콩 등의 지역에서 B형간염이 크게 유행하고 있어서 해외여행자가 귀국 후 B형 급성간염에 이환되는 율이 증가하고 있으므로 해외여행 시에는 예방접종을 하는 등 주의가 필요하다. B형간염의 보유자는 그들의 생애에 간암으로 발달할 위험성이 있으므로 각별한 주의를 요한다.

B형간염에 대한 치료제는 없지만 발병건수 중 90%는 신체의 면역기능에 의하여 치유된다. 다수의 성 상대를 가진 사람은 반드시 백신접종을 해야 한다. B형간염은 풍진바이러스처럼 선천성기형을 만들기 쉬운 특징은 가지고 있지 않지만 B형간염 바이러스의 보균임산부가 예방처치를 않을 경우 태어날 신생아의 약 30%는 선천성보균자가 될 확률을 갖는다. 현재 보균자인 부모로서는 자신의 자녀에게 감염시키지 않도록 하는 것이 가장 중요하며 모든 유아와 10대는 백신을 접종하는 것이 바람직하다.

성기사마귀

성기사마귀(genital warts)는 성기나 성기주변과 항문둘레에 자라는 건조하고 통상 통증이 없는 사마귀이다. 성기사마귀는 사람유두종바이러스(human papilloma virus, HPV)라고 하는 성감염바이러스에 의하여 발생한다. 현재 사람유두종바이러스는 DNA의 염기배열의 차이에 의하여 100종이상의 아형으로 분류되고 있으며 보통의 사마귀는 2, 4형 HPV에 의해 유발되며 성기부위에 형성되는 첨규콘디롬(condylomata accuminata)은 6, 11형 HPV에 의하여 발생된다. 자궁경부암에서 발견되는 것은 31, 33, 45, 18, 16형 HPV 등 약 15종으로 이들 중에서도 특히 16형 HPV는 자궁경부암의 가장 일반적인 원인으로 사례의 40-60%를 이룬다.

성기사마귀는 주로 성교나 키스 등에 의하여 감염되며 성활동이 왕성한 20대, 30대의 연령층에서 70%의 높은 비율로 발생하는 것은 에이즈에 닮아있다. 최근 10대의 젊은 여성에 이 질환이 증가되고 있고 남성이 여성보다 2배정도 많다. 특히 자가증상이 없기 때문에 알아차리지 못한 채 복수성교를 계속할 경우 잠재감염자수는 상당히 많은 것으로 예상되고 있고 미국에서는 2000만명이 이미 HPV에 감염되어있고 매년 적어도 550만명의 새 사례가 발생한다고 추산되고 있다. 그러나 이들의 대부분(최소 80%)은 수개월내에 소실된다.

상피세포가 HPV로 감염되면 그들이 형질변환되어 계속적으로 분열하여 결국 사마귀가 되는 이상조직을 형성한다. 성기사마귀를 일으키는 바이러스는 자궁경부암의 주요한 감염원이며 음경암을 포함한 성기부위와 항문의 암을 유발한다. 성기사마귀는 전형적으로 감염된 사람과 성교한 후 3개월에서 8개월 사이에 발증하며 피부와 점막의 이행부위에 분홍색이나 회백색의 꽃양배추모양의 사마귀가 생긴다. 남성에서는 음경머리, 꺼풀, 요도구멍, 음낭 등에 발생하고 여성에서는 대음순, 소음순, 질, 자궁경부 등에 생기며 남녀의 항문주위도 많이 발생하는 곳이다. 크기는 좁쌀만 한 것에서부터 주먹만 한 것까지 매우 다양하다. 임산부와 피임약을 복용 중에 있는 여성에서는 빨리 퍼지고 크기가 급속히 자랄 때도 있다. 그러나 출산 후에는 자연히 크기가 줄어들며 출산에 지장을 주기도 하지만 신생아에 감염되는 일은 없다. 성기사마귀는 자연 소멸되는 경우도 있지만 거대콘디롬인 경우에 악성종양으로 이행할 수도 있으므로 반드시 조직검사 또는 암세포검사 등으로 감별진단을 받아야한다.

치료는 여러 방법이 유용하며 포도필린(podophyllin)이나 트리클로로 아세트산(TCA)은 직접 적용할 수 있다. 전형적으로 이들 치료는 여러 번 반복하면 사마귀는 탈락된다. 인터페론이라고 하는

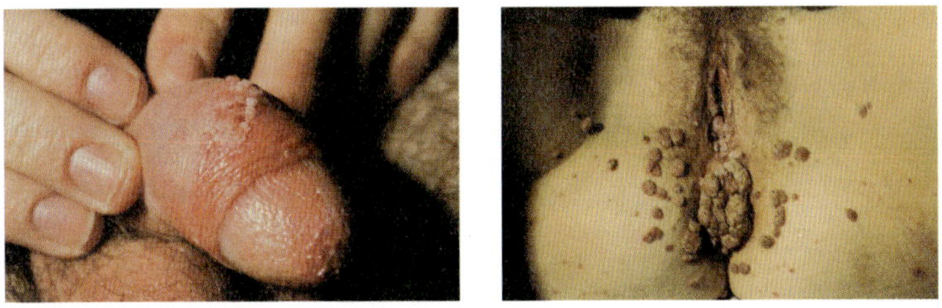

(a) (b)

그림 8-6

성기사마귀.
(a) 남성의 음경에 생긴 성기사마귀 (b) 여성의 음순에 생긴 성기사마귀

약을 사마귀의 기부에 주사하거나, 냉동요법, 레이저요법으로 태우거나 사마귀절제 등을 행하여 치료하지만 바이러스가 잠복해 있으면 재발할 염려가 있다. 성기사마귀의 재발방지를 위하여 배우자도 역시 검사를 받는 것이 좋으며 예방을 위해서는 콘돔을 사용하고 완치할 때까지는 성행위를 피하는 것이 중요하다. 또한 완치를 위해서는 성기, 외음부를 깨끗이 유지할 필요가 있다.

트리코모나스질염

트리코모나스질염(trichomonas vaginitis) 또는 트리코모나스증(trichomoniasis)은 통상 질 내에 소수로 상주하는 트리코모나스원충(Trichomonas vaginalis)에 의하여 일으키는 질 내부염증으로 거의 항상 성적으로 감염된다. 트리코모나스질염은 성감염증 중에서도 가장 흔한 질환이다. 미국에서는 임질, 매독, 성기헤르페스를 합친 것보다 더 높은 감염률을 보이며 해마다 약 500만명의 새로운 환자가 발생한다. 감염률이 높아 성접촉에 의해 감염된 남성으로부터 여성파트너에게 옮는 감염률은 85-100%나 된다. 이 때문에 부부 중에 어느 한 사람이 트리코모나스에 감염되면 반드시 배우자도 검사를 받고 함께 치료를 받아야하며 완치될 때까지 성교 때는 항상 콘돔을 사용해야한다.

성숙한 여성의 질 안에는 일종의 유산균이 살고 있어서 그 작용으로 생산된 젖산으로 질 내부는 항상 강한 산성상태를 유지함으로써 질 안으로 침입한 병원균을 쉽게 죽인다. 이를 질의 자정작용이라고 한다. 성숙한 여성은 월경, 성교, 분만 등으로 감염될 기회가 많지만 이와 같은 질의 자정작용으로 예방되는 것이다. 그러므로 불필요하게 질 내부를 자주 세척하면 이들 유산균을 죽이거나 씻어내어 자정작용을 약화시키므로 오히려 세균감염을 받기 쉬워진다. 배뇨 후에는 음순을 닦고 난 다음 항문쪽으로 닦아야하고 생리 중에는 외음부를 필요에 따라 자주 씻어야하며 샤워나 목욕을 피할 이유는 없다. 생리대는 자주 교환해야 하지만 질 내부는 자주 씻어서는 안 된다.

남성에 트리코모나스에 감염되면 음경꺼풀(포피), 음경머리, 요도, 방광 등에 침입하여 흔히 요도염을 일으키기도 하고 전립선염, 방광염을 일으킬 수도 있다. 여성은 외음부 등에 가려움이나 배뇨통 등을 느끼는 일도 있으나 많은 경우 아무런 증상도 없어 그냥 방치해 두기도 한다. 그러나 증상이 진행되면 심한 질의 가려움증, 성교통이 심해지고 때로는 악취를 내고 많은 거품이 이는 황색 또는 회색의 질분비물을 배출한다. 트리코모나스질염은 항생제를 사용하면 치료할 수 있고 메트로니나졸(metronidazole) 등의 좋은 약제가 개발되어 쉽게 나으며 1회의 투여로 90%이상이 치유된다.

모닐리아질염(칸디다증)

모닐리아질염(monilial vaginitis)은 칸디다진균(Candida albicans)이라고 하는 곰팡이에 의하여 감염되므로 칸디다질염(candidal vaginitis) 또는 칸디다증(candidiasis)이라고도 한다. 남성은 무증상인 경우가 많지만 여성은 음순과 항문에 발진이 생기고 희고 치즈모양의 냉이 많아지면서 음문과 질에 가려움증이 나타나고 성교 후에 타는 듯한 통증을 느낀다. 여성의 약 3/4이 일생동안에 적어도 한 번은 이 질병에 감염되며 40-45%는 2회 감염된다. 또 여성의 약 10-20%는 1년에 4회 또는 그 이상 발생되기도 하는데, 이를 회귀칸디다증(recurrent candidiasis)이라고 한다. 칸디다진균은 건강한 많은 여성의 입안, 장, 및 질 안에서도 검출되지만 질안의 산도가 이 진균의 성장을 제어하지 못하고 질안에 정상적으로 서식하고 있는 세균이나 호르몬의 균형이 깨질 때 과다 증식한다. 또한 항생제를 장기간 투여하거나 피임약, 부신피질호르몬제 등에 의하여 통상 칸디다진균의 침입이나 과다증식을 막는 방어적인 질 미생물의 수를 줄이고 질 내의 자연 미생물평형을 바꿈으로써, 또한 임신, 분만, 당뇨병 등으로 생체 면역반응을 저하시킴으로써 진균이 과다 증식하여 감염을 유발한다.

증상은 질로부터 진한 백색의 냉이 나오고 외음부에 가려움증과 함께 염증이 생긴다. 또한 곰팡이 냄새가 나고 때로는 붓는 느낌과 배뇨통, 성교통 등을 유발한다. 치료에는 미코나졸(miconazole), 니스타틴(nystatin), 풀루코나졸(fluconazole), 클로트리마졸(clotrimazole)등을 포함한 다양한 항진균크림, 연고, 질정제 또는 좌약 등을 처방한다. 가벼운 감염에는 통상 3-5일 동안의 치료로 좋은 결과를 얻을 수 있으나 보다 심하거나 재발감염을 위해서는 7-14일정도의 긴 치료계획이 보다 효과적이다. 다른 치료법이 실패했을 때 경구 니스타틴을 하루에 3회 수 주 동안 섭취하면 효과적일 수 있다. 최근의 연구에서 호산성유산균(Lactobacillus acidophilus)을 포함한 요구르트를 6개월간 먹으면 칸디다질염의 발생이 크게 저하되었다는 것을 발견하였다. 모든 요구르트에 이 미생물이 포함되어 있는 것이 아니므로 적당한 요구르트제품을 선택하는 것이 중요하다.

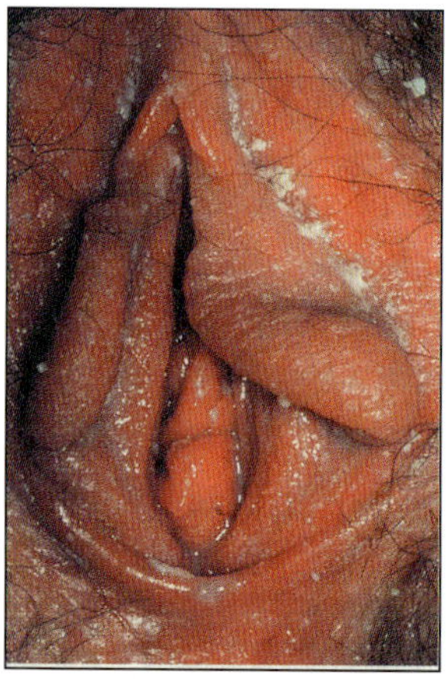

그림 8-7
칸디다증(모닐리아질염).

세균성질염

세균성질염(bacterial vaginosis)은 이전에 비특이성 질염(nonspecific vaginitis)으로 알려졌으나 세균성 질염은 통상 다른 많은 감염증에서 보는 것과 같은 염증의 징후가 없으므로 통상적으로 의학에서 염증을 지칭하는 접미사 "itis"대신에 "osis"라고 하는 접미사를 사용한 것이다. 세균성질염은 질 내의 유산균이 극적으로 수가 감소되고 감염된 세균이 과다 증식함으로써 발생한다. 질내환경의 변화를 유발하는 요인은 확실하게 알려져 있지 않으나 성교나 질세척에 의한 질내환경의 변화로 유산균이 줄어들고 1%를 차지하던 혐기성의 여러 세균, 특히 가르드네렐라균(Gardnerella vaginalis)이 100배에서 1,000배 이상으로 과성장함으로써 세균성질염이 발생하게 된다. 이 과다증식의 결과로 통상 불쾌한 생선냄새가 나는 회백색의 냉을 배출하고 다른 많은 질감염증보다 훨씬 덜 하기는 하지만 타는 듯한 통증 또는 가려움증을 동반한다.

세균성질염은 성적으로 활발한 여성에서 매우 흔한 질환으로, 임산부의 약 20%, 성감염증클리닉에서 진료를 받는 여성의 거의 40%에서 발견된다. 치료로는 메트로니다졸(metronidazole)을 정제로 섭취하거나, 클린다마이신(clindamycin)이라고 하는 항생제를 질내 크림의 형태로 사용한다. 남성파트너에 대한 치료효과는 그다지 좋지 않으므로 남성은 그 자신이 감염될 위험을 막기 위해서 뿐만 아니라, 세균성질염에 감염된 여성에게 다른 병원균, 특히 임질의 전염을 막기 위하여서도 성교 중에 콘돔을 착용해야한다.

음부이증

음부이증(pediculosis pubis)은 거의 성교에 의하여 감염되지만 이들은 또한 감염된 사람이 사용하는 침구, 옷, 수건, 변기의 깔개 등에 우연히 접촉함으로써 감염될 수도 있다. 음부이(pubic lice)는 기생충으로 유충이나 성충 모두 하루에 여러 번 흡혈하고 음모의 뿌리근처에 접합질로 털에 고착하는 알을 낳는다. 알은 1주일이면 부화되고 한 달 정도에서 성충이 된다. 암컷은 한 달에 30-40개의 알을 낳으며 충체는 약 1mm정도의 크기이다. 알이나 충체는 음모에 단단히 부착되어 있기 때문에 목욕을 해도 떨어지지 않는다.

음모이는 주로 야간에 느끼는 심한 가려움증의 원인이 된다. 일부는 진정한 증상은 없으나 다른 사람은 알레르기성 발진이 생겨 많이 긁은 상처로 세균이 감염될 수 있다. 치료약으로는 린데인(lindane, 상품명 Kwell)로션, 연고, 샴푸형태의 감마 6염화벤젠이나 퍼메트린(permethrin)크림, 멜라티온(melathion)로션이 매우 효과적이다. 음모이는 사람 몸에서 일단 떨어져 나오면 24시간 동안만 살 수 있으나, 알은 침대나 옷 위에 떨어져 10일 후까지도 살아서 부화할 수 있으므로 침구나 옷을 항상 깨끗이 하여 사용하면 재감염을 막을 수 있다.

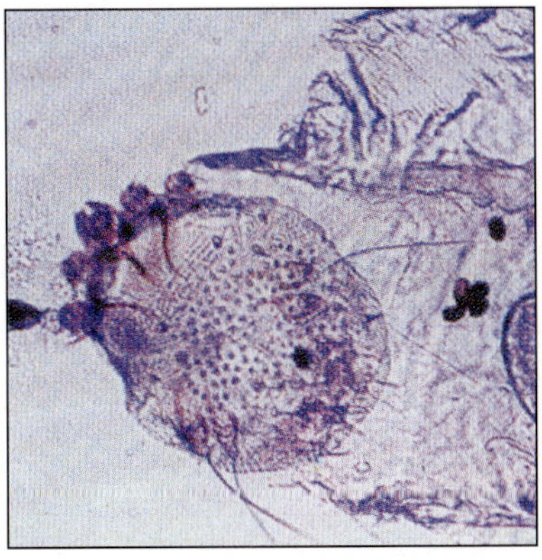

그림 8-8

옴을 일으키는 진드기의 현미경사진.

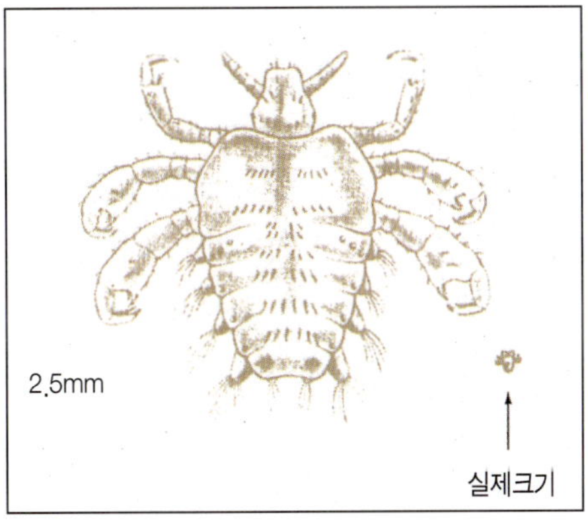

그림 8-9

음부이증 확대한 음부이.

옴

옴(scabies)은 0.3-0.4mm크기의 흰 진주 빛을 띤 진드기(Sarcoptes scabiei)에 의해 감염된다. 8개의 발을 가진 진드기는 산란하기 위해 음모뿌리나 피부를 파고들며 알이 부화될 때 매우 가렵고 붉은 여드름 같은 종기가 생긴다. 성적접촉이나 진드기가 들끓는 의복, 침대카버, 수건, 다른 직물 등의 접촉을 통해 전파되어 이들은 약 30일간 생존하지만 사람 몸에서 떨어져 나온 진드기는 24-36시간 만에 죽는다. 옴에 의해 손상된 피부는 세균감염을 일으키는 것이 일반적이므로 주의를 요한다. 옴은 가장 흔히 손과 손목에 발견되나 성기, 볼기, 겨드랑, 발등에도 나타나지만 목 위로는 발견되지 않는다.

옴은 음모이와 같이 1% 린데인 로션(lindane lotion)이나 퍼메트린(permethrin) 5%크림이 효과적이며 최근 연구에서 이버멕틴(ivermectin)의 단일 경구복용도 매우 효과적이라는 것을 발견했다. 린데인 로션은 목 아래의 전신에 바르고 8시간동안 씻지 않고 그대로 두어야한다. 그러나 린데인은 태아나 유아에게 유독하기 때문에 임산부나 수유 중의 여성은 사용할 수 없다. 옴을 가진 사람의 의복, 수건, 이불 등은 더운 물로 씻거나 드라이클리닝을 해서 재감염을 막아야한다.

방광염

방광염(cystitis)은 거의 전적으로 여성에서 발생하는 방광의 감염증이다. 신혼 초에 소변을 보다 갑자기 화끈거리고 배뇨 후에도 시원치 않아 화장실에 자주 드나드는 일이 흔히 있다. 이런 현상은 성관계를 처음 경험하는 여성에게 많이 나타남으로 밀월여행성방광염(honeymoon cystitis)이라고 한다. 신혼 초에 이처럼 방광염을 일으키는 것은 남편의 성감염증 때문이 아니라 신부의 요도주변에 오염되어 있던 질분비물이나 대변 속의 대장균이 성행위중 질 앞벽이 위로 압박을 받으면서 요도를 역류하여 방광으로 들어가 염증을 일으킨다.

여성은 해부학적으로 바깥요도구멍이 질이나 항문 가까이 위치하고 있기 때문에 질분비물 속의 세균이나 대장균에 오염되기 쉽다. 또한 여성의 요도는 남성요도(15-20cm)와는 달리 3-4cm정도로 아주 짧고 넓으며 직선으로 되어 있어서 이들 세균이 방광에 쉽게 침입할 수 있게 되어 있다. 실제로 방광염의 주요 원인균은 장내세균인 대장균이다. 그러나 이것은 처음으로 성경험을 하는 여성의 생리적 현상에 불과한 것으로 시간이 지나면 방광이 세균감염에 대한 면역을 갖게 되므로 자연 치유된다. 방광염을 예방하려면 특히 성교전후에 물을 많이 마시고 소변을 자주 보면 방광과 요도의 세균을 씻어내게 됨으로 감염이 쉽게 일어나지 않는다. 또한 성관계가 너무 잦으면 방광염의 발생빈도가 보다 높아지므로 적당한 간격을 두는 것이 좋다.

성경험이 없는 여성이라도 여성요도의 해부학적 특성 때문에 목욕이나 수영할 때에 요도역류현상이 일어나 비운동성 세균도 방광으로 올라갈 수 있어서 방광염이 발생할 수 있다. 방광염의 예방을 위해 일상생활에서 유의해야할 점은 용변 후 뒤처리는 반드시 앞에서 뒤로 해야 하며 같은 화장지로 두 번 닦지 않아야 한다. 또한 배뇨 후에는 화장지로 부드럽게 닦아내되 문지르지 말아야 하고 소변은 참지 말고 배뇨 후 잠자리에 드는 습관을 기르는 것이 좋다. 그리고 팬티스타킹이나 타이즈와 같이 통풍이 잘 안 되는 옷을 장시간 입지 않아야 하며 팬티는 통기성과 흡수성이 양호한 면제품이 좋다. 치료는 통상 간트리신(gantrisin)이나 암피실린(ampicillin)과 같은 설파제를 복용한다. 이 약에는 염료가 함유되어 있어서 배뇨 때 타는 듯한 느낌을 완화시키는데 도움을 준다. 만약 방광염의 원인이 대장균 이외의 세균이면 전형적으로 암피실린을 처방한다. 만약 방광염을 치료하지 않고 방치해두면 세균이 콩팥에 이르러 위험한 신장염을 일으킬 수도 있으므로 주의해야 한다.

전립선염

전립선염(prostatitis)은 여성에 있어서의 방광염과 같이 통상 대장균의 감염에 의해 발생한다. 전립선염은 급성 또는 만성의 구별이 있으며 급성전립선염의 증상은 발열, 오한, 회음, 항문과 직장주변의 통증, 배뇨통과 빈뇨 등이 있으며 사정 시에 통증을 유발하는 등 성기능 장애를 일으킬 수 있다. 만성전립선염은 증상이 전혀 없거나 요통이나 샅부위(회음)에 불쾌감을 준다. 항생제치료는 통상 급성전립선염에는 잘 듣지만 만성전립선염에는 효과가 적다.

전립선비대증

전립선비대증(prostatic hyperplasia)은 노년기 남성에 특유한 병이다. 오줌이 잘 나오지 않으며, 오줌줄기가 가늘어지고, 오줌줄기가 끊기며, 배뇨회수가 잦고 배뇨 후에도 잔뇨감이 있는 등의 배뇨장애가 나타난다. 전립선은 사춘기가 되면 남성호르몬의 영향으로 조금씩 커진다. 30세 전후에서 절정에 이르러 크기는 호두정도로 무게는 약 20g 내외가 된다. 그 크기는 45세 정도까지는 변화가 없으나 이 연령을 지나면 노화로 인해 서서히 커지는 사람이 있다. 50세 이상의 남성의 약 25%에서 전립선비대증이 된다. 더욱 고령이 되면서 비율은 높아져 80세에서는 60%이상이 된다.

전립선비대증의 원인은 남성호르몬이 관계한다고 생각되고 있으나 호르몬이 어떻게 관계하는지는 잘 모르고 있다. 전립선이 커지면 전립선 속을 지나는 요도가 커진 전립선에 의해 압박을 받게 된다. 당연히 요도가 좁혀지고 그 때문에 오줌이 나오기 어려워진다. 한편 전립선은 바깥쪽으로 커져 이것이 방광 쪽으로 향해 비대되면 방광의 바닥부분이 밀려 올라가 자극증상이 나타나거나 잔뇨감이 생기거나 한다. 치료방법으로는 약물요법, 최소침습적 치료법(스텐트유치법, 온열요법, 경요도적 침소작술, 초음파치료법), 외과적 수술(내시경절제술, 개복전립선절제술, 레이저전립선절제술) 등이 있다.

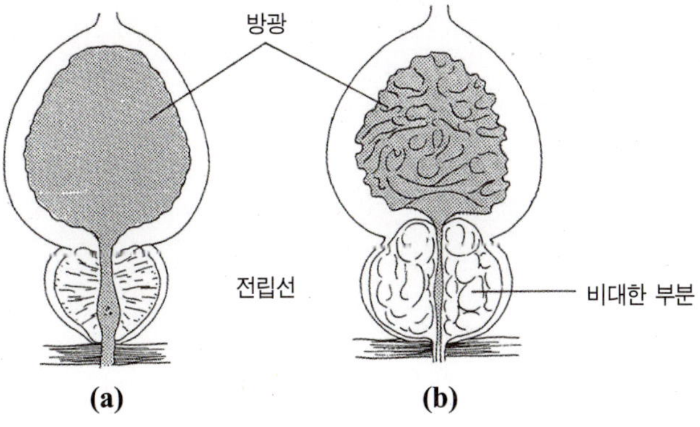

그림 8-10

전립선비대증.
(a) 정상적인 전립선 (b) 비대한 전립선

전립선암

최근에 전립선암환자수가 늘어나는 경향을 보이고 있다. 미국에서는 전립선암환자가 50세 이상에서 36%(흑인은 약 50%)나 되며 일본에서도 22%로 남성암 발생율의 당연 1위로 부상되고 있다. 최근에 전립선암의 검출을 위한 가장 뛰어난 종양마커로 전립선특이항원(prostatic specific antigen, PSA)이 지목되고 있다. PSA는 전립선에 함유되어 있는 특이항원(당단백질)으로 전립선암환자의 혈청 속에 PSA활성이 증가된다. 정상범위는 4.0이하이다. 4.1에서 10까지는 약간 위험군으로 재검과 감시가 필요하며 10.1 이상은 위험군, 20.1 이상은 위험이 농후한 군으로 보다 정밀한 검사를 요한다.

PSA측정은 양성율이 민감하고 특이성이 높기 때문에 전립선암 검출의 지표로서 사용할 수 있다. 진행성 전립선암의 약 90%에서 PSA의 이상치를 나타낸다. 그러나 약간의 위양성을 피할 수 없고 특히 전립선비대증과의 판별이 문제가 된다. 그러나 전립선비대증의 혈청 PSA값은 10ng/ml를 넘지 않는다.

제 9 장 성부전과 치료

성부전(sexual dysfunction)은 일종의 성행위를 할 능력이 없는 것을 말하며 육체적 조건에 의하여 초래되는 기질성성부전과 정신적 조건에 의하여 발생하는 심인성성부전으로 구분할 수 있다. 성부전은 한 개체의 정신적 고통을 일으키는 성반응에 관련된 문제이다. 이 정의는 꽤 단순한듯하지만 실제로 무엇이 성부전인가를 정확하게 결정한다는 것은 어려울 수 있다. 기질성성부전은 음경의 발기부전이나 성행위를 저해하는 신체적 장애, 생식기관의 신경조직의 질환, 성적내분비선의 분비저하, 생식기관의 암 또는 종양 등의 질병에 의하여 발생한다. 심인성성부전은 배우자에 대한 사랑을 느끼지 못할 때, 성교통, 성감염증에 대한 공포나 그 외의 성행위에 대한 공포, 신경과민, 과로와 스트레스 등 여러 가지 원인에 의하여 강렬한 정서가 마음을 혼란하게 함으로써 성적욕구를 저하시켜 성부전을 일으킨다. 심인성성부전은 기질성성부전과는 원인도 다르지만 치료에 있어서도 본질적으로 차이가 있다. 먼저 성부전을 일으키는 장애요인을 개관하고 그런 후에 성부전을 위한 치료를 고려한다.

성부전의 생물학적 요인

성부전의 원인은 주로 심리적인 경우가 많지만 성치료를 시작하기 전에 항상 신체적 요인의 작용여부를 평가하지 않으면 안 된다. 기질적 요인에 의하여 성기능장애가 발생하는 비율은 3-20%로 성치료를 받는 환자의 약 10%는 당뇨병을 앓은 경험을 가진다. 그러나 기질적 요인이 남성과 여성에 똑같이 작용하는 것은 아니다. 남성에 있어서의 성적충동, 발기, 사정과 여성의 윤활팽창, 오르가슴은 여러 가지의 신체적 요인이나 상태에 의하여 각기 영향을 받는 방법이 다르다. 따라서 각기 다른 감별진단이 요구된다. 그럼으로 성부전의 종류에 따라 그것에 맞는 의학적 검사를 필요로 하는 경우도 있다. 어느 여성과는 정력적으로 성교를 할 수 있으나 다른 여성과는 성교를 할 수 없다는 상황적인 환자를 제외하고는 성부전환자는 모두 신체검사를 받아야한다. 심리적으로 치료해야한다는 확실한 결론을 내리기 위해서는 성부전을 일으키는 모든 신체적 상태를 확인하지 않으면 안 된다. 그것은 표면상 건강하게 보일지라도 숨겨진 초기당뇨병이나 다발성경화증과 같은 것이 원인이 되고 있을지도 모르고 남성호르몬의 낮은 수치가 원인일지도 모른다. 알코올을 남용하거나 마약을 사용하고 또는 고혈압 때문에 자율신경계차단제를 복용하고 있을지도 모른다. 이들 요인은 모두 발기반응을 손상시키게 된다. 성적충동의 전반적 저하는 순수하게 심인성인 경우도 있으나 기질적 원인에 의할 때도 있다. 성욕에 대한 흥미의 상실은 간염과 같은 전신적인 질환으로 쇠약해져 있을 때 많이 발생한다.

여성의 성반응은 연령, 약물, 질병에 의하여 남성만큼 영향을 받지 않지만 여성에 있어서도 남성과 마찬가지로 성욕에 대한 관심의 총체적 감소는 그 근저에 있는 질병, 피로, 우울상태, 약물 등에 의하여 발생한다. 월경주기나 임신 중 또는 피임약을 복용하고 있을 때 변동되는 호르몬의 상태는 여성의 성기능에 영향을 준다. 여성성기의 해부학적, 생리적 이상은 오르가슴부전과 관련이 있는 경우가 있다. 질근육의 비활동, 쇠약, 긴장불량 혹은 섬유화가 성부전의 원인일 수 있다. 이 상태는 환자가 두덩꼬리근(PC근)을 수축시키려고 하는 동안에 부인과적인 촉진검사에 의하여 진단된다. 이완된 PC근 또는 이 근육의 섬유화가 일부여성의 성부전의 원인이 된다. 그것은 오르가슴은 일차적으로 근육의 반응이기 때문이다. 따라서 질근육검사와 운동은 오르가슴부전의 치료에 활용된다. 한편 심한 우울상태, 스트레스, 피로에 따르는 생리적 변화와 내분비의 변화가 중추신경계와 신경전달물질에 영향을 주고 또 남성호르몬의 공급을 저하시킴으로써 성적동기를 잃게 만드는 원인이 되기도 한다. 스트레스에 의하여 시상하부는 뇌하수체에 난포자극호르몬(FSH)과 황체형성호르몬(LH)의 방출을 저하하도록 신호를 보낸다. 이리하여 뇌하수체호르몬의 감소는 고환의 생산성저하를 가져오고 이에 따라 혈중 테스토스테론의 농도를 떨어뜨리게 됨으로 이로 인해 뇌의 성욕중추의 작용은 억제되고 그 영향으로 성적충동은 저하되어 성 반응은 감퇴된다.

성부전의 심리적 요인

정신분석학적 이론에 의하면 결정적인 아동기의 체험에서 생기는 무의식적 갈등이 성부전을 일으킨다. 성부전의 심리적 요인은 직접적 원인과 간접적 원인으로 구분할 수 있다. 매스터스와 존슨은 성부전의 직접적인 원인은 성욕에 대한 불안과 방어에 있다는 것을 분명히 하였다. 성치료효과는 그와 같은 직접적 원인을 제거하는데 있다. 성교 중 불안은 성부전의 원인이 될 수 있고 불안은 또한 실패의 공포에 의하여 생길 수 있다. 불안은 실패에 대한 공포를 낳고 그것이 또 다른 공포를 불러일으키는 악순환이 반복된다. 매스터스와 존슨은 실패의 공포에 대한 불안, 대화에 대한 실패, 인지방해, 효과적인 성적자극행위에 대한 실패 등 4요인을 성부전의 직접적 심리적 원인으로 규정지었다.

성부전의 간접적 원인은 사전학습(prior learning)의 범주로 사람들이 현재 그들의 성 반응을 억제하는 것은 그들이 소아기에 학습된 것에 관계한다. 많은 사람의 성행동은 무의식적 죄책감이나 불안에 지배되고 있다. 많은 사례에서 사람들은 매우 엄격한 종교적 가정에서 자라면서 성교는 추하고 죄악이라고 가르침을 받는다. 그 같은 경우에 성교는 즐거운 것이 아니라 오로지 생식목적을 위해서만 존재한다. 엄격한 종교적 가르침은 어떤 성부전, 이를테면 질경련(질경), 여성의 1차성오르가슴부전과 남성의 지루증, 1차성발기부전 등의 공통요인이 되기도 한다. 성부전을 유발하는 원인은 종교적 믿음이 아니라 어린이에게 강요된 엄격한 반 성적태도라는 것이 분명해졌다. 가정에 기인하는 다른 성적장애의 원인은 자위행위와 같은 성행위에 대해

부모가 아이들을 심하게 벌할 때 발생한다. 한 보기로 자위행위를 하다 들킨 소녀는 심한 벌을 받고 다시는 자위행위를 해서는 안 된다고 야단맞았는데 그녀는 성인기에 자위행위를 통해서 오르가슴을 얻을 수 없다는 것을 발견하였다. 그들의 자녀를 가르치는 부모는 성적장애에 기여한다. 특히 그들의 딸에게서 그러하다. 흔히 성인기에 성 반응이 억제되는 여성은 성교에 관심을 갖거나 그것을 즐기면 훌륭한 숙녀가 되지 못한다는 가르침을 받은 사람들이다.

그림 9-1

결혼생활의 마찰과 부부의 언쟁은 성적흥미를 무디게 한다. 성적흥미의 상실은 나아가 부부의 긴장과 불만을 증폭시킨다.

성에 관한 무지

성은 관찰과 환상으로 구성되어 있다고 할 수 있다. 어느 한쪽이라도 결여되면 문제가 생긴다. 적절한 성적자극을 받는 일과 자극에 자유롭게 반응하는 일의 두 가지에 의하여 비로소 적절한 성반응이 이루어진다. 사람은 생리적으로 각성되었을 때 성적으로 잘 기능한다. 성적장애를 가진 사람은 그 각성을 불안으로 풀이한다. 성부전을 호소하는 많은 사람들의 성적과거력을 보면 빈약하고 감수성이 결여되어 있으며 비효과적인 성 기법을 사용하고 있다. 성적장애는 흔히 단순한 무지의 결과이다. 예컨대, 어떤 커플은 여성의 오르가슴부전 때문에 성치료를 요구했다. 치료사는 곧 남편이나 아내가

그림 9-2

남성의 발기부전은 남성의 활력을 감퇴시키고 죄책감을 느끼게 한다. 동시에 그들의 파트너를 실망시키고 비통하게 만든다.

그림 9-3

발기부전의 정서적피해.

발기부전의 발생율은 나이와 함께 증가한다. 우발적인 발기문제는 일반적이며 피로, 알코올, 또는 새 파트너에 대한 갈망이 원인일 수 있다. 그러나 재발에 대한 공포는 악순환을 일으켜 불안은 실패로 유도되고 실패는 불안을 증가시킨다.

음핵의 위치를 모르고 있다는 것을 발견한다. 흔히 그 같은 경우는 그 환상적인 부위에 대한 단순한 교육테크닉에 의하여 해결된다.

많은 커플이 성적욕구에 관하여 충분한 지식을 가지고 있지 않기 때문에 성을 탐구하고 실험하는 것을 망설이고 죄책감을 갖는다. 여성은 이러한 상황에서 희생자가 되는 일이 많다. 특히 젊은 여성은 성적가능성을 충분히 꽃피우기 위하여 배우자로부터의 재치 있는 자극과 배우자의 감수성을 필요로 한다. 음핵이 어디에 있으며 성적쾌락을 전달하는 음핵의 기능을 인식하지 못하는 커플들이 많다. 이들 커플의 경우 남성은 발기하자마자 성교를 진행하고 여성의 성반응이 어디쯤에 있는지 따위는 상관없이 사정해버린다. 그리고 여성이 왜 오르가슴을 얻지 못하는지에 대해서는 진지하게 생각조차 하지 않는다. 이러한 답답하고 비효과적인 성관계의 원인은 여성은 자기 자신의 욕구를 깨닫지 못하고 스스로의 욕구를 입에 올리면 남성으로부터 거절당하는 것이 아닌 가 두려워하며 자신이 바라는 자극을 추구하지 않기 때문이다. 한편 남성은 자신의 행위가 아내에게 비효과적이라는 것을 실제로 이해하지 못할 수도 있다. 그 때문에 아무런 논의도 없이 불만족한 성행위를 계속한다.

50세 이후의 남성은 여성이 닿기만 해도 조급히 발기할 수 있었던 과거의 현상에 익숙해져 있기 때문에 중년중기 이후에는 발기하려면 충분한 자극이 필요하다는 것을 이해하고 있지 못하는 일이 많다. 이러한 점에 대한 불안과 변화의 필요성을 아내에게 전달하지 못해서 성반응의 자연감퇴에 적응하는데 실패하는 경우 중년남성의 2차성발기부전의 원인이 되는 일이 많다. 성부전이 심한 신경질환에서 발생한 것이 아니고 성의 무지에서 생긴 것이라면 치료의 결과는 양호하다. 커플에게 인간의 성반응을 이해시키고 효과적인 성 기법을 탐구하도록 하며 그들의 죄책감을 버리고 자유롭게 성행위를 즐기도록 하여 배우자에 대해서도 어디를 어떻게 애무하고 어떤 자극을 좋아하는지 의논할 수 있도록 용기를 주면 해결책을 찾을 수 있다.

의사소통의 실패

대화에 대한 실패는 성적장애의 가장 중요한 직접적 원인의 하나이다. 대화 없이 멋있는 연인이 되려는 것은 눈을 가리고 과녁을 맞히는 것과 같다. 효과적인 성적자극을 주기 위해서는 상호간의 의사소통이 필요불가결하다. 무엇이 성 상대를 각성시키고 무엇이 흥을 깨는 것인지, 또한 성행위 중 지금 상대는 어떻게 반응하고 있는가를 알지 않으면 안 된다. 성부전커플은 효과적으로 대화를 하고 있지 않는 경우가 많으며 아무것도 모르면서 행동하는 일이 많다. 가장 나쁜 것은 서로의 성 반응에 대한 잘못된 생각에 이끌릴 때다. 이 같은 의사소통의 곤란은 여러 원인에서 생긴다. 일반적인 이유로서 문화적으로 발생하는 죄책감과 수치심을 들 수 있다. 이 경우에는 간단한 설명만으로 친밀한 의사소통이 가능해진다. 어디가 가장 기분 좋게 느끼는가를 누구보다도 잘 아는 것은 그 자신이다. 만약 그 본인이 성 상대에게 그것을 언어적으로나 비언어적으로 말해주지 않는다면 파트너는 무엇이 기분 좋게 해주는가를 결코 알 수 없을 것이다. 그러나 많은 커플은 그들의 성적욕구에 관해 대화하지 않는다. 이를테면 오르가슴에 도달하기 위하여 상당한 음핵자극이 필요한 여성이 그녀 파트너에게 그것을 결코 말하지 않는다. 그 결과 그녀는 그녀가 필요한 자극을 얻지 못하므로 결국 오르가슴에 이르지 못하게 된다.

대화의 상실은 성부전의 원인이 될 뿐만 아니라 파괴적인 성체계를 영속시키고 문제를 점점 더 심각하게 만든다. 솔직하고 거짓 없는 대화는 두 사람의 문제를 바로잡고 고치는 훌륭한 수단이다. 여성이 아무 말도 하지 않으면 남성은 여성의 반응을 알아차리지 못한다. 남성은 여성의 욕구가 자기와 같다고 생각한다. 여성은 두렵고 부끄러워서 오르가슴을 얻기 위하여 어떠한 자극이 얼마만큼 필요한지를 남성에게 이야기하지 않는다. 여성은 자신의 욕구를 부끄러워하거나 죄책감을 갖거나하여 그 사실을 이야기하지 않고 행복한 듯이 가장하게 된다. 남성은 여성이 만족하지 못하고 있는 것을 깨닫지 못하기 때문에 여전히 효과도 없는 행위를 계속한다. 서로의 솔직한 대화가 매우 도움이 된다. 남성은 여성의 욕구를 알기만 하면 기꺼이 자극을 계속할 것이다. 여성이 남성에게 자신의 욕구를 이야기하고 남성이 이것을 받아들일 때 여성은 사랑을 느끼고 느긋한 마음으로 오르가슴에 도달할 수 있다.

심리적 갈등

성부전의 원인 가운데 심리적 갈등이 가장 주목을 끈다. 사실 갈등의 해소는 성부전의 치료에 있어서 대단히 중요하다. 우리에게는 성적갈등을 일으키기 쉬운 많은 문화적 요소가 있다. 실로 우리사회는 성적으로 혼란스럽고 억압되고 모순적이다. 성적욕망과 신, 사회, 부모로부터 받을지도 모르는 두려운 보복사이에서 일어나는 갈등이 도처에 존재한다. 이와 같은 성적갈등은 보통 의식되지 않으나 성적측면에 강력한 파괴적 영향을 미치게 된다. 인간행동에 처음으로 우리의 관심을 집중시킨 사람은 프로이트였다. 그 이래로 정신분석학적 갈등모형은 이 분야에서 매우 큰 영향을 미쳐왔다. 성적갈등은 주로 무의식적이기 때문에 프로이트 이전에는 이 갈등이 널리 존재한다는 것을 깨닫지 못하고 있었다. 프로이트는 무의식적 성적갈등이 성적장애와 그 외의 모든 정신병리의 근원이라는 가설을 바탕으로 콤플렉스의 개념을 확립했다. 프로이트의 과오는 부모에 대한 유아의 초기 근친상간적

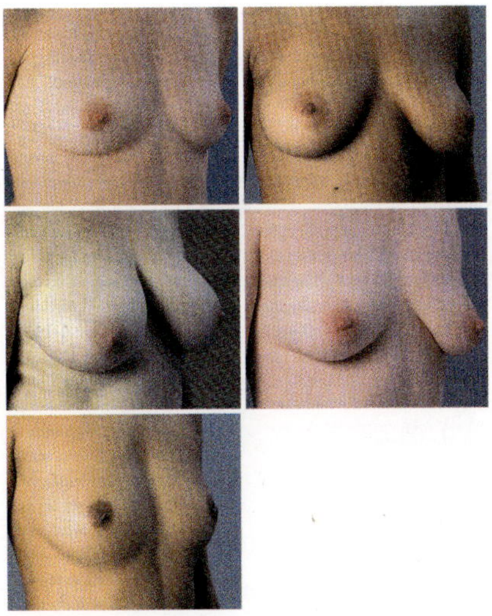

그림 9-4

여성의 가슴의 크기, 모양, 피부감촉, 내부의 지방의 양과 선조직이 다양하다.

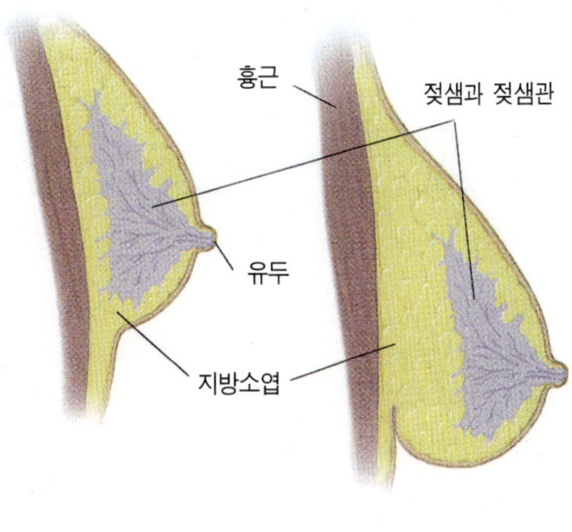

그림 9-5

크기가 다른 두 유방의 단면도.
유방의 크기와 젖생산조직의 양의 차이에도 불구하고 유방은 통상 매우 유사하다.

그림 9-6
프로이트에 의하면 어머니의 사랑과 양육에 관한 기억은 후년에 느낌과 생각, 다른 사람에 대한 애정과 사랑에 관한 행동에 영향을 미친다.

소망만을 다루고 그 외의 성적갈등을 무시한 일이다. 정신분석이론은 인간의 성욕의 힘에 주목하도록 만든다. 정신분석에 의하여 설명이 불가능한 인간의 행동을 이해하고 예측할 수 있게 되었다. 성치료에 대한 정신분석의 근본적 구조는 무의식적 동기의 개념과 이와 관련된 치료에 대한 억압과 저항의 구조, 성인이 된 뒤의 운명을 결정하는 유아체험의 중요성, 성적갈등을 일으키는 외디푸스콤플렉스(Oedipus complex)의 역할 등이다.

행동을 이해하고 정서장애를 치료하는데 있어서 프로이트가 이룩한 가장 중요한 공헌은 아마도 무의식적 정신과정의 개념일 것이다. 프로이트이전에는 의미 있는 욕망, 공포, 갈등, 욕구 등은 모두 의식되고 있으며 행동은 이성과 의지에 의하여 지배된다고 생각하였다. 의식적으로 이해되지 못하나 인간의 생활, 업적, 대인관계 등에 큰 영향을 미치는 강력하고 불합리한 모순된 힘이 존재한다는 프로이트의 개념에 의하여 지금까지 설명하지 못했던 행동현상을 이해하고 예측하며 치료적으로 수정할 수 있게 되었다. 정신분석적 이론은 사랑하는 사람과 성적만족을 얻고자하는 바램과 성적만족을 얻음으로써 벌을 받을지도 모른다는 공포사이의 무의식적 갈등이 성적장애의 원인이라고 설명한다. 특히 유아기에 학습한 성적표현에 대한 벌의 공포가 성인이 된 후의 성적표현에 의하여 다시 되살아나게 된다. 성인은 이러한 공포의 희생자가 되어 발기부전 또는 오르가슴을 해치고 있는 현재의 체험과 유아기의 공포와의 사이에 존재하는 관련성을 전혀 깨닫지 못한 채 해결책을 구하려고 한다.

프로이트의 생각에 의하면 무의식은 원시적인 충동과 소망에서 이루어지며 주로 성적이고 공격적이다. 무의식은 위험하고 수치스런 특성 때문에 의식적으로 인식되지 못하고 정신구조에 통합되지 못한다. 중요한 것은 충동이 무의식적으로 밀려나더라도 소멸하지 않고 어떠한 형태로 나타나려고 한다는 것이다. 금지된 성적바램은 그 파수꾼인 불안이 경계하지 않도록 자아를 우회하는 방법으로 만족을 얻으려고 노력한다. 성이 갈등에 부딪칠 때 성적바램은 부정되고 억압되고 변화되며 왜곡된 신경증적 방법으로 표현된다. 프로이트가 초자아(양심)에 속한다는 성적쾌락에 대한 죄책감 역시 의식되는 일없이 성기능을 손상시킨다.

인간의 성욕은 억제할 수 없어서 항상 만족을 구하는 지극히 쾌락적이고 강력한 동인임과 동시에 쉽게 고통과 연결되고 외상적 충격을 받고 손상되고 왜곡될 수 있는 반응이기 때문에 성문제는 어디서나 발생하게 된다. 불행히도 우리사회는 성과 죄를 동일시하는 경향이 있다. 그 때문에 성적쾌락에 대한 갈망을 나타내는 것은 모두 부정되고 수치스러운 일로 다루어지기 쉽다. 따라서 일반적으로 민감한 소아기에 있어서는 그것이 애처로운 추억이 되고 그 결과 그러한 감정이 일평생 계속된다.

그림 9-7

유방은 섹스의 표상이며 풍만한 가슴은 실로 여성이 여성임을 표현하는 상징이다. 노르웨이 오슬로의 조각공원에 있는 조각작품.

그림 9-8

음경은 고대와 현대 예술에서 중요한 심벌이다. 우리들은 여기에 오슬로의 프로그너 공원에 있는 현대적 남근 조각품을 본다.

성욕은 우리들의 움직이는 요소 중에서 가장 쾌락을 수반하는 충동이다. 성욕은 다른 충동과는 대조적으로 충족될 때뿐만 아니라 성적각성이 높아져 가고 있을 동안에도 쾌락을 느낀다. 성욕은 뇌의 쾌락중추와 밀접한 관계를 가지므로 그래서 성행위에 의하여 강한 쾌락이 생기고 만족에 대한 갈망이 생긴다. 그 때문에 인간은 유아기부터 성적쾌락을 구하고 죽을 때까지 계속해서 추구한다.

성욕이 매우 강한 쾌락을 수반하지만 동시에 성욕은 공포나 죄책감과도 바로 연결되어 있어서 갈등이 생기기 쉽다. 만약 성행위나 성적충동에 대한 강력하고 고통스러운 결과가 되풀이된다면 성욕은 치료하기 어려울 만큼 파괴된다. 이러한 병리적인 관계가 의식되지 않으면서 발생하는 경우가 많다. 극단적인 외상적 체험을 한 후 인간은 성적으로 반응하지 않게 된다. 수백만의 여성이 외상체험으로 인해 오르가슴을 얻지 못하며 사정불능으로 고민하는 남성도 있다. 성적충동은 비인간적이고 추잡하고 도색적인 것으로 격하되어 소외되고 억압된다 하드라도 그 쾌락이 매우 크기 때문에 완전히 소멸되는 일은 드물며 성욕은 어떤 형태로든 그 출구를 찾는다. 성욕은 부정적으로 조건화된 상황에 직면하게 되면 부분적으로 손상된다. 성은 매우 순응적이고 그 표현에 무한한 변화가 있어서 단편적인 성행위나 상징적인 성행동조차 기쁨이 된다. 이같이 성적표현은 왜곡되고 억압되고 소외되고 승화되는 무수한 형태를 취하고 갈등에 적응하려고 한다. 때로는 성반응의 실제적 손상이 생기기도 하는데 이 손상을 기능장애라고 한다.

성욕과 부도덕을 동일시하려는 풍조가 우리문화에 깊이 스며들어 있다. 사람은 유아 때부터 성적욕구는 부정되고 성적욕구를 나타내는 것은 위험하고 음란한 일이며 더럽고 혐오스럽고 부도덕한 것이라고 교육받는다. 성적소외과정은 아주 어린시기부터 시작된다. 어린이는 성기를 만지는 경향이 있다. 기저귀를 갈 때나 목욕할 때에 성기를 건드리면 좋아하는 모습을 보인다. 그러나 우리사회에서는 성적표현을 부정하고 비난과 벌이 따른다. 성기를 만지려는 손은 몇 번이고 뿌리쳐지고 계속하면 호되게 야단맞는다. 초기의 성적 표현이 계속해서 부정되면 성적충동은 적절히 조정되나 파괴적 갈등, 죄의식, 성을 회피하는 마음이 생긴다. 어린이가 성기를 만지고 싶고 자신의 성기를 이성에게 보이고 싶다고 바랄 때마다 어린이들은 불안, 수치심, 죄책감으로 동요된다. 유아기부터 이상한 짓을 하면 지옥에 간다고 위협을 받고 성장하면 과거와 현재의 성적 흥분이 무의식적으로 관련되어 파괴적 상황이 발생한다. 억압된 가정교육은 성적소외와 성부전에 이르기까지 여러 가지 갈등을 일으키는 보편적인 원인이다. 특히 신앙심이 깊은 가정의 어린이에게서 심한 성적갈등을 본다. 대부분의 종파에서 자위행위는 신에 대한 죄라고 생각하고 있다. 성적환상과 같은 순수한 생각조차 견책과 비난의 대상이 된다. 사춘기에 성 체험을 한다는 것은 엄격히 금지되나 보통 결혼하는 것은 강한 성적갈망이 생기는 수년 후의 일이다. 성행위를 하다 발각되면 엄한 벌과 굴욕에 부딪치고 용서받을 수 없는 죄를 범했다고 느끼게 된다. 이래서 죄책감을 가지고 스스로 성적충동을 감추는 것을 배운다.

갈등의 치료

과거에 있어서 무의식적 갈등을 해결하는 유일한 방법은 무의식적 갈등을 환자에게 의식적으로 깨닫게 하는 일이었다. 최근에 행동요법, 형태요법, 가족요법 등으로 특정한 체험이 무의식적 갈등을 해결한다는 사실에 주목하기 시작하였다. 이전에 피하고 있던 감정에 환자를 직면시키고 방어적으로 멀리하고 있던 환자의 민감한 성적측면에 접촉시켜 환자에게 용기를 북도와주는 치료에 의하여 갈등이 해소된다는 것을 알았다. 성치료는 갈등의 해소를 목적으로 계통적으로 계획된 성적훈련을 활용하면서 체험이 행동을 변화시킨다는 치료적 가능성을 이용한다. 경험적 접근방법에서는 환자가 이전부터 피하고 있던 감정에 환자를 직면시킨다. 커플은 서로 접촉하고 서로 애무하며 또한 솔직하게 이야기를 주고받아 이전에는 피하고 있던 행동을 시도한다. 이러한 체험에 의하여 무의식적 갈등에 부딪치게 함으로써 효과적으로 해소되는 일이 많다. 회피하고 있던 갈등에 부딪치게 되는 것에 대하여 환자는 강한 저항을 나타낸다. 이런 경우 이전에 피하고 있던 감정에 경험적으로 환자를 직면시킴으로써 갈등은 조속히 해결되고 불안과 수치심은 없어진다.

치료적 경험은 특이한 갈등을 해결하고 성적으로 파괴적인 태도와 행동을 신속하게 변화시키는데 매우 효과적이다. 이에 따라 환자가 이전에는 어떻게든 피하려고 하던 불안을 지금은 실제로 체험하는 상황에 놓인다. 이렇게 하면 아무런 지적인 통찰 없이도 해결책이 생기는 일이 많다. 환자가 성에 몰두하는 일에 갈등을 느끼면 환자에게 자신의 감정을 직면시키기 위한 관능집중훈련을 실시하게 한다. 경험과 통찰을 대비하면서 치료해 가는 것이 가장 효과적인 치료방법이다. 경험만으로도 갈등은 해소된다. 그러나 이에 덧붙여 두 사람의 문제점을 지적 정서적 경험적으로 이해하도록 하면 변화는 영속적인 것이 된다.

성치료사

여러 연구에 의해서 모든 커플의 반 이상이 그들이 때때로 성문제를 가지고 있다는 것을 발견하였다. 여성의 거의 1/3이 섹스에 관심이 없으며, 50에서 59세의 남성의 거의 1/5이 발기부전이고 남성의 거의 1/3은 조루문제를 안고 있다고 보고하였다. 라우만(Laumann, 1999) 등은 조만간 모든 사람이 성부전의 위험에 처할 것이라고 경고하기도 했다. 성치료사(sex therapists)는 무엇이며, 그들이 하는 일은 무엇인가? 치통이 있을 때 사람들은 치과의사를 찾으며 가슴이 아프면 심장병전문의에게 간다. 의사가 다른 종의 의술문제에서 전문화되어 있듯이 치료사도 흔히 전문화되어있다. 성치료사는 성문제를 가진 사람들을 돕기 위한 전문가들이다. 다른 전문가들과 마찬가지로 성치료사는 개업을 시작하기 전에 다년간 훈련을 받아야 한다. 성치료는 비교적 새로운 분야이다. 사실 미국정신의학협회의 진단 및 통계편람에는 1980년까지는 성심리장애의 목록마저 없었다. 1970년에 출간하였던 매스터스와 존슨의 선구자적인 업적이 있기까지는 성문제를 가진 대부분의 사람들은 그들의 가정의나 비뇨기과의사 또는 심리분석가에게 상담하였다. 대부분의 의사와 치료사는 그와 같은 문제를 상담할 준비가 되어있지 않았다. 성적인 문제가 어린 시절의 깊은 갈등의 징후로서의 행동문제로 보았던 정신분석법은 성문제를 치료하기 위해 때로는 수년이 걸리는 오랜 기간이 소요되었다. 매스터스와 존슨은 대부분의 성문제는 원래 잘못된 학습의 결과에 의해 야기된다고 믿고 인지행동요법에 의해 흔히 2주정도의 짧은 기간에 치료할 수 있었다. 이 종류의 치료는 성행위와 우리가 그것을 어떻게 느끼는가에 초점을 두고 과거의 일에 초점을 두지 않는다. 이 행동적 접근법은 많은 성문제치료에 크게 공헌하였다.

성치료는 아직 그 기법을 개발하고 있는 과정에 있으며 매스터스와 존슨이 그들의 임상실험을 시작한 이래로 성적심리치료(psychosexual therapy)는 낮은 성적욕구나 성적혐오감 등과 같은 여러 문제를 위해 보다 성공적이었다. 최근 들어 미국 등의 선진국에서는 의사나 심리학자 및 사회학자 등이 공동으로 성치료를 담당하기도 하며 아예 성치료에 관해 전문적으로 교육받은 성치료전문사들이 성문제를 담당하는 경우가 늘어나고 있다. 우리나라에서는 아직 성문제를 제대로 치료할 수 있는 기관이나 성치료전문가가 거의 없기 때문에 적절한 성치료를 받는 것이 매우 어려운 것이 현실이다. 최근에는 각종 시설단체나 인터넷을 통하여 성상담을 받을 수 있으나 상담내용이 너무 허술하고 자격 없는 상담원이 대부분이기 때문에 원하는 치료를 효과적으로 받는다는 것은 거의 불가능한 실정이다.

현재 대부분의 성치료프로그램은 PLISSIT(permission, limited information, specific suggestions, intensive therapy)의 4단계의 치료법에 따라 행해진다. 첫째단계에서는 치료사가 환자를 위해 성적으로 느끼고 행동하도록 허용(permission)하는 단계이다. 이것은 많은 사람과 부모나 종교단체가 사람들이 성장하는 과정에서 그들의 성을 억제하거나 억압하도록 하기 때문에 중요하다. 둘째단계에서는 치료사는 성적문제에 관해 결여된 정보(limited information)를 제공함으로써 사람들이 성에 대한 긍정적인 태도를 계속해서 갖도록 하는 단계이다. 셋째의 특정암시(specific suggestion)단계에서는 치료사는 특정문제를 해결할 수 있도록 가정에서 연습하게 한다. 만약 특정암시를 완료한 후에도 여전히 성문제를 해결하지 못한다면 넷째단계인 집약적 성적심리치료(intensive psychosexual therapy)를 이용한다. 성치료를 받는 사람 중의 약 10%만이 이 마지막 단계의 치료가 필요하다.

행동요법

행동요법(behavior therapy)은 행동주의와 학습이론에 그 근거를 갖는다. 기본전제는 성문제는 사전 학습의 결과이며 그들은 발달 중 재 강화와 벌칙에 의하여 유지된다. 이것은 이들 문제행동이 새로운 조절에 의하여 그 버릇을 버릴 수 있다는 것을 말한다. 주요기법의 하나는 체계적으로 감수성을 줄여 가는 훈련을 통해 점차 환자의 불안을 감소시킬 수 있다. 성부전치료를 위한 현대행동요법은 올페(Joseph Wolpe, 1958)에 기원한다. 매스터스와 존슨이 성치료에 사용한 다수의 방법은 그 접근에 있어서 약간의 이론적 실제적 차이가 있지만 행동요법에 매우 유사한 기법을 사용하였다. 그들은 성부전을 정신질환의 징후로서보다 학습된 행동으로 본 것이다. 만약 성장애가 학습의 결과라면 그들은 그 학습한 것을 벗어날 수 있을 것이다. 매스터스와 존슨은 주로 논리와 특수행동훈련으로 구성된 2주간의 신속한 프로그램으로 집중치료 하였다. 그들은 환자의 불안 또는 공포를 감소시키기 위하여 관능집중훈련의 치료기법을 사용하였다. 이는 접촉하는 것과 접촉을 받는 것은 성적표현의 중요한 형태이며 접촉은 또한 대화의 중요한 한 형태라는 인식에 바탕을 둔 것이다. 관능집중훈련은 사람들을 오로지 그들의 성적체험에만 집중하도록 하여 쾌락이 증가되도록 한다. 이들 훈련에 부가하여 매스터스와 존슨은 커플에게 남성과 여성의 성기관의 해부와 생리에 대한 지식을 충분히 교육시켰다. 이들 교육은 그들의 소아기 이래로 가지고 있던 잘못된 생각을 바로잡아 주었다. 이 훈련을 통해 매스터스와 존슨은 발기부전치료에서 82%, 조루를 위한 치료에서는 약 98%의 성공률을 거두었다.

인지행동요법

성행위의 인지설은 심리학에서 점차 중요하게 되었으며 정신요법에 있어서도 인지적 접근은 또한 중요하게 되었다. 오늘날 많은 성치료가는 매스터스와 존슨이 개척한 행동요법에 인식요법을 연합해서 성치료에 활용한다. 이 치료기법을 인지행동요법(cognitive-behavioral therapy)이라고 한다. 인식구조개혁은 성치료에 대한 인지적 접근에 있어서 중요한 기법이다. 인식구조개혁에 있어서 치료사는 환자의 사고형태를 구조 개혁하는 것을 본질적으로 돕는다. 인식구조개혁의 한 양식에 있어 치료사는 환자의 부정적 태도에 도전한다. 이들 태도는 모든 남성에 대한 여성의 부정적 불신태도와 같이 일반적이다. 또는 자위행위에 대한 남성의 부정적 태도와 같이 독특하다. 환자는 이들 태도를 보다 긍정적인 것으로 인식함으로써 도움을 얻는다. 인지방해는 성적장애의 직접적 원인이다. 성교 중에 침입하는 인지방해의 존재를 감소시키기 위하여 환자에게 그 같은 생각의 존재에 직면시켜 인식시킨다. 그런 다음 치료사는 이들 생각을 감소시키기 위한 기법을 시사하고 관능집중훈련을 통해 그들의 몸의 특정부위에 주의를 집중시킴으로써 이들 생각을 에로틱한 환상으로 바꾸어 부정적인 생각을 버리고 성에 대한 긍정적인 생각을 갖도록 한다.

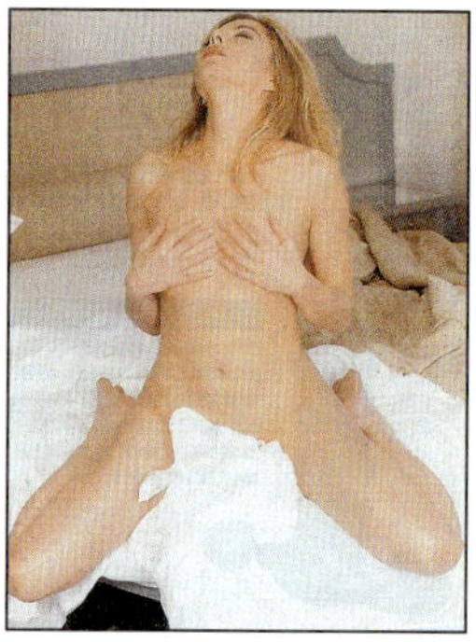

그림 9-9

인간의 유방은 파격적으로 크다. 왜 인간의 유방만이 거대화되었는가는 영원한 수수께끼이지만 풍만한 가슴은 인간이기 때문에 갖는 특징이다.

그림 9-10

유방을 만지고 빨고 물고 핥고 하는 것은 유아기 특유의 본능적인 행동으로 그것이 그대로 성인의 침실에서의 행위로 이어진다.

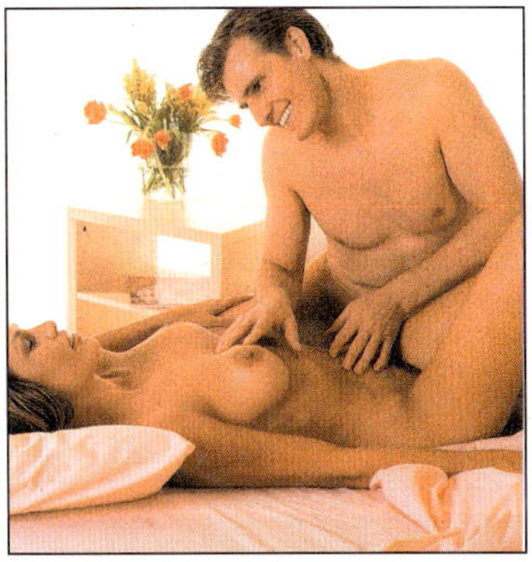

그림 9-11

대다수의 여성은 유방을 난폭하게 다루는 것에 거부반응을 나타낸다. 처음에는 어루만지듯이 애무하는 것이 좋다.

커플요법

성적장애의 주요원인의 하나는 대인관계의 어려움이다. 따라서 많은 성치료사는 커플요법(couple therapy)을 사용한다. 이 접근은 대인관계의 대립과 성문제 간에 역비례관계에 있다고 가정한다. 성문제는 갈등을 일으킬 수 있으며 갈등은 성부전을 일으킬 수 있다. 커플요법에 있어서 관계 그 자체를 수정하고 파트너의 적개심과 긴장을 감소시켜 관계를 개선할 때 성문제는 감소된다. 어떤 커플의 성적장애를 위해 인지요법과 커플요법을 연합해서 적용할 수가 있다. 발기부전을 가진 남성은 흔히 상당히 성적수행불안을 갖는다. 이 같은 불안은 관능집중훈련과 같은 기법을 사용하여 치료할 수 있다. 또한 발기부전의 남성은 흔히 성적정보가 결여되어 성적수행과 만족에 관한 비현실적인 기대를 갖는다. 가령 고령의 남성은 성반응에 대한 노화의 자연효과를 인식하지 못한다. 이것은 인식조정에 의하여 그 생각을 극복하도록 도울 수 있다.

생물의학요법

지난 10년 동안에 성적장애의 생물학적 바탕에 대한 인식이 높아졌다. 그 강조와 더불어 생물의학요법(biomedical therapy)에 있어서 많은 진전과 외과적 치료마저 발달했다. 다수 약속된 발전은 성치료제의 동정에서 비롯되었으며 이들 약제는 인지행동요법 또는 다른 심리적 형태의 치료와 함께 사용할 때 잘 작용한다. 일부는 직접 성적효과를 갖는 약제인데 반해 다른 것은 항울제와 같은 정신요법제로 사람의 기분을 증진시킴으로써 효과를 나타낸다. 이들 치료제 중 가장 널리 비약적으로 주지된 것은 1998년에 발기부전의 치료제로 공표된 비아그라(viagra)였다. 비아그라의 효과에 대한 한 연구에 의하면 발기부전환자 532명의 남성의 치료에서 성교를 시도한 69%는 성공적이었다. 플라세보

그림 9-12

키스는 두 사람의 애정을 표현하는 최고의 수단이다.

그림 9-13

키스는 호의를 갖는 남녀가 서로의 기분을 확인하는 최초의 의식이다.

(placebo, 위약)를 섭취한 사람들을 위한 22%에 비교하면 대단한 효과다. 음경해면체내주사제는 발기부전을 위한 또 다른 치료약이다. 혈관확장제를 음경해면체내에 주사함으로써 음경 내 혈관은 확장됨으로 음경은 발기를 일으킨다. 기질성발기장애의 심한 경우를 위하여 외과적으로 치료가 가능하다. 수술법은 음경보형물(prosthesis)을 음경에 이식하여 충분한 발기를 얻을 수 있게 한다.

다른 형의 수술은 발기부전의 특수형의 치료를 위하여 유용할 수 있다. 여러 다른 형의 혈관수술은 음경으로 유입하는 혈액량을 감소시키는 동맥의 재건수술에 의하여 또는 성적각성 중 음경으로부터 혈액을 누출시키도록 하는 부적절한 정맥조건 등을 교정하도록 할 수 있다. 진공흡인기(vacuum device)는 음경 내로 혈액을 유입시켜 발기를 유도하도록 할 수 있다(그림9-19). 이 접근에서 플라스틱 실린더를 음경에 끼운 채 펌프를 작동하면 실린더내부가 진공이 된다. 흡인작용은 음경 내로 혈액을 유입시켜 음경을 발기시킨다. 고무바퀴나 밴드를 음경뿌리에 단단히 끼운 후 실린더를 제거하면 최고 30분까지 발기가 가능하도록 한다. 어떤 연구에서 이 방법을 사용한 후 남성의 80%는 성교를 할 수 있다고 보고하였으나 대부분의 경우 정상 발기처럼 단단하지 않으며 일부남성은 그것을 행하였을 때 심한 통증을 수반한다.

그림 9-14

키스는 여성의 성감과 함께 남성의 애정을 높이는 중요한 역할을 한다.

그림 9-15

키스는 가벼운 접촉으로 시작하여 입술을 단단히 합치고 혀를 깊이 들이밀고 열정적으로 행하면 두 사람의 성적각성은 점차 높여간다.

남성과 여성의 성부전간의 관계

남성에서 성부전은 3가지 기능부전증후군으로 나눈다. 성교불능인 발기부전, 조기사정인 조루, 및 오르가슴조절의 문제인 지루 또는 사정지연 등이다. 여성의 성부전은 일반적으로 불감증이라고 하는 전반적인 성부전, 오르가슴부전, 및 삽입을 방해하는 질경의 3가지 기능부전증후군으로 나눌 수 있다. 남성의 발기부전은 여성의 불감증에 비유된다. 두 경우는 성반응의 국부적인 혈관충혈의 억압으로 생각할 수 있다. 발기부전의 남성은 성적자극에 반응하지 못한다. 불감증인 여성의 경우 질은 긴장하고 건조한 상태로 남아있다. 이러한 남녀의 성부전에 대한 치료목적은 유사하며 적절한 자극을 강화시키고 편안하고 느긋한 환경을 만들어 주는 것이다.

남성의 지루는 여성의 오르가슴부전에 비유할 수 있다. 이 두 장애는 혈관충혈은 완전히 정상으로 음경발기와 여성에 있어서 질의 윤활팽창은 정상이나 성반응의 오르가슴요인에 대한 특별한 억제가 있다. 오르가슴억제는 남성에서는 드무나 여성에서는 가장 흔한 증상이다. 남성의 지루와 여성의 오르가슴부전의 치료는 같은 원리에 바탕을 둔다. 즉 점진적으로 바람직하지 못한 억제를 소거하는 일이다. 남성의 조루에 상응하는 여성반응은 신속오르가슴이지만 이는 여성에서는 매우 드문 일이다. 조루의 치료목표는 남성이 자신의 성적감각에 주의를 집중하도록 하는 일이다. 반면에 지루에서는 반사에 대한 과잉통제가 있기 때문에 이 경우의 치료는 자연스럽게 오르가슴반응이 일어나도록 환자의 음경에 대한 주의를 분산시키는 일이다.

남성의 성부전

발기부전, 조루, 및 지루의 3가지 남성성부전증후군은 같은 기본적 원인에 의하여 발생한다. 이들 성부전은 모두 어떤 종류의 성적갈등과 연합되어 있다. 그러나 직접적 원인과 결정요인으로 작용하는 갈등을 다루는데 사용되는 방어기전은 이 3가지 증후군에서 서로 다르다. 그럼으로 경험적으로 이들 증후군의 각각은 서로 다른 치료전략으로 대응한다.

발기부전

발기부전(erectile dysfunction, impotence)은 인간의 문화와 심리를 반영한 성장애로 성적욕망은 있는데도 음경이 발기되지 않는 증상을 말하며 여성으로서는 매우 이해하기가 어려운 남성특유의 고민이다. 남성들에게는 발기부전은 성생활의 종말을 의미할 만큼 중요시하는 경향이 있다. 발기부전은 1차성과 2차성으로 분류한다. 1차성발기부전에서 남성은 성교를 위하여 결코 만족스럽게 발기하지 않는다. 2차성발기부전에서 남성은 발기를 얻거나 유지하기가 어려우나 다른 때에는 성교를 위하여 충분히 발기된다. 이를테면 발기부전을 가진 어떤 남성은 자위행위 중에는 문제가 없으나 파트너와 성행위 중에는 발기를 얻지 못한다. 다른 남성은 혼외정사 중에는 단단히 발기를 하나 배우자와는 다만 미약한 발기로 성교를 할 수 없다. 2차성발기부전은 1차성발기부전보다 10배나 더 일반적이다.

발기부전은 어떤 연령에서도 일어날 수 있다. 한 통계에 의하면 남성의 약 10%는 지난 12개월 동안에 발기 문제를 경험하였다. 이 통계는 연령에 따라 다양하다. 18-24세를 위해서는 다만 5.6%이나 55-59세를 위해서는 20%이었다. 발기부전은 현재 성치료를 구하고 있는 남성 중 가장 일반적인 성적장애이다. 발기부전에 대한 심리적 반응은 매우 심각하다. 많은 남성을 위하여 발기부전은 그들을 가장 당혹하게 하는 일의 하나이다. 남성인구의 약 반이 일시적인 2차성발기부전을 경험하고 있다. 모든 문화와 사회경제적 계층에서 남성은 발기에서 자존심을 세운다. 발기부전만큼 잠재적으로 좌절감을 주고 굴욕적이며 파괴적인 것은 없을 것이다. 발기부전의 결과로 2차성우울증이 온다. 그러나 우울증은 또한 발기부전의 원인이 될 수도 있다. 2차성발기부전은 정상적인 성행동의 범위 내에 있다고 생각되고 있다. 반대로 심하고 만성적인 형태의 1차성발기부전은 훨씬 그 수가 적다, 발기부전은 신체적 또는 심리적 요인에 달려있다. 심인성발기부전은 성적충동의 일반적인 상실과 사정곤란과 관련된다. 그러나 본질적인 병리는 발기반사의 손상이다. 특별히 혈관반사기전이 음경을 발기시키기 위하여 해면체에 충분한 혈액을 공급하는데 실패하는 것이다.

발기부전의 원인

신체적 원인

발기장애의 50% 또는 그 이상은 가질적요인(organic factors) 때문이거나 기질적요인과 다른 요인의 복합 때문이다. 심장질환과 관련된 질환은 특히 이 조건과 관련된다. 발기 그 자체가 순환계에 의존하기 때문이다. 발기는 혈관계 외에 호르몬과 신경 등 다양한 신체적 요인에 의하여 영향을 받는다. 따라서 모든 발기부전환자는 심리적 치료를 받기 전에 의학적이고 신경학적 검사를 받아야 한다. 가장 발기부전을 유발하기 쉬운 요인 중에는 스트레스와 피로, 초기에 진단되지 않는 당뇨병, 낮은 안드로겐레벨, 일반적인 질병, 간 질환, 수면제, 알코올, 혈압강하제, 혈관확장제, 신경안정제, 부교감신경제, 소화기궤양약, 이뇨제, 어떤 유형의 전립선수술 등이 있다. 당뇨병과 당뇨병전조조건이 발기장애를 일으키는 정확한 메커니즘은 잘 모르지만 사실상 어떤 경우에 있어서의 발기부전은 당뇨병의 발생사례의 가장 초기징후이다. 물론 당뇨병남성의 전부가 발기부전은 아니나 당뇨병을 가진 남성의 약 35%는 발기부전이라고 추산한다. 척수하부의 손상이나 질병은 발기장애를 일으킨다. 그 곳에 발기반사중추가 위치하기 때문이다.

심리적 원인

젊은이들은 시도 때도 없이 발기가 되며 때로는 발기 때문에 당혹스럽기조차 한다. 예쁜 여성을 바라보거나 그 여성을 생각나게 하는 향수냄새를 맡거나 상상만 해도 발기가 일어난다. 이러한 심리적인 원인에 의하여 일어나는 발기를 심인성발기라고 한다. 그러나 나이가 더해가면서 남성은 점차 심인성발기능력을 잃게 된다. 이러한 변화가 발기부전의 전조가 될 수도 있지만 이런 일을 겪는 남성도 여전히 발기를 할 수 있기 때문에 발기부전은 아니다. 남성이 이런 단계에 이르게 되면 발기를 위해서는 자신의 손을 사용하거나 파트너의 손 또는 입을 이용해서 자극을 가해야 한다.

사람의 성행위는 극히 정신적인 것이므로 사소한 심리적인 원인에 의해서도 큰 장애를 일으키는 일이 많다. 컴퓨터노동이나 하이테크산업에 종사하는 기술자들의 노동은 일반사무부문의 노동에 비하여 몇 배나 정신적 스트레스가 높다. 사고, 판단, 창조 등의 인간최고의 소프트웨어기능을 가진 대뇌의 전두연합구역이 끊임없이 밀어닥친 정보에 지쳐서 일할 기분을 잃고 이성에 대한 관심도 상실하게 된다. 발기가 되고 안 되고 하는 문제뿐 아니라 이러한 테크노스트레스는 성욕마저 송두리째 앗아갈 위험성이 크다. 테크노스트레스발기부전은 분명한 문명병이다. 컴퓨터에도 하이테크놀로지에도 더욱더 도전해야 하지만 뇌는 휴식을 주어야만 기능을 지속할 수 있다. 지나치게 일에만 매달림으로써 오는 테크노스트레스를 피하고 적당한 휴식을 갖는 일은 현대인의 지혜라고 할 수 있다.

무의식적인 심리적 어려움이 발기부전의 원인을 제공하며 수행불안과 같은 보다 직접적인 요인이 성부전의 원인이기도 하다. 외디푸스콤플렉스문제에 뿌리를 둔 무의식적이고 심리적인 갈등과 성에 대한 두려움과 죄의식은 일반적으로 발기부전의 기원과 관련이 있다. 외디푸스콤플렉스(Oedipus complex)의 전개기간(3-5세)동안 소년들은 어머니를 사모하고 아버지를 경쟁상대로 미워하고 두려워한다. 이러한 느낌과 함께 아버지에게 이 근친상간적 충동이 발각되면 심한 벌, 즉 거세당한다는 두려움을 느낀다(거세불안). 그럼으로 자기보존을 위하여 이런 유아적인 성적목표는 감추어지고 무의식 속에 보존된다. 외디푸스콤플렉스가 해결되지 않을 때 잠재되어 있던 불안과 죄의식과 함께 근친상간적 소망이 성적흥분을 경험할 때 다시 일어나고 결과적으로 성적장애를 일으킨다. 그럼으로 발기부전은 참을 수 없는 정서의 출현에 대한 신경증적 방어라는 개념으로 이해될 수 있다. 환자의 정신적 방어가 불안의 출현을 막는데 실패할 때 발기부전은 발생한다. 성욕에 대한 죄의식은 성적충동을 죄악이나 수치심으로 간주하는 종교적 신념에 과도하게 노출됨으로써 생기며 공격성과 성욕을 무의식적으로 동일시하는 우리문화에서 죄의식은 발기부전을 일으키는 불안의 원천이 된다.

정신 신체적 개념

발기부전은 정신생리적 장애로 생각할 수 있다. 이 개념의 핵심은 환자가 스트레스 하에 있을 때 적절히 발기를 일으키도록 생리적 반사가 기능하지 못하는데 있다. 극도의 스트레스상황 하에서는 모든 남성은 발기에 실패하게 된다. 어떤 사람은 아주 미미한 스트레스상황에서도 발기부전이 되는 반면 다른 사람은 같은 상황에서 잘 기능할 수 있다. 위궤양, 고혈압, 갑상선질환과 같은 신체 상태와 연합하는 심인성각성에 대한 기질적 취약성이 발기부전에 어떤 역할을 한다. 남성을 발기부전으로 유도하는 스트레스상황을 개선하고 환자가 그러한 상황을 피하도록 하는 것이 치료적 접근의 첫 관건이다. 환자의 성 반응을 억제하는 무의식적 갈등과 두려움을 해결하고 환자가 성행위를 할 때 불안, 죄의식 또는 다른 고통스러운 감정을 느끼지 않도록 하는 것이 치료목표를 돕는다.

치료

심인성발기부전

발기부전의 치료로서 호르몬, 정신분석, 행동요법, 커플요법 등 다양하게 접근한다. 매스터스와 존슨이 사용한 증상 중심적 부부 접근에서는 발기부전의 80%가 치유되었다. 성치료의 기본전제는 성교순간에 일어나는 불안을 감소시키고 그것의 발생을 막는 일이다. 이런 관점에서 자신감의 회복이 결정저이므로 불안요인을 줄이고 성공적인 성교체험을 구축하는 일이다. 빠른 단기치료가 장기간의 치료보다 더 효과적이다. 빠르고 집중적인 절차가 사용될 때 발기 회복으로 생겨나는 초기자신감과 긍지 그리고 초기단계를 특징 지워주는 성적분위기는 치료적 장점으로 이용할 수 있다.

약 1주일간의 초기기간 동안은 성교와 사정을 금하며 커플은 상대방을 애무한다. 어떤 경우에는 성기부분을 자극하는 것을 금하지만 다른 상황에서는 가벼운 성기애무가 처음부터 적용된다. 어쨌든 오르가슴을 수반하지 않는 성적쾌락의 상호작용에 초점을 둔다. 커플은 발기를 기대하거나 발기소실에 대하여 신경을 써서는 안 된다. 성교와 오르가슴 억제에 따르는 압력제거와 실패에 대한 두려움의 감소와 유혹적인 부드러운 자극 등은 발기부전환자에게 강력한 성욕을 일으키는 분위기를 마련한다. 일반적으로 남성은 이러한 쾌락상황에서 발기를 일으킨다. 환자에게 불안이나 압력에 의하여 발기기전이 손상되지 않는 적절한 상황에서는 발기가 자발적으로 일어난다는 명확한 증거를 제공하여 확신을 심어준다. 만약 발기를 상실한다면 다시 회복할 수 없다는 강박관념 때문에 낭패를 볼 수 있다. 이러한 예견은 쉽게 실현되는 경향이 있다. 이 경우 매스터스와 존슨은 그들이 실패와 두려움에 대한 조처로서 압착법을 사용하였다. 자극의 반복은 발기를 회복시키고 다시는 소실되지 않는다. 예기되는 발기소실에 대한 불안을 제거하는 것이 치료의 성공에 필수적이다.

때로 배우자에 대한 과잉관심과 거절에 대한 죄의식과 두려움이 환자의 능력을 손상시킨다. 이러한 경우 남성은 일시적으로 여성의 욕구를 무시하고 자신의 성적만족에만 주의를 집중하도록 이기적으로 될 필요가 있다. 환자의 욕구를 저하시키는 파트너에 대한 지나친 관심은 성적반응을 손상시킨다. 쾌락을 주고받는데 있어서 환자가 일시적으로 자신의 성적감정에 몰입하는 일은 매우 유용하다. 강요되지 않는 쾌락적인 관능집중애무는 커플이 잘 기능할 수 있는 편안하고 개방된 분위기가 형성되게 하고 관능집중훈련(sensate focus exercise)은 성적욕망을 증가시키고 실패에 대한 두려움을 감소시켜줌으로써 발기부전치료에 매우 효과적이다.

비강요적인 성행위훈련으로 발기가 된 후에 첫 성교행위는 발기부전치료에 결정적인 이정표가 된다. 성교의 재개를 위한 원칙은 가능한 한 불안에서 자유롭게 해방된다는 일이다. 보통 등뒤체위나 여성상위체위에서 여성이 남성의 발기를 위하여 그를 자극한다. 남성의 발기가 확고할 때 그녀는 남성의 음경을 그녀의 질속에 삽입한다. 여성은 엉덩이를 부드럽고 리듬감이 있게 움직인다. 이때 커플은 사정까지 가지 않고 일단 떨어진다. 잇따른 사랑행위에서 커플은 같은 방법으로 성행위를 계속하지만 남성이 원한다면 오르가슴에 이를 수도 있다. 점진적이고 비강요적인 다양한 많은 절차에 덧붙여 남성은 그의 불안에 스스로 방어하는 방법을 학습하게 된다. 자유롭고 개방적인 의사소통이 이루어지고 커플은 그들의 성적소망을 실행하고 죄의식에서 자유로워지는 특별한 애무기법을 학습하고 체험하도록 한다. 이 과정은 성 능력발휘에 방해가 되는 압력을 줄이기 위한 의사소통이 되도록 도와준다. 의사소통의 결여는 발기부전에 관계함으로 커플은 그들의 성적반응에 관해 보다 자유롭게 대화를 함으로써 그들의 성관계를 손상시켰던 강박관념을 제거해 나간다. 남성의 발기부전이나 여성의 오르가슴부전에서도 마찬가지이나 중요한 것은 남녀 모두 서두르지 말고 느긋하게 효과가 나타나는 것을 참을성 있게 기다리는 것이다.

관능집중훈련

우선 옷을 벗고 샤워를 하고 여성은 침대에 엎드려 눕고 남성은 될 수 있는 대로 부드럽게 그녀의 등을 어루만진다. 천천히 손을 움직여 목 뒤에서 시작하여 귀를 애무하고 천천히 아래쪽으로 엉덩이, 다리, 발과 같은 식으로 손과 입술을 이용하여 애무한다. 다만 중요한 것은 그녀의 몸이나 피부에 닿았을 때 어떻게 느끼는 가 주의를 집중한다. 마음을 딴 곳으로 돌리지 않도록 하고 감각에 집중하여야 한다. 여성은 어디를 어떻게 애무하면 가장 기분이 좋은지, 자극이 너무 강한지 또는 너무 약한지, 지나치게 빠른지 등을 알려준다. 두 사람이 충분하다고 느끼면 여성은 바로 눕고 남성은 그녀의 앞면을 어루만진다. 얼굴부터 시작하여 목 그리고 발가락까지 천천히 애무해 내려간다. 그러나 유방, 질 음핵은 접촉하지 않도록 하고 애무할 때의 감촉에만 집중하도록 한다. 두 사람이 충분하다고 생각하면 자극을 멈추고 이번에는 남성이 애무를 받는다.

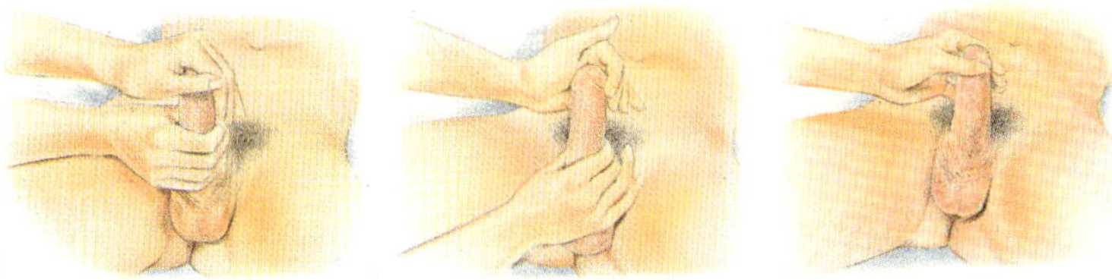
(a)

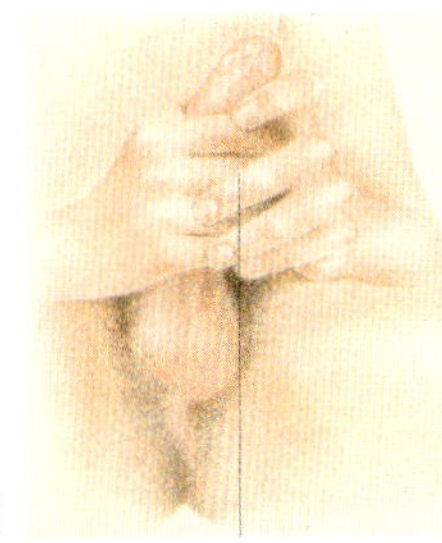
(b)

그림 9-16

관능집중훈련.
(a) 음경의 적합한 자극을 위해 가장 민감한 귀두관능선과 음경꺼풀주름띠와 함께 음경귀두에 접근해서 음경을 쥔다.
(b) 두 손으로 음경기부를 단단히 잡고 손을 리드미컬하게 위아래로 천천히 또는 신속히 움직이는 쾌락적인 관능집중애무는 편안하고 개방된 분위기를 형성하고 성적욕구를 증가시키므로 발기부전치료에 매우 효과적이다.

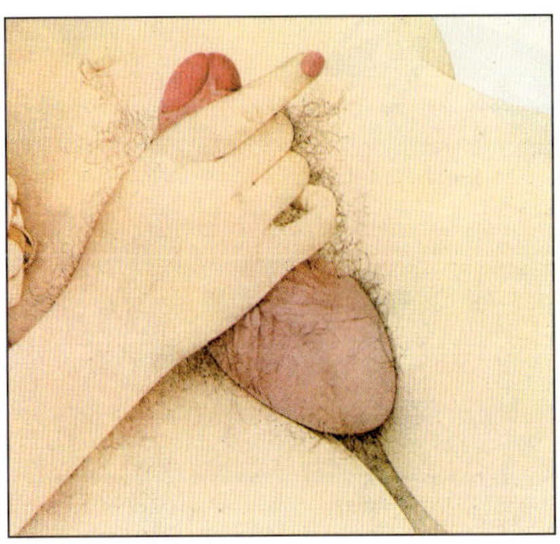

그림 9-17

여성은 음경의 적합한 자극을 위하여 귀두관능선과 음경꺼풀주름띠와 함께 귀두에접근해서 음경을 잡는다. 귀두에 원을 그리듯이 부드러운 자극을 주고 이어서 자극에 변화를 주어 보다 강한 압력을 적용하여 위아래로 리드미컬하게 움직인다. 다음에 남성에서 가장 민감한 음경꺼풀주름띠에 초점을 둔다. 이곳을 효과적으로 자극하면 발기의 강도와 지속시간을 강화한다.

커플은 이들 훈련을 즐기고 쾌감과 감수성이 높아지고 어느 쪽도 긴장하지 않고 훈련이 성공하면 이번에는 성기의 애무를 포함하여 훈련을 반복한다. 남성은 부드럽게 여성의 유방, 유두, 질구멍, 음핵부위를 애무한다. 오르가슴에 유도하는 자극은 주지 않도록 한다. 초기에 행하는 성기자극은 부드럽고 애태우듯 천천히 행하여야한다. 이 시점에서의 목적은 쾌락을 느끼게 하는 성감을 높이는 일이다. 음핵을 직접 자극해서는 안 된다. 불쾌하게 느끼는 여성도 있기 때문이다. 여성마다 좋아하는 자극이 다르다. 마찰을 좋아하는 여성, 굴리는 것 같은 움직임을 좋아하는 여성, 빠는 자극을 좋아하는 여성 등 다양하다. 이러한 여러 가지 좋아하는 애무법과 음핵에 대한 자극방법 등에 관하여 대화를 나눈다. 음경, 음낭, 항문 등 여러 부위에 대한 애무기법에 대해서도 논의한다. 서로의 특이한 기호에 대해서도 이야기하고 수행한 훈련에 대한 불만이나 마음에 거리끼는 점을 말하도록 한다. 성기를 자극할 경우 서로의 기호나 가치관에 따라 손이나 입술을 사용한다.

이렇게 아주 단순하게 보이는 훈련이 환자에게 깊은 감명과 놀랄 만큼 큰 충격을 가져다준다. 가장 많은 경우에 성감과 정서적 감정이 높아지는 긍정적 반응이다. 감미로운 신체적 애무는 복합반응을 일으킨다. 의식되지 못했던 신체적, 정신적 욕구는 충족되고 만족이 주어진다. 관능집중훈련에 의하여 처음으로 강렬한 쾌감을 체험하는 사람도 많다. 배우자의 애무에 특이하게 반응하는 신체부위를 발견하는 일도 있다. 모두가 다 관능집중으로 흥분을 높이는 것으로 체험하는 것은 아니나 대부분은 기분 좋게 느낀다. 관능집중은 기쁨과 낙관적 감정, 강한 안정감을 준다. 또한 이 훈련이 지금까지 피하고 있던 부드럽고 감미로운 감수성을 기르는데 성공적인 경우 서로 보다 친밀하게 느껴지고 다정해지고 안정감이 고조된다. 커플은 이 훈련으로 성교나 오르가슴만을 목적으로 하는 성행위에서 해방되기 시작하고 감각적 접촉 그 자체가 기쁨의 원천이 되며 지금까지의 편협한 태도에 변화가 생긴다.

성감을 높이는 인자를 최대로 하고, 성의 억압인자를 최소로 하여 발기부전환자를 한번만 적절하게 기능하도록 한다. 단 한번이라도 잘 되면 성욕을 영원히 상실했다고 낙담하고 있던 환자에게 훌륭한 치료효과를 가져온다. 일단 성공하면 자신이 생기고 낙천적으로 되어 자신의 문제는 해결되었다고 생각하게 된다. 한번 성공하였다고 완전히 치유되었다고 할 수는 없지만 조건만 적절하다면 잘 기능할 수 있다는 확신을 가질 수 있다. 그래서 성기능이 영속적이고 성 능력에 자신을 갖도록 서서히 환자의 행동을 개선해 나간다. 성행위를 즐기도록 안정감을 주고 관능집중훈련에 첨가하여 애태우기 성적훈련은 성적긴장을 높인다. 이렇게 하는 것만으로도 환자의 성기능은 정상을 되찾을 수 있다.

기질성발기부전

기질성발기부전의 증상은 심인성발기부전보다 단순 명쾌하다. 초기 당뇨병에서 뚜렷한 증상이 나타나기 전의 단계에서 흔히 이러한 상태가 되는 일이 있다. 최종적으로 의사의 진단을 받아서 적절한 치료를 받게 되면 증상에 따라 대응할 수도 있지만 자신이 당뇨병인지도 모른 채 원인불명의 발기부전이라고 생각해버리게 되면 심인성발기부전에 걸리게 되므로 주의가 필요하다. 이밖에도 간질환, 혈관계, 신경계장애, 마약, 알코올중독 등의 부작용으로 발기부전이 되는 경우도 있다. 이는 호르몬분비기능의 결함, 혈관신경계통의 장애 등의 원인으로 발기기능이 작동하지 않기 때문에 시간을 두고 발기부전의 원인을 치료하면 치유되는 경우가 많다.

음경해면체내주사는 일반적으로 기질성발기부전인 사례에 사용되나 심인성인 사례 또는 기질성과 심인성원인의 복합된 사례의 치료에는 인지행동요법과 연계해서 사용하기도 한다. 이들 방법은 그것이 발기를 얻기 위한 남성의 능력에 대한 그의 확신을 회복해 주고 그가 성교를 성공적으로 수행할 수 있기 때문에 그의 수행불안을 감소시켜준다. 음경해면체내주사로 치료한 남성의 한 샘플의 연구에서 발기는 평균 30분을 지속하였다. 또 다른 요법에는 발기유발제인 카버젝트(caverject)를 주사하는 자가요법이 있다. 이 요법은 필요할 때 자신의 음경에 근육을 이완시켜주는 약물을 주사하는 것인데 주사 후 1, 2분 만에 혈액이 음경해면체에 흘러들어 발기가 된다. 발기지속시간은 대개 한 시간 내외이다. 음경은 비교적 통증에 둔감한 부위임으로 자기 스스로 주사를 놓아도 아픈 느낌은 거의 없으나 주사 준 상처자국이 남을 수 있고 드물기는 하지만 때로는 발기상태가 지속되는 지속성발기가 생겨 에피네프린(epinephrine)과 같은 약물을 해면체에 주사하여 발기소실을 유도해야 할 불편이 있기도 한다.

비아그라

최근에 발기부전에 효과가 큰 내복약 비아그라(viagra)가 개발되어 번거로운 주사약을 대용하게 되었다. 많은 사람들 특히 고개 숙인 남성들의 관심을 집중시키고 있다. 비아그라는 성행위를 하기

약 한 시간 전에 경구적으로 섭취한다. 그것은 그 자체에 의하여 발기를 일으키는 것이 아니고 남자가 비아그라를 섭취한 후 성적으로 자극되었을 때 약은 발기를 일으키는 생리적 작용을 촉진한다. 이것은 특이하게 음경해면체의 평활근을 이완시켜 해면체 안으로 혈액이 유입하도록 하여 음경을 발기시킨다. 비아그라는 성적자극에 의하여 음경해면체를 이완시키고 혈액을 유입하게 하는 혈행촉진제이다. 비아그라를 복용한 한 미국인은 "비아그라는 60대의 나에게 20대의 발기, 30대의 정력, 40대의 경험과 50대의 기술을 가져다주었다."라고 감탄하였다. 이 같이 삶의 환희를 되찾아준 기적의 알약은 전 세계를 흥분시켰다.

비아그라가 시중에 나온 지 수개월 내에 그 사용과 관련되어 16명이 사망하였다. 비아그라는 심장환자를 위한 약제인 니트로글리세린(nitroglycerine)을 섭취한 남성에게 결코 사용해서는 안 된다. 비아그라를 사용하는 고객은 주로 중 고령층으로 이들의 다수는 순환계에 어려움을 가지며 심장발병의 위험과 발기부전의 양쪽에 문제를 일으킨다. 즉 비아그라를 필요로 하는 남성집단은 다분히 비아그라와 더불어 또는 비아그라 없이 심장발작의 위험률이 보다 높다. 그러나 비아그라는 비교평가에서 아주 안전하며 이것은 음경지속발기 (priapism)를 일으키지 않는다. 더욱이 그 사용이 매우 쉬워서 의사가 그것을 과잉 처방하도록 유도하며 남성들이 부적합한 경우도 그것을 요구하게 만든다.

현재 수백만 명의 발기부전환자가 비아그라를 복용하고 있으나 비아그라는 세포 안의 칼슘을 증가시켜 심장혈관계장애자에게 심각한 영향을 미치며 경우에 따라서는 의식상실, 뇌졸중, 심장마비, 시각장애, 고혈압 등의 부작용을 일으킬 수 있고 드물게는 비아그라의 부작용으로 돌발사의 위험이 있을 수 있으므로 반드시 전문의의 검진을 받아서 사용하는 것이 중요하다. 비아그라는 발기에 어려움이 있는 사람에게는 일시적인 해결을 마련하지만 그것은 발기부전 이외의 성적장애를 위해서는 도움이 되지 않는다. 그리고 기능이 성적으로 정상범위 내에 있는 남성에 있어서는 성적수행을 강화한다는 증거는 없다.

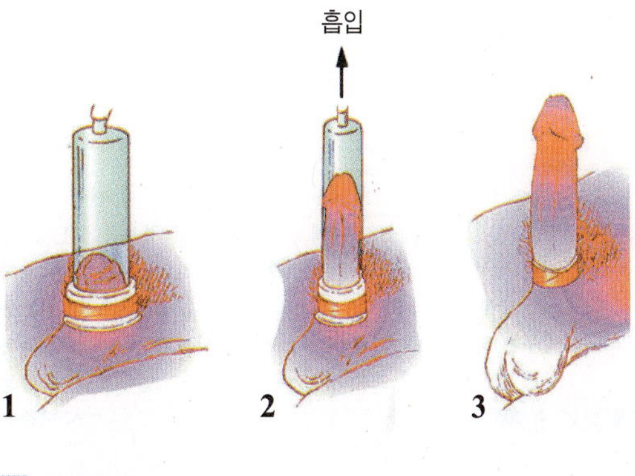

그림 9-19

진공음경흡인기.
1. 진공펌프의 실린더를 음경에 끼운채 펌프를 작동시키면 실린더 내부가 진공이 된다. 2. 음경내부로 혈액이 유입되어 음경이 발기된다. 3. 실린더를 제거한 후 음경기부에 밴드를 끼우면 약 30분간 발기가 지속된다.

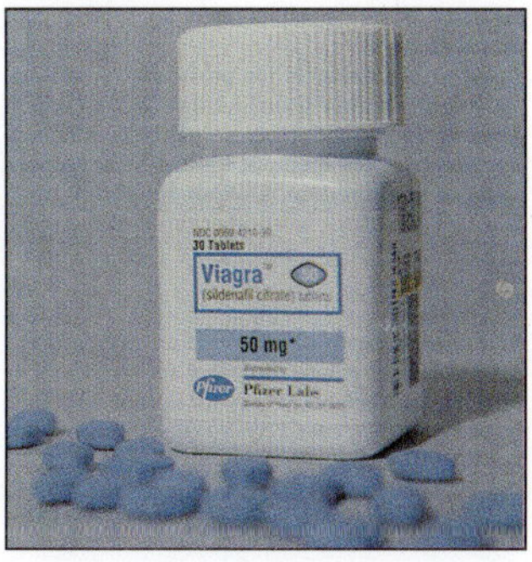

그림 9-18

발기부전에 효과가 큰 비아그라.

수술요법

남성호르몬이나 성샘자극호르몬의 투여와 비아그라의 섭취에도 효과가 없는 발기장애가 심한 경우에는 음경해면체 내에 음경보형물을 삽입하는 수술치료가 가능하다. 외상에 의한 발기부전의 경우에는 동맥재건술이 효과적일 수 있으며 다만 음경보형물삽입술은 극단적인 치료로 이는 다른 성치료나 약물요법으로는 치유가 되지 않는 경우에 한해서만 최종적으로 행해져야한다. 전형적으로 이는 당뇨병과 같은 기질적 요인으로 인한 1차성발기부전의 사례와 같은 경우에 적용된다. 환자는 수술 그 자체가 음경해면체를 파괴하게 되고 그것은 다시는 복원되지 않는다는 것을 이해해야한다. 자연발기는 다시는 결코 가능하지 않게 된다. 연구에 의하면 이 치료를 받은 남성의 약 4분의 1은 후에 불만족하다는 것을 입증하였다. 비록 치료가 극단적이고 보존적으로 사용되어야한다 하드라도 그것은 기질적 어려움 때문에 발기가 불가능한 일부남성을 위해서는 신의 선물일 수 있다. 참으로 전에는 성교가 불가능했던 이들 파트너의 여성에게서 수십 명의 어린이가 이 수술결과로 출산되었다.

음경보형물삽입수술에는 수압식과 비수압식이 있으며 비수압식은 음경해면체 내에 실리콘스폰지를 심는 방법이다. 해면체에 삽입한 실리콘보형물은 음경을 항상 연하고 빳빳한 상태로 발기시켜준다. 한 가지 단점은 수술 후에는 섹스를 할 때나 하지 않을 때나 음경이 항상 단단히 발기되어 있다는 점이다. 수압식보형물(inflatable prosthesis)수술은 해면체 내에 3개의 실린더를 심고 이것들에 튜브를 연결시켜 장치하며 펌프는 음낭 속에 두고 이 펌프를 누르면 액체가 실린더 속으로 유입하여 음경은 발기하게 된다. 판막을 열어서 실린더의 액체를 복강 내에 있는 액체저장주머니로 내보내면 음경은 다시 위축되어 평상상태로 되돌아간다. 수술에 소요되는 시간은 약 1시간 30분 정도 걸리며 수술비용은 약 1만 달러 정도이다. 비수압식보형물(noninflatable device)은 불편하기는 하나 수압식보다 비용이 덜 치이고 합병증의 발생율도 낮다.

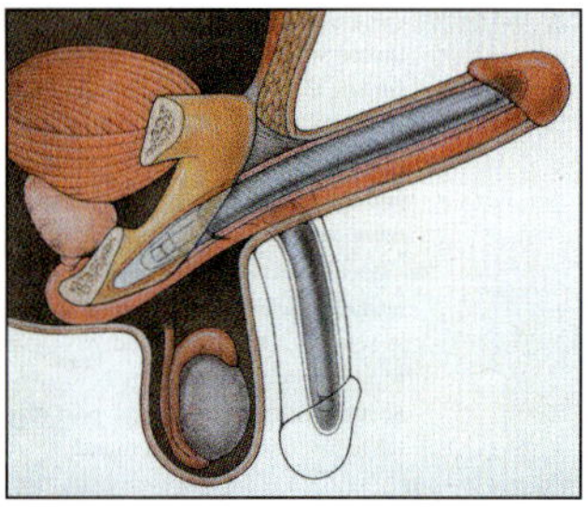

그림 9-20
비수압식 음경보형물. 발기부전의 외곽적 치료에 사용되는 임플란트 음경이다.

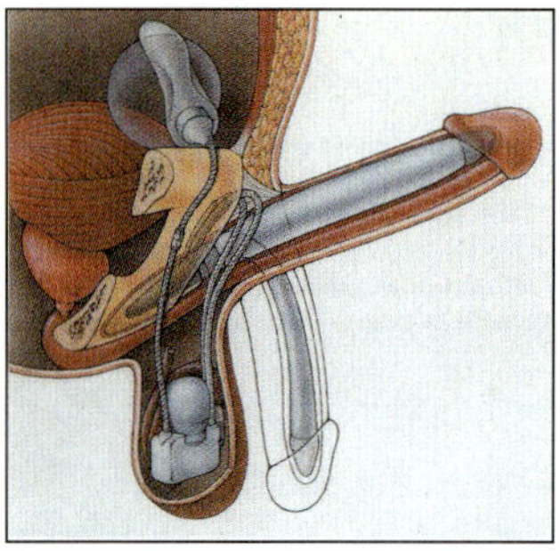

그림 9-21
영구히 이식한 수압식음경보형물.
펌프는 음난내에 위치하고 액체 저장주머니는 치골뒤에 장치한다.

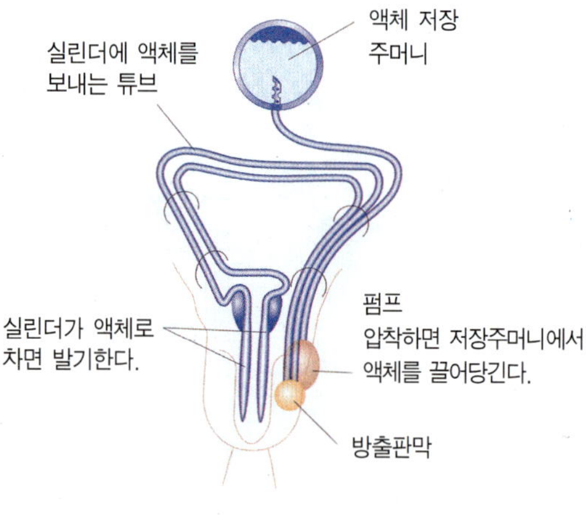

그림 9-22
인공수압식 음경보형물의 모형도.

조루

조루(premature ejaculation)는 일반적인 성부전이나 정확하게 정의하기는 어렵다. 조루는 남성이 오르가슴과 사정을 너무 빨리 가질 때 발생한다. 극단적인 경우에 사정은 발기 후 너무 빨리 일어나기 때문에 성교를 시작하기도 전에 일어나기도 한다. 다른 경우에 남성은 오르가슴을 약간 지연할 수 있으나 여성이 만족할 만큼 오래 가지 못한다. 조루는 일반남성집단의 공통문제이다. 한 연구에 의하면 남성의 29%는 지난 12개월 동안에 지나치게 빨리 절정에 이르러 문제가 있다고 보고하였다. 남성의 대다수는 이 문제를 위하여 치료를 구하지 않는다. 그것은 그 자체의 심각성을 깨닫지 못하는 무지 때문이거나 그것은 그들을 지나치게 당혹하게 하기 때문이다. 발기부전과 같이 조루는 심리적 문제에 관련된 복잡한 갈등을 야기한다. 사정을 연장하고 파트너를 만족하게 하는 능력은 유능한 연인의 개념으로서 매우 중요하기 때문에 조루는 그의 성적 능력에 대한 불안의 원인이 될 수 있다. 더욱이 파트너는 욕구불만에 빠지게 되고 그녀 또는 그의 어느 쪽이나 만족스러운 성 체험을 갖지 못하기 때문에 이 조건은 상호관계에 갈등과 나쁜 영향을 미친다.

매스터스와 존슨은 여성이 오르가슴에 이르기 전에 남성이 오르가슴에 도달하는 비율이 50%이상인 경우를 조루로 진단하였다. 그러나 여성이 오르가슴에 이르는 시간이 현저히 다르기 때문에 사정반사를 수의로 조정할 수 있으려면 반사적으로 사정하는 일 없이 자신의 의지에 의하여 사정의 반응주기를 자유롭게 조절할 수 있을 때 사정조절을 확립할 수 있게 된다. 대부분의 남성은 그들의 충분한 성적잠재력을 결코 달성하지 못한다. 그런 뜻에서 남성은 모두 성적문제를 가졌다고 할 수 있다. 성적기능의 문제점을 확실하게 동정할 수 있는 유일한 사람은 자기 자신이다. 남성이 그의 파트너가 원하는 것보다 빨리 사정한다면 그 자신을 조루로 정의할 수 있다. 젊은 사람의 성적충동은 강력하기 때문에 조루가 일상적이지만 나이가 들고 경험을 쌓아 가면 성교시간을 끌어갈 수 있게 되어 때로는 조루가 없어지거나 덜 심각해진다. 하지만 80이 된 노년에 있어서도 조루를 겪는 일이 흔히 있음으로 나이가 들어 이 문제가 해결되기를 기다리기보다는 보다 적극적인 방법을 통해서 이를 시정하도록 노력을 기울여야 한다.

사정을 조절할 수 있는 능력은 사랑행위를 멋있는 것으로 하기 위해 매우 중요하다. 만족스러운 사랑행위를 위하여 일반적으로 남성보다 느리게 각성하는 여성, 특히 젊은 여성을 오르가슴에 이끌기 위해서는 남성 자신은 흥분도가 높은 상태에서 성행위를 오래 지속할 수 있어야한다. 조루는 두 사람의 성욕을 제한하고 마침내 성생활을 파괴하게 된다. 조루는 성적쾌락기능을 방해하는 성적장애라는 것을 깨닫지 못하는 사람도 있으나 대부분의 남성은 조루를 지극히 불행한 것으로 생각하고 괴로워한다. 조루의 남성은 일단 흥분이 높아지면 성적감각을 지각할 수 없게 되는 일이 많으며 오르가슴에 가까워지면 성기가 마비되는 것 같은 느낌이 되어 오르가슴을 조절할 수 없는 반사작용으로 이어진다. 조루는 배우자에게서 성적쾌락을 빼앗아 버리기 때문에 전형적으로 성적굴욕과 죄의식이 생기게 되고 환자는 성접촉을 피함으로써 조루로 생기는 불안과 수치심을 모면하려고 한다. 이 때문에 보다 심각한 후유증이 생긴다. 이를테면 성적으로 잘 되어가지 않을 것이라는 예측에서 생기는 불안이 원인이 되어 2차성발기부전이 조루의 합병증으로 발생한다.

조루의 원인

조루는 신체적 요인보다 심리적 요인에 의하여 더 자주 발생한다. 2차성성장애에서 한때 남성은 사정 제어능력을 가졌으나 후에 신체적 요인에 관련되어 그것을 상실하는 사례도 있다. 전립선과 같은 국소감염은 그 원인이 되며 오르가슴을 조절하는 반사조직, 가령 척수, 말초신경, 상위의 중추신경 등에 장애가 있을 때도 조루가 발생할 수 있다. 이처럼 드물게는 하지만 신체적 요인에 의하여 조루가 생길 수 있으므로 비뇨기검사와 신경계통의 검사를 할 필요가 있다. 이 경우에 조루가 치료가능한지 또는 심한 질병인지를 제시해 주기 때문이다.

대부분의 경우 조루는 특이한 여러 심리적 원인에 의하여 발생한다고 가정되고 있다. 조루의 원인은 성적감각에 대한 과도한 감수성 때문이며 또한 사정이 가까이 다가오면 골반주변을 중심으로 몸에 일어나는 감각에 주의를 집중시키려고 하지 않고 다만 흥분이 고조되는 대로 그저 막연히 성교를 반복해 왔기 때문이다. 이러한 불행한 일이 일어나는 것은 조루증환자가 자신의 만족에만 눈을 돌리고 상대의 성적충족에 관해서는 생각조차 미치지 못하는 무지와 자기중심적이고 이기적이기 때문이다. 그럼으로 조루를 극복하려면 성행위 중에 성적감각을 줄이고 고도의 흥분상태가 되는 것을 지연시킬 필요가 있다. 이 이론에 의하면 성적각성이 높아지면 불안을 느끼고 그 불안 때문에 불수의적인 오르가슴이 야기되지만 일단 사정조절이 확립되면 같은 종류의 불안으로 그것이 손상되는 일은 없어진다는 것이다.

사회생물학자에 의하면 신속한 사정과 조루는 가장 빠른 자가 생존한다(survival of fastest)고 하는 진화과정에서 선택되었다는 것이다. 원숭이와 꼬리없는원숭이(무미원)에서 신속하게 교미하고 사정하는 것이 암컷을 덜 도망치게 하고 수컷은 그가 교미하는 동안 성적으로 흥분한 다른 수컷의 공격을 덜 받게 됨으로 유리하다는 것이다. 이래서 신속히 사정하는 수컷은 더 생존하게 되고 번식하게 된다. 흥미로운 것은 인류에 가장 가까운 침팬지의 수컷은 삽입해서 사정까지의 평균시간은 7초이다. 물론 인류사회에서는 신속한 사정은 특히 유익하지 않으며 이 조건은 남성이 파트너를 찾는데 불리하게 작용하기까지 한다. 그럼에도 사회생물학자에 따르면 신속사정(조루)을 위한 유전자의 다수는 수백만 년 전에 발생한 자연선택에 의하여 여전히 염색체에 결합되어 있다는 것이다.

성이라고 하는 것을 접점으로 해서 볼 경우 남녀 사이에는 많은 차이점이 있다. 먼저 여성은 남성에 비해 성욕을 일으키게 하는 생리적 원동력인 남성호르몬이 적다. 이로 인해 여성은 남성과 같이 단숨에 성적각성의 정점가까이까지 가지 못한다. 각성을 정점까지 가져가는 데에는 여성에 있어서는 시간이 걸린다. 흥분이 고조되지 않으면 사람의 이성은 붕괴되지 않는다. 이성(理性)은 섹스에 대한 장애물로 작용하기 때문에 이성이 무너지지 않으면 여성의 성은 충족될 수가 없다. 그래서 전희라고 하는 용어가 나오게 되고 전희과정은 여성에 있어서는 섹스를 위해 필수 불가결한 과정인 것이다. 단적으로 말해서 전희가 풍부하면 풍부할수록 여성의 성은 충족하기가 쉬워지고 남녀 모두 행복해 질 수 있는 것이다.

치료

압착기법

시만스(Semans)는 조루의 중심적 특징은 매우 빠른 반사기전이라고 생각하였다. 따라서 그의 새로운 치료적 접근은 반사기전을 지연시키는 기법이었다. 남편의 발기한 음경을 아내가 질 밖에서 사정이 일어나기 직전까지 자극을 계속한다. 그리고 중단했다가 사정감각이 없어지면 다시 음경의 자극을

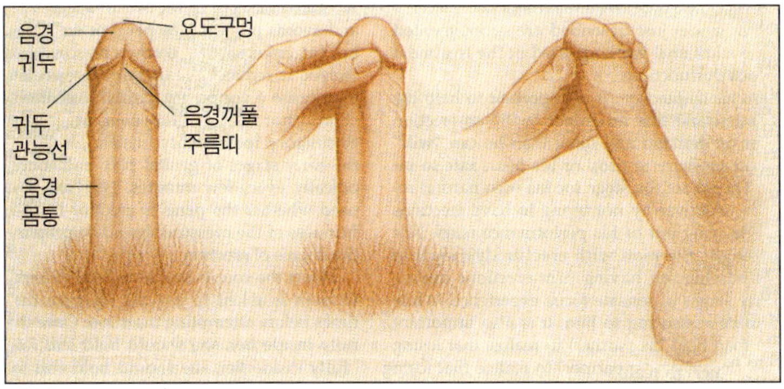

그림 9-23

조루치료에 사용되는 압착기법. 예고감각 수초전에 엄지와 집게손가락 및 가운데손가락을 음경머리의 귀두관능선과 음경꺼풀주름띠에 대고 강하게 압착하면 사정을 연장시킬 수 있다.

재개하고 사정감각이 생기면 다시 중단한다. 매스터스와 존슨은 186명의 환자치료를 위하여 시만스기법의 한 변법인 압착법(squeeze technique)을 개발하였다. 기본적으로 최초의 치료적 성 훈련은 관능집중훈련이다. 여성은 남성이 오르가슴에 절박해왔다고 느낄 때까지 음경을 자극한다. 남성의 신호로 자극을 멈추고 엄지손가락과 집게손가락 및 가운데손가락을 음경귀두관과 음경꺼풀주름띠에 대고 4초 정도 강하게 압착하고 급히 손을 뗀다. 그르면 통증을 느끼는 순간에 사정충동은 소실된다. 압박은 항상 앞에서 뒤로 행하고 옆에서 옆으로 해서는 안 된다. 잇따라 자극을 재개하고 사정불가피성에 접근하면 재차 음경머리를 압착한다. 이 압착법으로 사정을 일으키기까지 몇 차례 반복한다. 남성은 절정에 가까워지면 신호를 보내고 여성은 음경을 질에서 빼내어 발기가 누그러질 때까지 음경을 압박한다. 이 스퀴즈기법을 반복하게 되면 점차적으로 사정을 제어할 수 있게 된다. 다만 이 방법은 사정하기 수초전의 사정불가피성감각(예고감각)이 있고 나서는 이미 늦다. 예고감각이 있기 전에 스퀴즈기법을 써서 사정을 연장시켜야한다.

커플이 성교를 시작할 때면 여성은 삽입을 시도하기 전에 3-6회의 압착의 사용을 요청한다. 일단 음경이 질 내에 삽입되면 여성은 남성이 밀어붙이지 않도록 음경을 15-30초 동안 움직이지 않게 쥐고 있은 다음 음경을 빼내어 다시 압착을 적용하고 재차 삽입한다. 이번에는 느린 패턴으로 밀어붙이기를 시작한다. 이렇게 하여 일단 남성이 그의 사정제어가 개선되면 두 사람은 압착기법의 다른 변형인 기부압착법(basilar squeeze)을 사용함으로써 압착기법을 적용하기 위하여 반복해서 음경을 빼냄으로서 생기는 성교중단은 불필요하게 된다. 기부압착은 성교 중에만 사용해야한다. 남성파트너는 음경기부에 대한 해부학적 접근이 보다 용이하고 그의

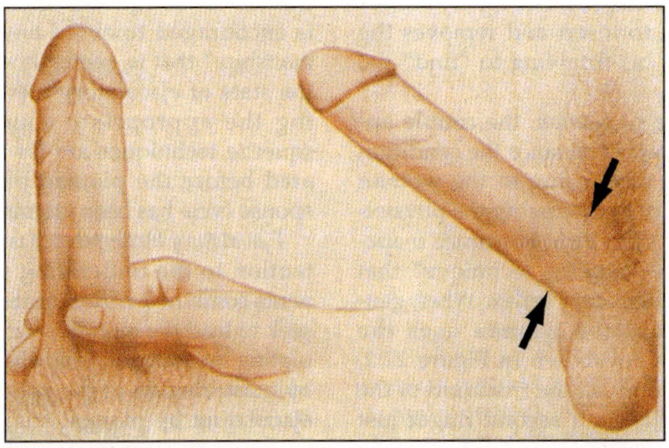

그림 9-24

조루치료에 사용하는 기부 압착법. 귀두관능선을 압착하는 것과는 달리 기부압착법은 음경이 질내에 삽입되어 있는 성교중에 적용한다. 단단한 압박을 약 4초동안 가하고 놓아준다. 이 압박은 항상 앞에서 뒤로 행해야 하며(화살표) 옆에서 옆으로 해서는 안된다.

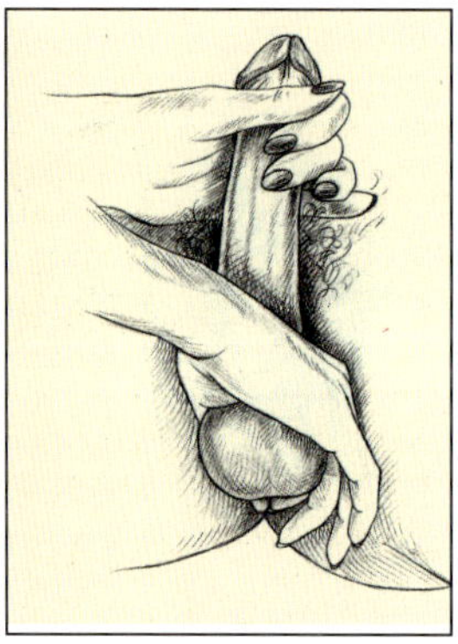

그림 9-25

음낭당기기 기법. 엄지와 집게 손가락으로 고환과 음경뿌리 사이에 고리를 만들어 신속히 끌어당기면 사정충동은 저하된다.

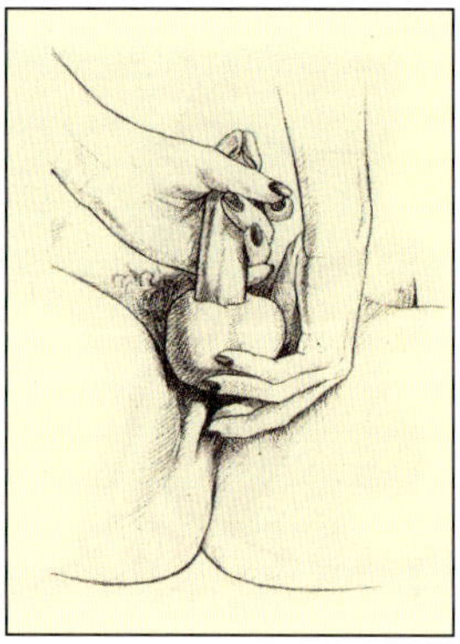

그림 9-26

바깥전립선스팟의 압박기법.
집게손가락과 가운데손가락으로 바깥전립선스팟을 위아래 또는 양옆으로 압력을 가하여 성적충동을 분산시켜 사정을 지연시킨다.

여성파트너보다도 그가 그의 성적흥분레벨을 훨씬 더 잘 알고 있기 때문에 남성은 흥분이 충분히 상승하자마자 기부압착을 시작해야한다. 압착기법은 성반응주기의 흥분지속기(고원기)에 도달하기 전에 시작한다면 훨씬 더 효과적이다. 매스터스와 존슨은 이 압착기법으로 2주간 동안 치료한 186명 중 98%가 만족할만한 사정제어를 회복할 수 있었다고 보고하였다.

사정을 제어하기 위한 다른 방법은 여성이 남성의 음낭을 잡아당기는 기법이다. 그녀의 엄지손가락과 집게손가락으로 고환과 음경뿌리사이에 고리를 만들고 신속하고 단단히 끌어당긴다. 이 음낭당기기법(scrotal pull technique)은 사정충동의 물결을 저하시키고 조루를 막을 수 있게 한다. 또 다른 보조적인 방법으로는 고환과 항문사이의 샅부위(회음)에 있는 바깥전립선스팟(external prostate spot)에 압박을 가하는 방법이 있다. 집게손가락과 가운데손가락으로 바깥전립선스팟을 위아래 또는 양옆으로 압력을 주어 움직이면 성적충동이 산만해져서 사정을 지연시킬 수가 있다. 조루에서 해방되기 위해서는 스스로 노력하여 사정을 제어할 수 있는 요령을 몸에 배도록 훈련을 쌓는 수밖에 없다.

중지시작기법

카플란(Kaplan)은 조루의 근본적 특징은 시만스가 말하는 빠른 사정반사 때문이 아니라 반사에 대한 의식적 조절의 결여가 중심적 요인이라고 생각하였다. 환자가 의식적 조절을 몸에 익히지 못한 탓으로 조루가 발생한다고 믿었다. 따라서 사정조절을 학습하여 상위의 신경중추가 척수반사를 의식적으로 조절할 수 있게 하는 일이다. 다시 말하면 감각의 피드백에 의하여 반사기전을 조절하는 것을 학습하는 일이다. 조루증환자는 오르가슴의 전조가 되는 감각을 인지하지 못한다. 그 때문에 상위중추의 영향력이 손상되어 그 결과 반사반응인 사정이 흥분의 생리적 역치에 이르렀을 때 자동적으로 일어난다. 그럼으로 이 개념에 의거한 치료는 자율기능을 의식적 조절 하에 두려는 새물학적 피드백기법과 유사하다. 알 수 없는 이유로 환자는 오르가슴직전의 감각에 주의를 집중시키는 것을 배우지 못했기 때문에 사정반사에 대한 의식적 조절을 획득하는데 실패하였다고 가정한다. 따라서 주요한 치료훈련은 이전에 결여되어 있던 지각체험을 오르가슴이전의 감각에 접촉시키는 일이다. 이 같이 조루의 치료는 오르가슴전의 성적흥분피드백의 결과 사정조절이 가능해지고 따라서 이 감각을 반복하여 의식적으로 경험하게 하고 잇따른 강한 흥분수준에 반복해서 주의를 집중시킴으로써 환자가 신경조절을 달성할 수 있게 한다. 조루치료에 사용되는 성 훈련의 첫째 목표는 사랑행위 때에 임박해오는 오르가슴감각에 환자가 반복해서 주의를 집중하도록 하는 것이다. 오르가슴전의 강한 성적감각을 명확히 지각하고 성행위 중에 마음이 흩어 지지 않도록 한다.

카플란은 시만스의 멈추었다 다시 시작하는 중지시작법(stop-start technique)의 한 변법을 고안하였다. 발기를 유도해내기 위하여 여성은 남성의 음경을 손 또는 입으로 자극한다. 남성은 자극을 받고 있는 동안 음경에 생기는 감각에만 주의를 집중하도록 한다. 오르가슴감각에 접근한 것을 느끼면 여성에게 자극을 멈추도록 신호한다. 남성은 그 감각이 수초 내에 소실되는 것을 감지할 수 있다. 그러면 남성의 신호로 여성은 자극을 다시 시작한다. 그리고 오르가슴직전에 중지한다. 남성은 이 방법을 여러 차례 반복하면 그는 발기를 유지할 수 있고 오르가슴 없이 고도로 각성된다. 이 기법을 사용하면 커플은 그들의 성교를 15분 또는 그 이상까지 연장하고 남성은 그의 오르가슴을 제어할 수 있게 된다. 남성이 자기 감각에 집중할 수 있고 오르가슴직전에 느낄 수 있는 강한 감각을 인식하여 여성에게 신호를 할 수 있게 되면 한 변화를 주어 윤활제를 음경에 발라 미끄럽게 한다. 이 상태에서의 손의 자극은 건조한 자극보다 더 자극적이다. 이 상태에서의 질외사정훈련을 여러 차례 반복하면 일반적으로 남성은 오르가슴감각의 조절이 어느 정도 개선된다. 이 성교운동의 중지시작기법을 반복시행하면 수주 또는 수개월동안에 성공적인 결과를 얻을 수 있다.

이 시점에서 성교를 시도하게 된다. 최초의 성교시도는 여성상위체위로 행한다. 남성은 여성의 허리부위에 손을 댄다. 여성은 발기한 음경위에 몸을 대고 가만히 질 내에 삽입한 후 성교운동을 지시하는 남성의 신호를 기다린다. 남성은 조용히 누워 손으로서 여성의 허리에 의한 상하운동을 이끌고 조절한다. 여기서도 멈추었다 다시 시작하는 기법이 사용된다. 남성은 중지시작기법에 의한 성적자극을 시작한지 20-30분 후에 성교에 의한 오르가슴에 이르도록 허락한다. 이 방법으로 사정조절이 가능해지면 여성상위체위를 계속한 채 중지시작기법을 사용해서 보다 강력한 성교운동을 행하도록 한다. 여성상위에 의한 성교에 성공하면 옆체위(측위)에 의한 성교를 시도한다. 남성상위는 가장 자극적이어서 오르가슴조절이 매우 어려움으로 이 방법은 마지막에 사용한다. 치료종결 후에도 멈추었다 다시 시작하는 방법을 때때로 되풀이한다. 환자는 항상 성행위 중 자신의 성적감각에 주의를 집중해야 한다는 것을 잊어서는 안 된다.

두덩꼬리근의 강화

사정을 지연시키는데 흔히 쓰는 또 하나의 방법은 두덩꼬리근(치골미골근, PC근)의 활용법이다. 손가락을 고환 뒤에 대고 오줌을 누다가 중단하면 근육 하나가 당겨지는 것을 느낄 수 있는데 이 근육이 두덩꼬리근(PC근)이다. 요도는 평소에 소변을 보는데 쓰이지만 사정할 때도 정액을 요도로 방출한다. 이때 PC근이 작용한다. 매일 또는 이틀에 한 번 씩 약 5분간 마치 소변을 중단할 때와 같은 방식으로 PC근과 항문괄약근을 함께 규칙적으로 수축하고 이완하는 훈련을 계속하면 이들 근육이 튼튼해지고 수축기능이 강화되어 사정제어에 도움이 된다. 사정불가피성(정루오르가슴)에 접근했을 때 이들 근육을 강하게 수축하면 사정을 지연시킬 수 있다. 다만 사정불가피성의 시점을 지나 정관팽대부가 수축하여 사정운동이 시작된 뒤에는 PC근에 힘을 주어도 이미 때는 늦다. 사정하려고 하는 예고감각에 사로잡히기 전에 강력하게 수축시킬 필요가 있다. 물론 이때 허리의 움직임도 중지하고 여성에게도 협조를 구하여 여성의 몸의 움직임도 중지해야한다. 할 수만 있다면 삽입한 음경을 일단 빼낼 정도의 여유를 갖는 것도 좋을 것이다.

지루

조루는 사정이 지나치게 빨라서 여성이 오르가슴에 이르기 전에 남성 자신만 절정에 이르게 되어 고민이지만 지루(retarded ejaculation) 또는 남성오르가슴부전(male orgasmic dysfunction)은 조루와 반대로 아무리 음경의 마찰을 반복해도 오르가슴을 갖지 못하는 남성의 성적장애이다. 사정이 선택적으로 손상되는 사정반사의 억압현상이다. 발기부분은 정상이나 사정이 안 된다. 가장 일반적인 경우에 있어 남성은 성교 중에는 오르가슴불능이나 손 또는 입으로 자극하면 오르가슴이 가능하다. 지루는 조루에 비해 훨씬 드물다. 남성반응자의 약 8%는 지난 12개월 동안에 오르가슴부전을 경험한 것으로 나타났다. 가벼운 지루는 가끔 생기는 사정억제이며 약간의 환상, 기분전환, 가벼운 추가자극으로 극복할 수 있다. 심한 경우는 억제가 매우 강해서 환자는 오르가슴에의 해방을 바라지만 오르가슴감각을 거의 경험하지 못한다. 지루는 주로 35세 미만에서 보는 드문 성장애로 가장 일반적인 형태(약 3분의 2)는 1차성지루로 질내사정은 결코 가질 수 없다. 1차성지루환자의 대다수는 성교에서 오르가슴에 이르지 못한다. 이 범위에는 오르가슴을 전혀 경험한 일이 없는 절대적 지루환자도 포함되지만 많은 환자에 있어서 질외사정은 가능하다. 2차성지루환자는 장애가 시작되기 전까지는 기능이 정상이었던 경우이다. 이 사례의 경우 금지되고 있는 성행위가 발각되거나 체벌 등의 특별한 외상체험 후 갑자기 증상이 나타나는 경우가 대부분이다.

여성이 오르가슴에 이르는 것은 남성보다는 시간이 걸리기 때문에 지루의 지속력은 바람직할망정 여성의 불만의 원인이 되지 않는다고 하는 일반적으로 잘못된 믿음을 가지고 있으나 이것은 실제와는 거리가 멀다. 여성은 다른 성부전과 마찬가지로 이런 일에 크게 괴로워한다. 지루환자 중에는 어느 정도의 시간 동안 성교운동을 한 후 사정하는 체하며 이러한 장애가 노출되는 것을 회피하기 위하여 완전히 오르가슴을 포기하거나 여성이 잠든 뒤 혼자서 자위행위를 하거나한다. 조루와 마찬가지로 지루의 경우도 실패와 좌절감을 예기함으로써 최종적으로 발기반응이 일어나지 않는 2차성 또는 반응성발기부전이 발생하는 경우가 있다.

지루의 원인

기질적 원인이 많은 발기부전에 비하여 사정장애의 병인이 되는 특수한 신체적 질환은 거의 없다. 발기부전에 가장 흔하면서도 잘 발견되지 않는 당뇨병은 사정장애를 일으키는 경우도 있다. 사정의 정루기를 지배하는 교감신경계의 아드레날린 작용부위를 손상시키는 특정약물의 사용은 사정기능을 방해하는 경우가 있다. 항고혈압약 중에도 사정을 방해하는 것이 있다. 또한 사정을 조정하는 신경기관의 손상은 사정기능을 파괴한다. 이와 같이 음경의 촉감지각, 자율신경의 전도, 사정반사중추는 모두 양호한 사정기능에 있어서 손상이 없어야한다.

성적죄책감을 일으키는 엄격한 종교적 범절, 해결되지 못한 외디푸스갈등, 강하게 억압된 분노, 버림받는데 대한 공포, 특이한 성적재난 등의 심리적 원인은 지루를 유발한다. 이러한 갖가지 요인이 사정반사를 손상시키는 기전은 불수의적이며 무의식적이고 조건화된 억압을 포함한다고 추측되고 있다.

치료

환자가 배우자 앞에서 단시간 동안 자위행위를 하게 한 후 손과 성교와의 동시 자극으로 질내사정을 할 수 있게 하고 마지막에는 성교에 의한 오르가슴이 억제되지 않고 경험할 수 있도록 한다. 매스터스와 존슨의 기본적인 치료과정은 첫째, 혼자서 자위행위에 의하여 사정한다. 둘째, 그의 파트너 앞에서 자위행위에 의하여 사정한다. 셋째, 그의 파트너의 손 자극을 받음으로써 사정한다. 넷째, 사정불가피성의 시점까지 강력하게 음경을 자극한 다음 신속하게 그것을 질 내에 삽입하는 일련의 과정을 통해 남성을 유도하는 관능집중체험과 연합한 방법에 의하여 치료한다. 치료계획은 개개의 환자로부터의 정보를 바탕으로 세워진다. 처음에 성교를 수반하지 않는 성행동에 의한 일련의 탈감작훈련으로 시작한다. 다음에 환자의 흥분이 매우 높아졌을 때 질구근처에서 오르가슴에 이르는 경험을 쌓는다. 다음의 행동요법은 오르가슴직전에 질 내에 삽입하고 격렬한 성교운동을 행한다. 이 방법으로 즉석에서 사정되지 않으면 음경을 일단 빼내어 재차 오르가슴직전까지 자극하여 다시 삽입하고 급속히 사정한다. 대부분의 경우에 남성이 질 내에서 한번 또는 두 번 사정하면 이 작용에 관한 공포와 억제는 완전히 소실된다. 치료절차가 작용하지 않는 경우에 손 자극을 통해 여성의 성기밖에 사정을 하도록 돕는다. 남성이 그의 파트너와 성기접촉에서 그의 정액을 보도록 훈련하면 질내사정은 보다 쉽게 일어날 수 있다.

카플란의 지루의 치료기법도 위의 방법과 유사하다. 보통 처음 2, 3일간은 좋아하는 성행위를 행하여도 좋으나 이 기간 동안은 사정과 질내삽입은 하지 않는다. 두 사람은 손이나 입을 사용하여 서로 자극한다. 물론 남성은 여성을 오르가슴에 이르게 해도 무방하다. 그 이상의 자극과 쾌락이 필요할 때는 성기이외의 쾌감을 높이는 방법과 강요하지 않는 편안한 마음으로 성기자극도 가해진다. 성교가 금지되어 있는 상황에서 성교를 요구하지 않으면서 장난하는 것 같은 분위기는 강력한 성적자극제가 된다. 일반적으로 사정을 수반하지 않는 체험에서 성적흥분과 성적관심이 높아지면 그 체험을 반복하도록 한다. 그 후에 비로소 사정하도록 한다. 이리하여 환자는 무의식적으로 부정적인 결과를 생각하는 일 없이 여성과의 성행위와 사정과의 차이에 바람직한 관련성을 형성하기 시작하도록 한다. 억압이 해소되고 여성 앞에서 또는 여성의 협조를 얻어 자위행위를 행할 수 있게 하고, 이 행위가 성공하면 다음에 여성의 손 또는 입에 의한 자극으로 사정에 이르도록 진행한다. 다음에 질구가까이에서 질액(애액)을 음경에 발라 매끄럽게 하여 음경을 자극한다. 그리고 여성에 의하여 오르가슴에 도달할 단계에 이르면 사정직전에 질 내에 삽입하도록 한다. 바로 사정되지 않으면 음경을 빼내어 오르가슴 직전까지 다시 손으로 자극을 반복하여 재차 질내삽입을 시도한다. 성교자극과 손에 의한 자극을 동시에 시도하고 점차적으로 환자는 흥분이 낮은 상태에서 음경을 삽입하고 질내사정에 이를 수 있게 한다.

이 이외의 방법으로는 전립선을 자극하는 방법이 있다. 항문에서 집게손가락을 삽입하여 손가락의 둘째 마디쯤의 위치의 배쪽에 있는 전립선을 문지르듯이 마사지한다. 그르면 대부분의 남성은 사정한다. 이 방법은 사정이 없는 성교에 고민하는 남성에게 단지 사정감을 맛보게 하는 효과밖에 없는 경우도 많다. 아주 빈번히 실행하지 않으면 지루의 치료는 어려울 수 있다. 그러나 여성의 협조를 얻어서 참을성 있게 음경귀두의 자극과 함께 전립선의 자극을 동시에 행하면 오르가슴을 얻을 수 있다. 남성의 전립선을 자극하는 것은 여성의 G스팟을 자극하는 것과 유사하다. 음경의 자극과 함께 전립선의 동시자극을 행하면 보다 쉽고 한층 강력하고 신 사정과 오르가슴을 얻게 된다.

여성의 성부전

꽤 최근까지 여성은 남성보다 덜 성적이라고 생각하였다. 20년 전에 여성의 성에 대한 전통적 견해는 깨지고 여성의 성적요구는 그들 자신의 권리로서 합법화하게 되었다. 결과로서 여성은 성부전의 존재를 보다 의식하기 시작하였다. 1970년대에 불감증(frigidity)이라는 용어는 성반응과 성적감정이 완전히 결여되어 있는 경우로부터 경도의 오르가슴 억제에 이르기까지 성반응 억제의 온갖 형태에 사용되었었다. 이와 같이 불감증의 정의가 개념적으로 애매하며 그 때문에 질병분류에 혼란이 생기고 그 결과 여성의 성부전에 관한 중요한 통계가 이루어지지 못하였다.

이 용어를 명확하게 하기 위하여 카플란(Kaplan, 1974)은 여성의 성부전을 전반적성부전(불감증), 오르가슴부전 및 질경련(질경)의 3가지로 구별하였다. 전반적성부전은 심리적 측면에서는 성적감정이 결여되어 있으며 생리적 측면에서는 성반응의 혈관충혈요소가 손상되어있다. 따라서 윤활화가 일어나는 일도 없고 질의 확장도 없는 무반응상태를 말하며 생리학적으로는 남성의 발기부전과 유사하다. 오르가슴부전은 남성의 사정반사에 장애가 있는 지루에 비유되며 여성의 고민 중에서 가장 많은 것이 오르가슴반사의 억제이다. 오르가슴부전의 여성은 성적반응을 보인다. 연애를 하고 성적감정을 경험하며 충분히 윤활화되고 성기의 팽창이 일어난다. 다만 오르가슴을 느끼는데 곤란이 있는 것이다. 음핵에 의한 성욕은 정상여성에 있어서 매우 중요하며 약 65%의 여성이 음핵자극을 좋아하는 것으로 되어있다. 여성의 8-10%는 오르가슴을 전혀 경험한 일이 없으며 약 90%가 어떠한 방법으로든 오르가슴에 도달할 수 있다. 그러나 이들 오르가슴에 이르는 여성 중 성교 시에 보조적인 음핵자극 없이 항상 오르가슴에 이른다는 여성은 전체의 2분의 1 또는 그 이하이다. 여성의 성적흥분은 남성과 마찬가지로 성기의 혈관충혈에 의하여 일어나나 음경처럼 싸고 있는 막이 없으므로 여성의 충혈현상은 널리 퍼진다. 이 혈관충혈반응에는 질의 윤활팽창, 질벽의 착색, 오르가슴융기의 형성 등의 특징을 볼 수 있다. 남성에서는 혈관충혈반응의 장애가 발기부전을 일으키는데 여성에 있어서도 혈관충혈반응의 장애는 성적흥분의 억제와 같은 문제를 발생시켜 불감증이 된다.

그림 9-27

외음부의 탐색.
많은 여성은 그들의 성기를 실질적으로 음미하려고 하지 않는다. 그것은 수치심 또는 죄의식 때문이다. 편안하게 누어서 다리사이에 거울을 두고 외음부를 음미한다. 음부와 대음순과 소음순을 탐색하고 다음에 소음순을 벌리고 요도구멍과 질구멍을 살핀다.

여성성부전의 원인

신체적 질환(기질성)에 기인하는 여성의 성부전은 매우 비율이 낮으며 대다수의 성부전은 심리적인 것(심인성)이다. 남성의 성반응에 비하여 여성의 성반응은 신체적 요인에 좌우되기 어렵다. 이를테면, 남성에 있어서 발기부전이 당뇨병의 초기증후인데 반하여 여성의 성반응은 당뇨병이 상당히 악화된 뒤에야 비로소 영향을 받는 것이 일반적이다. 남성의 성반응은 대인관계의 특질에 따라 영향 받지 않는 경우가 많으나 여성은 남성보다 감수성이 강해서 남성과 같이 안마사에게 돈을 치르고 오르가슴에 이르게 되는 일은 없다. 또 다른 차이점은 성반응의 각 단계에 있어서의 감수성의 다양성에 있다. 남성에서는 발기단계에 억압과 마찬가지로 질병과 약물의 영향을 가장 받기 쉬워서 남성에서는 발기부전 쪽이 지루보다 훨씬 빈번한데 비해 여성에서는 이와 반대로 오르가슴단계가 가장 영향을 받기 쉬워서 오르가슴부전이 가장 일반적이다.

여성의 성반응의 기본적인 필요조건은 첫째, 여성은 적절한 자극을 충분히 받지 못하면 반응하지 않는다. 둘째, 여성은 성교 시에 충분히 릴랙스(relax)되어 있지 않으면 자극에 반응하지 않고 성행위에 몰두할 수 없다. 셋째, 비록 이 두 가지 조건이 갖추어져 있어도 오르가슴반응에 대하여 지금까지 지속되어온 특별한 억제가 있다면 여성의 성기능은 충분히 작동하지 않는다. 남녀는 서로 성적감각을 느끼는 방식이 다르며 사랑행위를 행하기 위해서는 두 사람은 그 차이를 인식하지 않으면 안 된다. 일반적으로 여성은 남성보다 각성하기 어렵고 식기 쉽다. 대체로 남성은 쉽게 각성되고 발기되면 음경을 여성의 질에 삽입하여 성교운동을 거쳐 오르가슴에 이르는 준비가 신체적으로 마련되어있지만 여성은 느끼는 방식이 훨씬 복잡하고 변화가 풍부함으로 남성처럼 바로 반응하는 일은 드물다. 여성은 평균적으로 남성보다 반응이 훨씬 완만하므로 충분히 시간을 들여서 부드러운 애무와 안정된 분위기가 조성되어야 비로소 반응하게 된다.

남성의 자기본위적인 습관은 여성이 느끼고 있는지 없는지를 자신의 감각에 의거하여 판단하기 쉽다. 남성과 달리 여성의 생리적 반응은 주로 숨겨져 있고 몸 내부에 있다는 것을 남녀 모두 이해하지 못하고 있다. 여성은 여성의 욕구에 대한 남성의 무관심이 냉담보다는 무지에 있다는 것을 이해하고 여성이 성행위에 만족을 얻고 싶으면 다정하게 상대에게 성적요구를 전하도록 해야 한다. 남성은 무엇이 잘못되어 있는지 이해하지 못하는 일이 많으므로 여성이 자신의 성적가능성을 충분히 충족하기 위해서는 남성에게 알리지 않으면 안 된다. 여성은 자신의 성적쾌락에 일단의 책임을 지는 것을 학습하고 성적만족을 남성에게 의존하지 않도록 성적자립성을 발전시키고 부끄러움이나 죄책감을 갖는 일없이 자신의 성적욕구를 남성에게 솔직히 전달하는 것을 배우지 않으면 안 된다.

여성의 정상적 발달과정에서 외디푸스갈등이 적절하게 해결되지 않으면 그 후의 성적반응과 성행동이 병적인 결과로 나타난다. 이를테면 연인이 무의식적으로 그녀의 아버지를 회상케 함으로써 금지된 사랑의 대상을 향한 성적감정을 부활시키게 되어 여성의 성반응이 억제되는 경우가 있다. 혹은 아버지에 대한 근친상간적 바램이나 어머니에 대한 적의의 죄책감을 강하게 품어 성행위를 즐길 수 없게 된다. 또한 정신분석이론은 무의식적으로 남근선망이 3세에서 5세 소녀에게 일반적인 발달상으로 본다. 여자아이의 건강한 정신성적 발달은 남근이 자기에게는 없다는 인식에 대한 반응과 그러한 인식에서 생기게 되는 선망, 분노, 열등감, 죄책감 등의 감정에 대처할 수 있는 능력에 크게 좌우된다. 남근선망을 해소할 수 없는 여성은 후에 성부전으로 발달되기 쉽다. 오르가슴부전도 또한 남근선망에 의한다. 무의식적 남근선망이 지속되면 음핵에서 질로의 전이가 방해되고 그 결과 환자는 정상적인 질오르가슴 대신 신경증적인 음핵오르가슴을 체험하거나 전혀 오르가슴을 체험하지 못한다.

전반적성부전

전반적성부전(total orgasmic dysfunction)은 보통 불감증(frigidity)이라고 하며 여성의 성적억압 중 가장 심한 것이다. 불감증인 여성은 본질적으로 성적감정이 결여되어 있어서 성적자극에서 거의 쾌감을 얻지 못한다. 불감증환자는 성기의 혈관충혈을 보이지 않으며 질의 윤활화가 적고 부분적으로밖에 반응하지 않는다. 성적체험을 혐오하는 정도가 다양하지만 반응하지 않는 여성의 대부분은 괴로운 체험이라고 느끼고 있다. 불감증으로 고민하는 환자는 어떤 상대와도 성적쾌락을 한 번도 경험한 일이 없는 1차성불감증과 어떤 때는 성적자극에 어느 정도 반응하는 2차성불감증으로 나눌 수 있다.

성적억제에 대한 여성의 반응은 고통을 느끼는 경우로부터 아무렇지도 않게 상황을 받아들이는 경우까지 다양하다. 남성의 성교에서 얻는 쾌락을 눈앞에 보면서 여성은 점차 욕구불만이 되고 좌절감을 느낀다. 이 같은 상황을 원망 없이 받아들이는 여성도 있으나 대부분은 성행동에 강한 혐오와 남성에 대한 적의가 생기고 우울증을 일으키는 일도 있다.

치료

성치료의 목표는 개인이 가지고 있는 성체계를 변화시킴으로써 성체험에 쉽게 몰두하게 하는 일이다. 강요되지 않는 편안한 관능적 분위기를 조성함으로써 성행위자에 의한 성반응을 자연스럽게 일으키게 한다. 커플은 성적욕구와 성적감정을 솔직히 대화하도록 한다. 이와 같은 대화가 그와 같은 분위기를 만들어 내는데 도움이 된다. 또한 관능집중훈련과 체계적인 성적훈련이 성기능에 대한 직접장애의 일부를 제거하는데 효과적이다.

매스터스와 존슨이 개발한 관능집중훈련은 여성의 성부전치료에 효과적인 수단이다. 여성은 먼저 남성을 부드럽게 애무하고 난 후에 역할을 바꾸어 여성이 애무를 받는다. 이렇게 함으로써 여성은 자신을 위해 뭔가 행해지고 있는데 대한 불안과 죄책감이 사라지고 애무에 의하여 생기는 감각에 주의를 집중할 수 있게 된다. 여성은 오르가슴을 달성해야 된다는 압력과 남성에게 봉사하지 않으면 안 된다는 압박에서 해방되어야 비로소 성적감정을 체험하는 일이 많다. 관능집중훈련을 순조롭게 행하기 위해서는 남성이 사정욕구를 연장하지 않으면 안 된다. 여성의 성적문제가 정신내적요인에 의하여 발생한 경우가 아니면 일반적으로 성기자극훈련은 분명히 여성의 성반응을 증진시킨다. 여성의 성적감각이 증진되어 행복감을 얻을 때 다음

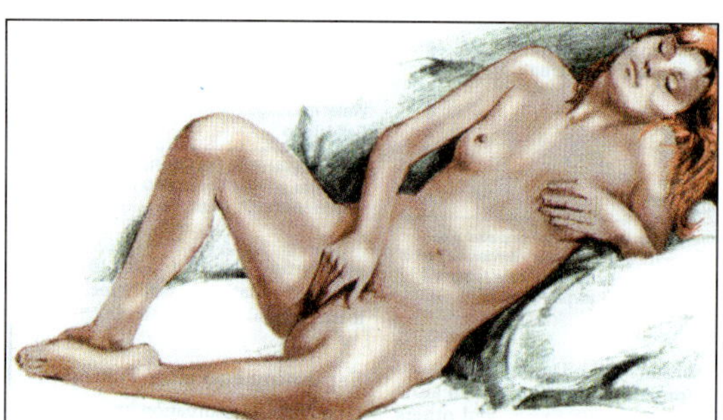

그림 9-28

여성의 자위행위.
대부분의 여성은 클리토리스, 소음순과 외음부 전체를 자극한다. 동시에 성적흥분의 느낌을 강화하기 위하여 흔히 젖꼭지의 동시자극을 행한다.

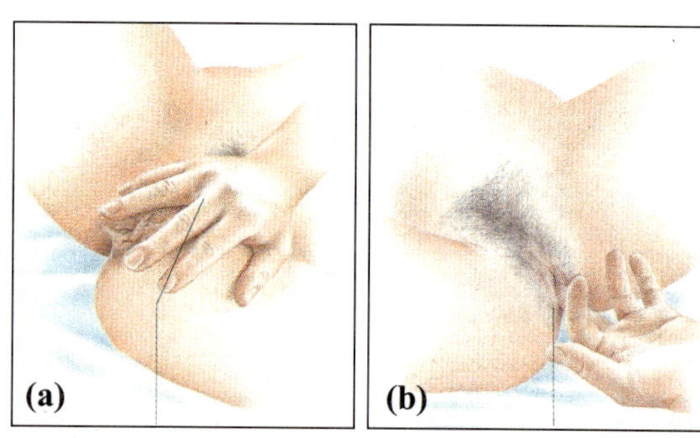

그림 9-29

관능집중훈련.
(a) 손을 여성의 샅부위(회음부) 또는 질부위에 두고 가볍게 누르는 자극과 어루만지고 회전운동 등을 하는 동안 그녀의 각성은 서서히 상승한다. (b) 파트너가 충분히 윤활화하여 질이 젖게되면 손가락을 그녀의 질내에 삽입하고 음핵에 접촉시키면서 부드럽게 안팎으로 움직이면 각성은 절정에 이른다.

단계로 진행하기를 열망한다.

만약 성기자극에 의하여 반응이 일어나면 다음에 성교로 진행한다. 이 경우도 처음에는 오르가슴을 일으키려고 하는 압력을 배제하고 여성의 감각과 감정에 따라 행한다. 특히 환자가 관능집중훈련과 부드러운 성기자극으로 성적흥분에 충분히 도달한 후에 성교를 시작한다. 성교운동도 처음에는 천천히 확인하듯이 행하고 여성은 발기된 음경의 느긋한 움직임에 의하여 질 내에 생기는 감각에 주의를 집중한다. 또 성교운동을 할 때 여성은 두덩꼬리근(PC근)을 수축하도록 한다. 환자는 여러 체위를 취하도록 하여 가장 쾌감을 얻기 쉽다고 생각되는 체위를 취하도록 한다. 만약 남성의 사정욕구가 너무 강해지면 여성은 몸을 떼도록 하고 남성의 오르가슴의 전조감이 소실되도록 돕는다. 남성은 성교를 중지하고 있는 동안 손으로 여성을 애무한다. 이 과정을 여러 번 반복한 후 만약 여성이 오르가슴에 이를 것 같아지면 이를 남성에게 알리고 남성의 사정을 유도한다.

이러한 편안한 쾌락지향적인 성체험의 이점은 첫째로 오르가슴을 달성하지 않으면 안 된다는 압박이 제거되기 때문에 이 같은 관능집중훈련은 여성에게 방어와 불안이 일어나지 않게 한다. 그 때문에 여성은 억압이 제거되고 성적쾌락을 자유롭게 체험할 수 있게 된다. 둘째로 이 훈련이 여성의 성적각성을 높이도록 고안되고 조직되어 있으므로 효과적이다. 애무의 속행이나 애무하는 속도는 여성의 욕구에 의하도록 한다. 셋째로 이들 성 훈련을 시행하는 과정에서 커플은 필연적으로 서로의 성적욕구나 성반응에 대하여 한층 민감해진다. 성적체험에 대한 환자의 방어와 불안 등은 상호작용에 의하여 생기게 되는 느긋한 성적분위기와 솔직하고 진솔한 대화 속에서 해소되기 시작한다. 관능집중훈련에서 유방에 접촉할 때 간지럽고 불쾌한 느낌이 없어지면 다음의 성 훈련은 애태우는 듯한 가벼운 강요되지 않는 성기의 자극으로 진행한다. 환자는 가장 성감이 강한 부위가 자극되었을 때 성적감정의 지각에 대한 방어가 생긴다. 이 경우 잠재적 성감부위를 서서히 탈감작시켜 이때 작용하고 있는 자극에 대한 욕망과 공포사이의 갈등해소를 촉진한다. 환자의 대부분은 성적감각이 생기기 시작하면 동시에 마음이 흩으러 지는 주의산만현상이 강박적인 방어현상으로 발생한다. 이 현상은 여성이 성적감정을 딴 데로 돌리게 되는 결정적인 병리적 요인이다. 우선 환자에게 단순히 성적느낌에만 주의를 집중하도록 하고 그래도 그 현상이 지속되면 성적환상을 이용하도록 함으로써 그 현상을 완화할 수 있다.

오르가슴부전

여성오르가슴부전(female orgasmic dysfunction)은 가장 일반적인 여성의 성적장애이다. 오르가슴부전은 불감증과는 구별되는 증후군으로 오르가슴반응의 특이한 억제를 말한다. 한 번도 오르가슴을 체험한 일이 없으면 1차성오르가슴부전이라고 하며 어느 시기에는 오르가슴을 느끼고 있었으나 그 후 오르가슴장애가 생긴 경우를 2차성오르가슴부전이라고 한다. 한편 어떤 상황에서도 성교에 의하건 음핵자극에 의하건 간에 오르가슴에 도달할 수 없으면 절대적오르가슴부전, 특이한 상황에서만, 이를테면 자위행위에서는 오르가슴을 갖지만 성교에서는 오르가슴을 얻지 못하는 성교오르가슴부전(coital anorgasmia)과 같은 경우를 상황성오르가슴부전(situational orgasmic disorder)이라고 한다. 오르가슴부전은 여성 중에 흔히 볼 수 있는 증상으로 여성응답자의 24%는 지난 12개월 동안에 오르가슴을 갖는데 어려움을 보고하였으며 여성오르가슴부전은 여성의 성치료를 구하는 사례의 25-35%를 차지한다. 헌트(Hunt)의 성행위연구에 의하면 기혼여성의 53%는 언제나 또는 거의 언제나 성교오르가슴을 가졌으며, 유사하게 레드북(Redbook)의 10만 명의 여성을 대상으로 한 조사에서도 기혼여성의 63%는 성교 때 거의 언제나 오르가슴에 도달한 것으로 나타났다. 오르가슴부전만으로 고민하는 여성은 강한 성적충동을 갖는 일이 많다. 연애를 즐기고 충분히 질이 젖고(윤활화) 음경이 삽입되는 감각을 즐긴다. 오르가슴부전은 사례의 5%미만에서 기질적 원인에 기인한다. 오르가슴을 억제하는 특수한 장애는 당뇨병, 알코올중독, 호르몬결핍, 신경성장애, 외상이나 수술에 의한 골반장애 등을 포함한다. 마약, 신경안정제, 혈압치료제 등도 여성오르가슴을 손상시킬 수 있다.

여성의 오르가슴

여성의 오르가슴을 유도하려면 음핵자극이 중요하다. 질의 자극은 쾌감이 강하다고 해도 대다수의 여성의 오르가슴반응을 유발하는데 있어 최소한의 역할밖에 해내지 못한다. 음핵에 대한 자극의 강도는 성행위의 특별한 형태에 따라 변한다. 성적으로 가장 강한 신체적인 자극은 음핵에 가해지는 접촉자극 또는 압박이다. 성교로는 음핵에 가벼운 자극밖에 가해지지 않기 때문에 자극의 강도가 불충분하여 오르가슴에 이르지 못하는 일이 흔히 있다. 성교 중에 음핵의 자극은 불두덩(치구)에 가해지는 압박과 음핵꺼풀의 견인에 의한다. 음핵의 바로 위에 있는 불두덩에 대한 압박은 여성상위의 성교체위에서 가장 강하고 실제로 이 체위에서만 오르가슴을 얻을 수 있는 여성이 많다. 그러나 오르가슴을 일으키는 가장 중요한 기전은 음핵꺼풀의 견인이라고 생각되고 있다. 음경이 질을 드나들 때마다 소음순에 긴장이 가해지고 그것이 음핵꺼풀에 전달되어 음핵을 흔든다. 그 때문에 음경이 드나드는 운동이 있을 때마다 음핵귀두와 몸통에 접촉자극이 주어진다.

생리학적 견해에서 생각하면 음핵의 직접자극에 비하여 성교는 상대적으로 가벼운 기계적 자극을 줄뿐이다. 그러나 비록 자극은 약하지만 질 내에 음경이 들어있는 상태에서 일어나는 오르가슴이 질이 비어있는 상태에서 일어나는 오르가슴보다 쾌감을 더 느끼는 여성이 많다. 성교가 주는 정신적 자극이 오르가슴의 쾌감을 높여주기 때문이다. 정신적 자극은 여성의 오르가슴을 촉진시키는데 있어 매우 중요하며 성교 중에 신체적으로 음핵이 받는 자극이 불충분하더라도 그것을 보완하는 작용을 한다. 여성의 오르가슴을 일으키는데 필요한 자극량은 개개인에 따라 현저히 다를 뿐만 아니라 상황이 다르면 동일여성에 있어서도 완전히 달라진다. 여성이 충분히 각성되어 있으면 가장 사랑하는 파트너와의 1-2회의 성교운동으로도 오르가슴에 도달하는 일도 있다. 그러나 이러한 여성도 관심이 적은 남성과 억지로 성행위를 하고 있을 때에는 직접적인 음핵자극을 장시간 필요로 한다. 여성특유의 오르가슴역치에 있어서도 큰 개인차이가 있다. 어떠한 상황에서도 쉽사리 오르가슴에 이르는 여성이 있는가하면 매우 흥분이 고조되어 있을 때조차 항상 강하게 오랜 시간에 걸쳐 음핵자극을 받아야하는 여성도 있다. 그 중간에 위치하는 여성도 있다. 이것은 아마도 우리사회에 있어서 여성의 성이 지나치게 억압되어 있기 때문이라고 생각되고 있다.

한편 성교 시에 남성상위체위로 오랜 시간동안 성교운동을 행한 다음에야 오르가슴에 이르는 여성이 있다. 그리고 음핵을 강하게 압박하고 큰 자극을 주는 여성상위체위로만 오르가슴을 느끼는 여성이 있다. 남성이 성교 중에 손으로 음핵을 자극하지 않으면 오르가슴을 얻지 못하는 여성도 많다. 이런 여성은 직접 손이나 입으로 음핵을 애무받을 때만 쉽게 또한 몇 번이고 오르가슴을 얻을 수 있다. 성반응이 낮은 여성은 오르가슴에 이르기 위해서는 장시간 강한 음핵자극을 필요로 한다. 그 중에는 동시에 성적환상을 하지 않으면 오르가슴을 얻을 수 없는 여성이 있다. 또한 오르가슴역치가 아주 높은 여성은 손이나 입에 의한 자극으로는 불충분하여 진동자에 의한 강력한 자극에 의존하지 않으면 오르가슴을 얻을 수가 없다. 여성인구의 약 10%는 여러 가지 상황에서 충분한 자극을 받았음에도 전혀 오르가슴을 경험하지 못하고 있다.

여성오르가슴반사

여성의 오르가슴은 반사작용으로 그 중추는 흉수와 천수에 위치하고 있는 것으로 믿고 있다. 오르가슴반사중추는 다른 기능을 주관하는 반사 중 최하위중추와 같이 직접적인 지각입력과 보다 상위의 신경중추로부터의 억제 및 촉진적 영향을 받기 쉽다. 동물의 뇌의 특정한 중추에 전기자극을 가하면 성기의 자극 없이 오르가슴을 일으킬 수 있는 부위가 있다. 이를 뒷받침하는 임상적 증거는 오르가슴역치의 낮은 여성은 성적환상만으로 오르가슴에 이른다는 사실에서 찾을 수 있다. 여성의 오르가슴반사중추로부터의 운동신경의 흥분전도는 질주변과 골반내장의 근육으로 전달되고 이들 근육은 오르가슴도중 반사에 의한 수축반응을 일으킨다. 오르가슴반사만이 억제되고 있는 환자는 치료를 받음으로써 좋은 효과를 얻을 수 있다. 오르가슴의 신체적 반응을 파괴하는 심한 신경적, 내분비적, 또는 부인과적 질환이 없다면 여성은 모두 오르가슴을 얻을 수 있는 가능성을 지니고 있다. 오르가슴부전을 일으키는 신체적 손상은 아주 드물며 대다수는 심인성이다. 따라서 오르가슴을 전혀 체험한 일이 없는 1차성의 절대적오르가슴부전환자도 치료가 적용될 수 있다.

성욕에 대한 죄책감, 배우자에 대한 적개심, 버림받는 공포, 독립이 침해당하는 것이 아닌가하는 두려움 등이 모두 오르가슴반사를 억제하여 그 결과 오르가슴부전을 일으킬 수 있다. 자신의 감정과 행동을 억제할 수 없게 되면 곤란하다는 두려움이 오르가슴을 얻지 못하는 여성에게 아주 흔하다. 그 결과 방어기전으로서 기분이 좋게 되지 않도록 하는 지나친 억제가 오르가슴부전의 원인 중 결정적인 것이다.

치료

오르가슴부전치료의 주된 목적은 오르가슴반사가 일어나는데 대한 불수의적인 지나친 억제를 경감시키거나 약화시키는 것이다. 부적절하게 억제되어 있는 자연적 반응을 해방시키는 방법을 학습하지 않으면 안 된다. 이 때문에 환자는 그 반응에 대하여 무의식적으로 일어나는 지나친 억제로부터 마음을 다른 곳으로 돌려야한다. 정신치료와 행동치료를 함께 실시하는데 정신치료로서 처음에 오르가슴을 억제하는 정신내적 갈등과 상호교류적 갈등을 환자로 하여금 깨닫게 함으로써 그것을 해결하도록 한다. 그와 동시에 환자의 부적절한 억제를 해소하도록 함으로써 오르가슴의 자연적 발생을 방해하는 것을 제거해야한다.

오르가슴을 한 번도 체험한 일이 없는 1차성오르가슴부전의 경우 환자가 실제로 오르가슴이 억제되고 있는지 혹은 단지 오르가슴에 도달할 수 있을 만큼 충분한 자극을 받지 못한 것인지를 확인해야한다. 이들 여성 가운데 상당수는 단지 효과적인 자극을 얻지 못해서 오르가슴에 이르지 못하고 있다. 성적기술이 미숙한데 기인하는 경우는 치료가 간단하고 그 성과는 아주 크다. 죄책감을 제거하고 커플의 성역할에 관한 잘못된 생각을 시정하고 커플간의 상호소통을 높이기 위한 커플의 공동치료는 아주 효과적이다.

여성의 성반응을 높이기 위한 효과적인 기법을 가르치고 여성을 위해 음핵자극의 중요성을 인식시킨다. 주어지는 자극은 억제를 극복할 수 있을 만큼 충분히 강해야한다. 온갖 노력으로 억제력을

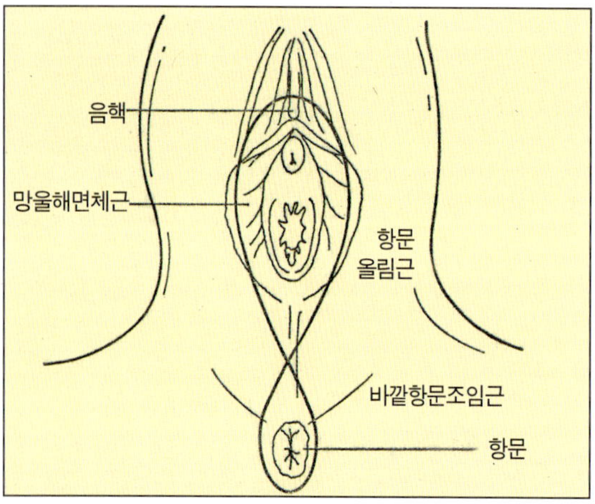

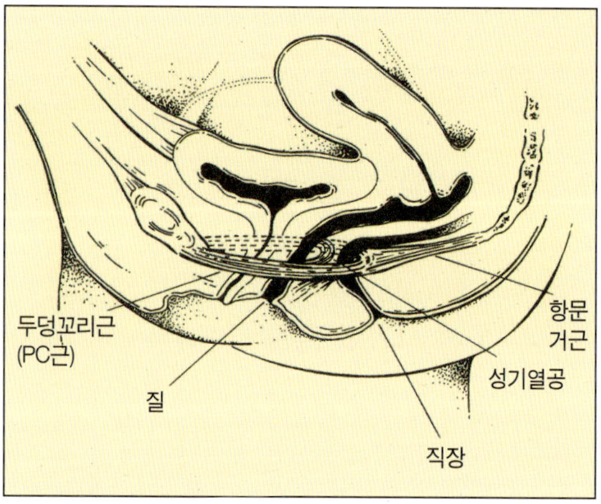

그림 9-30

외음부근(8자근)의 모식도.
8자근은 질을 조우며 성교운동에 중요한 역할을 한다.

그림 9-31

질의 지지근육과 두덩꼬리근(PC근)의 강화.
요도, 질과 직장을 둘러싸고 있는 근섬유가 치골(두덩뼈)에서 미골(꼬리뼈)로 뻗어 있는 근육이 PC근이다. 이 근육의 수축운동을 매일 반복하면 성능이 좋은 명기가 된다.

감소시키는 동시에 자극을 최대화해야한다. 치료의 주목적은 환자의 오르가슴반응을 손상시키고 있는 직접적인 심리적인 기전을 식별하고 교정하는데 있다. 내적인 억제요인을 환자가 깨닫게 되는 것은 치료 상 중요한 진전이다. 환자가 여러 가지 이유로 자신을 억제하고 있다는 현실에 직면시켜 이를 깨닫게 한다. 성적감각에 집중하도록 하고 만약 이것이 충분한 효과가 없어서 오르가슴에 이르지 않는다면 자극을 받고 있을 때 성적환상에 몰두함으로써 마음이 분산되는 것을 막도록 한다. 대부분의 경우 이들 전술은 여성을 위하여 자위행위나 그녀 파트너에 의한 자극을 통해 오르가슴에 이르게 하는 것을 상당히 단순하게 한다. 오르가슴부전의 치료를 위한 이들 방법은 오랫동안 사용되어 왔으며 이 방법에 의하여 5명 중 4명은 성공적으로 치료된다.

어렸을 때부터 자위행위는 위험하고 부끄러운 것이라고 알아온 환자에게는 자위행위가 상당한 불안을 일으키는 경우가 흔히 있다. 이러한 태도에 대처하기 위하여 환자는 가장 안심할 수 있는 상황에서 이 행위를 하도록 하고 환자에게 목적달성을 위해 노력하도록 적극적으로 권장함으로써 오르가슴을 억제하고 있는 불안을 줄이도록 시도한다. 1차성오르가슴장애를 가진 여성을 위하여 가장 효과적인 형태의 치료는 자위행위를 지시하는 프로그램이다. 그것은 오르가슴문제를 가지면서 자위행위를 행한 일이 없는 다수를 위하여 자위행위는 가장 논리적인 치료방법이다.

손으로 자위행위를 하는데 충분하지 않아서 오르가슴에 도달하지 않으면 손대신 진동자를 사용하도록 한다. 진동자는 자극 중에서 가장 강렬한 자극을 준다. 그러나 진동자의 결점은 진동자를 사용해서 음핵을 자극하면 진동자중독으로 다른 방법으로는 오르가슴에 도달할 수 없게 될 가능성이 있다. 그래서 손으로 음핵을 자극해도 효과가 없을 때에 처음 얼마동안 진동자를 사용하다 다른 자극방법으로 바꾼다. 환자가 몇 번이고 오르가슴을 얻을

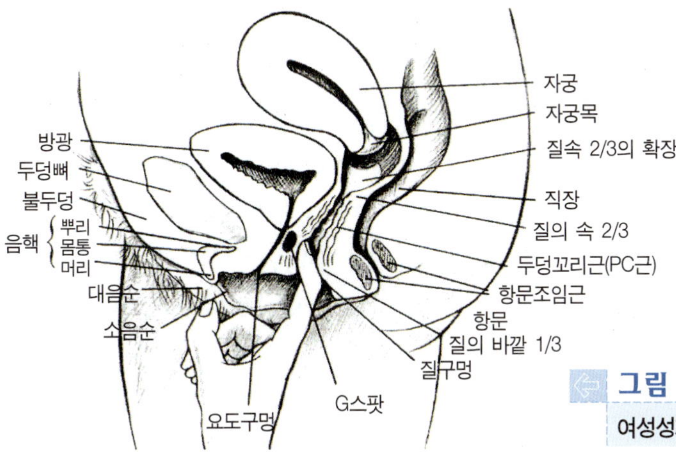

그림 9-32

여성성기와 골반근육(PC근)

수 있고 오르가슴을 얻는 능력에 의심을 품지 않는다면 진동자를 쓰지 않도록 하고 손가락이나 입으로 바꾼다. 손가락에 의해 끝맺음을 하도록 함으로써 서서히 자극을 약화시켜도 오르가슴에 도달할 수 있게 된다.

자극을 받고 있는 동안에 마음을 분산시키면 강한 자극을 받아도 오르가슴에 이르는 것이 불가능한 경우가 많다. 그래서 성교 때나 음핵의 자극을 받고 있을 때 성적환상, 질근육의 수축, 음경의 전후운동, 파트너의 숨결 등에 주의를 집중하는 것이 매우 효과적이다. 성교 중의 성적환상은 오르가슴 억제를 극복하는데 좋은 방법이다. 환상은 진동자와 같이 치료 상의 지주가 될 뿐 아니라 환자의 성체험의 범위를 넓혀 성적쾌락을 높여주기도 한다.

오르가슴에 이르지 못하는 환자의 대부분은 질주위근육이 성적자극을 받고 있을 때 매우 느슨하게 이완되어 있다. 이 경우에 있어서 오르가슴이 다가오는 감각이 느껴질 때 적극적으로 허리를 움직여 질 주위의 근육과 복근을 수축하면 오르가슴반사가 촉진된다. 성교 때에 적극적으로 회음근(샅근육)을 율동적으로 수축했다 이완했다 하는 것이 오르가슴을 일으키는데 도움을 준다. 오르가슴반응은

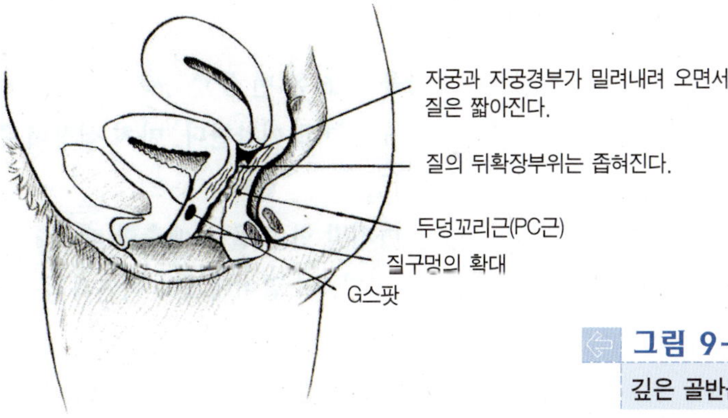

그림 9-33

깊은 골반근육(PC근)의 밀어내는 수축.

두덩꼬리근(PC근)과 질 주변근육과의 사이에 경련성 수축을 수반한다. 케겔(Kegel)은 PC근을 훈련하고 강화하도록 구상하였다(케겔훈련). PC근훈련은 이 근육의 강도가 약해진 사람이나 특히 분만으로 이 근육이 늘어난 여성을 위해 도움이 된다. 여성이 그녀의 PC근을 발견하려면 먼저 변기에서 그녀의 다리를 벌리고 앉아 소변을 누기시작하고 수의적으로 소변의 흐름을 중단함으로써 PC근을 발견할 수 있다. 소변의 흐름을 중단하는 근육이 PC근이다. 여성은 처음에는 하루에 여섯 차례에 걸쳐서 각 10회씩 근육을 수축하도록 하고 점차 그 회수를 증가해간다. 이 훈련의 가장 중요한 효과는 질부위의 감수성의 증가에 의하여 여성의 성적쾌감을 증가시키는데 있다. 이 훈련은 또한 질이 말미잘처럼 음경을 보다 단단히 죄어주기 때문에 여성은 그녀 파트너를 더욱 강하게 자극할 수가 있게 된다. 이 훈련은 오르가슴 때 불수의적인 요실금(urinary incontinence)문제를 갖는 여성을 위한 치료방법이기도 하다. 케겔훈련은 때로 남성치료에서도 사용된다.

상황성오르가슴부전

상황성오르가슴부전은 그 상황이 복잡하며 혼자인 때에는 자위행위에 의하여 오르가슴을 얻을 수 있으나 배우자가 있으면 오르가슴을 얻을 수 없는 경우, 진동자나 입에 의한 자극으로만 오르가슴에 도달할 수 있는 여성, 음핵의 자극으로는 오르가슴에 이를 수 없고 긴 성교에 의해서만 오르가슴을 얻을 수 있는 등 매우 다양하다. 상황성오르가슴부전의 치료는 오르가슴에 이르지 못하는 상황에 대하여 무엇이 환자를 억압하도록 작용하고 있는지 그 특이한 갈등을 발견하고 해결하는데 중점을 둔다. 성적으로 반응하고 여러 번의 오르가슴을 경험하는 일도 많으나 성교 중 음핵을 자극 받지 않으면 오르가슴에 이르지 못한다는 여성은 헤아릴 수 없이 많다. 매우 소수의 혜택 받은 여성만이 낮은 오르가슴역치를 지니고 있어서 성교에 의한 비교적 가벼운 기계적 자극에 반응할 수 있다. 음핵에 강한 자극이 필요한 이들 여성의 대부분은 성교를 즐기고 질 내에 음경이 삽입되어 있는 상황에서 오르가슴에 이르는 쾌감을 즐기나 성교 그 자체에 의해서는 자극이 불충분하기 때문에 오르가슴에 도달하지 못한다. 높은 오르가슴역치를 갖는 여성은 성교로는 얻지 못하는 오르가슴을 위하여 음핵의 강한 자극을 필요로 한다. 커플이 차례로 오르가슴을 얻거나 성교 중에 오르가슴을 얻기 위하여 음핵에 자극을 주는 특별한 기술을 사용한다면 멋있고 즐거운 성생활을 할 수 있다.

성교오르가슴부전의 치료에는 두 가지 목표가 있다. 첫째는 환자의 전반적인 성반응을 높임으로써 오르가슴역치를 낮추는 일이고, 둘째는 특이적인 성교오르가슴부전의 밑바탕에 깔려있는 억제요인을 해소함으로써 오르가슴역치를 낮추는 일이다. 성교 때에 오르가슴에 이르지 못하는 여성에게 성교에 대한 특이한 갈등이 있는지 확인하는 일은 중요하다. 임신을 두려워하는 여성이 있는가 하면 음경에 의해 상처를 입는 것이 아닌가 하는 무의식적 공포를 품고 있는 여성도 있다. 또 어떤 여성은 성교에 죄책감을 가지고 있다. 성교 중에 생기는 이 같은 유해한 감정은 여성의 성반응을 손상시킨다. 이들 갈등은 성교오르가슴에 특별히 방해가 됨으로 해소하지 않으면 안 된다. 남성이 조루인 경우 성교 때에 오르가슴을 얻을 수 없는 여성도 많다. 남성이 사정을 조절하는 것이 곤란한 경우 성교의 속도를 여성의 완만한 속도에 맞출 수 있도록 수정할 필요가 있다. 또한 여성이 흥분지속기에 근접해 있으면 오르가슴이 일어나기 쉽기 때문에 성교를 시작하기 전에 여성의 성적각성을 흥분지속기의 레벨까지 높이도록 한다. 커플이 오르가슴을 달성하기 위하여 성교보다도 전희에 중점을 두도록 힘쓴다. 사실 성교를 시작하는 것이 너무 빠르다는 단순한 사실로 인하여 오르가슴을 얻지 못하는 경우가 많다. 따라서 오르가슴을 이르기 위해서 성교 전에 전희를 통하여 성적각성을 높여둔다는 것은 매우 중요하다.

환자가 전반적 성적억제로 고민하고 있는 경우 쾌감체험과 관능집중훈련이 필요하다. 이 방법은 전반적 성반응을 높이기 위하여 사용된다. 부드럽고 애태우듯 한 편안한 애무기법에 의하여 성교에 앞서 흥분이 고조되는 일이 많다. 커플은 여성의 흥분이 높아질 때까지 전희를 행하고 오르가슴에 근접한 시점에서 음경을 삽입하고 천천히 애태우듯 성교운동을 하도록 한다. 잠시 후 남성은 성교운동을 잠깐 중단했다가 다시 완만하게 시작한다. 이 중지했다가 다시 시작하는 애태우기 전법은 일반적으로 여성에게 매우 자극적이며 그것만으로도 오르가슴에 이르는 일이 있다. 오르가슴이 일어나지 않을 때에는 음핵을 자극하는 변형법을 사용한다. 성교를 시작해도 성교운동은 천천히 시간을 끌어 애태우듯이 행하여야하며 남성이 높은 각성레벨에 이르면 성교운동은 중지하되 음경은 빼내지 않고 사정불기피성감각을 조절하고 있는 동안에 여성의 음핵을 손으로 자극한다. 음핵자극은 오르가슴 직전에 중지하고 이 시점에서 다시 성교운동을 행하여 오르가슴에 이르도록 유도한다.

성교에 의하여 오르가슴에 이르지 못하는 여성을 위한 한 방법은 질의 감각을 높이는 일이다. 성교 때에 질 내에 아무 감각도 없다는 여성에게 손으로 질구를 애무하도록 한다. 질 입구의 4시와 8시 위치에 강한 압박이 가해지면 여성의 대부분은 성적감각을 느낄 수 있다. 질의 바깥 3분의 1의 부분과 그에 인접한 소음순의 촉각자극은 특이한 성적감각을 일으킨다. 질의 확장과 질 주변근육의 강한 압박과 수축에 의하여 다른 감각이 발생한다. 특히 골반의 혈관충혈에 의하여 질이 확장되어 있을 때, 음경이 삽입되어 있을 때 이러한 감각이 야기된다. 이들 감각은 독특하며 음핵감각과는 또 다른 쾌감이다. 환자는 자기본위가 되어 오로지 스스로의 충동에 의거하여 움직이고 질 내의 음경의 느긋한 움직임과 발기된 음경에 대한 샅그육의 수축에 의하여 생기는 쾌감에만 주의를 집중하도록 한다.

성교 중 음핵의 지각입력을 높이는 기법은 성교오르가슴부전의 치료에 매우 중요하다. 이 경우 성교 때에 여성은 스스로 적극적으로 성교운동을 행한다. 성교 중에 적극적으로 허리를 움직이면 배우자의 움직임에 맡기고 있기보다는 각성이 높아지기 쉽다. 여성상위체위는 남성의 두덩뼈(치골)에 음핵을 압박하는 기회를 만들기 때문에 성교 중에 오르가슴에 이르는 일이 많다. 성교 중에 오르가슴을 촉진하는 가장 유효한 방법은 질 내에 음경을 삽입한 채 음핵을 직접 자극하는 일이다. 이를 위한 갖가지 방법이 있다. 여성상위에서 손쉽게 행해진다. 남성은 이 체위에서 여성의 음핵을 한 손 또는 양손의 손가락으로 자극할 수 있다. 옆체위(측위)나 등뒤체위(후배위)도 이 목적에 적합하다.

질과 음핵을 동시에 자극하는 치료방법을 성교도중에 쓰면 성교에 의하여 여성이 오르가슴에 이를 수 있는 가능성은 매우 높아진다. 발기한 음경을 여성의 질 내에 삽입한 채 여성이 오르가슴에 접근할 때까지 남성이 손으로 음핵을 자극한다. 이러는 동안 남성은 성교운동을 전혀 행하지 않거나 행한다 해도 발기유지를 위하여 아주 느리게 행한다. 그리고 오르가슴에 접근한 시점에서 음핵자극을 중지하고 적극적인 성교운동으로 이행한다. 수 주간에 걸쳐 이 방법을 반복하면 성교에 의하여 오르가슴을 얻게 되는 확률은 높아진다. 그 후 잘되면 음핵자극에 서서히 의존하지 않게 되며 오르가슴에 이르기 위하여 다만 성교운동에 의지하게 된다. 이밖에 성교오르가슴에 대하여 저항이 매우 강한 경우 성교 중에 진동자로 음핵을 자극하면 오르가슴에 이르는 여성도 있다. 진동자의 진동이 음경에도 전달되기 때문에 이 방법을 매우 기분 좋게 느끼는 남성도 있다. 그러나 자위행위에 아무 저항이 없는 여성에게는 가장 효과적인 방법은 성교 중에 여성

이 자기 스스로 자극하는 방법이다,

여성의 성적몰두를 방해하는 요소 중에서 현저한 것은 여성의 무력한 태도, 수동성, 남성에 대한 의존 등이다. 그 때문에 버림받고 거절당하는 것이 아닌가하는 공포가 생기게 된다. 성욕전반에 특히 음핵성욕에 대한 죄책감과 수치심으로 억제되고 있는 여성에서 공통적으로 본다. 여성은 성적몰두에 꼭 필요한 자립성과 안정감을 발달시켜야한다. 성행동에서 생기는 쾌감으로 성행동을 즐기는 것을 학습하지 않으면 안 된다. 여성은 때때로 비평적인 입장이 되어 스스로를 방관하고 자기 자신의 성욕을 엄하게 비난한다. 여성은 자기의 욕구를 한층 잘 표현할 수 있어야 하고 음핵자극이 성행위에 있어서 정상적이고 바람직한 측면이라는 것을 인식해야한다.

성교통

성교통(painful intercourse) 또는 성교불쾌증(dyspareunia)은 단순히 성교 중의 통증경험에 관계한다. 이것은 여성에 있어서 성적만족에 대한 주요 장애물이다. 통증에 대한 공포는 여성을 긴장시키고 성체험의 즐거움을 감소시킨다. 많은 경우에 여성은 성행위를 기피하거나 자제한다. 성교통은 다양한 신체적 요인에 의하여 유발된다. 이를테면 처녀막의 자극적 단편, 샅(회음)절개나 성폭력에 기인하는 아픈 흉터, 바르톨린샘의 감염, 질감염, 얇은 질벽, 자궁내막염, 종양 또는 자궁적출과 자궁을 지지하는 인대의 파열 등이 관계한다. 여성성교통의 가장 일반적인 원인은 성교 때 여성의 질 내에 윤활액이 충분히 분비되지 않아 음경을 삽입할 때 건조한 질벽이 심한 자극을 받게 되는 질건조증이다. 이 경우 윤활제의 사용으로 문제를 간단히 해결할 수 있다.

성교통은 어떤 연령에서도 일어날 수 있다. 이 조건에서 통증은 성교를 시작할 때, 성교행위 도중, 오르가슴기 또는 성교 완료된 후에 나타날 수 있다. 통증은 화끈거리고 타는 듯한 격렬하게 또는 경련으로 느낄 수 있다. 여성에 있어서 이 통증은 질 내부, 질구멍 둘레, 음핵 또는 골반 깊숙이 느낀다. 성교통에 대한 공포나 불안은 남성에서는 발기부전, 여성에서는 질건조증을 야기하기도 하여 성적욕구를 감소시킴으로써 심각한 성적문제를 유발할 수도 있으므로 그 원인을 찾아 적절한 치료를 받는 것이 바람직하다.

성교통은 일반적으로 여성의 성장애로 생각하나 때로 남성도 성교통을 체험한다. 성교통의 정확한 발생빈도는 잘 알지 못하고 있으나 성인 여성의 약 15%는 1년에 몇 차례 우발적으로 성교불쾌체험을 갖는 것으로 알려졌다. 다른 연구는 8-33%로 추산한다. 남성의 약 3%에 비교하면 보다 높은 셈이다. 한편 성교 중 우발적인 성교통은 여성 중에 꽤 일반적인데 반해 영속적인 성교통은 그다지 흔하지 않다. 남성에 있어서 성교통은 가장 일반적으로 음경에 느끼나 이는 때로 고환, 전립선, 정낭 등과 관련된다. 또한 음경꺼풀이 뒤로 당겨질 수 없는 포경(phimosis), 살정제 또는 라텍스콘돔에 대한 알레르기반응 등이 관련하기도 한다.

질경련

해부학적으로 질경련환자의 성기는 정상이다. 그러나 삽입이 시도되면 질의 바깥 3분의 1의 경련성 수축으로 질구멍이 매우 굳게 닫혀버리기 때문에 성교가 불가능하다. 질경련(질경, vaginismus)은 질

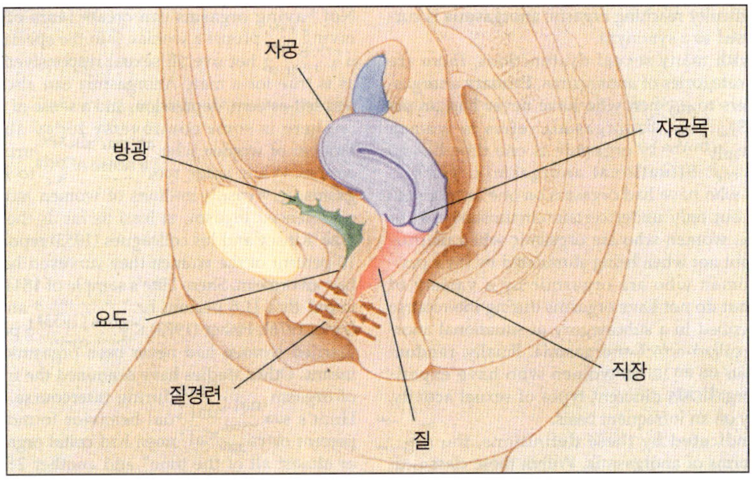

그림 9-34
질경련.
질의 바깥 3분의 1에서 질경련의 불수의근의 경련을 화살표로 표시함.

바깥 3분의 1 주변의 근육, 특히 질조임근(질괄약근)과 항문올림근(항문거근)이 질 침입의 시도에 반응하여 불수의적으로 경련을 일으키는 성적장애이다. 어떤 연령의 여성도 발생하며 질구멍에 물체가 끼어들려고 하면 언제나 일어난다. 질경환자는 보통 성교나 질내삽입을 두려워한다. 이 공포 때문에 성교를 회피하고 실망과 동시에 동통이 수반한다. 질경은 그다지 일반적인 성적장애는 아니며 청소년기 여성의 2-3%가 질경으로 추산한다. 그러나 이는 성치료를 구하는 여성 중 비교적 일반적이다. 성치료사례의 12-17%를 차지한다. 여성이 다른 성장애보다 성치료를 구하는 빈도가 높은 것은 그것으로 인해 성교가 불가능하게 되고 커플상호관계에 어려움을 가져오기 때문이다. 질경련을 가진 일부여성은 성행위를 매우 두려워하나 이 장애를 가진 대부분의 여성은 성적으로 반응하며 질윤활화는 정상으로 일어난다. 또한 질경여성은 통상 정상 성욕을 가지며 성교를 즐기기 위한 그들의 불능을 심란해 하지만 음핵의 자극으로 오르가슴에 이르고 성희를 즐기며 성적인 접촉을 구한다. 성교가 불가능하다는 것으로 단지 욕구불만을 느낄 수 있으나 남편의 성기능이 손상되어 있지 않는 경우에도 남성은 아내의 장애에 대한 반응으로 2차성발기부전이 발생하는 경우도 있다.

질경련의 원인

질경련(질경)은 질내삽입시도 또는 질내삽입에 대한 고통이나 공포와의 연합에서 생기는 조건반사이다. 신체적 원인으로는 현재 삽입을 방해하거나 성교를 고통스럽게 하는 또는 과거에 고통을 일으킨 골반기관의 병리가 질경반응을 일으키는 소인이 될 수도 있다. 성교 시 동통을 일으키는 신체적 요인은 처녀막강인, 동승성처녀막, 자궁내막염, 골반 내 염증성질환, 노인성 질염위축, 자궁지지인대의 이완, 골반종양, 분만에 의한 질환, 질협착증, 치질 등이다. 만일 극소적인 병리가 있고 그 위에 성교 시 통증이 있다면 분명히 그 질병의 치유나 개선이 질경의 치료를 성공시키는데 필요조건이다.

만약 소녀가 남근기(3-6세)의 발달단계에 일시적으로 나타나는 남근선망을 해소하지 못하면 후에 질경련을 발생시키게 된다. 이 증상은 남성의 성욕을 좌절시키고 싶다는 여성의 무의식적 소망의 신체직 표현이리고 설명되고 있다. 그 때문에 질경치료에 대한 정신분석적 접근은 남성에 대한 무의식적 적대감을 환자로 하여금 깨닫게 하고 갈등을 해소하는 것을 지향한다. 질경의 특이적 병인을 가설하는 정신분석적 견해와는 달리 매스터스와 존슨은 임상체험에서 이 기능부전은 엄격한 종교적 교육, 남편의 발기부전, 강간체험의 심리적 영향 등의 갖가지 심리사회적 요인에 의하여 질경이 발생한다고 결론지었다.

성교나 질내삽입에 연합된 모든 유해한 자극은 그것이 실제적인 것이든 공상적인 것이든 환자의 의식적 지각아래 있든 없던 간에 질경반사의 원인이 될 수 있다. 그러므로 다양한 요인들이 그들의 고통과 두려움이 성교와 연합하도록 함으로써 이 증후군의 결정적 요인으로 작용한다. 이들 인자 중에서도 첫 번째 인자는 성교에 의한 신체적 고통이다. 많은 환자가 성행동에 대한 엄격하고 구속적인 태도 때문에 성에 대하여 죄책감과 불안을 일으키는 가정환경에서 성장하였다. 무의식의 신경증적 갈등과 남근에 의해 손상 받을 지도 모른다는 환상이 질경반사의 원인이 되는 경우도 드물지 않다. 남성에 대한 적대감이나 공포가 그 원인이 되기도 한다.

치료

기본적으로 치료는 질 삽입을 방해하는 근육의 불수의적 경련을 신체적으로 서서히 탈조건화시키는 것으로부터 행한다. 경련으로 닫히는 질구멍을 탈감작시키는 가장 일반적인 방법은 질 내에 작은 크기로부터 큰 크기의 플라스틱제품의 확장기(개대기)를 가만히 삽입하는 방법이다. 최초의 확장훈련에 쓰이는 확장기는 보통 손가락보다 약간 가는 것이다. 이것이 쉽게 삽입되면 다음 크기의 확장기가 시도된다. 치료가 진행됨에 따라 확장기는 점차 커진다. 실제의 성교가 행해지기 전에 사용되는 확장기는 발기된 음경의 크기와 같게 한다. 탈조건화과정을 용이하게 하고 촉진하기 위하여 확장기는 질내에 일정시간 동안 삽입한 채로 둔다. 환자가 보통 확장훈련을 5-10회 반복한 후 불쾌한 느낌이 없이 큰 확장기를 삽입할 수 있게 되면 성교를 시도한다. 환자는 자신의 손으로 남성의 음경을 질구멍으로 유도하고 남성은 최초의 삽입훈련 중에는 적극적으로 강요하는 성교운동은 자제하도록 한다.

음경의 삽입에 대한 불안과 공포 그리고 그 결과 생기게 되는 삽입의 회피는 치료의 장애가 된다. 따라서 환자의 질내삽입에 대한 공포에서 생기는 회피를 배제하는 것이 중요하다. 일단 이 공포증의 회피가 배제되면 소거과정은 수일간에 쉽게 완료된다. 이 공포증의 치료에는 정신분석, 행동요법, 최면술, 약물요법 등이 사용된다. 공포의 근거가 되는 무의식적 갈등을 해결하는 것이 치료목표가 된다. 행동요법가는 환상소거법을 사용한다. 이 방법은 환자가 충분히 느긋해 있을 때 공포상황을 환자에게 되풀이해서 공상하도록 한다. 우선 남성이 접근해오는 장면을 마음에 그린다. 그리고 긴장 없이 이 환상을 견딜 수 있으면 남성과 침대에 함께 누워 발기한 음경을 자신에게 접근해오는 것을 환상

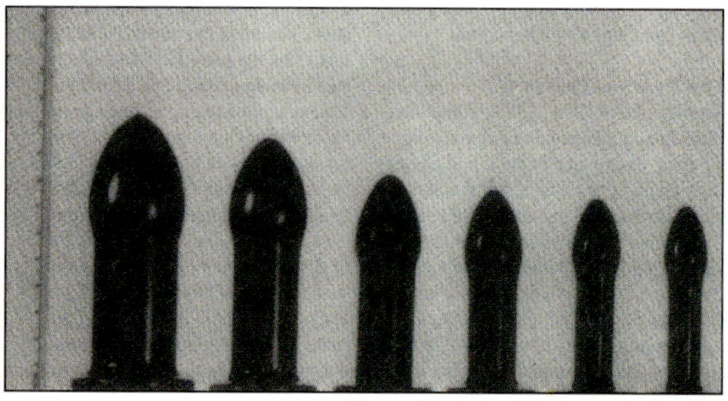

그림 9-35

질경련의 치료.
플라스틱 제품의 확장기를 질경련의 치료에 사용한다. 가장 작은 확장기로 치료를 시작하여 점차적으로 큰 확장기로 진행한다.

한다. 환자가 음경이 삽입되는 것을 차분히 공상할 수 있으면 질의 확장훈련을 시작할 준비가 된 셈이다. 다른 방법은 최면술, 진정제의 사용, 용기를 주고 안정감을 주는 일 등이다.

질을 확장시키는 도구는 환자의 손가락, 남편의 손가락, 확장기, 탐폰 등 어느 것이든 좋다. 많은 환자가 질에 기구를 삽입하는 것에 대해 유해한 정서반응을 보인다. 이 경우 확장기 대신에 환자나 남편의 손가락을 사용하거나 환자가 탐폰에 혐오감이 없으면 그것을 사용한다. 환자의 공포가 해결되지 않는다면 치료를 할 수 없다. 공포증을 치료하기 위하여 실제로 환상 속에서 공포상황을 반복하여 환자를 공포에 직면하게 한다. 안도감을 주고 지지하면서 환자공포의 무의식적 의미를 풀이하고 실제로 환자의 질에 무엇인가를 삽입할 수 없으면 치료되지 않는다는 사실에 환자를 직면시키는 것 등이 환자의 공포를 경감시킨다. 이렇게 함으로써 환자는 질의 확장훈련을 시작할 수 있다. 때로는 느긋한 상태를 증대시키기 위하여 항불안제를 사용하는 경우도 있다.

치료의 첫 단계는 침실을 밝게 하고 환자의 성기를 자세히 살펴보는 일부터 시작한다. 다음에 커플은 부드럽게 손을 대어 질구멍의 바른 위치를 찾는다. 이리하여 환자는 자신의 손가락이나 남편의 손가락을 가만히 질 내로 삽입하고 물체가 질 내에 삽입되었을 때 불쾌감이 사라질 때까지 손가락을 질 내에 둔다. 이 최초의 훈련이 어려움 없이 완수되면 환자에게 질 내에서 손가락을 전후운동을 반복해서 행하도록 한다. 환자가 자신의 손가락 또는 남편의 손가락 한 개를 질 내에 삽입하는 것에 견딜 수 있게 되면 두 개의 손가락을 삽입한다. 만약 그것이 성공하면 질 내에서 손가락을 회전시키거나 질을 가만히 손가락으로 벌려본다. 질의 이완을 촉진시키기 위하여 환자는 수의적으로 질의 근육을 수축시켰다 이완했다 한다. 이렇게 함으로써 환자는 어느 정도 질구멍을 수의로 조절할 수 있다고 느끼게 된다. 삽입순간에 힘을 주도록 하면 도움이 되는 경우가 많다.

성교를 행하는 것은 질 내에 물체를 삽입해도 불쾌감 없이 견딜 수 있게 된 뒤이다. 보통 음경을 삽입한 후 일정시간 그대로 있게 하고 남편은 환자의 신호에 따라서만 천천히 성교운동을 시작하고 환자가 원하면 바로 빼내도록 한다. 불쾌감을 이겨나간다는 것이 가장 효과적인 치료방법이다. 치료의 성공은 실제로 질에 무엇인가를 삽입하는 것을 받아들이는 능력에 달려 있으므로 이 훈련은 결정적으로 중요하다. 다라서 질경을 치료하기 위해서 환자는 어느 정도의 일시적인 정신적 불쾌감을 견디어내지 않으면 안 된다. 매스터스와 존슨은 2주 동안 매일 행해지는 집중치료양식으로 배우자와 함께 경직된 질을 서서히 확장해나가는 단계적 확장기법에 의하여 100%의 치료효과를 보고하고 있다.

제 10 장 편집성애

성행위의 변형

대부분의 사람들은 행위를 정상 또는 비정상으로 분류하는 성향을 갖는다. 성행위에 관해서도 특별한 성향을 가지며 성도착(sexual deviance), 성적변태(sexual perversion), 성적변형(sexual variants), 편집성애(paraphilia) 등 많은 용어가 비정상적 성행위를 위하여 사용되고 있다. 그러나 도착이 무엇이며 변태가 무엇인가를 정확하게 정의하기가 어렵기 때문에 현재 과학계에서는 편집성애 또는 성행위의 변형이라는 용어를 즐겨 쓰고 있다. 성행위는 인간행위와 같이 복잡하고 다양해서 분류의 단순체계로는 설명이 불가능하다. 음경과 질을 중심으로 하는 행위 이외의 성에 관심을 보이는 성행위의 변형을 즐기는 사람들도 다른 일반사람과 똑같이 성장하기 시작하나 그들은 성적분야에서는 성장을 멈춘 사람들이다. 보통은 성행위도 연령과 함께 단계를 밟아 발전하는데 편집성애를 즐기는 사람들은 어느 한 단계에 머물게 되고 더 이상 진전을 못하는 것이다. 성행위의 성질을 이해하기 위해서는 성행위의 정상상태와 변형의 개념을 이해할 필요가 있다.

성행위의 정상과 변형

낙타를 탈 때만 성적으로 각성하는 사람은 비정상인가를 결정하기는 매우 어려우며 또한 성생활이 그들의 은밀한 침실 속에서 저녁으로 주당 여러 차례의 성교를 하는 커플은 지극히 정상인가를 결정하기는 매우 어렵다. 대부분의 사람은 성행위이 어떤 빈도가 정상 또는 비정상인지를 직관적으로 알 수 있다고 믿는다. 그럼에도 불구하고 무엇이 성적으로 정상이고 무엇이 비정상인가를 정의하려는 시도는 오늘날 성과학에 있어서 보다 까다로운 문제의 하나이다.

정상행위에 대한 대부분의 정의는 통상적 또는 전형적 패턴에 일치하는 행위를 말한다. 그러나 무엇이 예외적이고 비 특이적인지는 문화에 따라 다양할 뿐만 아니라 시대에 따라서도 변한다. 사회학적 관점에서 특정사회의 수용된 관습과 규칙에서 벗어난 행위는 비정상으로 보며 생물학적 관점에서 정상상태는 자연적이고 건전함을 암시한다. 비정상에 대한 심리학적 견해는 지나친 신경과민, 의기소침, 또는 범죄와 같은 골치 아픈 개별적 주관적 감각을 조성하는데 있어서 적절하게 기능할 개인 능력이 방해 또는 억압되는 것을 말한다. 통계학적으로 정상상태는 수의 문제가 된다. 즉 드문 것은 비정상이고 일반적인 것은 정상이다.

정상에 대한 개념은 두 요점에서 바라볼 수 있다. 첫째로 정상상태의 정의는 그것이 단순한 것이 아니며, 둘째로 정상과 비정상간의 구별은 그것이 일반적으로 한 타입 또는 다른 타입의 가치판단을 기준으로 하기 때문에 다소 독단적이라는 것이다. 따라서 많은 예에서 보는 것처럼 정상과 비정상간의 엄격한 구별은 어렵다는 것을 알 수 있다. 과거에 성행위의 어떤 형태는 성도착, 변태, 또는 이상이라고 규정지었다. 이들 꼬리표는 필연적으로 낙인으로 유도되었으며 또한 그것의 기초적 개념이 문화적 신봉과 관념에 바탕을 두었기 때문에 다소 독단적인 방식으로 적용되었다. 이들 낙인이 찍힌 비전통적 성행위에는 어린이, 동물, 속옷 등을 특수한 성적대상으로 하는 경우. 또는 엿보기, 노출증, 가학성애, 피학성애 등의 특수한 행위와 음란전화 등과 같은 성행위의 변형 등이 포함된다.

배물성애

배물성애(fetishism)란 생명이 없는 어떤 물체나 몸의 일부분에 성적으로 집착하는 것을 말한다. 배물성애자(fetishist)는 예를 들어 어떤 옷에 성적으로 매우 흥분한다. 어떤 남자는 까만 레이스팬티만 가지면 성적으로 흥분하기 때문에 성행위를 할 때 그것을 꼭 가지려고 한다. 그것이 없으면 성행위에 흥미를 잃게 된다. 배물성애자는 거의 언제나 페티쉬(숭배물, fetish)를 자위행위 중에 사용하며 또한 파트너와의 성행위 중에도 성적흥분을 위해 그것을 사용한다. 그들은 통상적으로 그 같은 물건을 수집하며 숭배물로서 기여하는 대상목록 중 가장 일반적인 것은 팬티, 브라, 슬립, 거들, 실내복, 양말, 팬티스타킹, 부츠, 구두, 장갑 등의 여성용 품목이다. 다른 일반 숭배물은 가죽, 고무, 모피, 비단, 또는 머리털, 가슴, 엉덩이, 다리, 발 등과 같은 신체의 한 부분을 포함한다. 한편 소수의 배물성애자는 숭배물의 그림 또는 사진에 의해 각성되는 반면 보다 일반적으로 배물성애자는 이미 입어본 페티쉬를 선호하며 필요로 한다. 여성의 굽 높은 구두를 숭배물로 가진 한 남성은 1000켤레 이상을 수집했다. 그는 목록을 만들고 그의 다락방에 은밀히 숨겨두고 수시로 접한다.

그림 10-1

배물성애는 옷, 구두, 부드러운 직물, 가죽 또는 고무 등의 사용에 성적으로 집착하는 것을 말한다. 이들 물건의 시각, 후각 및 접촉에 배물성애자는 성적으로 흥분한다.

그림 10-2
엿보기 취미자는 옷을 입지 않는 사람을 훔쳐봄으로써 성적각성을 구한다.

대부분의 배물성애자는 어느 한 가지를 전문으로 한다. 가령 팬티전공인 남자는 브라에는 눈을 돌리지 않는다. 상표에 따라 좋고 나쁜 점이나 품질에 대해 자세히 알고 있다. 한 품목에서도 전문이 세분화될 수도 있다. 브라전공인 사람 중에 끈이 없는 브라전공, 큰 컵 브라전공, 좁은 브라전공 등으로 나뉘어 지기도 한다. 수백 가지를 수집하는 사람도 있지만 팔려고 모으는 것은 아니다. 단지 모으기 위해서 모으는 것이다. 가죽 페티쉬를 선호하는 배물성애자는 가죽으로 된 것이면 무엇이나 수집한다. 가죽셔츠, 가죽바지, 가죽치마, 가죽양말, 가죽구두, 가죽모자, 가죽브라 등 모두에 흥미를 가진다.

대다수의 경우 배물성애자는 다른 사람에게 위험이 없으며 은밀히 페티쉬의 사용을 추구한다. 어떤 경우에 배물성애자는 페티쉬를 사용했을 때만 성적으로 각성되고 오르가슴을 얻을 수 있다. 다른 경우에는 페티쉬가 없으면 성적각성이 감소되나 완전히 없어지는 것은 아니다. 또한 배물성애자는 흔히 페티쉬에 대한 환상에 의해서도 성적으로 흥분한다. 이들의 소수는 특수한 방법으로 페티쉬가 사용되어야 성적으로 흥분한다. 예컨대, 성기는 비단으로 문질러야 하며 또는 한 파트너는 검은 양말을 신고 굽 높은 구두를 신어야만 성적으로 각성되는 경우도 있다.

그림 10-3
많은 이론가들은 초기학습체험이 편집성애의 발달에 기여한다고 시사한다. 이 여성과 그녀의 아기와의 대수롭지 않는 상호작용이 어린이가 성장하면서 성적 문제로 유도될 수 있다.

엿보기

엿보기(voyeurism)는 모든 사람들이 처음에 하는 성행위이다. 어린이들이 할 수 있는 성행위는 자위행위를 빼고는 다른 사람들의 나체를 보는 엿보기뿐이다. 3, 4세가 되면 남자아이나 여자아이는 서로 몸에 관심이 생긴다. 남자아이는 어째서 여자아이는 그것이 없나 궁금해 한다. 여자아이도 마찬가지로 궁금해 한다. 이때부터 벌써 성은 신비하고 매혹적인 것이다. 아이들은 기회가 있을 때마다 친구들

끼리 성기가 어떻게 생겼나 살펴보며 소꿉놀이나 의사놀이 등에서 제일 중요한 것은 성적호기심이다. 아이들은 놀이방에서 서로를 탐색한다. 이것은 정상적으로 꼭 거쳐 지나가는 발달단계이다. 이 시기가 지나면 좀 더 발전된 엿보기 단계로 진입한다.

사춘기가 되면 호기심은 좀 더 세분화되어 가슴이나 엉덩이에 집중된다. 청년기가 되면 여자나체가 실린 책들을 돌려보고 데이트를 하게 되면 서로의 성을 실험하기 시작한다. 보는 것이 성의 즐거움의 한 부분이 된다. 우리사회에서 나체 또는 아슬아슬하게 옷을 걸친 여성을 보는 것은 일반적으로 수용되는 남성의 오락이다. 여성의 유방을 노출시킨 토플리스바, 파리의 리도쇼, 라스베가스의 레뷰쇼 및 미식축구장의 치어리더 등을 쌍안경으로 보는 것은 기분전환을 위한 남성들의 레크리에이션이다. 최근에 매력적인 남성의 고고춤을 특징으로 하는 여성만의 클럽에서 또는 플레이걸이나 남성전선 등의 남성나체화를 다루는 여성잡지에서 여성들이 보는 즐거움을 찾는 것은 일치된 현상이다.

엿보기 취미자(voyeur)는 다른 사람이 관여하는 성행위를 보거나 또는 그들이 옷을 벗거나 나체로 있을 때 그것을 훔쳐보는 것에서 성적만족을 얻는 사람들이다. 엿보기는 주로 젊은 남성중에 많고 중년이 지나면 사그라지는 경향을 보인다. 성적반응을 위해 엿보기에 의존하는 여성의 사례는 매우 드물다. 엿보기 취미자는 이성관계를 이루는데 상당한 어려움을 가지며 이들의 다수는 여성과의 사회적 성적상호작용을 기피한다, 많은 엿보기 취미자는 엿보는 동안 또는 앞선 엿보기에 관해 연상하는 동안 자위행위를 한다. 그들의 성은 미숙하고 한계가 있으며 그냥 보는 것만으로 흥분이 되어 자위행위를 행한다. 그 이상 나가지 못하며 보는 것이 성교의 즐거움으로 이어지지 않고 엿보고 자위하는 것만으로 만족한다.

엿보기 취미자는 낯선 여자의 엿보기를 좋아한다. 그것은 그 행위에 대한 색다른 자극을 받기 때문이다. 엿보기 취미자는 흔히 들킬 위험성이 높은 엿보기에 의해서 가장 성적으로 흥분한다. 이 사실은 대부분의 엿보기 취미자가 왜 나체주의자캠프, 나체자해변, 또는 나체를 볼 수 있는 광대쇼나 스트립쇼와 같은 것에 매혹되지 않는가를 설명해준다. 엿보기 취미자는 그들이 사람접촉을 기피하기 때문에 해가 없는 사람이라고 생각하게 되지만 이는 언제나 그런 것은 아니다. 일부 엿보기 취미자는 계획적인 강간, 가택침입 또는 다른 범죄를 저지르기도 한다.

노출증

노출증(exhibitionism)은 성적각성을 얻기 위해 천만뜻밖의 낯선 사람에게 자신의 성기를 반복적으로 노출한다. 소수의 예외를 빼고 노출증을 가진 사람은 거의 대부분이 남성이다. 노출증이 있는 남성은 공공장소에서 여성들에게 강제로 자신의 성기를 보여준다. 자위행위를 하는 장면을 여성에게 보여주려고 한다. 그들은 대개 수줍은 성격이며 남을 해치는 일은 없지만 이는 신경 쓰이는 일이다.

노출증의 정점을 이르는 연령층은 20대이다. 40대 후에도 비교적 소수가 있지만 대부분의 노출증자는 결혼도 하고 직장도 가지며 지력도 평균 이상이며 심각한 정서적 문제의 증거는 없다. 많은 예에서 노출증행위는 가정적 갈등 또는 권위에 손상을 입었을 때 출발한다. 노출행위는 통상적으로 노출증행위자에 있어서 성적흥분을 일으키지만 남자가 그 자신 노출하는 동안이나 자위할 때마저 항상 발기 또는 사정을 수반하는 것은 아니다. 많은 노출증자는 이성관계에서 발기부전이며 그들의 행위로 유도하는 통제할 수 없는 충동에 의하여 행동한다. 일부남성에 의한 노출증의 주요 의도는 그들의 피해자에게 쇼크 또는 공포를 일으키게 하는데 있다. 그와 같은 가시적 반응이 없으면 그들은 그들의 행위

그림 10-4

노출증자가 거리에서 부인들에게 성기를 내보이면서 "당신들은 이같은 물건은 좀처럼 볼 수 없을 거요" 하며 자랑한다.

그림 10-5

대중들은 때로 성적구미의 화려한 노출에 흥미를 집중한다. 이러한 노출은 보는 사람이나 보이는 사람 모두 정상상태이다.

로부터 즐거움을 별로 얻지 못한다. 그들은 노출에 의해 그들의 사내다움을 증명하려고 한다.

노출증자는 편집성애의 어떤 다른 범주에 있는 사람들보다도 경찰에 더 많이 붙들린다. 일부노출증자는 거의 검거하게 되도록 보증된 행위로 일관한다. 그들은 주차장이나 버스정류장, 여자화장실 주변 등에서 어슬렁거린다. 대개는 술에 취한 상태에서 노출을 행한다. 체포에도 순순히 응한다. 일반적으로 노출증자는 그의 피해자를 강간 또는 폭행하는 일은 없지만 매우 소수의 예외는 있다. 한 사례에서 그의 피해자의 반응에 불만족했던 노출증자는 그녀를 면박했다. 다른 예에서 한 노출증자는 그의 피해자에 의해 무시된 것에 매우 격노하여 그녀를 뒤 따라가 그녀에게 펠라티오를 강요했다.

여성노출자는 대개 전문가들이다. 스트립쇼를 하는 무희들은 자신들의 가슴을 많은 남성들에게 보여주는 데에서 성적만족을 느낀다. 조금만 부추기면 있는 대로 모두 보여주기도 한다. 이들 쇼에서 여자는 자기가 바라는 것을 얻고 구경꾼은 그들이 바라는 것을 얻는다. 다 같이 행복하고 아무에게도 해를 입히지 않는다. 미녀선발대회에 나오는 여성들도 비슷하다. 그들의 행동은 사회에서 좀 더 인정을 받으면서 그들의 가슴, 배꼽, 엉덩이를 내보이며 은근히 수영복 내에 음부가 내비치도록 한다.

그림 10-6

나체로 해변을 걷는 것은 유별나게 보이지만 그것이 원치않는 관찰자 앞에서 행한 것이 아니라면 편집성애가 아니다.

의상도착증

의상도착증(옷도착증, transvestism)은 성적각성과 만족을 얻기 위하여 이성의 옷을 지속적으로 바꾸어 입는 편집성애를 말하며, 대부분의 의상도착자(transvestites)는 여성의 옷을 입음으로써 성적으로 각성하는 이성애남성들이다. 의상도착자는 주로 기혼자이고 일상생활에서 평범한 남성이지만 그들은 사람들이 깜짝 놀랄 정도로 여성의 옷을 바꾸어 입는데 능숙하고 화장품과 가발의 정교한 사용에 익숙해있다. 한편 여자가 바지를 입고 넥타이를 매고 남성구두를 신는 등 남장을 하고 다녀도 막는 사람이 없지만 남자가 치마와 블라우스를 입고 뾰족구두를 신고 나서면 구치소로 가게 된다. 여성에게는 유행을 따르는 것이라고 하고 남성에게는 의상도착증이라고 한다.

해부학적인 성전환을 원하고 또 여성으로서 살고 싶어 하는 남성의 성전환증(transsexualism)과 의상도착증은 구별된다. 성전환증자는 통상 옷을 바꾸어 입어도 성적으로 흥분되지 않는다. 의상도착자는 또한 여성의 옷을 입는 남성동성애자와도 구별된다. 남성동성애자가 여성의 옷으로 바꾸어 입는 것은 성적각성과 관련이 없으며 긴장완화의 한 형태로서 여성의 옷을 입는 심리적 의존성은 없다. 남성동성애자 중에는 여장하기를 즐기는 사람이 꽤 많다.

여장을 하는 의상도착행위는 대개 6-7세 때에 엄마의 옷을 입어보는 것으로 시작된다. 이 시기는 금방 지나고 곧 아빠를 모방하는 것이 보통이다. 이때 엄마를 모방하는 시기에 집착하면 여장하는 남성으로 자란다. 사춘기에는 여장을 하면 성적으로 각성되는 것을 느낀다. 대부분의 의상도착자는 그들 자신의 집의 은밀한 곳에서만 옷을 바꾸어 입는다. 그들은 자신이 입는 여자 옷을 성행위에 잘 이용한다. 성교를 할 때 여자 옷 중 한 가지라도 걸쳐야 발기한다. 소수는 종일 그들의 평상시의 남자 옷 밑에 여성의 팬티를 입기도 하지만 많은 경우에 그들의 아내는 그녀남편의 옷 바꾸어 입기를 잘 알고 있으며 실제로 그의 화장품사용을 돕거나 매력적인 옷차림을 위해 돕는다. 다른 경우에 아내는 그녀남편의 의상도착을 위한 애착을 발견하고 당혹해하고 심란해한다. 그가 치료를 받도록 요구하거나 이혼소송을 제기하기도 한다.

그림 10-7

의상도착증.
남성의 여장파티. 남성의상도착자는 여자옷을 성행위에 잘 이용한다.

그림 10-8

의상도착증.
의상도착자는 성적각성과 만족을 얻기 위해 이성의 옷을 착용한다.

성전환증

성전환증(transsexuality)은 자신에게 주어진 유전적인 성에 익숙하지 못하고 반대의 성으로 전환하려는 증상을 말한다. 이들은 신체적 성과 성의 심리적 의식이 서로 어울리지 않는다는 것을 강하게 느낀다. 1960년대 초부터 성전환수술(sex change operation) 성반환수술(sex reassignmant surgery)을 원하는 사람들의 수가 증가하면서 인식되기 시작하였다. 테니스 플레이어 리차드(Rence Richards)는 처음에 남자선수로서 경기에 임하였으나 성전환수술을 받은 후에 여자선수로서 더 널리 알려졌다. 성전환증은 자신의 성(gender)에 관해 불편한 느낌을 갖는다는 뜻에서 성위화증(성불안증, gender dysphoria)이라도 한다. 통상성전환자는 돌이킬 수 없는 성전환수술을 받기 전에 장기간 카운슬링을 거치게 된다. 이러한 증상을 가진 남자가 의

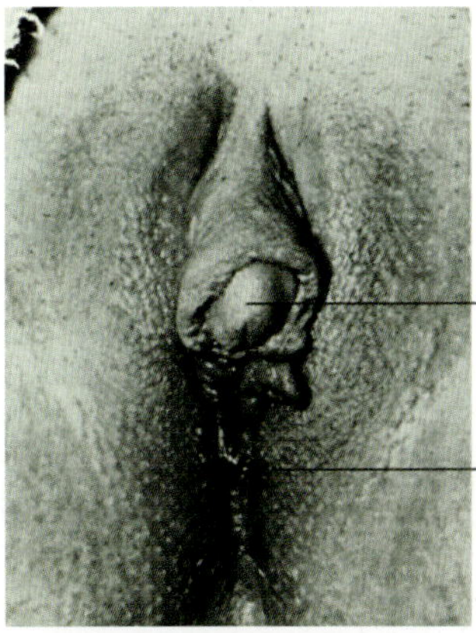

그림 10-9

여성위반음양.
부신기능의 항진으로 남성호르몬의 작용을 조기에 받아 음핵이 비대하고 대음순이 융합되어 외관상 남성처럼 보인다.

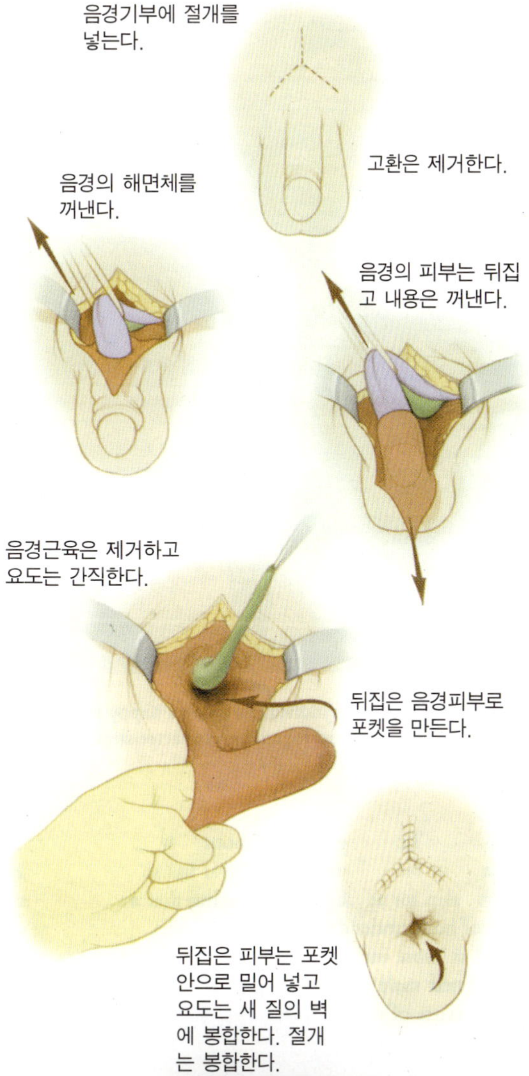

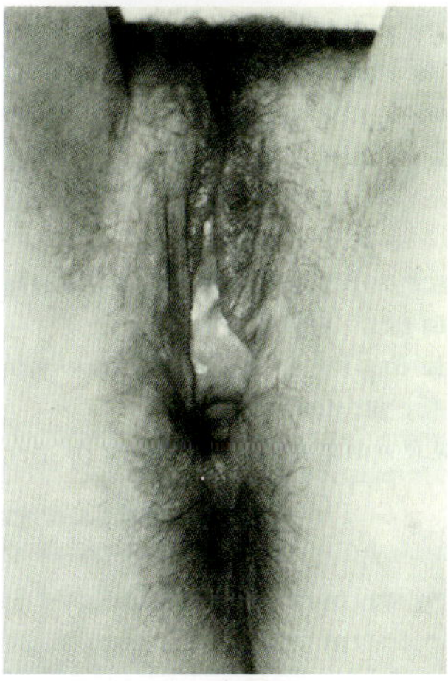

그림 10-10

성전환수술.
유전적으로 여성이고 내부성기가 여성형인 여성위반음양의 경우 남성화된 외성기를 외과적으로 수술하여 여성형으로 전환한다.

상도착자와 다른 점은 의상도착자는 여자 옷을 입었을 때 자기가 남자라는 것을 인식하고 있으나 성전환자(transsexuals)는 자신이 여자라고 느낀다는 점이다.

사람들은 성전환수술을 받음으로써 성전환자가 되는 것은 아니다. 성전환수술이나 다른 성의 구성원으로서 생활하기 오래 전부터 그들은 그 또는 그녀가 어떻게 느끼고 어떻게 보여야 하는가에 관해 잘 알고 있었으며 그들은 그들의 외적인 성적 해부와 심리적인 외관이 그들 자신이 생각하고 있는 것과 그들의 심리적 환경을 체험한 것과는 부합하지 않는다는 것을 계속해서 의식하고 있었다.

성전환자는 그들 자신을 동성애자로 생각하지 않으며 그들은 자신들이 해부학적으로 여자이어야 하는데 자연의 희롱으로 잘못된 성을 가지고 있다고 믿고 있는 것이다. 따라서 이들은 자신이 현재 가지고 있는 성의 특징을 모두 없애고 반대의 성으로 인정받기를 소망하며 이들 욕망이 강할 때 그들은 성전환수술을 받게 된다. 남성을 여성으로 성전환시키는 수술의 첫 단계에서 위선 에스트로젠과 프로제스테론을 포함한 호르몬요법으로 남성의 2차성징을 여성의 2차성징으로 바꾸는 작업부터 시작한다. 그런 다음 제2단계에서 성기를 여성의 것으로 전환하는 수술을 행한다. 수술 후에는 6개월 정도의 후속요양기간이 필요하다. 이 기간 후에는 환자는 여성으로 기능하게 되고 남자와 정상적인 성교를 할 수 있게 된다. 다만 한가지 새로 만든 질에서는 애액이 나오지 않으므로 성교 시에 윤활제를 사용해야 한다.

성전환상담과 수술을 돕기 위하여 1979년에 제6차 국제성위화심포지움(International Gender Dysphoria Symposium)이 개최되었다. 이 심포지움에서 호르몬과 수술요법을 원하는 사람들을 위하여 성전환에 관한 전문적인 기준을 형식화하였다. 1979년에 미국시민의 3000명에서 6000명이 성전환수술을 받은 것으로 되어있으며 3만명에서 6만명이 이 과정의 후보자였다. 미국의 경우 여자가 되고 싶다는 남성의 요구가 남자가 되려는 여성의 수술요구보다 4배나 더 높았다.

가학성애와 피학성애

가학성애(sadism)는 성적각성을 얻기 위하여 의도적이고 반복적으로 다른 사람에게 고통을 준다. 이것은 성적만족을 얻기 위하여 잔인한 방법으로 성행위를 하는 것에 관해 광범위하게 서술한 프랑스의 작가 사드(Marquis de Sade, 1740-1814)의 이름을 따라 지어진 것이다. 피학성애(masochism)는 타인으로부터 육체적 고통을 받음으로써 성적각성을 얻는다. 이것은 그 자신 피학성애자였으며 피학적 환상에 관해 상세하게 서술한 오스트리아의 작가 마소크(Leopold Baron Von Sacher-Masoch, 1936-1905)의 이름에서 연유한 것이다.

가학피학성애(sadomasochism, S&M)는 흔히 함께 쓰여 진다. 그것은 그들이 서로 고통을 주고받는 두 행위 또는 역할을 잘 바꾸어하기 때문이다. 이번에 잔인한 가학자 역할을 한 사람이 다음번에는 움츠러드는 피학자 역할을 한다. 그들은 심각하게 하는 행위라 하드라도 역시 즐기기 위하여 하는 것이다. 가학성애와 피학성애의 정확한 발생률은 모르고 있으나 여론조사에서 우발적으로 성적즐거움을 얻기 위해서 그 같은 행위를 하는 남녀는 5-10%에 이른다. 설문에 의하여 얻은 최근의 한 연구에서 반응자의 72%는 남성이고 28%는 여성이었다. 남성의 평균나이는 36.2세, 여성의 나이는 33.4세였으며 이 집단의 반 이상이 기혼자였다.

가학피학성애는 흔히 단단한 검정가죽, 핀과 바늘, 밧줄, 채찍. 뜨거운 촛불 등과 같은 기구류를 사

그림 10-11

가학성애의 형태는 쾌히 응하는 파트너와 함께 온화하고 조심스럽게 통제된 행위역할부터 고문, 강간, 성욕살인을 포함한 폭력행위까지 전영역에 걸쳐 다양하게 이루어진다.

그림 10-12

피학성애의 극단적인 형태에서는 신체적으로 위험할 수 있지만 이들 편집성애를 시도하는 대부분의 사람들은 관련된 위험을 염두에 두고 미리 정해진 한계내에서 조심스럽게 행동한다.

용한다. 가학피학성애를 시도하는 사람의 다수는 때로 진정한 신체적 고통이나 폭력이 개입하지 않는 온화하고 상징적인 가학 또는 피학적 행위를 한다. 이들의 대다수는 교양이 있는 이성애자이며 지배(domination)와 순종(submission)의 두 역할에 흥미를 갖는다. 이들의 대다수는 창피주기, 굴종, 손바닥으로 때리기, 채찍질, 밧줄로 매달고 주인과 노예의 역할을 연출하는 행위를 양자가 시도하고 즐긴다. S&M잡지에 실린 광고에 응답한 130명의 남성과 52명의 여성에 대한 설문조사에서 남성의 33%와 여성의 28%는 지배하는 역할을, 남성의 41%와 여성의 40%는 복종하는 역할을 선호하였으며 남성의 25%와 여성의 32%는 융통성이 있었다.

가학성애의 형태는 쾌히 응한 파트너와 함께 온화하고 조심스럽게 통제된 행위역할로부터 고문, 강간, 성욕살인마저 포함하는 폭력행위까지 전 영역에 걸쳐 다양하게 이루어진다. 어떤 가학성애자는 즐거움을 얻기 위하여 동의하지 않는 피해자를 구한다. 다른 가학자는 동의한 파트너의 신체적 고통이 현저할 때만 성적으로 흥분한다. 피학성애도 온화한 것으로부터 극단적인 것까지 광범위하다. 피학성애의 온화한 형태에 있어서 성적각성을 위해 묶는 행위, 완력으로 압도하는 행위, 손바닥으로 때리는 행위 등은 신뢰하는 파트너와 조심스럽게 통제된 조건하에 주로 상징적으로 행해진다. 극단적인 형태에서는 매질, 짓밟기, 반 교살, 자기훼손과 같은 매우 고통스러운 행위를 한다. 심한 고통 또는 묶여서 괴로움을 받기를 원하는 피학성애자는 협동적 파트너를 발견하는데 매우 어려움을 겪는다. 그래서 어떤 피학성애자는 그들 자신을 직접 불로 지지고 목을 매는 것을 포함한 별난 방법으로 자기 자신에게 고통을 가한다. 또한 창녀를 고용하여 자신을 채찍으로 때리도록 요구하기도 한다.

가학피학성애의 극단적 형태에서 신체적으로 위험할 수도 있지만 이들 편집성애를 시도하는 대부분의 사람들은 관련된 위험의 상식적 이해와 함께 미리 정해둔 한계 내에서 조심스럽게 행동한다. 많은 사람들을 위한 가학피학성애의 매력은 그 에로틱한 성질과 일반 성행위의 규칙파괴에 있는 듯하다. 가학피학성애의 심리학적 의미는 현재에 있

그림 10-13

가학피학성애의 기구.
족쇄, 수갑, 채찍, 가죽끈, 사슬, 혁대 등 다양한 종류의 기구가 있다.

어 불명확하다. 다수의 피학성애자는 높은 지위에 있는 남성들이며 그들의 엄격한 공적생활로부터의 도피장치로 마련하는 것으로 일부학자는 생각한다. 또한 성적고통과 치욕을 구하는 행위는 섹스는 죄악이라고 믿는 사람들을 위해 성적즐거움을 위한 속죄라고 생각한다. 바꾸어 말하면 가학피학성애자는 그들의 자존심을 강화하기 위해 또는 그들이 다른 방법으로는 발산할 수 없는 내적갈등을 해소하기 위한 배출구를 찾기 위하여 가학피학행위를 행한다는 것이다.

한 산업체는 가학피학성애를 위한 장비를 개발하였다. 족쇄, 채찍, 손톱못박이, 볼트사슬, 입 재갈, 고문용장비 등의 비품과 이들을 선전하는 광고와 목록을 갖추고 있다. S&M행위의 상세한 방법을 서술한 입문기사와 사진을 실은 잡지가 있다. 어떤 큰 도시에는 S&M바가 개점되어 지하 감옥의 특색을 갖춘 사설클럽이 있다.

소아성애

소아성애(pedophilia)는 성인이 성적각성을 얻기 위하여 사춘기 전의 어린이와 성행위를 갖는 경우를 말한다. 소아성애에 관여하는 대부분의 사람은 남성이며 소아성애의 피해자의 대부분은 8세에서

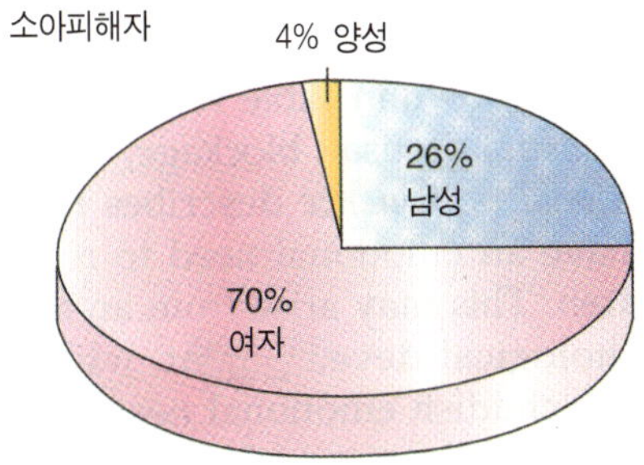

그림 10-14

성의 의한 소아피해자의 행동빈도.

그림 10-15

많은 사회행동학자는 인터넷을 통해 소아피해자를 발견하고 이용하도록 소아성애자를 자극할 잠재력을 갖는다고 믿는다.

12세 사이의 소녀이다. 소아성애자(pedophile)는 사례의 약 10%만이 어린이에게 낯선 사람이다. 보고된 사례의 약 15%의 소아성애자는 가까운 친척이며 친척을 포함한 근친상간의 한 형태로 이루어지는 실제율은 이것보다 훨씬 높을 것으로 추산하고 있다. 다수는 기혼자로 상당수는 부부관계에 어려움을 가지며 많은 사례에서 알코올중독자이다. 이들은 소녀의 몸에 접촉함으로써 우월감을 느끼고 성적능력에 자신을 갖는다.

심리학자에 따르면 소아성애자의 약 80%는 그들이 어린이였을 때 성적으로 학대체험을 가진 사람들이다. 그들 자신이 성적으로 피해를 입었던 이들 남성이 왜 차례로 다른 사람에게 피해를 주어야 하는지는 정확하게 알지 못하고 있으나 그 경향은 부분적으로 성적피해의 외상에 의하여 기원된 인격발달의 결함과 관련이 있다고 생각되고 있다.

동물성애

동물과 성적접촉을 갖는 것을 수간(bestiality)이라고 하며 성적각성을 얻기 위해 동물과 성행위를 반복해서 선호할 때 동물성애(zoophilia)라고 한다. 킨제이보고에 의하면 그들이 연구한 성인남성의 약 8%와 성인여성의 3.6%는 동물과 성적접촉을 가졌다는 것을 알았다. 여성은 통상 집에서 기르는 애완동물과 성적접촉을 가졌으며 남성은 흔히 양, 송아지 또는 당나귀와 같은 가축과 성적접촉을 가졌다. 남성수간은 일반적으로 질성교를 포함하는 것에 비하여 여성수간은 동물이 음부를 핥는 커널링거스 또는 수컷동물을 자위시키는 것에 제한되는 것 같다. 소수의 성인여성은 그들의 등에 올라타도록 개를 훈련시켜 그들의 애완동물과 교접을 행하였다.

동물성애는 통상 호기심과 관련된다. 색다른 경험을 얻기 위해 원하게 되며 또는 파트너가 여의치 않을 때 성적발산을 위하여 동물을 이용한다. 동물성애는 때로 동물을 해치게 되는 가학성행위가 관련되기도 한다.

음란전화

20세기 과학기술은 적어도 전화의 광범위한 유용성을 통해 한 새로운 편집성애를 탄생시켰다. 일부 사람들은 성적흥분을 얻는 방법으로 음란전화통화를 반복해서 행한다. 음란전화호출인은 거의 언제나 남성이며 전형적으로 이들은 대인관계에 어려움을 갖는 사람들이다. 음란전화(obscene telephone)를 이용하는 사람들 중에는 지식인도 많이 포함되어 있다. 이들 대부분은 정상적인 성관계를 유지하기 어려운 사람들로 하루 밤에 3-4회 전화를 건다. 이러한 전화를 받은 여성들은 무척 당황하게 되고 때로는 심한 정신적 피해를 받게 되지만 전화호출자는 노출증환자와 같이 여성들이 당황하면 할수록 강한 성적흥분을 느낀다. 전화는 비교적 안전하고 호출인은 그가 대화하는 사람의 이름과 전화번호를 알지만 그 자신은 전화라는 특성상 신분노출의 위험이 낮기 때문에 호출인은 통상 안심하고 음란전화를 한다.

음란전화통화는 미국에서 매년 100만 건 이상이 전화국이나 경찰에 보고되고 있다. 조사에 의하면 성인여성의 반 이상이 음란전화를 받아본 경험이 있으며 남성의 6-14%는 그와 같은 음란전화를 이용한 일이 있다고 시인하였다. 음란전화는 가장 흔한 성범죄의 하나로 음란전화통화에는 세 가지 타입이 있을 수 있다. 첫째형은 가장 일반적인 타입으로 호출인은 자신을 뽐내며 거리낌 없이 그의 음경, 외음부, 오럴섹스 및 자위행위에 관해 상세히 이야기하며 거친 숨을 내쉬면서 성에 관한 노골적인 말을 한다. 둘째형은 음란패설과 함께 호출자가 "나는 너를 지켜보고 있다. 나는 너를 찾아낼 것이다" 등의 말로 직접적으로 그의 피해자를 협박한다. 셋째형은 호출자가 피해자의 생활에 관해 세밀하게 밝히려고 시도한다.

음란전화호출인은 흔히 동일 피해자를 반복해서 호출한다. 이 경우 피해자가 그의 전화와 장난을 저지하려는 단호한 태도를 보여주어야 호출자는 다른 피해자로 옮겨간다. 피해자는 음란전화호출을 전화국과 경찰에 보고할 수 있으나 호출자를 밝히는 확률은 꽤 낮다. 호출자가 통화중에 있을 때 발신자를 추적하거나 경찰의 지휘아래 덫을 놓지 않으면 호출자를 잡기가 어렵다. 전화번호부에 실리지 않은 전화번호를 얻는다면 음란전화호출을 정지시키는데 도움이 된다.

편집성애의 원인

편집성애(paraphilia)를 일으키는 원인에 대해서는 아는바가 적다. 일반적으로 정신분석학자는 이들 조건은 성적심리발달이 초기단계에서 정지 또는 퇴행되어 그것의 적용과 표현에서 성숙되지 않는 성행위의 패턴이 반복되는 결과라고 생각한다. 바꾸어 말하면 한 개인이 생애의 초기에 발생하는 성적습관을 발전시키지 못하고 그것을 반복 또는 복귀하게 된다. 거세불안(castration anxiety)과 외디푸스콤플렉스문제(Oedipal problems)는 중심논점이다. 스톨러(Robert Stoller, 1977)에 의하면 이들 조건은 통상 그들의 부모가 자녀의 성적환상이나 유별난 성행위가 싹트는 성 특질을 위협 또는 처벌에 의하여 억압된 정신적 충격에 대한 적개심의 표현이라고 한다. 이 편집성애의 지속적이고 반복적인 성질은 내재하는 충격을 완전히 말소할 능력이 없게 됨으로써 발생한다.

한편 행동학자는 편집성애는 조건화과정을 거쳐서 시작된다고 시사한다. 비 성적객체는 만약 그것이 전형적으로 자위행위와 같은 즐거운 성행위와 빈번히 반복해서 관련된다면 성적으로 각성할 수 있다. 어떤 환경 하에서는 사람이 특히 강력한 에로틱한 반응을 마련하는 엿보기, 노출, 수간과 같은 특수한 성행위를 선호하도록 유도한다. 그러나 이는 통상 조건화만의 문제는 아니고 그기에 통상 사람과 사람간의 성적관계형성의 어려움 또는 빈곤한 자존심과 같은 어떤 요인이 개재되어야한다.

머니(John Money)가 생각해낸 "파괴된 사랑지도설(vandalized love map theory)"에 의하면 섹스, 사랑과 성욕 간에 최초의 유대를 형성하는 소아초기에 편집성애의 발달이 이루어진다는 것이다. 소아기의 사랑지도의 형성과 애욕적 각성과 사랑의 형성을 위한 뇌의 고도로 개성화된 청사진은 편집성애방향이 보다 발생하기 쉽게 되고 정신적 충격을 주거나 왜곡되게 한다. 이 왜곡은 전형적으로 소아기 중 낭만적 사랑과 강한 성적욕망간의 자연적 고리가 파괴됨으로써 성인기에 사람은 그의 성과 낭만적 행위에 있어 순수한 사랑과 추한 정욕을 연합할 수가 없게 되고 사랑과 욕정을 통합할 수 없는 결과로서 정욕은 애정이나 친교와 완전히 분리되어 매우 특이한 편집성애행위로서 표출된다는 것이다.

소아의 성의 사인에 대한 부모의 심한 부정적 반응은 소아의 사랑지도를 편집성애방향으로 뒤집힐 수 있다. 발기된 음경을 그것을 지켜보는 여자아이에게 자랑삼아 보이며 뽐내는 소년을 벌하고 창피를 주는 부모는 소아를 노출증의 사랑지도로 발달시킬 위험성을 지닌다. 또한 소년이 벗어날 수 없는 방법으로 소년을 성적으로 학대하면 소년의 사랑지도는 소년이 성인이 되었을 때 편집성애행위를 반복하게 한다. 이와 같은 방법으로 처벌된 모든 사람이 편집성애적 사랑지도로 종결되는 것은 아니지만 상술한 것처럼 많은 편집성애자는 소아기 중에 부모의 섹스에 대한 부정적 조절이 특히 상처받기 쉬운 나이에 개성의 발달하는 사랑지도에 영향을 줌으로써 편집성애의 성향은 만들어진다.

위에서 논한 다수의 편집성애에는 정상에서 이상까지의 연속된 선상에 있다. 정상변두리에서 행동을 하는 사람은 자신이나 타인에게 폐를 기치지 않는 이들 변형행위를 즐긴다. 비정상 끝에서 행동을 하는 사람은 걱정의 원인이 된다. 사람들은 남에게 해를 끼치고 많은 사람이 불행을 경험하는 편집성애를 예방하고자 계획의 발전을 원한다. 예방의학에서는 일차예방과 이차예방간의 차이를 마련하였다. 이를 성적변형에 적용하면 일차예방은 가정생활에서 조정을 의미하거나 문제발생의 방지를 도울 소아의 다른 요인에서 또는 위기와 스트레스를 어떻게 대처하나를 가르치려고 시도함으로써 문제의 발생을 예방할 수 있다. 이차예방에서의 아이디어는 문제를 가능한 한 신속히 진단하고 치료함으로써 어려움을 최소화하는데 있다.

편집성애의 치료

치료접근을 서술한 문헌은 단편적이고 불완전하다. 전통적 정신분석은 편집성애에 특히 효과적인 것 같지 않으며 일반적으로 치료에 수년이 걸린다. 최면술치료도 그다지 효과가 없다. 온화한 배물성애와 같은 편집성애의 일부는 성적표현의 정상범위 내에 있다. 이는 치료를 필요로 하지 않는다. 그리나 비정상범위 내에 있는 다른 편집성애는 개인에게 심한 고통을 주며 피해자에게 본의 아닌 해를 입힐 가능성이 있다. 치료는 이 범주의 편집성애를 위하여 필요하다. 많은 치료가 시도되고 있으며 각각은 성행위변형의 원인에 대한 다른 이론적 이해에 바탕을 두고 있다. 현 관심은 주로 다수의 행동요법에 초점을 두고 있으며 사회적 기량을 훈련하고 왜곡된 사고를 수정하여 사람의 바람직하지 못한 행위의 재발을 방지하고 개성을 확인하여 행위의 재발 또는 촉발을 피하는데 초점을 두고 있다.

약물치료

성행위의 변형은 생물학적 요인에 의하여 발생한다는 인식에 의하여 편집성애를 위한 많은 의학적 치료가 지난 세기에 시도되었다. 사람들은 이들 복잡하고 고통스러운 또는 위험한 편집성애의 어떤 것을 고칠 수 있는 약물을 얻고자 연구를 계속하고 있다. 통제할 수 없는 여러 종류의 성적충동을 위한 치료로서 외과적 거세는 1800년대에 꽤 일반적으로 사용되었다. 이 아이디어는 최근에 간강자를 위한 치료로서 거세를 제안했던 어떤 공판판례에서 재부상되었다. 그 같은 치료는 고환의 제거에 의한 남성호르몬의 배제는 성적충동의 극적인 감소로 유도할 수 있고 나아가서 성범죄를 범할 충동을 소거할 수 있다는 생각에 바탕을 둔 것이다. 그러나 남성호르몬의 감소는 항상 성행위의 감소로 유도되지 않는다. 외과적 거세는 인도주의적 또는 효과적인 면에서 성범죄자의 치료로서 추천될 수는 없다는 견해가 지배적이다.

호르몬치료는 성적욕구를 감소시킬 약물의 사용을 포함한다. 성적각성능력은 역치 이상의 혈중 안드로겐수준에 크게 의존한다. 이 수준을 감소시킬 두 방법은 고환 내 안드로겐의 생산을 감소시키거나 안드로겐의 효과를 차단하는 뇌와 성기의 안드로겐수용체에 결합하는 항안드로겐(antiandrogens)을 투여하는데 있다. 이들의 사용은 성적욕구를 저하시키고 또한 비정상적인 성적환상의 빈도와 강도를 감소시킨다. 항안드로겐의 투여는 일시적으로 테스토스테론을 극적으로 낮추므로 항안드로겐은 여러 형태의 치료와 연합해서 사용되었다. 지난 40년 동안 미국에서 가장 일반적으로 사용된 것은 안드로겐수용체에 결합하는 초산 메드록시프로게스테론(medroxyprogesterone acetate, MPA)이다. 이 약은 주단위로 주사한다. 그 효과에 대한 연구의 한 논평은 많은 연구는 MPA를 투여한 남성의 성욕과 편집성행위를 감소시켰다고 보고하였다.

한 선택적 정신약리학적 치료는 1990년대에 극적으로 증가하였다. 여기서 정신안정제, 예컨대 프로작(Prozac)과 같은 강박관념이나 불안치료에 사용되는 항울제를 범죄자에게 투여하였다. 이들 약물투여는 그들의 중추신경계에 대한 작용에 의하여 심리적 기능과 행위에 영향을 준다. 이 약물사용이 새롭기 때문에 아직 그 효과에 대한 연구는 적지만 항울제는 강박신경장애나 강박신경우울증으로 진단된 편집성애자에 사용되고 있다. 이들 약은 성욕보다 강박정신행위를 변하게 하는 듯하다. 호르몬과 정신약리학적 치료는 다른 정서와 사회적 결손을 위한 카운슬링과 치료를 포함한 치료의 완전한 프로그램의 한 요소로서 사용되어진다. 이러한 약물치료와 함께 다양한 심리치료도 병행할 수 있다. 심리요법과 집단요법 중에는 편집성애자에게 피해자가 교통 받는 모습을 보여주고 직면하게 함으로써 스스로 자신의 잘못을 깨우치게 하는 방법이 있다. 행동적 접근은 흔히 불쾌한 자극과 해로운 행위를 관련시키거나 보이는 혐오요법(aversion therapy)과 즐거운 자극과 오르가슴을 연합시키는 오르가슴재조건화(orgasmic recondition-ing)과정을 통해서 파트너와의 정상적인 성관계로서 성적각성이나 만족을 얻을 수 있도록 유도할 수도 있다. 최상의 결과는 그들의 행위를 바꾸도록 고도의 동기를 부여하는데 있다, 만약 편집성애자가 약물섭취 또는 치료의 다른 국면에 참여를 중단한다면 그 프로그램은 실패한다. 불행히도 이들 치료효과에 대한 연구의 한계의 하나는 한 연구에서 약 46%의 탈락자가 발생한 일이다.

인지행동요법

편집성애의 일부치료는 인지행동요법(cognitive behavioral therapy)에 바탕을 둔다. 행동요법은 부적절한 성적각성을 감소시키고 적절한 각성을 강화한다. 사회적 기량을 훈련하고 비뚤어진 사고를 수정하여 사람이 바람직하지 못한 행위의 재발을 방지하여 개성을 확인하고 행동을 제어 또는 유발을 피한다. 성범죄자가 만약 아동의 나체사진을 보고 각성을 한다면 그가 원치 않는 행위의 사진을 보는 동안 그 사람에게 전기적 충격을 주어 행위를 감소 또는 소멸시키려고 기도하는 행동요법을 혐오요법(aversion therapy)이라고 한다. 전기쇼크의 처리를 포함한 이들 혐오요법은 온화한 기법이 사용되고 이는 보다 효과적이다. 위장증감법(covert sensitization)은 그 같은 치료법의 하나이다. 이는 표적행위의 환상으로 혐오감을 유발하게 한다. 예컨대 노출증의 치료에서 그가 그 자신 노출하고자 하는 상상을 하면서 그는 메스껍고 구토의 물결을 경험하는 활발한 환상을 반복해서 실행한다. 사례보고는 이 접근은 가학성애, 노출증, 소아성애와 같은 사례에 효과적이라는 것을 지적하였다.

다른 접근법은 오르가슴재조건화(orgasmic reconditioning))이다. 환자는 그의 통상적 편집성애 환상을 하면서 자위행위를 하도록 지시하고 오르가슴의 바로 그 순간에 보다 적절하게 수용할 수 있는 환상(가령 아내와의 성교와 같은)으로 전환한다. 이를 한동안 실행한 후 그는 수용할 수 있는 환상을 갖는 동안 오르가슴을 규칙적으로 가질 수 있게 된다. 그르면 그는 그 환상을 자위행위의 초기에 점차 전환하도록 처방한다. 점차 그는 수용가능한 행위의 상황에서 성적각성을 경험하도록 조건지어지게 조절된다.

여성성위반자를 위한 한 계획된 프로그램은 정신역동적 접근(psychodynamic approaches)과 인지적 행동접근(cognitive behavioral approaches)을 연합하여 치료하며 그룹치료보다는 1대 1에서 더 신뢰가 간다. 남성성위반자는 전형적으로 그들의 행동을 위해 책임을 부정하며 그르므로 치료의 초기단계는 그의 행위와 그 인과관계를 시인하는데 초점을 둔다. 이 프로그램에서 여성은 쉽게 그들이 행한 것을 시인하며 가책과 수치심에 의하여 극복함으로 초기단계는 자존심에 초점을 둔다.

다른 이론적 이해에 따르면 편집성애자는 그들이 관계를 형성하는데 매우 어려움을 가지기 때문에 그들의 행위에 사로잡히게 되며 그래서 성적만족의 적절한 형태를 접근하지 못한다. 이들의 다수는 시작할 기량을 갖지 않으며 친교를 지속하지 못한다. 따라서 그들은 친교를 발달시키기가 어렵다는 것을 발견한다. 그 같은 사람은 대인관계를 형성할 개인능력의 증진을 목표로 둔 사회적 기량훈련(social skill training)을 포함한 치료프로그램으로 효과를 얻는다. 예컨대, 여성과 어떻게 대화하며 거부반응에 대한 공포를 어떻게 극복하며 애정을 어떻게 표현하는가에 관해 지도한다. 그 같은 훈련은 여하히 적절하게 자기주장을 하며 개성을 억제하는 불합리한 불안을 확인하는가를 포함한다. 이들 프로그램은 또한 기본적 성교육을 포함한다.

사람이 성적상호작용기량을 학습하고 실행이 필요하다면 한 접근은 그가 훈련된 성적대리인과 상호작용 하도록 해야 한다. 이는 매우 논쟁이 있는 실행치료프로그램의 부분으로 성적대리인의 사용을 위한 바탕이 된다. 성적대리인은 치료자와 작용하며 새로 얻은 정보와 기량의 사용기회를 마련하기 위하여 상담자와 사회적 성적으로 상호작용한다. 일부 치료자는 대리인의 사용은 윤리적이라고 믿으나 다른 사람은 그것을 매춘의 한 형태로 본다, 비정상의 정의가 견해의 한 요점에 의존한 것과 꼭 같이 성적치료의 정의도 그러하다.

다른 접근은 재발방지(relapse prevention, RP)라고 하는 행동요법을 통하여 편집성애가 여하히 위험한 경우에 있는가를 직감하도록 가르치고 또는 그들의 비정상적인 행동패턴을 촉발하는 느낌과 긴장과 스트레스를 처리하는 대항의 기량을 그들에게 부여하도록 설계한 자기제어프로그램이다. 아벨 등(Abel et al., 1992)은 프로그램을 평가와 치료의 두 주요부분을 갖는 것으로 기술하였다. RP에서 평가과정은 개체가 주요감각을 인식하고 원치 않는 행위를 우선하는 듯한 상대를 인식하는 것을 도우는 것에 초점을 둔다. 치료는 쇠퇴를 막는데 도움을 주고 실패와 재발로 빠져드는 것을 막도록 계획한다. 10년 이상의 이들 치료프로그램의 체험에도 불구하고 이 분야의 대부분의 연구자는 그들이 고도의 성공을 가졌다고 확신하지 않는다. 더욱이 일부 사례는 심한 오용 때문에 많은 사람이 치료프로그램의 집단공동체외에 있게 하거나 치료프로그램이 완료한 후 가석방을 갖는 것보다 성위반자를 유치장에 강금하는 쪽을 선택한다.

제 11 장 동성애

이성간의 성행위는 대부분의 사회에 있어서 대부분의 사람이 선호하는 패턴이나 동일성 간의 성행위는 역사를 통해 많은 사회에서 수용되기도 하고 비난받기도 했다. 서구사회에서 동성애(homosexuality)는 혐오감을 일으키는 퇴폐적이고 부도덕한 음란으로서 서술되었다. 오늘날 우리사회에 있어서 동성애자(homosexuals)는 종교적, 사회적 및 법적 편견에 맞서는 소수집단이다. 최근에 동성애에 대한 두려움과 강한 혐오는 에이즈의 확산으로 한층 활성화되었다. 동성애에 대한 이 같은 강한 부정적 자세에도 불구하고 지난 30년 동안 현저한 반대세력은 이에 맞섰다. 그 후 남녀동성애자는 그들의 성적성향을 공개적으로 발표하기 시작하였으며 국가의 의식을 높이고 고정관념과 싸우기 위해 "동성애는 정당하다"라고 하는 슬로건을 내걸었다. 1974년에 미국 정신과학협회는 동성애는 질병이 아니라는 것을 공식적으로 발표했으며 법원은 그들의 성적선호의 바탕에서 사람들을 차별하는 것은 불법이라는 근거에서 동성애의 시민권을 옹호하기 시작하였다.

성적성향과 빈도

동성애자는 그녀 또는 그 자신의 성과 동일한 성의 구성원에게 성적매력을 느끼는 성적성향을 갖는 남성 또는 여성들로 이성의 사람들에게는 성적으로 끌리지 않는다. 사람들이 자신과 다른 성의 구성원들에게 성적매력을 느끼는 성적성향을 이성애(heterosexuality)라고 한다. 대조적으로 양성의 사람에게 성적으로 매혹되는 성적성향을 양성애(bisexuality)라고 한다. 일반적으로 남성동성애자를 위해서는 게이(gay)라는 용어가 사용되며 여성동성애자를 위해서는 레즈비언(lesbian)이라는 용어를 사용한다. 레즈비언이라는 말은 기원전 6세기경에 희랍의 여류시인 사포(Sappho)가 많은 젊은 여성과 함께 생활한 그리스의 레스보스 섬(Lesbos)에서 유래하였다. 오늘날 많은 동성애자는 게이라는 용어를 동성애자를 위한 동의어로서 선호한다. 그 용어는 귀에 덜 거슬리거나 사리분별 또는 이성적 성향의 만족스러운 사회 정치적 표현이라고 믿기 때문이다.

이성애, 양성애 및 동성애는 실제생활의 연속체로 존재하는 성적성향으로 킨제이 등(1948년)은 이

그림 11-1

동성애자들은 그들의 평등권을 위한 지지를 추구하는 정치적서클과 조직된 공중시위운동에서 점점더 눈에 띄게 되었다.

를 위하여 7등급의 척도를 고안하였다. 양성애남성 또는 여성은 킨제이 척도의 2, 3 또는 4등급에 해당한다. 킨제이보고서에 의하면 미국백인남성의 약 10%는 16세에서 55세간의 그들의 생활 중 최소 3년간은 동성애자였으며, 4%는 장기간에 걸쳐서 완전한 배타적 동성애자였다. 미국남성의 약 37%는 성년기에 적어도 오르가슴으로 이어지는 동성애를 최소한 한번은 체험한 것으로 되어있다. 여성샘플에서는 13-19%는 동성 간에 에로틱한 어떤 성적경험을 가졌으며 1-3%는 15세 이후에 우세한 동성애자이거나 거의 완전한 동성애자였다는 것을 발견하였다.

표 11-1 킨제이의 성적성향의 등급척도

0	배타적 이성애
1	우세한 이성애, 드문 부수적 동성애
2	우세한 이성애, 보다 많은 부수적 동성애
3	이성애와 동성애의 동일빈도
4	우세한 동성애, 보다 많은 부수적 이성애
5	우세한 동성애, 드문 부수적 이성애
6	배타적 동성애

20년 이상 걸린 헌트(Morton Hunt, 1974)에 의한 연구에서 남성의 20-25%는 그들의 생애에 적어도 한번은 동일성의 성적체험을 가진 것으로 조사되었다. 그러나 15세 이후에 동일성의 성적체험을 가진 것은 다만 12-13%였으며, 그 연령 이후에는 2-3%만이 우세한 동성애자이거나 배타적인 완전한 동성애자임을 발견했다. 헌트는 독신여성의 20%는 생애에 최소한 한 번의 동성애경험을 가졌으나 15세 이후에는 다만 10-12%만이 동성애자였다고 보고하였다. 독신여성의 약 2%는 우세한 동성애자였다. 결혼한 여성을 위해 헌트샘플의 19-11%는 그들이 최소 한 번의 동성애경험을 가졌으나 15세 이후에는 그들의 약 3%만이 동성애경험을 가졌다고 발표하였다. 이와 같이 남녀의 사례에서 보는 것처럼 한 때 동성애체험을 가졌던 대부분의 사람들은 그들의 청년기와 성인기가 되면서 배타적인 완전한 이성애자가 되었음을 알 수 있다.

킨제이 및 헌트보고서는 편리한 샘플을 사용한 것으로 미국의 전 집단을 대표하는 것은 아니다. 라우만 등(Laumann et al., 1994)이 조사한 남성의 2.8%, 여성의 1.4%는 동성애자 또는 양성애자임을 확인했다. 오늘날 샘플링이 잘된 여러 연구가 우리들에게 개선된 평가를 마련하였다. 이들의 하나가 미국보건사회생활조사서(National Health and Social Life Survey, NHSLS)이다. 이 연구보고서에 의하면 성의 정체성에 있어서 남성의 96.9%, 여성의 98.6%는 이성애자였으며, 남성의 2.0%, 여성의 0.9%는 동성애자였고 남성의 0.8%, 여성의 0.5%는 양성애자였다. 다른 연구조사에 의하면 동성애성적경험은 1988년에서 1998년에 걸쳐 증가하였으나 1998년에 있어서 마저 남성은 4.1%, 여성은 2.8%로 낮았다. 동성애자의 비율은 나라, 시대, 연구자. 조사방법에 따라 상당한 차이를 보이고 있다. NHSLS(1995)의 통계는 샘플링이 잘된 국제조사서에 필적된다. 그 결과는 지난 5년 내에 그들 자신과 동일성의 누구와 성행위를 가진 사람은 미국, 영국, 프랑스의 남성에 있어서 각각 6.2%, 4.5%, 10.7%였다. 여성을 위한 비교통계는 각각 3.6%, 2.1%, 3.3%였다. 이들과 다른 연구조사는 남성중의 동성애 발생률은 여성의 발생률보다 높다는 것을 확인했다. 성인기에 오르가슴에 이르는 동성애체험은 남성에 있어서 여성의 거의 2배였으며 배타적 동성애를 위한 비율도 동일하였다.

역사적 배경

동성애는 초기유대인의 전통에 있어서 유죄였으며 기독교에서도 동성애자는 사형에 처했다. 그러나 고대그리스에서 동성애와 양성애는 사회의 모든 부분에서 자연스러운 것으로 받아들였다. 플라톤의 향연(Plato's Symposium)은 남성동성애자의 미덕을 찬양하였으며 제우스, 헤라클레스, 아킬레스와 같은 그리스의 많은 신화적 영웅은 동성애자였다. 로마제국의 초기에 동성애는 법에 의해 규제되지 않았으며 동성애는 일반적이었다. 두 남성 간 또는 두 여성간의 결혼은 합법적인 것으로 상류층 사이에 수용되었으며 네로를 포함한 여러 제왕은 남성과 결혼하였다. 많은 역사가는 기독교가 그 초기부터 동성애를 강하게 비난하고 학대했다고 시사하였으나 새로운 연구는 수세기 동안 로마가톨릭교회의 유럽은 동성애에 적의는 없었다고 주장한다.

동성애에 대한 교회의 최초의 공격은 성 아우구스티누스와 성 토마스 아퀴나스의 서술부터였다. 두 사람은 출산이 이어지지 않는 성행위는 비자연적이며 죄악이라고 시사했다. 이러한 이유에 의해 교회는 성행위의 규정과 벌칙을 강력하게 시행하게 되었다. 어떤 동성애자는 온화한 질책과 속죄로써 기도하는 반면, 다른 동성애자는 고문을 받거나 화형에 처해졌다. 종교적 믿음에서 기원된 동성애에 대한 부정적 자세는 18세기와 19세기에 있어서 성행위에 대한 의학적 견해가 출현할 때까지 서구사회의 사고를 지배하였다. 그러나 이것은 과정의 한 징후에 불과하였다. 그것은 의학적 견해는 단순히 죄악이라는 개념을 질병이라는 말로 바뀌어졌기 때문이다. 프로이트는 동성애자를 성욕도착자로 간주했으며 에빙(Krafft Ebing)은 동성애를 유전적 결함과 신경계의 소인결함으로 연결시켰다. 20세기 초에 동성애는 일반적으로 그 사람이 태어날 때 가진 질병이라고 생각되었다. 1973년에 드디어 미국정신의학협회(APA)는 회원의 37%가 반대했음에도 동성애가 정신병으로 분류하는 것을 중지하도록 결정하였다. APA가 결정한 것처럼 동성애가 이미 질병이 아니라면 그것을 치료할 필요는 없어졌다. 그러나 태도는 흔히 서서히 변하는 것으로 2003년에 미국대법원이 그들을 규정할 때까지 많은 주는 동성

그림 11-2

뉴욕시의 게이자존심행진은 모든 유대인협회가 동성애를 반대하는 것은 아니라는 것을 보였다.

애의 성적표현을 금지시켰다. 가톨릭교회도 이미 동성애를 죄악시하지는 않으나 동성애행위를 계속 해서 비난하고 있다. 최근에 유럽의 여러 나라에서 동성애자에 대한 차별방지 법안이 통과되었고, 1993년 클린턴에 의해 미국군대에서도 입대심사에서 동성애에 관해 문제시 않도록 하는 규정이 만들어졌으나 군에서 그 정책을 반대하여 1999년에 클린턴 대통령의 정책은 실패로 끝났다.

동성애의 기원에 대한 논의는 아직 활발하게 행해지고 있지만 영국의 월펜덴보고서는 동의된 성인간의 사적성행위의 어떤 형태에 대한 법률의 제재는 폐지되어야 한다고 주장하였다. 1969년에 뉴욕시 맨해튼의 크리스토퍼거리의 시위는 동성애자 공민권운동으로 확산되는 동성애자 적극주의시대의 막을 열었다. 1979년에 미국의 39개 도시는 주거와 직업에 있어서 동성애자에 대한 차별을 금지하는 법령을 제정하였다. 알트만(Dennis Altman, 1982)은 그의 저서 "미국의 동성애"에서 동성애는 이미 죄악, 범죄, 성도착 또는 정신병은 아니며 이제 이는 무거운 짐을 벗고 서서히 재평가되고 있다고 지적하였다.

동성애의 기원

흥미 있는 심리학적 의문은 왜 사람이 동성애자 또는 이성애자가 되느냐는 것이다. 이 의문에 대해 여러 이론적 대답이 있으나 아직 이들 학설의 어느 것에 대해서도 확고한 지지는 없다. 어떤 사람은 그릇된 소아기 발달의 스트레스 때문에, 또는 성적 발달의 미 성숙기에서 고정됨으로써 발생한다는 프로이트의 개념과 남성동성애는 약하고 수동적인 아버지와 우세하고 과보호적인 어머니를 가진 것이 원인이라는 비버설, 성적성향은 초기 성체험의 성질에 의존한다는 학습설 등 다양하다. 그러나 이러한 성적성향(sexual orientation)은 파슨 등(Parson & Byne, 1993)이 지적했듯이 단일한 원인에서 발생하는 것이 아니라 생물학적, 심리학적, 사회적문화적 영향이 상호작용해서 형성되는 것이다.

인지행동요법

남성과 여성은 구조적으로 다르다는 것은 의문의 여지가 없다. 많은 동성애자는 그들의 성적성향은 그들이 제어 또는 선택할 수 없는 생물학적 요인 때문이라고 주장한다. 이것이 그 같이 불가항력적인지 확인하기 위하여 여러 타입의 증거가 검토되었다.

유전적요인: 칼만(Kallman, 1952)은 동성애는 유전적 현상이라는 초기견해를 지지하는 결과를 발표하였다. 그는 일란성쌍생아와 이란성쌍생아의 성적성향을 위한 비교조사에서 일란성 쌍생아에서는 거의 100% 동성애성향이 일치하였으며, 이란성쌍생아에서는 약 10%만이 동성애성향을 갖는다는 것을 발견하였다. 이에서 그는 일란성쌍생아는 동일유전자를 가졌기 때문에 모두 남성동성애자가 될 수 있었고 이란성쌍생아는 그들의 유전자의 구성이 다르기 때문에 동성애자와 이성애자의 일치율이 낮다고 설명했다. 이 결과에서 유전적 요인이 성적성향에 작용할 수도 있다는 추측이 가능해졌다. 유사한 결과를 독일의 연구자 슐레겔(Schlegel, 1962)에 의해서 확인되었다. 이들의 소견은 동성애는 사회적 영향에 의해 결정된다고 하는 널리 보편화되어 있는 견해에 대한 도전이었다. 그러나 뒤이은 많은 연구는 칼만의 결과를 입증하는데 대부분 실패하였으며 그래서 동성애의 유전적 가설은 설득력을 잃게 되어 1980년대에 과학자들에 의해 이

학설은 폐기되었다.

그러나 쌍생아와 선택된 형제자매의 최근의 여러 연구는 남녀동성애에 유전적 요인이 관여하고 있다는 개념에 새로운 활력을 갖게 되고 논의에 다시 불이 붙었다. 예컨대, 심리학자 베일리와 정신분석학자 필라드(Bailey and Pillard, 1991)는 167쌍의 쌍생아형제를 연구하였으며 일란성쌍생아가 동성애자이면 그들이 이란성쌍생아인 경우보다 거의 3배나 동성애자가 높다는 것을 알았다. 그 후 베일리와 그의 공동연구자(1993)는 여성동성애자의 유사한 연구를 행하여 본질적으로 동일한 유전적 연관을 발견하였다. 즉 한 일란성쌍생아가 여성동성애자이면 다른 일란성쌍생아도 여성동성애자가 될 확률이 높다는 것을 밝혔다. 동성애의 소인의 유전적 근거를 위한 증거는 미국암연구소의 연구자들에 의하여 동성애를 위한 유전자가 X염색체상에 있다는 것이 발견됨으로써 보다 명확하게 되었다. 하머 등(Hamer et al., 1993)은 76명의 남성동성애자를 모집하여 가족 중에 동성애자 또는 양성애자가 있는지 여부를 결정하기 위하여 각자의 세밀한 가계를 추적하였다. 포괄적으로 동성애남성의 형제의 13.5%는 동성애자였으며 이는 일반집단에서 발견되는 2%보다 훨씬 높은 발생빈도였다. 그런데 놀랄만한 결과는 가족의 아버지 쪽보다 어머니 쪽의 친척에 남성동성애자가 더 많다는 것이었다, 이로써 생물학적 소인은 가족의 여성구성원을 통해 유전되는 X-연관이라고 하는 반성유전패턴을 취한다는 것을 알았다. 하머 등은 40쌍의 동성애자형제의 DNA패턴을 분석한 결과 동성애자형제의 40쌍 중 33쌍은 X염색체의 긴팔의 DNA가 신장되어 있는 것을 발견하였다. 이 부위에 남성동성애의 소인이 되는 동성애유전자(homosexuality gene)의 하나 또는 그 이상이 위치한다고 추측되고 있다. 보다 최근에 다른 연구자들(Hu et al., 1995; Turner, 1995)도 동성애는 X염색체의 특수부위의 유전자에 의해 결정된다는 것을 입증하였다. 베일리(Michael Bailey)는 사용된 가정에 의해 동성애에 대한 유전적기여도는 30-70%의 범위라고 결론지었다. 한편 라만과 윌슨(Rahman & Wilson, 2003)은 최근의 보고에서 성적성향의 50-60%는 유전에 의한다고 결론지었다.

출생전요인: 생물학적 원인에 관한 다른 추론은 동성애는 출생전기 중 여러 요인의 결과로서 발생한다고 한다. 최근의 학설에 따르면 동성애는 발생의 변이에 의해서 발생한다는 것이다. 태아발생의 2개월 중반부터 5개월 중반까지 성분화의 임계기이다. 이 기간 중에 성욕중추가 있는 시상하부는 분화되고 성적성향은 결정되며 여러 생물학적 변이의 어떤 것이 동성애자를 발생하게 한다. 이 학설을 지지하는 한 연구는 임신 중 산모에 대한 심한 스트레스는 동성애자손을 출산한다는 것을 발견하였다. 산모에 대한 스트레스는 태아의 테스토스테론의 생산을 감소시켜 동성애를 출산하게 된다. 마이어발버그(Meyer-Bahlburg, 1997)에 의하여 산모를 강력한 에스트로겐(diethylstilbestrol, DES)에 노출시키면 여성태아는 여성동성애자로 출생되는 빈도가 높다는 것을 발견했다. 출생 전 요인에 대한 다른 가설은 남성태아를 계속해서 출산한 산모는 Y염색체상에 있는 유전자에 의해 생산되는 H-Y항원에 대한 항체를 많이 생산해서 발생중의 태아 뇌의 성분화에 영향을 주어 동성애자가 발생한다는 것이다.

해부학적요인: 최근의 연구는 또한 성적성향의 결정요인으로서 뇌의 구조와 기능에 초점을 두고 있다. 성적성향의 차이를 낳게 하는 동성애자와 이성애자의 뇌 사이에 해부학적인 차이가 있다는 학설이 그것이다. 이 견해의 요점은 뇌의 다소 다른 부위가 이성애자와 동성애자 사이에 관찰된다는 것이다(Swaab et al., 1995). 신경해부학자 러비(Simon LeVay, 1991)는 19명의 동성애남성과 16명의 이성애남성의 뇌에 대한 부검을 행하였다. 러비는 성적행위에 영향을 미친다고 알려진 INAH-3이라고 하

는 시상하부의 한 앞 부위가 이성애남성에서 동성애남성보다 2배 이상 크다는 것을 발견하였으며 동성애남성에서 그것은 실제로 여성의 것과 거의 같다는 것을 알았다. 시상하부의 이 부위는 성호르몬에 의해 영향을 받는 곳이다. 또 러비는 시상하부의 다른 부위인 교차위핵(suprachiasmatic nucleus)이 동성애자남성에 있어서 이성애자남성보다 2배나 많은 세포로 구성되어있다는 것을 발견했다. 알렌과 고르스키(Allen & Gorski, 1992)는 뒤이은 연구에서 대뇌의 두 반구 간을 연결하는 주요섬유다발(전교련, anterior commissure)이 동성애남성에서 이성애남성보다 34%나 더 크며 이는 이성애여성의 뇌에 있는 동일구조의 비교사이즈와 차이가 없다는 것을 발견하였다. 이 결과는 동성애남성이 이성애여성에 매우 유사하게 행동한다는 것을 지적하는 것이지만 이성애와 동성애여성 간에는 인지행동에 차이는 없었다.

러비의 연구는 매스미디어반응의 쇄도를 가져왔다. 그것은 동성애성향은 일부 출생과 관련되고 선택이나 사회적 영향이 아니라는 반박할 수 없는 증거를 제공하기 때문이다. 이 결론은 광범위한 법률과 사회적 관련과 같이 동성애성향의 종교적 견해를 위해 깊은 관련을 갖는다. 그러나 이 연구는 다수의 미비점이 발견되었다. 첫째로 샘플의 크기가 매우 작아 다만 19명의 동성애남성, 16명의 이성애남성과 6명의 이성애여성을 포함할 뿐이었다. 둘째로 러비가 연구한 동성애자의 뇌는 모두 에이즈로 죽은 사람의 것이었으나 이성애자는 다만 6명의 남성과 1명의 여성만이 에이즈로 죽은 뇌였다. 에이즈로 죽은 사람의 뇌는 일반적으로 HIV의 빈번한 뇌세포의 감염으로 인해 확장성 뇌질환이 관련된다. 따라서 이 해부학적 결과는 성적성향의 원인인지 또는 에이즈의 신경학적 영향의 결과인지 분명치 않다. 또한 다른 사람에 의해 확인된 러비의 연구는 성적성향이 시상하부의 작은 세포집단에 의해 조정된다는 결론으로 비약하기에는 부적절할 수 있다는 것이다.

호르몬요인: 여러 연구는 동성애에 대한 원인 또는 소인이 될 호르몬요인의 가능성에 대해 예측하였다. 첫째, 고르스키(Gorski) 등은 신생 쥐에 성호르몬 준위를 조작하였더니 암컷 쥐의 성적행위를 나타내는 수컷 쥐를 얻었다. 케리 등(Kelly et al., 1999)은 출생 전에 호르몬 처리한 여러 다른 동물종에서 동성애성향을 가진 수컷 또는 암컷으로 유도할 수 있었다. 둘째, 인간에서 출생 전 호르몬과잉 또는 결핍은 동성애와 관련성이 있다는 것을 암시한다. 예컨대, 부신성기증후군은 출생 전 남성호르몬과잉으로 여성의 뇌가 남성화되어 여성동성애성향으로 발달시킨다. 또한 클라인펠터증후군은 XXY염색체구성을 가지며 통상 출생 전 남성호르몬의 결핍으로 사춘기에 여성의 2차성징이 나타나 이들의 일부는 남성동성애자로 행동한다. 셋째, 많은 연구자는 성인 동성애자와 이성애자에 있어서 호르몬수준의 비교에 주목을 집중시켰다. 여러 연구는 동성애남성에서 낮은 테스토스테론 또는 높은 에스트로겐을 발견하는 한편 한 연구는 여성동성애자에서 혈중 테스토스테론이 이성애여성에서보다 높다는 것을 발견하였다. 그러나 다른 많은 연구는 이 결과를 재연하는데 실패했다. 글라듀(Gladue, 1988)는 성인 동성애남성과 이성애남성의 혈중 남성호르몬수준에 차이가 없다는 것을 확인하였다.

동성애에 대한 호르몬불균형가설은 남성의 몸에 남성호르몬보다 여성호르몬이 강하면 여성과 같은 성질과 동성애성향이 생긴다고 설명한다. 그러나 실험연구결과 이를 검정하는데 실패하였다. 남성호르몬이 적어서 생기는 현상이라면 남성호르몬을 다량 주사하면 동성애욕망이 사라져야 할 것인데 그렇지 않았다. 오히려 성욕이 강해져서 더욱 열정적인 동성애행위를 보였다. 남성호르몬은 남녀 모두에게 성욕을 높이는 작용을 한다. 남성호르몬을 여성에게 투여하면 성욕이 증가한다. 결론적으로 말하자면 남성호르몬은 성욕을 증가시킨다. 그러나 성적성향을 변화시키지는 않았다. 한편 이성애남성과 동성애남성에게 다량의 에스트로겐을 주사해 보았더니 이성애남성은 즉시 어떠한 종류의 성행위도 할 수 없게 되었다. 발기도 사정도 안 되고 성적욕망도 사라졌다. 이 같은 변화는 동성애 남성에게도 일어났다. 인간에 있어서 출생 전 호르몬과잉 또는 결핍의 예는 비교적 드문 일로 일반적으로 성의 발달에 대한 많은 타당성이 없는 특수한 사례이다. 다만 출생 전 호르몬은 개체를 어떤 성적성향으로 되기 쉽게 하는 방법으로 뇌의 발달에 영향을 줄 가능성은 배제할 수가 없다.

성적성향에 대한 생물학적 기여를 위한 입증이 증가하고 있지만 이는 사람의 성적성향이 생물학적(유전, 해부, 호르몬 등)인 것에 의해 운명 지어진다는 것을 뜻하는 것은 아니다. 일란성쌍생아의 연구는 생물학적 요인이 작용한다는 것을 강하게 지적하지만 쌍생아의 약 반은 그들이 동일 유전자를 가진다는 사실에도 불구하고 불일치하다는 것은 환경 또한 한 역할을 연출한다는 것을 입증하는 것이다. 오늘날 대부분의 연구자는 생물학적 및 사회적영향의 양쪽이 성적성향의 발달에 기여한다는데 동의한다. 이는 성적성향에 어떤 유전적 배경과 사회 및 환경적 영향의 특이한 경향이 관여한다는 것을 의미한다.

심리학설

프로이트(Sigmund Freud, 1905)에 의하면 유아의 성은 전적으로 분화되어 있지 않으나 일반 환경 하에서 어린이의 정신성적 발달은 이성진로를 따라 순조롭게 발달한다. 그러나 어떤 환경, 예컨대 외디푸스콤플렉스(Oedipus complex)와 같은 부적절한 환경 아래에서는 정신발달은 미성숙단계에서 머물게 되어 결과적으로 동성애가 된다는 것이다. 더욱이 프로이트는 모든 사람은 잠재적 동성애성향을 가지고 있기 때문에 남성에 있어서 거세불안(castration anxiety)과 같은 환경 하에서는 동성애 행위가 성인초기에 일어날 수 있다고 생각하였다. 프로이트는 동성애는 체질적 요인과 환경적 요인의 상호작용에 의하여 발생한다고 믿었으며 특히 체질적 요인 때문에 인간은 동성애에 대한 양성적 성향을 보인다고 주장하였다. 많은 정신분석학자는 동성의 개념을 일종의 정신질환의 한 형태로 파악하려고 하였지만 프로이트는 동성애아들의 어머니에게 보낸 다음의 편지에서 꽤 중성적인 태도를 취했다.

"동성애는 분명히 이점은 아니지만 그것은 수치스럽거나 부도덕하거나 퇴폐적인 것은 아니며 그것을 질병으로 분류할 수 는 없습니다. 동성애는 성적발달의 한 변형이라고 생각합니다. 플라톤, 미켈란젤로, 레오나르도 다빈치 등의 고대와 현대의 매우 존경받는 많은 사람들은 동성애자였습니다."

프로이트가 무질서한 부모자녀관계는 동성애로 유도할 수 있다고 시사했기 때문에 정신분석학자 비버(Irving Bieber)와 그의 공동연구자(1962)는 동성애남성 106명과 이성애남성 100명에 대한 가족배경을 조사하였다. 그 조사에서 많은 동성애남성은 그들이 과잉보호되고 우세한 어머니와 수동적인 아버지를 가진 것을 발견했으며 이 가족패턴은 이성애남성에서는 보기 드물었다. 이래서 비버는 남성동성애자의 설명으로서 동성애유혹모(homo-seductive mother)라는 개념을 만들어냈다. 비버에 따르면 이 가족패턴은 이중효과를 갖는다. 남성은 후에 그의 어머니의 질투욕과 그녀의 매혹은 그를 불안하게 하기 때문에 이성애관계를 두려워하게 한다. 이래서 비버는 심리적 양성애의 개념을 파기했으며 동성애는 부분적으로 이성애의 공포로부터 결과한다고 시사하였다. 올프(Wolff, 1971)는 100명의 여성동성애자를 이성애여성과 비교 연구하여 가장 두드러진 양친의 특성은 거절 또는 냉담한 어머니와 헤어져있는 아버지 또는 결손아버지였다. 그래서 그녀는 여성동성애자는 소녀가 그녀 어머니로부터 부적절한 사랑을 받아 그 같은 사랑을 다른 여성으로부터 계속 희구하도록 이끌고 남성과의 관계를 학습하는 것을 방해한 그녀 아버지와의 빈곤한 관계와 결합해서 발생한다고 믿었다.

한편 지겔만(Siegelman)은 심리학적으로 잘 조정되고 있는 이성애와 동성애집단을 위해 가족관계에 뚜렷한 차이는 없다고 보고하였으며 벨(Bell) 등(1981)도 그들의 연구에서 비버의 견해를 지지할 만한 결과를 발견하지 못하였다. 프로이트의 지지에 관련해서 비버나 올프 등에 의해 서술된 것과 같은 가족배경을 가진 사람들은 동성애자가 될 확률이 평균이상이지만 동성애자는 선량한, 악한, 보호적인, 또는 무정한 모든 종류의 부모를 갖는다는 것을 염두에 두는 것은 중요하다. 정신분석학설이 모든 개체의 성적성향을 설명한다는 것은 불가능하기 때문이다.

행동학설

사회학습학설은 동성애와 이성애는 학습한 행위라는 것을 설명한다. 이 학설은 그래서 동성애와 이성애를 성적성향의 각 형과 더불어 한 개인의 학습역사에 의존한다는 것을 강조한다. 이 견해에서 초기 성행위, 성에 대한 생각과 느낌의 강화 또는 처벌과 관련된 심리학적 조건화는 성적성향과정을 통제하며 이래서 초기 성체험은 즐겁고 만족한 동성의 만남에 의해 또는 불쾌하고 불만족한 또는 섬뜩한 이성경험에 의하여 그들을 동성애행위로 이끈다. 또한 동성애파트너와의 긍정적 성적행위는 자위행위 중 황홀한 소재가 될 수 있고 그것이 오르가슴을 가져올 때 긍정적으로 강화된다. 그 외에 다양한 요인은 초기 성적조건화에 영향을 준다.

행동학설은 또한 일부 이성애자가 왜 그들의 성인기에 동성애로 성적성향을 바꾸는가를 시사한다. 펠드만(Feldman)에 의하면 만약 불유쾌한 이성체험을 가진 어떤 사람이 그것을 보상받는 동성애자와 결합한다면 그는 동성애성향으로 점차 이행하게 된다고 했다. 이러한 경우는 이성애생활의 초기에서 동일체험을 한 많은 사람에게서 동성애자로의 이행이 발견되었다. 또한 어떤 강간피해자가 여성동성애자로 전환한다는 관찰은 이 견해를 지지한다.

동성애의 심리적 조절

동성애 또는 이성애의 원인이 무엇인가에 대해 아직 명확한 대답은 없다. 현재 동성애는 주로 출생 후에 발생하는 것으로 믿고 있으나 출생 전 프로그램편성은 중요한 역할을 연출할 것이라는 가능성은 여전히 열려있다. 지난 1세기를 통해 널리 수용된 개념은 동성애는 일종의 병이라는 것이었다. 동

그림 11-3

성적성향과 생활스타일.
이성애자와 같이 동성애자는 다양한 생활스타일을 갖는다.

그림 11-4

동성애혐오.
동성애자는 그들의 성적성향 때문에 자주 비난받는다. 동성애 혐오를 homophobia라고 하는데 이 어원은 동성애자의 공포를 뜻한다.

성애는 유전적 결함에서 생기며 정신분석학적으로 동성애는 거세불안의 공포로부터 발생한다고 하는 에빙의 견해는 매우 논리적으로 수용되었다.

많은 과학자들이 동성애자의 심리학적 불균형을 입증하기 위하여 적극적으로 참여하였다. 일부는 교도소에서 동성애자의 연구를 수행하였다. 이들의 결론은 동성애자는 이성애자보다 덜 건강하다는 것이었다. 1950년대의 정신분석학자에 의한 동성애자의 선택은 기본표본추출의 오류를 무시한 선택을 했다는 비판이 있다. 또한 사람들은 통상 정신적 어려움 때문에 정신분석학자를 찾으므로 이들을 대상으로 한 표본추출은 동성애자는 정신적으로 병이 있다는 잘못된 결론으로 유도될 것이 예정되어 있었다는 것이다.

보다 세련된 연구는 후커(Evelyn Hooker, 1957)에 의해 시작되었다. 후커는 정신적 환자도 죄수도 아닌 연령, 교육 및 IQ가 우수한 사람들을 대상으로 전문심리학자집단에게 조사평가를 의뢰한 결과 동성애와 이성애집단 간에 차이가 없다는 것을 입증하였다. 이로써 동성애자는 반드시 한 형태의 심리적 불균형을 가진 것이 아니라는 객관적 증거를 얻었다. 지난 30년 동안에 다양한 심리학적 연구가 이루어졌다. 이들 연구로부터 얻은 최근의 견해는 동성애자와 이성애자간에 구별할 수 있는 심리학적 차이는 없다는 결론이다.

그림 11-5
게이목사인 화이트는 동성애자에 대한 폭력을 배제하기 위해 활동한다.

동성애혐오

동성애에 대해 갖는 적개심과 두려움을 동성애혐오(homophobia)라고 한다. 동성애혐오라는 용어는 1960년대에 처음 사용되었으나 동성애혐오는 일반적으로 독자적인 정신병리학을 반영하는 불합리한 공포의 결과를 뜻하는 일이 많다. 그래서 심리학자 헤렉(Gregory Herek, 2000)은 성적편견(sexual prejudice)이라는 용어가 더 나은 표현이라고 제의하기도 했다. 동성애혐오는 우리 사회에서 여러 방법으로 표시되었다. 동성애자를 호모, 여자 같은 남자, 괴짜 등의 경멸하는 말로 조롱되었다. 동성애혐오자 중에서 특히 성적역할에 대한 고정관념이 강한 남성이나 교육수준이 낮은 또는 종교가들은 동성애자에 대한 혐오감은 한층 심하다. 이들이 동성애자를 혐오하는 가장 큰 이유는 동성애가 우리사회의 기본적인 틀을 파괴할지도 모른다는 우려 때문이다. 부모들은 소년이 여자아이와 비슷한 것에 관심을 보이면 동성애생활에 유도될 것을 두려워하여 그들의 아들이 비록 이들 장난감에 그다지 흥미를 갖지 않아도 즉시 축구공, 장난감 총, 모형비행기 등을 제공한다. 경찰은 동성애자를 체포하기 위하여 덫을 놓기도 하고 다양한 기법을 쓰며 공중화장실에 몰래카메라를 설치하기도 한다. 만일 이런 형태의 법 시행을 이성애행위자에 사용한다면 비명소리와 항의로 귀가 멀 지경이 되었을 것이다.

동성애자는 군인과 성직자가 되지 못하도록 금지되었으며 또한 동성애자는 주거, 직장 및 은행대출을 받지 못하게 하였다. 많은 사람은 동성애자는 다른 사람들에게 영향을 주며 그들을 타락된 동성애생활로 유도하는 선염병환자로마저 본다. 이 같은 동성애혐오의 시선은 많은 동성애자로 하여금 이성애자로 전환하도록 치료받게 한다. 이들 치료는 흔히 고도로 동기 지어지고 그 같은 변화를 원하는 동성애자에게는 가능하다. 동성애를 그만두고 싶어 하는 동성애자가 동성애치료법을 잘 알고 있는 정신과의사를 만나면 이성과 교제하면서 행복하게 잘 적응하고 살수도 있다. 그러나 전환되기를 원하지 않는 동성애자를 위해서는 그 같은 치료는 비윤리적이다.

여성동성애자의 성적접촉

킨제이보고서(1953)는 동성애여성의 2/3는 그들의 동성애여성과의 성적접촉에 있어 99-100%의 오르가슴을 가졌으며 이성애여성은 결혼 5년간의 성교에서 그들의 2/5만이 이와 유사한 오르가슴빈도를 가졌다고 보고하였다. 동성애여성 중 98%는 성기접촉을 가졌으며 97%는 손으로 가슴을 자극받았고, 85%는 입으로 가슴을 자극받았으며 78%는 입성기성교(커닐링거스)를 체험했고 56%는 성기를 맞비비는 기법을 사용했다는 것을 알았다. 성기의 손 자극은 여성동성애자의 가장 보편적인 성적접촉이며 벨 등(1978)은 그들 샘플의 약 80%는 이 방법을 사용하였고 40%이상이 주 1회 또는 그 이상의 빈도로 성적접촉을 가졌다는 것을 발견하였다.

남성이 성급하게 가슴이나 성기자극으로 옮기는 기혼여성의 커플과는 대조적으로 여성동성애파트너는 통상 그들이 가슴이나 성기접촉에 접근하기 전에 충분한 신체접촉을 가지며 껴안고 키스하고 얼마동안 일반적인 애무를 나눈다. 더욱이 여성동성애커플이 가슴애무를 시작할 때 그들은 통상 이성애커플이 행하는 것보다 훨씬 오래 더 섬세하게 애무하는데 비해 이성애남성은 그들 파트너의 즐거움을 위해서라기보다는 그들 자신의 각성을 위해 행한다. 여성동성애커플에 있어서 성기자극 중 음핵에 처음부터 접근하는 일은 드물다. 이와는 대조적으로 기혼이성애자의 관찰된 대상의 반 이상이 성기접촉의 최초형태는 직접 음핵의 자극이었다. 동성애여성은 보다 편안한 성기접촉으로 출발하는 한편 일반적으로 손가락을 질내 깊이 삽입하지 않는다. 질 자극을 할 때 보통 질구멍둘레나 질구 바로 안쪽을 자극하는 형태에서 행한다. 여성동성애자는 보통 대용남근(dildo)이나 물건을 질내에 삽입한다는 일반적인 믿음에도 불구하고 동성애여성의 극히 소수만이 이 기법을 사용한다.

커닐링거스(cunnilingus)는 오르가슴에 이르기 위한 여성동성애자 중에 흔히 쓰는 성기법이다. 동성애여성은 일반적으로 이성애남성이 하는 것보다 입성기성교에 의해 그들의 파트너를 자극하는데 보다 효과적이며 통상적으로 이성커플보다 덜 억제적이고 창의성이 풍부한 방법으로 행한다. 이는 아마도 여성은 그녀자신의 체험을 바탕으로 상대 여성이 무엇을 기분 좋게 느끼는가를 잘 알고 있기 때문일 것이다. 동성애여성은 또한 그들의 이성애 상대보다도 성기의 맛과 냄새에 대해 덜 당황한다. 이런 점에서 여성동성애커플은 기혼이성애커플보다 커닐링거스 접근을 보다 느긋하게 활용한다. 가장 빈번하게 입성교(oral sex)를 갖는 여성동성애자는 그들의 성생활과 그들의 관계에 있어 가장 행복을 느끼지만 동성애여성의 약 1/4은 이 형태의 자극을 드물게 또는 전혀 사용하지 않는다.

그림 11-6

여성동성애자들.
여성동서애자들은 로맨틱한 사랑을 선호하며 그 관계는 오래 계속되는 것이 보다 일반적이다.

남성동성애자의 성적접촉

남성동성애자는 기혼이성애자보다 더 자유롭고 창의성이 풍부한 성기법을 사용하며 각성의 흥분지속기에서 보다 느긋하게 시간을 끄는 경향이 있다. 대부분의 남성동성애커플은 껴안고 어루만지거나 키스의 일반화된 접근으로 시작하여 손 또는 입으로 젖꼭지의 자극은 초기접촉으로 구체화되며 거의 언제나 발기로 유도하도록 자극한다. 동성애남성의 성적접촉은 믿을 수 없을 만큼 다양하고 기발한 일들을 한다. 그들은 사용할 수 있는 기구가 제한되어 있기 때문에 성교를 하려면 이성애자가 하는 것보다 더 많은 상상력이 필요하다. 가장 보편화되어 있는 것은 서로 자위해 주는 방법이다. 이 경우에는 기구가 필요 없고 빠르고 쉽게 끝낼 수 있다. 그냥 옷을 벗고 누어서 오르가슴이 올 때까지 서로의 성기를 자극하면 된다. 다음으로 많이 하는 행위는 입으로 하는 펠라티오(fellatio)로 한 남성이 상대의 성기를 입으로 애무한다. 역으로 바꾸어서 하기도 하고 동시에 서로를 애무하기도 한다.

동성애남성의 성적접촉에서 흔히 사용하는 방법은 각성을 강화하기 위해 음경꺼풀주름띠에 주의를 집중시켜 다양한 접촉과 자극을 주는 기법이다. 많은 남성은 동성애관계에서 그들이 자극되기를 바라는 방법으로 그들의 파트너를 자극한다. 그들은 또한 성기자극기법을 그들의 파트너와 토의하며 무엇이 가장 즐겁게 하는가를 학습한다. 펠라티오를 위해 사용되는 기법은 동성애자와 이성애자 간에 거의 차이가 없으며 펠라티오는 동성애남성의 가장 일반적인 성행위 형태로서 90%이상이 이 같은 입성기성교를 즐긴다.

항문성교는 남성동성애자의 다른 일반적인 성접촉법이다. 사기르와 로빈스(Saghir and Robins, 1973)는 동성애남성의 93%는 항문성교를 체험했다는 것을 발견하였다. 그러나 벨 등(1978)은 그들의 연구에서 동성애백인남성의 22%는 항문성교를 갖지 않았으며 항문성교의 빈도는 펠라티오보다 상당히 덜 행하고 있다는 것을 알았다. 남성동성애자는 항문성교에서 그들이 삽입하기를 또는 삽입되기를 선호하느냐에 따라 능동적 또는 수동적으로 분류하기도 한다. 실제에 있어서 항문성교에 참여하는 대부분의 동성애자는 양 역할을 모두 즐긴다. 항문성교를 위해서는 구조적 장애를 극복해야한다. 질은 매우 신축성이 높은데 반해 항문은 거의 늘어나지 않는다. 그러나 발기된 음경 또는 주먹을 항문주위에 기름을 바르고 밀어붙이면 항문조임근은 열리게 되나 이를 반복하다보면 항문조임근은 늘어나고 배변조절이 어렵게 될 뿐 아니라 직장에 손상을 가져오므로 매우 위험하다.

동성애의 발견

어떤 동성애자는 5, 6세의 어린 시기에 이미 남성동성애자임을 발견한다. 그러나 이것은 어린이가 진정한 동성애성향을 가졌다는 것은 아니다. 동성에 대한 동성애자의 자기발견은 남성에 있어서 대부뷰 청년기에 일어나며 여성에서는 이보다 다소 늦은 시기에 일어난다. 동성애의 발견에 있어 단일 패턴이 모든 사람에게 적용되는 것은 아니다. 동성혼동의 한 시기를 보낸 후 비로소 그들은 실제적으로 그들 자신을 동성애자로 생각하기 시작한다. 동성애커플을 구하기 위해 그리고 이성애세계에서 동성애자와 함께 그들의 처세방법을 찾기 위해 그들 자신을 동성애자로 생각하기 시작한다. 다른 동성애자는 그들이 어떤 동성애행위를 갖기 전에 동성애자임을 알아차리며 남성파트너와 성적체험에 대한 긍정적 반응에 의해 또는 이성애친구보다 동성애친구와 함께 있을 때 보다 편안한 느낌을 가질 때 그들의 의혹을 확인한다. 어떤 동성애자를 위해 자기발견의 과정은 기대한 이성 관습에 적응하려고 많은 노력과 시도를 겪고 나서 그것이 편안하지 않다는 것을 발견한 후에야 일어난다.

일부 여성동성애자는 청년기에 그들의 성적정체성을 발견하기도 하지만 보다 전형적으로 이 시기 중에 그들이 갖는 동성애의 느낌이 어떨지라도 그것을 경과하는 시기로서 옆으로 밀쳐둔다. 결코 신체적 접촉의 단계로 진행되지 않는 다른 여성과 닫힌 정서적 애착이 형성하기도하고 많은 여성동성애자는 이성결혼 후까지 이 성적성향에 적응되지 않는다. 물론 동성애의 발견과 그것을 수용하는 것 사이에는 큰 차이가 있다. 어떤 동성애남성과 여성은 그들의 신분에서 전혀 어려움이 없으나 보다 많은 동성애자는 흔히 이성애사회에서 동성애자가 되는 것에 대해 갈등과 불안을 느낀다. 그들 자신을 동성애자로 시인하는 일부는 이 자기수용문제를 치유하기 위해 치료를 구하며 다른 동성애자는 그들의 동성애행위에 열중하고 전력을 쏟기도 한다. 벨 등(1978)의 연구에 의하면 동성애남성과 여성의 20명 중 한 사람만이 동성애자임을 크게 후회하였으며 약 1/3은 그들의 동성애행위를 단념하려고 생각하였다. 또한 이들의 연구에서 동성애남성은 동성애여성보다 그들의 동성애를 받아들이는데 어려움을 갖는데, 이것은 남성에서 흔히 보는 동성애는 남성적인 성적조절의 실패에서 오는데 반해 여성동성애는 이성관계의 거부에 의한 자유로운 선택으로서 동성애를 체험하기 때문이라고 그들은 추론했다.

커밍아웃

동성애자가 사회에 진출한다는 것은 그들의 성적성향을 다른 사람들에게 알리는 과정이다. 이처럼 자신이 동성애자라는 사실을 사람들에게 밝히는 과정을 동성애자의 사회진출(coming out)이라고 하며 커밍아웃은 여러 단계를 거쳐 이루어지게 된다. 이는 가장 친한 친구에게 신중히 알리는 것으로 시작되며 그런 다음 친근한 친구의 한 집단이 포함되도록 진행시키고 마지막으로 가장 완전한 형태에서 가족, 직장동료와 그 외의 친지들에게 자기 자신을 노출하는 긴 과정이 될 수 있다. 커밍아웃은 많은 생각과 계획을 필요로 하지만 이는 매우 짧은 시간에 성취될 수도 있다. 많은 동성애자는 그들의 이성애친구와 가족에 대한 것보다 상당히 쉽게 동성애세계에 진출하는 것을 본다. 그들은 사회적 비난, 경제적 불이익 또는 다른 잠재적 문제를 피하기 위하여 이성애자로서 지난날의 생활을 계속하는 한편 제한된 감각에서 동성애자임을 공표함으로써 다른 동성애자에게 알려지게 된다.

일부 동성애자는 그 같은 해결은 신뢰와 확신의 결여로 생각한다. 그러나 적대적 세상에의 진출은 개인의 생활에 엄청난 고통을 안겨다 줄 수 있다. 한편 가족과 친구로부터 지지를 얻으면 재확인과 만족을 얻을 수도 있다. 그러나 동성애자의 사회진출(커밍아웃)은 통상 이 같이 쉽게 이루어지지는 않는다. 대부분의 부모는 그들의 아들 또는 딸이 동성애자라는 것을 발견하게 될 때 크게 좌절하며 많은

그림 11-7
일부 나이든 동성애자는 공표할 뿐 아니라 그것을 자랑으로 생각한다.

그림 11-8

중세기중 남성 동성애자는 남색자(sodomites)라고 칭하여 이단자로서 화형에 처하였다.

부모들은 동성애자녀들을 이해하기를 거부하며 좀 덜 심한 태도를 취하는 부모와 다른 가족들도 동성애가족을 가진 것을 매우 불쾌하게 생각한다.

동성애자는 그들의 성적성향에 프라이드를 나타내고 정치적으로 유리하게 작용하기 위해 현재 동성애자의 사회진출을 강력히 추진하고 있으며 그들의 권익을 위하여 매년 대도시에서 군중집회를 가지고 있음에도 많은 동성애남성과 여성은 비밀스럽게 마음을 조이며 숨기고 있다. 요즈음은 동성애를 인정하는 일반인도 많이 늘어나서 공개적으로 연애를 하는 것도 가능해졌으나 아직도 차별을 받는 일이 많다. 동성 간의 결혼은 법적으로 인정되지 않는다. 종교에서도 죄악시하는 시각이 아직은 강하다. 이런 상황에서 사회적으로 신분이 낮은 동성애자는 그들의 성적성향을 보다 개방하려는 것에 반해 고등교육을 받았거나 생활이 풍족한 사람들은 그들의 동성애를 숨기려고 한다.

동성애자의 표상

벨과 바인베르그(Bell and Weinberg, 1978)는 동성애자의 연구에서 동성애자의 생활양식을 5범주로 분류하였다. 닫힌 동성애커플(close-coupled homosexuals)은 이성애결혼에 매우 유사한 일부일처혼 관계에서 산다. 그들은 성적문제는 적으며 성파트너를 신중히 찾는다. 열린 동성애커플(open-coupled homosexuals)은 일대일 동성관계에서 생활하나 많은 다른 성적파트너를 가지며 비교적 많은 시간을 돌아다니면서 지낸다. 이들은 보다 많은 성적문제를 가지나 이들은 일반적으로 그들의 성적성향에 만족한다. 기능적 동성애자(functional homosexuals)는 다수의 성 파트너를 가지며 그들의 동성애를 적게 후회한다. 이들은 또 그들의 동성애를 편안하게 느끼며 그들의 독립생활을 즐긴다. 기능부전적 동성애자(dysfunctional homosexuals)는 성적으로 활동적이나 동성애에 행복을 느끼지 않으며 흔히 성적문제를 갖는다. 무성적 동성애자(asexual homosexuals)는 커플을 이루지 않고 독신으로 살며 소수의 파트너를 갖지만 그들은 성적행위와 파트너를 구하는데 관심이 낮다.

표 11-2 벨-바인베르그 표상의 각 집단에 있어서 동성애자의 백분율

	닫힌 커플	열린 커플	기능적	기능부전적	무성적
남성동성애자	10%	18%	15%	12%	16%
여성동성애자	28%	17%	10%	5%	11%

이들 타입은 사람의 사회적 심리적 조절에 중요한 연결을 갖는다. 일반적으로 닫힌 동성애커플은 적어도 이성애남성과 여성처럼 행복하고 잘 조절해 나간다. 한편 기능부전 및 무성적 동성애자는 이성애자보다 생활에 대처하는데 상당한 어려움을 갖는다. 기능부전적 동성애남성은 어떤 다른 사람들보다도 더 고독하고 불행하며 기능부전적 여성동성애자는 정서적 문제를 위해 장기간 전문가의 도움이 필요하다. 무성적 동성애자는 일반적으로 고독한데도 남과 사귀지 않으며 동성애공동체의 친구 또는 사회생활에 순응하려는 관심을 갖지 않는다. 무성적 동성애남성은 자살사고의 가장 높은 발생률을 갖는다. 많은 이성애자는 동성애커플은 이성애커플보다 덜 제휴한다고 믿지만 연구에 의해 동거이성애자와 동거동성애자간의 개인의 책무와 만족도에 차이가 없다는 것을 발견했다.

동성애자와 결혼

미국의 경우 적어도 남성동성애자의 1/4과 여성동성애자의 40%는 결혼했으며 수백만 명의 동성애자 또는 양성애남성과 여성은 이성애결혼의 파트너이다. 이들 중 일부는 그들이 결혼할 때 그들의 성적성향을 알지 못하는 경우도 있지만 다른 많은 커플은 그들의 성적성향을 알고 있었다. 이들이 동성애자 또는 양성애자라는 것을 알고 있으면서 이성애자와 결혼하는 이유에는 사회 또는 가족의 압력, 파트너에 대한 애착, 아기를 갖고 싶은 욕망, 동성애자생활양식으로 끌려가는 것에 관한 부정적인 느낌이나 내면화된 동성애혐오 등이 포함되어있다. 현재 수백만 명의 결혼했거나 과거에 결혼한 경험이 있는 게이와 레즈비언 중 5%이상의 게이와 거의 22%의 레즈비언은 그들의 자녀들과 함께 생활하고 있다. 그들의 동성애 또는 양성애를 의식적으로 알고 있으면서 이성과 결혼한 사람들 중 매우 소수만이 그것을 그들의 파트너에게 고백한다. 이성과 결혼하면서 동성애 또는 양성애파트너와의 은밀한 생활은 그 또는 그녀에게 상당한 불안과 스트레스를 안겨준다. 이성애파트너가 그 사실을 알게 되었을 때 그들은 흔히 바보스럽고 속았다는 느낌에 심한 고통과 분노를 체험하게 되고 대부분의 경우에 이혼으로 이어지게 된다.

많은 게이와 레즈비언은 오래 지속되는 관계를 확립한다. 동성애자들 간의 결혼은 대부분의 나라에서 법적으로 인정받지 못하고 있으나 네덜란드와 벨기에는 오래전에 동일성의 결혼을 인정했으며 캐나다의 법원은 2003년에 그들이 합법적이라고 판결했다. 2003년의 뉴욕타임스/CBS뉴스여론조사에 의하면 미국인의 61%는 동성애자결혼을 반대했으며 55%는 동성애자간의 결혼을 금지한 헌법의 수정에 찬성했다. 2003년에 매사추세츠 대법원은 동성결혼을 허용하는 판결을 내렸고 2004에 샌프란시스코 시장은 동성애자의 결혼을 인정하였으며 여러 다른 지역사회가 이에 따랐다.

동성애자의 세계

모든 동성애자는 비슷하며 모든 채식주의자는 같은 방법으로 행동한다고 상상하는 것은 바보스럽지만 우리사회의 많은 사람들은 이와 꼭 같은 고정관념을 갖는다. 그 결과 겉모습이나 생활스타일과 개성에 의해 동성애자의 정체를 알 수 있다고 상상한다. 그러나 그 같은 고정관념은 정확하지 않다. 소수의 동성애남성은 사내답지 못한 방법으로 처신하고 있는 것은 사실이나 그 수는 동성애집단의 15%를 넘지 않는다. 우리사회에는 여자 같은 목소리를 내고 여성적인 특징을 나타내는 이성애남성이 많이 있다. 남자 같은 모습을 기진 게이여성(gay women)의 수는 매우 소수이며 남성처럼 보이는 여성은 반드시 동성애자는 아니다. 유사하게 거기에는 동성애자의사, 법률가. 트럭운전기사, 전문운동가, 정치가, 남성동성애미용사 또는 디자이너와 같은 많은 직업이 있다. 순 동성애자 또는 이성애자라는 직업적 집단은 없다.

우리사회의 반동성애자가 생각하듯이 대부분의 동성애자는 정서적으로 적응하지 못한다는 증거는 없다. 또한 대부분의 동성애자는 어떻게 생활하는가를 정확하게 기술할 수 있는 동성애생활스타일과 같은 것은 없다. 그곳에는 이성결혼을 하고 있는 많은 동성애자가 있으며 세상과 격리된 생활을 하고 있는 동성애자가 있는가 하면 공개적으로 공표하는 동성애자도 있다. 호전적인 동성애자도 있으며 보다 온건한 동성애자도 있다. 장기간 제휴관계에 머무는 동성애자가 있는 한편 독립된 생활을 선호하며 섹스에 대해 보다 신중하게 접근하는 동성애자가 있다. 이처럼 동성애행위 집단은 이성애집단과 마찬가지로 한없는 다양성을 갖는다.

도시화된 지역에 있어서 동성애공동체는 충분히 제몫을 다할 수 있는 완전한 집단이다. 사회적, 성적접촉을 할 수 있는 동성애자바(gay bar), 동성애자목욕탕, 동성애자거래처, 동성애자교회, 동성애자클리닉, 동성애자휴양소 등을 갖추고 있다. 그러나 다른 지역에서는 조직화된 동성애공동체가 없으며 성적접촉은 공중화장실, 공원 및 픽업 바 등에서 성급히 이루어진다. 과거에는 흔히 동성애자바에 가기를 강요하거나 어떤 지정된 곳을 돌아다녔지만 지금은 새로운 만남의 장소를 마련한 동성애단체가 급성장하고 있다. 워싱턴, 샌프란시스코, 뉴욕과 같은 대도시에는 동성애자의사, 법률가, 교사 및 동성애부모(상당수의 동성애자는 이성결혼을 하여 자녀를 갖는다)를 위한 많은 단체를 갖는다. 다른 조직체는 종교적 충고로부터 개인적인 기준에서 서비스하는 데까지 다양한 범위의 동성애자를 위한 여러 형태의 상담소가 있다. 많은 대학과 종합대학에는 동성애대학생을 지지하고 수용하기 위한 단체가 조직되어있다. 동성애성향의 신문과 잡지는 동성애자의 독특한 문화와 추가적 정보를 제공하며 또한 성적목적을 위해 서로 함께 할 수 있는 파티나 개인광고를 싣는다.

그러나 동성애공동체 내에 발생하는 자존심은 복잡한 현상을 띤다. 이성애세계의 문제와 마찬가지로 모든 것이 행복하고 편안한 것은 아니다. 동성애세계에서도 생활의 비참한 측면이 있다. 화장실 암중모색, 매춘, 감염증의 만연, 불성실한 행동, 난교, 알코올과 마약중독, 범죄, 자살 등의 많은 문제를 안고 있다. 많은 게이와 레즈비언은 동성애실천운동을 위한 그들의 다른 우선사항 때문에 지난 30년 동안 정치적 충돌을 빈번히 가졌다. 그러나 에이즈의 만연은 동성애자의 처지를 한층 어렵게 만들었다. 미국에서 동성애자는 다른 어떤 집단보다도 에이즈만연의 주역을 떠맡았다. 에이즈의 대다수는 만연초기에 뉴욕과 샌프란시스코의 게이 집단에서 발생했으며 이것은 단숨에 전국의 도시로 확산해 갔다. 에이즈는 다른 성감염증보다도 그 치명적인 결과와 장기간의 잠복기로 인해 공포를 유발하였다. 일부일처혼관계에 있지 않는 동성애남성은 걷고 있는 시한폭탄과도 같았다. 에이즈의 만연으로 성격이 뚜렷하지 않는 파트너와 성적접촉을 중단하며 체액의 교환을 포함하여 성 접촉에는 콘돔사용이 필수적이 되었다. 어떤 동성애자는 일부일처혼(일대일 동성관계)은 건전한 정신의 신호이며 다수의 파트너와 성적접촉을 갖는 동성애자는 동성애혐오자라고 규정지었다. 에이즈로 인해 동성애자는 많은 불이익을 받는다. 에이즈에 감염된 동성애자는 그들의 고용주에게 즉각 해고된다. 최근 법원의 판결은 이 차별적 실제는 불법으로 규정지었으며 또한 에이즈는 동성애자만을 감염하는 병이 아니라는 것을 깨닫게 된 현재마저 동성애자는 계속해서 에이즈에 의해 가장 가혹한 영향을 받고 있다.

제 12 장 포르노와 매매춘

성적으로 노골적인 소재는 새로운 것이 아니다. 고대문화의 예술작품에서 이들은 발견된다. 오늘날 성적으로 노골적인 소재는 어디서나 볼 수 있으며 우리 주변에는 TV, 잡지, 광고, 영화, 비디오, 인터넷 등으로 외설물이 넘쳐나고 있다. 또한 비디오방, 전화방, 포르노 숍(sex shop), 매춘업과 같은 음란업소가 성업 중이다. 이러한 상황에서 "택시 기사(Taxi Driver)" "예쁜 아기(Pretty Baby)"와 같은 10대 출현 음란비디오가 유통되어 세상을 떠들썩하게 하기도 했다. 제대로 가치관이 확립되지도 않는 10대 청소년들이 많은 포르노와 음란물의 유혹 속에 노출되어 있다. 현실적으로 포르노가 성적의식을 위험수위까지 올려놓고 있는 것은 사실이다.

성적으로 노골적인 잡지로는 플레이보이지(Playboy)가 있다. 헤프너(Hugh Hefner)는 1953년에 마릴린 먼로(Marilyn Monroe)의 나체사진이 실린 초판을 600달러를 들여 출판하여 그것을 그 자신이 직접 거리에서 판매했다. 그 결과 헤프너는 플레이보이지를 수백만 달러의 거대한 출판기업으로 성장시켰으며 1960년대 후반과 1970년대 초반까지는 어떤 경쟁상대도 갖지 않는 그의 독무대였다. 그러나 성적성향의 소재를 위한 대중의 요구가 폭발하면서 엄격한 검열에도 불구하고 다른 잡지들, 예컨대 펜트하우스(Penthouse), 허슬러(Hustler), 플레이걸(Playgirl) 등이 시장공유를 위하여 경쟁을 시작하였으며 이들 잡지들도 승승장구 성적인가의 경계를 계속 확장하고 있다.

포르노는 시대의 변화와 함께 항상 새로운 매체를 적극적으로 이용해왔다. 인쇄술이 발달되면서 잡지와 책 등의 형태로 대중화되었고 사진술의 발달로 음화가 널리 확산되었다. 미디어매체의 대두와 함께 아주 빠른 속도로 더 많은 사람들에게 전달되게 되었다. 특히 비디오테이프 등의 전자복사기술의 발달은 포르노를 보편화하는 원동력이 되었다. 최근 전화, 팩스, 인터넷을 통한 쌍방향전송이 가능해지면서 포르노의 확산속도와 폭은 상상을 초월하여 이른바 사이버섹스(cybersex)가 이루어지는 단계에까지 이르렀다. 이들 음란사이트는 인터넷주소만 알면 미성년자도 아무런 제약 없이 쉽게 접속할 수 있어 청소년층에 급속히 확산되고 있다.

포르노와 음란

포르노(pornography)는 단순히 매춘(prostitution)을 뜻하는 희랍어의 "porneia"와 저술을 뜻하는 "graphos"에서 온 합성어다. 일반적으로 오늘날에 사용되는 포르노는 본질적으로 성적각성을 유발하거나 각성한다고 추정되는 문학, 예술, 영화, 이야기, 그림 등등에 관계된다. 한편 음란(obscenity)은 상스러운, 감각에 대한 혐오감을 불러일으키는 비도덕적 또는 관능적 욕망이나 인간을 타락하도록 설계된 어떤 것에 관계한다. 미국대법원은 음란에 관한 정확한 정의는 무엇이며 무엇이 법적으로 규제할 수 있는가에 관해 많은 어려움을 겪고 있다. 미국법률에 따르면 포르노는 위법이 아니며 음란은 불법이다. 따라서 법률용어로 사용되는 것은 음란이며 포르노는 아니다.

포르노에 대한 현재의 논의에서 일부는 그들에게 수용될 수 없는 포르노와 그들에게 수용될 수 있는 에로티카(erotica)간의 차이를 만들었다. 예컨대, 사회학자 러셀(Diana E. H. Russell)은 포르노는 인간, 특히 여성의 품위를 떨어뜨리거나 손상시키는 현저한 특성을 생생히 묘사하는 성적행위, 언어 또는 그림의 노골적인 묘사로서 정의하였다. 이에 대해 에로티카는 여성, 남성 또는 어린이의 품위를 떨어뜨리거나 손상시키지 않는 미덕으로서 포르노와 다른 것으로 정의하였다. 이 구별에 따르면 강간을 당한 여성의 영화는 포르노가 될 것이며, 이에 반하여 함께 즐거움을 나눌 것을 서로 동의한 두 성인이 갖는 성적교섭의 영화는 에로티카로 생각될 것이다. 에로티카(erotica)는 희랍어 "erotikos"에서 왔으며 애정시를 뜻한다. 연구조사에 의하면 포르노에 관해 사람들은 매우 다양하게 생각한다는 것을 알았다. 1986년에 행한 타임지의 조사에 의하면 미국인의 56%는 성행위를 서술한 책을 포르노라고 생각하였다. 또한 거기에는 성 차이가 있어서 여론조사에 응한 여성의 52%는 잡지의 나체사진을 포르노라고 생각하는데 반해 남성의 39%만이 그 견해를 지지하였다. 이렇듯 포르노와 예술을 기준 짓는 잣대는 상대적이어서 현재 무엇이 포르노인지에 대한 명확한 합의는 없다.

이와 같이 포르노는 에로티즘을 다룬 예술인 에로예술(에로티카)과 맞닿아 있으면서 넓게는 에로티카의 테두리 안에 좁게는 에로티카보다는 좀 더 어둡고 외설적인 테두리 속에 놓여있다. 포르노는 원래 성애를 다룬 예술을 의미하였으나 시대의 변천에 따라 순수한 에로티카는 퇴색되고 포르노는 성에 대한 외설적인 표현물로 발달하면서 음란물이라는 오명을 쓰게 되었다.

포르노의 타입

포르노는 10수조달러의 산업이다. 그것에 포함되어 있는 다수의 제작은 잡지, 영화필름, 어린이포르노, 전화포르노, 섹스쇼, X급 비디오카세트, 최근의 인터넷포르노 등이 있다. 포르노의 경제에 대한 정확한 자료는 얻기 어려우나 XXX급 영화와 비디오임대수입은 연간 4조2000만 달러의 시세호황을 누리며 포르노방송망, 케이블, 인터넷웹사이트, 모텔영화, 폰섹스, 잡지 등을 포함하면 총 10조-14조 달러가 될 것으로 추산하고 있다.

포르노시장의 한 큰 분야는 단순히 섹스를 시사하는 연성포르노(soft-core pornography)인 플레이보이지(Playboy)와 펜트하우스지(Penthouse)로부터 어떤 실제적 성행위나 성기의 사진을 노골적으로 묘사하는 허슬러지(Hustler)와 수백의 잘 알려지지 않는 경성포르노(hard-core pornography)까지 다양한 범위의 잡지로 구성된다. 그다지 노골적이지 않는 연성잡지(soft-core magazines)는 1970년대에 급성장하기 시작하였다. 1990년대에 그 시장은 커졌

그림 12-1
포르노잡지는 남성독자를 위해 설계된다. 그들은 비교적 유순한 플레이보이잡지로부터 보다 호색적이고 노골적인 허슬러잡지까지 광범위하게 발행한다.

으며 이에는 일반잡지와 특별한 맛을 제공하는 잡지 등을 포함된다. 예컨대, 어떤 것은 여성성기의 근접촬영 등의 전문화된 핑크색 에로물이고 다른 것은 여성동성애행위의 특색사진을 특집기사로 다루기도 한다. 플레이보이지는 1회의 발행부수는 340만부, 펜트하우스지는 130만부, 허슬러지는 100만부의 발행부수이다. 성관련웹사이트는 1200만이상이 있으며 인터넷포르노웹사이트의 수도 1998년에는 28,000이든 것이 2000년에는 60,000으로 증가했다.

대부분의 포르노는 이성애남성독자를 위해 구성되어 있었으나 1970년대에는 플레이걸잡지(Playgirl)가 등장했으며 이성애여성고객을 즐겁게 하는 남성의 육체미사진을 특집기사화 했다. 이 잡지는 현재 매월 575,000부가 발행되고 있다. 또한 규모가 큰 게이, 레즈비언, 인종 간 섹스에 관심이 있는 사람들, 부부교환자와 다른 집단을 위해 기획된 다양한 인쇄물이 있다. 연성포르노는 돈벌이가 되는 산업이다. 1981년에 10대 베스트셀러 연성포르노 잡지는 월 1,600만부 이상의 발행부수에 그 수익이 5억 달러이상이었던 것이 1990년대에 들면서 그 발행부수와 수익은 몇 배로 늘어났다. 경성잡지(hard-core magazines)는 그들이 제공할 수 있는 무엇이든 무제한으로 접근한다. 여기에 다시 그 수익폭은 커서 그 이익 액은 600%나 되며 미국 내 경성잡지판매점이 2만이상이 있다고 추산된다.

성적으로 노골적인 영화는 1915년에 처음으로 제작되었으며 지난 30년 동안 이들 영화필름은 대중용으로 잘 제작되었다. 경성영화(hard-core film) 산업은 1970년경에 대대적으로 출현하기 시작하였다. 1970년에 상영된 "I Am Curious"와 "Yellow"의 두 영화는 성적교섭을 노골적으로 묘사하였으며 성혁명의 출발에 중요한 역할을 하였다. 다른 중요한 XXX급 초기영화는 1973년에 제작한 "Deep Throat"이었다. 그 해학 서럽고 창조적인 구상으로 그 영화는 중류층사이에 큰 인기였다. 그 제작비는 24,000달러였는데 1982년까지에 2,500만 달러의 돈을 벌어들였다. "Deep Throat"의 성공 후 삭제되지 않고 전문적으로 잘 기획된 보다 많은 경성필름이 신속히 출현하기 시작했다.

그림 12-2
연성포르노에 출현하는 아가씨들.

"Loops"는 10분짜리의 짧은 경성필름이다. 그들은 사설영사실에서 동전작동영사기를 설치하였다. 고객은 입장하여 은밀히 영화를 관람할 수 있으며 그들은 그것이 상영되는 동안 다분히 자위행위를 하게 될 것이다. 1980년 초에 가정용 X급 비디오카세트가 포르노극장을 대신하기 시작하였다. 예컨대,"Deep Throat"는 1977년에 카세트에 활용하게 되었으며 1982년에는 약 30만장의 복사물이 판매되었다. 또한 포르노채널이 무성한 유선텔레비전이 중앙무대에 등장하기 시작하였다. 1990년대에는 여러 경영자가 인간성생활의 여러 국면에 관해 사람들을 교육하기 위해 설계한 비디오를 마케팅하기 시작하였다. "보다 좋은 섹스"와 같은 이름의 비디오 시리즈로 이들은 동의된 이성애행위의 아주 폭넓은 생생한 묘사를 포함한다. 그와 같이 이들은 에로티카이며 포르노는 아니다. 이들은 흔히 생생하게 표현하는 행위는 정상이라는 심리학자나 성치료가들이 보증하는 주석을 달았다.

생섹스쇼(live sex show)는 또한 성적산업의 다른 분야이다. 물론 스트립쇼는 우리문화에서 오랜 전통을 가졌다. 그들은 최근에 인기가 다소 쇠퇴되었으나 새 열광은 남성스트리퍼이다. 젊은 남성의 근육질의 육체미는 여성관객에게 오락을 제공한다. 많은 도시의 성적지역에서 생섹스쇼는 무대 위에서 주연하는 커플 또는 집단이 성행위에 관여하며 그기에 따뜻하고 낭만적인 커피는 그것을 마시는 커플을 위해 감각적인 저녁을 선사한다.

전화포르노(telephone porn)는 이 산업의 또 다른 최근의 발달이다. 고객은 전화 다이얼을 돌려 포옹과 키스를 세밀하게 설명하는 소리를 듣기도하고 한편 다른 전화에서는 자위행위, 질성교, 오럴섹스를 포함한 환상적인 이야기를 듣는다. 또한 실제로 대화를 마련하는 폰섹스(phone sex)사업도 있다. 폰섹스직원은 고객과 성적인 내용을 직접 대화로 주고받는다. 전형적으로 사용자는 신용카드로 지불하고 시간에 따라 요금을 부담한다. 지난 10년 동안에 전산망과 인터넷은 모뎀에 부착된 모든 컴퓨터를 위하여 포르노산업이 유용하게 되었다. 이들 서비스는 온라인 채팅 또는 대화, 토론집단을 매개로 취미가 같은 사람과의 메시지의 교환, 방송망을 매개로 성적각성에 대한 이야기와 사진을 호출하며 전문화된 전산망을 매개로 폭넓은 접근과 서비스를 제공받는다.

채팅방(chat rooms) 또는 인터넷 중계 채팅그룹

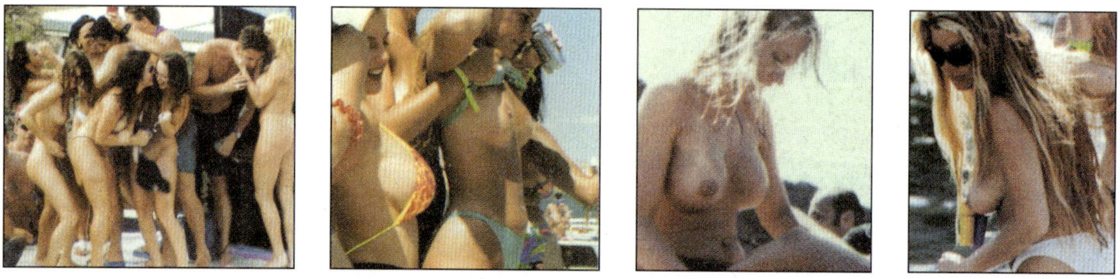

그림 12-3
여성들은 때로 노출을 즐긴다. 이는 노출증인가 음란인가?

은 개인이 전자공학적으로 만나고 대화할 수 있도록 주소지를 마련한다. 이들 방은 흔히 특수한 성적 흥미를 가진 사람들을 지향하며 흔히 그들의 이름에 의해 개설된다. 인터넷자료안내서에는 1998년 4월에 155개의 성지향 채팅방이 연결되었다. 대화는 흔히 성행위 또는 성적환상의 생동감이 넘치는 묘사를 포함한다. 위에서 전개한 폰섹스대화는 전화선으로 통화하는 대신에 컴퓨터스크린상에 말로서 전시함으로써 전자적으로 대신할 수 있다. 어떤 사람은 그들이 인터넷대화를 통해서만 알게 된 어떤 사람과의 결혼을 포함한 관계에 빠진다. 이 상황에서 이들 채팅의 흥미로운 특성은 다른 사람은 그들을 볼 수 없다는 것이다. 이는 주체성의 넓은 범위를 시도하거나 리허설하기 위해 그들이 원하는 어떤 방법으로 그들 자신을 나타내게 한다.

사람들은 또한 섹스성향뉴스그룹(sex-oriented news groups) 또는 토론그룹에 접속할 수 있으며 다른 사람에 의해 고시된 메시지를 읽으며 메시지를 그들 자신에게 알린다. 이 메시지는 개인정보를 포함할 수 있으며 또는 그들은 이야기일 수 있고 디지털형식의 포르노그림을 포함한 파일일 수 있다. 이야기는 고객에 의하여 프린트될 수 있고 그림 파일은 다운로드받을 수 있으며 플러그접속을 통해 볼 수 있다. 흔히 메시지는 단순히 광고를 위해서이거나 또는 포르노물을 판매하는 섹스성향웹사이트에 연결된다. 전술한 1998년 4월의 인터넷자료안내서는 620의 섹스성향뉴스그룹에 연결을 가졌다.

디지털형의 성적으로 노골적인 사진을 포함한 다수의 상업용 게시판이 있다. 전술한 1998년 4월의 인터넷자료안내서는 43의 섹스성향게시판을 기재하고 있다. 사용자는 이들 게시판에 접속될 수 있고 유료로 영상을 다운로드받을 수 있다. 각 영상은 짧은 설명과 함께 전자카탈로그에 실려 있다. 카네기멜론(Carnegie-Mellon)연구소는 이들 영상의 내용을 550만으로 분류하였다. 경성영상(hard-core images)은 다운로드받은 영상의 38%를 이루었다. 다른 33%는 편집성애의 영상이었다. 관련된 독특한 것 중에 소아성애적 영상의 통속성 인기로 이들은 다운로드받는 영상의 15.6%를 차지한다. 그 같은 영상은 불법이며 다른 경우에 쉽게 통용될 수 없다. 성인BBS(Bulletin Board System)시장은 편집성애와 소아성애영상을 위한 요구로 크게 내몰린다. 질성교영상의 유용성과 요구는 비교적 적다. 미국 국회와 여러 행정기관은 컴퓨터네트워크에 이들 음란물의 유통을 어떻게 조정할 수 있을 것인가 논의하고 있다.

성인 웹사이트(adult web sites)는 다양한 포르노 서비스와 성적소재를 취급한다. 1998년 4월의 인터넷자료안내는 여러 명칭을 가진 660의 그 같은 사이트에 접속되었다. 각 사이트는 전형적으로 당신의 컴퓨터영상스크린에 볼 수 있는 수천의 포르노 사진, 포르노비디오, 이야기로 구성되어 있으며 생섹스쇼에 접속되고 남성 및 여성의 탈의장 같은 장소에서 생비디오카메라에 접속된다. 일부는 또한 비디오, CD-ROMS은 대용남근(dildo), 다른 성적고안물과 의상 등과 같은 성적보조물을 취급한다. 또한 일부는 관객이 행위자가 특이한 행위를 수행하도록 의뢰할 수 있다. 각 사이트는 수용을 위해 회원요금을 청구한다. 요금은 통상 신용카드로 지불한다.

인터넷포르노(electronic porn)는 여러 이유로 사업을 위한 근원이 된다. 하나는 크고 끊임없이 수가 증가하는 채팅방, 뉴스그룹, 및 웹사이트는 사람이 이 타입의 성적내용에 의존 또는 중독이 되도록 조성한다. 이들의 어느 것도 대부분의 성적관계에 핵심이 되는 사회적 상호작용에 직접적으로 관여하지 않는다. 위험은 그들이 대용품이 된다는 것이다. 또한 청소년들이 이들 소재에 접근할 수 있는 다량의 사물이 있다. 모든 사이트는 사람이 그 사이트에 접근하기 위해서 18세를 지나야한다는 인쇄된 경고가 있으며 성적으로 노골적인 소재에 의해 규칙을 어긴 사람은 그 사이트에 들어가서는 안 된다. 이 무감독체계는 효과적인 통제는 아니다. 웹사이트에 접근하거나 게시판으로부터 사진을 다운로드받기 위하여 사용자는 신용카드번호를 제공해야한다는 것은 사실이나 이는 많은 청소년을 위해 주요제지는 되지 못한다.

어린이포르노(kiddie porn)는 어린이가 관련된 성행위의 사진이나 필름을 특징으로 한다. 이는 그 같은 분명한 피해자인 어린이를 모델로 제작되기 때문에 포르노산업의 가장 비난받는 부분이다. 어린이는 그들의 발달수준 때문에 그 같은 행위에 참여하기 위한 진정한 동의를 줄 수 없으며 그들에게 작용하는 정신적 육체적 손상을 위한 잠재력은 매우 크다. 그 때문에 여러 나라에서는 어린이포르노 제작을 금지시켰다.

포르노서점의 평균고객은 22세에서 34세간의 교양 있는 중간층남성이다. 즉 그 같은 서점의 포르노물의 구매자는 남성 중 전형적인 사람이거나 정상인이다. 조사에 의하면 많은 대학생은 성적으로 노골적인 소재를 사용한다고 시사하였다. 한 조사에서 남자대학생의 59%, 여대생의 36%는 X급 영화를 보거나 포르노서적을 읽는다고 말했다. 여성의 5% 이상과 남성의 9%이상이 아주 빈번히 그렇게 한다고 대답하였다. 고객이 반복해서 찾는 일이 포르노산업의 성공을 위한 결정적인 부분이다. 일하기 전, 점심시간, 퇴근시간, 밤늦게 등 하루에 3번에서 5번 고정적으로 찾는 사람도 있다.

컴퓨터포르노(computer porn)는 보다 다양한 고객들을 매혹한다. 채팅방과 섹스성향뉴스그룹은 다양한 연령층의 남녀를 끌어들인다. 이들의 일부는 기혼자이다. 인터넷을 통해 만난 누구와 살기 위하여 배우자나 파트너와 헤어진 남성 또는 여성이 있다. 채팅방이나 뉴스그룹의 초점에 따라 참가자는 여러 인종 또는 가치관의 배경을 갖는다. 게시판과 성인웹사이트의 일부는 다른 고객들에 맞추는 소재를 강조하지만 성인서점과 같이 동일형의 고객을 매혹한다.

포르노에 대한 남녀동권주의자의 반대

일부 남녀동권주의자(feminist)는 포르노에 대해 매우 비판적이다. 성해방을 소중히 여기는 남녀동권주의자가 왜 포르노를 거부하느냐 하면 3가지 기본적인 이유가 있다. 첫째 그들은 포르노는 여성의 품위를 떨어뜨린다고 주장한다. 보다 온화한 연성각색(soft-core versions)에 있어서 이는 여성들의 가슴, 다리, 엉덩이를 구매하며 그리고 추파를 던지는 성적대상으로서 여성들을 생생하게 묘사한다. 경성각색(hard-core version)에 있어서 여성들은 방뇨하는 또는 쇠사슬에 묶인 대상으로서 묘사된다. 이는 여성에 대한 정중한 태도가 아니다. 둘째로 포르노는 여성에 대한 폭력과 섹스를 관련시킨다. 이로써 포르노는 여성과 소녀에 대해 강간과 다른 형태의 폭력에 기여한다. 셋째로 포르노는 여성과 남성간의 힘의 불균형을 미화시킨다. 포르노의 일반주제는 남성이 섹스를 갖기 위해 여성을 강제함으로써 남성의 힘과 여성의 순종을 강조한다.

이 점과 양립하여 남녀동권주의자는 여성과 남성을 대등하게 인간성을 부여하는 관계를 묘사하는 에로티카와 같은 비폭력적 포르노는 반대하지 않는다. 또한 남녀동권주의자는 포르노와 전통적 성역할간의 친밀관계를 주목한다. 포르노는 원인과 영향 양쪽을 말려들게 하였다. 즉 포르노는 부분적으로 남성을 위해 사회적으로 수용하도록 만드는 전통적성역할이 생기게 하며 남성역할의 부분으로서 과도한 성행위와 공격성을 요구하게 한다. 한 연구는 포르노의 가장 있을법한 사용자는 전통적으로 성적타입의 남성다운 남자와 남자 같은 여성이라는 것을 발견하였다. 나아가 포르노는 전통적성역할을 영속하도록 한다. 우세한 남성과 순종하는 비인간화된 여성에 관해 보거나 읽게 함으로써 청소년의 각 새 세대는 이들 역할을 받아들여 사회화하도록 하는 문제를 안고 있다.

포르노의 영향

폭력성포르노는 여성에 대한 폭력범죄를 범하는 남성이 되기 쉽게 한다고 하는 일부 주장은 사회과학적인 방법으로 검정할 수 있다. 다수의 사회심리학자는 그 같은 주장을 검정하기 위하여 4가지 의문을 제기하였다. 첫째, 폭력성포르노는 성적각성을 일으키는가, 둘째, 폭력성포르노는 사용자의 태도, 특히 여성과 강간에 대한 특수한 태도에 영향을 주는가. 셋째, 폭력성포르노는 사용자의 성행위에 영향을 주는가. 넷째, 폭력성포르노는 사용자의 공격성 또는 범죄행위, 특히 여성에 대한 공격적 행위에 영향을 주는가, 등이다.

성적각성에 대한 성적으로 노골적인 소재의 영향을 조사 연구한 결과는 이들 소재에 대한 노출은 각성을 유발한다는 것을 일관성 있게 발견하였다. 불유쾌한 묘사에 대한 노출은 시청자에게 부정적인 반응을 일으켰다. 대부분의 사람은 편집성애, 강간, 소아와 관련된 성행위를 비난하였으며 따라서 그들은 경성포르노와 어린이포르노에 부정적으로 반응하였다. 한 예외는 그들이 포르노를 시청하기 전에 어떤 상황에서 강간을 범한 남성들은 강간의 묘사에 성적으로 각성되었다. 성적으로 노골적인 소재에 대한 반응에는 성 차이가 있다. 남성은 그 같은 묘사에 대한 노출에 여성이 보이는 것보다 높은 레벨의 각성을 나타냈다. 그 차이는 에로티카보다 포르노에 대한 반응에서 더 컸으며 또한 나이가 많은 사람들보다 대학생층에서 더 컸다.

성행위에 관해서 동의된 이성애행위의 에로틱한 묘사에 대한 반응에서 남녀 모두 성적생각과 환상이 증가하고 자위행위와 성행위가 증가했다. 또한 성적공격의 묘사에 대한 노출이 공격적 행위를 증가시키느냐 하는 문제의 실험연구에서 여성에 의해 목욕되거나 분개된 남성은 기회가 주어졌을 때 그녀에 대해 공격적으로 반응하였다. 폭력포르노에 노출되었던 남성은 성적으로 노골적이나 비폭력적인 것에 노출된 남성과 비교해서 보다 더 공격적이다. 많은 연구에서 만약 비교집단이 비 성적 폭력필름에 노출된 남성이라면 두 집단 사이에 차이를 발견하지 못하였다. 결론적으로 시청자가 받아들일 수 있는 성적으로 노골적인 소재에 대한 노출은 남녀 모두 각성한다고 결론지울 수 있다. 공격성포르노에 대한 노출은 여성에 대한 남성의 공격이 증가되며 남성의 태도에 영향을 주어 그들에게 여성에 대한 폭력을 더 많이 수용하게 만들었다.

1968년에 미국의 존슨대통령(President Lyndon Johnson)은 성적으로 노골적인 소재에 노출되었을 때 행위의 부정적인 영향이 있는지의 여부를 확인하도록 18명으로 구성된 포르노위원회에 증거를 수집하고 연구 조사하도록 위촉했다. 1970년에 출간된 미국포르노위원회의 보고서가 내린 음란과 포르노에 관한 기본결론은 포르노는 사람들에게 나쁜 영향을 미치지 않는다는 것이었다. 그 후 곧 덴마크의 실험보고서가 나왔다. 덴마크는 포르노를 완전히 합법화하였으며 그 결과 성범죄 특히 어

그림 12-4

폭력성포르노는 여성을 해친다고 항의하는 여성단체.

그림 12-5 폭력성포르노에 항의하는 시민들.

린이음란은 감소되었다. 그래서 대부분의 교본은 포르노는 유해하지 않다는 결론을 내렸다. 성적으로 노골적인 소재(영화, 그림, 책, 비디오 등)를 보거나 읽거나 들었을 때 대부분의 남녀는 생리적인 각성을 일으켰다. 이는 한때 남성만이 성적으로 노골적인 소재에 의해 각성된다고 믿고 있었으나 유사한 생리적인 반응은 양성에서 관찰되었으며 많은 여성은 성적으로 노골적인 소재를 적극적으로 회피하려고 하였으나 그들이 그것을 보거나 들었을 때 그것에 여전히 반응하였다. 포르노위원회는 성적으로 노골적인 소재에 대한 성인의 노출과 성범죄나 다른 비정상적인 유해한 행위 간에는 중요한 연관이 없다고 결론지었다. 따라서 포르노위원회는 포르노와 음란법의 철회와 공립학교에서의 성교육의 실시를 추천하였다. 그러나 그 후 미국의 포르노위원회는 그 같은 결론은 그 당시는 공격성포르노물이 비교적 희소했으며 그들이 연구한 대상은 비교적 온화하고 연성이며 폭력을 묘사하지 않았기 때문이라고 비판하였다. 분명히 1970년 이후 비디오와 같은 성적으로 노골적인 포르노물을 보다 많은 사람들이 이용하게 되었다. 그래서 포르노위원회는 1970년에 공표된 위원회보고서는 이미 정확하지 않음으로 보다 최근의 연구가 필요하다는 결론을 내렸다.

실험연구는 일반적으로 포르노에 대한 노출은 수분에서 한 시간 정도에서 끝나는 단시간의 각성 증가는 있지만 인간의 성행위에 장기간의 영향은 주지 않는다고 지적한다. 예컨대, 한 연구에서 남성을 비폭력성의 성적으로 노골적인 포르노에 노출시켰을 때 노출된 그날 자위행위의 증가는 있었지만 그 후 그 주간의 성행위에 별다른 증가는 보이지 않았다. 그러나 공격성포르노에 대한 노출은 여성에 대한 폭력성행위를 증가시켰다. 예컨대, 실험연구에서 남성의 한 그룹은 여성의 약탈강간을 묘사한 공격성포르노에 노출시켰으며 다른 그룹은 비공격성포르노에 노출시켰고 또 다른 그룹은 일반적 중성적 필름에 노출시켰다. 그 후 모든 실험대상을 실제로 공모한 여성실험자에 창피를 당하게 한 다음 그들이 그녀에 대해 전기쇼크로 공격할 수 있는 입장에 두었다. 그랬더니 공격성포르노에 노출되었던 사람들은 비공격성포르노와 중성필름에 노출시킨 사람들보다 상당히 높은 레벨의 공격을 보였다. 요약하면 비폭력포르노에 대한 노출은 사람들의 성행위나 공격성행위에 많은 영향은 없으나 공격성포르노에 대한 노출은 여성에 대한 남성의 공격성행위를 증가시킨다는 것이다.

포르노와 성범죄

미국의 음란법은 1600년대에 매사추세츠주에서 음란은 처음에는 사형으로 그 후에는 뜨거운 인두로 혀에 구멍을 내는 처벌에서 기원했다. 그러나 그 당시의 음란은 종교에 대한 모독이었으며 육체적인 성적내용과는 아무 관계가 없었다. 1815년에 펜실베이니아법정이 일반법 위반자가 외설적 나체커플의 사진을 전시한 것을 발견할 때까지는 성적소재는 포함되지 않았다. 1821년에 매사추세츠주는 외설문학서를 판매한 업자를 유죄 선고한 최초의 주가 되었다. 1800년대 중반에 미국의 여러 주는 공중도덕을 해치는 성적소재를 포함하도록 그들의 음란법령을 확정하였다. 그러나 19세기 중에는 주나 연방정부 차원에서 음란법령은 별로 시행되지 않았다. 20세기에 이르러 미국의 음란법은 광범위한 소재에 적용하기 시작하였다. 여성을 위한 산아제한을 옹호한 생거(Margaret Sanger)의 개척자적 업적은 이들 법에 상반되었으며, 엘리스(Havelock Ellis)의 성의 심리학에 관한 학문적 연구는 비난받았고, 그 외에 현재 고전문학으로 인정되는 많은 문학서들이 금지되었다.

최초의 돌파구는 1933년에 뉴욕지방법원의 판사 울시(Woolsey)가 아일랜드의 작가 조이스(James Joyce)의 문학작품 율리시즈(Ulysses, 1922)의 수입 금지를 해제했을 때 왔다. 울시의 유명한 판결은 비록 율리시즈가 많은 노골적인 성적내용을 담고 있지만 그 주목적은 정욕을 자극하려는 것이 아니었다고 주석하였다. 울시의 판례는 일련의 문학적, 예술적, 정치적, 또는 과학적 가치를 갖는 업적은 음란으로서 금지할 수 없다는 것을 예시하였다. 그 후 20년 동안 음란심리는 울시판례의 지침에 따랐다. 그러나 1957년에 미국대법원은 음란심리를 위한 새로운 기준을 만들었다. 이 기준은 포르노의 방조문이 개방되었다고 생각하는 사람들과 대법원의 음란에 관한 정의는 지나치게 자유를 제한한다는 것을 발견한 시민자유론자들로부터 거센 항의를 받았다. 이 결정은 1966년에 대법원이 오늘날에도 사용되고 있는 다음과 같은 3부분의 음란에 과한 정의를 내렸을 때 확대되었다. 첫째 보통사람이 그 소재로부터 외설적인 관심을 끄는 작용을 발견할 수 있어야하며, 둘째 동시대 사회기준을 위배해야하며, 셋째 전적으로 사회가치를 벌충함이 없는 즉 사회가치가 심각하게 결여되어 있는가에 따라 음란여부를 규정했다.

미국의 코미디언 칼린(George Carlin)이 일반적으로 사용되지 않는 부도덕한 말을 반복 사용했다하여 뉴욕라디오방송국은 연방커뮤니케이션위원회에 고발하였다. 그러나 한 연방공소법원은 칼린의 코미디는 위반일지 모르나 그것은 분명히 탐욕적인 생각을 자극할 의향이 없었기 때문에 그것은 법적으로 음란에 해당되지 않는다고 규정지었다. 그러나 대법원은 방송매체를 통한 외설적인 말은 금하는 것이 옳다고 하여 그 판결을 번복시켰다. 또한 다른 사례에서 미국대법원은 어린이에게 보이는 성적으로 노골적인 소재는 그것이 음란이었다고 입증함이 없이도 금지할 수 있다고 규정지었다.

앞서 논의한 것처럼 1968년에 포르노와 음란에 관한 문제를 연구하도록 존슨대통령으로부터 위임받은 포르노위원회는 덴마크의 체험과 다른 많은 데이터에 의하여 포르노에 대한 성인의 노출과 뒤이어 일어나는 위해 또는 파괴적인 행위 간에 중요한 연결은 없다고 결론지었다. 그리하여 그들은 공립학교에서의 성교육의 실시와 더불어 모든 기존의 포르노 및 음란법의 폐지를 주장하였다. 포르노위원회는 섹스에 관한 공개적이고 직접적인 이야기를 못하게 금지하는 것은 여러 가지 부정적인 결과를 초래할 위험성이 있으며 그것은 섹스를 지나치게 강조하여 그것에 비자연적인 특질을 주어 섹스를 보다 매력적이고 매혹적인 것으로 만든다. 그렇게 되면 성적관심을 보다 합리적인 채널 밖으로 돌려 성적관심의 표출을 덜 논리적인 채널로 전환하게 할 위험성이 있다고 경고하였다. 1967년에 포르노의 유용성을 제한했던 법을 폐지한 덴마크에 있어서는 1967년에서 1973년에 걸쳐 성범죄의 증가가 없었을 뿐 아니라 실제로 여러 성범죄율은 감소되었다. 그리고 서독에서의 포르노의 합법화는 이후 수년간의 강간발생률은 증가하지 않았으며 또한 덴마크에서의 포르노의 공인은 어린이에 대한 성범죄수가 감소하였다고 보도하였다.

성에 관한 표현은 지역사회에 따라 별로 제약을 받지 않는 나라도 있으나 우리나라는 형법 제243조와 제244조에 의하여 음란한 문서, 도서 및 포르노영화의 제조, 판매 및 배포 등을 금지하고 있다. 소설가 장정일씨의 소설 "내게 거짓말을 해봐"와 만화가 이현세씨의 만화 "천국의 신화"의 음란성 여부가 논란의 대상이 되었던 일이 있으며, 탤런트 서갑숙씨의 "나도 때로 포르노그라피의 주인공이고 싶다"의 음란성 여부로 표현의 자유와 법적 한계에 대한 논란이 있었다. 또한 1995년 6월에 마광수교수의 소설 "즐거운 사라"에 대해 대법원은 정상적인 정서와 선량한 사회풍속을 해치고 타락시킬 음란물까지 허용할 수 없다고 하여 마교수에게 징역 8월에 집행유예 2년을 선고한 원심을 확정했다.

포르노에 있어서도 임신중절과 같이 많은 이중경향이 있다. 포르노는 젊은이들을 타락시키고 사회의 도덕구조를 파괴하는 악이라고 믿는 사람들이 있는가하면 많은 다른 사람들은 포르노가 해로운 영향을 미친다는 증거는 없다고 믿으며 그것을 통제하는 것은 개인의 자유를 침해하는 것으로 생각한다. 이 견해의 이중경향은 성적으로 묘사된 소재를 본질적으로 다른 기준에서 평가하게 한다. 뉴욕시 42번가의 주변에서는 성적으로 야한 포르노영화. 책과 잡지들이 자유로이 이용되고 있다. 이와는 달리 한국과 같은 다른 공동체에서는 서구사회에서는 이미 오래 전에 대중잡지로 자리 잡은 플레이보이지와 같은 비교적 해가 없는 소재마저 공공연하게 드러내놓지 못하게 규제하고 있다.

포르노는 일반적으로 피해자 없는 범죄라고 생각되고 있으며 그 핵심은 여기에 적용될 도덕성을 입법에 고려하는 일이며 논의할만한 가치가 있는 또 하나의 추가적 핵심은 포르노의 잠재적 영향에 관한 것이다. 포르노의 영향을 밝히기 위해 포르노에 노출시킨 많은 연구가 이루어졌다. 그 하나는 결혼한 커플을 4주에 걸쳐 한 주에 한번 에로틱한 필름에 노출시켰다. 그 커플은 일반적으로 그들이 필름을 본 그날 저녁에 한해 성적각성에 약간의 증가를 보였으나 비일상적인 성행위의 증가는 없었다. 흥미로운 것은 이 연구에서 포르노를 본다는 기대는 실제로 보는 것보다 더 성적충동을 자극하였다는 것이다. 다른 연구는 남자대학생들을 3주 동안 주 5일씩 하루에 90분 동안 다양한 성적으로 노골적인 자극에 노출시켰다. 체험의 초기에는 성적각성을 보였으나 실험이 진행되면서 섹스에 대한 관심은 안정된 감소를 보였다. 이 실험에서 포르노에 대한 장시간의 노출은 그들을 싫증나게 한다는 것을 알게 되었다.

성범죄의 연구는 성범죄와 포르노 간에 연관을 마련하는데 실패하였다. 킨제이연구소에 의해 후원된 이 연구의 결과는 포르노와 성범죄간의 연결에 많은 의문을 제기하는 한편 포르노가 완전히 무해하다는 것을 입증하지는 못했다.

미즈보고서

레이건행정부의 법무부장관이었던 미즈(Edwin Meese)는 포르노의 논쟁을 재평가할 목적으로 음란위원회를 발족시켰다. 미즈위원회는 많은 자료, 법관, 실천주의자, 피해자 및 사회과학자들로부터 많은 연구를 포함한 증언을 들었다. 1986년에 미즈는 연방자문위원을 소집하여 미즈보고서(Meese report)로 알려진 상세한 평결을 논의하였다. 그리하여 미즈위원회는 포르노의 가장 일반적인 형태는 강간, 가학피학성 또는 다른 형태의 성적강제를 포함하여 노골적으로 성폭력성을 묘사한 것이 특징이며 따라서 폭력성포르노에 대한 노출은 여성에 대한 공격성행위를 유발한다고 결론지었다. 동시에 미즈위원회는 현재까지 비폭력적 비퇴폐적 포르노와 성폭력간의 연결을 지지할 설득력 있는 증거가 없다는 것을 시인하면서도 미즈보고서는 비폭력성포르노도 그것이 인간가치에 영향을 줄 수 있고 가정생활을 왜곡할 수 있기 때문에 사회에 유해할 수 있다고 결론지었다.

미즈위원회는 실질적으로 다음과 같은 포르노의 보다 엄격한 규정을 추천했다. 연방, 주 및 지방

레벨에서 현 음란법의 보다 강력한 시행이 있어야 하고 음란법의 위반은 최소 1년의 징역에 처할 수 있어야하며, 입법부는 연방 및 주의 양 레벨에서 유죄 선고된 포르노는 그들의 수익을 몰수하고 그들의 음란물의 제작 또는 배포에 사용되었던 재산을 압류하도록 요구하는 법을 통과시켜야한다고 추천했다. 또한 국회는 음란유선텔레비전 프로그램을 금지시켜야하며 연방커뮤니케이션위원회는 전화호출포르노서비스를 금지해야하고 엄한 법규로 아동포르노영화의 제조와 보급을 단속하도록 명문화해야 한다고 요청하였다.

이들 추천을 위한 미즈위원회의 논리적 근거는 포르노에 의해 야기되는 실질적인 유해의 증거를 발견했다는 것이다. 그러나 위원회에 증언했던 사회과학자들은 그 결론과 추천에 즉각 항의했다. 그 연구에서 실험대상은 대학생들이며 그래서 그것이 다른 사회집단에서 일반화될 수 있는 것인지 분명치 않으며 그리고 보다 중요한 것은 그것이 해로운 영향으로 유도한 폭력성포르노에 있어서 그 유해한 요인이 폭력인지 섹스인지 분명치 않다는 것이다. 실제로 그 영향을 분석해내려고 시도한 연구에서 성적내용이 없는 폭력만의 필름을 본 사람들과 성적폭력필름(폭력성포르노)을 본 사람들은 다 같이 공격성이 뒤따랐지만 양자들 간에 거의 차이를 찾아볼 수 없었다. 따라서 성적으로 노골적이거나 포르노가 문제되는 것이 아니고 폭력성매체가 문제된다고 결론지었다. 그것이 사실이라면 포르노의 제한을 위한 미즈위원회의 추천은 이치에 맞지 않으며 그것은 폭력매체에 관련된 것이지 포르노에 관련된 것이 아니라고 주장하였다.

에로티카의 사용

오늘날 실제적으로 청소년이 어떤 형의 성적으로 노골적인 소재(에로티카)를 피해 지나갈 수 있다는 것은 불가능하게 되었다. 비록 20세 이상의 성년에게 제공하는 서점, 영화관, 비디오테이프클럽이 있지만 소위 연성에로티카(soft-core erotica)라고 하는 남성과 여성의 잡지, 베스트셀러소설, 만화잡지, 누구든지 멀리서 흥미롭게 그 같은 소재를 볼 기회를 가질 수 있도록 보증되어 있는 일반개봉영화 등 풍부한 공급이 있다. 사람들이 왜 에로티카의 사용에 흥미를 갖는가에 대해서는 많은 이유가 있다. 에로

그림 12-6
광고는 흔히 여성을 피동적이고 성적으로 수용적인 것으로 묘사한다. 이러한 고정관념은 때로 부정적이고 모욕적인 것으로 받아들여진다.

그림 12-7
포르노와 달리 에로티카는 남성과 여성이 함께 신체적 친교를 즐기고 충분히 나누는 성행위를 품위있게 묘사한다.

티카는 성행위에 관한 지식과 비교정보의 자료를 마련한다. 이들 소재는 흔히 특수한 순간에 개인의 취향에 따라 연장 또는 단축할 수 있는 성적각성을 일으킨다. 성적환상과 같이 에로티카는 상상을 촉발하고 그래서 사람이 제어된 방법으로 금지된 또는 몹시 놀라게 하는 것을 처리하는데 도움을 준다. 에로티카는 사람들에게 그들이 시도하려고 희망하거나 호기심을 갖는 행위를 상상력이 풍부하게 리허설 하도록 기회를 제공한다. 끝으로 에로티카는 마치 서부극이나 추리소설처럼 일종의 즐거운 레크리에이션이나 그 성적흥분효과를 제쳐놓고 별개의 즐거움을 준다.

언어, 사진. 또는 영화에 의하여 유도되는 성적각성에는 다소의 차이가 있는 듯하다. 어떤 사람은 보다 생생한 영화의 실제의 행동을 선호하는데 반해 다른 사람은 그림이나 사진에 그들의 상상을 펼치도록 하거나 인쇄된 언어의 에로틱한 흥미에 한층 매혹된다. 그 같은 차이는 스타일의 문제이며 한사람이 영화나 음악연주회를 선호하고 다른 사람은 연극보기를 좋아하는 것과 같은 것으로 선호하는 주제는 문제되지 않는다. 대조적으로 제시하는 스타일보다 에로티카의 내용이 특수한 영향을 갖는다. 사람들은 그들이 불편하거나 공격성을 발견하는 성행위의 묘사에 의한 것보다 그들이 관계하는 내용에 의하여 성적으로 각성하는 것을 더 좋아한다.

에로틱한 소재의 사용으로 발생하는 성적각성은 단순히 심리적인 것이 아니다. 많은 연구자들은 에로사진이나 영화를 보는 사람에서 특수한 심리적인 변화를 주목하였다. 에로작품의 한 절을 읽거나 에로이야기를 녹음한 테이프를 듣거나하는 사람에서 특수한 심리적 변화를 보였다. 여성이 월경이나 질의 윤활화에 변화를 경험하는 동안 남성은 흔히 음경의 발기를 체험한다. 과거에 남성이 여성보다 에로문집, 사진 및 영화에 보다 빈번하고 강력하게 반응한다고 생각하였으나 연구결과는 그렇지 않고 여성의 에로티카에 대한 반응은 남성들과 유사하다는 것을 알았다. 분명히 그 같은 소재에 의해 호기심을 갖거나 흥분한다는 것은 숙녀답지 않다고 교육을 받은 일부 여성은 어떤 에로티카에 대한 노출을 강력히 회피하거나 의지에 의하여 그들 자신의 자연발생적 반응을 억제하려고 최선을 다한다. 여성은 증가된 질의 혈류와 같은 생리적 변화를 검출할 수 있을 때마저 온화한 성적각성을

그림 12-8
많은 커플은 이국풍의 란제리, 성노리개, 에로틱한 책과 색다른 경험과 성적으로 자극적인 상호작용을 흥미로운 방법으로 수록된 비디오를 가게에서 발견할수 있다.

그림 12-9
대중음악인의 공연은 흔히 고도로 성적이다. 이는 예술인가 음란인가?

알아차리기는 어렵다. 이에 비해 남성은 통상 그의 각성의 보다 분명한 외부징표를 갖는다. 과거에 남성은 보다 대상 지향적이고 성행동에 강력하게 반응하는 경향이 있는 반면, 여성은 스타일, 배경, 분위기에 보다 주의를 기울인다고 생각하였다. 그러나 다른 연구는 남녀 모두 실제로 그들은 에로틱한 각성이 매우 유사하다는 것을 입증하였다.

그림 12-10

포르노 제작과 판매는 주요산업으로 성장하였다. 샌프란시스코에서 찍은 이 사진에서 보는 것처럼 대부분의 대도시는 그와 같은 가게(sex shop)가 집중되어 있는 구역을 갖는다.

행동에 대한 에로티카의 영향

에로티카의 사용이 여하히 행위에 영향을 주는가는 현재 많은 논의를 야기하는 복잡한 문제이다. 사람들이 에로티카에 노출되었을 때 일부사람은 자위행위 또는 성교행위가 증가되고 소수는 그것이 감소되나 대다수의 사람은 그들의 행위에 변화가 없다고 보고하였다. 이들 행위의 증가는 단시간 지속되고 일반적으로 48기간 내에 소실된다. 일반적으로 성행위의 확립된 패턴은 매우 안정하며 에로티카에 노출되어도 실질적인 변화는 없다. 더구나 덴마크에서 1965년에 경성포르노가 법적으로 널리 유용하게 된 후 많은 성범죄율이 실질적으로 감소하였다. 한편 미국에서의 연구에 의하면 형무소에 수감된 강간자, 어린이성추행자 및 다른 성범죄자는 실제적으로 다른 성인보다 청년기 중에 성적으로 노골적인 소재에 덜 노출된 사람들이 많았다. 더욱이 에로티카에 반복해서 심한 노출은 성행위의 변화보다 권태와 지루함으로 유도한다. 이래서 다수 학자는 포르노물을 읽거나 성적으로 노골적인 영화를 보는 것은 사람을 성적으로 미치게 하거나 남성을 강간 또는 성적으로 충동적인 방법으로 행동하도록 자극하지는 않는다고 결론지었다. 그 위에 최근의 연구는 비폭력성포르노의 반복시청은 여성에 대한 태도에 영향이 없다는 것을 입증하였다.

이 의문에 다른 국면이 있다. 다수의 관찰은 지난 20년 동안에 포르노의 폭력현상에 상당한 증가가 있었다고 믿는다. 최근의 연구는 매체의 폭력묘사는 시청자에 의한 공격성의 증가에 분명한 연결의 증거가 있으며 폭력과 포르노의 연합여부가 행위에 특수한 부정적 영향을 갖는다는 것을 발견하였다. 폭력성포르노에 관한 다른 불확실성에 부가하여 많은 사람은 또한 포르노는 품위를 떨어뜨리고 그들이 느끼는 묘사는 여성을 지성이 없는 성적 대상으로 봄으로써 성차별에 기여하게 되고 비록 그 같은 소재가 직접적으로 행동에 영향을 미치지 않는다 해도 남성과 여성에 관한 기존의 고정관념과 선입관을 강화함으로써 그들은 궁극적으로 행동에 표현되는 태도의 강화 또는 독창성마저 부여하게 된다.

에로티카의 장기효과의 문제에 대한 여러 다른 측면이 있다. 성적으로 노골적인 소재는 때로 성적 문제를 극복하도록 사람들을 돕거나 그들의 성적 억제를 감소시킬 수 있다는 증거가 있다. 그러나 때로 이들 소재는 걱정을 불러일으킨다. 특히 사람들이 에로티카의 스타들과 그들의 신체적 태도나 성적반응패턴을 비교할 때 그러하다. 이들 남주인공과 여주인공은 고도로 매력적일 뿐 아니라 순간적으로 무한한 열정으로 종사한다. 일부 사람은 당연히 이들 이미지에 대해 죄의식으로 괴로워하거나 당황하거나 자기회의로 반응한다. 지난 20년 동안 성적으로 노골적인 항목에 보다 용인하고 접근하기 쉬운 경향을 띠었으며 그리고 최근의 검열이 없는 유선TV와 가정비디오체계의 붐은 에로티카의 영향에 대한 보다 완전한 데이터를 모으는데 중요한 역할을 했다. 우리는 에로티카의 사용이 때로 문제를 수반한다는 가능성을 간과해서도 안 되지만 현대적도덕성의 모습에 다시 태어나는 낡은 부정적 태도를 두려워해서도 안 될 것이다.

포르노의 해결책

포르노에 대한 불일치의 본질적 요소는 미즈보고서 이전에도 있었던 것과 마찬가지로 많은 논의는 계속되고 있다. 보다 제한적인 입법을 바라고 포르노의 제작 및 판매를 더욱 금지하기를 바라는 사람들이 많다. 그들은 포르노물을 어린이와 10대들로부터 완전히 격리한다는 것은 불가능하다고 지적한다. 그 같은 노출이 장기간 부정적 효과를 가질 것인지는 알 방법이 없으며 그 위에 포르노가 실제로 성범죄를 유도하지 않는다 해도 그것은 여성이 강간당하기를 좋아한다는 사회적 통념을 조성함으로써 그리고 여성에게 제시되는 다른 퇴폐적인 관습에 의해 여성에게 나쁜 영향을 미친다고 주장한다. 그러나 다른 측면에 있는 사람들은 포르노의 해결책은 경계를 늦추지 않거나 검열을 강화하는데 있는 것이 아니라 포르노에 대한 법이 명예훼손이나 표절에 대한 법 이상으로 출판과 자유를 제한해서는 안 된다고 주장한다.

보다 제한적인 입법에 반대하는 사람들은 과거에 조이스(James Joyce)의 "율리시즈"나 로렌스(D. H. Lawrence)의 "채털리부인의 사랑"과 같은 저명한 문학작품에서 발생한 것같이 문학적으로나 예술적으로 가치 있는 출판물에 대한 법적금지로 유도될 가능성이 있으며 대다수의 사람들은 그들이 사거나 볼 수 있는 것에 대한 정부규제를 더 이상 원하지 않는다고 강조한다. 그들은 또한 포르노잡지, 책 또는 비디오테이프를 사라고 강제하는 사람은 없으며 이들 포르노물의 보급은 성인들 중 그것을 위한 상당한 요구가 있다는 것을 반증하는 것이라고 지적한다. 검열을 반대하는 그룹은 미즈위원회의 폭력성포르노와 성적공격간의 연결에 대한 평결은 과학적 증거에 의해 지지되지 않았으며 그들 자신의 집이나 사생활 속에서 은밀히 읽거나 보는 것에 대해 행정부가 명령할 권리가 없다고 주장한다.

성적공격을 묘사한 포르노는 여성에 대한 남성의 태도에 어떤 공격적인 해로운 영향을 미칠 가능성은 있다. 그렇다고 해서 검열과 같은 법적제한은 좋은 해결책이 되지 못한다고 많은 학자들은 주장한다. 그들은 그러한 법적제재보다는 교육이 더 나은 해결방법이라고 제의한다. 그들은 매체의 묘사는 사실이 아니며 강제섹스를 즐기는 여성의 묘사는 허구라는 것을 일깨워주고 일반강간의 사회통념 특히 영화에서 보여준 어떤 사회통념을 떨쳐버리게 하는 교육이 필요하다고 역설한다. 이러한 교육을 통해 보고 듣는 주제에서 강간사회통념은 덜 받아들여지게 되며 한 걸음 나아가서 그들이 포르노필름을 보기 전에 유해한 영향에 대해 알려주는 사전 상황설명은 효과적인 방법일 수 있다.

이들 결론은 많은 혼란을 야기한다. 해결책은 무엇이며 포르노를 검열하게 할 것인가 또는 불법화할 것인가. 또는 다만 그것을 금지하게 함으로써 그것에 보다 매력을 느끼게 하고 암시장이 극성을 부리게 되는 것은 아닌지, 또는 모든 형태의 포르노를 합법화하여 쉽게 이용할 수 있게 하고 부모와 학교를 통한 교육에 의존할 것인지, 또는 중간적인 정책을 적용하여 어린이포르노와 폭력성포르노와 같은 어떤 형의 포르노는 불법으로 규정하는 한편 에로티카에 대해서는 자유로이 접근하도록 할 것인지, 이들은 포르노위원회가 답하려고 시도한 문제의 일부이다. 많은 사람들은 보다 나은 해결책은 교육이라고 하는 도너슈타인 등(Donnerstein et al., 1987)의 견해에 동의한다. 교육이 검열보다 더 좋은 해결방법이 될 것이라는 것을 낙관하는 사람은 많다. 따라서 우리사회는 이들 교육적 접근의 효과에 관해 더 연구할 필요가 있다. 우리나라에서는 포르노의 제조, 판매 및 배포를 법적으로 금지하고 있지만 그렇게 한다 해도 검열문제를 비롯하여 많은 문제를 안고 있다. 따라서 성을 연구하는 사회학자들은 포르노에 대한 논의를 좀 더 포괄적으로 행하고 법집행부와 입법부와 더불어 포르노의 영향에 대한 철저한 연구 분석을 행하여 보다 근본적으로 문제해결에 힘써야 할 것이다.

매매춘

돈을 위한 성적만족의 매매는 많은 현대사회의 두드러진 특성이다. 경제활동에 있어 1년에 최소 20조달러가 관련된다고 추산하고 있다(섹스산업, 1998). 섹스를 사고 팔 수 있는 두 가지 방법에는 매매춘과 포르노가 있다. 이들 양자는 복잡한 법적 문제와 공적논의가 관련되나 또한 열망하는 고객의 끊임없는 흐름을 매혹한다. 성의 상품화된 가장 대표적인 예가 매춘(prostitution)으로 돈이나 귀중품, 마약과 같은 다른 지불을 위한 답례로서 성행위가 관계한다. 실제적 목적을 위해 최소의 요건으로 만나는 알거나 알지 못하는 어떤 사람과 성행위를 한 후 돈이나 귀중품을 즉시 지불받는 사람으로서 매춘부(prostitutes)를 정의한다. 몇몇 사회에서는 매매춘이 없으나 다른 사회 특히 도시사회에서는 매매춘을 필요로 하며 그것을 배제하려는 노력에도 불구하고 묵인하거나 존재해왔다. 현재 서구사회에서는 배우자가 아닌 사람과의 성적교제가 증가하면서 매매춘의 수요는 감소되고 있다. 그러나 어느 사회에서나 항시 다수의 남성고객이 있기 때문에 매매춘은 좀처럼 사라지지 않고 있다.

여성매춘의 일시적 지속과 존재를 위한 이유는 경제적으로 불리한 여성이 당면한 문제를 쉽게 해결할 수 있다는데 있다. 사실상 오늘날 유럽이나 미국에 있는 모든 매춘부들은 경제적인 이유로 그들의 직업에 종사하고 있다. 그들은 백인노예상인에 의하여 사로잡히지도 않았으며 병적인 성적욕구에 의해서 유인되지도 않았다. 일부는 비상사태나 약물상용을 위해 돈을 필요로 하였고, 다른 사람들은 점차적으로 더 많아지고 덜 알게 되는 남자친구들로부터 선물공세를 받고 그 속으로 빠져들게 되었다. 일부는 매춘중개인의 약속에 현혹되었으며 다른 사람들은 단순한 이유로 매춘업에 발을 들여놓게 된다.

매매춘의 역사

매매춘의 역사는 매우 길다. 구체적으로 언제부터 시작되었는지는 알 수 없으나 기원전 200년에도 돈을 위해 사랑하는 산업이 발달되어 있었던 것은 분명하다. 옛날부터 비교적 최근까지 매춘은 그럭저럭 인정받는 직업이었다. 고대히브리인들이 처음으로 창녀를 저주하였다. 그러나 그들이 저주한 것은 히브리인들이 매춘하는 것이었지 다른 종족의 여성이 매춘하는 것은 그런대로 인정했다. 구약에 이어 신약성경도 매매춘을 없애려는 종교운동을 시작하였다. 그러나 옛날부터 항상 그랬던 것은 아니다. 고대 중국, 그리스, 아르메니아, 인도 등에서는 매춘을 고상한 직업으로 생각했고 매춘이 종교의식의 일부를 차지하기까지 하였다. 거의 모든 성전에 그에 속하는 공창을 가지고 있었다. 돈을 내고 그들과 성교하는 것이 예배라고 간주하였다. 그들은 1년 정도 일을 해서 번 돈은 모두 성전에 헌납하였다. 현대의 선교활동과 같이 대접을 받았고 그에 상응하는 종교적 보상도 따랐다. 기간이 끝나면 위상이 높아져 남편과 가족에게로 돌아갔다.

매매춘은 중세기 중의 유럽에서 전성기를 맞았으며 교회는 그것에 관해 다소 관대한 태도를 취하였다. 성 토마스 아퀴나스가 매매춘은 탐욕스러운 악이지만 마치 궁전이 하수구 없이는 오염되듯이 세상은 매춘 없이는 정욕에 매몰될 것이라고 추론한 것과 같이 성 아우구스티누스도 매매춘은 필요악이라고 믿었다. 빅토리아시대(19세기중엽에서 20세기 초반까지)에 상류계급은 순결과 고상한 체하는 공적인 태도를 유지했으나 매매춘은 남편들을 위한 일반적인 성적배출구였다. 하층계급의 빈곤과 비천한 생활은 많은 젊은 여성을 매춘으로 몰아넣었다. 한때 런던에 8만 명의 매춘부가 있었다고 추산하며 매춘은 1860년에 영국국회의 조례에 의해 합법화되고 규정되었다. 미국에서도 19세기후반에 매춘은 번창했으며 1850년대 초에 샌프란시스코의 인구가 25,000명이었는데 3000명의 매춘부가 포함되어있었다. 미국에서 매춘에 대한 반대는 20세기초엽에 성장하기 시작하였다. 일리노이주는 1908년에 매춘금지법을 통과시킨 첫 번째 주가 되었으며 연방법은 세계1차 대전의 시작과 함께 통과되어 다수의 매춘업소는 폐쇄되었다. 현재 미국에는 연간 약 84,000명의 전업매춘부가 일하고 있으나 대표적인 조사에서 미국여성의 4%이상이 돈을 위해 섹스를 한 일이 있다고 대답하였다. 말하자면 많은 미국의 여성이 파트타임 또는 일시적으로 매춘에 종사했다는 이야기이다. 예컨대 젊은 10대매춘부는 240만 명으로 추산되고 있다(Joseph, 1995).

매춘은 아주 최근까지지도 여전히 사회에서 인정받는 돈 버는 방법이었다. 2차 세계대전 이후 동구에 공산정권이 들어서면서 매춘은 법으로 규제되기 시작했으며 그 후 프랑스, 이태리, 벨기에, 미국, 일본 등에서 매춘을 억압하기 시작했다. 그러나 그때까지도 창녀라는 말이 그다지 나쁜 뜻으로 생각되지 않는 사회가 많이 있었다. 아랍과 아시아권에는 합법적인 매춘이 존재하는 나라가 많다. 라틴아메리카에서도 예외는 있지만 매춘을 규제하지는 않는다.

1970년대 이후 경제적으로 풍요로워지면서 기존의 매춘형태에 큰 변화를 가져왔다. 즉 예전처럼 일정지역에서 집단으로 이루어지는 형태보다는 서비스업과 관련된 향락업소에서 2차적 서비스를 제공하는 상업형매춘형태가 급증하였다. 이처럼 향락업소를 중심으로 이루어지는 상업형매춘은 여성이 자발적으로 자신의 상품을 금전으로 바꾸는 일을 하면서 부수적으로 또는 전문적으로 이루어지는 매춘이다. 상업형매춘에 종사하는 여성은 특정업소에 소속되어 음성적으로 매춘을 하는 경우와 유흥업소에 고용되어 있지 않고 접대부합숙소나 원룸 등에 기거하면서 이들 업소와 호텔, 여관 등에 공급되는 경우가 있다.

우리나라에서 공식적으로 매춘이 허용된 것은 1876년 일본이 자기나라의 매춘산업을 우리나라에 도입하면서부터였으며 나라에서 창녀들을 일정한 장소에 집결시켜 매춘을 허용한 현대식공창(유곽)은 1900년부터였다. 한편 제1차 세계대전이후 불황에 빠진 1920년대 초반에는 생활이 어려워진 많은 여성들이 매춘에 종사함에 따라 사창이 흥하기 시작하였다. 우리나라에서 공창이 폐지된 것은 미 군정청에 의한 "공창제도폐지령"이 발효된 1948년 이후였다. 그 후 공창은 사라졌으나 6.25를 거치면서 사창을 중심으로 한 매매춘은 더욱 성행하게 되었다. 1961년 5.16이후 정부는 "윤락행위방지법"을 제정하야 윤락행위를 엄하게 금지하였지만 미군부대가 주둔하는 기지촌주변에는 매춘업에 종사하는 여성들이 집단을 이루게 되었으며 이때부터 속칭 "양공주"라는 여성들이 아메리칸드림에 빠져 미군들을 대상으로 성을 팔기 시작하였다. 이밖에도 서울역, 청량리, 종로 등의 사창가나 일반유흥가에서 자신의 정조를 팔아 돈을 버는 여성들이 점차 늘어났다. 사창가를 중심으로 하는 매춘산업의 시기는 지나 1980년대 후반에는 매춘굴이나 집창촌 이외에 요정, 여관, 룸 사롱, 안마시술소, 이발관, 노래방, 나이트클럽 등의 부업매춘이 전국 구석구석으로 확산되기 시작하였다. 이에 따라 정부는 2004년 9월에 "성매매특별법"을 만들어 매매춘을 엄하게 단속하기 시작하였다. 이로 인해 성매매의 온상으로 지목되었던 적국의 집창촌들은 업소 수가 거의 반으로 급감하여 정부의 집중단속이 위력을 발휘하듯 하였으나 결코 성매매가 줄어든 것은 아니다. 집창촌 대신 서울을 비롯해서 대도시 곳곳에 퇴폐 안마시술소, 스포츠마사지, 대딸방(유사 성행위업소)등의 각종 퇴폐업소들이 우후죽순 격으로 생겨나 호황을 누리고 있다. 정부단속으로 영업이 막힌 집창촌 여성들이 이들 퇴폐업소로 흘러들어가고 있다. 집창촌에서 억눌린 성매매행위가 오히려 사무실빌딩, 주택가, 학교근처 등 도심으로 이동하여 고객 곁으로 바짝 다가가는 풍선효과가 나타나고 있는 것이다. 전국적으로 안마시술소는 2003년 760곳에서 2006년 말 1000곳으로 늘었다. 이들 중에는 건전한 시술소도 있지만 성매매영업을 병행하는 곳이 많다. 일반적으로 안마 8만원과 서비스(성행위) 10만을 합쳐 18만원을 받는다. 이밖에도 5-6만원을 받고 유사성행위를 하는 휴게텔, 스포츠마사지, 대딸방 등 수치를 파악할 수 없을 만큼 늘어나고 있다. 일부 집창촌업주와 여성들이 주택가로 진출하여 은밀히 성매매를 하는 집창촌지점, 지하방이나 일정한 공간을 차려놓지 않고 전화로 연결해 여성을 파견하는 출장영업이 있는가하면 일부업주들은 도심에 사무실을 차려놓고 여성들을 전화로만 관리하며 성매매를 연계한다. 퇴폐업소들의 호객행위도 대담해졌다. 호객꾼(일명 삐끼)들은 주택가골목에서도 명함, 전단지를 뿌리며 행인들을 붙잡는다. 성메매특별법의 시행에 의한 단속으로 집창촌을 빠져나온 여성들의 약 30%는 미국, 캐나다 등의 해외로 나가 물의를 일으키고 있으며 40%는 각종 퇴폐업소에 음성적으로 숨어있고 30%는 온라인채팅이나 개인호객행위를 통해 성을 팔고 있다. 이처럼 집창촌을 빠져나온 여성들의 대부분은 사무실빌딩과 주택가로 파고들면서 직장인이나 학생들은 더욱 쉽게 성매매를 접하고 있다. 성매매특별법에서 금지하고 있는 행위에는 매춘행위, 매춘행위의 상대자가 되는 행위, 성매매를 하도록 권유, 유인, 알선 또는 강요하는 행위, 성매매의 장소를 제공하는 행위, 성매매행위자에게 금품 등 기타 재산상의 이익들 요구, 또는 실제로 받거나 받을 것을 약속하는 행위 등이 포함되어있다.

매춘부의 종류

여러 종류의 매춘부(prostitutes)가 있다. 그들은 사회계층, 매춘내의 신분과 생활양식의 조건에 따라 다양하다. 나아가 그들의 고객의 사회적 신분과 그들이 직면하는 위험은 그것에 따라서 다양하다. 여성매춘부들은 매춘굴(brothels)에서 일하는 하우스걸들(brothel prostitutes), 공공장소에서 행인들을 유혹하는 거리여자들(streetwalkers), 바에서 그들의 고객과 만나는 술집종업원들(B-girls), 항상 전화약속과 위탁받은 고객만을 상대로 예약을 받는 콜걸들(call girls)로 분류되어질 수 있다. 이 목록에 안마시술소를 첨가해야하며, 그 밖의 여러 가지의 눈에 띠지 않게 위장된 여성들을 동반하는 서비스 등이 있다. 이러한 매춘의 형태는 전통적 매춘, 겸업매춘, 자영매춘 등으로 나누어진다. 전통적 매춘이란 속칭 사창가 또는 집창촌에서 행해지는 매춘을 말하며, 겸업매춘이란 카페나 레스토랑과 같은 대중음식점, 다방, 단란주점, 유흥업소 등의 식품접객업소, 호텔이나 여관, 이발소 증기탕 등의 위생접객업소 등이 이들 부류에 속한다. 자영매춘이란 일정한 영업장소에서 행해지는 것이 아니라 콜걸과 같이 수요자와 공급자가 직거래를 통해 자유롭게 시도되는 매춘이다. 컴퓨터통신이나 인터넷을 이용한 매춘, 전화방이나 폰팅을 통한 매춘, 화상대화방을 통한 매춘, 피부관리 등을 빙자한 출장매춘, 매춘업소에서의 아르바이트매춘 등이 자영매춘에 속하며 10대, 여대생, 직장인, 주부, 외국인 등이 이에 관여한다.

최근에 특히 사회적인 문제가 되고 있는 것은 10대 매춘과 주부매문으로 상술한 자영매춘에 10대 청소년들과 주부들이 관련되어있다는 사실은 우리 사회가 얼마나 심각한 성의 혼란 속에 빠져있는가를 여실히 보여주는 단면이다. 장래어머니가 될 어린 소녀들과 한 남성의 아내이자 자녀들의 어머니인 가정주부가 매춘의 늪에 빠져들고 있다는 사실은 실로 충격적인 일이 아닐 수 없다. 신종 노래방은 노래방요금으로 단란주점의 서비스를 즐길 수 있기 때문에 남성들에게 인기가 있는 곳이다. 이곳에서 도우미로 활동하고 있는 여성들의 대부분이 30대 주부들이다. 이들은 노래방에 등록되어있는 주부콜걸로 남성고객들의 접대비로 시간당 2만원을 받으며 일부도우미는 2차로 일정금액을 받고 성매매를 하기도 한다. 퇴폐이발관도 주부매춘의 온상이다. 퇴폐이발관은 업소 내에 밀실과 비밀통로를 설치하고 남성고객을 상대로 성매매를 주선한다. 티켓다방은 다방종업원을 이용하여 매춘을 하는 형태의 업소로 서울이나 대도시보다 중소도시나 농어촌에 주로 분포되어있다. 티켓영업은 보통 다방에서 다를 마시면서 마음에 드는 종업원과 구두계약을 한 후 1-2시간에 10만원 정도를 지불하고 인근모텔에서 시간을 보내는 방식의 매춘이다.

콜걸(call girl)은 매춘부의 엘리트이다. 그녀들은 전형적으로 중류계층의 배경출신이며 많은 매춘부보다 더 나은 교육을 받았다. 일부는 대학학부출신이다. 콜걸은 사치스러운 고가의 옷을 입고 매혹적인 고급아파트에 산다. 중소도시의 콜걸은 시간당 최소 100달러이상의 요금을 받으며 대도시의 콜걸은 시간당 200달러이상을 받는다. 가장 매력적인 콜걸은 하루 밤에 1500달러 또는 그 이상을 받기도 한다. 콜걸은 비과세의 많은 돈을 번다. 그러나 그들은 비싼 집세, 고가의 의상, 건강을 유지하기 위한

그림 12-11

콜걸은 매춘부의 엘리트이다. 그녀들은 전형적인 중류계층의 출신이며 많은 매춘부보다 더 나은 교육을 받았다.

그림 12-12

거리의 매춘부.
일부 매춘부는 밤거리를 걸어다니면서 잠재적인 고객을 유혹한다. 미국에서 일하는 매춘부는 수십만명으로 추산한다.

높은 의료비, 화장품과 미용실을 위한 지출, 경비원과 집주인을 위한 팁, 신뢰할 수 있는 대행업자에 대한 비용 등 만만치 않는 많은 사업지출을 갖는다. 콜걸은 소개소나 매춘굴의 안주인, 에스코트서비스를 통해 고객을 확보하게 되고 그녀는 많은 정규적인 고객을 갖는다. 그녀는 전화에 의해 고객과 약속하며 통상 그녀의 집에서 손님을 맞는다.

콜걸이하의 신분단계는 매춘굴과 집창촌에서 일하는 매춘부들(brothel prostitutes)이다. 1900년대 초에는 많은 성공적인 매춘굴이 있었으나 2차 세계대전 이후에는 매춘굴의 수는 줄어들었다. 매춘이 합법적으로 인정되고 있는 미국에서는 유일한 네바다주의 일부 지역과 후진국에 상당수가 남아있다. 지난 20년 동안에 매춘형태는 아파트에 오는 고객에 서비스하는 고용된 여성이 아파트나 콘도와 호텔에 정규적으로 이동해서 일하는 B걸(B-girls)로 대치되었다. 이들 서비스는 시간바탕에서 성적만족을 금전과 교환한다. 주요도시에서의 요금은 시간당 150달러 또는 200달러이다. 대가로 고객은 펠라티오, 커널링거스, 질성교를 포함해서 기준성행위에 참여할 수 있다.

상업섹스를 위한 다른 현대적 무대는 안마시술소(massage parlor)이다. 어떤 안마시술소는 합법적이고 정규적인 마사지요법을 마련하지만 다른 시술소에서는 고용자가 섹스서비스를 매매한다. 이들은 흔히 관능마사지를 광고하며 어떤 안마시술소(팔러)는 서비스의 표준일람표와 요금을 제공한다. 다른 팔러는 특정고객이 안마사를 선택하여 그 행위를 위해 얼마마한 팁이 요하는지 결정하게 한다. 안마시술소는 무대장치와 요금에 있어 매우 다양하다, 어떤 것은 고가로 장식된 전문건물에 위치하며 성적만족에 부가해서 음식과 주류를 제공한다. 요금은 100달러에서 300달러 사이의 범위이다. 고소득층을 대상으로 하는 또 다른 섹스산업은 경호서비스(escort service)라고 부른다. 대부분의 에스코트서비스는 성행위에 관계하는 남성과 여성을 고용한다. 안마시술소와 같이 서비스는 표준메뉴를 갖거나 에스코트는 그 또는 그녀가 고객과 어떤 행위를 할 것인지를 결정할 자율권을 갖는다.

이 계층의 아래 끝에 밤거리의 매춘부(street-walker)가 있다. 그녀들은 도시의 거리에서 그녀들의 상품을 판다. 밤거리의 여자는 일반적으로 콜걸보다 덜 매력적이고 덜 유행하는 의상을 입고 있으며 그녀는 그것에 대응하여 서비스를 위한 보다 싼 요금을 받는다. 다분히 서비스를 위해 최소 50달러 정도를 받는다. 법으로 매춘을 금하고 있는 나라에서는 사회적 위치 또한 불안하다. 그녀는 경찰에 체포되기 쉽고 그녀는 또한 위험한 고객에 보다 노출되기 쉬운 위치에 있다. 대부분의 거리매춘부들은 포주가 있어서 그들의 수입을 분배한다. 성행위는 일반적으로 값싼 호텔방이나 매니저가 가진 아파트에서 행해지며 하루에 4, 5명의 남자를 상대한다.

어린이매춘부(baby pro)는 일반적으로 16세 이하이며 요정, 향락지, 호텔 등에서 일한다. 흔히 이 젊은 소녀는 성감염증에 덜 감염되었다는 잘못된 믿음 때문에 특이 이 종류의 매춘부를 위한 요구는

그림 12-13

여우 조디초스터는 영화 택시기사에서 12세 소녀의 거리 매춘부로서 연출하였다.

그림 12-14

포주는 매춘부를 위해 성접촉을 알선하고 그들의 수입을 나누어 갖는다. 많은 포주는 그들의 매춘부를 폭력으로 억압하며 마약과 알코올을 주어 그들이 그들에게 의존하도록 한다.

그림 12-15

암스테르담의 홍등가.
암스테르담의 홍등가에서는 매춘은 합법적이다. 램브란트, 루벤, 반고흐와 함께 이 지역은 안전하게 즐기도록 경찰이 관광객을 안내하는 암스테르담문화의 뿌리 깊은 부분인다.

증가하고 있다. 어린 매춘부와 섹스를 갖기 위해 외국으로 나가는 섹스관광(sex tourism)도 늘고 있다. 언제부터인가 우리나라의 유흥업소에서도 미성년자를 선호하는 분위기가 팽배하여 매춘여성의 연령이 점점 낮아지고 있는 실정이다. 현재 우리나라는 거리마다, 빌딩마다 유흥업소가 없는 곳이 없을 정도로 매춘천국이 되어가고 있으며 이러한 업소에는 수명에서 수십 명의 여성종업원이 종사하고 있고 그 숫자는 매년 수만 명에 이르는 가출여중고생들에 의해 채워지고 있다. 이들은 숙식과 고수익이 보장되는 매춘에 매료되어 자신도 모르는 사이에 매춘의 길로 빠져들게 되지만 매춘은 결코 그들이 처음에 생각한 것처럼 돈벌이가 되는 직업도 아니며 결국은 그들의 수입의 대부분은 포주에게 수탈되고 그들이 매춘을 행하지 않으면 폭력으로 위협받게 된다. 매년 100만 명이상의 아동이 매춘에 빠져들고 있으며 아동매춘부의 총수는 세계적으로 수천만이 되는 것으로 추산하고 있다.

포주와 마담

포주(pimps)는 매춘부의 시중을 드는 고용주이다. 매춘부는 그녀의 소득으로 포주를 치부케 하며 대가로 포주는 그녀에게 시중들고 섹스를 알선하며 그녀를 구치소에서 보석시켜주고 음식, 의복, 주거와 약물 특히 코카인을 그녀에게 제공한다. 포주는 또한 그녀가 고객에 의한 부당한 폭행이나 다른 범죄에 대해 보호를 마련한다. 매춘알선자(procurer) 또는 뚜장이(panderer)는 매춘부를 도우며 고객을 주선한다. 때로 포주는 뚜장이를 겸하기도 한다.

마담뚜(madams)는 콜걸, B걸, 거리매춘부, 매춘굴 또는 에스코트서비스를 관리 또는 소유하는 매춘굴의 안주인이다. 전형적으로 마담뚜는 아주 총명하고 탁월한 재정 관리능력과 사회적 수완을 갖는다. 1980년대에 센세이션을 일으켰든 마담뚜는 뉴욕시에서 에스코트서비스를 경영했든 배로스(Sydney Biddle Barrows)였다. 그녀는 그녀의 선조가 1620년대에 청교도들을 태우고 영국에서 신대륙으로 건너왔든 메이플라워호를 타고 미국으로 왔기 때문에 메이플라워마담(Mayflower Madam)이라고 불렀다. 1990년대의 가장 잘 알려진 마담뚜는 미디어에 의해 할리우드마담(Hollywood Madam)이라고 불렸던 플라이스(Heidi Fleiss)였다. 그녀는 돈벌이를 위해 연예사업에 종사하는 부유하고 유명한 고객들에게 콜걸을 제공해주고 매춘을 알선해준 혐의로 유죄선고를 받았다. 보도에 의하면 그녀의 고객들은 순식간(15-20분)에 끝나는 퀵히트(quick hit)를 위해서는 200달러를, 그녀가 고용한 매력적인 날씬한 젊은 여성과 하룻밤을 지내기 위해서는 1500달러 또는 그 이상을 지불하였다. 1995년에 그녀는 1500달러의 벌금과 징역 3년형에 처해졌다.

매춘부의 생애

매춘부의 경력의 첫 걸음은 가입이다. 여성은 다양한 이유로 매춘에 발을 들인다. 가장 주요한 이유는 경제이다. 어떤 여성은 돈, 물질적 재산, 자극적인 생활양식을 위한 욕망에 의해 동기지어진다. 이들 여성들은 콜걸의 이미지에 매혹되며 그들의 일부는 그 욕망을 달성하기에 충분한 행운을 지닌다. 예컨대, 가난하나 매력적인 어떤 여성을 위하여 매춘은 경제적 융통성을 높이는 방법이 될 수 있다. 다른 여성은 살아남기 위해 의식주가 필요한 나머지 가입한다. 교육을 그다지 받지 않은 미혼모는 생존을 위해 선택할 여지가 없다. 어떤 여성은 약물중독을 지속하기 위하여 매춘부가 된다.

압력 또는 강제는 또 다른 요인이다. 어떤 여성은 돈을 위해 섹스를 팔도록 남편 또는 애인에 의해 육체적 또는 심리적으로 강제되었다고 보고하였다. 어떤 후진국에서는 강제가 매춘의 주요요인으로 전해진다. 일부 슬라브와 아시아의 젊은 여성은 돈과 황홀한 매력을 약속하는 광고에 응한다. 그들은 이스라엘과 타이와 같은 나라의 요정이나 호텔에서 일할 기대를 가지고 계약하나 대신 강제로 매춘에 발을 들여놓게 된다. 고용주는 여성의 여권을 파기하고 그녀가 그의 요구를 따르지 않으면 국외 추방한다고 그녀를 위협한다. 다른 범주의 이유는 경제적인 힘이다. 예컨대, 유명한 정치인에게 콜걸로서 서비스하는 한 여성은 그녀 자신이 마치 정치력을 얻은 것으로 생각한다. 어떤 여성은 이미 매춘부가 된 가족이나 친구를 통하여 매춘에 발을 드려놓기도 한다.

매춘에 관여하는데 있어 대부분의 여성은 그들이 전문적인 기량을 배우는 견습기간을 거친다. 견습은 성 기법, 특히 많은 고객이 오럴섹스를 원하기 때문에 펠라티오에 관해 배운다. 그녀는 손님을 끄는 요령, 잠재적인 고객의 서비스와 요금을 성공적으로 협상하는 방법 등을 배운다. 그녀는 상호작용을 조절 유지하는 방법을 배움으로써 그녀가 손상되거나 고객에 의해 도적질 당하는 것으로부터 그녀 자신을 보호할 수 있다. 그녀는 "고객은 항상 왕이다"라고 하는 것과 다른 매춘부에 대해 공평하다는 것 같은 중요성을 배운다. 포주에 의해 그 생활로 들어서게 된 여성은 보다 경험을 쌓은 여성으로부터 훈련을 받는다. 어떤 여성은 그들의 팁의 많은 퍼센티지와 교환조건으로 경험이 많은 마담에게 훈련을 받기도 한다.

매춘의 한 문제는 그것이 전문적인 농구선수나 축구선수의 경력처럼 오래 가지 못한다는 점이다. 높은 수익의 콜걸로 시작한 여성마저 그녀가 나이가 들고 주름이 보이기 시작하거나 그녀가 알코올 또는 약물에 중독된다면 상황에 표류하는 그녀자신을 발견한다. 채비를 한다거나 생활을 떤다는 말은 매춘을 그만 둔다는 것을 의미한다. 그러나 그렇게 한다는 것은 경제적으로 어려운 일이다. 특히 직업능력이 없는 여성을 위해서는 그러하다. 만약 이를 인정한다면 여성이 차별 없이 사회로 복귀하기 위해 사회복지시설과 같은 어떤 사회복귀프로그램의 직업훈련을 받을 필요가 있다.

기혼매춘부는 단순히 가정주부로 되돌아가면 된다. 미혼여성은 그녀의 정규고객으로부터 제의를 받을 것임으로 결혼을 기피한다. 매춘을 그만 두는 다른 이유는 체포와 장기수감선고의 위협, 그녀가 그녀아이를 포기하도록 하는 행정기관의 강요와 그녀의 친구들이 매춘부로 일하는 동안 폭력의 피해자였다는 정보 등이 포함된다. 매춘부와 관련된 주요위험은 강간, 폭행, 살인을 포함한 폭력, 조직된 범죄와 또는 매춘중개인에 의한 착취, 약물중독, 변태성섹스에 의한 신체적 위험, 성감염증 및 경찰에 의한 체포구금 등이다.

고객

킨제이의 연구(1948)에 의하면 백인남성의 약 69%는 매춘부와 어떤 성적경험을 가졌으며 이들의 40%는 기혼자였다. 1992년에 NHSLS(National Health and Social Life Survey)는 그들이 돈을 지불하고 섹스를 가진 일이 있는지 응답자에게 물었다. 남성의 17%, 여성의 2%만이 그들이 18세 이래로 그 같은 파트너와 섹스를 가졌다고 대답하였다. 이처럼 지난 50년 동안에 매춘부의 이용은 극적으로 줄어들었다. 이것은 이 기간 동안 미혼자와 우연한 성적행위의 기회와 빈도가 증가되었다는 반영이다. 매춘부의 고객의 약 50%는 우발적인 손님이다. 그들은 오로지 우발적으로 다분히 사업여행 중에 매춘부와 접촉을 구하는 착실한 사업가들이다. 거의 50%는 한 매춘부 또는 작은 집단의 매춘부와 규칙적인 관계를 구하는 단골손님이다. 나머지는 그들의 주요성적배출구를 위해 매춘부를 이용하는 강박관념에 지배되는 손님이다.

남성은 다양한 이유로 매춘부의 서비스를 이용한다. 일부기혼자는 자신의 부인보다 더 자주 섹스를 원했고 또는 그들이 그들의 부인이 행할 의향이 없다고 느낀 펠라티오와 같은 성행위에 관계하기를 원해서이다. 일부는 그들의 색다른 성적욕구를 만족하기 위해 매춘부를 찾는다. 어떤 고객은 채찍질을 당하는 것 같은 피학성성교를 갖기 위하여 매춘부를 이용한다. 미혼남성과 전쟁 중 장기간 집을 떠나있는 남성을 위한 동기부여는 단순히 성적긴장을 발사하기 위한 것이다. 특히 청년기에는 그들의 남성임을 입증하기 위하여, 또는 성적체험을 얻기 위해 매춘부와 섹스를 한다. 끝으로 일부는 그것이 금기이기 때문에 매춘부와 섹스를 즐긴다.

남창

어떤 남창(male prostitutes)은 이성애단골에 서비스하며 여성에게 그들의 서비스를 매매한다. 이들 남창들은 3배경에서 일을 한다. 그들의 일부는 에스코트서비스를 위해 일하며 고객을 돌보아주고 성적만족을 제공한다. 일반적으로 에스코트서비스의 고객들은 돈 많고 다소 나이든(30-45세) 독신여성들(약 80%)이다. 이 무대에서의 일은 남창을 위해서는 여성매춘부를 위해서보다 훨씬 위험성이 적다. 안마시술소에서 일부남성은 여성고용인과 동일조건 하에서 일한다. 이들 남창은 거리매춘부(streetwalkers)와 남성허슬러(male hustlers)와는 대조적으로 사실상 거리에서 결코 일하지 않는다. 이는 성역할의 사회화를 반영한다. 여성단골은 섹스는 남성이 주도하는 것으로 학습했기 때문에 거리를 돌아다니고 남창을 발견하기를 꺼림직 하게 생각하기 때문이다. 연구조사에 의하면 미국에 아동남창이 30만이상이 있다고 추산한다.

셋째형은 제비족(gigolo)으로 남성은 돈과 교환으로 여성에게 지속적인 바탕에서 우호와 성적만족을 마련한다. 제비족은 흔히 한때에 한 고객만을 갖는다. 제비족에는 여러 형이 있다. 골든보이(Golden Boy)는 방자한 플레이보이가 매우 부유한 여성에 의해 생활을 보장받는 기둥서방이다. 랩독(Lap Dog)은 부유한 여성과 형편이 좋은 일련의 결혼생활에 들어가는 부류이다. 토이보이(Toy Boy)는 제한된 기간의 바탕에서 동반자로 일한다. 제비족을 위한 요구는 여성이 지속적인 바탕에서 성적 만족을 원하거나, 상황이 그들에게 그렇게 하도록 허락될 때나 필요할 때 그것을 위해 금전을 지불하는 방식을 반영한다. 한편 여성은 남성과 달리 흔히 그들의 진행 중인 관계의 부분으로 성행위를 원한다.

허슬러(hustlers)는 동성애고객에 서비스를 제공하는 남창이다. 흥미롭게 이들의 일부는 그들 자신이 동성애자가 아닌 이성애자로 생각한다. 그들은 고객이 다만 그들에게 펠라티오를 수행하도록 허용만 하는 것과 같은 그들의 손님이 따를 엄격한 규율을 갖는다. 그들의 남성다움을 나타내기 위하여 그들은 가죽자켓과 타이트진을 입는다. 동성애 매춘의 패턴에 대응해서 보다 상류층의 고객을 위해 남성동성애에스코트서비스가 있다.

남성허슬러는 4범주로 나눈다. 첫째는 전업거리허슬러(full-time street and bar hustler)로 밤거리매춘부가 하는 것과 같이 기능한다. 둘째는 전업콜보이(full-time call boy)이다. 그들은 보다 독점적인 고객을 가지며 밤거리매춘자보다 더 매력적이고 성적으로 보다 융통성이 있다. 셋째는 가장 큰 그룹을 이루는 시간제허슬러(part-time hustlers)로 전형적으로 학생이나 다른 직장에 고용된 남성이다. 그들은 일반적으로 돈이 필요할 때만 매춘을 위해 일한다. 시간제허슬러는 다른 그룹과 같지 않기 때문에 주목할 만하다. 그들은 가장 장기간 교육을 받을 기회를 가졌으며 안정된 직업과 훌륭한 사회적 적응을 이룩하였다. 끝으로 넷째 그룹은 범법자로 되어있다. 그들은 폭행과 약탈과 같은 다른 범죄행위의 연장으로 매춘을 이용한다. 그들은 선배 폭력단의 구성원에 의해 어떻게 동성애자를 낚아채고 그들을 어떻게 위협하며 폭행하는가를 배운다.

청년남창에 관한 한 연구에서 매춘하는 주된 이유(87%)는 돈이었다. 가장 흔히 그들은 가족과의 대립 때문에 일부는 그들이 11세 또는 12세 때 가출하지만, 전형적으로는 그들이 15세 또는 16세였을 때 가출한다. 대다수(72%)는 매춘행위에 관계하는 동안 약물을 사용한다고 보고하였다. 약물을 사용하는 가장 일반적인 이유는 즐거움이 커진다는 것이다. 약물은 또한 직장의 두려운 본질에서 생기는 불안감과 공포를 줄이기 위해 사용하기도 한다.

제13장 성폭력

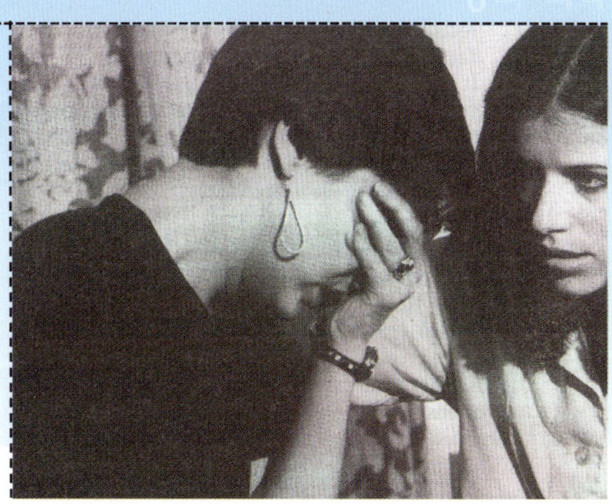

동물에게는 유전자에 종족보존의 본능이 조합되어 있어서 그 설계에 따라 성욕이 발동한다. 이처럼 동물의 성은 생식에 초점이 맞추어져있어서 생식을 위해서만 성을 이용하지만 인간의 성은 생식만의 성에 만족하지 못하고 쾌락을 추구하도록 되어있다. 쾌락을 증대하는 방향으로 뇌의 기구가 진화된 것이다. 인간이 두 다리로 직립하면서 생식일변도의 성행동은 무너지고 동물적인 성적본능은 파괴되었다. 인간의 성욕은 다양한 환경에 의하여 만들어진 문화적 요인에 의하여 다채롭게 수식되었으며 그것으로 인하여 동물과는 다른 인간만의 독특한 성생활이 탄생한 것이다. 사람의 뇌는 미숙한 상태에서 태어나 다양한 사회환경 속에서 문화를 학습하면서 완성해간다. 사람이 욕정을 일으키고 성행동을 연출하고 쾌락에 도취하는 것은 대뇌새피질(大腦新皮質)이 발달했기 때문이다. 이로 인해 많은 성범죄가 발생한다. 이를 막기 위해 대부분의 나라에서는 일부일처제의 혼인양식을 제도화하여 개체간의 경쟁을 방지하고 모든 사회구성원의 성적자유를 보장하려고 한다. 그러나 이러한 사회제도는 생식을 위한 성은 조절할 수 있으나 쾌락을 위한 성은 억제될 수밖에 없기 때문에 인간의 내면적인 성적욕구와 사회적 적응사이에는 끊임없는 갈등이 있어왔다. 한 개인이 자신의 성적만족을 위하여 타인에게 성을 강제하는 경우를 성폭행(sexual assault) 또는 성폭력(sexual violation)이라고 한다. 이는 강간, 근치상간, 어린이의 성적학대, 성희롱 등의 여러 형태로 나타난다.

지난 10년 동안에 성적피해는 다수의 두드러진 사례 때문에 이전보다 훨씬 더 널리 알려지게 되었다. 1991년의 토마스(Clarence Thomas)의 증언에 관한 미상원에서의 청문회는 직장에서의 성희롱(sexual harassment)의 문제점을 크게 인식시켰으며, 전 중량급권투챔피언 타이슨(Mike Tyson)이 강제적으로 강간했다는 10대 미인대회의 경연자 워싱턴(Desiree Washington)의 기소에 대한 법정논의는 성폭력의 사례에 관한 많은 사람들의 눈을 뜨게 하였다. FBI의 보고에 의하면 1972년과 1991년 사이에 미국의 보고된 강간의 수는 128% 증가하였으며 여성 강간피해자는 약 150만 명으로 추산하였다. 강간은 모든 범죄 중 가장 보고되지 않고 남기 때문에 이 통계수치는 매우 조심스러운 것임을 FBI자신이 시인했다. 미국범죄피해조사에 의하면 하루에 약 469건의 강간, 즉 매 3.5분에 한 건의 강간이 발생한다. 이 밖에 수많은 여성들이 직장이나 학교에서 성적으로 희롱을 당하며, 10대들이 매춘으로 몰리고, 그들의 남편이 요구할 때 싱교를 위한 준비가 되어있지 않다는 이유로 구타를 당하는 주부 등 강제성교의 실제규모는 매우 커다. 본장에서는 강제섹스(coercive sex)에 관한 역사적, 법적, 사회적 및 심리적 전망에 관해 설명하고자 한다.

간통

킨제이와 그의 공동연구자는 그들의 연구(1948, 1953)에서 기혼남성의 약 50%와 기혼여성의 24%는 최소 한번은 혼외정사(extramarital affair)에 관여하였다는 것을 발견했다. 1990년에 킨제이연구소는 "섹스에 관한 새 리포트"에서도 남편의 36%와 아내의 25%는 최소 한 번의 혼외정사를 가졌다는 것을 알았다. 제이너스와 제이너스(Janus and Janus)도 연구조사에서 결혼한 남성의 35%와 결혼한 여성의 26%가 혼외정사를 가졌다는 것을 확인하였다. 동거커플를 위해서도 혼외성관계는 기혼커플과 동일한 율을 보였다. 혼외성교(extramarital sex)에 있어서 남성들은 오로지 성적인 일에만 관심을 갖는데 비해 여성은 거의 항상 정서적이거나 성적 및 정서적인 것을 연합해서 생각한다. 세계적으로 거의 90%의 사람들은 혼외성교는 나쁘다고 생각한다. 1996년에 뉴스위크에서 행한 조사에 의하면 22%만이 혼외성교를 나쁜 일이 아니라고 믿는다는 것을 알았다. 그러나 보다 최근의 연구조사(Jacoby, 1999)에서 45세 이상의 대부분의 미국남성들은 혼외정사를 나쁜 것으로 생각하지 않는다고 말했다. 레빈과 레빈(Levin and Levin, 1975)은 전업주부의 27%가 혼외정사를 가진데 비해 최소 파트타임으로 일하는 기혼여성의 47%가 혼외성교를 가졌다는 것을 확인하였다. 이러한 차이는 직장여성들은 하루 종일 집에 머무는 여성들보다 다른 남성들을 만나는 기회가 많아지고 정사를 가질 기회도 증가하기 때문이다. 밖에서 일하는 여성의 수가 증가하면서 혼외정사, 즉 간통에 관여하는 여성의 수도 계속해서 증가하고 있다.

일부커플은 혼인외성관계를 갖는 것에 합의한다. 양 파트너가 다른 사람과 섹스를 갖는 것에 동의하는 그와 같은 협정이 열린결혼(open marriage)이다. 그러나 이것에는 통상 상호간의 친구와는 섹스를 갖지 않는다거나 같은 사람과는 한번이상 성교를 갖지 않는 것과 같은 제한동의를 한다. 그러므로 이들 제한을 둔 커플은 그들의 일차적인 의무는 결혼한 파트너에 있기 때문에 미혼파트너는 경쟁자로 보지 않는다. 합의혼외정사의 다른 유형은 기혼커플이 함께 혼외성교를 갖는 부부교환(swinging)이다. 부부교환은 1970년대에 그 유행의 절정에 있다가 1980년대에는 감소하였으나 그 후 다시 회복추세에 있다. 부부교환자는 다른 커플과 다르지 않으며 다수가 중산층이고 보수적이다, 또한 그들이 다른 커플보다 불행하다고 믿을만한 증거는 없다.

많은 나라에서 기혼커플을 포함해서 합의된 성인에 의해 사적으로 행하는 어떤 성행위는 금지하는 법을 갖는다. 예컨대, 미국의 17개주에서는 간음(fornication)과 동거(cohabitation)를 범죄로 삼는 법을 갖는다. 위반 시 일반적으로 최고 3-6개월의 진역에 처한다. 한국에서도 혼인을 빙자하거나 기타 위계로 부녀를 기만하여 간음한 자는 2년 이하의 진역 또는 500만 원 이하의 벌금에 처한다. 간통(adultery)은 가정의 신성함을 모독한다는 생각에서 역사적으로 보다 중한 범죄로 생각하였었다. 그러나 현재 영국, 프랑스, 독일, 스웨덴, 이탈리아, 일본 등의 다수 국가에서는 간통은 사생활 영역이라 국가가 개입할 성격이 아니라는 인식이 확산되어 간통죄는 폐지되었다. 하지만 미국의 일부 주(26개주), 러시아, 중국, 인도, 사우디아라비아, 이란, 이집트 등의 여러 나라에서는. 간통죄가 성립되며 특히 이슬람국가에서는 매우 중한 범죄로 생각한다. 예컨대, 이슬람국가에서 간통을 범한 여성은 통상 법적처벌은 받지 않으나 흔히 그들의 남편이나 친족에 의해 가족에 치욕을 가져다주었다고 해서 죽음을 당한다(명예살해).

우리나라에서는 배우자가 있는 자가 간통한 때에는 형법 제241조에 의해 2년 이하의 진역에 처하게 되어 있으며 이와 상간한 자도 같은 처벌을 받도록 규정되어있다. 이 간통죄는 배우자의 고소가 있어야 논의될 수 있다. 단 배우자가 간통을 종용한 때에는 고소할 수 없다. 간통의 개념은 배우자가 있는 자가 혼인이외의 성관계를 함으로써 성립된다. 간통에 대한 태도와 시각은 대체로 보수적인 성향을 띠고 있다. 즉 남성의 간통보다는 여성의 간통에 대해 더 엄격한 것으로 나타났다. 우리나라의 경우 아직도 남성의 간통에 대해서는 본능적으로 있을 수 있는 불가피한 것으로 받아들여져 관용되거나 은폐되기도 하지만 여성의 간통에 대해서는 엄격한 제재를 가한다. 말하자면 간통한 여성은 타락한 여성으로 성도덕을 문란하게 하고 혼인의 신성한 질서를 위협하는 것으로 간주한다. 현실적으로 여성은 경제력이 없는 상황에서는 이혼은 모험이고 남편의 간통에 대한 책임의 절반은 아내가 져야한다는 사회인식의 피해자인 것이다. 따라서 이러한 간통에 대해 이를 형법상 간통죄로 존속시킬 것인지에 대하여 여성의 권익보호라는 관점에서 논란이 적지 않다. 그러나 유림과 여성계의 강력한 반론과 여론에 의해 간통죄는 존치하게 되었다. 하지만 많은 사람들은 세계적으로도 간통죄가 폐지추세에 있으므로 우리나라에서도 폐지를 신중히 검토할 시기가 되었다고 생각하고 있다.

강간

강간(rape)은 성폭력의 한 형태로 이는 생활의 사회적 지위 및 전 연령의 그룹으로부터 피해자에게 영향을 미치며 남성도 여성과 같이 피해자가 될 수 있다. 강간은 사회적 통념과 잘못된 성적관념에 의한 성행위로 현행법에 따라 전형적으로 폭력에 의하여, 신체적 위해의 위협에 의하여, 또는 피해자가 동의하지 않을 수 없는 상황에서 성립되는 비합의성의 입, 항문. 질 성교로서 정의한다. 매우 중요한 점은 그 행위가 피해자가 동의하지 않은 비합의성이라는 것이다. 피해자가 동의하지 않을 수 없는 상황에서 일어나는 비합의성의 한 형태는 다분히 만취, 의식불명, 또는 마약에 취한 상태 때문일 것이다. 강간피해자는 그들의 의학적 필요, 법적 선택 및 심리적 반응에 주목이 요구된다. 강간의 심리적 쇼크는 통상 심각하다. 전형적인 피해자는 고립, 무력감과 공포에 시달린다. 강간에 관한 심리학적 반응은 급성반응기, 심적외상후반응기 및 회복기의 3단계로 구분한다.

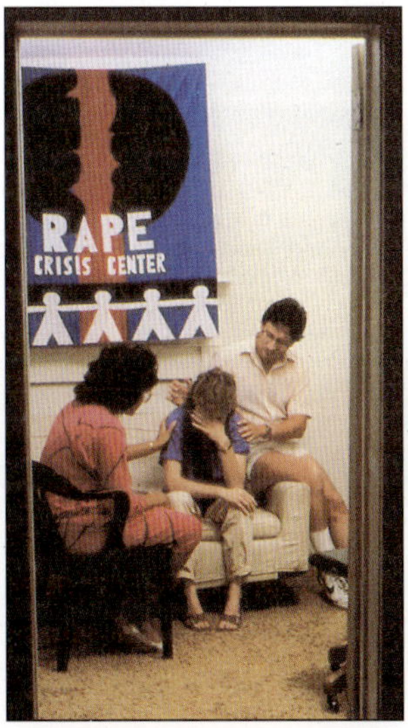

그림 13-1
강간. 전화긴급상담소에서 정신착란을 일으킨 강간피해자.

역사적 배경

고내에 있어 상산은 한 남성이 소망스러운 여성을 압도시켜 그녀를 그의 부족으로 데려와 그의 아내로 삼기 위한 한 방편이었다. 그런 다음 그의 아내를 타인에게 강탈당하지 않도록 그의 아내(자산)를 보호해야했다. 이로써 강간은 자산과 명예에 대한 범죄이지 여성에 대한 것이 아니라고 간주했으며 여기서 강간에 대한 최초의 법적 기원이 마련되었다.

약 4000년 전 바빌로니아에서 제정된 가장 오래된 함무라비법전(Code of Hammurabi)에 따르면 약혼한 처녀를 강간하면 강간한 남자는 사형에 처하였으며 만약 남자가 기혼여성을 강간하면 강간가해자와 그의 피해자를 공범자로 규정하여 양자는 함께 처형되었다. 그 후 강간에 대한 법은 상황에 따라 다양하게 변해왔다. 전시에는 수천 년 전부터 승리한 군인은 적국의 여성을 강간했다. 예컨대 1937년에 일본군이 중국에 침입했을 때 당시의 수도였던 남경의 여성과 소녀를 포함한 거의 모든 여성을 강간했으며 우리나라의 수만 명의 여성들을 정신대로 끌고 가 성의 노예로 삼았으며 하루에 수십 명의 군인과 섹스를 갖도록 강제하였다. 1990년대에 보스니아에서 세르비아군인들이 그들의 민족적 정화전쟁의 일환으로 수만 명의 무슬림여성들을 강간했다. 전시의 강간은 일반적으로 악덕한 집단강간이며 미국 군인들도 월남전 중에 군법기록에 나타난 것같이 그러한 강간에 참여하였다. 또한 강간이라는 용어는 흔히 피해자의 사회적 지위에 의해 정의되기도 하였다. 예컨대 1940년대와 1950년대의 미국에 있어서 백인남자는 미국남부에서 흑인여자를 강간하고도 거의 재판을 받지 않았다. 흑인남자가 백인여자를 강간했을 때는 재판을 받아 엄한 처벌을 받았다. 오늘날에도 대부분의 사법권에서 남자는 매춘부를 강간해도 재판을 받지 않으며 남편과 아내사이의 강제성교(배우자강간)는 미국50주중 대부분의 주에서는 강간으로 간주하지 않는다.

최근 20년 동안에 강간에 대한 공적의식에 많은 변화가 있었다. 여성운동은 이 과정에서 주된 역할을 하였으며 논점은 고양되고 강간피해자에 대한 서비스의 개선을 요구하였다. 오늘날 거의 모든 대도시 경찰국은 강간피해자를 위하여 여순경을 포함한 특별기동대를 가지고 있다. 수백의 강간긴급직통전화와 긴급사태의 구조를 위한 강간긴급전화상담소가 있다. 많은 병원응급실은 강간피해자를 위한 특수절차법이 생겼고 강간에 관한 심리절차와 법령에 중요한 방법상에 변화를 가져왔다.

그림 13-2

강간긴급센터는 강간충격의 영향에 대처하는 강간피해자를 돕고 있다.

그림 13-3

대부분의 공동체는 현재 강간긴급상담을 제공한다.

그림 13-4

루벤의 레우키포스의 딸들의 강간(1617)은 위대한 예술작품이지만 영광된 강간으로 비판되었다.

강간의 통계

미국사법성은 2002년에 미국에 250,000건의 강간과 성폭력이 있었다고 추산하였다. 이는 많은 건수이지만 매년 범해지는 강간의 실제 건수는 보고된 수보다 훨씬 많다는 것은 누구나가 동의하는 바다. 미국사법성은 여성의 13-17.6%는 강간이나 강간 미수의 피해자라고 추산한다. 이 분야의 책임연구원인 코스(Mary Koss, 1993)는 미국여성의 평생 동안에 강간당할 기회는 5명 중 한사람이 될 것이라고 추산했다. 미국피해자센터에 의한 연구조사는 강간피해자의 거의 60%는 18세였으며, 29.3%는 11세 이하였다는 것을 발견했다. 피해자센터의 한나(Karen Hanna)는 젊은 사람들이 흔히 강간의 표적이 되는 것은 그들은 반격을 좀처럼 하지 못하고 그들이 희생되었다는 것을 깨닫지 못하기 때문이라고 말하였다. 강간피해자가 어리면 어릴수록 공격자는 면식범이거나 친척일 경우가 많다. 미국에서는 12세 이하의 소녀강간사건중의 96%는 가족구성원이나 면식범에 의하였으며, 18세 이상의 여성의 경우는 강간의 67%만이 가족이나 면식범이었다고 보고하였다. 여성은 그들이 면식이 없는 사람들에 의해 강간당하면 훨씬 더 신고하는 성향이 강해서 강간의 유죄선고를 받은 대부분의 남자는 면식이 없는 사람들이다. 강간사례의 25%가 면식이 없는 사람들에 의해 범해지며 대부분의 강간은 희생자가 잘 아는 사람들에 의해 범해진다. 그러나 가족이나 친척 또는 잘 아는 면식범에 의한 강간에 대해서는 신고하기를 꺼려하는 경향이 있어 보고된 강간율에 비해 실제적인 강간건수는 훨씬 높은 것으로 생각되고 있다. 일부강간은 우발적이나 대부분의 강간은 강간가해자가 계획적으로 기도한다. 우리나라의 경우 1989년의 법무연수의 범죄백서에 의하면 인구 10만 명당 강간사건발생건수는 1988년 10.9명으로 보고되었으나 한국형사정책연구원이 2,264명을 대상으로 실시한 설문조사에서는 인구 10만명 당 피해자는 485.9명이었다. 이 결과는 비공식적인 성범죄는 공식적인 보고에 비해 약 44.6배에 달하며 강간신고율은 겨우 2.2%에 불과하다는 사실을 나타내고 있다. 또한 복원복지부는 전국 43개 성폭력상담소의 98년도 총 상담실적은 24,788건으로서 12,358건이었던 97년도의 2배에 달하며 7,921건이었던 96년에 비해서는 3배가 넘는 것으로 보고되었다. 또한 상담유형별로 보면 강간이 8,317건(33.5%), 성추행이 5,419건(21.9%), 기타 성희롱과 음란전화 등이 11,052건(44.6%)이었다. 이 보고에서 보는 것처럼 해마다 성폭력건수가 증가하고 있다는 것을 알 수 있다.

강간에 대한 사회통념

강간에 관한 대부분의 잘못된 사회적 통념은 강간에 대한 책임을 여성이 지게 되어있다. 이 견해에 따르면 여성은 남몰래 강간당하기를 원하며 실제로 체험을 즐긴다는 것이다. 이 터무니없는 관념은 한 강간가해자가 그의 피해자에게 그녀와의 관계가 계속되리라는 기대 하에 그녀에게 그의 이름과 전화번호를 주었다. 그러나 그의 환상은 그 자신을 검거하도록 만들었다. 이 사회통념의 이면에 잠재되어 있는 일반적인 오해는 끈질기게 유지되고 있다. 여성에 대한 강간환상은 실생활에서 성적욕망을 표출하며 여성의 의상 및 행위는 도발적이어서 남성을 흥분하도록 작용한다는 것이다. 여하튼 여성은 이 고의적 도발에 대한 불행한 피해자인 것이다. 그러나 대부분의 연구에서 강간가해자는 여성이 어떤 방법으로 옷을 입거나 어떤 모습을 가진 것보다 공격당하기 쉬운 것으로 보이는 표적을 찾는다는 것을 입증하였다. 이 도발적 사회통념은 많은 강간피해자가 어린아이들이거나 나이 많은 여성이라는 것을 알게 되었을 때 그 확신은 깨졌다.

이러한 사실에도 불구하고 피해자는 여전히 강간되었다는 자체로서 비난받는다. 이 견해는 여성이 도발자로서 기여할 뿐 아니라 그들은 강간당하는 것에 저항하지 않는다고 하는 잘못된 관념에 바탕을 두고 있다. 이들 잘못된 상식은 강간피해자의 공포를 완전히 간과한 것이다. 그녀의 신체적 손상, 죽음에 대한 공포, 그녀의 쇼크를 완전히 무시한 것이다. 비록 강간가해자에게 무기가 없을 때일지라도 여성은 피할 수 없다는 것을 분명히 알고 있다. 강간의 상황에서 많은 여성은 그들이 가해자에게 협력하는 것처럼 보이기를 바란다. 그들은 그것으로 인해 더 이상의 불필요한 손상을 피할 수 있고 그것이 보다 빨리 끝나게 하는 방법이라고 생각한다. 그러나 사법계의 아이러니는 이 저항의 지적 방법을 유죄로 규정한다. 여성은 가해자에 대한 이 사례에서 그녀의 신체적 저항, 절상, 타박상 및 다른 증상에 의해 그녀가 강력히 저항했다는 증명을 요구한다. 그러나 그 같은 증거는 도둑을 당했다는 것을 증명할 때는 요구되지 않는다. 폭행이나 강도의 경우 피해자의 말과 증거로 범죄가 발생했다는 것을 입증하기에 충분한 것과는 달리 강간사례에서는 확증이라고 하는 다른 사람의 증언 또는 증거가 증거자료로서 요구된다.

강간의 영향

다수의 연구가 강간에 따른 여성의 심리적 반응을 연구하였다. 이 연구는 강간은 한 여성을 위해 위기의 때이며 그녀의 적응에 대한 영향은 1년 또는 그 이상 존속한다는 것을 입증하였다. 강간외상증후군(rape trauma syndrome)이란 말은 여성이 강간 또는 강간미수에 이어 경험하는 심리적 육체적 영향에 관련해서 사용된다. 강간 직후의 정서적 반응은 흔히 심각하다. 높은 수준의 고통은 일반적으로 폭행당한 후 3주에 절정에 달하며 그 다음 달 동안에도 높은 수준에서 지속된다. 그런 다음 폭행 후 2-3개월이 지나 점차적인 개선이 시작된다. 강간을 당한 여성과 피해를 입지 않은 여성간의 많은 차이는 강간을 당한 여성은 더 두려워하고, 불안해하며, 자존심문제와 성적장애를 계속 호소하는데 이들 충격은 18개월 또는 그 이상 동안 지속된다.

일부 여성은 자기책망을 체험한다. 어떤 여성은 그녀가 스스로 강간을 초래하지나 안 하였는지 또는 그녀가 그것을 막을 수 있지 않았을 가하고 번민하는 시간을 보낸다. 여성은 강간에 의하여 절상, 타박상, 질의 통증 및 출혈 등의 신체적 손상을 가

그림 13-5

세계2차대전중 일본군은 다양한 인종과 국적의 거의 20만명의 여성을 성적노예로 만들었다. 이들 군대위안부의 다수는 1991년 일본정부를 상대로 소송을 제기하였다. 여기서 이 성적착취자의 생존자들은 그들의 격분을 시위하고 있다.

그림 13-6

많은 여성들과 그녀들을 염려하는 남성들이 성폭행에 항의하는 시위행진을 버렸다.

질 수 있다. 오럴섹스를 갖도록 강요당한 여성은 목에 염증이나 손상을 입을 수 있으며 항문성교를 강요당한 여성은 직장출혈과 통증이 보고되었다. 강간을 당한 여성은 에이즈나 헤르페스 등의 성감염증에 걸릴 수도 있다. 강간사례의 약 5%에서 임신이 일어난다. 과거의 어느 시기에 성적 또는 신체적으로 폭행당한 여성은 피해를 입지 않은 여성의 배로 병원을 자주 찾는다.

최근에 강간외상증후군이라는 말의 사용은 강간의 영향을 표지하고 이해하는데 최상의 방법이 아니라는 것을 시사하였다. 일부 전문가는 강간피해자는 심적외상후스트레스장애(post-traumatic stress disorder, PTSD)를 체험한다고 주장한다. 심적외상후스트레스장애는 원래 고참병들이 입은 장기간의 심리적 고통을 기술하는데 사용했던 공식진단이다. 증상은 그것과 관련된 자극 없이 외상적 사건을 지속적으로 재 체험하며 불면증, 집중장애, 과민 등의 과도각성이 포함될 수 있다. PTSD의 인지행동견해에 따르면 무서운 사건을 경험한 사람은 분위기와 그것에 대한 그들의 반응에 관한 정보가 관련된 기억도식을 형성한다. 그 도식은 크기 때문에 많은 자극은 그것을 촉발할 수 있어서 그때에 발생한 공포의 느낌을 증폭시킨다. 도식은 다분히 항시 어떤 수준에서 활성화된다. 도식은 또한 새 사건을 어떻게 풀이하는가에 영향을 줌으로 결과는 광범위하고 장기간 지속한다.

강간은 피해자 이외에도 많은 사람에 영향을 준다는 것을 인식한다는 것은 아주 중요하다. 대부분의 여성은 강간공포로부터 발생하는 여러 일들을 일상적으로 피하려고 한다. 예컨대, 독신여성은 그녀의 완전한 이름을 전화부에 기입하지 않고 그녀의 첫 머리글자나 남자이름을 기록함으로써 그녀가 혼자 산다는 것을 드러내지 않으려고 한다. 많은 여성은 밤에 그들의 차에 탈 때 거의 반사적으로 뒷좌석에 누가 숨어있지 않나 체크한다. 대부분의 여대생은 야간에 캠퍼스의 어두운 곳을 혼자 다니는 것을 피한다. 요는 대부분의 여성은 강간 그 자체가 아닐지라도 강간의 공포를 체험하며 그 공포는 그들의 행동을 제한하게 한다. 피해자의 배우자나 파트너는 또한 심각하게 영향을 받는다. 동시에 그들은 그녀가 회복되도록 그녀를 보호하고 지지할 필요가 있다.

강간패턴

강간은 일반적으로 협박이나 폭력에 의하여 음경의 삽입행위를 달성한다. 강제적 강간에는 한 남자에 의하여 단독으로 행해지는 단독강간(solo rape), 두 남자 또는 한 집단의 남자를 포함하며 때로 여성공범자와 함께 행하는 무서운 형태의 쌍강간(pair rape) 및 윤간(gang rape)이 있으며 윤간은 한 피해자를 교대로 강간한다. 윤간의 아주 드문 형으로 여러 여성이 한 남자를 교대로 강간하는 경우를 본다. 남성에 의한 남성의 강간은 드물게 동성애자간에 일어나며 보통 감방 내에서는 이성애남성 간에서 행해진다. 이밖에 강간의 다른 형태에 데이트강간과 배우자강간이 있다.

데이트강간

여성잡지(Ms. magazine)에 의한 미국의 32개 대학에 대한 교우강간의 연구에서 강간의 57%는 데이트에 관계했으며 흔히 가해자는 견실한 데이트파트너였다. 데이트강간(date rape)은 가장 일반적인 강간형태로, 특히 대학캠퍼스에서는 그러하다. 여성은 그들이 아는 누구와에 의하여 강간되는 사례가 낯선 사람에 의한 것보다 4배나 높다. 35개 대학에서 7000명 이상의 학생을 포함한 보다 포괄적인 연구조사에서 16명의 여성 중 1명은 데이트강간의 피해자였다. 1985년에 미국 남다코타대학에서의 인터뷰조사에서 5명의 여성 중 1명은 데이트 중에 남성에 의해 성교를 갖도록 물리적으로 강요당했다는 것을 발견했다. 이들 소견은 다른 여러 대학의 연구에서 얻은 결과와 매우 유사하였다.

데이트강간은 대부분의 사례에서 경찰에 신고되지 않는다. 실제로 피해를 당한 많은 여성은 범죄가 저질러졌다는 것조차 확인하지 않았다. 이를 위한 한 이유는 데이트강간에서는 거의 무기가 사용되지 않으며 직접적인 언어협박이 이루어지지 않는다는 것이다. 그 외에 많은 여성은 증거를 제시하기가 어렵고 데이트강간의 피해자는 또한 그들 자신에게도 상당한 책임이 있다고 판단하기 때문이다.

데이트강간피해자의 어떤 일반기준이 존재한다면 그것은 남자와의 데이트에 관한 소양의 결여일 것이다. 여대생은 특히 그들의 가족과 멀리 떨어져 있고 흔히 최초로 집을 떠나 생활하기 때문에 데이트강간의 공격을 받기가 쉽다. 그리고 새로운 환경에서 그들 자신이 어떻게 처신해야할지 확신이 없기 때문이기도 하다. 그들은 또한 그들의 데이트상대인 남성을 지나치게 신뢰하고 동급생은 그들을 해치거나 이용하지 않을 것으로 거의 자동적으로 가정한다. 그 같은 순박한 마음은 여대생이 그들의 데이트룸에 가는 경우에 특히 명백하며 그 같은 상황에서 성적의도가 존재할 것이라는 것을 인정하는데 실패한다.

데이트강간의 주요한 문제 중의 하나는 많은 남성이 여성은 매우 수줍어하며 비논리적이라는 관념을 믿는다는 것이다. 여성이 "노"라고 말할 때 "어쩌면(maybe)"의 뜻으로 받아들이며, 그들이 "어쩌면"이라고 말할 때 남성은 "예스"의 뜻으로 받아들인다는 것이다. 그래서 남성은 섹스에 관한 그의 데이트메시지를 여성이 부분적으로 거부해도 그들은 그것을 엄밀한 뜻에서 남성의 전통적인 방식대로 해석하고자 하기 때문에 문제가 발생한다. 남성은 "노"라는 말은 "노"를 뜻한다는 것을 배울 필요가 있다.

더욱이 남성은 흔히 그의 데이트에서 그가 실제로 범죄행위를 행하고 있다는 것을 인정하지 않고 그의 남자다운 자화상을 충족하려고 하는 심리에서 알코올을 이용해 그 자신이 그의 데이트에서 성적으로 강제하도록 준비한다. 실제로 데이트강간을 범한 71명의 남자대학생의 연구에서 76%는 알코올 또는 마리화나에 의해 여성을 유혹하려고 기도하였다. 전통적으로 남녀 간의 데이트신청은 남성이 여성에게 하며 데이트에 필요한 경비는 거의 모두 남성이 지불한다. 그러므로 남성은 만약 여성이 데이트를 신청해오면 그녀가 최소한의 성관계를 인정한다고 해석한다. 이러한 상황에서 강제적인 성적관계가 발생한다고 해도 남성은 여성이 먼저 데이트를 신청했기 때문에 이를 정당화시키려고 한다. 또한 데이트비용을 남성이 일방적으로 부담하게 되면 어떤 남성은 그 대가로 성관계를 갖는 것은 당연하다고 생각한다. 그래서 잠재적 데이트강간의 상황을 피하는 가장 좋은 방법 중에는 여성을 위해 그들 자신이 데이트비용을 지불하도록 하며 어떠한 경우에도 남성이 지나치게 음주하지 않도록 조종하는 것이다.

1988년 여성잡지의 조사에서 성폭행의 반 이상이 데이트 중에 일어나며 강간을 범한 남성의 85%는 여성이 피해자가 되리라는 것을 그녀자신들이 알고 있다고 믿고 있었다. 더욱이 강간을 범한 남성의 84%는 그들이 강간하지 않았다고 명확하게 진술하였다. 강간으로 인정하지 않는 이들의 인식차이는 현재 충분히 이해되지 않고 있지만 적어도 부분적으로는 강간에 대한 남성의 사회통념과 관련한다. 이 인식차이는 여성은 실제로 그렇지 않는데 남성 쪽에서는 데이트는 잠재적인 성적상황으로 들어간다는 것이 암암리에 내정되어있으며 따라서 데이트는 섹스로 진전된다는 것을 여성이 동의한 것으로 남성은 믿는다. 일반적으로 남성은 여성보다 사회적 상황에서 보다 성적의도를 나타낸다. 게다가 남성이 공격적인 상황에서보다 여성이 한계를 설정하는데 실패한 상황에서 데이트강간이 발생한다.

대학의 다른 연구에서 남성은 오늘날 캠퍼스에서 남성의 성적공격의 근성을 나타낸다. 남성은 그의 파트너가 성행동을 동의한 것으로 믿으나 여성의 동의는 오로지 그녀가 공포 또는 협박을 느꼈기 때문에 이루어지는 명확한 예가 있다. 예컨대, 3-4잔의 양주로 약간 취해서 비틀거리면서 행하는 남성의 감언이설은 그의 데이트를 탐욕스러운 방종의 상태로 이끌며, 한편 여성은 남성의 큰 등치, 그의 무모함, 그녀의 손목을 꽉 쥐는 그의 강한 힘에 압도되어 무서운 위협을 느낀다. 만약 이런 상황에서 그녀가 굴복하고 그와 섹스를 가졌다면 이는 합의 성교가 아니라 데이트강간인 것이다.

데이트강간의 연구 중 특히 흥미로운 것은 그들이 다른 방법으로는 섹스파트너를 찾기가 불가능하기 때문에 남성은 데이트를 신청한다는 것이다. 남성은 성적충족을 얻기 위한 그들의 높은 기대에서 여성의 제한된 의향을 무시하도록 몰아가며 그들은 그들의 데이트상대의 느낌이나 소망은 고려하지 않고 그들의 목적을 이룰 수 있는 어떤 방법으로 밀고 나간다. 그래서 어떤 의미에서 데이트강간자는 그가 원하는 바를 그가 어떻게 잘 얻을 수 있는가를 증명하려는 것처럼 행동한다는 것이다.

윤간

한 피해자를 한명이상의 집단이 강간하는 경우를 윤간(gang rape)이라고 한다. 2000년에 미국 조지아에서 12세에서 27세까지의 20명의 남자와 소년들이 13세의 지적장애소녀를 12시간에 걸쳐 강간했다. 윤간은 특별한 이유가 있어 발생하는 것이 아니라 대부분 호기심이나 권태로움을 해소하기 위해서 행해진다. 강간에는 여러 형이 있다. 형무소에서 약한 남성은 흔히 다른 남성입소자에 의해 윤간된다. 미국의 대학캠퍼스에는 많은 사교클럽이 있는데 많은 윤간은 이들 사교클럽멤버인 우애회 회원에 의해 심한 음주와 사내다움을 과시하기 위해 범해진다. 윤간은 피해자와 가해자가 서로 모르는 경우도 있지만 대부분의 윤간은 피해자가 잘 아는 면식강간(acquaintance rape)이다. 면식윤간(fraternity gang rapes)은, 그들이 흔히 파티에서 발생하기 때문에 때로 파티강간(party rapes)이라고 부르며, 드물게 야기되나 그들은 특히 대학캠퍼스에서는 비교적 흔한 형태의 성폭행이다. 흔히 면식윤간은 파티의 끝에 회원들 자신이 취했을 때 발생한다. 캠퍼스면식윤간을 위한 한 전형적인 무대는 상당량의 음주가 이미 이루어진 우애회파티(fraternity party)이다. 관련된 남성은 통상 그것을 강간으로 생각하지 않는다. 그들은 그들에게 사로잡힐만한 잘 아는 젊은 미녀를 발견한다. 이들 그룹은 헌신적 우애의 효과는 흔히 여성의 품위를 떨어뜨린다는 것에 고무된다. 다행히 어떤 우애회(fraternity)는 이러한 문제를 줄이기 위해 조직적인 교육프로그램을 갖는다. 캠퍼스면식윤간을 위한 다른 문제점이 있는 곳은 흔히 운동선수기숙사에 함께 수용되는 운동선수팀의 멤버가 관련된다. 이들 종류의 상황에서 여성은 흔히 대학의 강제관리하에서 매우 불리한 사태에 놓인다. 이는 부분적으로 단원은 전형적으로 함께 단결해야하기 때문이며 또한 학교임원은 그녀의 고발을 포기하도록 피해자에게 압력을 행사하기도 한다.

인류학자 샌데이(Peggy Sanday, 1990)는 어떤 특수대학에서 면식윤간의 널리 알려진 사례를 다른 대학에서 상세하게 보도된 많은 다른 유사한 사례와 함께 분석하였다. 남성들은 많은 가능한 이유를 위해 우애회에 참가한다. 일부남성은 그들의 미래경력에서 그들을 돕게 되는 우정의 확립된 연대조직을 기대한다. 그러나 흔히 복잡한 새 환경에 불안정한 신입생은 안전을 찾기 위해 우애회에 참가하기도 한다. 샌데이의 분석에 의하면 많은 우애회의 입회의식은 새 회원의 열망의 높은 레벨창조의 결과로서 일어나며 그들을 형제로 만드는 남성의 결합의식이 따른다. 한 여성을 지배함으로써 이들 우애회형제 간의 결합을 증진시킨다. 물론 이 실제는 강간의 정의에 적합하며 불법이다. 더욱이 많은 우애회형제들은 이 사례가 법정문제로 비화되었을 때 그들은 그들의 행위는 잘못이나 불법이라는 인식을 갖지 않았다고 말한다. 우애회의 문화는 그들이 합리적으로 판단할 능력을 흐리게 한다. 이 사례를 들은 심사위원은 대학이 그와 같은 행위가 발생할 수 있는 환경을 조성하는 단체를 묵인하고 지지한다는 것에 크게 놀랐다. 우애회와 유사한 단체들은 본질적으로 남성이 여성에 대해 남녀차별주의적 태도를 갖도록 사회화하며 윤간이 일어나기 쉬운 독특한 문화 환경을 조성하고 있다.

우리나라에서도 매년 많은 윤간사건이 발생하고 있다. 1984년 서울 청량리 경찰서는 가출여중생에게 잠자리를 제공하겠다고 유인하여 윤간을 저지른 10대 14명이 수배된 적이 있으며, 부산에서는 해수욕을 하러온 여고생 3명에게 술을 먹인 후 번갈아 성폭행한 10대 6명이 구속되기도 하였다. 윤간은 일반적인 강간과 동일하게 남성은 여성을 자신의 의지대로 조정할 수 있어야하고 여성에 대해 공격적이며 여성을 정복해야 한다는 잘못된 인식이 원인인 것으로 알려졌다. 어떤 사람은 혼자서는 불가능해도 여러 명이 함께 있을 때는 성범죄를 저지르기도 하는데 이러한 윤간은 개인적인 책임이 희석된 상태에서 그룹에 대한 자신의 충성심을 표시하기 위한 방편으로 이용되기도 한다. 본질적으로 한 개체로서의 젊은 남성의 주체성은 그룹에 대한 충성심을 소중히 하는 마음이 강화되는 동안 서서히 쇠퇴해진다. 윤간은 일반적인 강간보다 폭력적인 성향이 강하며 윤간범은 대체로 일반강간범보다 어린 것이 특징이다. 윤간을 비롯해서 모든 유형의 강간사건을 감소시키기 위해서는 강간범 개개인에 대한 교육이나 형벌도 중요하지만 그보다도 남성과 여성이 동등하게 대우받는 폭력 없는 사회 환경을 조성하는 것이 더욱 효과적일 수 있다.

여성에 의한 남성데이트강간

남성은 다른 남성에 의해 항문성교의 형태로 강간당할 수 있다. 그것은 일반적으로 교도소 내에서 발생한다. 남성이 여성에 의해 실제로 강간당할 수 있다는 것은 그다지 실감되지 않는 일이다. 사렐과 매스터스(Sarrel and Masters)는 1982년에 남성이 여성에 의해 성폭행 당했다는 11건의 사례를 상세히 보도하였다. 그 중 몇 사례를 간략하게 서술한다. 한 여성은 23세의 의대생을 꼼짝 못하게 묶은 다음 그를 해부용 메스로 위협하면서 성교를 강요하였다. 37세의 기혼 백인남자는 권총을 들이대며 그에게 접근한 두 흑인여성에 의해 성교하도록 강요당했다. 27세의 트럭기사는 바에서 만난 한 여성과 모텔에서 잠에 빠졌다. 잠에서 깨어보니 그 자신이 재갈에 물리고 눈가리개를 당한 채 침대에 묶여있었다. 4명의 여성은 만약 그가 적절히 수행하지 못하면 거세하겠다고 위협하면서 칼날을 그의 성기에 갖다 대었다. 그는 계속 감금당한 채 24시간 이상을 반복해서 성행위를 강요당했다.

이들 사례는 여러 방법으로 남성에 대한 여성의 강간상황을 반영한다. 이들 사례로부터 명백해진 주목할 만한 발견의 하나는 이들 남성이 거의 공포에 사로잡힌 상태에 있으면서도 그들은 여전히 성적으로 반응되었다는 사실이다. 이에서 강간한 일부 여성은 질윤활, 오르가슴 같은 신체적 성적각성으로 반응한다는 사실도 알았다. 어느 사례에 있어 신체적 반응을 나타냈다고 해서 피해자가 체험을 즐겼다는 것을 뜻하는 것은 아니다. 게다가 성폭행 중 신체적으로 반응한 피해자는 무서운 가책을 느끼는 경향이 있었다.

남성과 여성 강간피해자간의 다른 유사성은 강간후쇼크반응(postrape trauma)을 갖는다는 것이다. 그들의 대부분은 또한 심적외상체험 후 성적곤란(성장애)으로 발달한다. 이 타입의 강간에 관한 정보가 드문 것은 분명히 이들 피해자의 대부분이 성폭행상황에서의 반응으로 자신을 비정상인 것으로 보며 그들의 사내다움에 있어서도 부적격한 것으로 자기 자신을 생각하기 때문이다. 여성에게 강간당한 남성은 그들에게 발생한 것에 대해 매우 당혹스럽게 생각하며 또한 그들의 이야기를 경찰이 믿지 않을 것으로 생각하기 때문에 이 타입의 매우 소수만이 보도되었다. 이들 남성의 일부는 그 일 때문에 발생하는 성적문제를 위해 치료를 구하는 데 반해 다른 남성은 그들의 가책과 고통을 숨긴다. 이러한 이유로 이러한 형태의 성폭행은 사회에 보다 적극적으로 공개되는 것이 바람직하다.

배우자강간

배우자강간(mate rape, marital rape)은 보다 일반적인 성폭행이다. 여성인구의 7-14%는 남편 또는 전남편에 의해 강간당했다고 한다. 현재 미국의 50주 모두에서 배우자강간은 기타강간과 동일하게 유죄이나 약 절반의 주에서는 강간을 소추하기 전에 엄청난 폭력이 있었다는 것을 입증해야한다. 17세기에 헤일(Matthew Hale)이라고 하는 영국의 한 부장판사가 법적부부사이에서는 남편이 부인에게 성관계를 강제하였더라도 강간으로 간주할 수 없다고 판시하였는데, 이러한 인식의 바탕에는 두 사람이 맺은 혼인서약에 의해 남편은 비록 부인이 동의하지 않는다 해도 섹스를 갖는 것은 정당하다는 사회적 통념이 깔려있다. 많은 나라에서는 그들의 결혼이 이미 성적관계에 대한 확고한 동의를 갖는다고 가정하기 때문에 강간법은 일반적으로 남편이 그의 아내를 강간했다는 것을 면제해준다. 이것에 반해 혼인의 법적 근거만으로 배우자에 대한 신체적 폭력행위에 대한 유죄판결을 면할 수 없다는 법령은 흥미롭다.

부부강간은 전에 이해했던 것보다 더 일반적인 가정폭력의 한 형태로 평가되었다. 연구에서 나타난 한 현상은 부부폭력과 부부강간 간에 관련이 있다는 것이다. 즉, 그의 아내를 구타한 남성의 다수는 또한 그녀를 강간했다는 것이다. 예컨대, 그들의 남편에게 구타당했다는 137명의 여성에 관한 연구에서 34%는 그들의 남편에 의해 강간되었다고 보고하였다. 기혼여성 8명 중 1명은 이런 방식으로 피해를 입었다고 하였다. 다른 연구는 배우자강간의 실재발생률은 이보다 훨씬 높다고 추산한다. 많은 여성은 그들의 남편에 의한 강제성교를 당했다는 것을 말하고 싶어 하지 않는다. 법원에 따르면 결혼에 있어서 강제성교의 어떤 사례는 강간으로서 적합하지 않다고 생각하며, 어떤 경우 피해자의 구타, 물건을 때려 부수거나 학대할 때 강제성교를 신체적 폭력행위로 본다.

그의 아내를 강간하는 남성은 분노, 완력, 지배력, 가학성 또는 그의 아내의 의향을 무시한 성욕 등을 포함한 많은 동기에 의한다. 어떤 사례에서 남편은 그의 아내에 대한 분노를 그녀를 강간함으로써 표현한다. 어떤 강간은 남편이 고통을 가하는 것을 즐기는 가학성 때문에 발생하며 정신의학적으로 불안하게 한다. 부부강간의 한 연구는 그들의 남편에 의해 강간당했다는 여성들이 남편의 합리적인 성적욕구를 거절함으로써 이들 폭행을 유발했다는 약간의 증거를 발견하였다. 그보다도 남편이 격렬한 섹스를 좋아하며 그의 아내를 겁먹게 하고 통제하기 위하여 완력을 사용한다. 배우자강간에 있어서 가장 성가신 문제는 피해자가 그녀의 정신적 외상의 기억을 가지고 살아가야 할 뿐 아니라 그녀가 언제 다시 폭행당하게 될는지 모르는 두려움 속에서 그녀의 강간가해자(남편)와 함께 생활해야 한다는 것이다.

실정법상의 강간

강제성강간에 부가하여 비폭력성강간의 범주에 실정법상의 강간(statutory rape)이 포함된다. 실정법상의 강간이란 때로 승낙연령미만의 미성년자강간(carnal knowledge of a juvenile)과 관련을 갖는다. 비록 미성년자인 여성이 성적접촉을 동의했다고 해도 그녀는 법적으로 자신의 행위에 대한 개념을 정확히 파악할 연령에 있지 않기 때문에 이는 강간으로 규정한다. 미국에서는 법적동의연령은 주에 따라 14세에서 18세까지의 범위로 다양하다. 또한 정신질환이나 정신지체, 약물, 알코올 또는 속임수 때문에 동의에 대한 여성의 수용능력에 장애가 있을 때 이들과의 성교는 비폭력성강간의 범주에 포함된다. 비폭력성강간의 다른 변화형은 어떤 형태의 강요가 포함된다. 지불의 요구를 성적으로 협박하는 공갈자, 보다 나은 등급의 대가로 섹스를 요구하는 교수, 그의 여성 환자와 섹스를 가짐으로써 진단 또는 치료를 하는 성치료전문가, 성적순종을 담보로 일자리를 제공하는 고용주 등이 이에 속한다.

실정법상의 강간의 입증된 사례에서 유죄선고를 받고 구속되는 쪽은 미성년자가 아니고 성인이다. 미국의 여러 주에서 이 특정연령을 통상 10대로 정의하는 법을 갖는다. 이 법에 의하면 미성년자는 성교에 동의할 능력이 없다고 규정한다. 누구나 이 연령이하의 소녀와 성행위를 가지면 미성년자강간이 아니고 실정법상의 강간으로 고발된다.

실정법상의 강간은 일반적으로 중죄이다. 미국의 어떤 주는 20년의 형기를 살도록 용인하는 법령을 갖는다. 어떤 주는 피해자의 연령에 따라 처벌조건이 정해진다. 예컨대, 켄터키주에서는 만약 피해자가 12세미만이면 가해자는 사형이나 종신형에 처할 수 있으며, 피해자가 12-15세이면 형벌기간은 20년, 피해자가 16세 또는 17세이면 형벌은 10년형이 된다. 미국의 많은 주에서 이 형벌이 과거에 행한 것처럼 현재는 자주 적용되지는 않지만 사형에 처할 수 있다.

의료의 중요성

강간피해자는 연령, 성에 관계없이 정서적으로 쇼크와 불신의 가공할 상태에 있으므로 사려 깊은 의학적 배려가 필요하다. 신체적 손상은 항상 가시적이거나 분명한 것은 아니지만 신체적 손상은 일반적이며 일부는 매우 심각해서 생명위협의 비상사태를 나타내기도 한다. 신체적 손상의 검출과 치료에 부가하여 피해자는 그들이 노출되었을 성감염증을 검사하고 치료를 위한 정보를 얻어야한다. 임신이 될 수 있는 강간피해자는 임신검사를 해야 하며 그들에게 유용한 임신방지선택권에 관한 정보를 제공해야한다. 이들은 착상을 예방하는 에스트로겐의 사용 또는 IUD의 삽입, 진공흡인법에 의한 임신중절 및 소파수술을 포함한다.

끝으로 피해자가 동의한다면 의학검사는 가능한 법적절차를 위한 증거수집에 사용될 수 있다. 이 이유를 위하여 만약 피해자가 법원에 강간보고를 원한다면 검사를 받기 전에 여성에게 의상을 바꾸어 입거나 샤워 또는 목욕을 하지 않도록 충고해야한다.

강간의 원인

강간의 성격의 5주요 이론적 견해는 다음과 같다. (1) 피해자촉진설(victim precipitated theories). 이 견해는 강간은 항상 그것을 원하는 여성에 원인이 있다고 생각한다. 많은 남성들은 여성들이 무의식속에서 강간당하기를 원한다고 생각한다. 또한 많은 사람들은 여성이 야한 의복이나 행동이 남성의 성적흥분을 유발함으로써 강간이 발생한다고 생각한다. 이들 강간에 대한 잘못된 인식은 매우 널리 받아들여짐으로써 그들은 흔히 강간신화(rape myths)라는 말로 인용한다. 그래서 강간은 근본적으로 여성의 과실이며 이들 신화적 통념은 피해자를 비난하는 경향을 대표한다. 특히 보수적인 성적 역할에 익숙한 남성들은 여성들보다 이들 신화를 받아들이는 경향이 강하다. 많은 사람들이 여성이 미니스커트와 같은 노출이 심한 의복을 입거나 브라자를 하지 않거나, 또는 남성의 집이나 방을 방문하거나 술에 취한 경우에는 여성에게도 강간에 대한 최소한의 책임이 있다고 생각한다. 미국의 플로리다법정은 미니스커트를 입은 여성을 강간한 남성에 대해 그 여성의 의복이 강간을 유도할 수 있다고 인정하여 강간범을 무죄 방면하였다. 그러나 그 남성이 연속강간범이었다는 사실이 밝혀진 후 플로리다주 의회는 강간사건에서 강간피해자의 복장을 판결의 주요증거로서 사용하지 못하도록 법을 개정하게 되었다.

(2) 정신역동설(pychodynamic theories). 이 이론

적 견해는 강간은 심리학적으로 불안한 남성에 의해 약속된 행위라는 것을 지지한다. 그의 규범을 벗어난 성도착은 범죄발생에 책임이 있다는 것이다. 강간범과 강간피해자를 대상으로 행한 정신역학적 연구에 의하면 강제성강간에는 파워강간, 분노강간과 가학성강간의 3유형이 있다. 파워강간(power rape)은 강간범이 그의 피해자에게 무기, 신체적 완력과 신체적손상의 위협을 사용하여 성교하려고 할 때에 발생한다. 이들은 간혹 피해자에게 신체적인 손상을 입히기도 하지만 대부분의 경우에는 위협만 할뿐 피해자들에게 실질적인 상해를 가하지 않는다. 파워강간범은 통상 대인관계가 서툴며 특히 여성과의 일반적인 관계형성에 많은 어려움을 나타낸다. 파워강간은 자신을 위해 그의 힘, 정체성과 성적적합성을 재확인하려는 방법이다. 분노강간(anger rape)에서 강간범은 그의 피해자를 짐승 취하여 분노와 증오를 표출한다. 육체적 폭행과 모욕적인 언어를 행사하며 이 형태의 강간 동기는 흔히 일반적으로 여성에 대한 보복 및 처벌이다. 분노강간은 통상 강간에서 성적만족을 얻지 못하며 발기가 일어나기 어렵거나 사정할 수 없다. 가학성강간(sadistic rape)은 공격성과 성행위가 도화선이 되고 피해자의 학대는 강간범의 일차적인 만족의 원천이 된다. 피해자가 반항하지 않으면 성적으로 만족하지 못하기 때문에 고문을 한다. 가학성강간의 피해자는 담배에 의한 화상, 물어 뜯김, 매질에 의한 고문 또는 의도적인 위해를 입는다. 괴기한 피해자의 신체적 절단에 의한 성적살인은 가학성강간의 극단적인 사례이다. 한 연구자에 의하면 강간의 약 5%는 가학성강간이며 40%는 분노강간, 55%는 파워강간으로 추정되었다.

(3) 남녀동권론자설(feminist theories). 남녀동권론자는 강간자는 우리문화의 성역할사회화의 소산으로 보는 이론적 견해를 갖는다. 우리문화에서 고정관념적인 성역할은 남성성특질은 능동적이고 공격적이며 강력히 밀어붙이는 스타일인데 대해 여성의 성특질은 수동적이고 무력하고 순종적이고 수용적이다. 그들은 섹스와 힘 간의 복잡한 연결에 관해 이론화했다. 어떤 강간에서 남성은 여성에 대한 그들의 힘을 증명하기 위해 섹스를 사용한다. 다른 강간에서 남성은 섹스를 얻기 위해 여성에게 힘을 사용한다. 성의 불평등은 강간의 원인이기도 하고 결과이기도하다.

(4) 사회학습설(social learning theories). 많은 강간범들은 그들 자신이 어린 시절에 성적학대를 받았거나 가족 내에 성폭력을 당하는 장면을 목격한 경험이 있는 사람들이다. 성장과정에 가정생활에 부정적인 경험을 가지고 있지 않다면 그는 성장 후에도 정상으로 받아들일 가능성이 높다. 그러나 성폭력이 자진 가정에서 자란 사람들은 성인이 된 후에도 성폭력을 그다지 부정적으로 생각하지 않을 수도 있을 것이다. 이러한 환경에서 성장한 남성은 성폭력의 가해자가 될 가능성이 높으며, 여성들의 경우는 성인이 된 후에 성폭력의 피해자가 될 가능성이 높다. 이와 같이 성폭력에 대한 과거경험은 남녀 모두에게 비정상적인 성적태도를 갖게 하는 중요한 원인이 될 수 있다.

(5) 사회질서파괴설(social disorganization theories). 사회학자는 지역사회의 사회구성이 파괴될 때 강간율을 포함한 범죄비율은 증가한다고 믿는다. 그와 같은 조건하에 지역사회는 범죄에 대한 그 규범을 강화할 수 없다. 한 극단적인 예는 전쟁에서 여성의 강간은 일반화된다. 1937년 일본군이 중국을 침입하였을 때 중국의 많은 부녀자들은 강간당하였으며, 1990년대에는 유고슬라비아의 전쟁에서 이의 생생한 예를 보였다. 보스니아여성(크로아티아와 회교도)은 공격한 세르비아인에 의하여 빈번히 강간당했다.

성연구자는 일반적으로 이들 이론적 모델의 하나에 그들의 연구의 바탕을 두며 이는 그들의 연구에 영향을 준다. 연구자는 다수의 요인은 문화레벨에서의 영향력으로부터 개인레벨에서의 효력까지의 범위가 강간에 기여한다고 지적한다. 이늘 요인은 문화적 가치, 성적문서, 초기가정의 영향, 패거리집단의 영향, 분위기의 특성, 잘못된 전달, 성과 힘의 동기, 남성의 규범 및 남성의 태도 등을 포함한다. 문화적 가치는 강간을 지지하도록 기여할 수 있다. 비교문화적으로 문자사용 이전의 사회에서 강간은 남성우월주의, 남성의 강인한 관념에 의해 특징지어지는 문화에서 보다 일반적이었다. 여성 강간은 남성이 여성보다 우월하며 공격적이어야 한다는 인식이 강한 사회에서 많이 발생한다. 성폭력의 전문가인 사회학자 바론(Larry Baron)과 스트라우스(Murray Straus)의 남녀동권론자설과 사회질서파괴설의 두 학설을 검정하는 연구에서 그들의 데이타는 세 결론에 강한 역점을 주었다. 즉, (1) 성의 불평등은 강간에 관계한다. (2) 포르노는 강간을 위한 관념적 지지를 마련한다. (3) 사회질서의 파괴는 강간에 기여한다. 이 연구는 강간을 조장 또는 방해하는 사회풍조를 만드는데 문화적 배경이 얼마나 중요한가를 강조한다.

성적문서(sexual scripts)는 강간에 한 역할을 한다. 청소년은 문화적으로 전달되는 성적문서를 통해 데이트와 성에 관한 사회적 기대를 신속하게 학습한다. 이들 문서는 그들이 남성은 성욕이 지나치고 성적공격자라고 가정하는 메시지를 전달할 때 강간을 지지한다. 청소년기에 소녀와 소년들은 강간을 정당화하는 문서를 시인한다. 1700명의 중학생에 관한 한 연구에서 소년의 약 25%는 만약 남성이 여성에 대해 돈을 썼다면 남성이 여성에 대해 성교를 강제할 수 있다고 대답한 것으로 나타났다. 이들 소견은 다수의 고등학생과 대학생의 연구에서도 되풀이되었다.

사회학습설에 의하면 초기가정(early family)의 영향은 남성이 성적공격자가 되도록 하는데 한 역할을 한다. 특히 성적공격자인 젊은 남성은 소아기에 그들 자신이 성적으로 학대되었을 가능성이 다분히 있다. 또래집단은 남성이 강간하도록 조장하는 강력한 영향을 갖는다. 면식이 있는 또래집단은 그의 회원이 강간하도록 조장하는 분위기를 조성한다. 분위기의 특성은 한 역할을 한다. 격리된 장소는 과도한 알코올사용이 관련된 파티에서와 같이 강간을 마음에 품는다.

여성과 남성간의 잘못된 전달(miscommunication)은 강간의 한 요인이다. 데이트강간에서 보듯이 남성과 여성은 발생하는 일에 관해 전적으로 다른 이해를 갖는다. 많은 사람들은 섹스에 대해 직접 논의하는 것을 꺼림칙하게 생각한다. 그들은 성적관심을 매우 실수하기 쉽고 포착하기 어려운 미묘한 비언어적 암시로부터 추리하려고 시도한다. 특히 남성은 여성의 다정한 행동을 그녀는 생각하지도 않는 성적메시지로 해석하려고 한다.

섹스와 힘의 동기(sex and power motives)는 강간에 관계한다. 남녀동권론자는 강간은 힘의 표현이며 남성에 의한 여성의 지배라는 것을 강조한다. 최신학설은 성적동기와 힘의 동기는 양자가 관련하며 서로 상호작용한다고 강조한다. 다수의 과정이 이에 연루된다. 예컨대, 강간범은 부적절한 상황아래 그것이 발생할 때 성적각성을 억제하는 그들의 능력에 있어 비강간자와 다르다. 강간범은 그러한 상황에서 성적각성을 체험할 수 있으며 동시에 비우호적인 공격을 가할 수 있는 반면, 비강간자는 비우호적인 공격에 대해 성적각성을 억제하는 것을 발견한다.

법적 고려

많은 강간피해자를 위한 주요사항은 그들의 강간을 경찰에 고발할 것인가 하는 문제이다. 강간을 고발하는 것은 논리적인 듯하지만 다수의 여성은 다음의 여러 문제점으로 해서 그 결정을 망설이게 된다. (1) 보석금으로 풀려 나오게 되면 강간범에 의한 보복의 두려움, (2) 효과 없는 대책으로 경찰이 그를 체포하지 못할 수도 있으며 비록 체포된다 하드라도 그는 다분히 모면하게 될 것이다. (3) 공개로 인해 당하는 낭패와 두려움, (4) 경찰 또는 재판관에 의한 혹사의 공포, (5) 고발에 대한 가족들로부터의 압력, (6) 그를 교도소에 보냄으로써 친구 또는 친척의 생활파탄에 대한 내키지 않는 부담감 등이 있다. 그밖에 데이트강간의 피해자는 친구의 불리한 판정결과를 우려하며 부부강간의 피해자는 만약 그녀의 남편이 유죄선고를 받고 감옥에 가게 된 후의 사회적 경제적 결과를 두려워한다.

강간이 고발될 때마저 용의자의 동정과 체포를 유도하기 위한 심리 그 자체는 피해자에게 심한 고통과 시련이 될 수 있다. 여성은 기소된 남성보다 오히려 그녀가 재판을 받는다는 느낌이 든다. 피고 측 변호사는 그녀가 성행위를 동의했다는 것을 증명하려고 한다. 만약 그녀가 샤워를 했거나 옷을 갈아입었다면 불충분한 증거가 될 수 있다. 그리고 그녀가 다수의 성적파트너를 가졌다거나 하는 과거의 성행위는 여성이 강간을 당했다기보다는 동의했다는 추정의 근거로서 논점이 될 수도 있다. 또한 사건을 심리하는 과정에서 경찰이 흔히 피해여성을 조롱하는 경우도 있다. "당신은 그것을 즐겼느냐" 또는 당신은 섹스를 좋아하느냐"와 같은 굴욕적인 질문을 하기도 한다. 이 같은 질문은 강간범을 찾는데 별로 도움이 되지 않으며 다만 담당관의 대상성 성적본능을 충족시키거나 인간의 호기심만을 만족시킬 뿐이다. 많은 경우에 강간의 고발은 재판에 받아들여지지 않으며 비록 강간범으로 검거되었다 해도 지방검사는 그 사실을 밝혀내지 못하거나 입증하지 못하는 경우가 많다.

다행히 근래에 강간사례에 관한 입법과정에서 일부 진전이 있었다. 미국의 경우 많은 주에서 피고 측 변호사를 위해 여성의 과거 성행위를 재판과정에서 들추어내는 것은 허용되지 않으며 여성은 그들이 신체적 손상의 정도로 강간에 저항하려고 했다는 것을 증명하도록 요구되지 않는다. 또한 경찰이 강간피해자를 다루는데 있어서 어느 정도 개선되었다. 대부분의 미국도시에서 경찰국은 이제 성폭행의 피해자를 전문적으로 다루기 위한 특별팀을 가지고 있다.

불행히도 이들 진전에도 불구하고 강간심리의 성과는 여전히 본질적인 내용에 너무 멀다. 최근의 연구는 미국배심원단은 여성이 만약 그녀가 정숙하게 보이고 전통적인 생활양식을 갖는다면 그녀가 강간당했다는 것을 보다 더 믿는다는 것을 입증하였다. 이 연구에서 그들이 마친 직후 성폭행심리에서 360 배심원과 인터뷰한 미시간대학의 사회학 교수인 레스킨(Barbara Reskin)과 그녀의 동료는 만약 배심원이 피해자의 도덕적 특성에 의문을 갖는다면 그들은 보다 더 피고의 유죄선고에 반대하도록 투표한다는 것을 발견했다. 강간피해자는 그들이 기혼자이고 그들 자신의 집에서 폭행당했다면 배심원에 의해 가장 믿어지는 것 같다. 역으로 만약 강간피해자가 성적으로 활발하거나 도덕적으로 방임한 것으로 묘사되거나 비 적출태생을 가졌거나, 예컨대 마리화나를 사용한다면 배심원은 그녀의 증언을 심각하게 취급하지 않는 경향이 있다. 더욱이 배심원은 전과자인 듯하거나 칠칠치 못한 모습을 한 피고에 대해 비교적 편견을 갖는 반면, 용모가 단정하고 그들이 여성에 대해 성적으로 접근하는 방도를 보인 사람들은 그들을 보다 쉬운 쪽으로 배심을 얻는다.

강간의 여파

강간의 실리적 충격은 공격당한 첫 순간부터 이후 수년간 심각할 수 있다. 강간의 심리적 반응기의 첫 시기를 급성반응기라고 한다. 이 급성반응기에 강간피해자는 고립, 무력감과 자신의 총체적 상실감에 사로잡힌다. 통상 격심한 반응기는 수일에서 수주 사이에 끝난다. 피해자는 전형적으로 쇼크, 공포, 불안, 및 정신적 혼란을 겪는다. 죄의식, 수치심, 분노, 모욕감 등은 그들의 느낌에 관해 이야기할 수 있는 여성에게서 흔히 본다. 보다 자신을 통제할 수 있는 여성은 그들에게 강제된 충격에 대해 시석으로 침착하세 내서한다.

이 급성반응기는 보통 심적외상후반응기로 이어진다. 이는 수주 또는 수개월일 수 있다. 피해자는 그녀 자신과 그녀 자신의 처지에 관한 극심한 고통을 체험한다. 표면적으로 그녀는 고통을 벗어난 것처럼 보인다. 그녀는 그녀의 가족과 친구에게 집중하려고 노력한다. 그녀는 일상적 활동으로 되돌아가고 쾌활하고 편안해지려고 노력한다. 그러나 내면적으로 깊이 침체되어 그녀는 실제로 체험의 공포와 그녀 자신에 대한 회의 및 그녀의 느낌을 조정하기가 어렵다.

마지막시기인 회복기는 피해자의 연령, 개성, 유용한 지지체계 및 타인에 의한 그녀의 취급 등에 따라 상당히 다양하다. 간담을 서늘하게 하는 경악, 선명히 떠오르는 과거의 사건과 악몽은 일반적이다. 혼자됨에 대한 두려움, 남성에 대한 불신, 성행위에 대한 고통은 자주 표면화된다. 적절한 상담 또는 성치료는 이들 공포를 치유하는데 필요하며 때로는 우울증의 치료가 필요하다. 강간당한 후 평균 22개월이 되는 여성과 인터뷰한 최근연구는 여성의 3/4이 그들이 강간체험에 직접적인 생활의 변화를 겪었다고 보고하였다. 여성의 거의 반 이상이 어떤 형태로든 공포, 불안, 또는 우울증의 징후를 보고하였으며 다수는 불면증, 상처받기 쉬운 느낌과 낮 동안에도 혼자 다니는 것에 대한 공포감 등을 보고하였다. 이들의 가장 보편적인 징후는 타인을 신뢰할 수 없다는 것이다.

강간당한 여성은 그 결과로서 많은 성적문제에 직면한다. 성적혐오감과 질경(질경련)은 강간의 쇼크에 대한 가장 극적인 반응이다. 그리고 일부여성은 감소된 성욕에 의해 어려움을 겪는다. 한 연구조사는 강간피해자가 1년이 지난 후 일반여성처럼 성행위의 동일빈도를 가졌다 해도 그들의 성적만족은 현저히 감소되어 있다는 것을 지적하였다. 다른 연구는 강간 또는 근친상간의 피해자였던 372명의 여성 집단의 반수이상이 성폭행을 당한 후 섹스의 공포로 성부전증, 저하된 성욕 및 성적으로 각성되기 어렵다는 것을 발견했다. 강간피해자의 문제해결에 있어서 많은 경우 카운슬링체험은 분노, 무력증, 우울증 또는 공포증에 대해 유익한 기회를 마련한다. 또한 그들 자신이 자신을 위해 가장 편안한 방법으로 인내심을 가지고 문제를 풀어나가려는 의지와 노력이 필요하다.

강간의 동의

대부분의 사법권에서는 법적으로 강간이란 상호동의 없이 질 내에 음경을 삽입하는 성폭행으로 정의한다. 그래서 상호동의 없이 음경을 상대의 입이나 항문에 삽입하면 통상 강간으로 정의되지 않으며 성폭행에 대한 다른 기본법을 적용한다. 법적관점에서 강간이 발생했다는 것을 규정하는 중요한 요소는 유의의 동의가 결여되었다는 것이다. 이것은 여러 이유에서 법적으로 다루기가 다소 어려운 미묘한 부분이다. 첫째로 법은 강간의 충동을 위하여 신체적 강제에 의한 협박이 있었다는 것을 입증해야한다. 이를 위하여 일반적으로 피해자가 적극적으로 저항했다는 증거가 필요하다. 여성이 그녀의 가해자에게 발로 차고 비명을 지르고 할퀴고 싸웠다면 대부분의 재판에서 그녀가 원하지 않았다는 것을 쉽게 믿도록 할 수 있을 것이다. 그러나 강간범이 칼이나 권총을 가졌다면 이는 실제적으로 여성이 성행위에 동의하지 않았다는 것을 입증하기 위해 육체적으로 싸워야 한다는 것을 기대한다는 것은 어려울 것이다.

둘째 문제는 강간당했다고 주장하는 여성이 과거에 정숙하지 않았거나 또는 느슨한 도덕적 성격의 소유자였다면 강간심리에서 흔히 그녀가 실제로 피의자남성과 섹스를 동의했다는 것으로 해석되고 그 결과 강간은 성립되지 않는다. 이는 피고측 변호인이 피해자의 성생활을 들추어내는데 주목을 집중하도록 유도한다. 그래서 지금은 재판과정에서 피고 측 변호인이 여성의 과거 성생활을 들추어내는 것은 일반적으로 제한되었거나 전적으로 금지하도록 법이 개선되었다. 셋째문제는 전에 자발적으로 성적접촉을 동의했던 사람들 사이에 발생한 강간에 관한 것이다. 분명히 법률사건으로 한 파트너가 앞으로 어떤 성적접촉도 갖지 않겠다고 절대적 권리로 선언했다면 실제적사건으로서 이는 소추할 수 있는 가장 명확한 성질의 것이다. 그러나 이 일은 여성을 위해 그녀의 동의 없이 성행위가 일어났다는 것을 사법계 또는 배심원에게 소추자를 믿게 한다는 것은 용이한 일이 아니다. 다만 여성이 멍들었다거나 할퀴거나 옷을 찢기거나 성적접촉에 저항한 신체적 다른 증거가 있다면 배심원을 납득시키기가 훨씬 수월해진다.

강간고발은 또한 폭력이 관여하지 않는 경우에도 성립될 수 있다. 만약 피해자가 정신적으로 무능력하거나 한 때에 알코올을 포함한 약물의 영향으로 의식불명의 상태이거나 또는 그녀를 결혼할 것으로 믿도록 속여서 성적접촉을 가졌다면 이는 법적으로 의미 있는 동의가 결여되었기 때문에 강간고발로 소송을 제기할 수 있다. 또한 미성년자강간의 경우에 있어 가령 파트너에 의해 동의되었다 해도 미성년자는 성관계의 의미나 결과를 제대로 이해하지 못하기 때문에 미성년자는 법적으로 성행위에 대한 동의를 속박해 둠으로써 이 동의는 법적으로 무효가 되고 따라서 그 행위는 강간으로 규정된다.

강간가해자

강간을 범한 남성에 관한 정보는 거의 유죄선고를 받은 강간범(rapist)의 연구에 의존한다. 이들 연구에서 얻은 정보는 모든 강간범에게 적용할 수 있다. 그러나 이들 연구의 많은 것은 강간을 범한 수개월 또는 수년 후에 행해진 것이므로 강간범은 그의 행위의 구체적인 것은 정확하게 기억하지 못한다. 다수의 자료로부터 얻은 소견은 강간범에 과한 어떤 일반적 사실을 개관할 수 있다. 이들의 85%는 전과기록을 가졌으며 80%는 고등학교를 마치지 못했다. 75%는 30세 미만이며 70%는 미혼이다. 또한 70%는 그들 피해자와 낯선 사람이며 50%는 심한 음주자이거나 그들이 강간을 범할 때 술에 취해있었다. 그러나 강간범은 모두 같지 않다. 강간을 위한 그들의 동기는 아주 다양하며 피해자를 찾는 방법, 그녀를 압도하는 방법과 그녀를 성적으로 괴롭히는 방법 등은 제 각기 다르다. 어떤 경우에 강간범은 방법론적으로 조심스럽게 계획된 성폭행을 범한다. 그러나 다른 강간범은 충동적으로 그들 행위의 분명한 사전계획 없이 행한다.

전형적인 강간범은 없으며 강간범은 직업, 교육. 결혼상태, 전과기록 및 강간을 위한 동기 등 매우 다양하다. 말라무드(Neil Malamuth, 1998)에 의한 연구프로그램은 남성이 여성의 성적강제를 하도록 만드는 4요인을 동정하였다. (1) 폭력적인 가정환경. 적대적인 가정환경에서 성장한 소년은 여성에 대해 성적공격성에 관여하게 만든다. 적대적인 가정환경이 만드는 요인은 양친간의 폭력이나 싸움 또는 성적학대, 아동에 대한 학대를 포함한다. (2) 비행. 비행에 관계하는 실재는 그 자체가 적대적 가정으로부터 더 나오기 쉽다. 그러나 비행은 차례로 성적강제에 관계할 가망이 증가한다. 비행에 관련된 소년은 적대적 태도에 고무되고 범한 불법행위를 합리화하며 거칠고 공격적인 이미지에 보상하는 사람에 필적한다. (3) 성적혼란. 남성은 흔히 비행또래집단의 배경에서 그에게 자존심과 또래집단과 더불어 상태를 가져오기 위하여 성적정복에 대한 강한 박력이 발달한다. 강제는 그에게 정복을 이루는 합리적인 방법으로 보인다. (4) 적대적인 남성적 개성. 이 성격형은 여성에 대해 깊이 자리 잡은 적개심이 부정적으로 명시되는 과장된 남성으로 양육된다.

놀랍게도 이 연구는 유죄선고를 받은 강간범에 바탕을 두지 않고 남자대학생의 전국대표샘플에 바탕을 두었다. 여성에 대한 성적공격에 기여하는 요인은 분명히 자비심이 많은 집단에서마저 존재할 수 있다. 한 요인은 남성의 있을법한 강간을 줄이거나 약하게 하는 듯이 보인다(감정이입). 즉, 상술한 위험요인의 여럿을 가진 그러나 다른 사람의 느낌과 필요에 민감하고 자기본의가 아닌 남성은 감정이입이 결여되고 위험요인을 가진 이기적인 남성과 비교하여 강간할 소지가 희소하다. 이들 연구소견은 기결된 강간범을 위한 치료프로그램을 위하여 중요한 함축성을 갖는다. 감정이입훈련은 가장 현대프로그램으로서 강조되어진다.

강간범연구에 의하면 강간은 통상 힘이나 분노의 표현이며 성적욕망을 위한 행위는 아니라는 것이다. 대부분의 강간범은 성적파트너가 없는 것은 아니며 대부분의 강간에 있어서 공격적요소가 앞섬으로써 성행위는 이차적인 것이다. 또한 강간집단과 비강간집단에 대한 어떤 비교연구에서 강간장면을 담은 녹음테이프를 돌렸더니 강간범은 강간의 연출을 듣는 동안 발기되었으나 비강간자는 발기되지 않았다. 한편 서로의 동의에 의한 성교장면의 녹음에 대한 반응은 강간범과 비강간자와의 발기반응은 유사하였으나 흥미 있는 사실은 강간범은 동의에 의한 성교에 대한 것보다 폭력 또는 강제성교에 더 강한 성적각성을 보였다. 이들 결과는 비강간자는 강간피해자에 대한 동정 또는 공포에 의하여 강간연출에 대해 성적각성을 억제하는 내적제어를 갖는데 반해, 강간범은 그 같은 내적제어가 결여되었거나 그들을 극복하도록 길들여져 있기 때문인 것으로 시사되었다.

강간가해자의 치료

강간은 범죄행위이므로 의학적 진료이전에 대부분의 기결강간범은 감옥으로 보내진다. 이들의 구속기간은 다만 처벌로 일관하기 때문에 형 집행이 끝나고 사회복귀 후에도 이들의 3/4은 위법행위를 반복하게 된다. 강간기결수에 대한 심리학적 카운슬링을 마련하려는 여러 시도는 아직 그다지 개선되지 않고 있다. 이들 심리치료만의 프로그램에 의한 문제의 하나는 그들이 성공하지 못했다는 것이다. 이 문제는 MPA(metroxyprogestrone acetate)라고 하는 약제와 심리치료의 혼합사용에 의해 접근하였다. MPA의 사용은 혈중 남성호르몬의 꽤 많은 감소를 가져옴으로 남성의 성적충동과 그의 공격성을 현저하게 저하시킨다. 심리치료사는 그 효과가 비록 이 약제를 사용하고 있는 동안에 한정되는 일시적인 것이기는 해도 남성이 그의 성적충동과 공격성을 재조정하는데 큰 도움이 된다는 것을 알았다. 이 약물을 투여한 20명의 강간범 중 17명은 약물치료를 받고 있는 동안 그들의 성행위는 자체 조절할 수 있었다. 그러나 약물섭취를 중단한 거의 모든 남성은 그 후 재발되었다. MPA는 강간범의 여성에 대한 적개심을 감소시킬 수 있는지의 보장이 없으므로 이 방법이 널리 받아들여지기 전에 강간범치료를 위하여 MPA사용의 장기효과를 위한 보다 많은 정보가 필요한 것 같다.

강간의 예방

강간의 예방을 위한 전략은 다음의 3범주로 나눈다. (1) 강간의 높은 위험이 있는 분위기를 피한다. (2) 만약 첫째 전략이 실패하여 강간기도가 실제로 이루어지면 어떤 자기방어기법을 알아둔다. (3) 강간에 기여하는 태도를 바꾼다. 물론 첫째 전력은 높은 강간위험이 있는 분위기에 대해 경계하고 그들을 피하도록 해야 한다. 예컨대, 데이트강간분위기를 피하기 위해 다음을 추천한다. 성적제한의 설치. 예컨대, 만약 당신이 접촉되기를 원하지 않는다면 "만지지 말라"하고 바로 단호히 이야기해야 하며 당신의 소망이 존중되지 않는다면 그곳을 피해야한다. 만약 당신이 성교를 갖고자 한다면 신속히 결정해야한다. 당신은 당신의 의향을 빨리 단호히, 그리고 분명히 전달하면 할수록 당신의 파트너가 이해하고 당신의 결정을 수용하기가 보다 쉬워진다. 혼합된 메시지를 주지 말고 분명히 하라. 당신이 "예스"를 뜻할 때 "예스"라 말하고 "노"를 뜻할 때만 "노"라고 말하라. 강력하고 단호히 하라. 당신의 소망이 무시된다면 정중하게 하는 것을 걱정하지 말라. 장면이나 불쾌한 것을 바로 피하기 위해 당신이 원하지 않는 무엇이든 하지 말라. 당신이 위험한 상황을 벗어나기에 너무 정중하기 때문에, 또는 당신이 당신의 데이트의 느낌을 손상되기를 걱정하기 때문에 강간당해서는 안 된다. 만약 문제가 손에서 벗어나면 큰 소리로 항의하고 그곳을 떠나서 도움을 청하라. 알코올과 약물이 흔히 데이트 강간에 관계한다는 것을 유의하라. 음주와 약물복용은 책임이 있는 결정을 할 당신의 능력을 위태롭게 한다. 당신의 본능적 레벨의 느낌을 믿어라. 만약 상황이 당신에게 위험으로 느끼면 또는 당신이 억압된다고 느끼면 당신의 느낌을 믿어라. 상황을 떠나거나 그 사람과 즉시 대항하라. 당신이 누구를 당신 집에 초대하거나 당신이 데이트의 집에 초청되었을 때 조심하라. 이들은 데이트강간이 발생하기에 가장 적합한 장소이다. 강간상황을 배제할 이 첫 셋의 전략이 작용하지 않으면 자기방어 전략이 필요하다. 목표는 공격자로부터 도피하고 도움을 위해 도망친다는 것을 항상 기억하라.

많은 대학, YWCA, 및 다른 기관은 여성을 위한 자기방어클래스를 제공하며 모든 여성은 적어도 그 같은 한 강좌를 청강해야한다고 믿는다. 많은 테크닉은 유용하다. 유도나 태권도는 호신술로서 매우 유용하다. 이는 여성에게 저항할 힘을 주며 사건을 모멸할 수 있는 순발력을 준다. 자기방어는 그녀자신을 방어하는데 유용하다. 강간은 초기에 근절할 수 있다면 더욱 좋다. 그럼으로써 공격은 결코 일어나지 않는다. 이를 위하여 우리사회는 남성이 사회생활에 순응하는 방법으로 근본적인 변화를 이룰 필요가 있다. 남성이 공격적인 것보다 교화되도록 사회화된 사회에서는 강간은 일소될 것이다.

변화는 또한 여성을 사회생활에 순응시키는 방법으로 개선할 필요가 있다. 특히 여성이 자기주장 훈련과 자기방어가 잘 되도록 할 필요가 있다. 약함은 바람직한 인간의 특성으로 생각할 수 없으므로 약하다는 것을 소망스러운 여성의 특성으로 생각해서는 안 된다. 특히 이는 여성을 강간당하기 쉽게 만들기 때문이다. 어머니는 특히 그들은 그들의 딸들을 위해 마련하는 역할모델을 생각할 필요가 있다. 그들이 약한 모델을 만드는 것은 아닌지 생각해야한다.

근친상간

근친상간(incest)은 전형적으로 혈족간의 성적접촉으로 정의하지만, 이 정의는 흔히 비혈족간, 예컨대 의붓아버지와 의붓딸간의 섹스를 포함한다. 근친상간은 흔히 보편적 금기(universal taboo)라고 하며 세계적으로 금지하고 있다. 50년 전 근친상간은 드물고 기괴한 사건이라고 널리 믿어왔다. 이 인식은 경찰에 의해 소추된 근친상간사례의 발생률이 연간 100만에 약 한두 사람들이었다는 것을 나타낸 것으로써 확인되었다. 이처럼 근친상간의 발생률은 극히 일부만이 보도되므로 추측에 의존할 수밖에 없다. 매년 미국에서 약 5만 명의 아동이 그들의 부모나 보호자에 의하여 성적으로 학대된다고 추산한다. 라우만 등(1994)의 대표적인 연구조사에 의하면 미국여성의 약 8.5%와 남성의 2.4%는 13세 이전에 가족구성원에 의해 성적으로 학대되었다고 보고하였다. 성인아동간의 근친상간의 2%만이 보고되는 것으로 알려졌다. 대학의 일반조사에서 여성의 15%와 남성의 10%는 그들이 형제자매와 성적체험을 가졌다고 보고하였다. 이 같은 동기간의 근친상간은 가장 일반적인 형태의 근친상간인 듯하다.

근친상간의 패턴

근친상간은 매우 다양한 형태로 발생한다. 예컨대 근친상간의 어떤 사례는 그들이 단 한 번의 행위만으로도 매우 큰 가책과 불안을 체험한다. 다른 사례에서는 신체적 완력을 사용하지 않고도 양쪽이 흥미를 가지고 장기간의 상호작용이 지속된다. 근친상간의 상황을 정의할 때 생각할 다른 변수는 최초의 관계에 있어 아동의 나이, 행위의 개방성 또는 비밀, 관련된 성행위의 타입 및 가족동태에 있어서의 상호작용의 영향 등을 포함한다. 흔히 근친상간행위는 일종의 놀이로 시작해서 장시간의 키스행위, 레슬링, 살금살금 몰래하는 성기접촉 등으로 시작한다. 시간이 지나면 이들 행위는 어떤 신체적 강제를 행사함이 없이 공공연한 성기행위로 발달한다.

때로 근친상간은 돌연히 강제적으로 시작되기도 한다. 아버지가 술에 취했거나 어머니와 심하게 다투었거나 그의 딸을 벌주기 위해 또는 그녀가 알 필요가 있는 것을 가르치기 위해 강제섹스를 결정한다. 어린이는 대들기도 하고 부상을 입기도 한다. 흥미로운 것은 근친상간에 관련된 대부분의 남성은 소심하고 평범하며 그들의 가족에게 헌신적이다. 그들은 일반적인 금기사항을 비웃거나 무시하려는 경향이 있지만 다수는 독실한 신앙 자처럼 가장한다. 그러나 근친상간을 범한 아버지 간에는 유사성보다 차이점이 더 크다. 그들은 폭음자이거나 금주자일 수 있고 다수는 온화한 성품 인듯하나 이 표면적 성격은 아주 믿기 어려울 수 있다. 일부는 다른 사람은 생각지도 않고 모든 것을 입심 좋게 그리고 믿을성싶게 떠들어대는 사회변질자이고, 다른 일부는 현실적으로 크게 뒤틀린 감각으로 피해를 입은 정신병환자인 반면 대다수는 진단적 정신의학적 질환을 갖지 않는다.

남성근친상간의 측면에서 근친상간패턴의 다양성은 그들의 행위에 있어서 여러 가지 모습으로 반영된다. 가장 흔한 근친상간행위는 소년이 8-12세일 때 시작되나 많은 경우의 근친상간은 그들이 아직 기저귀를 차고 있는 시기부터 시작된다. 어떤 가정에서 근친상간을 범한 아버지는 그의 피해자로서 통상 큰딸을 선택하나 대개 여러 자매를 피해자로 하는 것이 일반적이다. 때로 해를 거쳐 연속적으로 한 사람씩 행하거나 때로는 동시에 행한다. 다양성은 또한 근친상간접촉의 빈도에서도 볼 수 있다. 매일의 행위로부터 1년에 한두 번에 걸쳐 일어나는 것까지 다양하다. 관련된 성행위의 타입과 강제성에 대한 공공연한 가학요소 등의 다른 특성에도 다양성을 갖는다.

근친상간을 범한 남편의 아내는 흔히 그녀 자신 아이들과 함께 성적학대의 피해자이다. 미몽에서 깨어난 여성은 가정에서 물러나거나 우울병을 앓거나 밖에서 기분전환을 한다. 어머니는 실제로 딸에게 그녀의 역할을 떠맡도록 강요한다. 딸은 어머니와 아버지와의 사이를 완화시키며, 어머니는 남편과 더 이상의 성적접근을 갖지 않는 것으로 만족한다. 근친상간이 어머니에 의해 발견된 후마저 사례의 2/3이상에서 그녀는 그녀의 딸을 돕거나 보호하려고 시도하지 않는다. 그녀는 남편을 중지시키는데 무방비상태일 수 있고 이제 딸을 통제할 수도 없게 된다. 그녀는 남편의 신체적 보복이 두렵고 남편이 투옥되면 그녀의 가정이 파괴될 것을 걱정한다.

최근의 증거는 근친상간은 특히 이혼 후 또는 배우자의 사망 후 재혼한 재구성가정에 일반적이라는 사실을 입증하기 시작하였다. 러셀(Diana Russell)에 의하면 930명의 여성의 인터뷰에서 그녀의 생부에 의한 성적학대는 40명중 1명이었으나 재구성된 가정에서 부양된 경우는 6명중 1명이 의붓아버지에 의해 성적학대를 받았다는 것을 발견했다. 이 차이에 대한 설명은 비 혈족관계 간에는 근친상간금기가 없다는데 그 이유가 있다는 것을 말한다. 더욱이 많은 재구성가정에서의 의붓아버지는 성적각성에 기여할 수 있는 상황으로 청년기의 의붓딸과 매일 가깝게 접촉하도록 밀고 나간다. 유아기부터 아이를 계속 양육하고 보호하는 과정에서 통상 생겨나는 적절한 내적제어가 결여되어 있는 새아버지는 자신의 성적각성이 행동으로 전환되는 것을 제어할 수 없게 된다. 실제로 이혼한 여성과 결혼한 남성은 그렇게 해서 그들의 아이들에게 성적접근을 시도한다.

여성이든 남성이든 근친상간의 피해자는 상당한 내적갈등을 수반하는 강한 압력을 받는다. 거의 언제나 아버지는 비밀을 유지하도록 피해자를 겁주고 위협한다. 이들 위협은 만약 근친상간행위가 외부로 폭로된다면 피해자나 다른 가족구성원에 대한 신체적 보복으로부터 가정의 파괴위협에까지 전형적으로 확대된다. 동시에 근친상간을 범한 아버지의 다수는 그들이 피해를 입힌 아이에게 어떤 형태의 보상, 가령 선물, 금전적 또는 특수한 특전과 같은 것을 마련한다. 아버지의 이와 같은 행동은 아이가 근친상간행위에 대한 공범의식을 갖도록 특징지음으로써 폭로를 한층 더 어렵게 한다. 사실 근친상간피해자인 이이들은 금지된 행위의 선동에 대한 비난이 두려워 그들의 지속적인 침묵이 지켜져야 한다고 생각한다.

형제자매간의 근친상간(sibling incest)에 관한 계통적 연구보고는 비교적 적다. 보고된 사례는 통상 10대 후반이나 20대 초반의 오빠와 상당히 어린 여동생이 관련된다. 그러나 아마도 대부분의 경우 나이가 비슷한 또래의 형제자매 사이에서 발생한다. 남자형제에 의한 근친상간이 대부분이나 그 반대의 경우도 드물게 본다. 대부분의 형제자매근친상간은 상호동의로 이루어지는 듯하지만 소수의 경우에 있어서 한 형제자매가 다른 형제자매를 자신의 성적만족을 위해 협박하기도 한다. 796명의 대학생에 대한 최근조사에서 형제자매근친상간체험을 보고한 사람은 여성이 15%, 남성이 10%였다. 이 체험자의 1/4은 이용당한 것으로 보고되었다.

어머니와 아들간의 근친상간은 드물다. 핵가족을 대상으로 한 203사례의 근친상간의 샘플에서 모자성행위는 2사례만 보고되었다. 아들이 그의 어머니와 근친상간을 시작한 대부분의 보고사례에서 아들은 정신분열증이나 다른 심한 장애가 있었으며 어머니가 시작한 근친상간의 경우에 어머니는 통상 심리학적 장애가 있었다. 모자간의 근친상간은 전형적으로 아들이 어리면 성교 없이 성기를 만지는 것에 관련되나 10세가 지난 소년과는 성교가 가장 전형적인 행위이다. 어머니와 딸 사이의 근친상간은 아버지와 아들 사이의 근친상간보다 의외로 드물며 모녀간의 성행위는 총 사례의 1%미만으로 추산된다.

근친상간의 여파

근친상간은 정신적 체험을 심하게 손상시킨다는 것에 대부분의 연구자와 임상의는 동의한다. 이는 약물남용, 매춘, 자살기도와 다른 문제의 온상으로 유도될 수 있다. 아마도 가장 두드러진 근친상간피해의 결과는 다양한 성적문제가 장기간에 걸쳐 존속한다는 것이다. 성적 어려움은 통상 성인여성에게 정신치료를 요하게 하며 그녀는 여기서 마침내 10-20년 전의 유아시절의 근친상간을 고백할 수 있게 된다. 많은 사례에서 여성은 자신이 배신과 거부 또는 학대당할지도 모른다는 두려움 때문에 남성과의 친밀한 친교와 신뢰관계를 형성할 수가 없게 된다.

그러나 근친상간피해자가 그들의 체험에 의해 손상되지 않고 건전하고 잘 조절된 성인이 될 수도 있다는 소수의 연구가 있다. 만약 그 같은 사례에서 성인과 아이들 간의 근친상간관계는 비록 이들이 궁극적으로 극복되었다 해도 아이들에게 상당한 갈등을 주게 될 것이다. 그 외에 보다 중요한 것은 근친상간이 아이들에게 그다지 해롭지 않은 영향을 미친 사례에서마저 아이들은 그 같은 행위에 대해 진정으로 동의할 수 있는 능력이 없기 때문에 그것은 여전히 도덕적으로 잘못된 것이다.

근친상간의 처벌

미성년은 성인과의 성적접촉에 대해 동의할 법적, 정신의학적 자유를 갖지 못한다. 성인은 도덕적으로 미성년자와 성적접촉을 갖는다는 것에 법적으로 속박되어 있으므로 이 도덕적 명령을 따르지 않으면 중대한 범법행위로 간주한다. 근친상간은 대부분의 나라에서 금기사항으로 줄곧 불법으로 다스려왔다. 미국에서는 주마다 근친상간에 관한 정의가 달라 그것에 대한 처별도 매우 다양하게 처리되고 있다. 대부분의 주는 근친상간의 범죄를 1대 및 2대의 혈족관계까지 혼인 또는 성적접촉에 제한 적용한다. 실제문제로서 근친상간의 고발은 피해자가 미성년자이고 성인이 이 범죄에 관련되었을 때 가장 흔히 이루어진다. 그러나 이것만이 법적 불가결한 사항은 아니다. 이 이외에도 근친상간의 고발은 부모와 성인자식 또는 성인형제자매간이 관련된 경우에도 소추된다.

미국의 모든 주는 근친상간으로 의심된 경우는 어린이학대법에 의해서 고발된다. 일단 사법관이 어떤 사례를 상세히 조사하여 발생한 근친상간의 개연성이 고소를 제기하기에 충분하다고 믿게 되면 어린이학대법에 의해 어린이피해자는 통상 가정에서 분리되어 수양자식으로 양육하는 가정시설의 보호관리 하에 둔다. 이 조처는 여러 가지 이유에서 항상 이상적인 해결법은 못된다. 그래서 일부 주에서는 현재 아이들을 가정에 머물게 하고 성인 범죄자를 심리가 무효로 처리될 때까지 가정에서 분리시킨다.

지난10년 근친상간을 심리하는데 있어 범죄법정에 의해서보다 가정법원 및 아동복지기관에 의해 사건을 다루는 것이 최상이라는 쪽으로 점차 인정되어가고 있다. 그 결과로서 근친상간의 소수사례만이 기소되고 대부분의 사례는 비록 범법자가 정신적으로 이상이 없는 듯해도 근친상간범죄자를 위한 심리적 치료와 함께 사법기관원에 의해 근친상간피해자를 위한 심리적 평가와 카운슬링을 받도록 처리되고 있다. 여러 아이들을 주기적으로 근친상간한 부모, 아이들에게 심한 외상성 정신장애를 갖게 한 근친상간성인, 반복된 범죄와 관련된 범죄자의 소추에서 처리에 참여하기를 거부하는 성인 등의 처벌기준은 주에 따라 차이가 있다. 예컨대, 캘리포니아와 뉴멕시코에서는 최고형벌은 50년이며 아이오아주에서는 25년, 애리조나, 뉴욕, 위스콘신, 텍사스, 아칸소와 같은 주에서는 최고형벌이 10년이다.

어린이성추행

라우만 등(Laumann et al., 1994)에 의하면 여성의 17%와 남성의 12%는 그들이 어린이 때에 청년이나 성인과 성적접촉을 가진 것으로 조사되었다. 이 연구조사는 어린이성추행자(child molesters)는 드문 것이 아니며 여성은 남성보다 피해자가 더 많다는 것을 분명히 하였다. 대부분의 사례는 결코 보고되지 않았으며 피해자의 일부만(약 22%)이 누군가에 그 사실을 이야기했다는 것을 알았다. 어린이 성적학대의 가해자의 대부분(약 94%)은 남성이다. 이 불균형은 우리문화에서 남성은 성특질이 정서관계의 부분으로서보다 성행위에 초점을 두도록 사회화되었기 때문이다. 남성의 성적대상은 그들보다 작고 젊은 파트너와 관련하는데 반해 여성의 성적대상은 그들보다 크고 나이 많은 파트너와 관련한다.

어린이를 대상으로 하는 성적학대는 성기를 만지는 것이 일반적이지만 최근의 조사에서 소녀의 경우 사례의 10%에서 오럴섹스가 강요되었고 14%는 질성교, 1%는 항문성교를 강요당했다. 소년의 경우는 사례의 30%에서 오럴섹스를, 18%에서 항

그림 13-7

성적학대를 발견하는데 한 장해는 어린이가 무엇이 발생했는지 서술할 말을 모른다는 것이다. 속을 채운 인형을 사용하면 이 근친상간의 피해자는 그녀가 어떻게 학대되었는지 사회연구자는 입증할 수 있다. 오른쪽의 독특한 그림은 그의 어머니가 그에게 성적으로 외설한 짓을 했던 9세소년에 의해 그려졌다. 이 소년은 그 자신이 치아로 둘러싸인 질과 같은 구역인 원 안쪽에 사로잡혀있는 것으로 그렸다.

문성교를 강요당했던 것으로 보고되었다. 성적학대는 놀랍게도 어린 나이에 발생한다. 예컨대 소녀의 경우 사례의 33%에서 그들이 7세미만인 때에 발생하였으며 40%는 7-10세 사이의 소녀 중에서 발생하였다. 어린이성적학대를 범한 성인과 그들의 피해자간의 관계를 보면 낯선 사람에 의한 성적학대는 드물며 대부분의 성추행자는 가족친구와 친척이다.

근친상간과 마찬가지로 어린이의 성추행은 거의 대부분의 나라에서 불법으로 엄하게 제재한다. 성인과 미성년자간의 성행위는 현재 어린이학대의 한 형태로 처리되고 있다. 그래서 미성년자가 원해서 성행위가 이루어질 때마저 사법권에서는 미성년자는 동의능력이 없다고 판단하기 때문에 그 같은 행위는 여전히 불법이다. 미성년자강간(실정법상의 강간), 어린이에 대한 성적장난, 미성년자의 도덕을 해치는 행위 등에 관한 특수범죄자의 소추는 사법권에서 사용되는 특유한 정의와 상황에 따라 결정된다. 미성년자의 도덕을 해치는 일은 성인범죄자와 어린이 사이에 신체적 성적접촉이 관련되지 않는 경우에도 범죄가 성립될 수 있다. 예컨대, 어린이를 어린이포르노영상을 위한 촬영에 참여시키는 행위는 이 범주에 속한다. 또한 이 동일 법령은 어린이에게 누드사진을 주거나 미성년자를 매춘굴이나 남성동성애바에 데려가는 행위라든가 어린이와 성인 간에 가령 껴안고 어루만지는 등의 어떤 비성교적인 외설행위에도 적용될 수 있다.

어린이성적학대의 유죄선고를 위한 처벌은 통상 무겁고 또한 그 같은 행위의 고발은 비록 후에 기소가 기각되었거나 고발된 피고가 방면되었을 때마저 개인생활에 큰 혼란을 연출할 수 있기 때문에 성인과의 성적접촉에 관한 어린이의 주장을 받아들이는데 있어서 신중을 기해야할 여러 가지 이유가 있다. 첫째로 그 같은 고발은 과장되거나 조작될 가능성이 있고, 둘째는 어린이진술은 성인심문자에 의한 시사적 질문의 반영일 수 있는 가능성은 항상 있으며, 셋째로 배심원 앞에서 증인으로서 어린이의 진실성의 성취는 쉽지 않으며 또한 피고측 변호인에 의한 반대심문을 포함한 법정의 가혹한 행위는 어린이에게 큰 불안과 스트레스를 안겨주기 때문이다.

어린이성적학대의 혐의를 둔 사례는 설령 그것이 실제에 의해 보장되었을지라도 상세히 조사되고 기소될 수 없는 것을 뜻한다는 것은 아니다. 사실 어린이의 이야기가 진실이 아닐 것이라고 생각될 때마저, 예컨대 기소된 성인이 정직한 시민이고

그림 13-8

이 성적학대의 피해자에 의한 자화상은 흔히 범죄후 오래동안 체험하는 정서적고통을 나타낸다.

그림 13-9

어린이 성추행을 점차 더 큰 소리로 절규하는 뉴스위크지의 표지.

현저한 지방명사 또는 전문직으로 유명한 사람일지라도 조심스러운 면밀한 조사는 결국 어린이가 실제로 괴롭힘을 당했으며 동일 성인이 더욱 다른 어린이피해자를 낼 수 있다는 것을 증명할 수 있다. 그러나 일부에서 격심한 증오감 때문에 아동성적학대를 갖기도 한다. 또한 고발되었다는 것이 범죄자를 찾아냈다는 것과 동일하지는 않다는 것을 깨닫는 것은 매우 중요하다. 실제적으로 최근에 행한 한 연구에서 아동성적학대로 보고된 사례의 58%는 입증되지 않았다고 시사되었다.

어린이성적학대의 유죄 선고된 성인을 위한 그 결과는 통상 가혹하다. 그 형벌의 정도는 어린이의 나이와 성행위의 성격 또는 기간에 관련된다. 일반 규정으로서 강제 또는 상해와 관계없이 10대 후반의 미성년자와의 성행위는 보다 나이어린 어린이와의 성행위만큼 가혹하게 판결되지 않는다. 유죄선고된 성범죄자는 특히 그것이 반복된 유죄선고라면 한층 중형의 수감기간을 선고받는다. 어떤 사법권에서는 범죄자는 무기징역의 무거운 형벌을 받을 수 있다. 또한 성범죄자는 그 이후의 강간범 치료에 참여하는 실적과 자진해서 참여하는 마음여하에 따라 단기 또는 장기수감에서 가석방되기도 하고 무기한 수감되기도 한다.

그림 13-10

어린이 성추행을 성토 항의하는 군중들.

성희롱

가정 밖에서 일하는 여성은 다른 종류의 성적강제에 의한 피해를 입는다. 직장에서의 성희롱(sexual harassment)은 대부분의 사람에게 강간이나 근친상간보다는 충격이 덜하지만 이는 상당히 큰 사회문제이다. 전통적으로 성희롱은 농담이나 하찮은 것으로 보아왔으나 이제 법적으로나 실제적으로 성차별의 중요한 논점이 되었다. 한 미국의 대법관 지명자, 미국의 상원위원 및 미국대통령에 대한 성희롱으로 인한 고발은 많은 사람들이 심각하게 받아들여지지 않았던 1990년대에 주목을 끌게 되었다. 성희롱은 결코 새로운 현상이 아니며 1980년대에 취한 많은 조사에서 직업의 종류에 관계없이 여성들의 40-60%가 직장에서 성희롱을 당한 경험이 있다는 것을 발견했다. 성희롱의 공식적인 정의는 현재 매우 특이하나. 달갑지 않는 성적접근, 성적호의를 구하는 의뢰, 성적성격의 언어적 또는 신체적 행위는 다음의 경우에 불법성희롱으로 간주한다. (1) 그 같은 행위에 대한 제안이 노골적으로 또는 은연중에 한 개인의 고용조건과 근무기간이나 학원의 진출에 영향을 미칠 때 (2) 개인에 의한 그 같은 행위에 대한 제안 또는 거절이 개인에 영향을 주는 학원 또는 고용결정을 위한 바탕으로서 사용될 때 또는 (3) 그 같은 행위가 개인의 일이나 학업수행에 있어서 위협, 적대적이거나 모욕적 작업환경 또는 교육환경을 조성하는 불합리한 간섭의 목적 또는 효과를 가질 때 등이다.

요컨대 성희롱이란 불평등한 상하직위관계 속에서 상위자가 하위자에게 원치 않는 성적요구로 불쾌감이나 성적인 굴욕감을 느끼게 하는 행위하고 정의할 수 있다. 성희롱은 주로 힘의 불균형에서 발생되므로 원치 않는 성적인 요구에 응하지 않으면 어떠한 불이익을 받는다는 내용을 담는다. 또한 적대적 환경은 성희롱을 구성한다. 즉 피고용자가 매우 적대적이어서 그 또는 그녀가 효과적으로 일할 수 없는 작업환경에 있다면 비록 피고용인에 대해 노골적인 성적제의가 없다하더라도 그것은 성희롱의 정의에 적용된다.

많은 남성들은 성희롱에 대해 여성들이 너무 과장하거나 민감하게 반응한다고 생각한다. 남성들은 자신들의 일반적인 관심의 표현을 여성들이 오해하고 있다고 생각하며 성희롱의 기준이 너무 모호하기 때문에 애꿎은 남성피해자가 양산될 수 있다고 생각한다. 성희롱은 고용주와 고용인, 선생과 제자사이와 같이 주로 힘의 균형이 한쪽으로 치우친 관계에서 발생한다. 만약 피해자가 가해자의 성적욕구를 거절하면 직장에서의 승진이 어려워지고 심지어는 해고까지 당할 수도 있기 때문에 피해자는 가해자의 요구를 받아들일 수밖에 없는 처지에 놓이게 된다.

미국의 고용기회균등위원회(EEOC, Equal Employment Opportunity Commission)의 사법기관은 회사는 만약 그것이 즉각적으로 적합한 구제수단행위를 취하지 않는다면 그 종업원에 대한 성희롱을 위해 고용자가 책임을 져야한다고 규정지었다. 오늘날 많은 대기업은 그들의 피고용자를 위한 교육프로그램뿐만 아니라 성희롱에 대한 명시적인 정책까지 갖는다. 그루버(Gruber, 1990)는 여성의 희롱을 데이트와 관계를 위한 압력(여성의 13%가 경험), 성적논의(28%), 성적자세(24%), 성적접촉(17%), 성적폭행(1%)등 5형으로 세분했다. 성희롱의 법적정의는 아직도 충분하지 않다. 그러나 많은 사람들은 여러 연구에서 보고된 40-60%의 성희롱비율은 높다고 생각한다. 문제의 하나는 어떤 행동은 매우 일반적이어서(가령 성적농담) 많은 여성마저 흔히 성희롱행동으로 보지 않는다. 많은 남성들은 성희롱의 문제를 크게 과장되었다고 느끼며 많은 남성들은 그들이 여성들에게 성적흥미를 보일 때 여성들은 그다지 감정을 해치지 않는다고 믿는다. 남성은 어떤 성을 위한 답례로 호의를 제공하는 것 같은 공공연한 행동은 희롱으로 인정하지만, 많은 남성들은 성적농담과 성적언급과 같은 덜 공공연한 행동은 성희롱으로 보지 않는다. 왜냐

하면 여성은 그들과 희롱자간의 파워관계에 초점을 두는데 반해 남성은 그들이 매우 폭넓게 정의하려는 상황의 성적측면에 중점을 두기 때문이다. 이리하여 남성은 일반적으로 여성보다도 성희롱의 문제점을 덜 심각하게 받아들인다. 이것이 왜 여성에게 심각한 이슈가 되느냐하면 성희롱은 통상 고용자와 피고용자 또는 선생과 제자와 같은 불평등한 파워관계에서 일어나기 때문이다. 성희롱은 피해자가 특히 경제적으로 그들의 직업에 의존할 때에 매우 공경받기 쉽게 만들지만 피해자는 도움을 청할 곳이 없다고 느낀다. 희롱을 하는 사람이 상사라고 한다면 누구에게 호소할 것인지, 또한 만약 한 여성이 성적제의를 거절하거나 모욕적인 작업 환경에 불복한다면 그녀는 보복의 표적이 될 것이다. 결과적으로 성희롱의 피해자는 흔히 다른 성적 학대의 피해자와 같이 무력감, 굴욕감, 꺾인 자존심, 수치심과 분노를 느끼게 된다.

성희롱의 원인

성희롱은 남녀가 함께 일하는 거의 모든 장소에서 일상적으로 일어나는 아주 오래된 현상이었으나 1970년대까지는 별로 논의되는 일이 없었다. 이 일은 사회에서 남성과 여성간의 힘의 관계, 특히 직업에 대한 변화가 오고 직장 내 여성의 역할이 증대하면서 사회적 문제로 인식되기 시작하였다. 남성은 남녀를 위한 전통적인 고정관념에 대한 믿음이 크면 클수록 더 성희롱을 수용하는 경향이 있다. 성희롱은 예컨대 여성이 소수로 일하는 공장노동 같은 블루칼라직업에서 가장 일반적이고 가장 심하다. 여성과는 달리 대부분의 남성은 희롱의 동기로서 힘을 성적매력으로 동원한다. 성희롱의 학술연구는 성희롱의 원인으로 남성의 높은 성적충동과 같은 생물학적 요인, 조직화된 관리풍토와 권력관계, 사회문화적 요인, 상황 및 개인적 요인 등의 여러 가능한 요인을 곱았다.

성역할은 지난 수십 년에 걸쳐 많은 여성들이 점차 더 직업에 참여하게 되면서 상당히 변했다. 우리사회는 고정 관념적인 성역할에서 보다 남녀 양성적인 상태로 서서히 발전해 왔으나 최근에 10대 소년들에 의한 혼란스러운 성희롱은 증가하고 있는 추세에 있다. 예컨대 많은 10대 소년들은 그들의 남자다움을 증명하려고 시도하며 그들이 소녀나 좋아하는 소녀들에게 다가가 성적제안을 숨김없이 표출한다. 미국 여대생협회의 최근의 한 연구는 10대 소녀의 약 80%는 그들의 친구에 의해 성적으로 희롱 당했다고 보고하였다. 많은 10대 소년들도 소녀들로부터 성희롱을 당하지만 소녀들은 훨씬 더 많이 공공연하게 성적형태의 희롱의 표적이 된다. 10대 남성들 간의 이러한 행동은 장래의 직장 내의 성희롱의 배제를 위해 어두운 전망을 예고한다. 성전문가들은 젊은 남성들 간에 되살아나는 이러한 의식은 그들이 장차 성인이 된 후에도 성희롱의 가해자가 될 가능성이 매우 높으며 이는 여성의 불만을 사는 것보다 더 중요한 의미를 갖게 될 것이라고 전망하였다.

남녀 간의 인식에는 차이가 많아 서로의 태도를 오해하는 경우가 많다. 사회상황에서마저 남녀 간의 신호는 흔히 분명치 않고 오해의 소지가 크다. 여성이 명확히 성적진전이나 언급을 원하지 않는 상황에서 남성이 성적논의를 끈질기게 지속한다면 그것은 분명히 성희롱이다. 남성은 여성의 옷차림과 행동에 관심을 가지며 잘못 해석을 한다. 어떤 남성은 여성의 미소나 농담을 성적관심으로 해석한다. 우리문화에서 남성은 또 성적으로 공격적이기를 기대하며 여성은 수동적인 것을 당연히 여기는 경향이 강하기 때문에 어떤 여성이 일반여성에 비해 조금이라도 야한 의상이나 적극적인 몸짓과 언어를 사용하게 되면 많은 남성들은 그것을 자신들에 대한 성적관심으로 해석함으로써 문제가 발생한다. 또한 많은 남성은 그들의 성적제안에 대한 여성들의 처음저항을 게임의 부분으로 해석하여 이러한 여성들의 저항을 진실한 것으로 받아들이지 않기 때문에 성희롱을 당연한 것으로 생각하게 된다. 이처럼 남성들은 행동을 흥미로 생각하기 때문에 그것을 추구하려고 원할 때 여성들의 "노"라는 말을 사실로 받아들이지를 않으므로 따라서 남성의 성적관심이 성희롱으로 발전하게 된다.

직장에서의 성희롱

직장에서의 성희롱은 여러 가지 다른 형태로 나타날 수 있다. 한 형태는 일자리를 구하려고 시도하는 데에서 볼 수 있다. 한 예로 미래의 고용주는 여성의 성적유용성에 의해 지원자를 고용하기도 한다. 그 같은 사건의 이야기는 연예계에 등단하고자 하는 야심 있는 여배우들 사이에 무성하다. 훨씬 덜 매혹적인 일자리에서마저 고용주는 그가 가진 권력을 이용하여 그 같은 의뢰를 한다. 이 경우 일자리를 구하기 어렵고 그녀자신이 부양해야할 가족까지 있을 때 그녀의 경제적 현실은 그녀에게 선택의 여지를 주지 않는다. 일단 취업되면 성적행위는 근무를 계속하기 위하여, 승진이나 승급을 위한 다른 이익을 위하여 한 조건을 이룬다.

성희롱의 보다 일반적인 상황은 관리자나 감독자가 일자리의 보존, 승진 또는 다른 일과 관련된 이익을 얻기 위한 조건으로 성적협력을 의뢰할 때 일어난다. 그런데 고용과 해고를 결정하는 고용주는 경제적 힘을 가지고 있다. 이 강제성은 여성이 성적협력에 있어 그녀의 마음이 내키지 않을지라도 해고될 수도 있기 때문에 고용되기 전보다 한층 더 심각하다. 그녀의 상사는 근무평정을 위한 근거를 작성함으로 이는 그녀의 장래의 고용을 위한 기회에 나쁜 영향을 미칠 수도 있다. 어떤 경우에는 성적관계의 요구는 직접적이고 뻔뻔스럽고 협박적이다. 다른 사례에서 성적초청은 위협을 입 밖에 내지 않으나 만약 여성이 협력하기를 거절한다면 그녀에게 어떤 일이 일어나든 감수해야한다. 여성이 그녀상사의 성적요구를 거절하면 보복은 여러 가지 형태로 온다. 그녀는 강등되거나 그녀의 봉급은 깎기고 싫어하는 보고서가 그녀 개인파일에 꽂히며 그녀의 휴가신청이 취소되고 그녀는 승진기회를 놓치게 되며 그녀에게 힘들고 불유쾌한 과제가 주어지거나 그녀의 작업조건을 탐탁지 않게 만든다.

성희롱은 실제적으로 어떤 환경에서도 일어난다. 직장에서의 성희롱은 일반인들이 생각하는 것보다 훨씬 더 일반적이다. 잘 표본 선정된 한 연구에서 여성의 21%, 남성의 9%는 그들이 전문가가

그림 13-11

직장에서의 성희롱에 항의하는 고용자들.

그림 13-12

직장에서의 성희롱.
이 남자는 어직원의 등에 팔을 두르고 몸을 바싹 붙이고 있다. 그가 관리자라면 그녀는 이의제기를 망서릴 것이다.

그림 13-13

아니타해리스와 클라렌스 토마스가 소송이 제기된 성희롱의 해명을 위해 1991년에 상원에서 확인 청문회를, 아래그림은 우디앨렌과 미아패로의 어린이 성추행에 대한 소송절차를 법정에서 다루고 있다.

확실히 성희롱으로 분류할 수 있는 대상이었다고 보고하였다. 간호원들의 최신조사는 60%이상이 지난해에 성희롱을 체험했으며 미국연방고용자 2만명이상을 대상으로 한 연구조사에서 여성의 42%와 남성의 15%는 지난 2년 동안에 직장에서 성희롱을 당한 것으로 나타났다. 1991년에서 1992년 사이에 실시한 한국성폭력상담소의 조사에 의하면 직장 내 성폭행은 약 16%에 이르는 것으로 밝혀졌다. 또한 1999년 보건복지부발표에 의하면 1997년에는 강간이나 성추행 등이 37.6%와 39%로 많은 부분을 차지했으나 1998년에는 33.5%와 22%로 그 비율이 다소 낮아진 대신 성희롱은 1997년의 23.3%에서 1998년에는 43.6%로 크게 높아졌다고 발표하였다. 이와 같이 우리사회의 곳곳에서 많은 여성들이 성희롱의 피해자가 되고 있으며 피해자의 수는 점차 늘어나고 있는 실정이다.

여성과 남성피해자는 성희롱은 그들의 정서적 신체적 조건 및 직장에서 다른 사람과 함께 일할 그들의 능력과 일에 관한 그들의 느낌에 대하여 부정적인 영향을 미친다고 보고하였다. 그러나 남성은 여성으로부터의 제의는 결국 상호간에 서로 즐겁게 된다는 것을 더 느끼는 것 같다. 한편 여성은 해고 또는 그들의 일을 그만두게 되는 것을 포함하여 손해를 주는 결과를 보다 더 많이 경험한다. 직장에서의 성희롱은 곤혹스러운 것 바로 그 이상이다. 특히 여성은 관리자에 의하여 보다 쉽게 성희롱을 당하기 때문에 이는 생애의 입신출세에 중대한 영향을 미칠 수 있다. 그녀가족을 부양하는 임금노동자층여성을 위하여 성적승낙을 하지 않는다는 이유로 해고된다는 것은 비극적 파국이다. 강제의 힘은 터무니없이 큰 것이다. 직장에서 어떤 형태로든 성희롱을 체험한 10명 중 거의 9명은 강제성의 성적충격을 받았으며 그 체험은 통상 강간피해자에 의하여 보고된 느낌과 유사한 어떻게 할 수 없는 무력감을 느끼게 하는 굴욕적인 것이었다고 한다. 1981년에 레드북(Redbook)에 의한 2000명의 경영간부의 조사에 의하면 높은 경영지위에 있는 남성과 여성은 직장에서의 성희롱문제의 범위에 관한 생각들이 상당히 불일치하다는 것을 발견하였다. 그러나 남성과 여성간부는 원치 않는 성적접근은 사람들의 정신을 산만하게 하여 작업능력을 떨어뜨린다는 점에서는 거의 일치하였으며 모든 고용자에게 성희롱을 승인하지 않는다는 경영논점에는 거의 찬성하였다.

그림 13-14

빌클린턴 전 미국대통령은 많은 혼외정사에도 불구하고 백악관에 남았다. 화이트하우스인턴 모니카 루윈스키와의 스캔들에 관한 클린턴의 진술은 위증죄와 의사방해로 입법기관에 의해 탄핵소추되었다. 그러나 그후 곧 그의 부인 힐라리클린턴이 참석한 상원에서 무죄로 혐의를 벗었다.

고용주는 그가 그 일을 알았거나 그들의 발생을 알아야하거나에 관계없이 그의 대리인이나 감독관에 의한 성희롱에 대하여 책임져야한다. 고용주는 그가 그 행위를 알게 되었을 때 즉시 그리고 적절하게 확실한 행동을 취하지 않으면 그는 비 감독종업원에 의한 직장에서의 성희롱행위에 대해 책임져야한다. 많은 여성이 성희롱에 관한 그들의 법적 권리를 이해하게 되었을 때 많은 수의 소송이 정식으로 제기되었다. 미국의 일부 주는 직장에서 성희롱을 금지하는 법을 제정한 이래 이 사례의 다수는 그것이 성희롱이 행해졌다는 것이 분명한 때마저 여성을 위해 바람직하게 결정되지 않았다. 이때 그 상황은 성차별보다도 희롱의 개인적인 예로 간주되었다. 그러나 지난 수년 동안에 어떤 획기적인 사례들은 여성에게 유리하게 판결되었으며 그 같은 판례는 장래에 보다 실질적인 것이 되리라는 기대를 갖게 하였다.

1986년에 미국의 고등법원에 의한 중요한 결정은 성희롱의 정의를 일의 향상과 관련하든 안 하든 적대 또는 위협적 직장환경을 조성하는 행위를 포함하는 범위까지 확대되었다. 고등법원은 또한 어떤 상황에 있어서 고용주는 그들의 사무소나 회사내에서 발생하는 성희롱에 대하여 그들이 의식하지 못했을 때마저 손해배상을 위해 책임져야한다고 결정하였다. 경영자와 노동자간의 성희롱에 관해 의식적으로 논의하며 그것을 어떻게 막을 수 있는가를 토의한다. 일반적으로 그 논의의 중심과제는 무엇이 성희롱이냐 하는 것인데, 어깨에 팔을 두를 때 애정과 유혹간의 선을 어떻게 그을 것이며 외설적인 농담의 어디쯤이 해가 없는 가벼운 희롱을 넘어서 성차별적이고 모욕적인 것이 되는가 하는 것이었다.

학교에서의 성희롱

성희롱은 직장에 한정된 것은 아니다. 권력의 체계가 있는 많은 상황에서 일반적이다. 학교의 강당마저 학대행위의 이 형태로부터 면제되지는 않는다. 대학캠퍼스에 관한 성희롱의 범위는 확실하게 알려져 있지 않으나 여러 연구는 여대생의 1/4 내지 1/3과 여자 대학원생의 40-50%가 성희롱에 관련된 것으로 시사되었다. 정확한 수가 무엇이든 학생의 성희롱은 상당히 큰 규모의 문제인 것만은 분명하다. 성희롱은 또한 초등학교로부터 중고등학교레벨에서도 존재한다. 예컨대, 미국여대생연합체는 최근에 남학생으로부터의 성희롱은 중학교와 고등학교 여학생을 위해 확대되어 간다는 것을 시사하는 보고를 발표하였으며, 미네소타 주의 인권국은 6세의 어린 남학생이 통학버스에서 여학생에게 외설적이고 성적조롱을 빈복해시 행힌디고 호소한 여학생에게 유리하게 재결했다.

현재 미국에서는 예일대학이나 하버드대학 같은 명문대학이 관련되었던 성희롱에 관한 사례가 다수 공포된 후 일부대학에서는 이 종류의 문제를 종결시키기 위한 진지한 노력이 시도되고 있다. 예컨대 아이오와대학에서의 한 새 정책은 학부교수단과 학생과의 낭만적인 관계를 금지시키는 방법을 취했다. 그 정책은 또한 대학생에 대한 교수진의 어떤 형태의 성적접근, 성적호의 또는 성적성격을 띤 언어적 또는 신체적 행위를 금지시켰다. 한편 그 같은 정책이 어떤 효과를 갖는지를 알리고, 이는 잠재적인 문제의 존재에 주의를 환기시키며 그들의 불만을 심각하게 듣도록 학생들에게 이를 명백하게 했다.

학교에서 성희롱에 의해 고통을 겪는 누군가에 대한 부정적 영향은 자신의 상실, 저하된 정서적 안정성, 학업에 몰두할 수 없게 하고, 남성대학교직원에 대한 환멸감 및 부당한 행위의 원인으로서 자기 자신을 비난하는 경향 등을 포함한다.

성희롱의 처리

성희롱은 물론 다른 상황에서 발생할 수 있다. 예컨대 근년에 증가된 젊은 독신여성은 집주인으로부터 성희롱에 관한 불평을 호소한다. 이 타입의 성희롱은 집주인이나 관리인이 그녀에 대해 권리를 행사하려고 시도할 때 발생한다. 성희롱은 의사, 치과의사 또는 법률가와 같은 전문직을 가진 사람이 성적접근을 이루기 위해 사람의 약점을 이용하려고 한다.

다른 연구는 성희롱에 대한 여성의 반응을 분류하였다. 그 범주는 회피(avoidance), 완화(defusion), 협상(negotiation), 대결(confrontation) 등이다. (1)회피는 가장 일반적으로 이는 성희롱을 무시하거나 직장을 바꾸는 것 같은 소극적인 반응이다. (2)완화는 그것을 바꾸지 않고 성희롱을 참고 견디는 방법이며, 그것을 장난으로 취급하는 행위를 포함하고 그것을 따라 가거나 모호한 이야기 또는 장난삼아 해봄으로써 성희롱피해자를 막다른 궁지에 빠뜨린다. 이는 또 차례로 그녀의 느낌을 그들에게 표시하거나 성희롱을 처리하기 위한 유용한 시사를 제공하여 피해자를 도울 수 있는 동료나 친구에게 말하는 것이 포함된다. (3)협상은 피해자가 그녀의 필요에 초점을 옮기며 성희롱가해자가 행하는 것을 중지하도록 청하거나 그의 원치 않는 행위를 보다 수용할 수 있는 형태로 바꾸게 하는 효과에 있어 보다 활성적이고 단호한 반응이다. (4)대결은 반응의 가장 단정적인 형태로 희롱가해자가 희롱을 중지하도록 지시하기 위해 강력하고 집요한 언어의 사용으로부터 관리자나 회사임원에 대한 불평을 말함으로써 또는 외부변호인의 도움을 얻음으로써 성희롱을 처리하도록 조직구조를 사용하는 데까지의 범위에서 직접적인 개인의 반응을 포함한다.

피해자가 가해자의 성희롱행위에 대해 처음부터 단호하게 대체한다면 매우 효과적으로 성희롱을 방지할 수 있는 것으로 알려졌다. 결론적으로 말해서 성희롱을 방지하기 위해서는 성희롱에 대해 수동적으로 피하려고만 하지 말고 단호히 대처하는 것이 좋다. 희롱가해자에게 결연히 "노"라고 말하는 것은 개인의 존엄에 대한 자기의 권리를 표현하는 것이다. 만약 자신이 단호하게 대하지 않으면 일부남성은 그것을 성적관심의 사인으로 오해할 것이다. 우리나라에서도 1998년 9월에 인권법시안에서 성희롱의 개념을 구체적으로 규정하고 성희롱을 성적차별행위로 간주하여 제재하기로 결정하였다. 인권법은 성희롱을 업무, 고용 기타관계로 인해 자기의 보호나 감독을 받는 자에게 성과 관련된 언동을 해 성적굴욕감이나 혐오감을 느끼게 하는 행위로 규정했으며 직장뿐만 아니라 학교에서의 성희롱도 이 법에 저촉되게 되었다. 과거에는 성희롱은 인격권침해로 불법행위를 구성한다는 대법원의 관례에 따라 성희롱피해자는 법원에 손해배상소송을 낼 수 있었으나 시간과 비용이 많이 들어 성희롱의 방지나 피해자의 심리적, 신체적 피해에 대한 보상으로서의 효과가 거의 없었다. 그러나 인권법이 시행되면서 인권위원회의 진정만으로 손해배상이나 명예회복 등의 구제가 이루어질 수 있어 성희롱의 방지효과와 함께 피해자의 고통을 덜어줄 수 있게 되었다.

다양한 형태의 성희롱을 어떻게 다루느냐를 결정한다는 것은 쉬운 일이 아니다. 앞선 논의에서 보인 것처럼 성희롱의 피해자는 전형적으로 그들을 희롱한 사람들보다 힘이 약하기 때문에 불리한 위치에 있다. 이 때문에 그들은 그들의 고발이 믿어질 것인지 어떤지에 관해 걱정한다. 그래서 다른 형태의 성적강제와 같이 성희롱사례의 대다수는 결코 공포되지 않고 남을 괴롭히는 성희롱가해자는 자유로이 남아 계속 다른 사람에게 반복해서 피해를 입히게 된다. 이 문제를 처리하기 위한 선택에 관한 지식이 있다면 그것을 호전시키는데 도움이 될 것이다. 그래서 여기에 몇 가지 실제적인 조언을 마련해 본다.

1. 만약 당신이 관리자, 감독관 또는 동료에 의해 실제적인 또는 기도된 성폭행이나 강간의 피해자라면 당신은 범죄자에 대한 민사나 형사고발을 할 수 있다.
2. 실제적 폭행이 포함되지 않는 성희롱의 경우에는 당신은 당신을 괴롭히는 사람에게 많은 다른 방법으로 대처할 수 있다.
3. 성희롱에 관한 일자, 시간과 모욕적인 행위의 특이한 세목을 포함한 메모 등 각 사건의 기록을 조심스럽게 보관한다. 어떤 증거를 기록해두면 당신의 사례를 입증하는데 상당히 도움이 될 것이다.
4. 적절한 사람, 예컨대 학장실이나 직장의 개인사무실에 근무하는 어떤 사람과 협조해서 불만의 원인을 파일에 철해둔다.
5. 만약 범법자와 대결하여 불만원인을 제출하는데 효과가 없다면 동정적인 동료로부터 도움을 구한다. 당신 가까이에 당신처럼 성희롱의 피해자가 되었던 다른 사람을 발견할 수도 있을 것이다. 성희롱의 논점을 함께 다루고 토의할 그룹을 만들도록 한다.
6. 만약 당신이 상술한 단계에 의해 상황을 구제할 수 없다면 또는 당신이 부당하게 해고되었거나 어떤 다른 방법에 의해 차별대우를 받았다면 당신은 인권위원회나 고용기회균등위원회와 함께 소장을 제출할 수 있다.
7. 당신자신이 죄책감을 느끼지 말라. 성희롱을 치료하는데 있어 가장 중요한 고려사항은 자기 자신을 보호하는 일이고 죄의식의 느낌을 단호히 물리치고 어떤 방법으로든 자신의 문제를 위하여 스스로 책임져야한다. 당신은 피해자이며 이 증오할 행위의 표적이 되어 비난을 받을 이유가 없다.

한국의 대학 내 성폭력의 실태와 대책

한국성폭력상담소가 실시한 대학 내 성폭력조사에 의하면 대학에서 성폭력 및 성희롱이 일어난 유형은 교수가 학생을 대상으로 학점, 논문통과, 학위인정 및 취업알선 등으로 유인하여 성폭행을 가하는 일이 흔히 있었다. 또한 선후배사이에서는 MT, 밥사뒤풀이, 동아리, 신입생오리엔테이션, 강의실 및 술자리 등의 공공장소에서 성적농담을 하거나 고의적으로 신체적 접촉을 하는 성희롱이 많았다. 그리고 셔틀버스, 도서관, 화장실, 캠퍼스 내의 비교적 인적이 없는 곳에서 성적접촉, 성기노출, 데이트강요를 하는 사례가 상당히 있었으며 인터넷통신에 의한 음란물 개재가 증가한 것으로 나타났다.

이와 같이 대학 내 성폭력의 위험수의가 높아지자 교육부는 1999년 7월부터 "남녀차별 금지 및 구제에 관한 법"이 발효됨에 따라 업무처리지침을 통하여 교육현장에서 발생할 수 있는 성희롱의 사례로서 실험실, 체육관 등에서 특정 신체부위를 만지거나 강의시간을 이용하여 과도한 신체접촉행위 등을 언급하였다. 이에 따라 대학당국은 서둘러 성폭행예방과 처리에 관한 규정을 마련하였다. 한국성폭력상담소의 전체 상담건수 중 약 5%가 교사와 강사 및 교수에 의한 성폭력인 것으로 밝혀졌다. YMCA는 대전지역 4개 대학교 411명의 남녀학생들을 대상으로 설문조사를 시도한 결과 여대생 10명 중 6명이 언어적 폭력을 당한 경험이 있으며 신체적 성희롱과 성폭행을 당한 경우도 적지 않은 것으로 조사되었다. 설문에 응답한 여대생들은 여성비하발언과 신체에 대한 조롱과 같은 언어적 희롱과 교제 강요, 술자리에서의 신체적 접촉, 의도적이거나 강제적 신체접촉 등의 성희롱이나 심지어 강간을 당한 경우까지 있는 것으로 나타났다. 여대생들의 성희롱가해자는 선후배(43.8%), 모르는 사람(25.8%), 기타(25.3%)와 교수와 교직원(5.1%)의 순으로 조사되었다. 참고로 아래에 서울대학교와 부산대학교의 성폭행에 관한 규정안을 제시한다.

서울대학교의 성폭력예방과 처리에 관한 규정(안)

제1장 총칙

제1조(목적)

이 규정은 서울대학교 내에서 대학사회구성원을 성희롱으로부터 보호하고 이를 근절하기 위한 조치와 서울대학교 성희롱상담소의 조직과 운영에 관하여 필요한 사항을 규정함을 목적으로 한다.

제2조(정의)

이 규정에서 사용하는 용어의 정의는 다음과 같다.

1) 성희롱이라 함은 성범죄행위를 구성하는 여부와 관계없이 성적수치심 또는 혐오감을 일으키는 일제의 모독행위로서 판단기준은 피해자의 주관적 판단을 따르는 것을 원칙으로 하며 다음 각 호의 경우를 포함한다.
   (1) 상대방이 동의하지 않은 성적행동과 요구 등 언어적, 정신적, 물리적인 행위를 통하여 개인의 성적 자율권을 침해하는 행위
   (2) 성차에 기반 한 불공정한 환경을 조성하는 행위
   (3) 학업평가, 고용, 인사, 등 공적생활에서 성차에 따른 부당한 차별행위
   (4) 성희롱에 해당하는 행위를 한 자에 동조하는 자가 정신적인 협박이나 물리적인 강압 및 다른 수단으로 피해자에게 상당한 피해를 주는 행위
2) 대리인이라 함은 피해자가 그의 권리를 대리하도록 선임한 자연인 또는 단체를 말한다.

제3조(적용범위)

이 규정은 서울대학교학칙의 적용을 받는 모든 서울대학교구성원을 대상으로 하며 가해자만 이에 해당하는 경우도 적용한다.

제4조(피해자보호 및 비밀유지의 의무)

1) 성희롱행위의 피해자는 사건의 조사 및 처리과정에서 대리인을 동반하거나 선임할 권리를 가지며 피해자나 대리인은 다음의 권리를 가진다.

(1) 특정인의 관여를 요청 및 거부할 권리
(2) 질문에 대한 답변을 거부할 권리
(3) 기타 피해자의 인권보호를 위해 필요한 조치를 요구할 권리

2) 성희롱행위를 조사하거나 이에 관여하는 자는 피해자와 대리인의 보호를 최우선으로 고려하여야 하며, 피해자와 대리인의 동의 없이 피해자와 대리인의 신원이 노출될 우려가 있는 어떠한 자료도 공개하거나 누설해서는 안 된다.
3) 사건의 처리과정에서 발생하는 피해자와 대리인의 부당한 피해 역시 성희롱행위에 의한 피해로 간주한다.

제2장 조직

제5조(성폭력상담소)

1) 서울대학교총장은 성희롱행위를 조사하고 처리하며 성희롱행위의 근절을 위한 정책수립과 시행을 담당하는 성폭력상담소(이하 "상담소"라 한다)를 둔다.
2) 상담소에는 소장과 상담소 운영의 기본방침과 주요사항을 의결하는 운영위원회를 설치하며 필요에 따라 부소장을 둔다.
3) 소장은 학생생활연구소장이 되며 부소장은 교수 또는 부교수 중에서 학생처장의 추천에 의해 총장이 임명하고 그 임기는 2년으로 한다.

제6조(소장의 직능)

소장은 총장의 명을 받아 상담소의 직원을 지휘감독하며 상담소의 관리운영에 관한 사항을 관장한다.

제7조(운영위원회)

1) 위원회는 위원장을 포함한 위원을 15인 이내로 구성한다.
2) 위원장은 학생처장이 되며 당연직 위원은 상담소장, 상담소 부소장. 교무부처장, 학생과장 및 총무과장으로 하고 그 밖의 위원은 학생처장의 추천으로 총장이 임명하되 5인 이내의 학생대표를 포함하며 그 임기는 1년으로 하되 연임할 수 있다.
3) 위원회는 다음 각 호의 사항을 심의한다.
(1) 상담소 규정의 제정 및 개폐
(2) 예산 및 결산
(3) 기타 중요한 사항
4) 회의는 위원장이 필요하다고 판단하거나 소장의 요청이 있는 경우 및 5인 이상의 위원이 요청할 때에 위원장이 소집하고 재적위원 과반수의 출석과 출석인원 과반수의 찬성으로 의결한다.
5) 위원장은 회의의 의장이 되며 위원장이 사고가 있을 때에는 위원장이 지명하는 위원이 그 직을 대행한다.

제3장 상담소의 업무

제8조(신고)

피해자는 서면, 전화, 통신 및 방문 등 직접적인 접촉이나 대리인이나 사회기구 및 단체를 통한 간접적인 접촉 등 가능한 모든 방법으로 신고하며 신고가 상담소에 접수된 최초의 시간을 상담소의 임무개시 시간으로 본다.

제9조(조사와 상담)

1) 소장은 피해자 또는 대리인이 자유스럽고 정당한 환경에서 조사 받을 수 있도록 모든 조치를 취하여야 한다.
2) 신고가 접수되면 소장은 피해의 경위를 조사하고 그 결과를 바탕으로 적절한 조치를 취하여야하며 필요한 경우 총장에게 징계를 요청한다.
3) 소장은 피해자의 요구에 따라 상담에 응하여야하며 조사내용과 처리방안 등 필요한 내용을 피해자에게 제공하여야한다.

제10조(징계)

1) 소장은 조사결과 학칙에 징계를 규정한 경우이거나 규정에 없는 경우라도 건전한 이성으로 판단하여 징계를 할 필요가 있는 경우에는 그 사유와 징계를 정하여 총장에게 징계를 요청하여야한다.
2) 소장은 학칙에 정해진 징계규정이 없는 경미한 사건에 대한 별도의 징계를 상담소내규로 정할 수 있다. 단, 성희롱에 해당하는 행위를 한 자가 피해자에게 보복을 가할 경우나 재범일 경우는 가중 처벌할 수 있다.

제11조(운영세칙)

소장은 상담소의 운영에 필요한 세칙을 정하여 운영위원회의 의결을 받아 운영할 수 있다.

부산대학교의 성폭력예방과 처리에 관한 규정(안)

제1장 총칙

제1조(목적)

이 규정은 부산대학교 내에서의 성폭력예방과 대책을 마련하고 성폭력상담 및 처리에 관한 사항 등을 규정함으로써 올바른 성문화확립에 이바지함을 목적으로 한다.

제2조(정의)

이 규정에서 "성폭력"이란 성범죄행위를 구성하는 여부에 관계없이 성적 자기결정권을 침해하거나 성적 수치심 또는 혐오감을 일으키는 일체의 모독행위를 뜻한다.

제3조(적용범위)

이 규정은 본교에 소속된 모든 구성원이 가해자 또는 피해자로서 관련된 성폭력사건에 적용한다.

제2장 성폭력상담 및 처리기간

제1절 성폭력상담실

제4조(설치)

대학에서 일어나는 성폭력사건을 신속히 처리하고 피해자에 대한 안내와 상담의 편의를 제공하기 위하여 학생생활연구소에 성폭력상담실(이하 "상담실"이라 한다)을 둔다.

제5조(업무)

상담실의 업무는 다음과 같다.

1) 성폭력피해의 신고접수 및 상담
2) 성폭력예방 및 방지를 위한 홍보
3) 성 실태조사 및 연구
4) 성윤리위원회에 성폭력사건 처리요청 및 보고

제6조(실장)

상담실장과 상담원 1인을 둔다. 여기서 상담실장과 상담원은 관계기관이 추천하는 성폭력 상담전문가 중에서 임명하되 총여(총여학생회)의 추천과 동의를 받아야하며, 상담실장은 총장이, 상담원은 상담실장이 위촉한다.

1) 실장은 상담실의 업무를 통괄하고 소속공무원을 지휘 감독한다.

제2절 성윤리위원회

제7조(설치)

성폭력에 관한 다음의 사항을 심의의결하기 위하여 총장 소속하에 성윤리위원회(이하 "위원회"라 한다)를 둔다.

1) 성폭력예방과 대책수립에 관한 사항
2) 성폭력사건의 조사처리에 관한 사항
3) 기타 성폭력과 관련된 중요사항

제8조(구성)

1) 위원회는 위원장 1인을 포함한 9인 이내의 위원으로 구성한다. 다만, 여성위원은 4인 이상으로 한다.
2) 위원장은 학생처장이 되고 부위원장은 위원 중에서 호선하며 위원은 본교교수 또는 관계전문가 및 학생 중에서 위원장의 추천으로 총장이 위촉한다. 다만, 학생위원은 2인 이상으로 하되 총여학생회의 추천을 받아 위원장의 제청으로 총장이 위촉한다.
3) 위원의 임기는 1년으로 하되 연임할 수 있다.
4) 위원회는 특정한 소관사항을 분담, 심사하기 위하여 소위원회를 둘 수 있으며 특정한 안건의 심사를 위하여 특별위원회를 둘 수 있다.
5) 위원회에 간사 1인을 두되 학생생활연구소의 성폭력상담조교로 한다.

제9조(회의)

1) 위원장이 위원회를 소집하며 그 의장이 된다. 위원장이 부득이한 사유로 직무를 수행할 수 없을 때에는 부위원장이 그 직무를 대행한다.
2) 정기회의는 매 학기 1회씩 년 2회를 개최한다.
3) 임시회의는 다음의 경우에 소집한다.
   (1) 위원장이 필요하다고 판단될 때

(2) 위원 1/3 이상의 요청이 있을 때

(3) 성폭력상담실에서 성폭력사건의 처리의 요청 또는 보고받았을 때

4) 회의는 재적위원 과반수의 출석과 출석위원 과반수의 찬성으로 의결한다.

5) 성폭력사건 처리에 관한 회의는 비공개로 한다.

6) 간사는 위원회의 회의 자료를 준비하고 회의의 서무를 처리한다.

제3장 성폭력사건의 처리 및 절차

제10조(상담)

1) 상담실은 피해자 또는 대리인의 신고를 받으면 친절히 상담에 응해야한다.

2) 상담실은 상담을 통하여 심리적 지원, 당사자와의 중재 등의 필요한 지원을 한다.

3) 상담실장은 상담을 통하여 다음 각 호의 1에 해당될 때는 위원회에 회부시켜 그 처리를 요청하여야 한다.

(1) 피해자의 피해가 성폭력에 상당하다고 판단될 때

(2) 반윤리적, 부도덕적이라고 판단될 때

제11조(조사, 보고)

1) 위원장은 상담실에서 회부된 사건을 지정한 위원 또는 특별위원회에 심사 및 필요한 조사를 요청할 수 있다.

2) 제1의 심사 및 조사요청을 받은 위원 또는 특별위원회는 그 결과를 위원회에 보고하여야 한다.

제12조(결정 및 처리)

1) 위원회는 제11조 제2항에서 조사 보고된 사건을 심의 의결하여 다음과 같은 방법으로 처리한다.

(1) 피해자에게 민, 형사법적 구제수단에 관한 정보제공 또는 기타 필요한 법률적 지원조치

(2) 가해자에 대하여 관계법 및 학칙에 의한 징계요구 등의 필요한 조치

(3) 피해자의 요구를 참작하여 가해자에게 사과, 봉사, 배상 등의 지도

(4) 기타 당해 사건의 처리를 위한 필요한 조치

2) 위원회는 사건의 처리결과를 총장에게 보고하고 신고자에게 알려 주어야한다.

제4장 보칙

제13조(수당 등 경비)

위원회와 상담실 운영에 필요한 수당 등 경비는 예산의 범위 안에서 지급한다.

제14조(비밀의 준수)

성폭력사건의 처리업무에 관여한 자는 직무과정에서 알게 된 일체의 비밀을 타인에게 알리거나 공개하여서는 안 된다.

제15조(시행세칙)

이 규정의 시행에 관하여 필요한 사항은 상담실장과 위원장이 따로 정한다.

부칙

1) (실행일) 이규정은 공포한 날로부터 시행한다.
2) (경과조사) 이 규정 시행 전의 학생생활연구소의 성폭력상담실은 이 규정에 의하여 설치된 것으로 본다.

찾아보기 국문

영문 찾아보기

찾아보기 영문

A

B

C

D

E

external prostate spot

F

false labor
fellatio
female condom(femidom)
female pseudohermaphrodite
female orgasmic dysfunction
fertilization age
fetishism
foreplay
fraternity gang rape
frenulum
frigidity
full-time hustler
fusion inhibitors

G

gamete intrafallopian transfer(GIFT)
gang rape
gay
gay bar
gay women
genital herpes
genital tubercle
genital warts
gigolo
gonorrhea
G spot

H

hard chancre
hard-core magazines
hard-core pornography
helper T cells
hepatitis
homophobia
homoseductive mother
homosexuals
honeymoon cystitis
hostile harassment
hot flash
human immunodeficiency virus(HIV)
human papilloma virus(HPV)
hustlers
hymen
hysterotomy

I

imperforate hymen
incest
incestuous marriage
induction abortion
infertility
inflatable prosthesis
interferon
intracytoplasmic sperm
injection(ICSI)
intrauterine device(IUD)
intrauterine insemination(IUI)
in vitro fertilization(IVF)

J

Jazz Age

K

Kama Sutra
Kaposi's sarcoma
kiddie porn

L

labia majora
labia minora
labioscrotal eminence
labor
laparoscopy
laparotomy
latent syphilis
lesbian
live sex show
loops
love fluid
lubricants

M

male hustlers
male prostitutes
male pseudohermaphrodite
man on top position
masochism
massage parlors
masturbation
mate rape(marital rape)
Meese report
menopause
menstrual age
menstrual cycle
midlife crisis
minilab
minilaparotomy
minipill
MIS
missionary position
monilial vaginitis
Mullerian duct
multiple orgasm
multiple peaking

N

necrophilia